博碩文化

Illustrator 跨世紀不敗經典

2024 版

高野雅弘 著
博碩文化 編譯

242 個掌握圖文設計的基本技巧與實踐

For Windows & Mac × Illustrator 2024 / 2020 / CC 適用

本書範例檔 請至博碩官網下載

本書如有破損或裝訂錯誤，請寄回本公司更換

作　　者：高野雅弘
編　　譯：博碩文化
責任編輯：黃俊傑

董 事 長：曾梓翔
總 編 輯：陳錦輝

出　　版：博碩文化股份有限公司
地　　址：221 新北市汐止區新台五路一段 112 號 10 樓 A 棟
電話 (02) 2696-2869　傳真 (02) 2696-2867

發　　行：博碩文化股份有限公司
郵撥帳號：17484299　戶名：博碩文化股份有限公司
博碩網站：http://www.drmaster.com.tw
讀者服務信箱：dr26962869@gmail.com
訂購服務專線：(02) 2696-2869 分機 238、519
（週一至週五 09:30 ～ 12:00；13:30 ～ 17:00）

版　　次：2024 年 6 月初版一刷

建議零售價：新台幣 650 元
I S B N：978-626-333-859-3
律師顧問：鳴權法律事務所 陳曉鳴律師

國家圖書館出版品預行編目資料

Illustrator 跨世代不敗經典 2024 版：242 個掌握圖文設計的基本技巧與實踐 / 高野雅弘著；博碩文化編譯 . -- 初版 . -- 新北市：博碩文化股份有限公司 , 2024.06

面；　公分

ISBN 978-626-333-859-3(平裝)

1.CST: Illustrator(電腦程式)

312.49I38　　113006260

Printed in Taiwan

博碩粉絲團

前言

本書是專為「想要使用 Illustrator 軟體，但是不熟悉操作方法」的讀者所撰寫，依照學習目的分門別類的速查指南。

Illustrator 為製作插圖或設計印刷品及網頁影像的軟體。利用 Illustrator 的話就能將各位讀者心中所想的全部圖像化為真實畫面。Illustrator 應用範圍廣大，舉凡數學的規則性幾何圖形，至使用鉛筆自由塗鴉的圖像，皆能依照各位讀者心中所想真實呈現。

然而另一方面，由於功能繁多、層面甚廣，僅憑操作手冊或入門書在製作「想要表達的概念」之際，為了尋找想要的功能而花費不必要的時間，甚至有可能一直找不到而原地踏步。事若至此，實在非常可惜。即使有獨創的概念，如果不能呈現出來的話，便不能與他人分享心中已勾勒好的構想。

因此本書歸納出「想要畫出更自然的曲線！」「想要輸出腦海中的圖像！」「文字組合想要更嚴謹」等等各種常出現大家都想要達成的目標，並且盡所能地簡單説明。此外，為了應用在各種場面，本書不會僅有片段式使用方式的解説，也會依據各項功能的設定項目及步驟，加上基本觀念和原理的説明。只要跟著本書的步驟實際操作，一定能擴大應用的範圍。

另外與頁面內容相關的技巧會以「關聯」標題記載在內文下方。參考相關頁面將能更進一步地理解內容，觸類旁通。

除此之外，為了實踐書籍的內容，本書特地準備了範例檔。裡頭包含影像、圖像以及各個設定值。

活用範例檔，不只能學習到單靠文字説明實在難以理解的功能，同時藉由親自操作，也能開啟嶄新設計的創作契機。請各位讀者務必活用本書所提供的範例檔。

在「空無一物的白紙」上會誕生何種畫面，全由讀者的內心自行掌握。希望各位讀者在逐漸熟悉 Illustrator 軟體後，可以創作出許多精彩的插圖和圖文設計。在此當下，如果本書能夠為各位讀者提供任何幫助，那將是我最大的榮幸。

高野雅弘

本書對應版本

Illustrator 2024

本書所記載的資訊以 2024 年 5 月 3 日的「Illustrator 2024」最新版本內容為基礎編纂而成。面板、功能表列的項目名稱以及置入位置，會因為 Illustrator 版本不同而有不同程度的差異。

下載範例檔

本書的範例檔可以從博碩的官方網站下載。

(網址) **https://www.drmaster.com.tw/Bookinfo.asp?BookID=MM12003**

※各項目對應的範例檔儲存在各章資料夾內，並以相同號碼命名。可以作為閱讀本書時的參考。

※下載的範例檔僅供本書學習之用。一切的下載資訊皆有著作權，不得公開或竄改程式碼、圖表、部分圖像或者整體圖像。

讀者服務

非常感謝讀者購買弊社書籍。歡迎讀者對於本書的內容提出意見。閱讀本書的過程中若有不明瞭的地方，請您與弊社聯絡。另外，關於詢問有下列幾點事項。請在提出問題前先確認下列的注意事項。

● 詢問時的注意事項

- 務必使用電子郵件或者信件來提出問題，不接受電話詢問。
- 詢問內容僅限與本書相關的問題。因此，請詳記第幾頁第幾行的哪裡等問題的確切位置。若無明記問題所在位置，本社一律不回答。
- 本社出版品的著作權歸屬於作者，因此問題的答案基本上也會與作者確認後才回覆。等待作者回應可能需要數日的時間，請讀者見諒。

● 聯絡方式

讀者服務信箱：dr26962869@gmail.com

來信請寄：221 新北市汐止區新台五路一段112 號10 樓A 棟

博碩文化股份有限公司

Illustrator
Contents

第 1 章

工具一覽表

工具列在初期設定時，〔基本功能〕中僅顯示使用頻率高的工具，不過本書會使用切換成〔進階設定〕狀態的工具來進行解說。在切換顯示時，請從功能表列中點選擇〔視窗〕→〔工具〕→〔進階設定〕。

分組	圖示	工具名稱	說明	快捷鍵
		選取工具	選取整個物件。	V
A		直接選取工具	選取物件的錨點或路徑區段。	A
A		群組選取工具	選取群組內的物件或者一組群組物件。	無
		魔術棒工具	選取具備共同屬性的物件。	Y
		套索工具	選取物件的錨點或路徑區段。	Q
B		鋼筆工具	繪製直線或曲線，完成物件。	P
B		增加錨點工具	在路徑區段上增加錨點。	+
B		刪除錨點工具	刪除路徑上的錨點。	−
B		錨點工具	互相轉換平滑控制點與尖角控制點。	Shift + C
C		曲線工具	是一項簡單且以視覺化方式繪製漂亮曲線的特殊工具。對應觸控式裝置。	Shift + ~
D		文字工具	製作點狀文字。也能輸入以及編輯文字。	T
D		區域文字工具	將路徑轉換成文字區域，並且在文件區域內輸入文字。或者編輯文字。	無
D		路徑文字工具	將路徑轉換成輸入文字用的路徑，可以沿著路徑輸入・編輯文件。	無
D		垂直文字工具	製作直書文字及文字區域。或者編輯文字。	無
D		垂直區域文字工具	將路徑轉換成直書文字區域，在文件區域內輸入直書文字。 或者編輯文字。	無
D		直式路徑文字工具	將路徑轉換成輸入直書文字專用路徑，並且可以沿著路徑上輸入・編輯直書文字。	無
D		觸控文字工具	利用直覺性操作方式讓未外框化的文字變形。對應觸控式裝置。	Shift + T
E		線段區域工具	繪製直線線段。	\
E		弧形工具	繪製曲線線段。	無
E		螺旋工具	繪製螺旋型曲線。	無
E		矩形格線工具	繪製矩形格線。	無
E		放射網格工具	繪製同心圓格線。	無
		尺寸工具	測量和繪製圖片中的距離、角度和半徑等尺寸。	無
F		矩形工具	繪製正方型或者矩形物件。	M
F		圓角矩形工具	繪製圓角正方型或者矩形的物件。	無
F		橢圓形工具	繪製圓形或者橢圓形的物件。	L
F		多邊形工具	繪製多邊形狀的物件。	無
F		星形工具	繪製各式各樣形狀的星形物件。	無
F		反光工具	繪製透鏡反光物件。	無
G		繪圖筆刷工具	隨心所欲地繪製線條，並且將〔線條圖〕、〔散落〕、〔沾水筆〕、〔毛刷〕、〔圖樣〕的各種筆刷套用在現有路徑。	B
G		點滴筆刷工具	繪製拖放的軌跡與原本路徑重疊，並且套用〔滴管筆刷〕工具的物件。	Shift + B
H		Shaper 工具	將粗略繪製的圖形轉換成圓形、四邊正、多邊形等等的幾何圖形。另外，也可以合併多個的圖形。相當適合在觸控式裝置上進行操作。	Shift + N
H		鉛筆工具	隨手繪製並且編輯完成的線條。	N
H		平滑工具	讓路徑變得平滑。	無
H		路徑橡皮擦工具	擦除物件的路徑區段或者錨點。	無
H		合併工具	可以輕易地結合交錯或者重疊的開放路徑。	無
I		橡皮擦工具	擦除拖曳的物件區域。	Shift + E
I		剪刀工具	在指定位置切割路徑區段。	C
I		美工刀工具	切割物件或者路徑。	無

圖示	工具名稱	說明	快捷鍵
J	旋轉工具	以控制點為基準旋轉物件。	R
	鏡射工具	以控制點為基準反轉物件。	O
	縮放工具	以控制點為基準放大縮小物件。	S
K	傾斜工具	以控制點為基準傾斜物件。	無
	改變外框工具	拖曳錨點，在保持原路徑的狀態下進行縮放。	無
	寬度工具	以拖曳的方式在物件的線條上加入強弱，產生粗細的變化。	Shift + W
L	彎曲工具	拖曳物件讓物件像黏土般伸縮變形。除此之外，還設有與變形物件同系列的工具，如〔扭轉〕、〔縮攏〕、〔膨脹〕、〔扇形化〕、〔結晶化〕、〔皺摺〕等等 6 種工具。	Shift + R
M	任意變形工具	為放大、縮小、旋轉、扭曲物件的變形工具。對應觸控式裝置。	E
	操控彎曲工具	在圖稿上增加圖釘，利用拖放的方式讓物件自然變形。對應觸控式裝置。	無
	形狀建立程式工具	在重疊的路徑上進行合併、分割、刪除等合成作業。	Shift + M
N	即時上色油漆桶	在即時上色群組面以及輪廓線上填色。	K
	即時上色選取工具	選取即時上色群組內的面以及輪廓線。	Shift + L
O	透視格點工具	製作具備遠近感的格點。在格點上繪製物件的話，物件就能自動地變形成具有遠近感的形狀。	Shift + P
	透視選取工具	選取在遠近格點上的物件。	Shift + V
P	網格工具	製作／編輯網格物件。	U
Q	漸層工具	調整物件內漸層的開始點、結束點以及角度。或者是物件套用漸層效果。	G
R	檢色滴管工具	針對物件內的顏色、文字、外觀屬性進行取樣，並且套用在其他物件。	I
	測量工具	測量兩點間的距離。	無
S	漸變工具	在多個物件間建立顏色與形狀產生變化的一排逐漸變化的物件。	W
T	符號噴灑器工具	在工作區域以組合方式置入多個符號範例。除此之外，還有準備 7 項與處理符號同系列的工具，如〔符號偏移器〕、〔符號壓縮器〕、〔符號縮放器工具〕等。	Shift + S
U	長條圖工具	利用直式長條圖製作比較數值的圖表。除此之外，還有準備與製作圖表同系列的工具，如〔堆疊長條圖工具〕、〔折線圖工具〕、〔散佈圖工具〕、〔圓形圖工具〕等 8 種工具。	J
V	工作區域工具	製作／編輯工作區域。	Shift + O
W	切片工具	製作轉存為網頁用的切片。	Shift + K
	切片選取範圍工具	選取轉存為網頁用的切片。	無
X	手形工具	拖曳並移動文件視窗內的顯示範圍。	H
	旋轉檢視工具	可以讓畫布方向變更為特定角度。	Shift + H
	列印並排工具	調整頁面上的格點，及決定列印頁面上的圖稿位置。	無
Y	放大鏡工具	調整文件視窗內的顯示比例。	Z
	〔切換填色與筆畫〕	切換〔填色〕與〔筆畫〕的顏色。	Shift + X
	〔預設填色與筆畫〕	將填色與筆畫的顏色恢復成預設值（〔填色：白色〕〔筆畫：黑色〕）。	D
	〔填色〕	顯示目前的〔填色〕。按二下滑鼠左鍵，會出現檢色器，可以改變顏色。	X
	〔筆畫〕	顯示目前的〔筆畫〕顏色。按二滑鼠左鍵，會出現檢色器，可以改變筆畫顏色。	X
	〔設定填色模式〕	將已經套用漸層或者圖樣的物件，或者顏色設定為無的〔填色〕與〔筆畫〕上套用最後選擇的單色。	<
	〔設定漸層模式〕	將最後選取的漸層模式套用在選取的物件。	>
	〔無〕	將〔填色〕及〔筆劃〕的顏色設定為無。	/
	〔繪圖模式〕	將繪圖模式切換成〔一般繪製〕、〔繪製下層〕或者〔繪製內側〕。	Shift + D
	〔變更螢幕模式〕	切換螢幕模式。	F
	編輯工具列	編輯工具列上顯示的項目。	無

J K L M N O P Q R S T U V W X Y

面板一覽表

以下將介紹顯示面板選項時的面板畫面。若無顯示與目前工作環境相關的面板選項時，可以到各面板右上方的面板選單中選取〔顯示面板選單〕，就會顯示面板選項。

控制物件〔填色〕與〔筆畫〕的面板

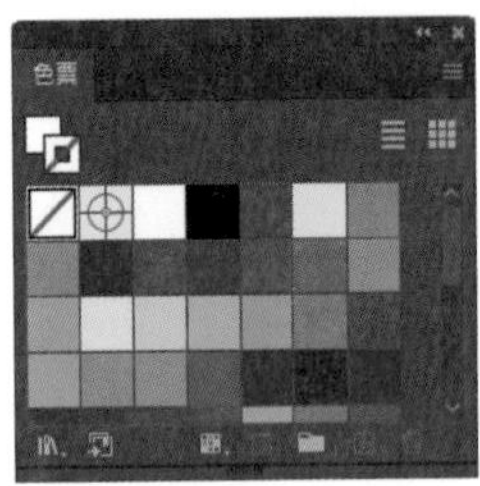

●〔色票〕面板

儲存以及套用製作完成的〔顏色〕、〔漸層〕、〔圖樣〕等色票。 會特別顯示選取的物件所套用的色票。

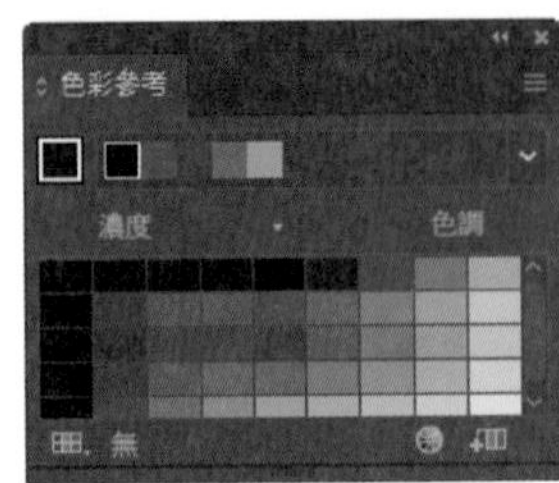

●〔色彩參考〕面板

顯示與目前的〔填色〕或者〔筆畫〕的顏色調和後的顏色。另外，色彩組合也會儲存在色票面板。

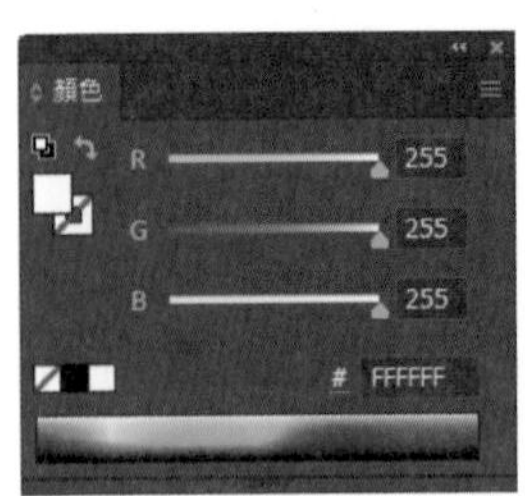

●〔顏色〕面板

編輯顏色並且套用在物件的〔填色〕或者〔筆畫〕上。面板的顏色模式可以切換為〔灰階〕、〔RGB〕、〔HSB〕、〔CMYK〕、〔轉存為網頁用 RGB〕。

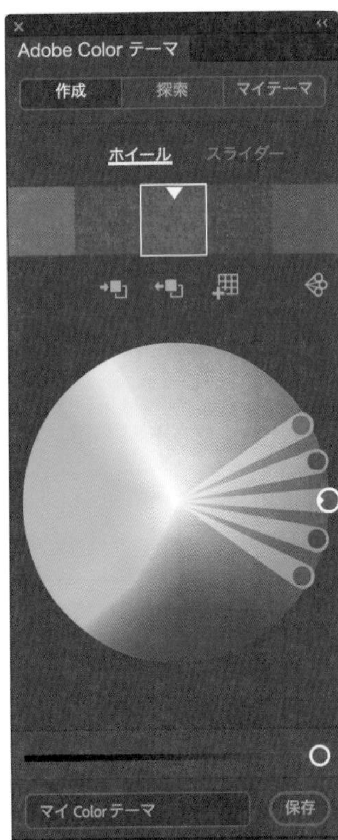

●〔Adobe Color 主題〕面板

連線至網際網路後，可以從 5 個顏色中製作・公開・分享顏色主題。另外也可以搜尋・新增其他使用者公開的顏色主題。※ Adobe 已於 2021 年 7 月 22 日停用此主題面板。

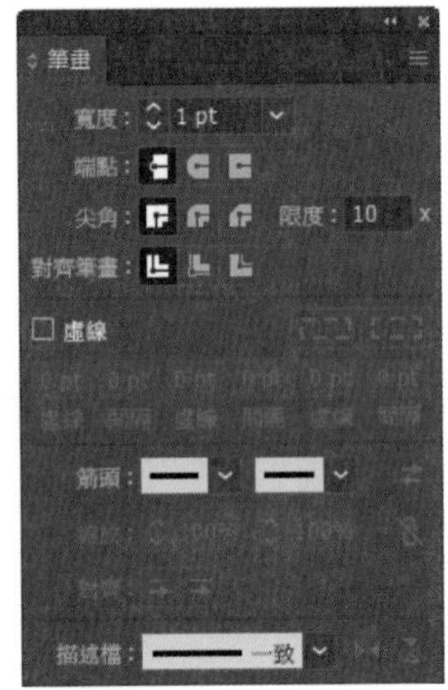

●〔筆畫〕面板

進行筆畫寬度、筆畫樣式與角度比例等等與〔筆畫〕相關的設定。顯示選項的話，也可以將路徑的端點設定為箭頭。

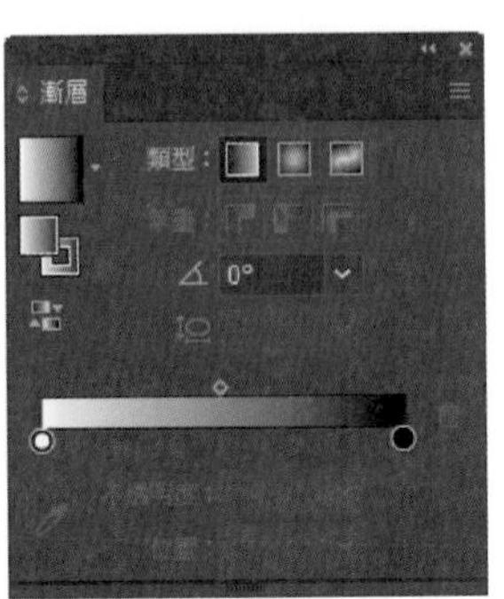

●〔漸層〕面板

進行套用・製作・變更漸層顏色。也可以編輯各個分歧點的顏色或不透明度，成為色彩豐富的漸層顏色。

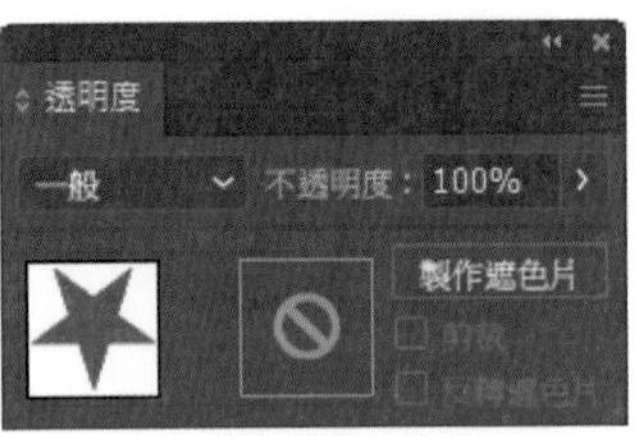

●〔透明度〕面板

設定物件的不透明度與繪圖模式。另外，也可以製作不透明遮色片。

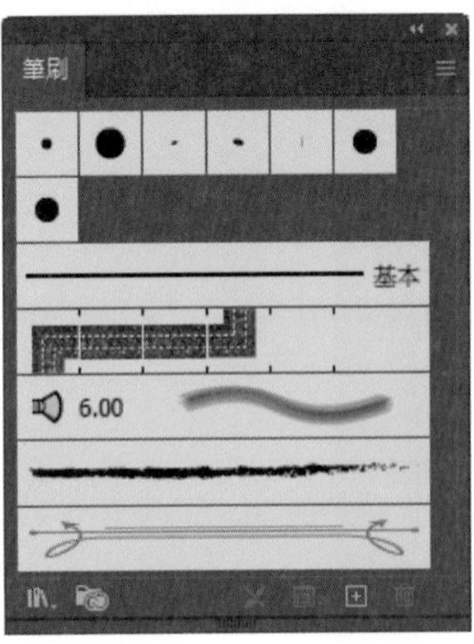

●〔筆刷〕面板

顯示文件中使用的筆刷。進行製作以及儲存筆刷作業。筆刷分成〔線條圖筆刷〕、〔散落筆刷〕、〔毛刷筆刷〕、〔圖樣筆刷〕、〔沾水筆筆刷〕等 5 種類型。

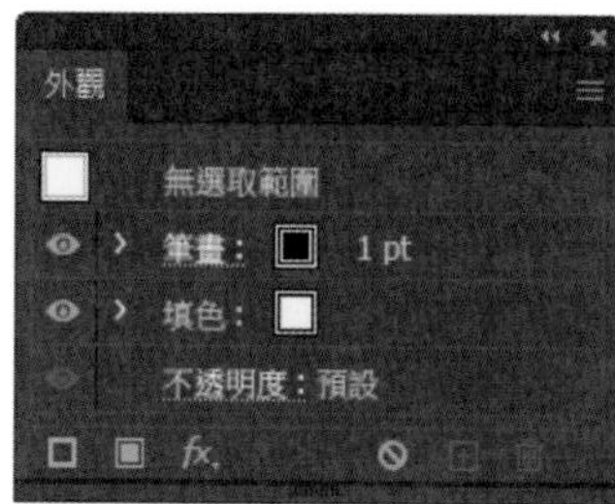

●〔外觀〕面板

設定物件、群組物件或者圖層的〔填色〕、〔筆劃〕、〔不透明度〕、〔效果〕等外觀屬性。

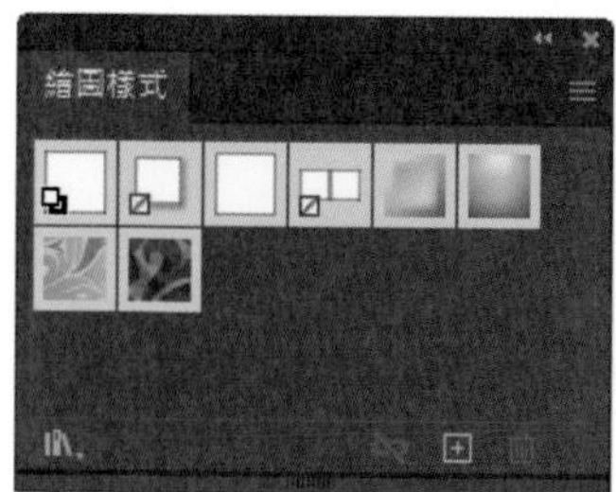

●〔繪圖樣式〕面板

進行外觀屬性組的儲存‧套用工作。

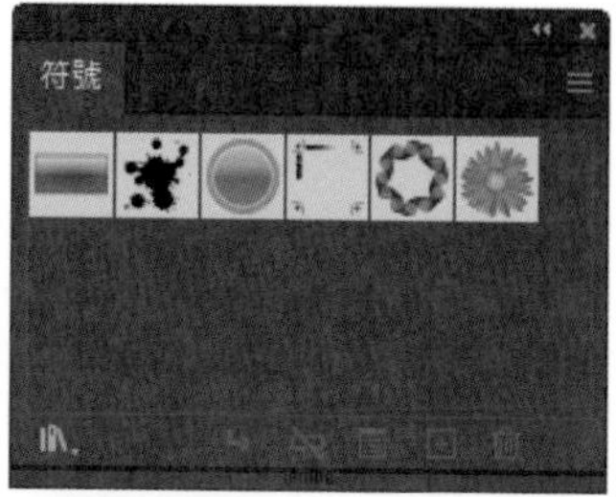

●〔符號〕面板

管理文件內的符號。符號也可以用 SWF 格式或者 SVG 格式的檔案轉存。

控制文字的面板

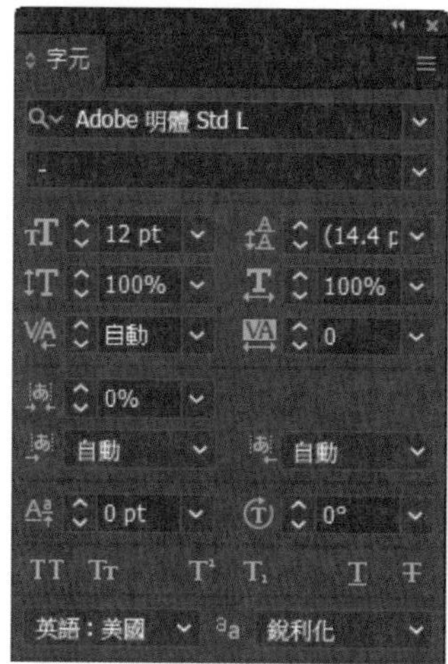

●〔字元〕面板

進行與文字物件的字體、字體大小、字元間距、行距等等與文字相關的各種文字型式設定。另外，在面板選單中可以進行進階設定。

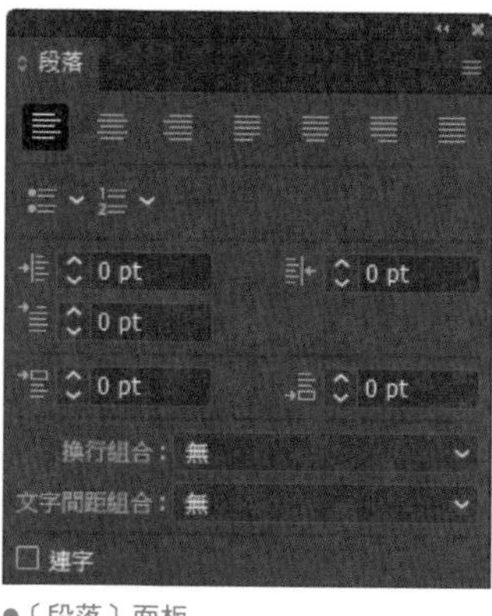

●〔段落〕面板

進行文字物件的對齊、置中、縮排、段落間距等等的設定。另外，在面板選單中可以進行進階設定。

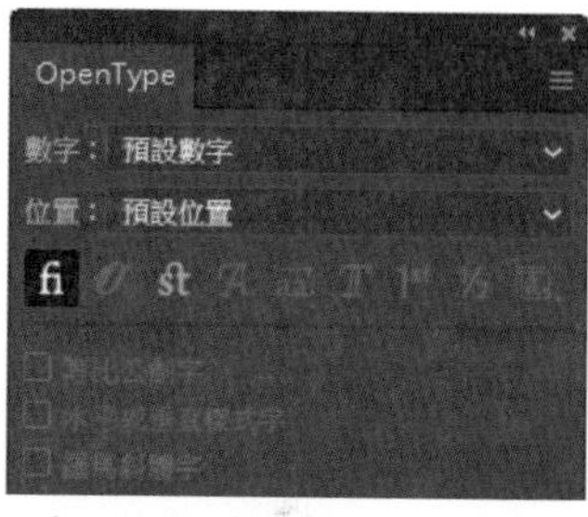

●〔OpenType〕面板

設定 OpenType 特殊字元。利用面板操作進行套用包含使用 OpenType 字體的連字、花飾字。

●〔字元樣式〕面板

可以製作‧編輯‧套用歸納文字型式屬性的〔字元樣式〕。利用字元樣式便能統一文件內的文字型式。

●〔字符〕面板

可以顯示及插入字體的字符。另外，也能顯示特殊字元。

●〔段落樣式〕面板

可以製作‧編輯‧套用歸納文字型式與段落型式雙方屬性的段落樣式。

利用段落樣式便能統一文件內的段落型式。

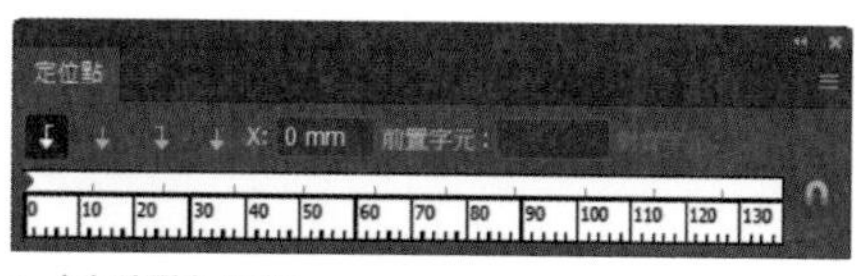

●〔定位點〕面板

設定段落或者文字物件的定位點。

確認或者操作資訊的面板

●〔圖層〕面板

顯示・編輯〔圖層〕層級以及設定。操作〔圖層〕面板，可以切換物件的排列順序以及顯示／隱藏物件。

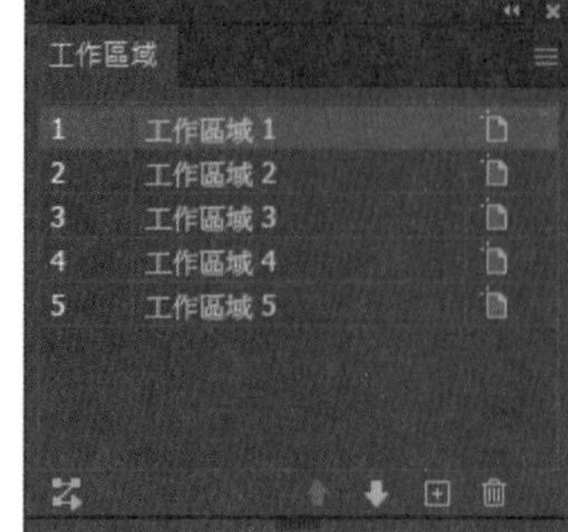

●〔 工作區域〕面板

主要工作為管理以及變更與新增・刪除工作區域、選取工作區域、編輯工作區與名稱等等與工作區域相關的各種資訊。

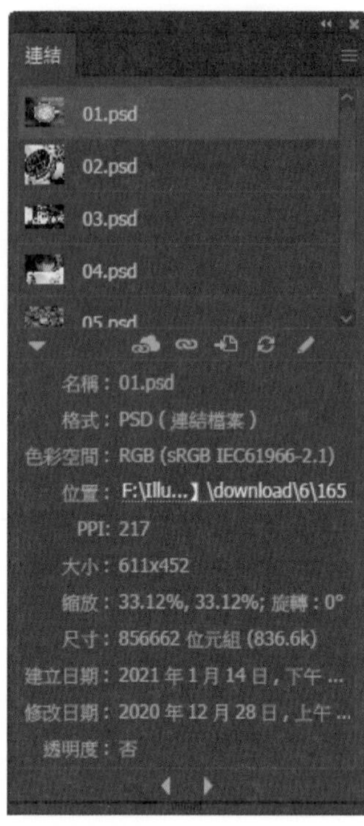

●〔連結〕面板

顯示以及管理文件內置入的連結影像檔案、內嵌檔案以及點陣化的路徑物件的資訊。

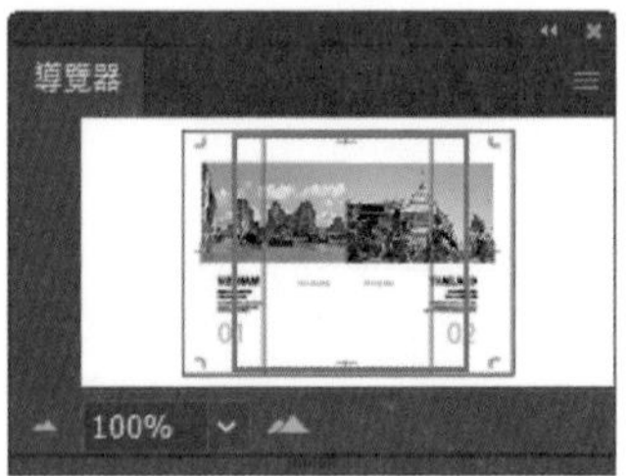

●〔導覽器〕面板

紅色框線的〔預視框〕用來標示目前的顯示範圍。另外，也可以利用拖曳預視框的方式，來移動顯示範圍。

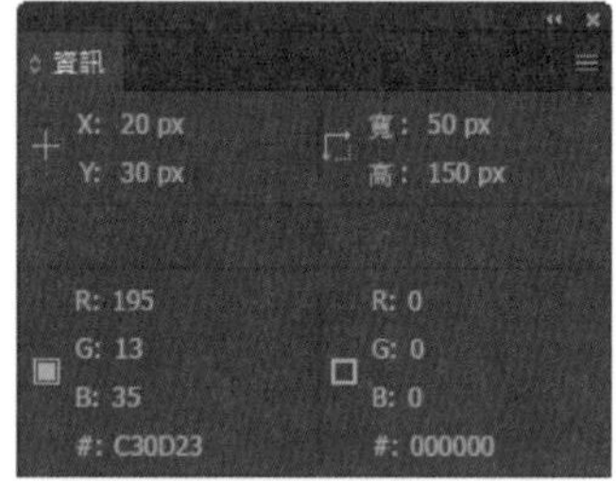

●〔資訊〕面板

顯示選取的物件、滑鼠游標所在區域的資訊。例如，選取物件時，資訊面板上會顯示該物件的 X、Y 座標值、寬度 (W)、高度 (H)、顏色。

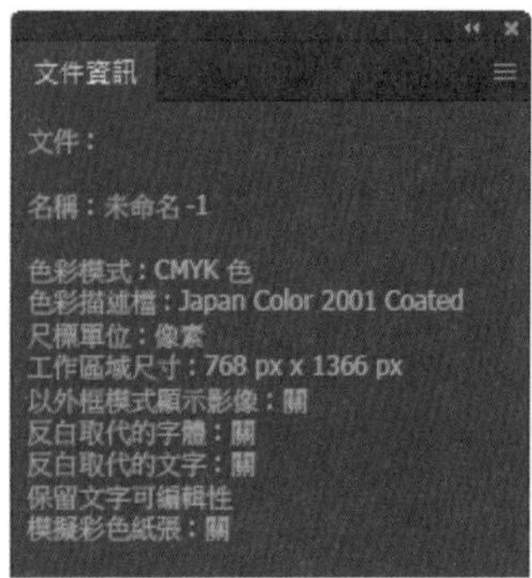

●〔文件資訊〕面板

顯示文件內各種資訊（物件、繪圖樣式、特色、樣式漸層、字體、置入檔案名稱及數量等等）。顯示的內容也可以利用面板選單進行切換。

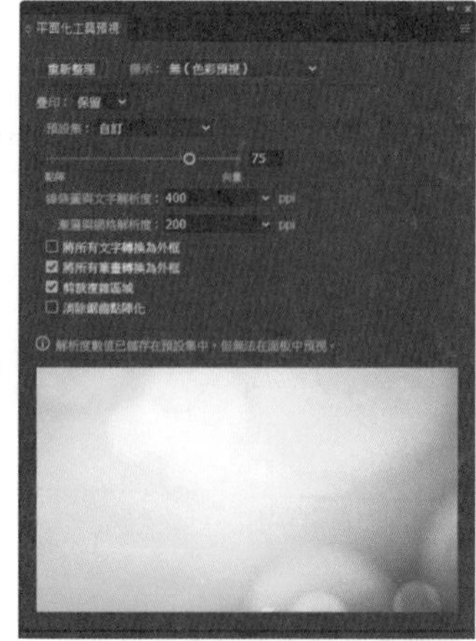

●〔平面化工具預視〕面板

以反白顯示符合平面化特定條件的圖稿區域。另外，也可以進行平面化選項的編輯與儲存作業。

●〔分色預視〕面板

利用切換顏色有效／無效，便能確認色彩分解輸出時的顯示狀態。

執行轉存資料或轉存時的設定的面板

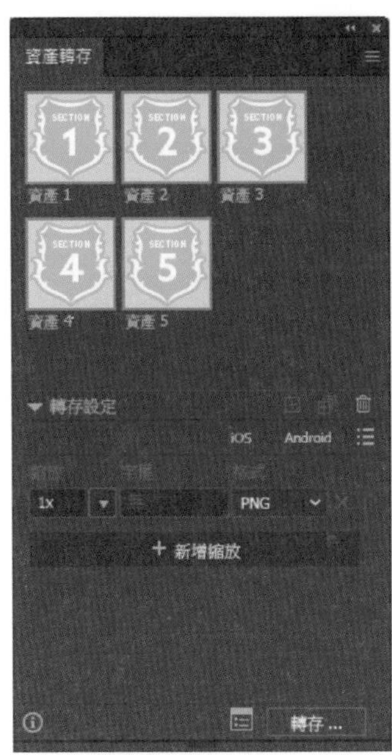

●〔資產轉存〕面板

可以在不限制檔案大小及檔案格式的條件下轉存各個圖稿或者整個工作區域。

●〔SVG 互動〕面板

以 SVG 格式轉存用於顯示在瀏覽器的圖稿之際，可以新增互動面板。另外，也能顯示分配到文件內的事件與 JavaScript 檔案。

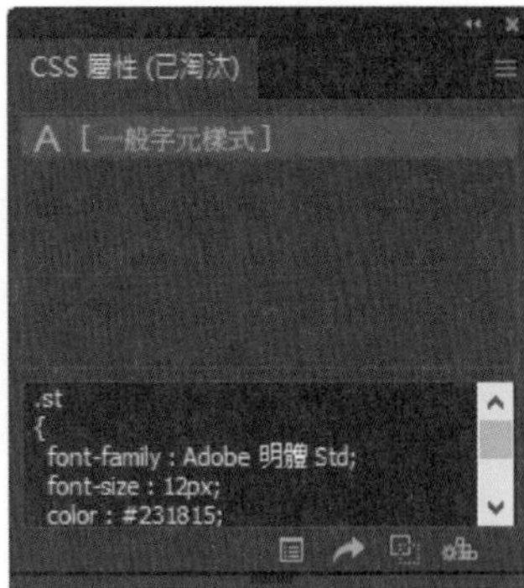

●〔CSS 屬性〕面板

複製套用於字元樣式或者物件的背景顏色後貼到網站程式編寫軟體的話，就能將圖稿以 CSS 格式轉存。

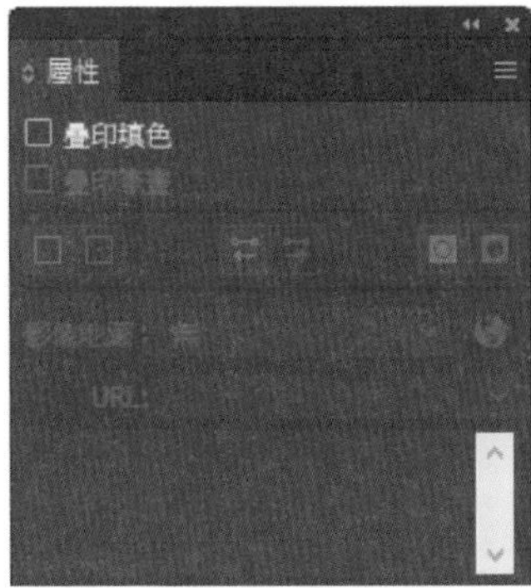

●〔屬性〕面板

設定與物件屬性相關的設定，如疊印的設定、網站用影像地圖、複合路徑的填色規則等等。

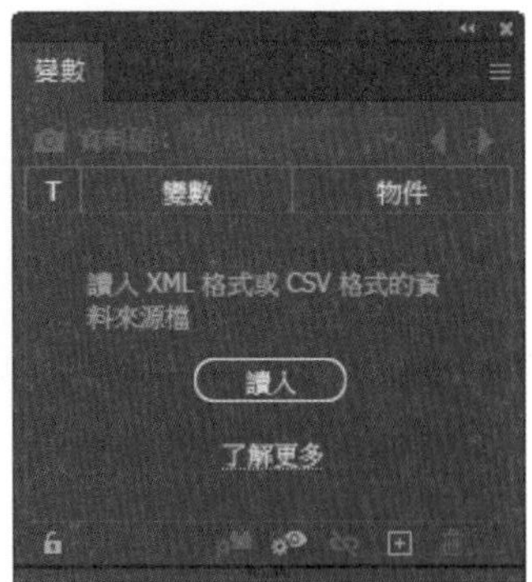

●〔變數〕面板

顯示資料驅動型繪圖所使用的文件內各種變數種類和名稱。

變形或對齊物件的面板

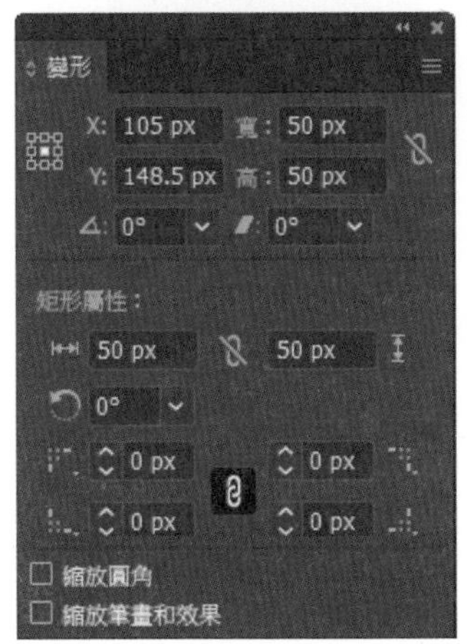

●〔變形〕面板

管理・編輯選取的物件位置與大小、方向。變形物件之際，可以設定〔縮放筆畫和效果〕〔縮放角度〕之有無，或者從面板選單點選〔只變形物件〕〔只變形圖樣〕〔變形二者〕等各種變形選項。

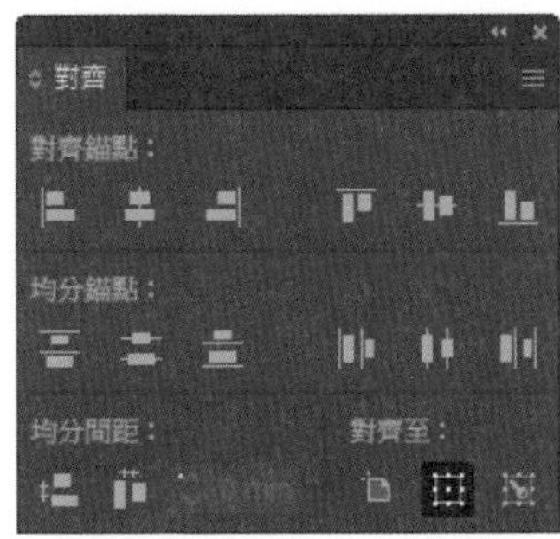

●〔對齊〕面板

可以對齊或者平均分布選取的物件。此時，也能夠以特定的物件或工作區域為基準進行設定。

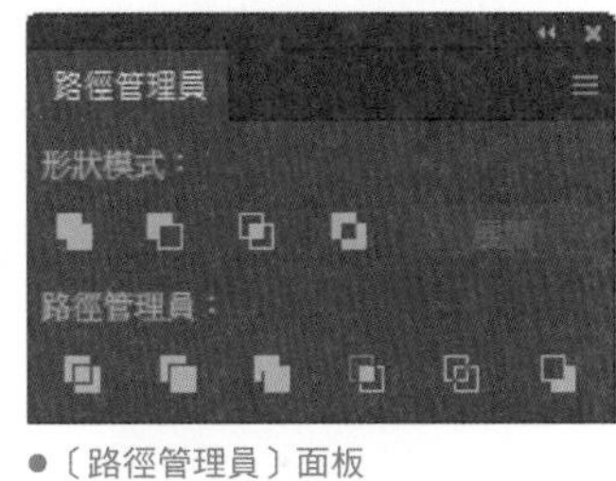

●〔路徑管理員〕面板

對多個重疊的路徑物件進行合併・裁切・分割等等各種合成作業。另外，也可以製作複合形狀的路徑。

其他面板

●〔應用程式列〕

文件視窗的版面切換以及工作區域的切換，在 Windows 會以功能表列顯示。

●〔控制〕面板

會顯示對於編輯目前使用中工具所選取的物件能夠派上用場的選項。另外，按一下出現下虛線的文字，就會出現面板。

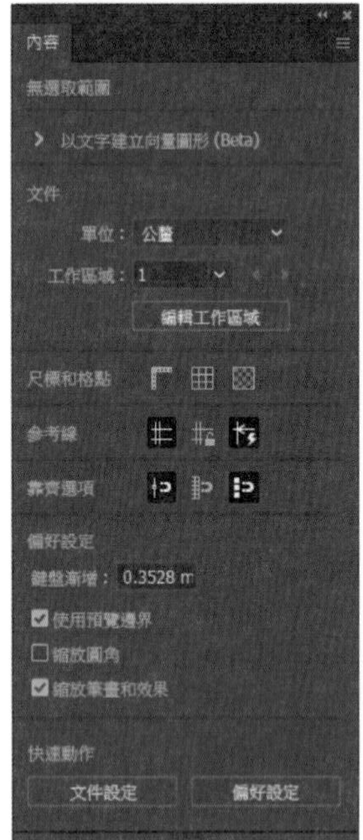

●〔內容〕面板

會顯示對於編輯目前使用中工具所選取的物件能夠派上用場的選項。由於一個面板就可以進行各種操作作業，因此能夠縮減工作區域的空間。

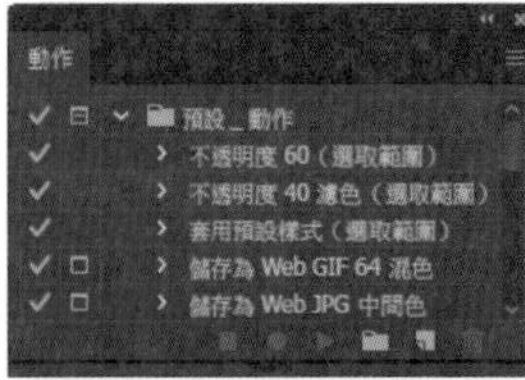

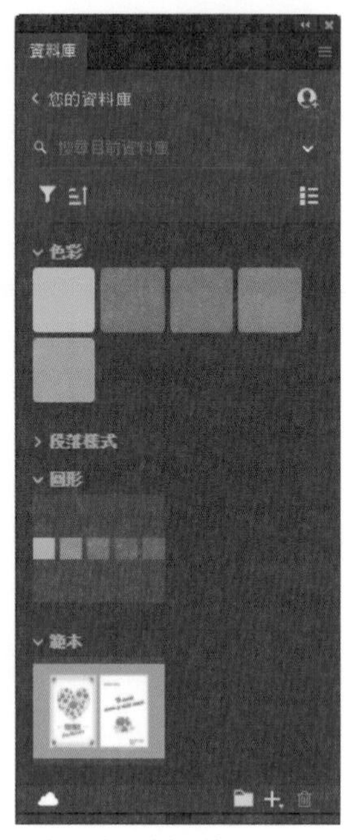

●〔CC 資料庫〕面板

選取物件，在面板左下方〔新增內容〕點選〔圖形〕、〔字元樣式〕、〔填色顏色〕等等將設定新增到資料庫。資料庫可以與其他文件、Adobe Creative Cloud Desktop 或其他行動應用程式以及其他使用者分享。

●〔動作〕面板

將一連串的工作記錄成動作，並且按一下動作的處理內容，便能立即執行動作。另外，也可以進行編輯．刪除作業。面板上設有初始設定值，可以套用在頻繁使用的作業上。

●〔魔術棒〕面板

主要在自訂〔魔術棒〕工具時使用。欲利用〔魔術棒〕工具選取同一個物件時，將〔填色〕或〔筆畫〕的顏色、〔筆畫寬度〕、〔不透明度〕、〔繪圖模式〕的容許度值設定為 0。另一方面，欲區別類似物件時，設定任意的容許度值。

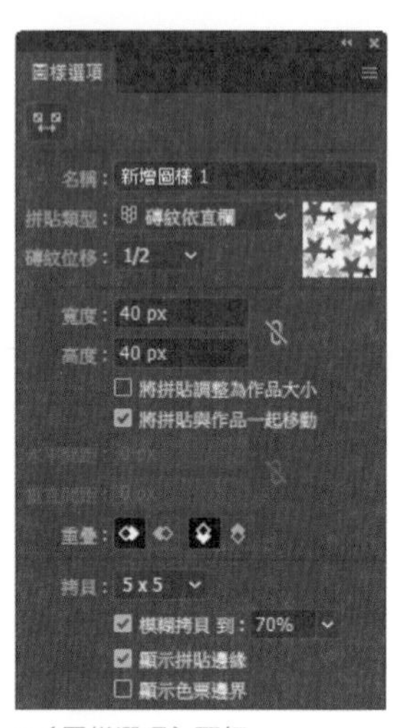

●〔圖樣選項〕面板

編輯登錄的圖樣色票。可以在面板上設定圖樣名稱或拼貼類型、圖樣的寬度或高度等等。

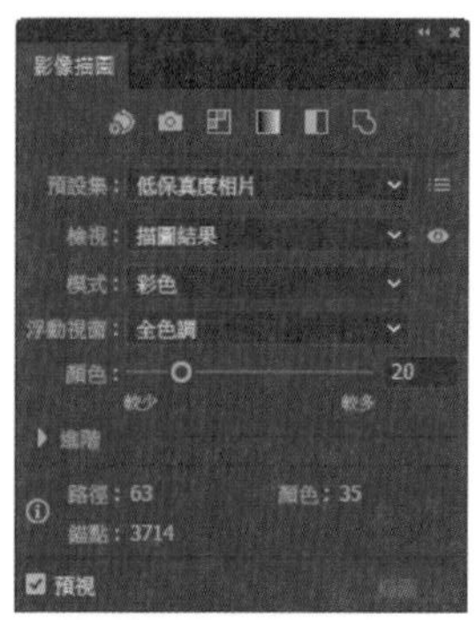

●〔影像描圖〕面板

按一下面板下方的〔描圖〕，就能繪製置入文件內的影像。描圖後也可以指定色彩模式或色數、影像解析度等等。

第 1 章

Illustrator 的基本操作與設定

001 工具列的基本操作

在 Illustrator 上的操作大多都是以工具面板為起點。因此，只要預先掌握工具面板的基本操作，就可以讓作業效率更加提升。

step 1

按一下工具列上方的箭頭 ❶，就能切換要顯示單行還是雙行的工具列。

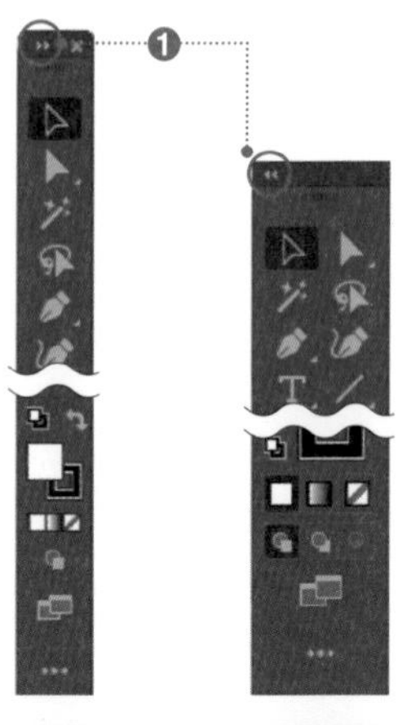

在初始設定，唯有使用頻率高的工具會顯示在〔基本功能〕。從功能表列中點選〔視窗〕→〔工具〕→〔進階〕，就能切換成〔偏好設定〕視窗顯示工具的提示。

step 2

工具列的各個工具圖示，若右下方顯示有小三角形的記號 ❷，即表示其中有隱藏著與顯示圖示相關的其他工具。

這個時候，只要在工具圖示上，按住滑鼠左鍵不放，就會在下拉式選單中出現其他工具 ❸。

> **Tips**
>
> 按住 Alt（option）的同時，點擊工具圖示，隱藏的工具就會在工具列中依序顯示。

step 3

在工具圖示上，按住滑鼠左鍵不放，並且在顯示隱藏的工具之後，按一下右邊三角形的部分 ❹。如此一來，隱藏工具的視窗就可以從工具列中獨立成另一個工具面板。事先將頻繁使用的工具設為獨立的面板，作業時就可以快速選擇，相當方便。

按一下〔關閉〕就能回復到預設的狀態 ❺。

點擊獨立工具面板上方的箭頭 ❻，就能切換成直式・橫式視窗。

> **Tips**
>
> 工具列可以自訂。
>
> 從功能表列點選〔視窗〕→〔工具〕→〔新增工具面板〕，在顯示的對話框設定工具列的名稱。如此一來，由於會顯示空的工具列 ❼，所以按一下〔編輯工具列〕❽，會出現工具一覽表，此時拖放任一工具到空的工具列 ❾。即完成登錄作業 ❿。

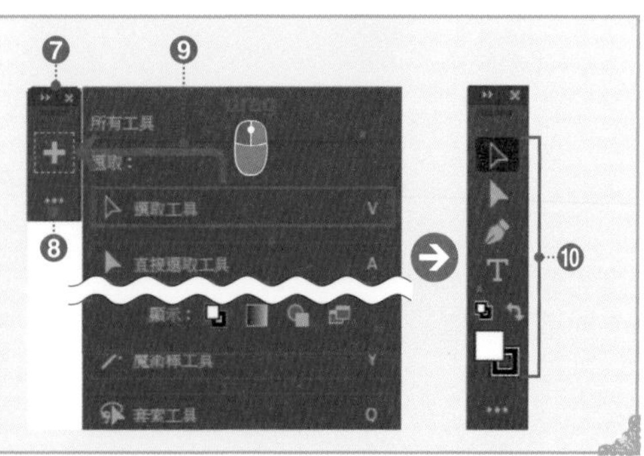

002 自訂並儲存面板的位置

畫面所顯示的面板種類、位置與大小，皆能儲存為自訂工作區域。只要預先將面板設定成有利於個人使用的狀態，就可以提升工作效率。

step 1

Illustrator 的預設值預設〔網頁〕、〔列印與校樣〕、〔繪圖〕等各種工作區域。所謂**預設集**，其主要功能為維持套用各項作業的面板的種類及位置。

〔視窗〕→〔工作區〕可以選擇預設集 ❶。選擇任何一項預設集的話，畫面的面板結構會變更成適用於選取的作業內容的面板。

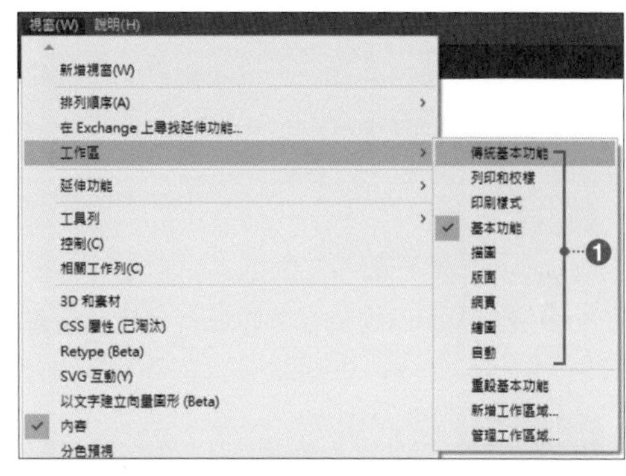

step 2

在 Illustrator ，使用者獨自的設定也可以儲存於**〔自訂工作區域〕**。

欲儲存自訂工作區域時，調整面板種類或者位置、大小的狀態下 ❷，點選〔視窗〕→〔工作區〕→〔新增工作區域〕，就會顯示〔新增工作區域〕對話框。

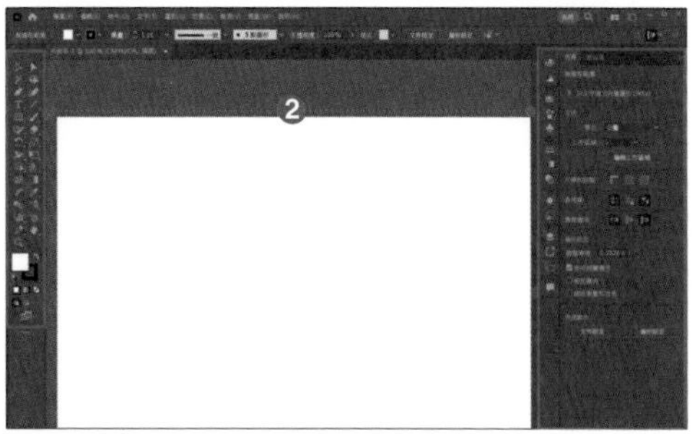

step 3

輸入工作區名稱後 ❸，按一下〔確定〕。即完成儲存作業。

欲使用儲存的工作區域時，從〔視窗〕→〔工作區〕，點選儲存的工作區域名稱。

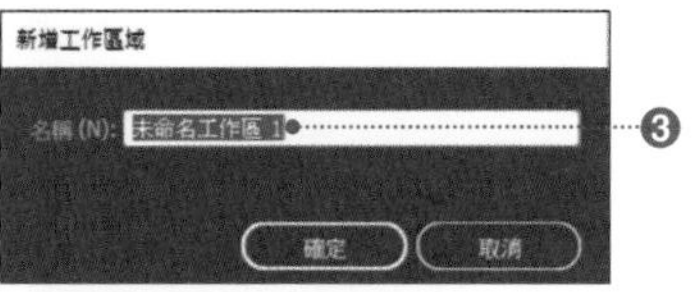

step 4

點選〔視窗〕→〔工作區〕→〔管理工作區域〕，會出現〔管理工作區域〕對話框 ❹，在對話框上可以進行變更工作區域名稱或者儲存、複製、刪除工作區域 ❺。

另外，工作區域的相關操作，也可以按一下應用程式列右上方顯示「切換工作區」的圖式進行操作 ❻。

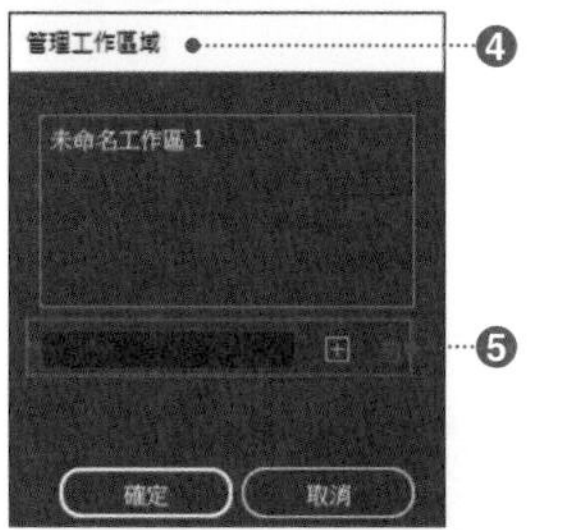

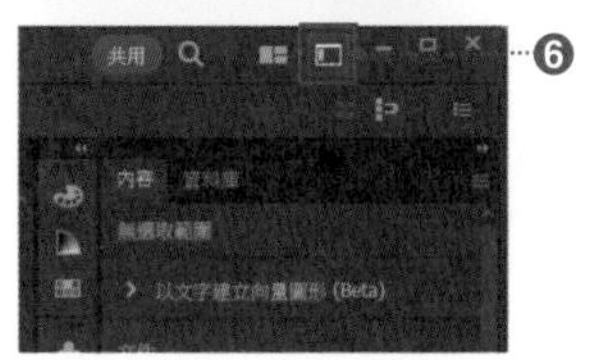

相關 面板一覽表：P12 工具列的基本操作：P18

003 變更面板與畫布的顏色

點選〔偏好設定〕→〔使用者介面〕就能變更介面的顏色與亮度。配合製作的工作區域作業內容適度地變更吧。

step 1

欲變更介面顏色與亮度時，從功能表列中點選〔編輯〕→〔偏好設定〕→〔使用者介面〕後會出現〔偏好設定〕對話框。

點選〔亮度〕❶。

另外，點選〔畫布顏色：白色〕的話 ❷，就能在不改變介面顏色的情況下將畫布顏色切換成白色。

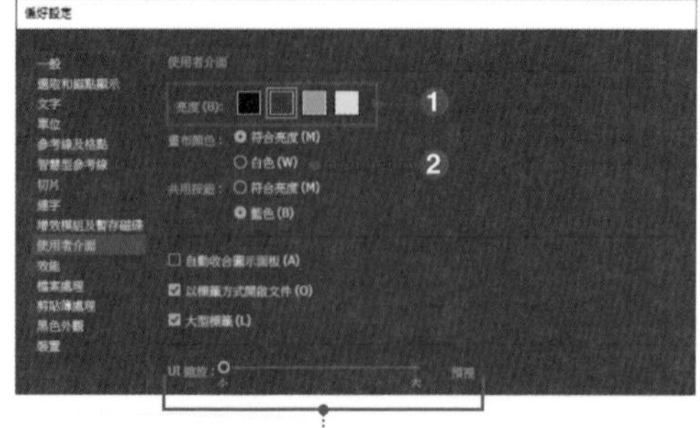

變更〔使用者介面縮放〕的話，可以放大面板或者工具列等等的介面大小。

step 2

指定亮度的話，介面整體顏色會如右圖般變化 ❸。

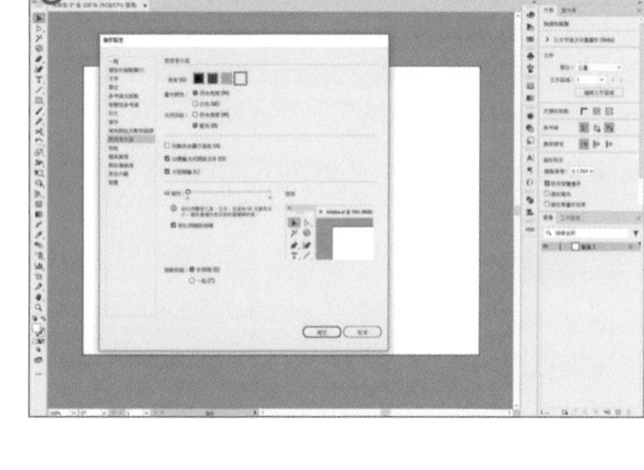

step 3

另外，從功能表列中點選擇〔檢視〕→〔顯示透明格點〕的話，工作區域和畫布的背景會出現白色與灰階的透明格點 ❹。

將白色物件置入工作區域或者將與畫布同色系的物件置入畫布上時，根據需求，適當地切換顯示的格點也是不錯的方法。

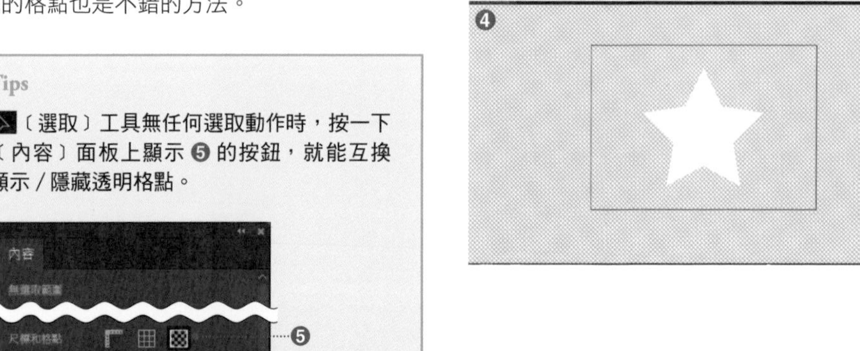

Tips

〔選取〕工具無任何選取動作時，按一下〔內容〕面板上顯示 ❺ 的按鈕，就能互換顯示／隱藏透明格點。

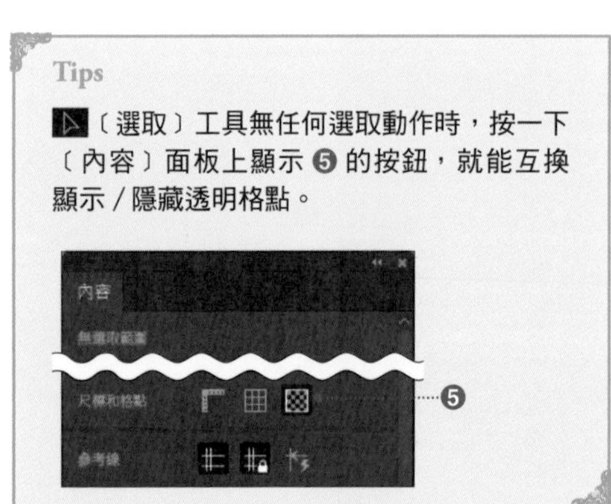

相關 工作列的基本操作：P18　自訂面板的位置：P19

004 新增文件

新增文件時，可以依照目的或者用途點選〔新增文件〕對話框內的類別標籤，再選擇符合目的的預設集。

step 1

開啟 Illustrator，會出現主畫面，因此，按一下**左上角的〔新檔案〕❶**，便會出現〔新增文件〕對話框。

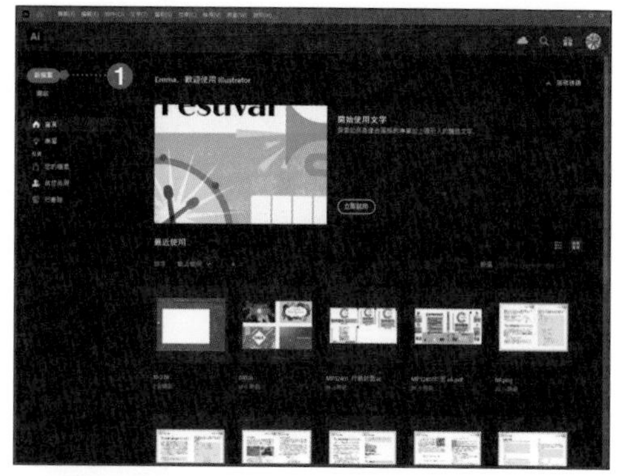

Short Cut 新增文件

Win Ctrl + N　Mac ⌘ + N

Tips

從功能表列中點選〔檔案〕→〔新增〕，也會出現〔新增文件〕對話框。

step 2

在檔案的選項中，任意地選擇符合用途的類別標籤 ❷，再從顯示的文件預設集裡，選擇任一項目 ❸。範例為點選〔列印〕→〔A4〕後，按一下〔**確定**〕❹。

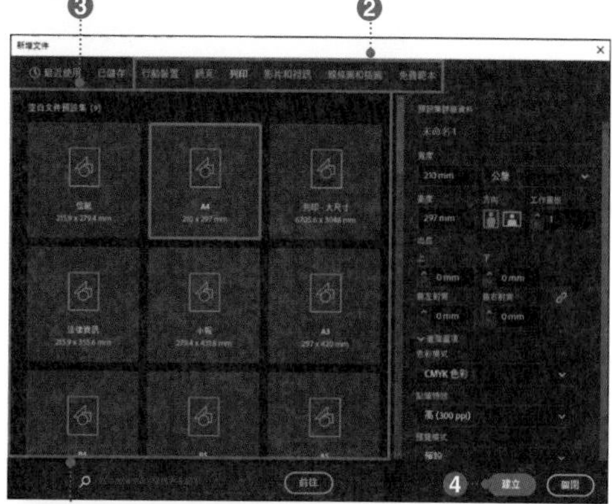

選擇描述檔的類別標籤後，會出現每一個標籤的各種範本（參考 p.32）。

Tips

預設集的各項詳細設定，請參考下一頁。

step 3

開啟文件視窗。畫面中央的白色部分為工作區域 ❺。這個範圍是印刷、輸出的目標範圍。在這裡選擇的是〔A4〕的預設集，因此會出現 A4 大小的工作區域。

相關 工作區域的設定、操作：p.22 p.34 p.35 p.36　設定文件的點陣化效果：p.252

005 在新增文件對話框中，設定預設集的詳細資料

假設〔新增文件〕對話框中並無符合製作物用途的預設集時，先選擇與目的用途相近的類別標籤，再選擇預設集後，變更〔預設集詳細資料〕設定。

step 1

叫出〔新增文件〕對話框，並且點選在描述檔類別標籤中的任一項目，從顯示的文件預設集裡隨意地選擇一個項目後，右側會出現**〔預設集詳細資料〕**。

配合製作物的用途，設定大小或者多個工作區域等等項目。

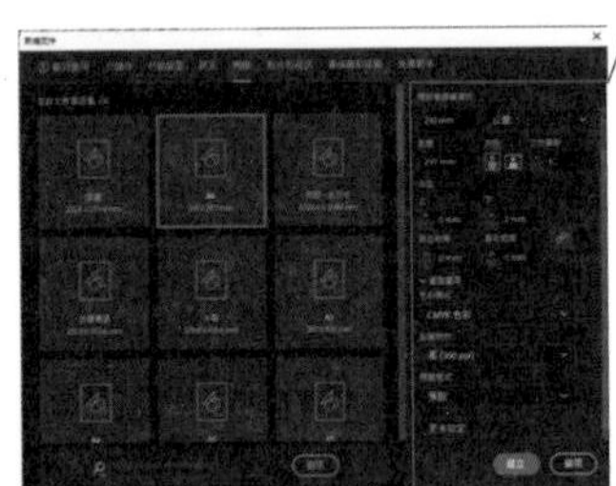

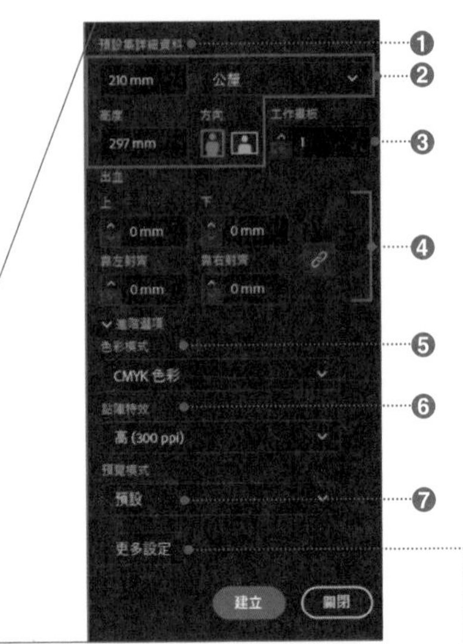

若為舊版本的〔新增文件〕對話框，則勾選〔偏好設定〕對話框→〔一般〕→〔使用舊版「新增文件」對話框〕。另外，按一下〔偏好設定〕的話，也可以在出現的〔偏好設定〕對話框進行相同的設定。

◎〔新增文件〕對話框的設定項目

項目	內容
❶ 名稱	輸入文件的檔案名稱。
❷ 寬度、高度、方向	設定工作區域的大小。設定後會自動輸入選擇的預設集設定值。在**〔寬度〕**和**〔高度〕**輸入數值的話可以變更區域大小。也能變更**〔單位〕**。變更**〔方向〕**的話，輸入的〔寬度〕和〔高度〕數值會隨之切換。
❸ 工作區域	設定工作區域的數值。工作區域的詳細說明請參考 **p.34**。
❹ 出血	在工作區域的邊界外設定出血。所謂**〔出血〕**是指設定在工作區域外側的留白領域，在商務印刷時，印刷過後裁切捨棄掉的部分（參考右圖）。這個領域是為了想在印刷品的角落配置影像或圖稿的狀況下，即使裁切後也不會留白而設。一般的商務印刷，會在**〔上方〕〔下方〕〔左側〕〔右側〕**各設定 3mm。另外，若非商務印刷，則無須特別設定〔出血〕。
❺ 色彩模式	選擇色彩模式。一般來說，若以印刷為目的製作資料的話，選擇**〔CMYK〕**，若是以顯示在網頁等等電腦螢幕為目的時，則選擇**〔RGB〕**。
❻ 點陣特效	設定對向量圖物件套用點陣化效果時的**〔詳細〕**。從標籤中選擇**〔印刷〕**的話，會設定〔高（300ppi）〕，除此以外，還會設定〔螢幕（72ppi）〕（關於點陣化效果的詳細說明參考 **p.252**）。
❼ 預覽模式	設定**〔預設〕**的話，文件上的圖稿會設定成全彩的向量圖。由於後續也能進行變更，故建議設定為〔預設〕。

 相關 新增、複製、刪除工作區域：**p.35** 〔工作區域〕面板操作：**p.36** 轉換為工作區域：**p.37**

006 正確儲存檔案

Illustrator 可以因應目的選擇儲存格式或者儲存的檔案版本。不過，若無特殊理由，一般來說會以使用中的〔Adobe Illustrator (*AI)〕格式儲存。

從功能表列中點選〔檔案〕→〔儲存〕後會出現對話框。

指定檔案名稱及儲存位置 ❶，若無特殊理由的話，選擇〔Adobe Illustrator (*AI)〕❷，並且按一下〔儲存〕❸。

另外，儲存的舊檔，同樣以和〔檔案〕→〔儲存〕的相同條件重新存檔。

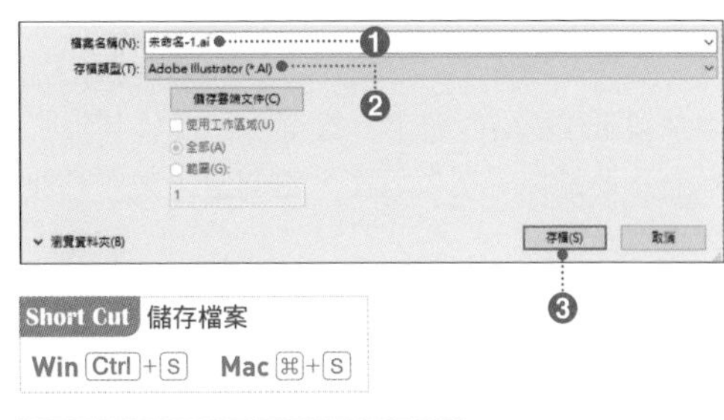

Short Cut 儲存檔案

Win Ctrl+S　Mac ⌘+S

由於會出現〔Illustrator 選項〕對話框，所以在設定各個選項後，按一下〔確定〕❹。如此一來，檔案就會儲存在指定位置。

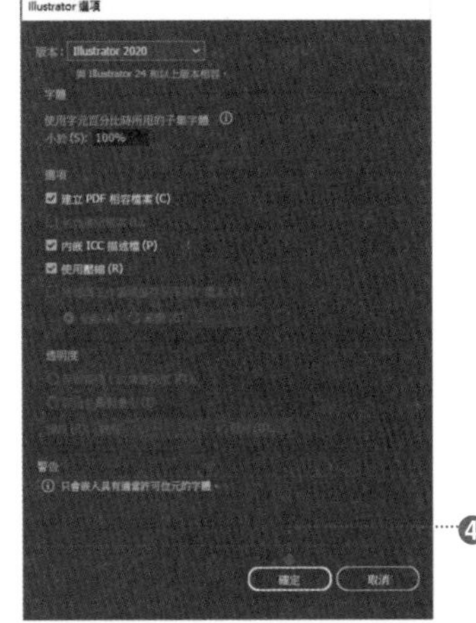

◎〔Illustrator 選項〕對話框設定項目

項目	內容
版本	選擇儲存的 Illustrator 的版本。若無特殊理由 ，選擇使用中的版本。
字體	指定內嵌整個字體，或是內嵌使用的文字組合（子集字體）。文件使用的字數少的時候，選擇子集字體可以減少檔案大小。
建立 PDF 相容檔案	可儲存成 PDF 格式的使用資料。具備與其他 Adobe 應用程式相容的性質。不勾選的話，會縮小檔案容量。
包含連結檔案	勾選的話，可以將連結置入的影像嵌入文件（**p.219**）。
內嵌 ICC 描述檔	在檔案內嵌色彩描述檔（**p.342**）。
使用壓縮	壓縮資料後儲存。使用壓縮的話，儲存時會耗費一段時間。
將各個工作區域儲存至不同的檔案	使用多個工作區域時，指定處理方式（**p.24**）。
透明度	〔版本〕指定為無透明功能的 Illustrator 8 以前的版本時，指定透明度的處理方式（**p.25**）。

相關 新增文件：**p.21**　儲存成舊版本能夠開啟的檔案 **p.25**

007 個別儲存包含多個工作區域的檔案

〔多個工作區域〕的檔案若要儲存成在沒有多工作區域功能的舊版本上也能開啟的檔案時，可以在〔Illustrator 選項〕對話框指定儲存方式。

概要

個別儲存使用多個工作區域的檔案時，必須指定多個工作區域的處理方式。

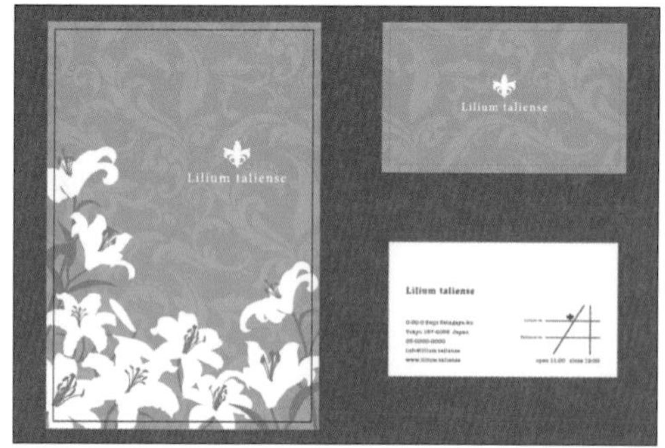

step 1

從功能表列中點選〔檔案〕→〔另存新檔〕後會出現對話框。

指定檔案名稱及儲存地點，選擇〔存檔類型：Adobe Illustrator (*AI)〕❶，並且按一下〔存檔〕。

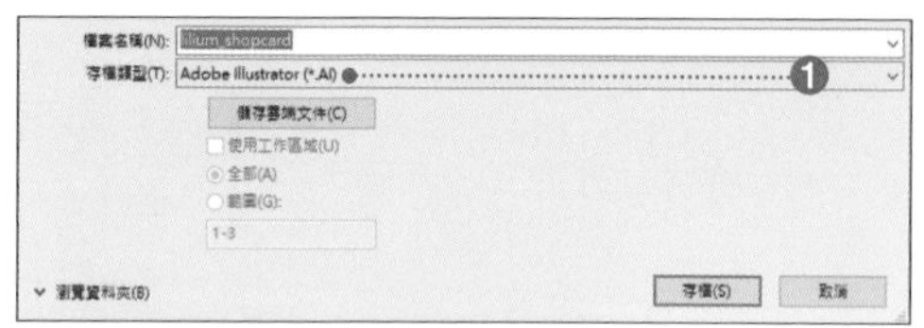

step 2

由於會出現〔Illustrator 選項〕對話框，因此勾選〔將每個工作區域儲存至不同的檔案〕，指定〔全部〕或〔範圍〕後❷，按一下〔確定〕。

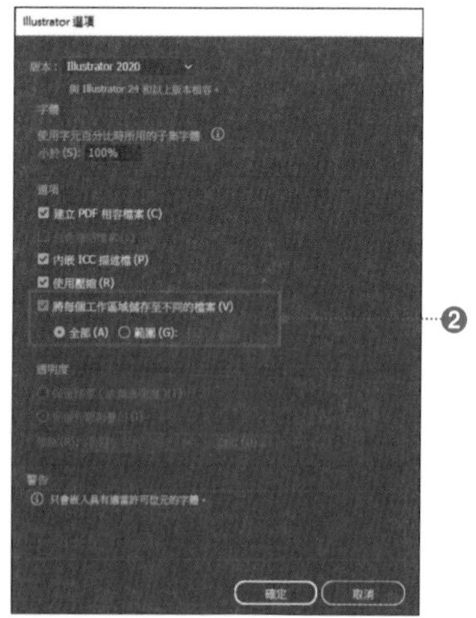

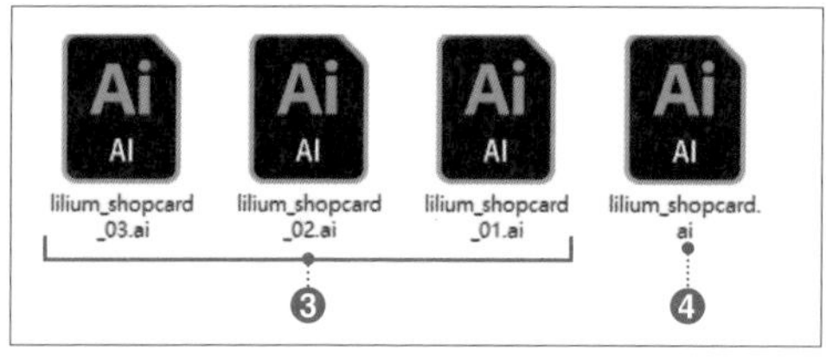

◎〔Illustrator 選項〕對話框的〔將每個工作區域儲存至不同的檔案〕的設定項目

項目	內容
全部	全部的工作區域以個別的檔案轉存❸。另外，包含全部工作區域內的物件的主檔案也會被轉存❹。
範圍	以個別的檔案轉存指定範圍的工作區域。

 相關 儲存檔案：p.23　新增工作區域：p.35　新增文件：p.21

008 儲存成舊版本可以開啟的格式

為了將檔案儲存成舊版本也能開啟的格式，必須在〔Illustrator 選項〕對話框設定目標版本。使用舊版本，部分功能可能無法使用。

概要

舊版本可能不支援使用中版本的部分功能。因此，以舊版本格式儲存檔案的話，部分功能會失去作用。另外，有些資料在進行分割、放大作業時，部分編輯功能將無法使用。
務必保留原始版本的檔案，再以〔另存新檔〕將檔案儲存成供舊版本使用的檔案。

step 1

從功能表列中點選〔檔案〕→〔另存新檔〕後會出現對話框。指定檔案名稱及儲存地點，選擇〔存檔類型：Adobe Illustrator (*AI)〕，並且按一下〔存檔〕❶。

step 2

由於會出現〔Illustrator 選項〕對話框，因此在〔版本〕選擇欲儲存的版本 ❷。

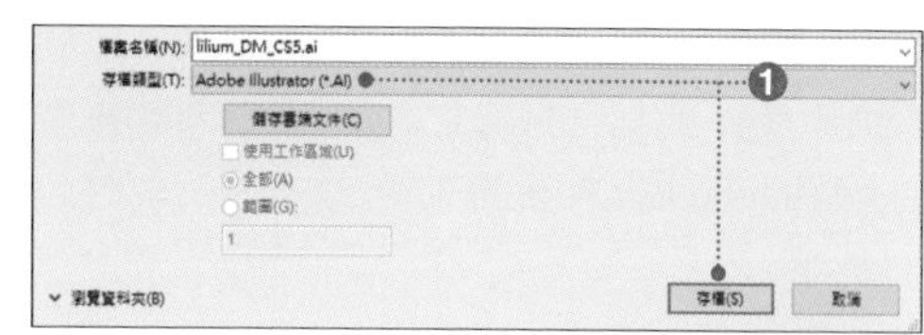

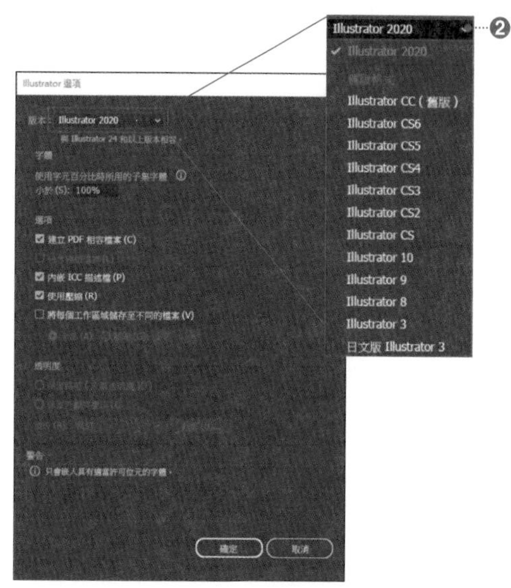

◎ 以舊版本儲存時，主要的相容性的相異點

項目	內容
CS6 以前	以〔**矩形**〕**工具** 或〔**橢圓形**〕**工具** 等等繪製的即時形狀會被放大。設定〔任意形狀漸層〕的物件會轉換成影像。
CS5 以前	〔陰影〕效果、〔外光暈〕效果、〔高斯模糊〕效果會套用〔擴充外觀屬性〕，並且轉換成點陣圖影像。 〔筆畫〕套用漸層時，文件會被分割、放大。 套用〔影像描圖〕的〔描圖影像〕則會被放大。
CS3 以前	配置多個工作區域時，會殘留一個區域轉換成物件參考線。儲存之際，也可以選擇〔將每個工作區域儲存至不同的檔案〕(P.24)。
Illustrator 10 以前	會出現文字物件散亂的問題。
Illustrator 8 以前	套用〔混合模式〕或〔不透明度〕時，文件會被分割、放大。

相關 儲存檔案：p.23　平面化透明部分：p.51　〔連結〕面板：p.222

009 建立 PDF 格式的檔案

Illustrator 可以輕鬆建立適用於電子郵件、網頁、商業印刷的初稿、數頁的 PDF 資料等各種用途的 PDF 檔案。

step 1

開啟完成的 Illustrator 檔案，從功能表列中點選〔檔案〕→〔另存新檔〕後 ❶，會出現對話框。

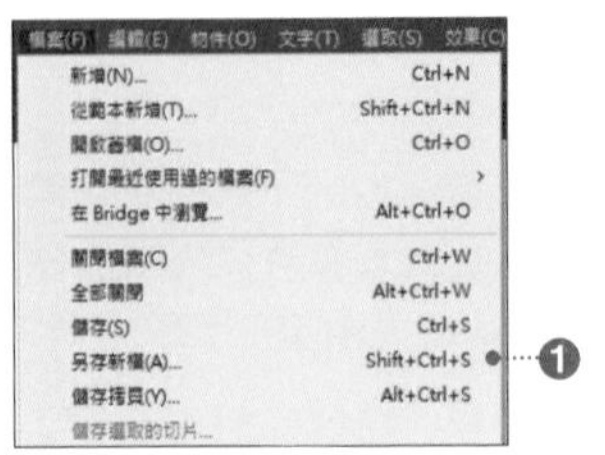

step 2

指定檔案名稱及儲存地點，選擇〔存檔類型：Adobe PDF (*PDF)〕❷。另外，若是設定多個工作區域時，則指定〔全部〕或〔範圍〕❸（p.24）。

設定完成後，按一下〔存檔〕。此外，製作、儲存新文件時，也可以選擇〔Adobe PDF (*PDF)〕製作 PDF 資料，但是，某些版本或者資料的條件，可能會引發意料之外的問題，因此不推薦這個做法。

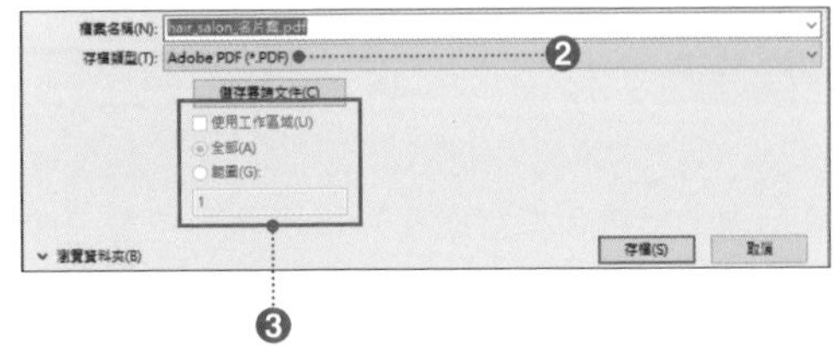

step 3

由於會出現〔儲存 Adobe PDF〕對話框，不妨從〔Adobe PDF 預設〕選擇符合目的的預設集 ❹。〔說明〕會顯示預設集的相關說明 ❺，所以仔細確認之後再做選擇。並視個人需求，勾選指定選項 ❻。

設定後，按一下〔儲存 PDF〕。如此一來，PDF 檔案就會儲存在指定位置。

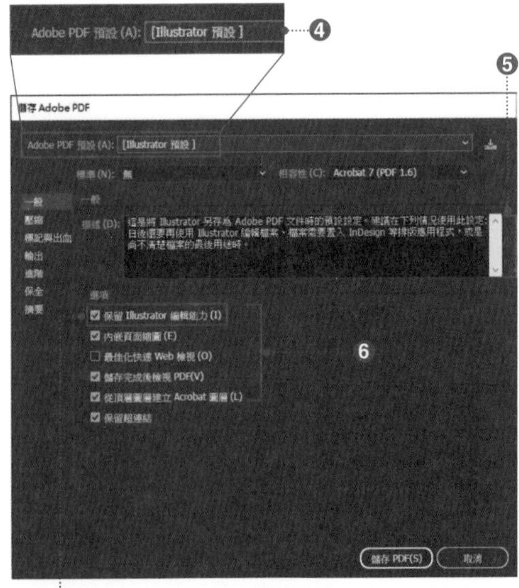

勾選「保留 Illustrator 編輯能力」的話，該 PDF 就可以在 Illustrator 編輯；但是，檔案會變大。請因應需求，決定是否勾選這個項目。

Tips

預設集也備有經過 ISO 認定且最適合商用的〔PDF/X-1a：2001（日本）〕、〔PDF /X-3：2002（日本）〕、〔PDF/X-4：2008（日本）〕等 PDF 格式。〔PDF/X〕是一種能夠防止因作業環境不同而產生格式跑掉的規格。

另外，關於商業印刷的 PDF 完稿細節，請向印刷公司確認。

010 以 PNG 格式或者 JPG 格式轉存

影像的轉存作業主要在〔儲存為螢幕適用〕對話框以及〔資產轉移〕面板上設定、執行。利用簡單的操作，文件就能在指定大小或檔案格式後轉存。

轉存工作區域

欲轉存整個工作區域時，需要在**〔儲存為網頁用〕**對話框的工作區域區進行設定，而欲分別轉存圖稿（設計資產）時，則是在**〔資產轉移〕面板**（p.37）進行設定。指定 PNG、JPG 壓縮檔、SVG、PDF 等等存檔類型，便能轉存檔案（欲以左列以外的存檔類型轉存的話，從功能表列中選擇〔檔案〕→〔轉存〕→〔轉存為 ... 〕，再指定〔存檔類型〕）。

step 1

欲轉存整個工作區域時，從功能表列中選擇〔檔案〕→〔轉存〕→〔儲存為螢幕適用〕，此時會出現〔儲存為螢幕適用〕對話框。

選擇〔工作區域〕的話 ❶，文件內置入的工作區域會以縮圖顯示，因此，按一下工作區域後指定轉出範圍 ❷。

step 2

按一下〔轉存至〕的資料夾圖示 ❸，會出現指定影像的轉存位置資料夾的對話框，並且指定資料夾。

指定轉存影像的大小（比例）與檔案格式後 ❹，按一下**〔轉存工作區域〕**❺。

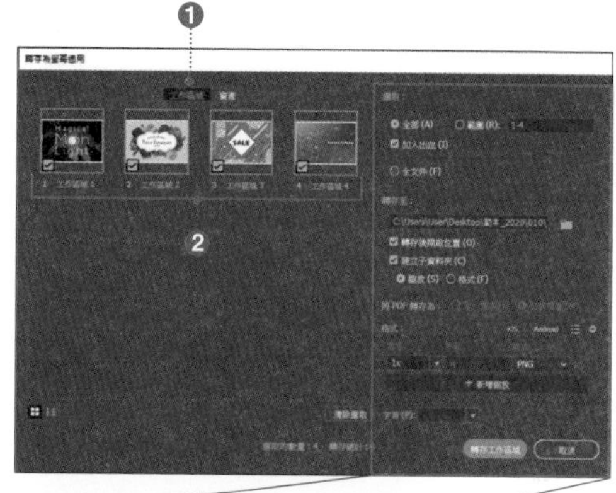

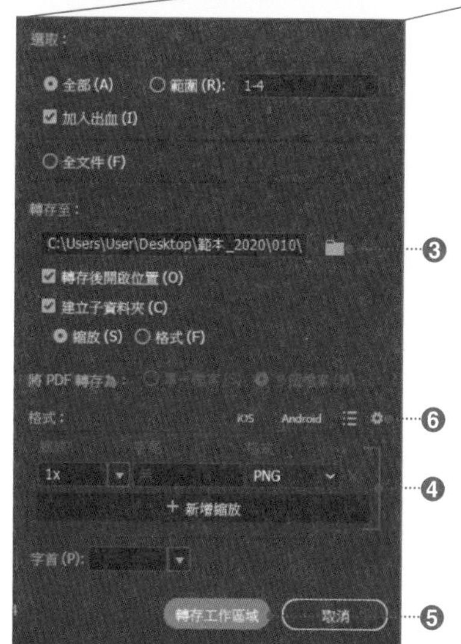

Tips

欲對轉存的影像進行進階設定時，按一下 ❻ 後，在出現的〔設定格式〕對話框中進行設定。

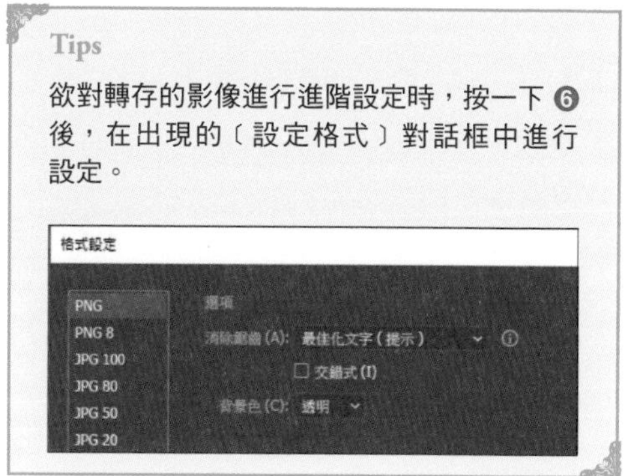

相關 個別轉存工作區域（資產轉存）：**p.37**　以 PDF 格式儲存：**p.26**

011 以 Photoshop 格式（*PSD）轉存檔案

以 Photoshop 格式轉存檔案時，就要在〔檔案〕→〔轉存〕對話框中選擇〔Photoshop (*PSD)〕，然後在〔Photoshop 轉存選項〕對話框中，設定〔解析度〕與〔選項〕。

step 1

從功能表列中選擇點〔檔案〕→〔轉存〕→〔轉存為 ...〕後，會出現對話框。

指定檔案名稱及儲存位置後，在〔存檔類型〕點選〔Photoshop (*PSD)〕❶。另外，使用多個工作區域時，指定各個工作區域的轉存方式❷。

設定後，按一下〔**轉存**〕(Mac 為〔**儲存**〕) ❸，就會出現〔Photoshop 轉存選項〕對話框。

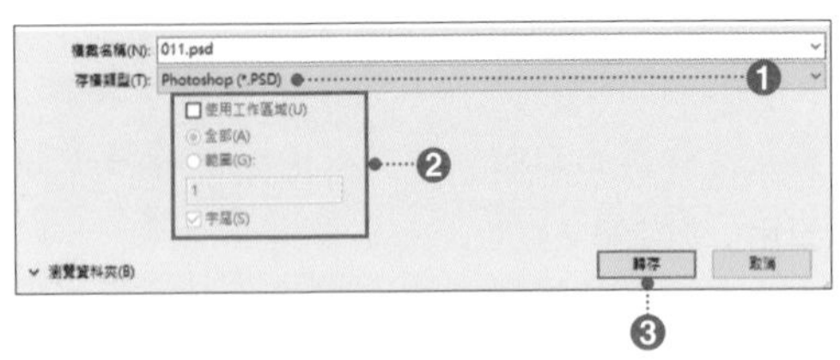

step 2

指定〔色彩模式〕、〔解析度〕，並且設定各個選項。設定完成後按一下〔確定〕的話❹，就能以 Photoshop 格式 (*PSD) 轉存資料。

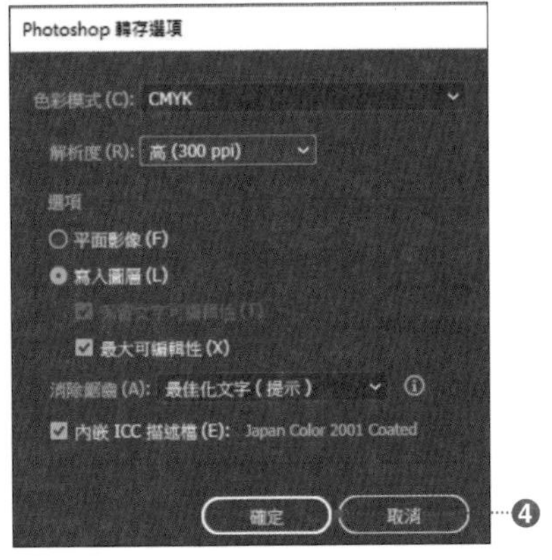

◎〔**Photoshop 轉存選項**〕**對話框的設定項目**

項目	內容
色彩模式	設定轉存檔案的色彩模式。
解析度	設定轉存檔案的解析度。
平面影像	點選這個項目的話，全部的圖層會被合併，並且以點陣圖（p.228）轉存。圖稿的外觀維持不變。
寫入圖層	寫入點選的圖層。 勾選〔**保留文字可編輯性**〕的話，在可能的情況下，文字物件會轉換成的 Photoshop 的文字圖層。例如，在文字上設定特定效果或在〔筆畫〕設定顏色時，便無法保留文字的編輯功能。 勾選〔**最大可編輯性**〕的話，只要不影響圖稿的外觀（外形），就能將 Illustrator 的〔複合形狀〕物件（**p.208**）轉存成 Photoshop〔形狀圖層〕。 另外，即使點選〔**寫入圖層**〕，仍然有些資料無法輸出為 Photoshop 格式，這個時候，以保持圖稿外觀為優先考量，再考量合併圖層、複合形狀、文字物件，然後進行縮圖的處理方式。
消除鋸齒	所謂消除鋸齒，是指為了讓輪廓和背景自然融合，因而模糊輪廓。可以從〔**無**〕、〔**最佳化線條圖**〕、〔**最佳化文字**〕3 種選項中選擇。
內嵌 ICC 描述檔	勾選這個項目的話，就能內嵌色彩描述檔（**p.342**）。

 相關 置入 Photoshop 資料：p.220　個別轉存圖稿：p.37

012 將檔案轉存為網頁用格式

在預視確認圖稿的同時調整畫質或者檔案大小，就能轉存為最適合網頁用的檔案。

step 1

從功能表列中點選〔檔案〕→〔轉存〕→〔儲存為網頁用（舊版）〕❶，就會出現〔儲存為網頁用〕對話框。

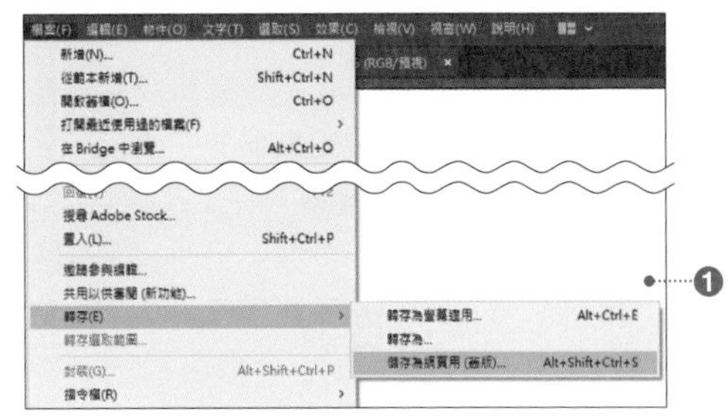

step 2

按一下檢視選項的〔2 欄式〕❷，便可以切換檢視的畫面。

〔原始影像〕為最佳化前的原始影像，〔最佳化〕為最佳化後的影像。

按一下預視視窗 ❸，預視動態結束後，就開始進行最佳化設定。

設定切片時，利用**〔切片選取範圍〕**工具 ❹ 按一下欲切片的目標，就能個別進行設定。

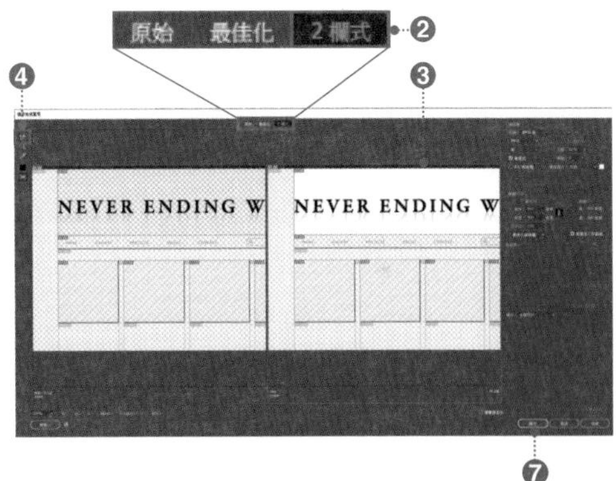

step 3

點選事先登錄的〔預設集〕設定後 ❺，因應需求調整各個設定項目。一般來說，設定照片或者漸層時，設定為**「*JPEG」**，圖示或者插圖則設定為**「*PNG」**或**「*GIF」**。

設定時要和原始影像相比，儘可能減少外觀上的劣化，同時縮小檔案容量 ❻。

設定後，叫出轉存設定的預視視窗後按一下〔存檔〕❼。

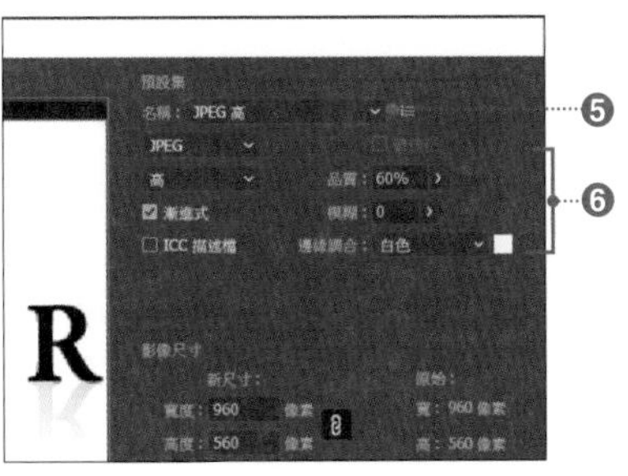

step 4

若影像未設定超連結的話，則點選〔存檔類型：僅影像〕❽，然後按一下〔存檔〕。

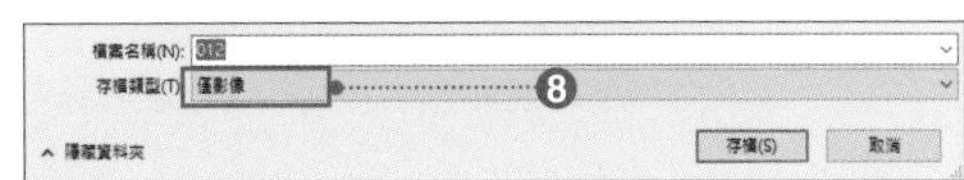

相關 以 PDF 格式儲存：p.26　以 PNG 格式、JPG 格式轉存：p.27　個別轉存圖稿：p.37

Sample_Data/013/

013 適度處理在舊版本製作的檔案

在處理文件內包含文字物件的 Illustrator 10 以前的版本製作而成的檔案時，部分編輯功能可能會無法使用，必須要特別注意。

概要

開啟比 CS 還舊的版本的檔案，並且以舊版本原封不動地儲存的話，可能會發生文字變成散亂的文字 ❶，或者部分編輯功能失去效用等無法預期的問題。

因此，編輯以舊版本製作的檔案時，必須在確認檔案版本之後，再進行適當的處理。

詳情請向本公司洽詢

正常的文字物件

詳情請向本公司洽詢

散亂的文字物件 ❶

step 1

在 CC 開啟以 Illustrator 10 製作的檔案，編輯之後儲存。

與一般的檔案一樣，從功能表列中點選〔檔案〕→〔開啟舊檔〕，就會出現〔開啟舊檔〕的對話框，在對話框上指定檔案。

此時，文件內若包含文字物件的話，在開啟檔案之前，右上方會出現〔警告視窗〕❷（若無包含文字物件，則直接開啟檔案）。

無編輯文字或者稍後會進行部分編輯的話，就按一下**〔確定〕**❸；編輯文字的話，則按一下**〔更新〕**❹，然後按一下〔確定〕。

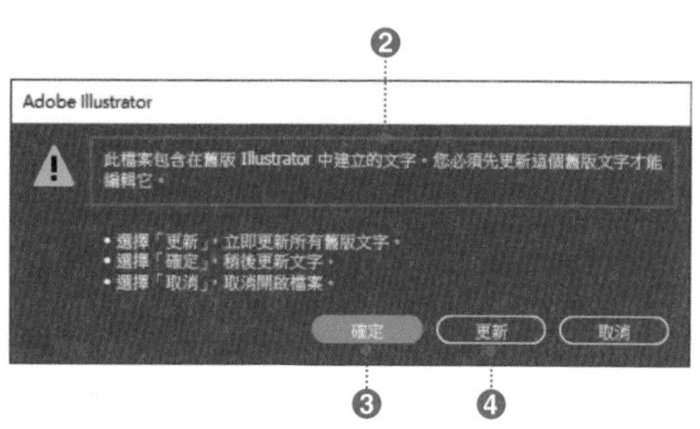

> **Tips**
>
> 文件內使用的字體並無安裝在系統裡的話，除了會有〔警告視窗〕外，還會出現〔字體發生問題〕對話框。

step 2

一開啟檔案，文字視窗的檔案名稱會新增**「轉換」**的文字 ❺。在這個狀態下，進行編輯，並且點選〔檔案〕→〔儲存〕的話，會出現〔另存新檔〕的對話框。直接儲存，就能儲存為新檔案。

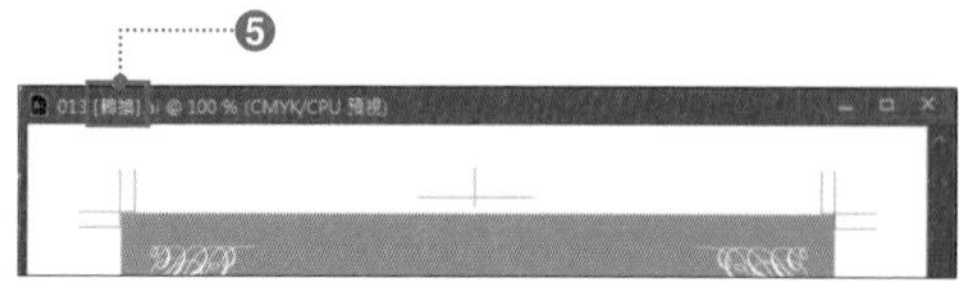

◎ 文字物件的更新

項目	內容
〔確定〕按鈕	不需要編輯文字或者稍後編輯時，按一下〔確定〕。由於未更新文字，所以開啟的檔案外觀與在舊版本開啟時相同。 不過，無法編輯文字。未更新的文字被稱為〔舊版文字〕，點選的話，整個邊框會顯示「X」。無法執行移動或者列印工作。 關於在稍後編輯的方法，請參考下一頁的 Variation。
〔更新〕按鈕	按一下〔更新〕的話，全部的文字會被更新，而且可以編輯。不過，與在原版本開啟的情況相較之下，外觀會有所改變，請務必注意。

Tips

假如不希望另存新檔，想以原版本存檔的話，就從功能表列點選〔編輯〕→〔偏好設定〕→〔一般〕，出現〔偏好設定〕對話框後，不勾選〔開啟舊檔案時加入〔轉換〕❻。解除勾選後，點選〔檔案〕→〔儲存〕，並且在〔警告視窗〕按一下〔確定〕的話，就能以舊版本格式另存新檔。

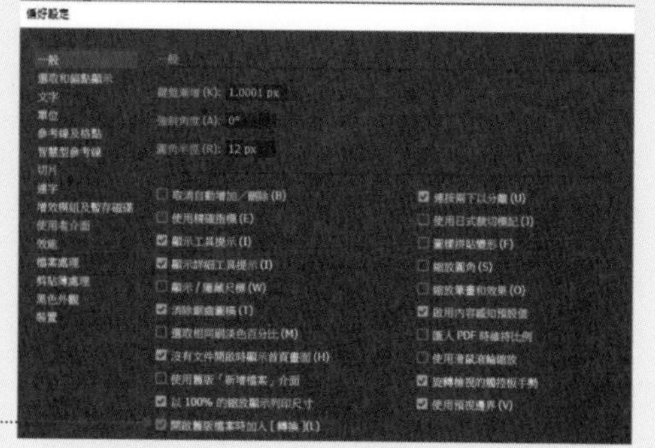

Variation

在前一頁的 step1 對話框按一下〔確定〕，並且開啟檔案後，執行更新舊版文字的步驟如下。

step 1

利用**〔文字〕工具**按一下欲更新的舊版文字，或者利用**〔選取〕工具**按二下文字❶。

此時會出現〔警告視窗〕，因此，按一下**〔更新〕**❷，就能更新舊版文字。

另外，在警告視窗按一下**〔拷貝文字物件〕**的話❸，在更新舊版文字的同時，更新前的舊版文字會以不透明度 40% 且被鎖定的狀態下置入❹。利用這個功能，就能在觀看原始文字的同時調整因為更新而錯位的文字位置，讓文字正確歸位。

step 2

編輯結束之後，從功能表列開始點選〔文字〕→〔舊版文字〕→〔刪除拷貝〕❺，來刪除拷貝。

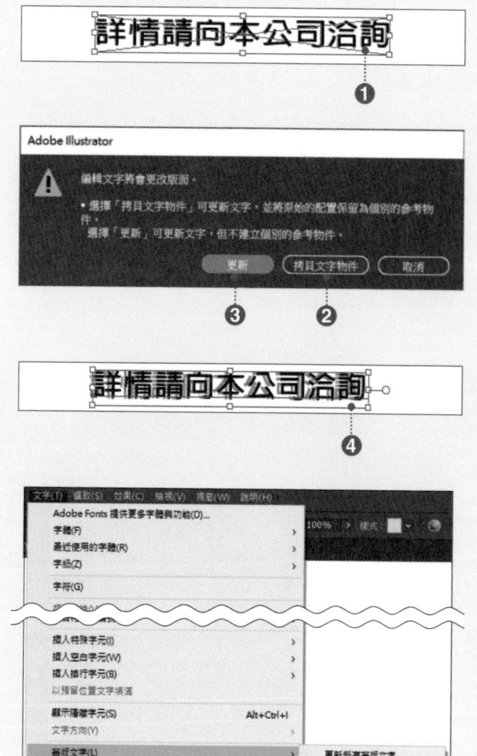

014 利用 Adobe Stock 範本製作新文件

製作新文件時，可以使用〔新增文件〕對話框的 Adobe Stock 免費範本。無論編輯文字或影像，皆能輕鬆完成精彩絕倫的圖稿。

step 1

叫出〔新增文件〕對話框（p.21），在類別標籤的選項中點選任一項目 ❶。另外，在顯示的預設集的下方會出現〔範本〕❷。

另外，使用範本時，必須要在有網路的情況下。

> **Tips**
>
> 從功能表列中點選〔檔案〕→〔從範本新增〕，也能使用收錄在 Illustrator 的範本，但是大多數都派不上用場。

step 2

捲動視窗，隨意點選一個範本 ❸。

如此一來，會出現〔範本詳細資料〕❹。按一下〔**檢視預覽**〕便能確認內容 ❺。

確認結束之後，按一下〔**下載**〕❻。下載完成的話，〔下載〕按鈕會切換成〔開啟〕按鈕，因此按一下〔開啟〕。

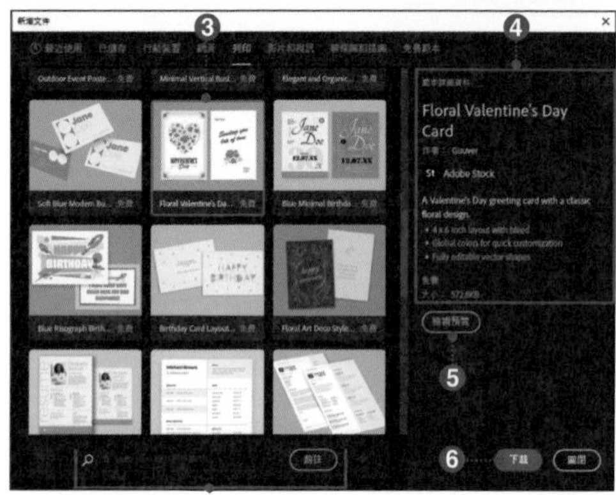

在〔搜尋〕欄位輸入關鍵字後按一下〔搜尋〕的話，瀏覽器會連到 Adobe Stock 的網站，就能開始搜尋其他範本。雖然有免費範本，但是絕大多數都是需要付費的。

step 3

範本會以「未命名文件」開啟。編輯範本之後，與一般的文件一樣，執行〔儲存〕作業。

> **Tips**
>
> 下載的範本會儲存在〔CC 資料庫〕面板內的〔Stock 範本〕資料庫裡。

 相關 新增文件：p.21　製作原創的範本：p.33　儲存檔案：p.23

015 建立原創範本

想要像名片或卡片在固定的格式上僅變更內容文字，製作多張檔案時，只要預先將雛型文件儲存成範本，就可以讓使用更加便利。

step 1

開啟欲儲存為範本的文件。這裡提供的範例是將右側的名片儲存為範本檔案 ❶。另外，範本檔案的〔色彩模式〕或〔工作區域〕的文件設定，以及〔色票〕、〔樣式〕、〔筆刷〕、〔符號〕面板等內容，也能一起儲存。沒有用的項目就先將它刪除。

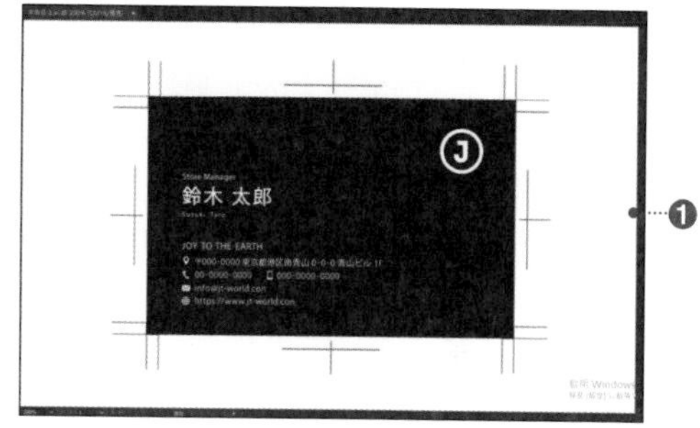

step 2

從功能表列中點選〔檔案〕→〔儲存為範本〕後 ❷，會出現對話框。

如此一來，會自動開啟在儲存位置的〔範本〕資料夾，在〔存檔類型〕(Mac 為〔檔案類型〕) 會選擇〔Illustrator Template (*AIT)〕❸。點選完儲存位置後，命名存檔 ❹。

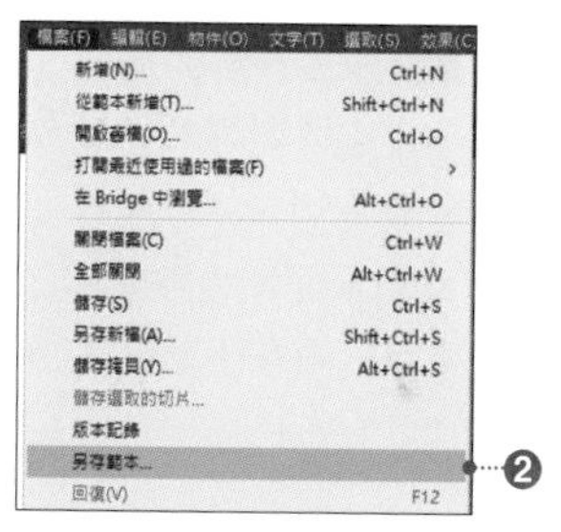

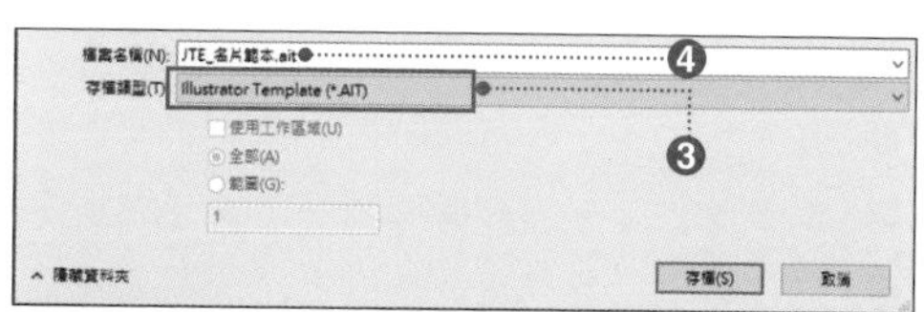

> **Tips**
>
> 儲存位置若顯示為〔範本〕資料夾的話，表示儲存在 **Illustrator** 應用程式資料夾內的 **[Cool Extras]** → **[ja_JP]** →〔範本〕。檔案儲存在這個位置，就能經由點選〔檔案〕→〔從範本新增〕，快速地開啟檔案。
> 另外，儲存在〔範本〕時，會有必須變更在 **OS** 設定的存取權限的可能性發生。

step 3

如此一來，文件便能以範本檔案格式儲存在任何位置。

範本檔案副檔名並非 Illustrator 平常的「.*AI」❺，而是「.*AIT」❻。圖示也有若干變化。

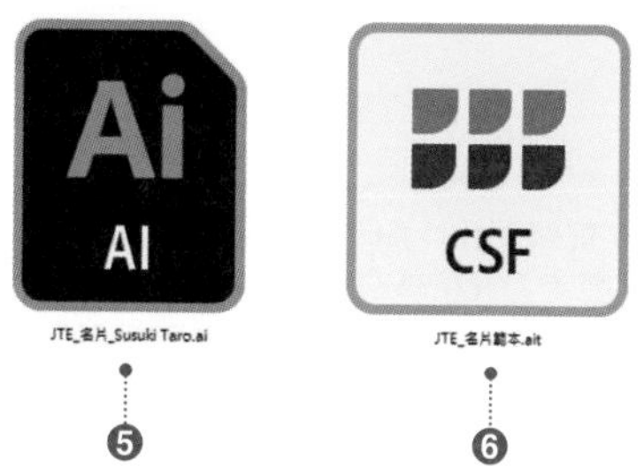

> **Tips**
>
> 完成的範本檔案無法再次編輯後另存新檔。欲編輯範本的話，必須從範本新增檔案後，再次儲存為範本。

相關 從範本製作檔案：p.32

016 變更工作區域的大小與設定

變更工作區域的大小時，點選〔工作區域〕工具 ，就能切換成工作區域編輯模式。配合製作物的目的或用途，設定適合的大小吧。

從工具列點選**〔工作區域〕工具** ❶。如此一來，**〔工作區域〕**就會切換成工作區域編輯模式。

拖曳工作區域四周顯示的控制點，就能放大、縮小工作區域的大小 ❷。

使用**〔工作區域〕工具** 按二下物件 ❸，工作區域範圍會與物件吻合，變成剛好收納物件的大小。

另外，〔內容〕面板和〔控制〕面板會顯示與工作區域相關的各種設定項目。請在下表確認各個項目的功能。

◎ **與〔內容〕面板的工作區域相關的設定項目**

	項目	明
❹	基準點	可以指定工作區域的基準點。
❺	座標值	直接輸入數值就能指定座標值。
❻	寬度與高度	直接輸入數值就能指定。
❼	名稱	編輯工作區域名稱。
❽	新增工作區域	按一下按鈕就能新增與已選取的工作區域相同大小的工作區域。
❾	刪除工作區域	刪除選取的工作區域。
❿	預設集	可以從事先登錄的各種預設集中選擇大小。
⓫	垂直 / 水平	按一下各個按鈕，就能切換垂直和水平方向。
⓬	隨工作區域移動圖稿	勾選這個項目的話，以移動或複製工作區域之際，工作區域內的物件也會一起移動或複製。
⓭	工作區域選項	顯示〔工作區域選項〕對話框。
⓮	重新排列	指定排列方式、欄數、間隔，讓工作區域整齊排列（p.36）。
⓯	結束	按一下結束工作區域編輯模式。

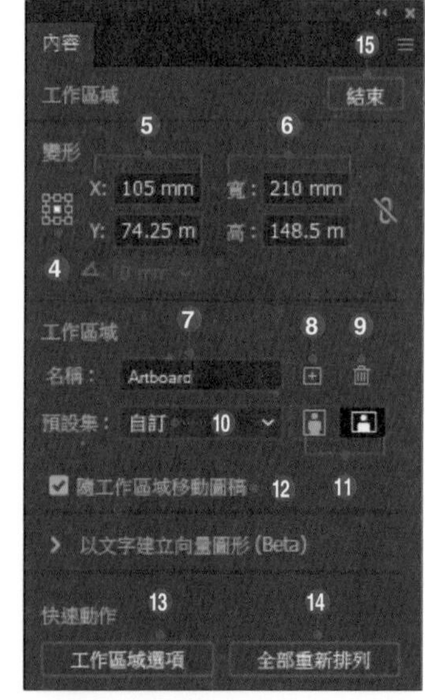

〔控制〕面板的設定項目有若干差異。

017 新增、複製、刪除工作區域

只要使用〔工作區域〕工具，就可以利用各種方法增加工作區域。另外，也可以複製或刪除之前所建立的工作區域。

step 1

在文件內新增工作區域時，從工具列中點選**〔工作區域〕工具** ❶，再拖曳至目前工作區域以外的領域（畫布）❷。

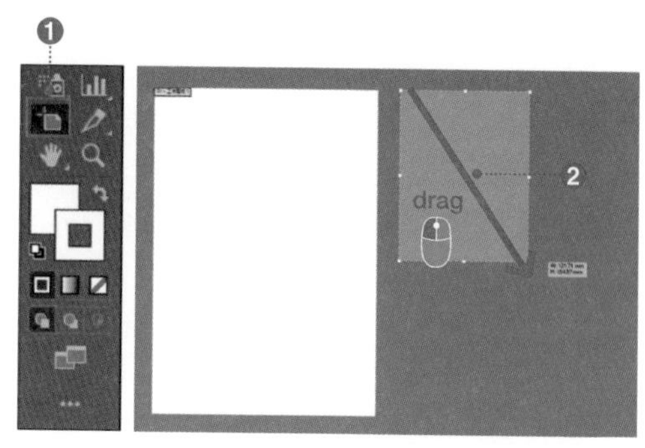

step 2

複製既有的工作區域時，點選**〔工作區域〕工具**，按住 Alt（option）同時拖曳既有的工作區域 ❸。

另外，此時若啟用智慧參考線（**p.106**）的話，就能以既有的工作區域或者物件為基準，製作工作區域。

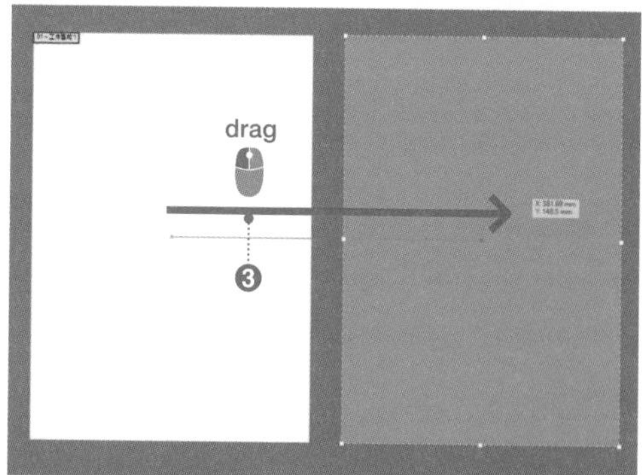

> **Tips**
>
> 使用〔工作區域〕工具時，勾選〔內容〕面板以及〔控制〕面板中顯示〔與物件同時移動〕的話，也能一起複製工作區域上的物件。

step 3

使用**〔工作區域〕工具**按一下物件 ❹，就能製作大小剛好符合選取物件大小的新工作區域 ❺。

有多個物件組成的圖稿，必須事先群組化。

step 4

刪除工作區域 時，使用**〔工作區域〕工具**按一下刪除目標的工作區域，在作業啟動之際，按 Delete 刪除工作區域。

從工具列中點選其他工具，就能結束工作區域編輯模式。

相關 變更工作區域的大小：**p.34**〔工作區域〕面板的操作：**p.36** 轉換成工作區域：**p.37**

018 編輯多個工作區域的名稱、順序和版面

多個工作區域的管理會在〔工作區域〕面板執行。可以在工作區域自訂名稱，或者變更版面及順序。

為工作區域命名

從功能表列中點選〔視窗〕→〔工作區域〕，會出現〔工作區域〕面板，按二下想要重新命名的工作區域名稱後進行編輯 ❶。

或是點選**〔工作區域〕工具**，編輯〔內容〕面板以及〔控制〕面板顯示的〔名稱〕❷。

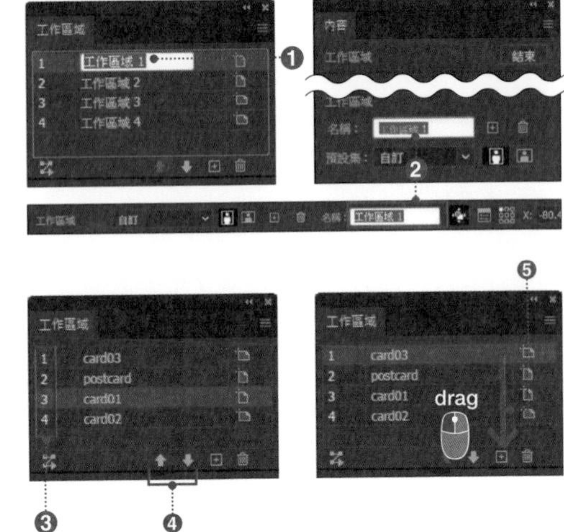

變更工作區域的順序

〔工作區域〕面板左側的號碼表示**〔工作區域的順序〕**❸。

在〔工作區域〕面板點選工作區域，按一下**〔向上鍵〕**或者**〔向下鍵〕**來移動工作區域 ❹。也可以用拖曳的方式移動工作區域 ❺。

工作區域的順序，反映在列印或製作多頁 PDF、轉存工作區域時的順序。

重新排列工作區域

欲重新排列工作區域時，按一下〔工作區域〕面板左下角的**〔重新排列所有工作區域〕**❻，會出現〔重新排列所有工作區域〕對話框。

在對話框設定版面方式和方向、欄數、間距、物件有無移動後 ❼，按一下〔確定〕。如此一來，工作區域會重新排序，依照設定排列 ❽。

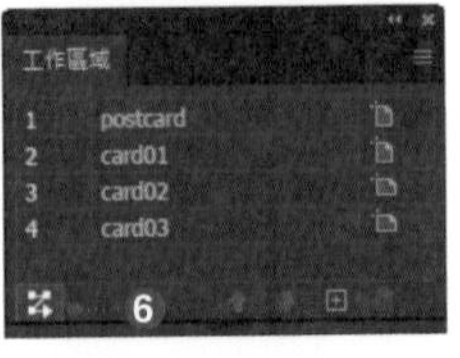

Tips

按一下工作區域面板的〔新增工作區域〕❾，就能新增工作區域。另外，在點選任一工作區域的狀態下，按一下〔刪除工作區域〕❿，就能刪除工作區域。

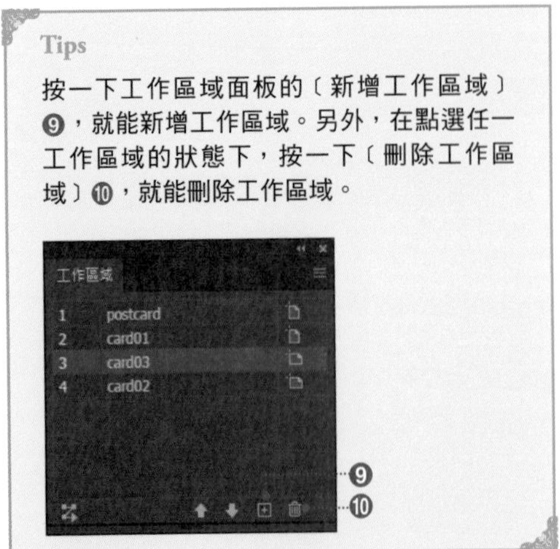

019 個別轉存工作區域

轉存工作區域內的各個圖稿，而非整個工作區域時，會使用〔資產轉存〕面板。

欲個別轉存圖稿時，從功能表列點選〔視窗〕→〔資產轉存〕後，會出現〔資產轉存〕面板。利用**〔選取〕工具**，將欲轉存的圖稿拖放至〔資產轉存〕面板❶。

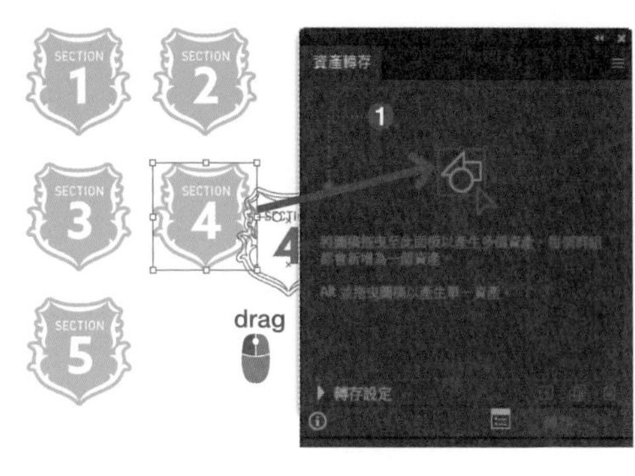

新增資產的話，在〔資產轉存〕面板會出現縮圖❷。

欲轉存圖稿時，在〔資產轉存〕面板點選欲轉存的資產。若選擇多個資產的話，就按住 shift 同時按一下資產。

指定轉存影像大小（比例）❸以及檔案格式後❹，按一下**〔轉存〕**❺。

此時會出現指定影像轉存位置資料夾的對話框，因此在此指定資料夾。

請參考下表中其他詳細設定。

編輯新增到〔資產轉存〕面板的物件的話，結果會自動地反映在〔資產轉存〕面板。

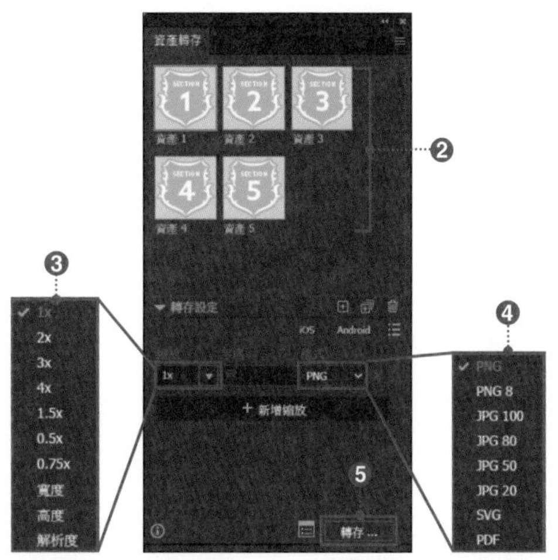

◎〔資產轉存〕面板 的設定項目

編號	項目	說明
❻	縮放	指定轉存影像大小（比例）。
❼	字尾	在轉存檔案的尾端追加指定的字尾。
❽	格式	指定 PNG、JPG 壓縮檔、SVG、PDF 等等檔案格式。
❾	新增縮放	可以新增其他的縮放比例、檔案格式。
❿	從選取範圍中產生單一資產	將選取的多個物件新增為 1 個資產。
⓫	從選取範圍中產生多個資產	將選取的多個物件新增為個別資產。
⓬	刪除	將新增的資產從面板上刪除。
⓭	預設集	新增 iOS 裝置以及 Android 用的預設檔案。

相關 變更工作區域的大小：p.34　新增、複製、刪除工作區域：p.35　〔工作區域〕面板的操作：p.36

020 變更文件的色彩模式

在 Illustrator 製作新文件時，會配合製作物的內容設定色彩模式。變更色彩模式之際，事先確認目前的色彩模式後再進行變更。

將文件的色彩模式從〔RGB 色彩〕變更為〔CMYK 色彩〕。

首先，確認開啟的文件設定的色彩模式。色彩模式顯示在文件視窗的檔案名稱右側 ❶。

從功能表列中點選〔檔案〕→〔文件色彩模式〕→〔CMYK 色彩〕❷。如此一來，色彩模式會變更為〔CMYK 色彩〕❸。

色彩模式變更後，物件的色彩及〔色票〕面板所登錄的色彩等，文件內全部的顏色都會被轉換。

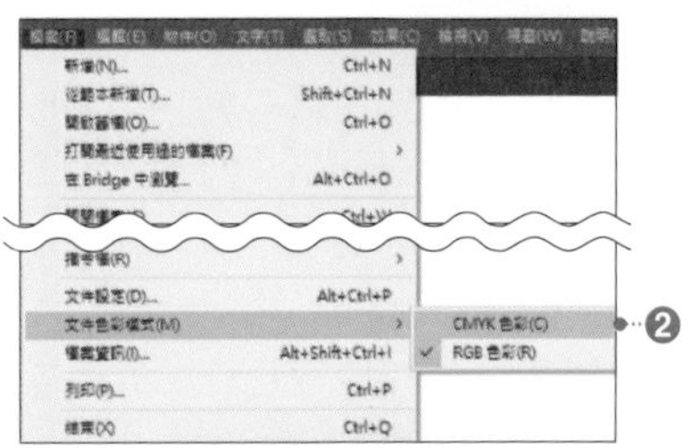

> **Tips**
>
> **由於 RGB 和 CMYK 能夠表現的色域（色彩範圍）互有差異，因此變更色彩模式的話，物件的色調可能會改變。此時，即使再度回復原本的色彩模式，也無法變回原本的顏色，這一點請注意。**
>
> **尤其是，在文件內變更物件的混合模式（p.154）進行合成的時候，變更色彩模式的話，文件外觀會變大，必須注意。此時，請因應需求，進行透明度平面化（p.51）。**

◎ **色彩模式**

項目	內容
RGB 色彩	光的三原色 R（紅色）、G（綠色）、B（藍色）3 種顏色組合而成的表現色彩的方法。是一種顏色自身會產生光線，並且與其他顏色合成來呈現色彩的「加色法」。將三原色均勻混合的話，就會變成白色。由於螢幕是利用這種方式再現色彩，所以一般來說，製作網頁用影像時，會選擇 RGB 色彩模式。
CMYK 色彩	為 C（青色）、M（洋紅）、Y（黃色）、K（黑色）4 種顏色組合而成的表現色彩的方法。稱為「減色法」。理論上，以 CMY3 色就能表現色彩，但是實際上，為了在印刷時能夠印出漂亮的黑色，故有準備 K。4 種顏色均勻混合的話，就會變成黑色。一般來說，製作印刷品時，會選擇 CMYK 色彩模式。

 相關 新增文件：**p.21** 透明度平面化：**p.51** 混合模式：**p.154** 外框模式：**p.42**

021 變更顯示畫面的大小

從〔檢視〕功能表列點選〔縮小〕或〔放大〕、〔實際尺寸〕的話，就能變更顯示畫面的大小。利用〔放大鏡〕工具或者〔手形〕工具也可以進行變更。

step 1

從〔檢視〕功能表列點選各項顯示設定，就能變更顯示畫面的大小 ❶。

另外，按二下工具列的**〔放大鏡〕工具** ❷，會顯示〔實際尺寸〕，按二下**〔手形〕工具** 的話 ❸，則會切換成〔使工作區域符合視窗〕❹。

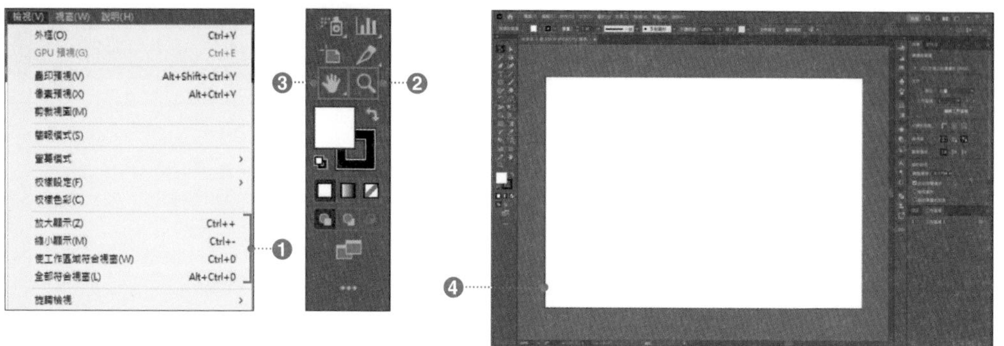

◎ 顯示畫面的大小大小

項目	內容	快捷鍵
放大	放大顯示畫面。	Ctrl (⌘) + +
縮小	縮小顯示畫面。	Ctrl (⌘)+ −
使工作區域符合視窗	作業中的工作區域符合文件視窗。	Ctrl (⌘)+ 0
全部符合視窗	置入文件內的所有工作區域全部符合文件視窗。	Ctrl + Alt + 0 ⌘ + option + 0
實際尺寸	在文件視窗的中央會以「物理性實際尺寸」顯示作業中的工作區域（例如，A4 的工作區域會以實際的 A4 大小顯示）。	Ctrl (⌘) + 1

step 2

文件視窗的檔案名稱右側 ❺，以及左下角的〔比例〕❻，會顯示目前的顯示比例。

按一下〔比例〕右側的箭頭，點選比例 ❼，就能變更顯示比例。另外，在〔比例〕內直接輸入數值，也可以指定顯示比例。

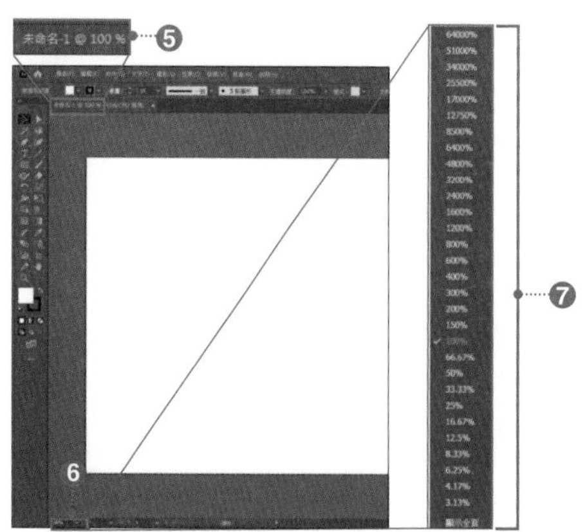

相關 關聯　變更畫面的顯示範圍：p.41 〔放大鏡〕工具：p.40

022 利用〔放大鏡〕工具變更顯示畫面的大小

變更顯示畫面的大小時，要使用〔放大鏡〕工具。使用〔放大鏡〕工具 的話，拖曳畫面，也能指定放大顯示的範圍。

從工具列點選**〔放大鏡〕工具** ❶，將滑鼠游標移到欲放大、縮小顯示的位置中心，再依照下列步驟，變更文件視窗的顯示比例。

放大顯示

- 向右方拖曳 ❷
- 按住滑鼠左鍵不動
- 按一下滑鼠左鍵

縮小顯示

- 向左方拖曳 ❸
- 按住 Alt （option）+ 按住滑鼠左鍵不動
- 按一下 Alt （option）

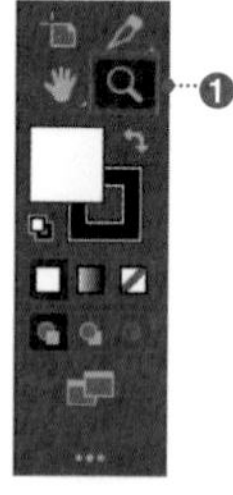

Tips

即使其他的工具使用中，但是按著 Ctrl + Space （⌘ + Space）也能暫時切換成〔放大鏡〕工具。
欲縮小畫面顯示大小時，按著 Ctrl + Alt + Space （⌘ + option + Space）。

上述「拖曳時的舉動」和「按住滑鼠左鍵不動的舉動」為「GPU 效能」的「動畫的縮放」有效時的舉動。未勾選或「在 GPU 上預視」的情況下，執行以下動作。
使用**〔放大鏡〕工具** 在文件上拖曳的話，拖曳的範圍裡會顯示稱為**「選取框」**的矩形虛線 ❹。在這個狀態下，放開滑鼠左鍵的話，選取框的範圍會放大至整個文件視窗。

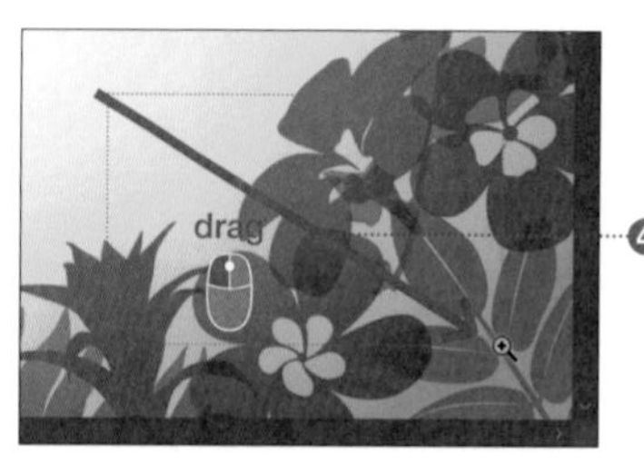

Tips

「GPU 效能」是只有在使用的 PC 滿足一定的條件下才能使用的功能。設定方式為從功能表列點選〔編輯〕→〔偏好設定〕→〔效能〕，出現〔偏好設定〕對話框後，在「效能」區進行設定 ❺。

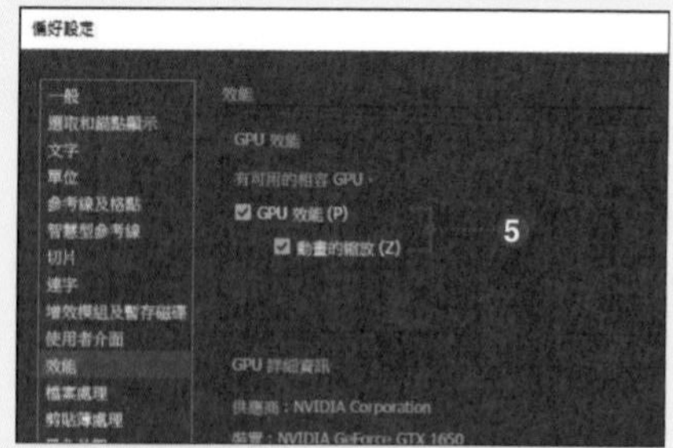

無法使用 GPU 時，可以在 CPU 上預視。另外，「GPU 效能」有效的時候，從功能表列點選〔檢視〕→「在 CPU 上預視」或者「在 GPU 上預視」，就能適當地切換設定。

 相關 變更畫面的顯示大小：p.39　變更畫面的顯示範圍：p.41　登錄檢視的設定：p.43

023 變更畫面的顯示範圍

使用〔手形〕工具  在文件上拖曳的話，就能自由地變更顯示位置。另外，也可以從〔導覽器〕面板操作畫面的顯示範圍或是顯示比例。

step 1

在工具列點選〔手形〕工具後 ❶，在文件上拖曳的話 ❷，就能移動顯示位置。

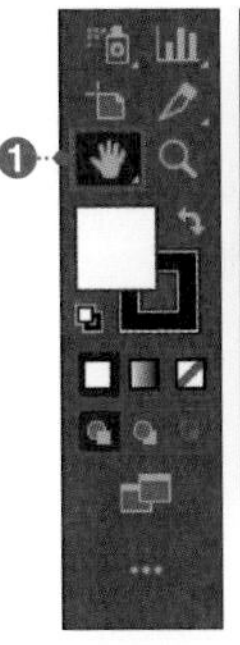

Tips

使用其他工具時，按住 Space 的話，會暫時切換成〔手形〕工具。不過，以〔文字〕工具 輸入、編輯文字時則無法切換。

step 2

從功能表列點選〔視窗〕→〔導覽器〕後，會出現〔導覽器〕面板。

〔導覽器〕面板會與文件視窗連動。整個工作區域會以縮圖顯示，並且目前的顯示區域會以紅色框線顯示在〔替身預視範圍〕❸。拖曳〔替身預視範圍〕，就能移動文件視窗的顯示範圍。

另外，利用〔縮放顯示〕按鈕或者下拉式選單列就能變更顯示比例 ❹。變更顯示比例的話，文件視窗與〔替身預視範圍〕的大小也會跟著變更。

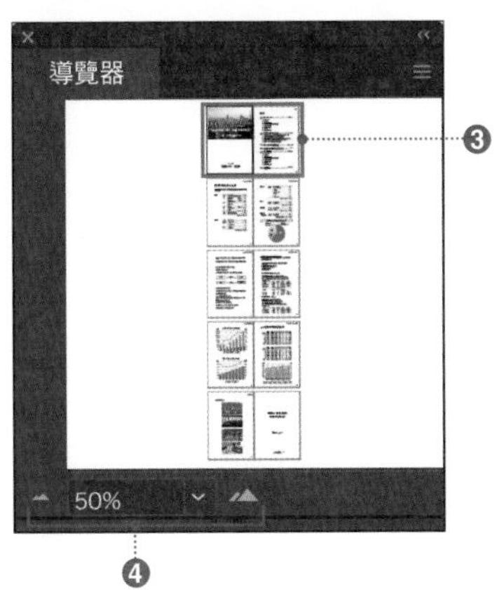

Tips

欲將超出工作區域的圖稿顯示在〔導覽器〕面板時，就從〔導覽器〕的面板選單中點選〔僅檢視工作區域內容〕後取消勾選。

相關 變更畫面的顯示大小：p.39 〔放大鏡〕工具：p.40 登錄檢視的設定：p.43

024 切換〔外框〕顯示確認路徑狀態

只要將圖稿的顯示方式切換成〔外框〕，就可以輕易選取複雜嵌入的路徑，或是隱藏在相互重疊物件背後的錨點。

概要

在初始設定，文件上的圖稿會以全彩的向量圖顯示，即使放大影像依然保持平滑的曲線。這種顯示稱為**「預視」**。可以在文件視窗的檔案名稱右側確認是否出現「預視」❶。

確認作業內容時，預視是最適合的，但是選取組合複雜的路徑時，將顯示方式切換成**「外框」**顯示，有時候反而比較容易選取。

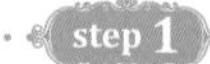

step 1

從功能表列點選〔檢視〕→〔外框〕❷。如此一來，文件就會切換成以外框模式顯示。

可以在文件視窗的檔案名稱右側確認是否出現「外框」❸。

如此一來，就能選取交錯的路徑。若要回復成預視的話，從功能表列中點選〔檢視〕→〔CPU 預視〕。

Short Cut 切換預視 / 外框顯示

Win Ctrl + Y　Mac ⌘ + Y

Tips

從功能表列中點選〔檔案〕→〔文件設定〕後會出現〔文件設定〕對話框，勾選〔以外框模式顯示影像〕的話，在切換外框顯示之際，置入的點陣圖會呈現黑白色調（這個功能僅限於以 CPU 預視時有效）。

 相關 顯示 / 隱藏 圖層：p.99　色彩模式：p38　登錄檢視的設定：p.43

025 登錄檢視的設定

從功能表列中點選〔檢視〕→〔新增檢視〕的話，就能將檢視設定登錄在文件。搭配〔新增視窗〕使用的話，作業時更有效率。

在 Illustrator，可以在登錄各個文件檢視方式的組合設定。

在此登錄「顯示外框、顯示比例 200%」的設定。將文件的顯示設定改為外框顯示❶（p.42），並且在功能表列點選〔檢視〕→〔新增檢視〕，就會出現〔新增檢視〕對話框❷。

在〔名稱〕隨意地輸入名稱後❸，按一下〔確定〕。如此一來，在〔檢視〕功能表列下方就會新增登錄的顯示設定。

另外，從功能表列中點選〔檢視〕→〔編輯檢視〕❹，就能編輯登錄的內容。

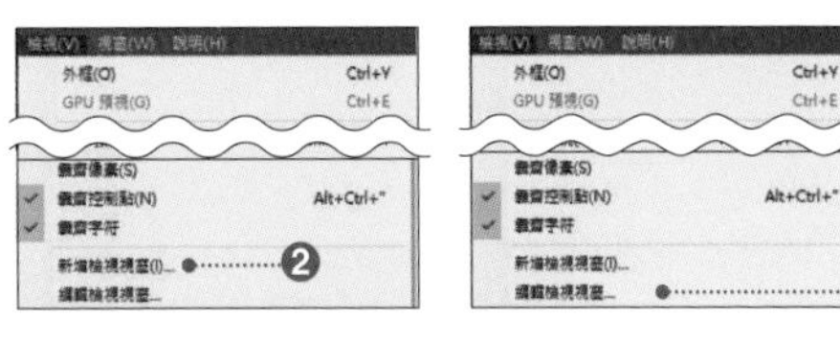

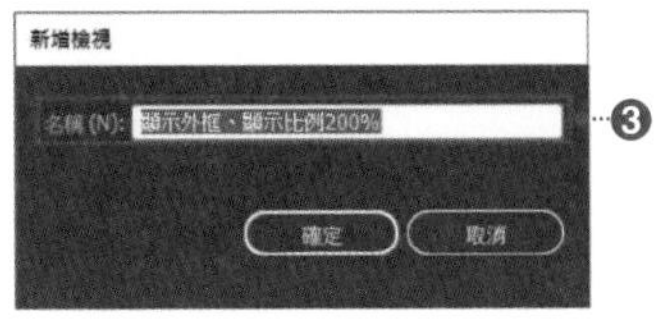

其他可以登錄的檢視方式有下列幾種。
顯示比例、視窗內的中心位置、預視模式

使用〔新增視窗〕功能的話，一個文件就可以同時顯示在多個視窗。

step 1

從功能表列點選〔視窗〕→〔新增視窗〕❶。開啟檔案末尾顯示「：1」「：2」的新視窗。

step 2

按一下應用程式列的〔視窗版面〕❷，點選排列方式。在此選擇〔3 欄〕❸。如此一來，版面會如右圖般呈現 3 個視窗。

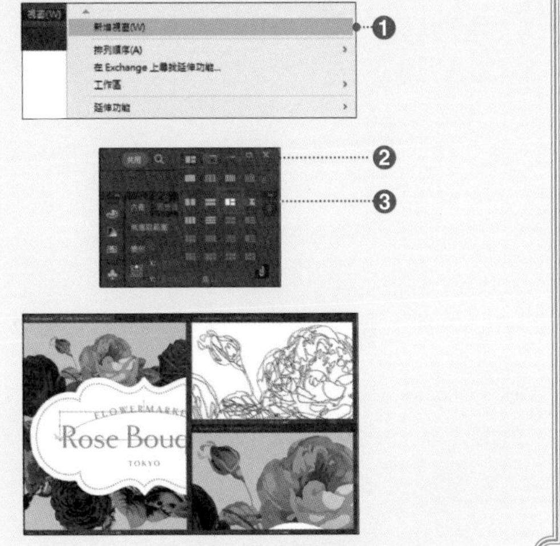

在新增視窗關閉已顯示的視窗，此時末尾的「：1」「：2」會消失，最後剩下一個原始視窗。

相關 顯示外框：p.42 畫面的顯示大小：p.39〔放大鏡〕工具：p.40 變更畫面顯示範圍：p.41

026 顯示、設定尺標

從功能表列中點選〔檢視〕→〔尺標〕→〔顯示尺標〕，文件視窗的上緣及左側會出現尺標。由於尺標單位或原點是可以自由變更的，因此請更改成自己方便使用的設定吧。

step 1

從功能表列中點選〔檢視〕→〔尺標〕→〔顯示尺標〕的話 ❶，在文件視窗的上緣及左側會出現尺標。
隱藏尺標的話，則點選〔檢視〕→〔尺標〕→〔隱藏尺標〕。

Short Cut 顯示 / 隱藏 尺標
Win Ctrl + R　Mac ⌘ + R

Tips
尺標分成在各個工作區域擁有固定原點的〔工作區域尺標〕與規定整份文件座標值的〔視訊尺標〕2 種。
點選〔檢視〕→〔尺標〕→〔變更為視訊尺標〕或者〔變更為工作區域尺標〕❷ 就能切換這 2 項尺標。

step 2

尺標的原點（垂直尺標、水平尺標皆在 0 的位置），初始設定為設定在工作區域左上角 ❸。座標值如下。

- **X（水平尺標）**：往右為正值，往左為負值
- **Y（垂直尺標）**：往下為正值，往上為負值

移動工作區域之際或者從水平畫面變更成垂直畫面之際，〔工作區域尺標〕的座標值會跟著連動，原點通常都位於左上角。

Tips
〔選取〕工具 未選區任何物件的情況下，按一下〔內容〕面板顯示的按鈕 ❹，就能切換顯示 / 隱藏尺標。

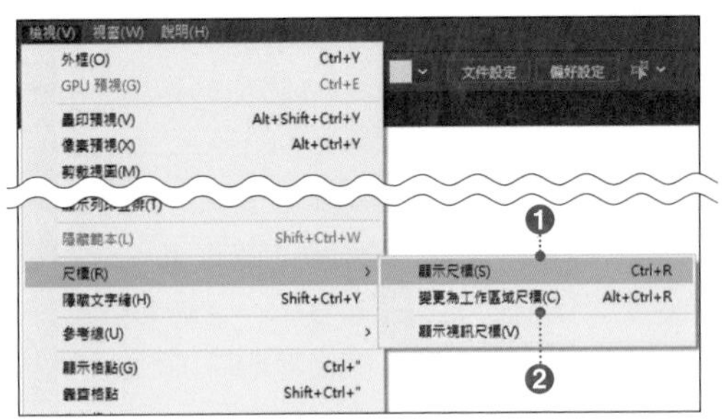

尺標的單位可以在功能表列〔編輯〕→〔偏好設定〕→〔單位〕，顯示的〔偏好設定〕對話框中的〔一般〕進行設定。

Tips
欲變更尺標原點時，將滑鼠游標從尺標左側與上緣交界處的「左上角」拖曳到文件上 ❺。另外，變更後在左上角按二下的話，原點便回復成初始設定。
變更原點的話，文件內已經配置的物件座標值會全部改變。
特別是若有套用圖樣色票的物件，變更〔視訊尺標〕原點的話，圖樣位置也會隨之改變，請務必注意。

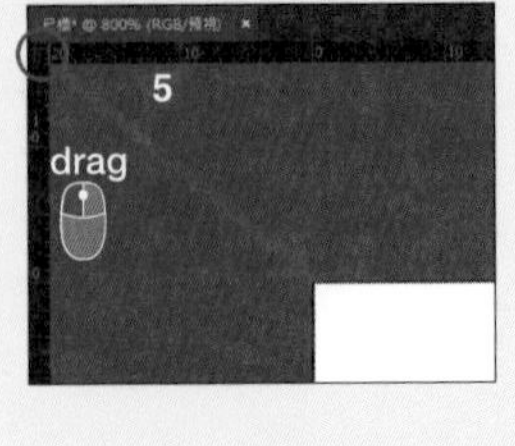

 相關 變更單位：p.48　指定物件的座標值：p.113　製作圖樣：p.143、p.144　僅圖樣變形：p.185

027 建立、刪除參考線

利用參考線置入圖形或文字，可以準確執行排版作業。列印或轉存影像資料時，參考線不會顯示出來。

step 1

製作參考線。從功能表列點選〔檢視〕→〔尺標〕→〔顯示尺標〕，畫面就會出現尺標。

將滑鼠游標移到左側表示垂直方向的尺標上，並且往文件中央方向拖曳 ❶。如此一來，就能完成垂直參考線。

同樣的，將上方表示水平方向的尺標拖曳到文件中央方向的話，便能完成水平參考線。

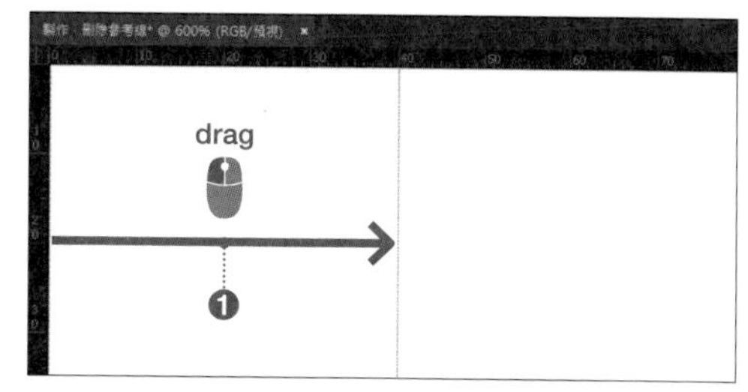

> **Tips**
>
> 利用〔工作區域〕工具從尺標拉出參考線的話，便能完成不會超出工作區域範圍的參考線。

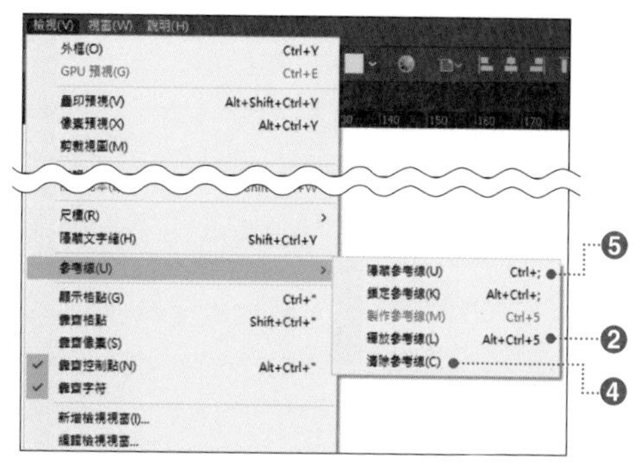

step 2

利用〔選取〕工具選取完成的參考線的話，就能拖曳移動該參考線。若是無法選取，表示參考線被鎖定。欲移動參考線時，點選〔檢視〕→〔參考線〕→〔釋放參考線〕❷，後，就能以〔選取〕工具拖曳參考線 ❸。

Short Cut 鎖定 / 釋放參考線

Win + Alt + Ctrl + ;　　Mac Option + ⌘ + ;

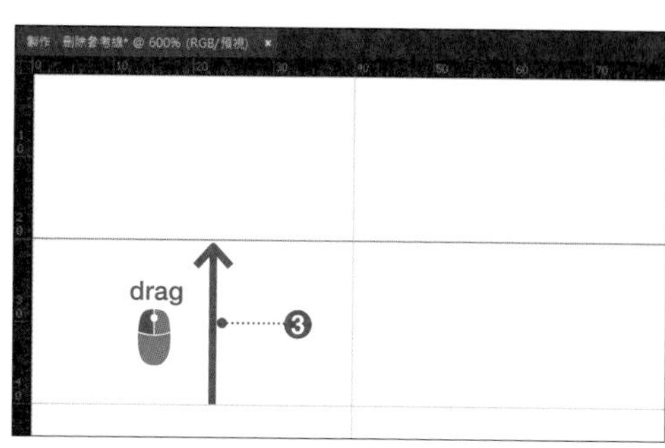

step 3

欲刪除參考線時，要在釋放參考線之後，以〔選取〕工具點選參考線，並按 Delete 。

若一次就想刪除文件上全部的參考線時，點選〔檢視〕→〔參考線〕→〔清除參考線〕❹。

另外，點選〔檢視〕→〔參考線〕→〔顯示參考線〕或者〔隱藏參考線〕❺，也能暫時切換顯示 / 隱藏參考線。

> **Tips**
>
> 在〔選取〕工具未選取任何物件的狀態下，按一下〔內容〕面板顯示的 ❻ 按鈕，就能切換顯示 / 隱藏格點。另外，按一下 ❼ 按鈕，則可以切換〔靠齊格點〕的開啟 / 關閉。

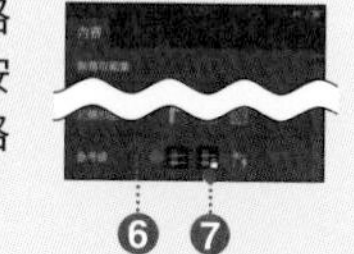

相關 顯示尺標：p.44　將物件轉換成參考線：p.46　變更參考線的顏色與樣式：p.46　智慧型參考線：p.106

028 將物件轉換成參考線

從功能表列點選〔檢視〕→〔參考線〕→〔製作參考線〕，就能將文件內任何一個物件轉換成參考線。

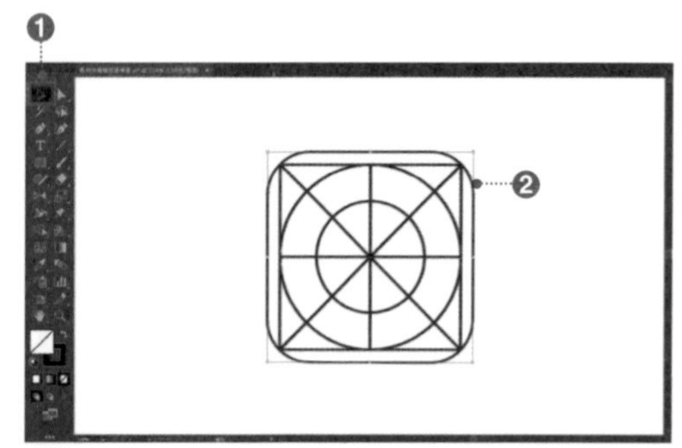

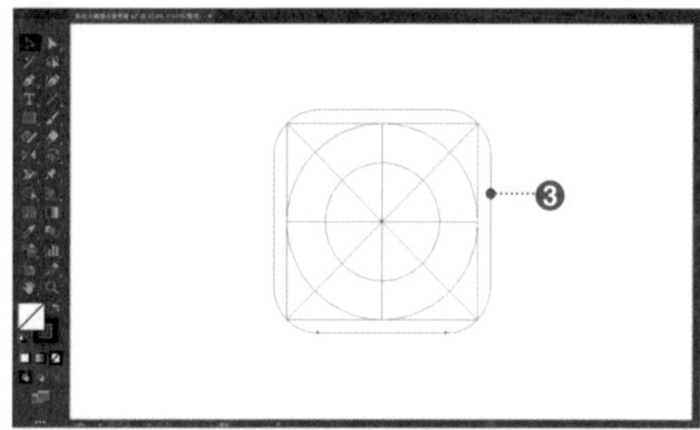

step 1

利用尺標製作參考線時，雖然只能完成垂直或水平的參考線，但是利用將物件轉換成參考線的功能，就能製作各種曲線或斜線等各種形狀的參考線。

以〔**選取**〕**工具** ❶ 點選要轉換成參考線的物件 ❷，再從功能表列中點選〔檢視〕→〔參考線〕→〔製作參考線〕。如此一來，路徑物件就會轉換成參考線 ❸。

另外，能夠轉換成參考線的物件為〔路徑物件〕、〔複合路徑〕或者由這 2 種物件構成的群組物件。

Short Cut 顯示 / 隱藏尺標

Win Ctrl + 5　Mac ⌘ + 5

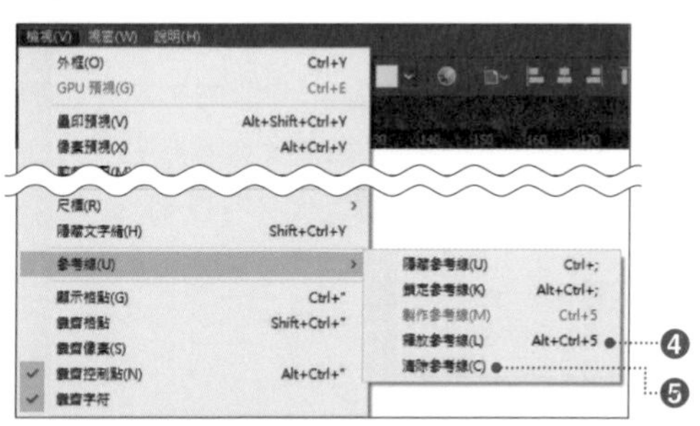

step 2

欲清除參考線時，點選〔檢視〕→〔參考線〕→〔釋放參考線〕❹，在釋放參考線的情況下，以〔**選取**〕**工具** 選取參考線，再點選〔檢視〕→〔參考線〕→〔清除參考線〕❺。

Tips

按 Ctrl + shift 同時以〔選取〕工具 按二下參考線，也能清除參考線。

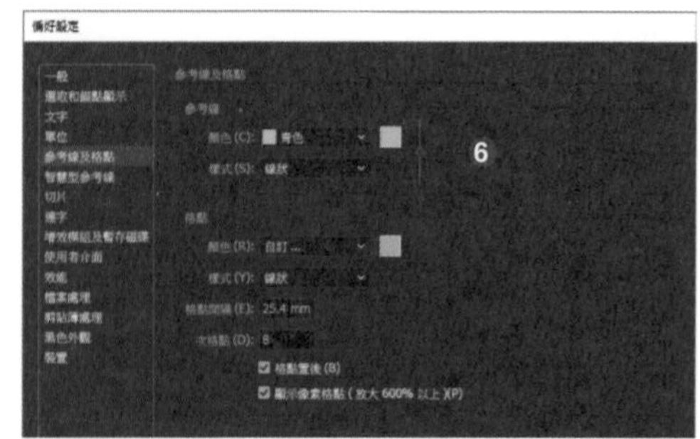

step 3

參考線不夠顯眼或者參考線過於明顯而妨礙作業時，可以從功能表列中點選〔編輯〕→〔偏好設定〕→〔參考線及格點〕，進行設定。在〔色彩〕設定參考線顏色，在〔圖樣〕設定參考線的形狀（線條或點線）❻。

 相關 製作、清除參考線：p.45　智慧型參考線：p.106

029 使用格線

所謂格線，是指如方眼紙般的格子狀參考線。使用〔靠齊格線〕的話，活用格數就能準確地繪製、置入物件。

step 1

從功能表列中點選〔檢視〕→〔顯示格點〕或者〔隱藏格點〕就能切換顯示／隱藏格點 ❶。顯示格點的話，整個文件會顯示格點 ❷。

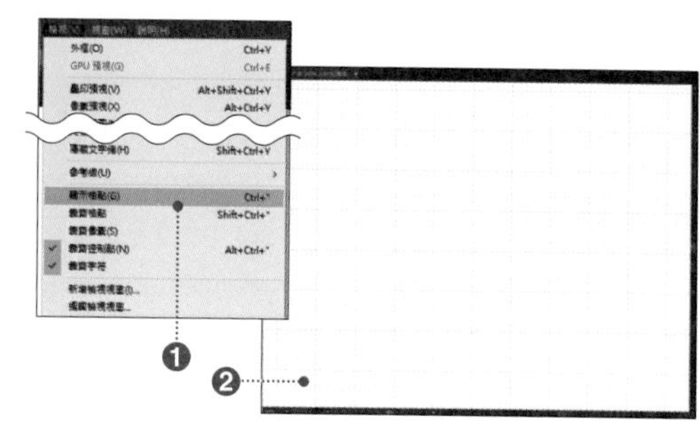

step 2

欲讓物件緊貼著格點時，就點選〔檢視〕→〔靠齊格線〕❸。如此一來，便能沿著格點準確地繪製或置入物件 ❹。

另外，開啟〔靠齊格線〕的話，即使隱藏格點，物件也會對齊格點。

在列印時或轉存影像資料時，會隱藏格點。

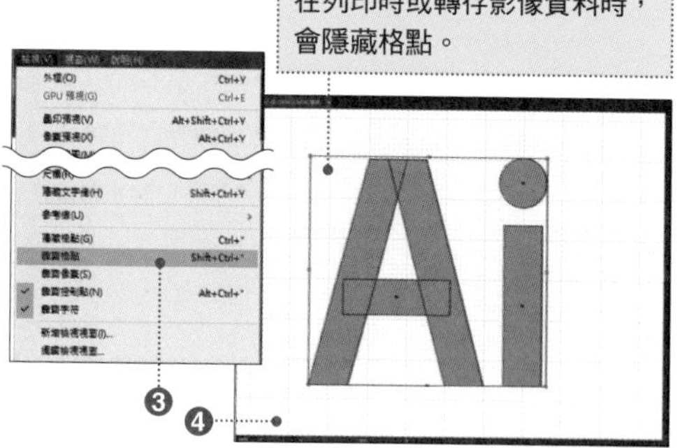

Tips

在〔選取〕工具 未選取任何物件的狀態下，按一下〔內容〕面板顯示的 ❻ 按鈕，就能切換顯示／隱藏格點。另外，按一下 ❼ 按鈕，則可以切換〔靠齊格點〕的開啟／關閉。

Short Cut 顯示／隱藏格點

Win Ctrl + ¥　Mac ⌘ + ¥

Short Cut 靠齊格點

Win Ctrl + Shift + ¥　Mac ⌘ + Shift + ¥

step 3

從功能表列中點選〔編輯〕→〔偏好設定〕→〔參考線及格點〕，就能變更格點的設定（顏色或次格點等等）❺。

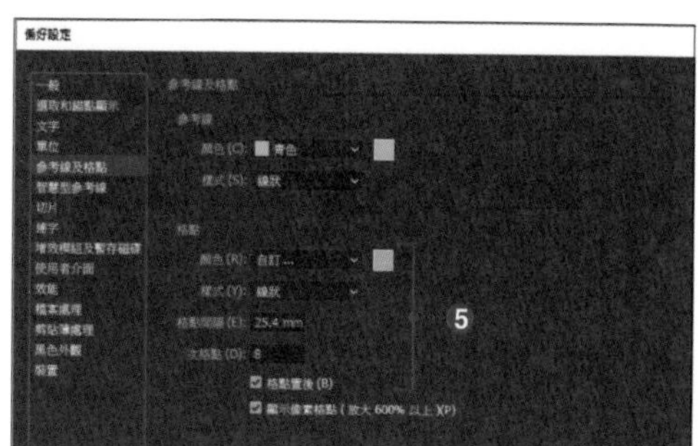

◎〔偏好設定〕對話框的〔格點〕的設定項目

項目	內容
顏色	設定格點顏色。
樣式	選擇線狀（實線）或點線。
格點	設定以粗線顯示的格點間距。
次格點	設定在粗線格點內分割成幾個區塊。
格點置後	不勾選的話，格點會一直顯示在物件之上。
顯示像素格點	勾選的話，以〔像素預視〕顯示物件時，若放大顯示至 600% 以上，1 像素會顯示 4 個格點。

相關 顯示尺標：p.44　製作、清除參考線：p.45　將物件轉換成參考線：p.46

030 變更單位

〔偏好設定〕對話框中的〔單位〕，可以變更尺標或物件大小、筆畫寬度、文字等單位。

step 1

欲變更單位時，從功能表列中點選〔編輯〕→〔偏好設定〕→〔單位〕❶，會出現〔偏好設定〕對話框。

Short Cut 顯示〔偏好設定〕對話框

Win Ctrl + K　Mac ⌘ + K

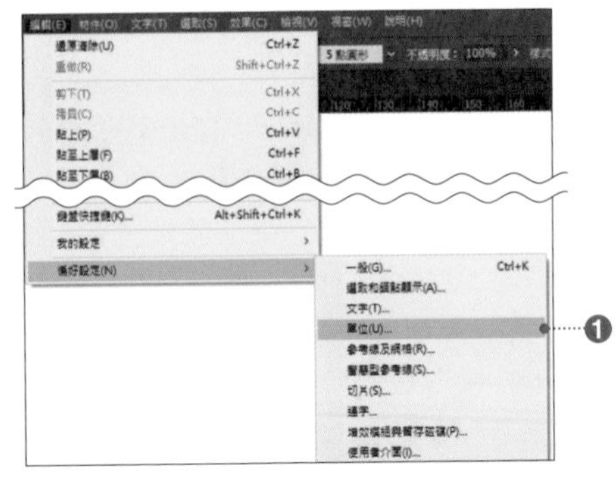

step 2

在單位區指定單位 ❷。

在〔一般〕設定製作物件時指定的單位或者〔變形〕面板、尺標、參考線或格點間距、效果的套用範圍等等的單位。

〔筆畫〕是設定路徑〔寬度〕的單位。

〔文字〕是設定文字大小的單位。

〔東亞文字〕是指定行文方向或者縮排等等大小的單位。這項設定只有在〔偏好設定〕→〔文字〕勾選〔顯示東亞選項〕時，才能進行設定。

設定結束之後，按一下〔確定〕。

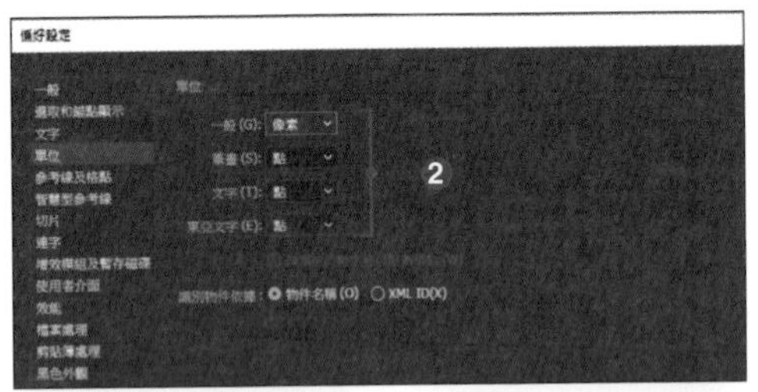

step 3

變更的單位會反映在尺標或各個面板上。在此設定〔一般：公釐〕❸、〔筆畫：公釐〕❹、〔文字：Q〕❺、〔東亞文字：Ha〕❻。

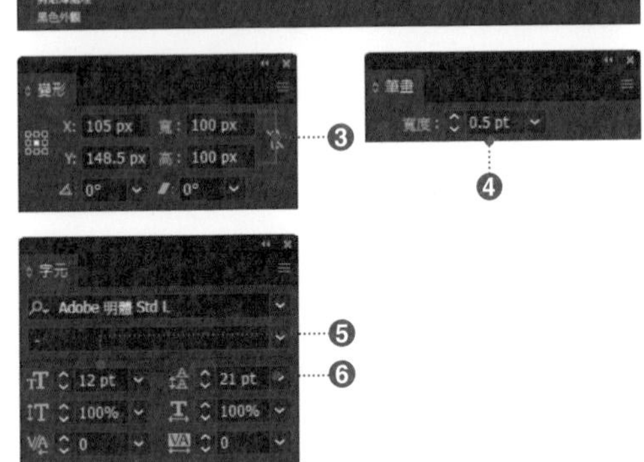

◎ **單位的種類**

種類	內容
1Q/1Ha	為日本相片值字機使用的表示文字大小的單位。 Q 為「quater(1/4)」的意思，1Q=1/4mm(0.25)。文字大小指定為 Q 數，行文方向指定為 Ha 數。
pics(1p)	pics 主要是在歐美使用。以公分為基準的印刷用單位。被用於表示文字大小的單位。 1pica(1p)=12pt（12pt：約 4.23mm）
公分 (1in)	1 公分 (1in)=2.54mm
1pt	1pt=1/72 公分

 相關 顯示尺標：p.44〔文字〕 面板的基本功能：p.262 〔變形〕面板：p.183

031 變更物件的移動距離

選取物件後按下方向鍵的話，物件會朝著箭頭方向移動，但是在此要設定按一次方向鍵時的移動距離。

step 1

在選取物件的狀態下，按下方向鍵的話，物件會朝著箭頭方向移動。初始設定為每按一次移動 1pt（0.3528mm）。

從功能表列點選〔編輯〕→〔偏好設定〕→〔一般〕❶，會出現〔偏好設定〕對話框。

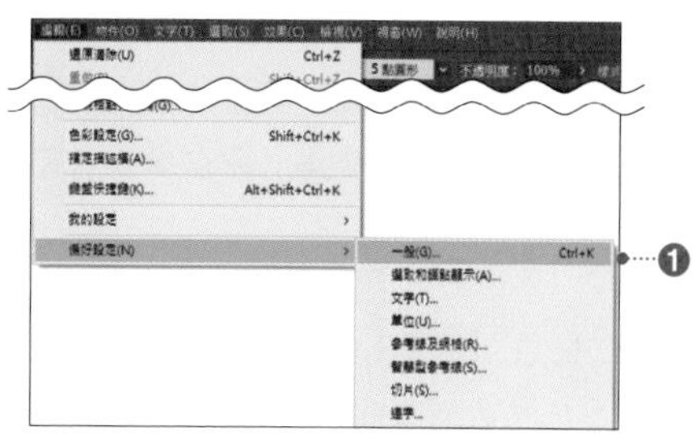

Short Cut 顯示〔偏好設定〕對話框

Win Ctrl + K　Mac ⌘ + K

step 2

在〔鍵盤漸增〕指定按一次方向鍵移動的距離❷。在此將〔鍵盤漸增〕的數值設定為「1mm」。輸入結束之後，按一下〔確定〕。

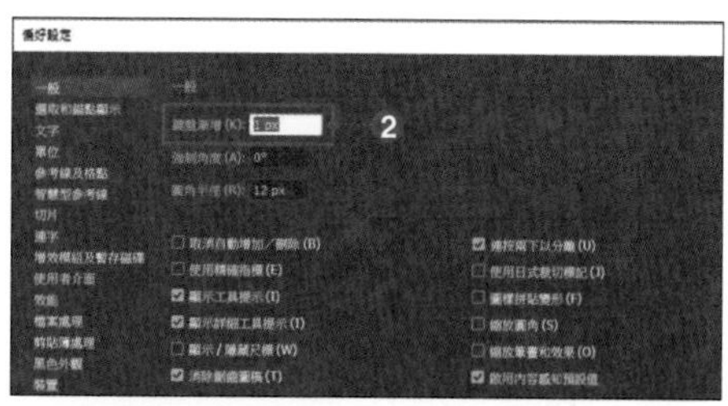

> **Tips**
>
> 這裡顯示的單位為〔偏好設定〕對話框中〔單位〕的〔一般〕指定的單位（p.48）。

step 3

設定後，以〔**選取**〕**工具** 選取物件❸，按鍵盤的 → 的話，就會向右移動 1mm❹。另外，按 shift 同時按方向鍵的話，移動距離為指定的數值的 10 倍。在此移動 10mm❺。

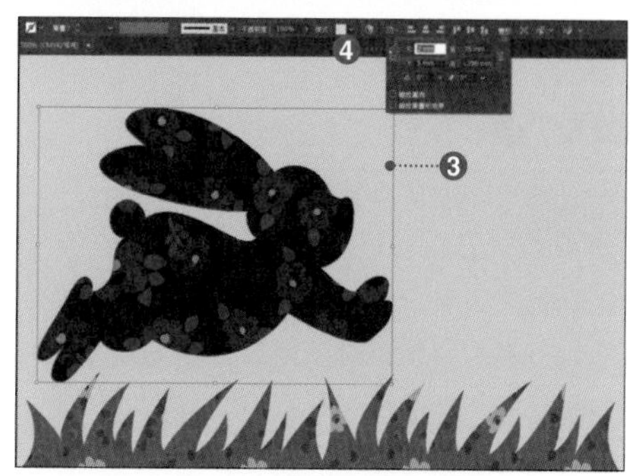

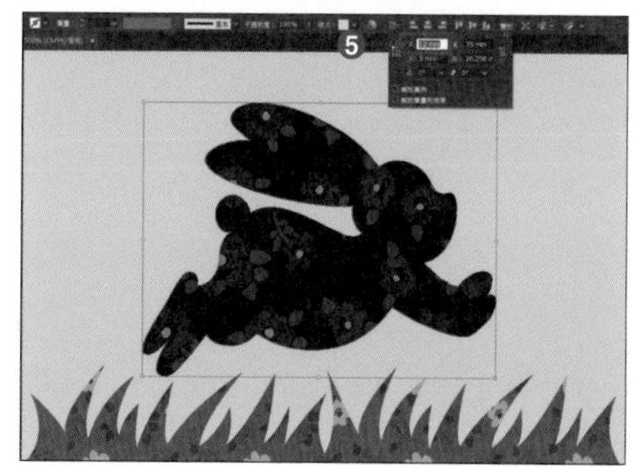

> **Tips**
>
> 在〔選取〕工具 未選取任何物件的狀態下，按一下〔內容〕面板顯示的❻按鈕，也能設定移動距離。
>
> 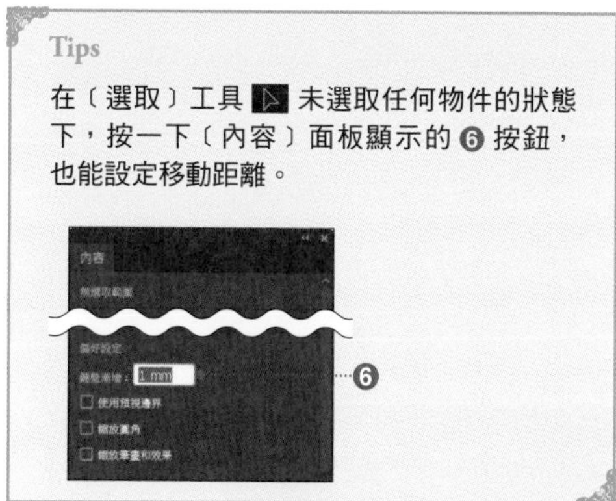

相關 變更單位：p.48

032 自訂快捷鍵

鍵盤的快捷鍵可以在〔鍵盤快速鍵〕對話框自訂。將頻繁使用的指令或工具登錄為快捷鍵的話，就能提高作業效率。

step 1

從功能表列中點選〔編輯〕→〔鍵盤快速鍵〕❶，會出現〔鍵盤快速鍵〕對話框。

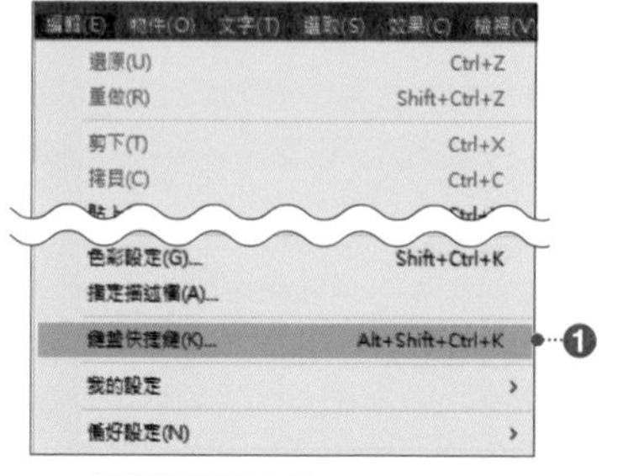

step 2

在此將〔功能表列指令〕的〔物件〕→〔擴充外觀〕指定為快捷鍵「F5」。從左上角的下拉式選單點選〔功能表列指令〕❷。

從一覽顯示〔功能表列指令〕的列表中，按一下〔擴充外觀〕的〔快速鍵〕欄後，按 F5 ❸。

由於輸入的 F5 被分配為〔視窗〕→〔筆刷〕的快捷鍵，因此對話框下方會出現警告視窗 ❹。

將 F5 分配為〔擴充外觀〕指令後，按一下〔確定〕。至此完成設定。分配新快捷鍵給〔筆刷〕指令時，按一下〔跳至衝突〕❺。

另外，欲取消快捷鍵的分配作業時，按一下**〔清除〕**❻。

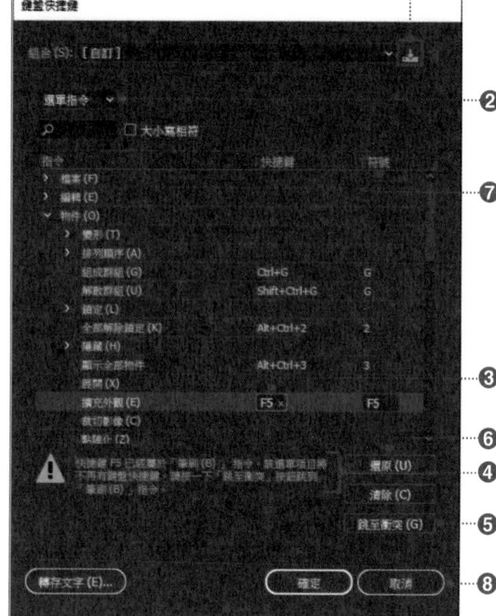

step 3

快捷鍵設定結束之後，按一下〔確定〕❽或〔儲存〕❾，會出現〔將鍵盤設定檔案儲存為〕對話框。隨意地輸入名稱後 ❿，按一下〔確定〕。

Tips

在〔符號〕欄位，設定在〔功能表列指令〕旁邊，或者工具列〔顯示工具提示〕出現的文字 ❼。

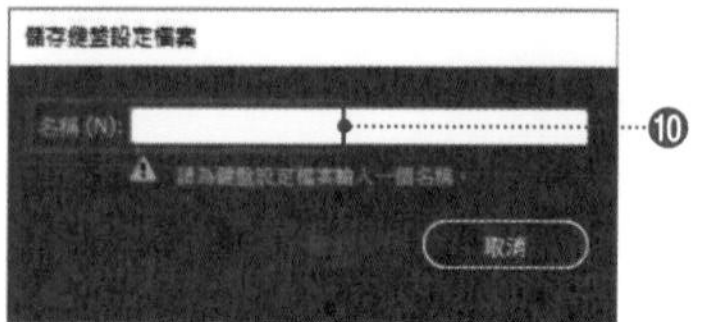

相關 快捷鍵：p.300

033 執行透明度平面化

列印使用透明功能的文件，或是儲存、轉存為不支援透明的格式時，必須先將透明度平面化。

概要

為了在 Illustrator 實現多彩的顯示畫面，透明功能是不可或缺的重要功能之一，但是使用透明功能時，在列印或者儲存、轉存不支援透明格式的情況下，必須將透明度平面化。其處理方式會自動地在整個文件一併進行。

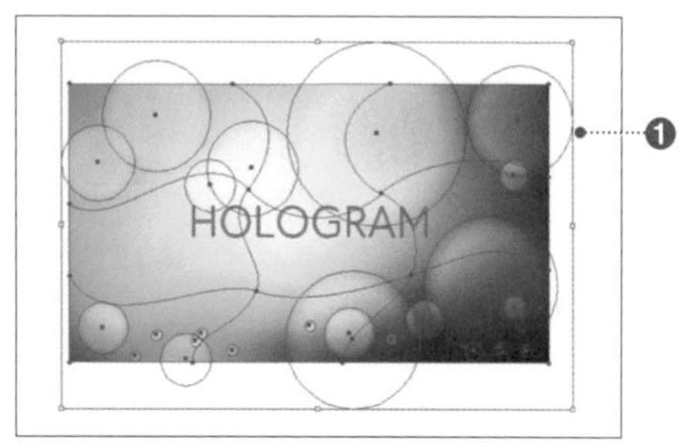

step 1

欲個別地確認特定物件，或者在確認的同時進行平面化時，以〔**選取**〕**工具** 點選物件❶，再從功能表列中點選〔物件〕→〔透明度平面化〕，會出現〔透明度平面化〕對話框。

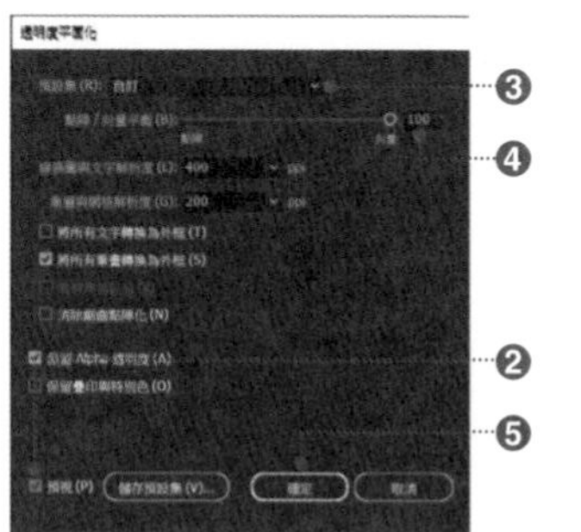

step 2

勾選〔預視〕❷，在確認物件的同時進行設定。點選〔預設集〕❸ 調整〔點陣 / 向量平衡〕的滑桿 ❹。如果滑桿向〔點陣〕靠近的話，影像平面度愈高。並且勾選〔保留 Alpha 透明度〕。設定完之後按一下〔確定〕❺，物件就會進行透視度平面化。雖然外觀毫無變化，但是在〔連結〕面板確認的話，會清楚發現物件被平面化且轉換為影像 ❻。

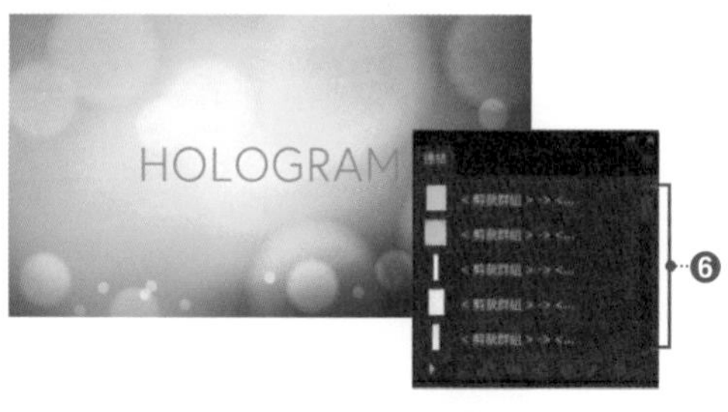

step 3

在功能表列點選〔視窗〕→〔平面化工具預覽〕，會出現〔平面化工具預覽〕面板，在這裡可以輕鬆地模擬哪個部分要如何進行透視度平面化。

變更〔平面化〕設定後，按一下〔**更新**〕❼。在〔標示〕❽ 選取的項目會顯示紅色 ❾。

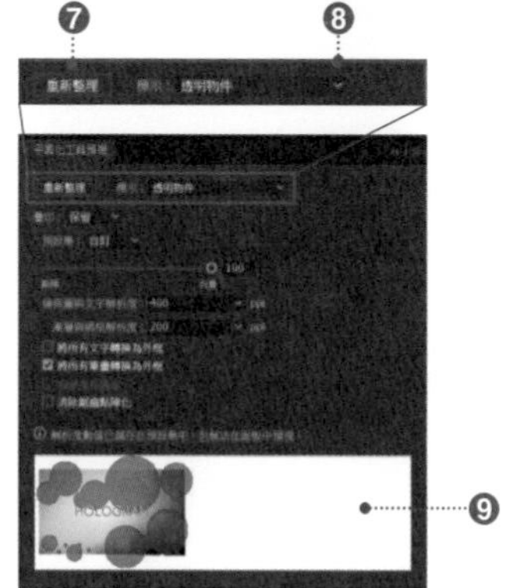

相關 混合模式：**p.154** 〔透明〕面板：**p.156** 陰影：**p.244** 列印文件：**p.52**

034 隨心所欲列印文件

列印文件時，可以在顯示的〔列印〕對話框設定列印種類、列印張數、紙張大小、紙張方向。

在工能表列點選〔檔案〕→〔列印〕❶，會出現〔列印〕對話框。

設定各個項目後，在〔預視〕視窗確認列印狀態 ❷，決定列印的話，就按一下〔**列印**〕，若只是變更設定不打算列印的話，則按一下〔**結束**〕❸。

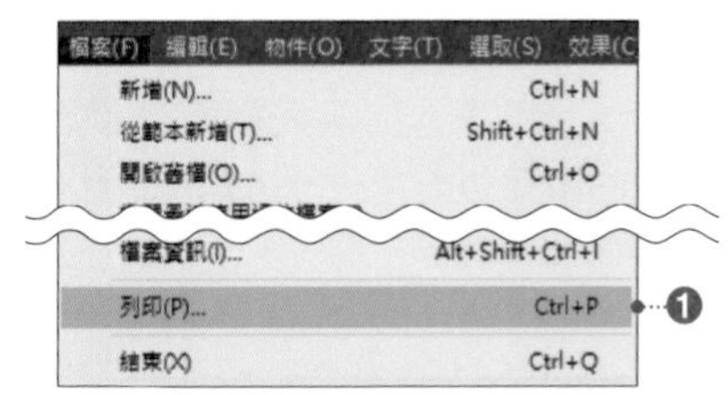

點選進階選項的話，可以詳細設定剪裁標記的處理方法或者色彩管理等等與列印相關的各種項目。詳細內容請參考 Illustrator 的學習與支援。

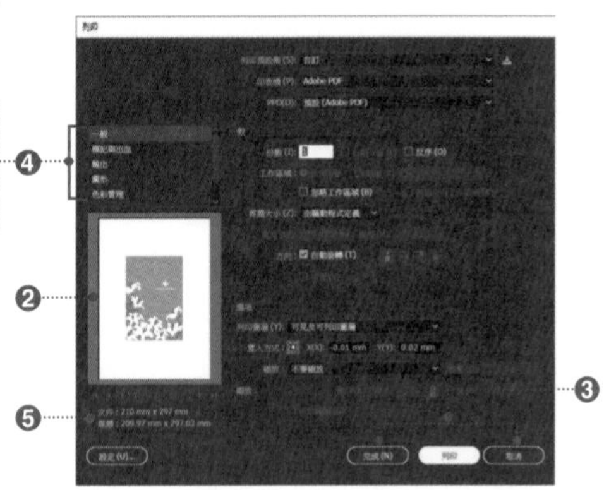

Short Cut 列印

Win Ctrl + P　Mac ⌘ + P

◎〔列印〕對話框的設定項目

項目	內容
列印預設集	可以從這裡選擇事先儲存的自訂的列印設定（預設集）。儲存列印設定時，按一下〔列印預設集〕右側的圖示。
印表機	選擇與電腦連結，可供使用的印表機。
PPD	為了使用 PostScript 印表機，必須選擇的 PPD 檔案。
份數	指定列印張數。
媒體大小	指定紙張大小與列印方向。
列印範圍	選擇印刷的圖層。印刷整份圖稿時，選擇〔可見及可列印圖層〕。
置入方式	以數值指定、調整圖稿的置入位置。另外，也可以將圖稿拖曳到預視視窗 ❷ 內進行調整。
縮放	指定工作區域在印刷紙張上的位置。 〔**不要縮放**〕：不縮放直接列印。 〔**自訂**〕：工作區域的寬度及高度依照指定比例縮放後列印。 〔**符合頁面大小**〕工作區域會自動地縮放，符合紙張大小。 〔**拼貼（紙張大小）**〕〔**拼貼（可列印範圍）**〕：文件超出單一頁面，必須分成多張列印。（P.54）
進階選項 ❹	可以詳細設定各種項目。
文件 ❺	製作多個工作區域時，指定輸出的工作區域。

 相關 移動列印範圍：**p.53**　拼貼列印：**p.54**　剪裁標記：**p.55**

035 移動列印範圍

欲列印部分圖稿，而非整個圖稿時，移動設定的〔列印範圍〕。

概要

如右圖，在 A3 的工作區域上，置入 2 張攤開的 B5 單面工作區域。此時，要以 A4 單面列印的話，必須移動列印範圍。

step 1

從功能表列點選〔檢視〕→〔顯示列印並排〕，便會顯示列印範圍 ❶（外側的點數表示紙張大小，內側的點線表示可列印範圍）。

另外，在此顯示的範圍為在〔列印〕對話框的〔媒體大小〕設定的大小。

step 2

從工具列點選〔**列印並排**〕**工具** ❷，在文件上按一下滑鼠左鍵，設定列印範圍 ❸。如此一來，便能移動列印範圍。

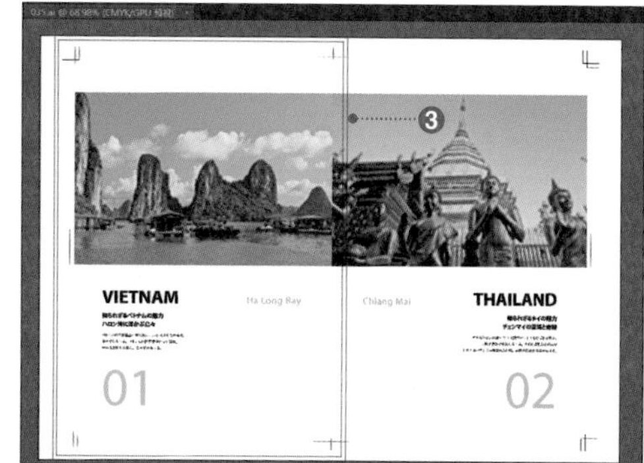

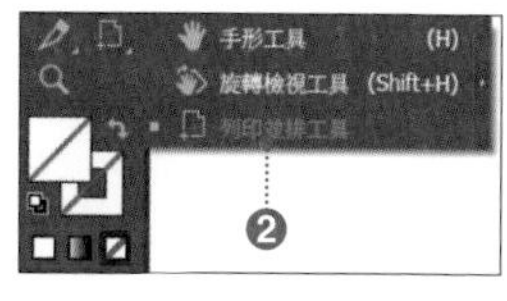

step 3

〔列印〕對話框左下方的〔預視〕視窗內，也可以拖曳圖稿指定列印範圍 ❹。

另外，在〔置入方式〕指定原點，在〔原點 X〕、〔原點 Y〕輸入數值，也能微調列印範圍 ❺。

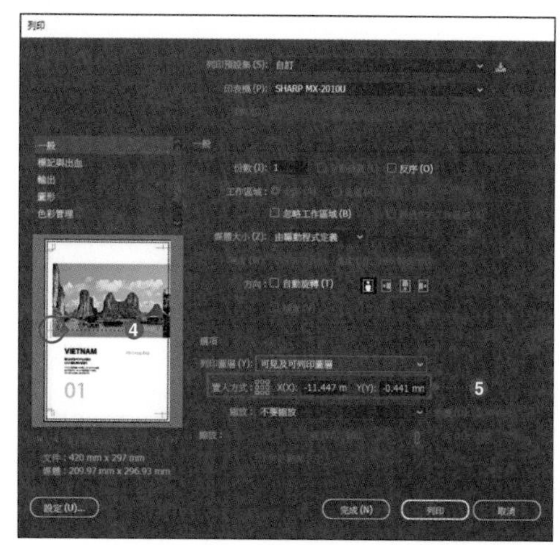

相關 列印文件：p.52　拼貼列印：p.54　剪裁標記：p.55

036 將大型文件分成數張列印

欲列印超出紙張大小的工作區域時，在〔列印〕對話框進行〔拼貼〕設定。

概要

工作區域的尺寸大於列印紙張的話，就將工作區域分成數張列印。

在此說明，將如右圖般的 B3 大小的工作區域 ❶ 用幾張 A4 列印紙列印的方法。

另外，以設定的紙張大小來分割工作區域的作業稱為〔**拼貼法**〕。

step 1

從功能表列點選〔檔案〕→〔列印〕，會出現〔列印〕對話框。

點選列印，並且設定〔媒體大小：A4〕、〔方向：橫式向左〕❷，在〔選項〕區的〔縮放〕下拉式選單點選〔並排可列印區域〕❸。

在〔預視〕視窗確認的話，會發現 B3 的工作區域以點線被分割成 4 個區塊 ❹。按一下〔完成〕後返回文件。

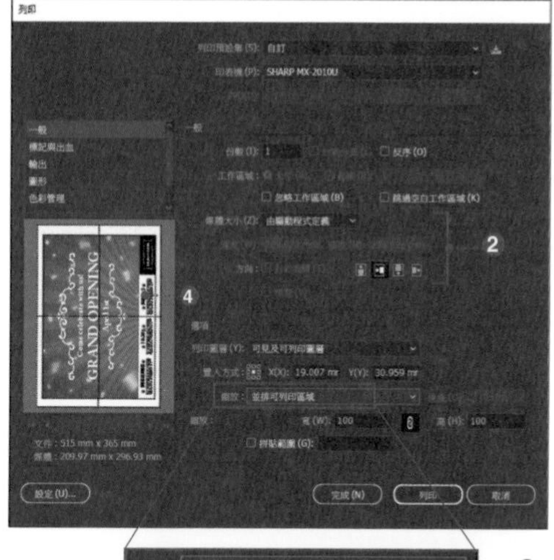

step 2

從功能表列點選〔檢視〕→〔顯示列印並排〕的話，就能確認工作區域被分割成 A4 大小 ❺。

 相關 列印文件：p.52　移動列印範圍：p.53　剪裁標記：p.55

037 製作印刷用裁切標記

在製作商業印刷用的資料時，有時候必須製作表示印刷成品大小的「裁切標記」。

step 1

在 A4 大小的工作區域內，置入明信片大小的矩形，並且製作商業印刷用裁切標記。

從功能表列點選〔**矩形**〕**工具** ❶。此時，筆畫寬度已經設定好，且筆畫寬度也包含在成品大小內，因此，設定〔筆畫：無〕❷。按一下文件，會出現〔矩形〕對話框，輸入〔寬度：148mm〕、〔高度：100mm〕❸ 後按一下〔確定〕。如此一來，就能繪製與明信片相同大小的矩形 ❹。

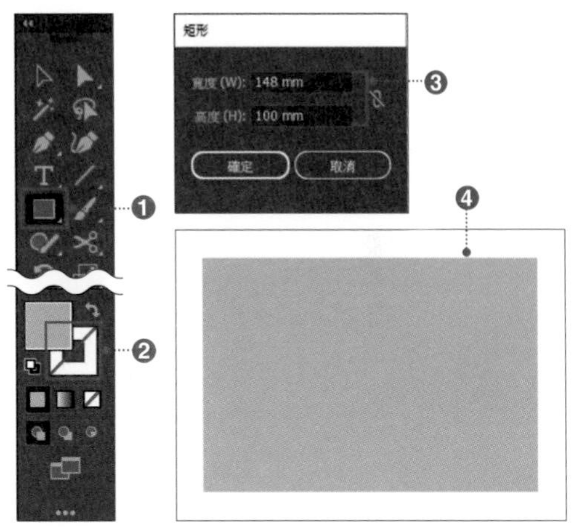

step 2

接著，在利用〔**選取**〕**工具** 選取矩形的狀態下，從功能表列點選〔物件〕→〔建立剪裁標記〕❺。如此一來，在矩形物件的周圍會出現剪裁記號（標記）❻。

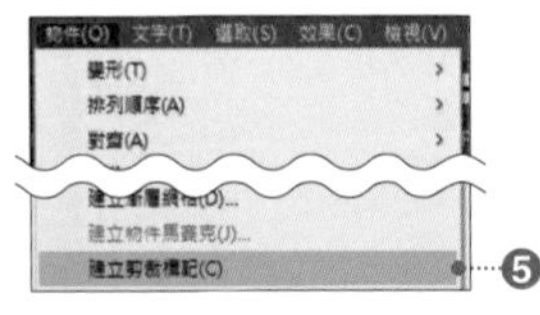

step 3

裁切標記完成後，刪除原本的矩形也沒關係，但是在選取矩形的狀態下，從功能表列點選〔檢視〕→〔製作參考線〕，將矩形轉換成參考線的話，就會成為成品大小的標準，讓作業更加順暢 ❼。

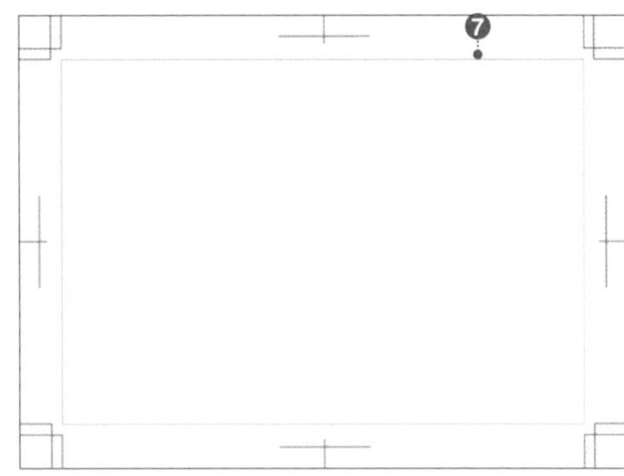

Tips

為了不讓裁切記號看起來像雙線，所以從功能表列點選〔編輯〕→〔偏好設定〕→〔一般〕，會出現〔偏好設定〕對話框，此時勾選〔使用日式裁切標記〕。

相關 製作新文件：p.21　以 PDF 格式存檔：p.26　轉換成參考線：p.46

038 利用封裝功能收集連結檔案或使用的字體

所謂的封裝功能是，複製文件檔案和文件內使用的字體、連結影像，並建立資料夾，再將其收集彙整在資料夾內。

step 1

開啟封裝的文件檔案，從功能表列點選〔檔案〕→〔封裝〕後 ❶，會出現〔封裝〕對話框。

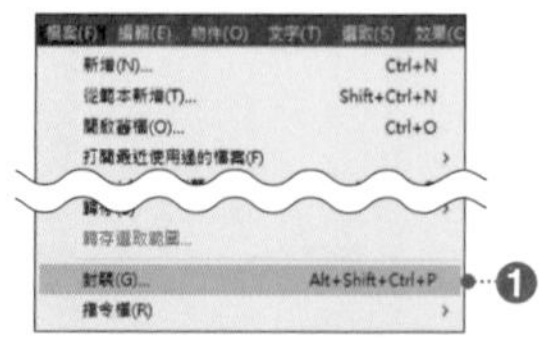

Tips

封裝功能相當便利，但是由於文件與連結檔案會被複製，所以在 PC 內會存在各 2 個檔案。因此，一定要適當地管理檔案，否則可能有不會反映修正問題的情況發生，請務必注意。

step 2

指定製作儲存收集檔案資料夾的位置 ❷，並且任意地指定資料夾名稱 ❸。在預設值設定文件名稱。

另外，設定各個選項 ❹。各項目設定完成之後，按一下〔**封裝**〕❺。

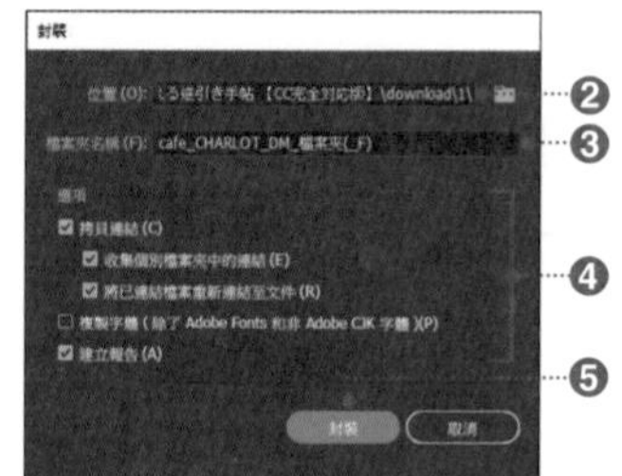

step 3

順利完成封裝的話，會出現對話框。按一下〔**顯示封裝**〕的話 ❻，就能確認完成的封裝資料夾 ❼。

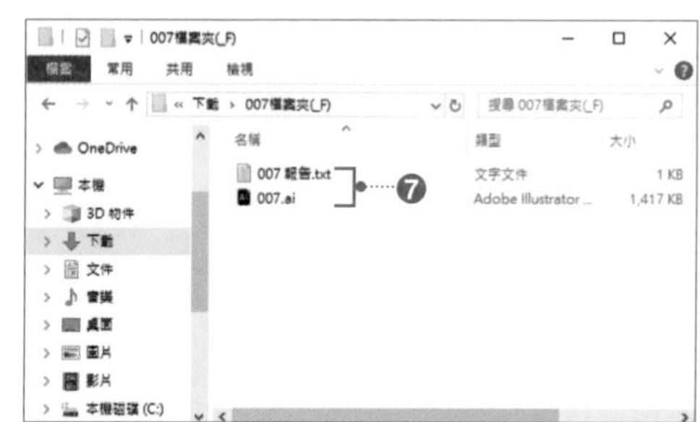

◎〔封裝〕對話框的選項

項目	說明
拷貝連結	將連結檔案複製到封裝資料夾內。
收集個別檔案夾中的連結	勾選這個項目的話，文件內會出現名為「Links」的資料夾，且收集了連結檔案。不勾選的話，連結檔案會收集在封裝資料夾內。
將已連結檔案重新連結至文件	勾選的話，文件會與收集在封裝資料夾內的連結檔案再次連結。不勾選的話，文件的連結檔案會成為原始的連結檔案。
複製字體（除了 Adobe Fonts 和非 Adobe CJK 字體）	會出現與字體授權合約有關的警告視窗（若出現訊息，請務必確認）。會完成以〔Fonts〕為名的資料夾，而且在文件內使用的 Adobe 以外的日中韓字體與由 Adobe 字體而來的字體以外的字體會被複製。
建立報告	文件的色彩模式或是色彩屬性、字體、連結影像、內嵌影像等資訊都會被轉存到名為「（檔案名稱）報告 .txt」的檔案裡。

 相關 新增文件：p.21　儲存檔案：p.23　置入影像：p.216

第 2 章

繪製、製作物件

039 利用〔鋼筆〕工具隨心所欲地繪製路徑

使用〔鋼筆〕工具的話，就能隨心所欲地繪製直線、圓弧、曲線等所有的線條。全部的圖形皆由直線和曲線組合而成。因此，Illustrator 要得心應手，一定要熟悉〔鋼筆〕工具。

從工具列點選〔**鋼筆**〕**工具** ❶ 後開始畫線。在此是從功能表列點選〔視窗〕→〔控制〕，出現〔控制〕面板後，設定筆畫的顏色與粗細 ❷。

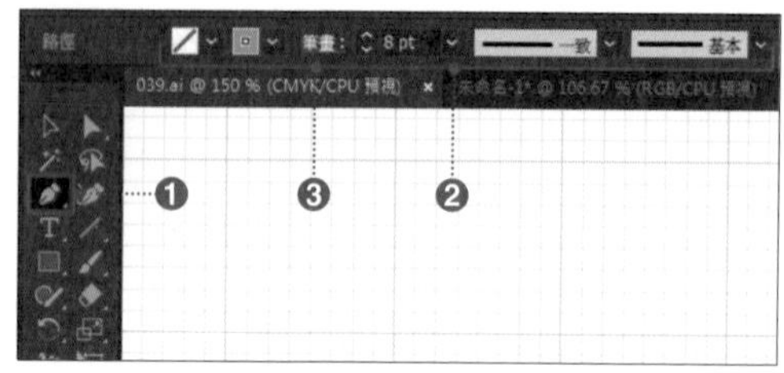

Tips

按一下使用〔鋼筆〕工具時的〔控制〕面板上〔筆畫〕的文字 ❸，會出現〔筆畫〕面板。在此可以變更端點或尖角的形狀、筆畫的位置（p.124）。

繪製直線

繪製直線時，連續在文件上的任 2 個位置按一下滑鼠左鍵 ❹。按著 shift 同時按一下滑鼠左鍵的話，就能從 0 度角朝 45 度繪製直線。

繼續按滑鼠左鍵，等到滑鼠游標與起點重疊時，正右方會出現小小的「O」❺。在這個狀態下，按一下滑鼠左鍵就能關閉路徑，變成封閉路徑 ❻。

另外，不封閉路徑，且使用〔**鋼筆**〕**工具**的繪圖工作結束之後，就選取其他工具，或者按著 Ctrl 同時在工作區域的任何位置按一下滑鼠左鍵。

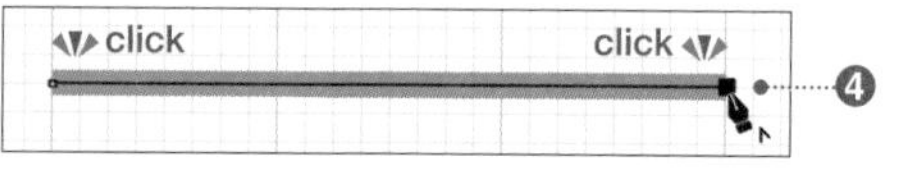

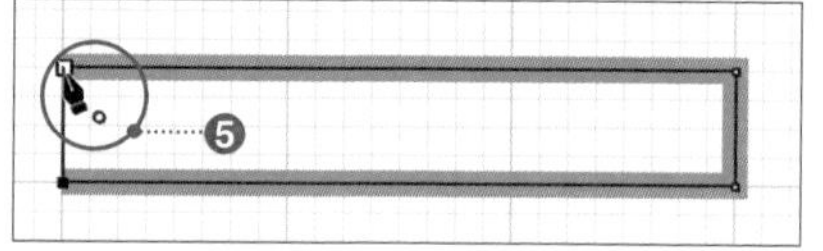

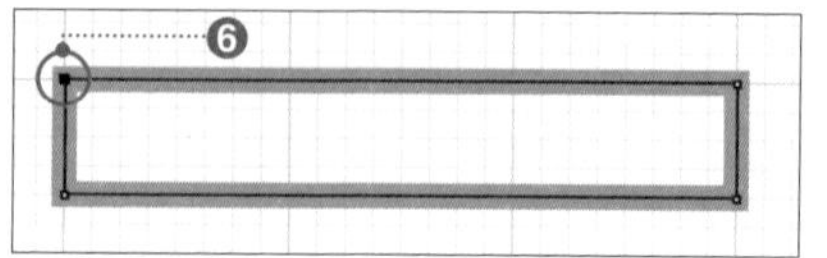

繪製曲線

繪製曲線時，將滑鼠游標移到「曲線開始的位置」，並且朝「欲畫出曲線的方向」拖曳 ❼。如此一來，控制把手會以錨點為中心向兩側延伸。

接著，將滑鼠游標移到「改變曲線大小或方向」的位置，朝「欲繪製曲線的方向」拖曳 ❽。

重複上述步驟，即可完成波浪線條 ❾。

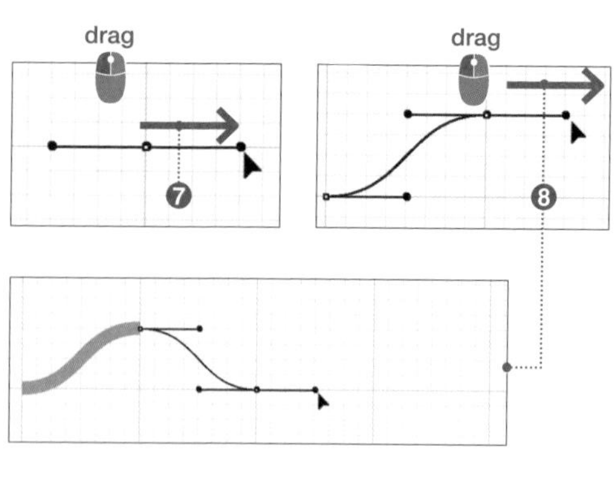

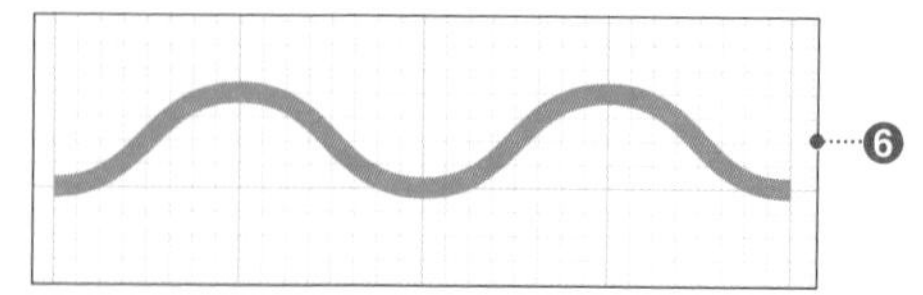

從功能表列點選〔檢視〕→〔顯示格線〕後，本項的各個圖形都會顯示格點（p.47）。

從直線變化為曲線

欲將直線變化為曲線時，首先將滑鼠游標移動到要變化為曲線的錨點上 ❿，然後向「欲畫出曲線的方向」拖曳即可 ⓫。

接著，將滑鼠游標移動到「改變曲線大小或方向的位置」後拖曳的話 ⓬，就能繪製從直線變化為曲線的線條。

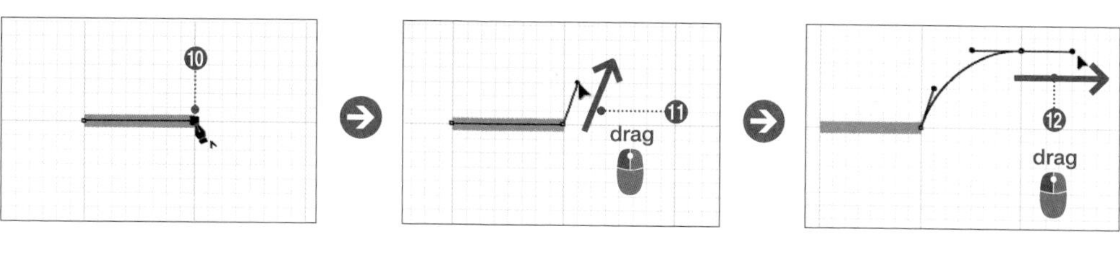

從曲線變化為直線

欲將曲線變化為直線時，首先將滑鼠游標移動到要變化為直線的錨點上 ⓭，按一下滑鼠左鍵。

如此一來，一邊的控制把手會消失 ⓮。接著，按一下下一個位置，就能繪製從曲線變化為直線的線條 ⓯。

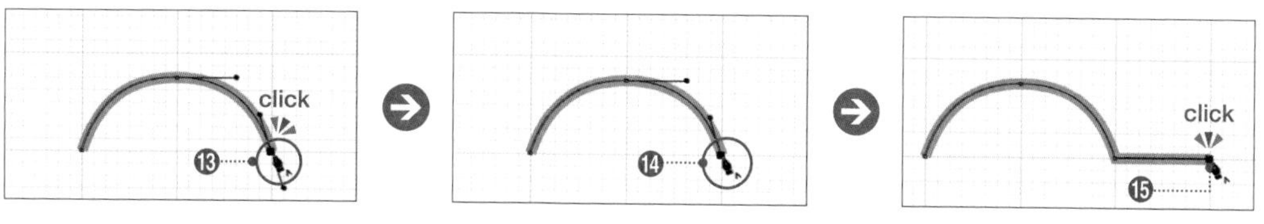

切換曲線方向後繪製曲線

欲切換曲線方向後繪製曲線時，首先，按著 Alt（Option），將工具切換成〔錨點〕工具後 ⓰，拖曳欲改變方向部分的控制把手 ⓱。

接著，將滑鼠游標移動到「改變曲線大小或方向的位置」⓲，就能切換曲線方向，繪製曲線。

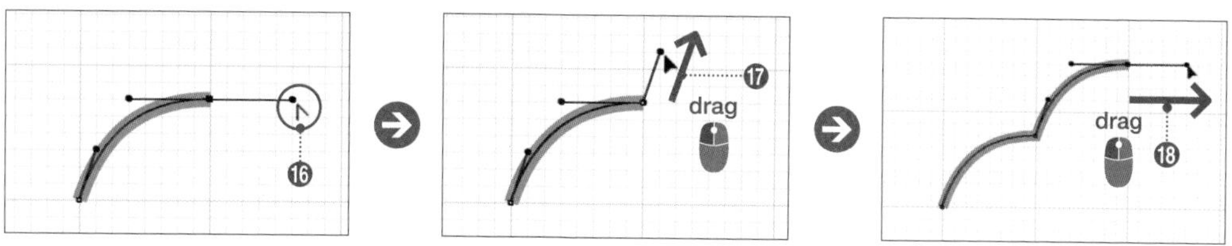

Tips

理解直線或曲線的基本結構後，必須練習如何隨心所欲地處理路徑。外框化任何文字（p.297）並鎖定文字（p.98），然後利用〔鋼筆〕工具在文字上描線的方式也是不錯的方法。利用這個方法，以〔直接選取〕工具選取原物件的錨點的話，就能確認路徑結構，相當便利。

相關 路徑的基本造構：p.340　新增、刪除錨點：p.62　切換錨點：p.63　線段重新塑型：p.85

040 〔曲線〕工具的使用方式

〔曲線〕工具，比〔鋼筆〕工具更能直覺性操作，可以輕鬆繪製出平滑漂亮的曲線。〔曲線〕工具對應觸控式裝置。

step 1

從工具列點選 ❶ 後開始畫線。在此從功能表列點選〔視窗〕→〔控制〕，在出現的〔控制〕面板上設定筆畫顏色與粗細。

另外，從工具列點選〔檢視〕→〔顯示格點〕，就會出現格點。

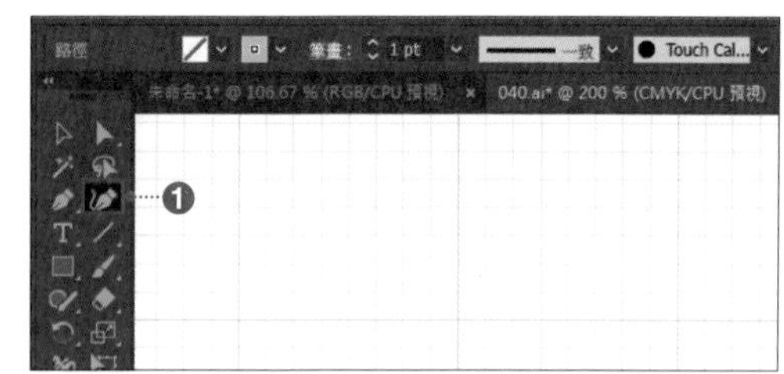

繪製圓形

在**〔曲線〕工具** ❷ 所在位置按一下滑鼠左鍵。接著在下一個位置 ❸ 按一下滑鼠左鍵。

將滑鼠游標移到 ❹ 的位置，就會出現連接各點的**「橡皮筋線條」**。

接著在 ❺ 的位置按一下滑鼠左鍵，就能將路徑繪製成橡皮筋形狀 ❻。

再來到 ❼ 的位置，並且將滑鼠游標移到 ❽ 的位置。

如此一來，滑鼠游標會如右圖般變化 ❾，在這個狀態下按一下滑鼠左鍵的話，就能連結路徑。

依照上述步驟，只要依序按 4 個位置，就能繪製出漂亮的圓形 ❿。

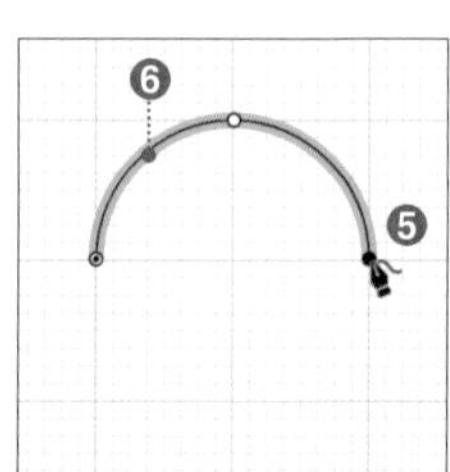

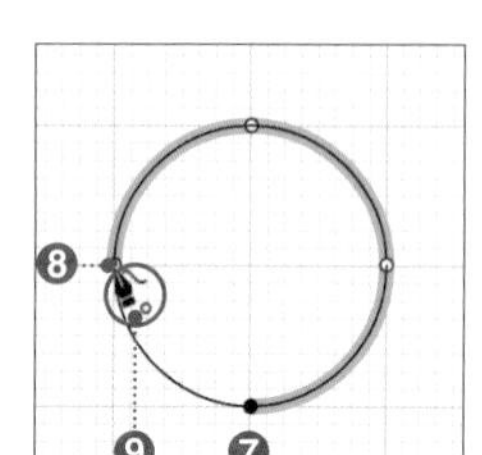

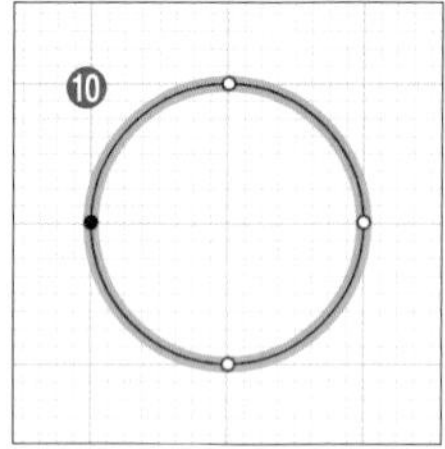

> **Tips**
>
> 所謂橡皮筋線條是一種能即時預測繪製的路徑形狀的預視功能。利用〔鋼筆〕工具和〔曲線〕工具時會出現橡皮筋線條。
>
> 〔偏好設定〕對話框可以設定開啟、關閉〔選取和錨點顯示〕。

繪製波浪線

使用〔**曲線**〕**工具** 連續在 ⓫⓬⓭ 的位置按一下滑鼠左鍵的話，就能繪製半圓形。

將滑鼠游標移到 ⓮ 的位置，就會變成橡皮筋形狀。

接著在 ⓯⓰⓱ 的位置按一下滑鼠左鍵，就能繪製出連接平滑曲線而成的波浪線。

繪製直線

使用〔**曲線**〕**工具** 在 ⓲ 的位置按一下滑鼠左鍵，接著按住 Alt（Option）同時在 ⓳ 的位置按一下滑鼠左鍵。⓴ 的位置也是按住 Alt（Option）同時按一下滑鼠左鍵。

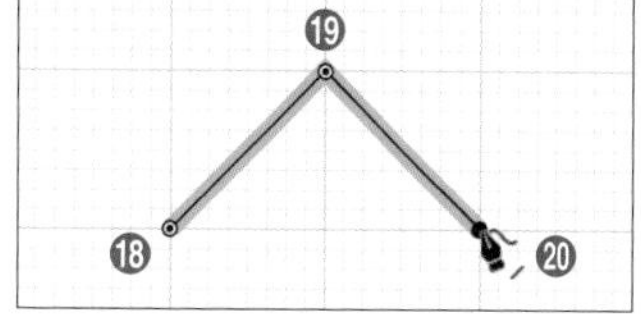

以按住 Alt（Option）同時按一下滑鼠左鍵的步驟，就能繪製出直線連結而成的線條 ㉑。

切換直線與曲線

在選取繪製的路徑物件的狀態下，使用〔**曲線**〕**工具** 在 ㉒ 的位置按二下滑鼠左鍵，或者按住 Alt（Option）同時按一下滑鼠左鍵。如此一來，就能將尖角切換成圓角，形成弧形 ㉓（p.63）。

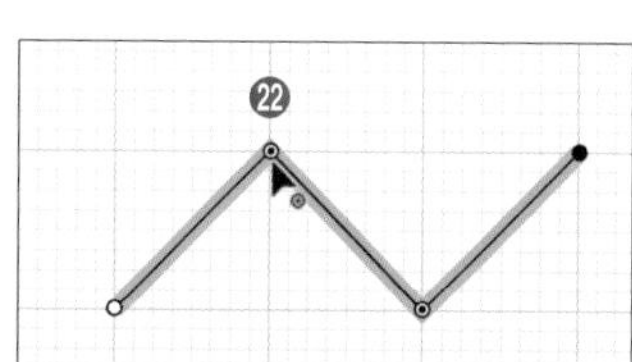

另外，再次在同一個錨點按二下滑鼠左鍵，或者按住 Alt（Option）同時按一下滑鼠左鍵的話，就能切換成尖角。

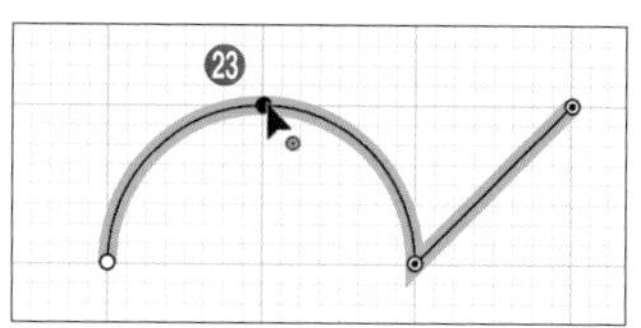

Tips

使用〔曲線〕工具，無須切換成其他工具，就能進行路徑的編輯作業。
使用〔曲線〕工具拖曳錨點，就能移動錨點位置時。
使用〔曲線〕工具在路徑區段按一下滑鼠左鍵，就能新增錨點。
使用〔曲線〕工具在目標錨點按一下滑鼠左鍵，選取後按 Delete，就能刪除錨點。

相關 路徑的基本結構：p.340　新增、刪除錨點：p.62　切換錨點：p.63　線段重新塑型：p.85

041 新增、刪除錨點

新增錨點時，使用〔增加錨點〕工具；刪除錨點時，使用〔刪除錨點〕工具。

step 1

欲新增錨點時，在選取路徑物件的狀態下，點選〔**增加錨點**〕**工具** ❶，然後到欲新增錨點的位置按一下滑鼠左鍵 ❷。如此一來，就會新增錨點 ❸。

均等地新增錨點

在選取路徑物件的狀態下，從功能表列點選〔物件〕→〔路徑〕→〔增加錨點工具〕的話，全部的錨點與錨點之間，會均等地新增錨點 ❹。

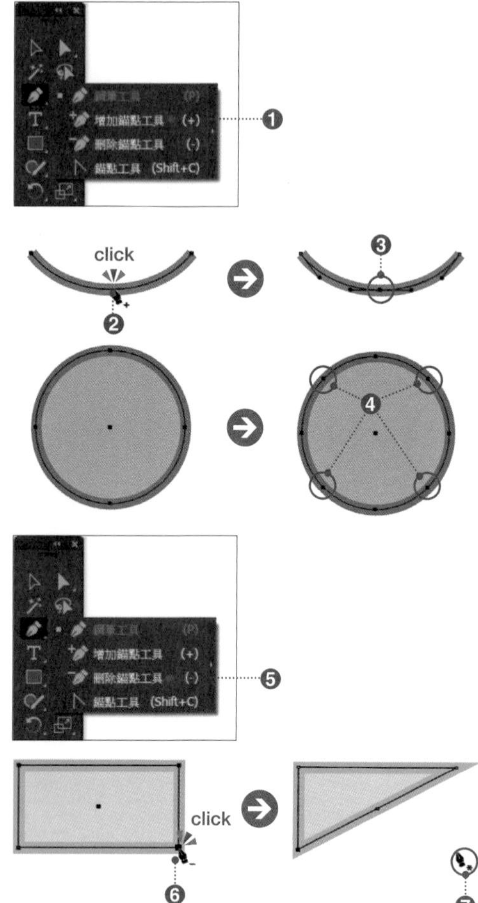

Tips

將〔鋼筆〕工具移到路徑區段上，就變成〔增加錨點〕工具，將〔鋼筆〕工具移到錨點上，就會切換成〔刪除錨點〕工具。
這項設定利用〔偏好設定〕→〔一般〕→〔取消自動增加／刪除〕，就能切換增加或刪除功能的有效／無效。

step 2

欲刪除錨點時，在選取路徑物件的狀態下，點選〔**刪除錨點**〕**工具** ❺，然後在欲刪除的錨點上按一下滑鼠左鍵 ❻。如此一來，就能刪除錨點 ❼。

Variation

利用〔**直接選取**〕**工具**選取錨點的話 ❽，〔控制〕面板以及〔內容〕面板會出現〔**移除選取的錨點**〕❾。按一下這個按鈕的話，就能刪除選取中的錨點。另外，選取多個錨點的話，也可以一併刪除 ❿。

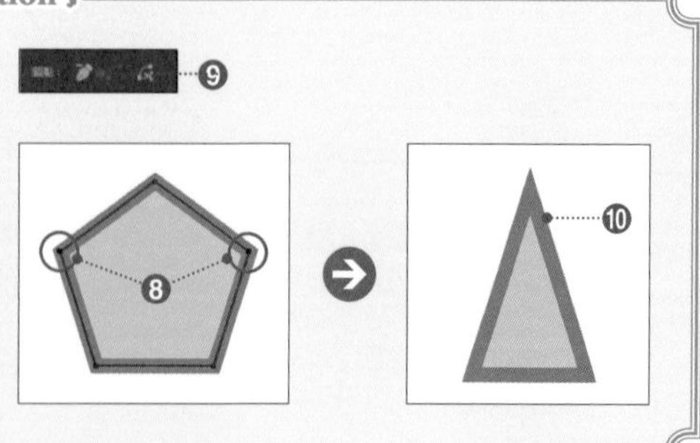

 相關 路徑的基本結構：p.340　切換錨點：p.63　刪除物件：p.87

042 切換尖角控制點與平滑控制點

使用〔錨點〕工具 的話，就能切換錨點的尖角控制點與平滑控制點。

step 1

欲將平滑控制點切換成尖角控制點時，在選取路徑物件的狀態下，點選**〔錨點〕工具** ❶，按一下平滑控制點 ❷。

如此一來，控制把手消失，平滑控制點便切換成尖角控制點 ❸。

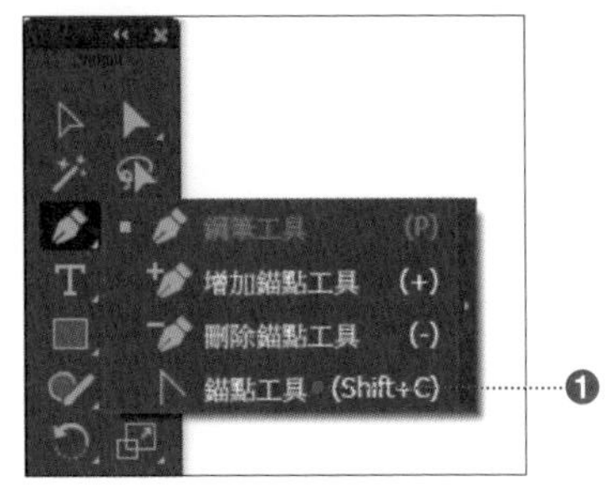

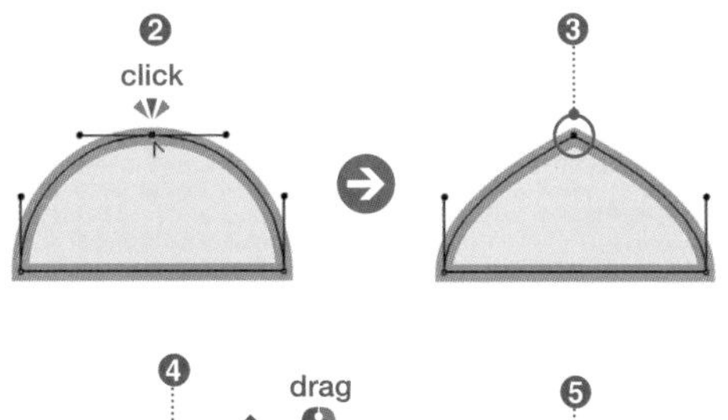

Tips

使用〔鋼筆〕工具 時，按住 Alt（Option）的話，就能暫時切換成〔錨點〕工具 。

step 2

欲將尖角控制點切換成平滑控制點時，在選取路徑物件的狀態下，點選**〔錨點〕工具** ，將滑鼠游標移到尖角控制點後直接按一下滑鼠左鍵 ❹。

如此一來，錨點會出現控制把手，就能如右圖般，將尖角控制點切換成平滑控制點 ❺。

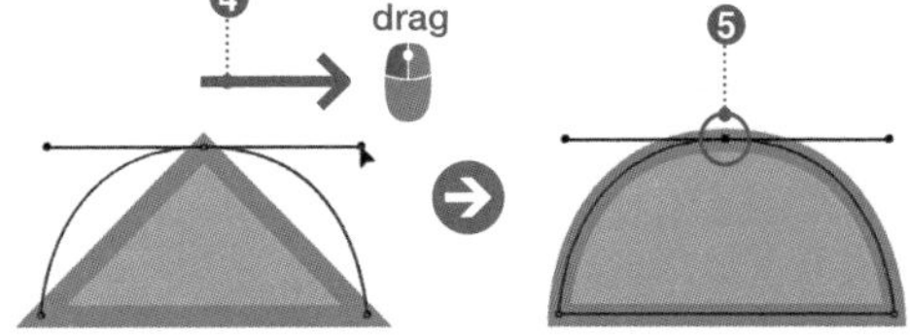

Variation

利用**〔直接選取〕工具** 點選錨點的話 ❶，〔控制〕面板以及〔內容〕面板會出現**〔將選取的錨點轉換為尖角〕**❷ 與**〔將選取的錨點轉換為平滑〕**❸。按一下這個按鈕的話，可以切換選取中的錨點。另外，選取多個錨點時，也能一併刪除錨點。

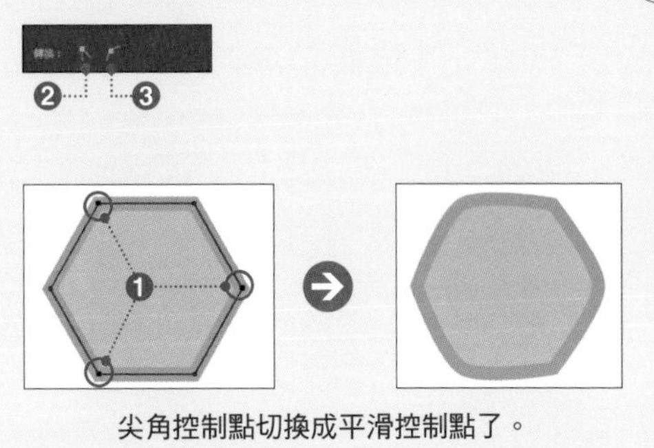

尖角控制點切換成平滑控制點了。

相關 刪除物件：**p.87** 路徑的基本結構：**p.340** 〔鋼筆〕工具：**p58** 連結錨點：**p.65** 線段重新塑型：**p85**

043 靠齊錨點

使用〔直接選取〕工具選取多個錨點，再透過〔對齊〕面板選擇對齊的方法，就能讓每個錨點相互對齊。

step 1

使用**〔直接選取〕工具**在欲對齊的錨點上按住 shift 同時按一下左鍵 ❶。
最後選取的錨點會成為**「主錨點」**（對齊時的基準錨點）❷。

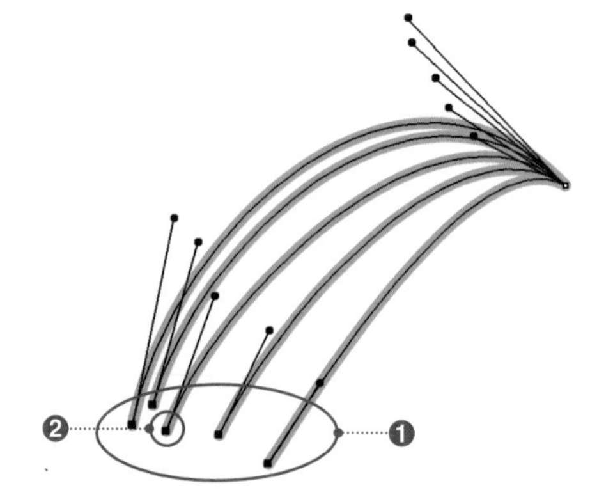

> **Tips**
> 用拖曳方式選取錨點的情況下，設定主錨點的方法為，按二下欲設定的錨點。第一次按一下左鍵為解除選取，第二次按一下為選取，而該錨點即最後被選取的錨點。

step 2

從功能列點選〔視窗〕→〔對齊〕，會出現〔對齊〕面板後按一下集結方法。在此依序按一下〔水平居中〕❸、〔垂直居中〕❹。其他的錨點會向主錨點集結 ❺。
也可以在〔內容〕面板與〔控制〕面板出現的對齊選項進行對靠錨點的設定。

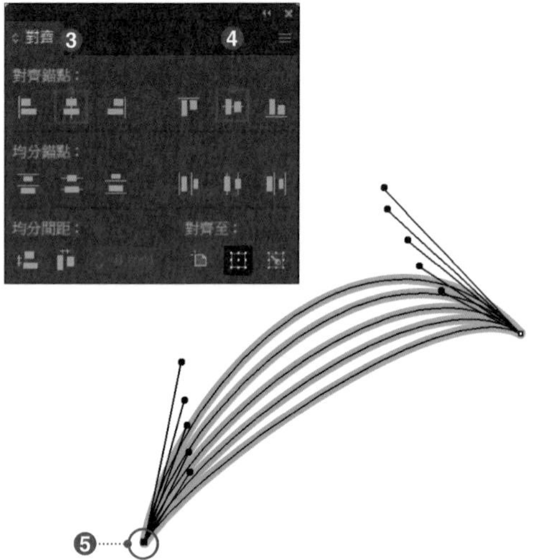

> **Tips**
> 設定主錨點之後，在〔對齊〕面板的〔對齊〕區會自動地變成表示錨點的鑰匙圖示 ❻。在這個狀態下，執行對齊的話，會套用〔對齊關鍵物件〕。不想設定關鍵錨點時，就點選〔對齊選取的物件〕❼。

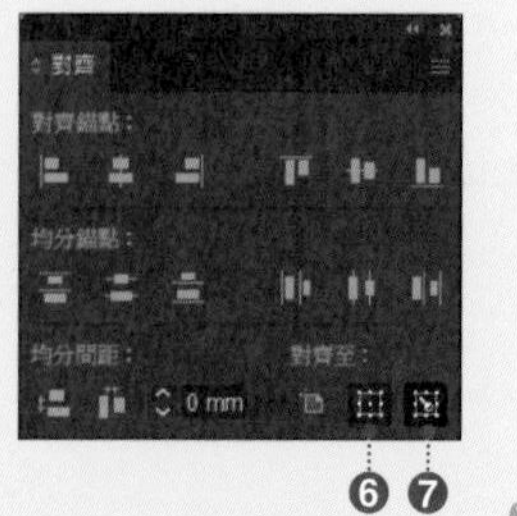

 相關 路徑的基本結構：p.340 〔鋼筆〕工具：p.58 物件的靠齊：p.110

044 合併錨點

合併開放路徑的端點或者 2 條不同的物件時，使用〔合併〕指令。另外，利用〔控制〕面板的〔合併選取的終點〕也能進行合併。

step 1

合併開放路徑物件分開的端點時，以〔**選取**〕**工具**點選物件 ❶，再從功能表列點選〔物件〕→〔路徑〕→〔合併〕。如此一來，分開的路徑端點會互相合併，成為封閉路徑 ❷。

Short Cut 合併

Win Ctrl + N　Mac ⌘ + N

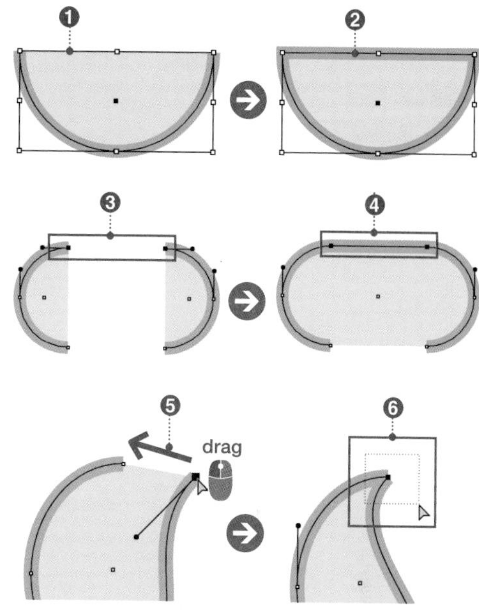

step 2

合併 2 個開放路徑物件時，利用〔**直接選取**〕**工具**框選合併的端點後拖曳，在 2 條路徑被選取的狀態下 ❸，點選〔物件〕→〔路徑〕→〔合併〕。如此一來，就能合併路徑的端點 ❹。

step 3

將〔**直接選取**〕**工具**移到端點上 ❺，框選 2 個端點後拖曳選取 ❻，並且執行〔合併〕指令，就能讓開放路徑的 2 個端點重疊合併。

Tips

選取分開的端點，按 Ctrl + Alt + shift + J（⌘ + Option + shift + J）的話，無論水平或垂直方向的端點都會向中央靠齊後合併。

Tips

以〔直接選取〕工具選取 2 個開放路徑的端點時，按一下〔內容〕面板與〔控制〕面板的〔合併選取的終點〕❼，也能合併端點。

Variation

在工具列點選〔**合併**〕**工具** ❶，沿著重疊的開放路徑的路徑物件拖曳的話 ❷，路徑會在重疊處合併 ❸。

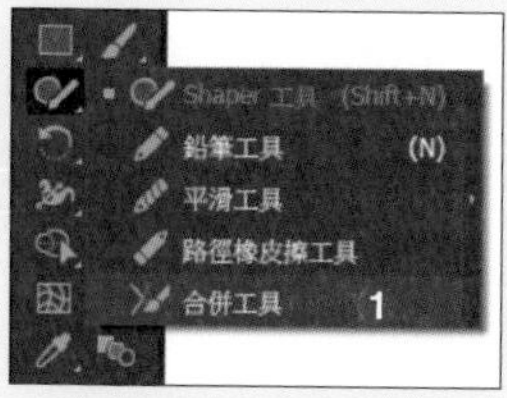

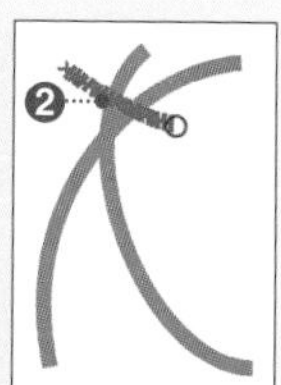

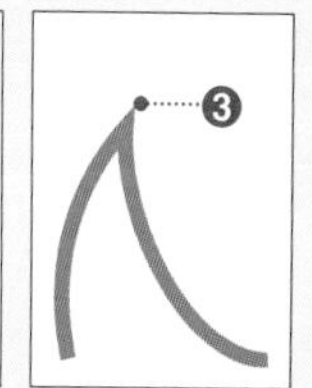

相關 路徑的基本結構：p.340　新增、刪除錨點：p.62　切換錨點：p.63

045 準確繪製矩形、橢圓形

繪製矩形或正方形之際，使用〔矩形〕工具；繪製正圓或橢圓形時，則使用〔橢圓形〕工具。在〔矩形〕、〔橢圓形〕對話框指定數值，也能繪製正確的圖形。

step 1

從工具列點選**〔矩形〕工具**或**〔橢圓形〕工具** ❶，按一下文件的任何位置，會出現〔矩形〕、〔橢圓形〕對話框。

在〔寬度〕與〔高度〕輸入任何數值後 ❷，按一下〔確定〕的話，就能製作指定數值的圖形 ❸。完成的圖形會成為游標所在位置左上角的圖形。

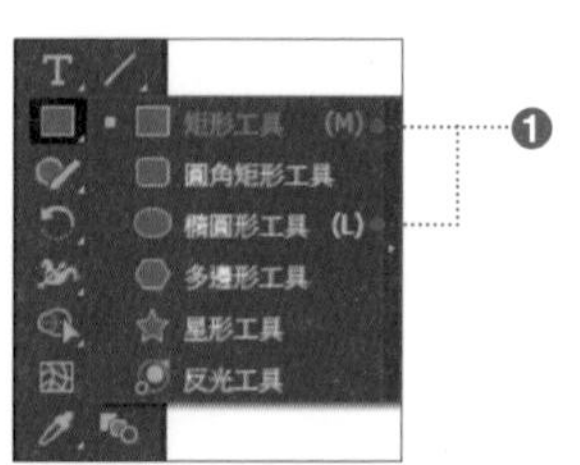

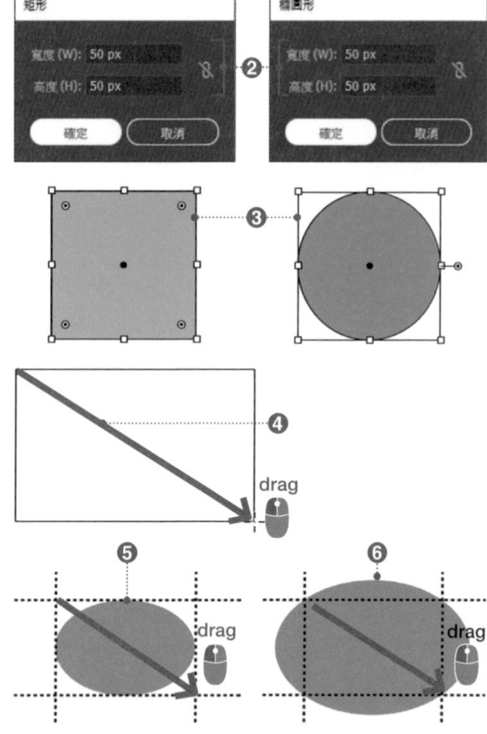

> **Tips**
>
> 在文件上按一下滑鼠左鍵時，按住 Alt（Option）同時按一下左鍵的話，就能繪製以游標所在位置為中心點的圖形。

> **Tips**
>
> 各個對話框中會記憶最後的設定值。例如，以〔矩形〕工具拖曳繪製矩形之後，會出現〔矩形〕對話框，此時繪製的矩形數值會成為初始值。

> **Tips**
>
> 繪製的矩形和圓角矩形稱為「即時矩形」，橢圓形稱為「即時橢圓形」，可以從〔變形〕面板確認及編輯內容（p.79）。

step 2

利用**〔矩形〕工具**在文件拖曳的話 ❹，就能繪製任何尺寸的圖形。

step 3

利用**〔橢圓形〕工具**拖曳的話，就能繪製緊貼著合併拖曳的起點與終點的矩形內部的橢圓形 ❺。

另外，拖曳時按住 Ctrl（⌘）同時拖曳的話，就能繪製通過拖曳起點和終點的橢圓形 ❻。

◎〔矩形〕工具以及〔橢圓形〕工具與鍵盤輸入法

項目	內容
拖曳＋shift	繪製正方形或者正圓形。
拖曳＋Alt（Option）	拖曳的起點為圖形的中心點，可以繪製從中心點向外擴張的圖形。
拖曳＋Space	可以移動繪製中的圖形。

 相關 路徑的基本結構：p.340　〔圓角矩形〕工具：p.67　〔多邊形〕工具和〔星形〕工具：p.72　即時形狀：p.79

046 隨心所欲繪製圓角矩形

使用〔圓角矩形〕工具▢繪製四角為圓角的矩形。也能以數值指定圓角的半徑。

step 1

從工具列點選**〔圓角矩形〕工具▢** ❶，在文件上的任何位置按一下滑鼠左鍵，會出現〔圓角矩形〕工具對話框。

在〔寬度〕與〔高度〕、〔圓角半徑〕輸入任何數值後 ❷，按一下〔確定〕的話，就能完成指定數值的圓角矩形 ❸。完成的圖形會在游標所在位置的左上方。

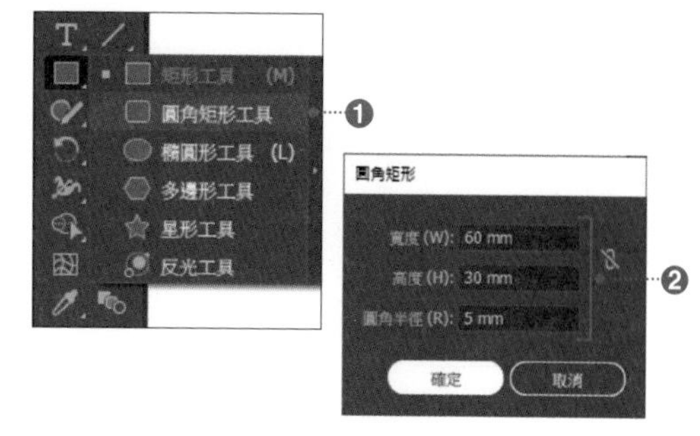

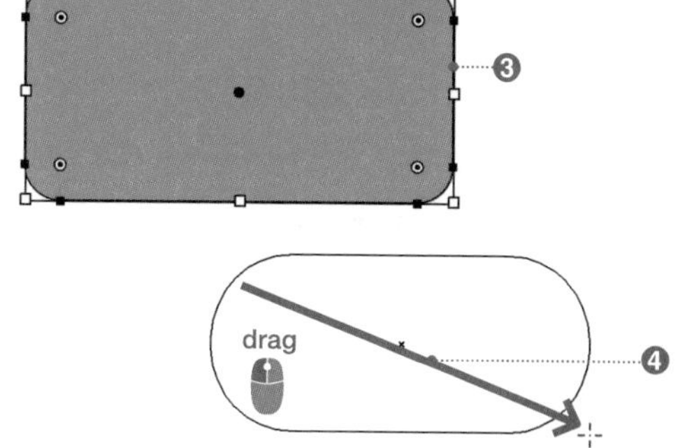

Tips

〔圓角矩形〕工具對話框，會記憶最後的設定值。例如，使用〔圓角矩形〕工具▢在文件上拖曳，繪製圓角矩形之後，出現的〔圓角矩形〕對話框中，初始值會是繪製的圖形的數值。

step 2

使用**〔圓角矩形〕工具▢**在文件上拖曳的話 ❹，就能繪製任意尺寸的圓角矩形。

另外，此時，與下表的鍵盤輸入法互相配合的話，也能憑直覺調整圓角的半徑。

Tips

從功能表列點選〔效果〕→〔風格化〕→〔圓角〕的話，就能將既有的圖形尖角變圓（p.237）。

◎〔圓角矩形〕工具與鍵盤輸入

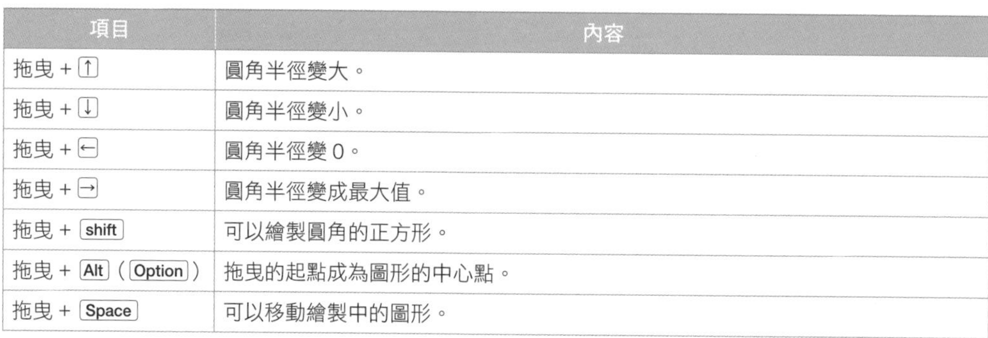

項目	內容
拖曳＋↑	圓角半徑變大。
拖曳＋↓	圓角半徑變小。
拖曳＋←	圓角半徑變 0。
拖曳＋→	圓角半徑變成最大值。
拖曳＋shift	可以繪製圓角的正方形。
拖曳＋Alt（Option）	拖曳的起點成為圖形的中心點。
拖曳＋Space	可以移動繪製中的圖形。

相關〔矩形〕工具和〔橢圓形〕工具：**p.66**　〔多邊形〕工具和〔星形〕工具：**p.72**　即時尖角：**p.86**　即時形狀：**p.79**

047 繪製直線或圓弧線

使用〔線段區段〕工具或〔弧形〕工具拖曳的話，可以繪製直線或圓弧線。另外，在出現的對話框中，也可以指定角度或大小後繪製圖形。

step 1

從工具箱點選**〔線段區段〕工具** ❶，從直線的起點開始拖曳 ❷。放開滑鼠之處即為直線終點。

另外，與下頁所述的鍵盤輸入法互相配合，也能調整直線的形狀。

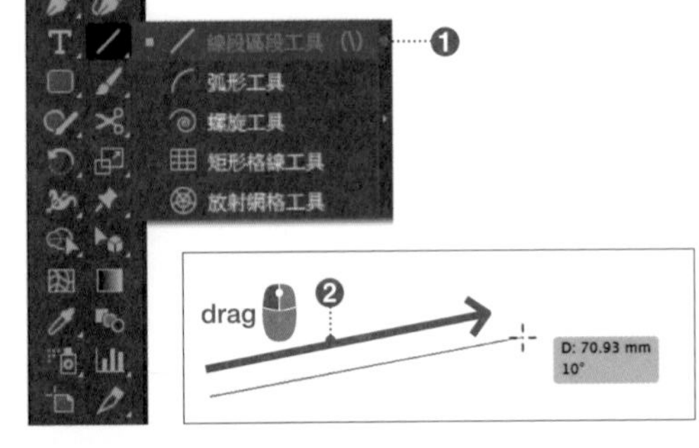

step 2

使用**〔線段區段〕工具**在文件上按一下滑鼠左鍵的話，會出現〔線段區段工具選項〕對話框。指定〔長度〕、〔角度〕後按一下〔確定〕❸，就能繪製以游標所在位置為起點的直線 ❹。

利用**〔鋼筆〕工具**在任二點按一下滑鼠左鍵，也能繪製直線，但是欲指定角度或線段長度時，利用**〔線段區段〕工具**，能讓作業更有效率。

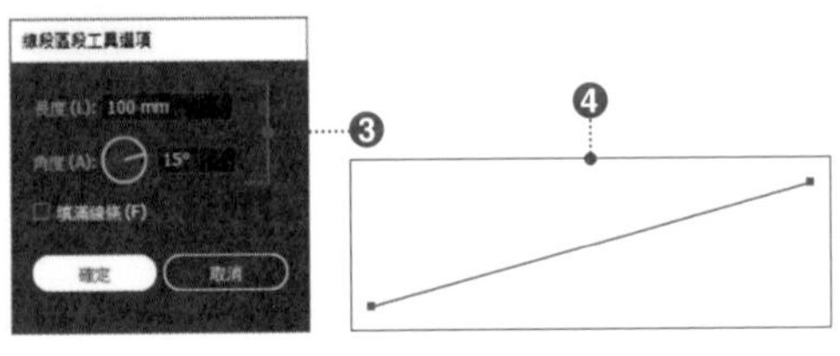

◎〔線段區段工具選項〕對話框的設定項目

項目	內容
長度	輸入直線線段的長度。
角度	輸入以文件視窗的 X 軸（水平方向的軸）為基準的直線角度。
填滿線條	勾選的話，會以目前的〔填色〕顏色填滿線段。

> **Tips**
>
> **〔線段區段工具選項〕對話框或者〔弧形工具選項〕對話框，會記憶最後的設定值。拖曳並繪製線段之後，出現各個對話框的話，就會記憶繪製的數值。**

step 3

從工具箱點選**〔弧形〕工具** ❺，從弧形的起點開始拖曳 ❻。放開滑鼠之處即為弧形終點。

另外，拖曳途中按↑的話，傾斜度會向上凸，按↓的話，傾斜度會向下凹。

另外，與下頁所述的鍵盤輸入法互相配合，也能調整形狀。

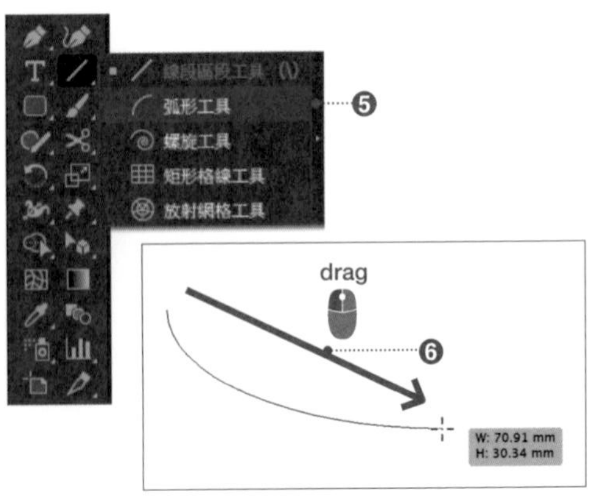

欲指定數值，繪製正確的弧形時，在工具箱顯示〔**弧形**〕**工具**的狀態下 ❼，點二下〔**弧形**〕**工具**的圖示。如此一來，會出現〔弧形線段工具選項〕對話框 ❽。

在〔預視〕確認同時輸入各項數值後按一下〔確定〕，就會關閉對話框。

緊接著，在文件上按一下滑鼠左鍵，會出現〔弧形線段工具選項〕，直接按一下〔確定〕。如此一來，就能完成剛才設定的圓弧形 ❾。

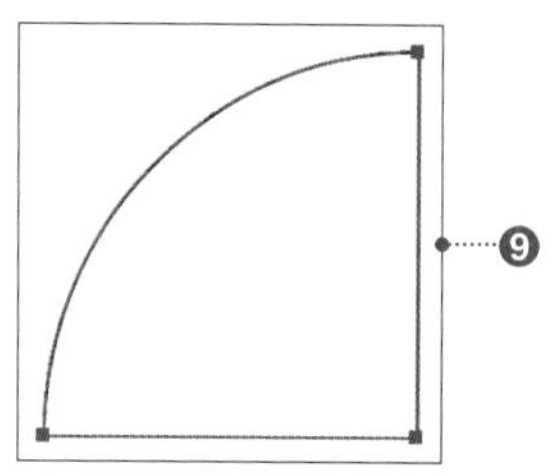

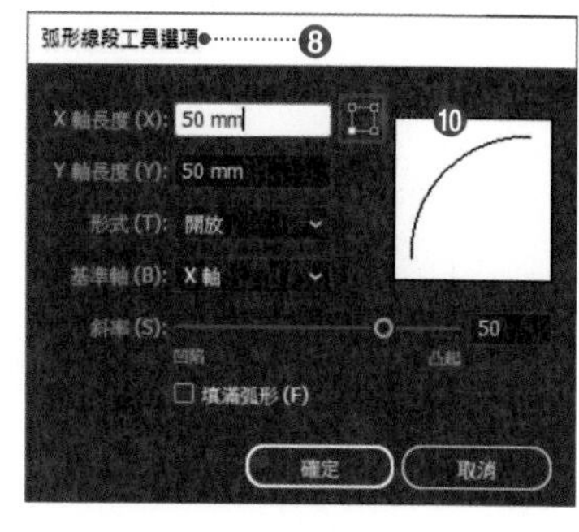

◎〔弧形工具選項〕對話框的設定項目

項目	內容
〔基準點〕圖示 ❿ 指定基準點	決定繪製弧形的起點。
X 軸長度	指定弧形寬度。
Y 軸長度	指定弧形高度。
形式	指定物件為開放路徑或封閉路徑（p.58）。
基準軸	選擇要沿著（水平方向座標軸）或（垂直方向座標軸）繪製弧形。
斜率	指定弧形傾斜方向。傾斜數值為 0 的話，就成為直線。負數為凹型，正數為凸型（參考下列 Variation）。
填滿弧形	勾選的話，弧形會被目前的〔填色〕顏色填滿。

> **Tips**
>
> 使用〔弧形〕工具在文件上按一下滑鼠左鍵，在出現的〔弧形線段工具選項〕對話框不會顯示〔預視〕。欲顯示預視的話，請在工具箱上按二下〔弧形〕工具。

◎〔線段區段〕工具／〔弧形〕工具與鍵盤輸入法

項目	〔線段區段〕工具	〔弧形〕工具
拖曳＋shift	可以從 0 度角開始繪製限定 45 度角的直線。	基準點的位置可以在四個角之間切換，而且 X 軸與 Y 軸的長度相同。
拖曳＋Alt（Option）	拖曳的起點成為圖形的中心點。	
拖曳＋Space	可以移動繪製中的圖形。	

Variation

在〔弧形線段工具選項〕對話框，可以詳細指定繪製的弧形傾斜度。傾斜數值與繪製的圖形之間的關係如右圖。負數的話，會變成凹形，正數的話，會變成凸形。

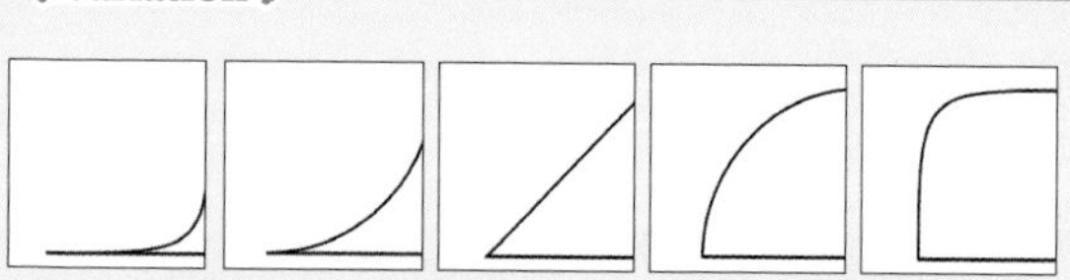

第2章 繪製、製作物件

相關〔鋼筆〕工具：p.58 〔矩形格線〕工具與〔放射網格〕工具：p.70 〔螺旋〕工具：p73

048 繪製矩形與同心圓格線

使用〔矩形格線〕工具▦的話，能繪製任意大小的方格狀格線，使用〔放射網格〕工具的話，能繪製同心圓格線。

從工具列點選**〔矩形格線〕工具**▦或**〔放射網格〕工具**◎❶，在文件上的任何位置按一下滑鼠左鍵的話，會出現〔矩形格線工具選項〕對話框或者〔放射網格工具選項〕對話框。
設定完各個項目後按一下〔確定〕，就能繪製因應設定內容的格線❷❸。

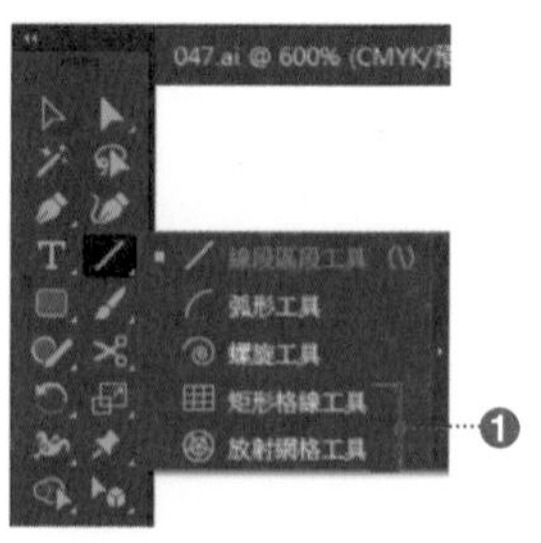

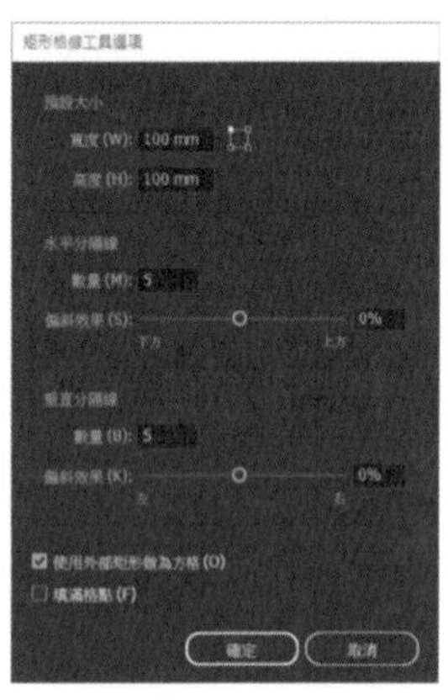

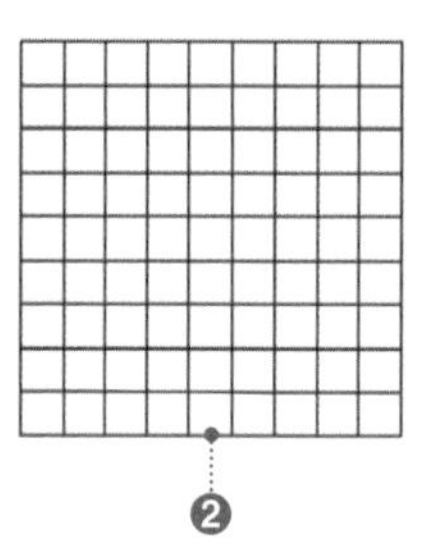

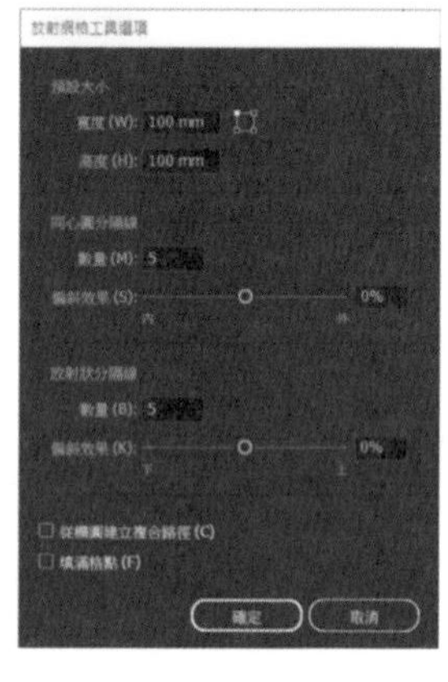

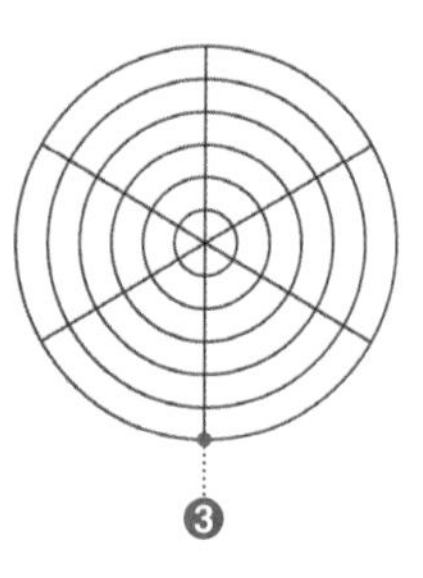

◎〔矩形格線工具選項〕對話框的設定項目

項目	內容
數量	分別輸入水平方向、垂直方向的分隔線數量。
偏斜效果	移動滑桿的話，格線會偏向移動的方向。設定為 0 的話，格線會平均地分布。
使用外部矩形做為方格	勾選的話，會有矩形外框，不勾選的話，只有線條形成的格線。
填滿格點	勾選的話，會套用目前〔填色〕的顏色。

◎〔放射網格工具選項〕對話框的設定項目

項目	內容
〔同心圓分隔線〕區的〔數量〕	指定同心圓的數量。
〔同心圓分隔線〕區的〔偏斜效果〕	滑桿向內側或外側移動的話，格線會偏移。設定為 0 的話，格線會平均地分布。
〔放設狀分隔線〕區的〔數量〕	指定分隔同心圓的放射狀分隔線的數量。
〔放設狀分隔線〕區的〔偏移效果〕	滑桿向右邊或左邊移動的話，格線會偏移。設定為 0 的話，格線會平均地分布。
從橢圓建立複合路徑	勾選的話，同心圓會轉換成個別的複合路徑，而且每一個路徑都會填滿圓形。
填滿格點	勾選的話 ，會套用目前〔填色〕的顏色。

step 2

利用〔**矩形格線**〕**工具**或〔**放射網格**〕**工具**，在文件上拖曳的話，便能繪製比例不拘的格線 ❹❺。

拖曳時搭配下表的鍵盤輸入法，也能憑直覺調整格線數量與偏斜效果。

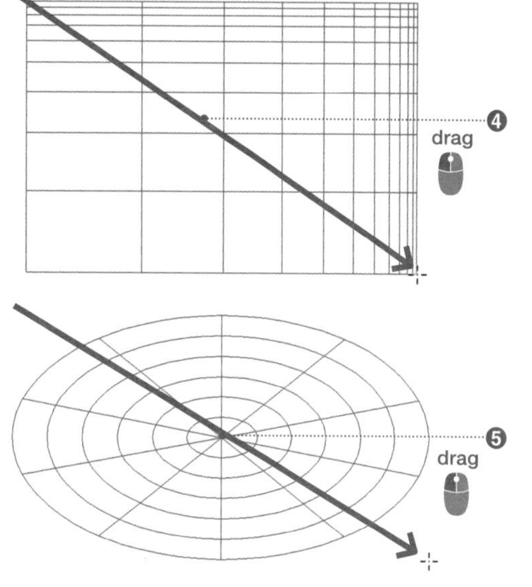

> Tips
>
> **格線可以製作成路徑物件。欲將格線當作參考線的話，就必須用〔選取〕工具選取完成的格線後再轉換成參考線（p.46）。**

第2章 繪製、製作物件

◎〔矩形格線〕工具・〔放射網格〕工具與鍵盤輸入法

項目	〔矩形格線〕工具	〔放射網格〕工具
拖曳 +↑	增加水平方向的格線數量。	增加同心圓數量。
拖曳 +↓	減少水平方向的格線數量。	減少同心圓數量。
拖曳 +→	增加垂直方向的格線數量。	增加分隔線的數量。
拖曳 +←	減少垂直方向的格線數量。	減少分隔線的數量。
拖曳 +V	水平方向的偏斜效果數值減少 10%。	分隔線的偏斜果減少 10%。
拖曳 +F	水平方向的偏斜效果數值增加 10%。	分隔線的偏斜果增加 10%。
拖曳 +C	垂直方向的偏斜效果數值減少 10%。	同心圓的偏斜果減少 10%。
拖曳 +X	垂直方向的偏斜效果數值增加 10%。	同心圓的偏斜效果增加 10%。

輸入拖曳 + shift 或 Alt（Option）、Space 時的動作內容與〔矩形〕工具或〔橢圓形〕工具的內容相同（**p.66**）。

Variation

在〔放射網格工具選項〕對話框，勾選〔**從橢圓建立複合路徑**〕的話 ❶，就能製作被一個橢圓形填滿的複合路徑 ❷。

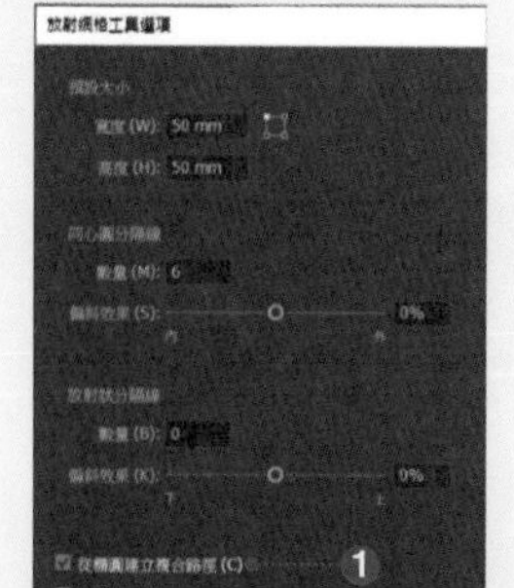

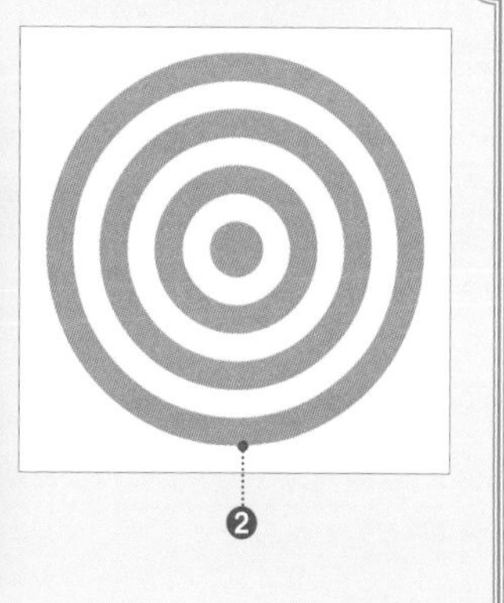

049 繪製多邊形、星形

要繪製正六邊形、正五邊形、正三角形等多邊形時，使用〔多邊形〕工具。繪製星形時，使用〔星形〕工具。

step 1

從工具列點選**〔多邊形〕工具**或**〔星形〕工具** ❶，在文件上的任何位置按一下滑鼠左鍵。如此一來，就會出現〔多邊形〕或者〔星形〕對話框。

在〔半徑〕和〔邊數〕、〔星芒數〕輸入任意值後 ❷，按一下〔確定〕的話，就會出現尺寸正確的圖形 ❸。滑鼠游標所在之處即為完成圖形的中心點。

> **Tips**
> 在初始狀態，星形外側的點為〔第一半徑〕、內側的點為〔第二半徑〕❹。

> **Tips**
> 繪製的多邊形稱為〔即時多邊形〕。可以在〔變形〕面板確認或編輯內容（p.79）。

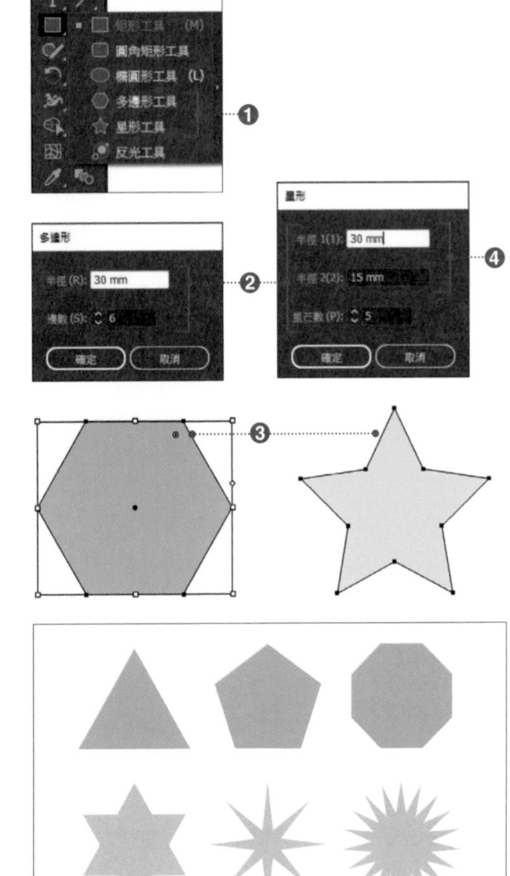

step 2

點選**〔多邊形〕工具**或**〔星形〕工具**後，在文件上拖曳的話，就能繪製任意大小的圖形。

另外，此時搭配下表的鍵盤輸入法，就能進行各種調整作業。

◎〔多邊形〕工具／〔星形〕工具與鍵盤輸入法

項目	〔多邊形〕工具	〔星形〕工具
拖曳＋↑	邊數增加。	星芒數增加。
拖曳＋↓	邊數減少。	星芒數減少。
拖曳＋shift	多邊形或星形的方向固定不變。	
拖曳＋Space	可以移動繪製中的圖形。	
拖曳＋Alt（Option）	—	對應的 2 個邊會靠齊在線段上。
拖曳＋Ctrl（⌘）	—	按著鍵盤時，星芒的內徑數值固定不變。

 相關〔矩形〕工具與〔橢圓形〕工具：p.66 〔圓角矩形〕工具：p.67 〔線段區段〕工具與〔弧形〕工具：p.68 即時形狀：p.79

050 繪製旋渦

使用〔螺旋〕工具，可以一邊調整旋渦數及間隔，描繪出自己想要的旋渦。

step 1

從工具列點選〔**螺旋**〕**工具** ❶，在文件上的任何位置按一下滑鼠左鍵的話，會出現〔螺旋〕對話框。

分別在欄位內輸入任意值後 ❷，按一下〔確定〕的話，就能繪製正確大小的旋渦 ❸。

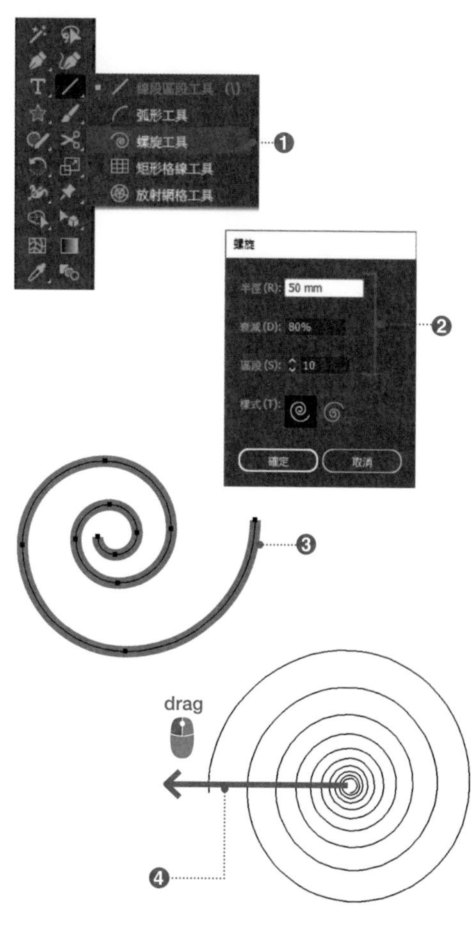

◎〔螺旋〕對話框的設定項目

項目	內容
半徑	指定從中心到螺旋物件外側的錨點間的距離。
衰減	指定與前一個螺旋相距的比例。設定 100% 的話，就會形成正圓。
區段	指定螺旋設定的區段數。4 個區段形成 1 圈螺旋。
樣式	指定螺旋的方向。

step 2

點選〔**螺旋**〕**工具**後，在文件上拖曳的話，就能繪製任意大小的旋渦 ❹。

另外，此時搭配下表的鍵盤輸入法，就能憑直覺調整旋渦的形狀。

◎〔螺旋〕工具與鍵盤輸入法

項目	內容
拖曳＋↑	增加區段數。
拖曳＋↓	減少區段數。
拖曳＋Space	可以直接移動選取中的旋渦。
拖曳＋Alt（Option）	可以變更〔區段數〕的數值。從中心向外側拖曳的話，旋渦的旋渦數會變多。往中心方向拖曳的話，旋渦的旋渦數會變少。
拖曳＋Ctrl（⌘）	可以變更〔衰減〕的數值。按著鍵盤的同時從中心向外側拖曳的話，數值會變小，往中心方向拖曳的話，數值會變大，接近圓周。

相關〔線段區段〕工具與〔弧形〕工具：**p.68**　〔矩形格點〕工具與〔放射網格〕工具：**p.70**

051 隨手繪製漂亮的線條

使用〔鉛筆〕工具的話，可以以近似鉛筆在紙上畫線的感覺，繪製拖曳軌跡的線條。如果想要繪製出更加纖細的線條，可以嘗試使用繪圖板。

step 1

從工具列點選**〔鉛筆〕工具**❶，在文件上拖曳的話，就能繪製拖曳軌跡的線條❷。繪製的線條由路徑構成。

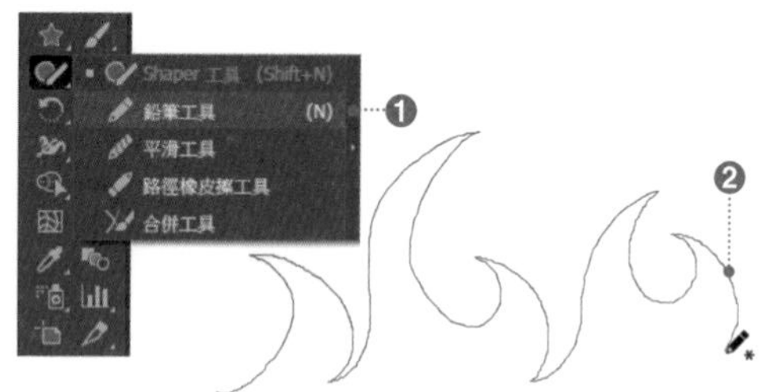

step 2

在選取繪製線條的狀態下，從線條終點開始拖曳的話，就能延伸線條❸。

另外，滑鼠游標一接近線條起點，游標右側會顯示「O」❹。在這個狀態下，放開滑鼠鍵的話，就能連結起點和終點。

> **Tips**
>
> 繪製中按著 Alt（Option）期間，可以自由自在地往任何方向繪製線段。另外，按著 shift 期間，會以固定 45 度角繪製線段。

step 3

欲設定**〔鉛筆〕工具**的各個項目時，按二下工具列的**〔鉛筆〕工具**，就會出現〔鉛筆工具選項〕對話框。

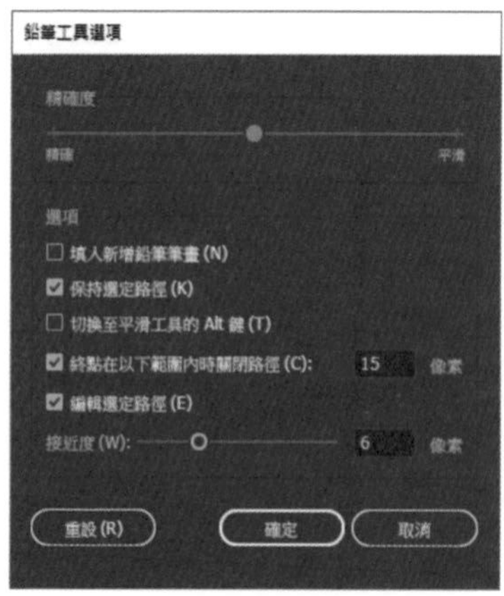

◎〔鉛筆工具選項〕對話框

項目	內容
精確度	精確度有 5 段可供選擇。選擇〔精確〕的話，就能繪製精確的路徑。
填入新增鉛筆筆畫	不勾選的話，繪製的路徑變成〔填色：無〕。
保持選定路徑	勾選的話，在畫完線段後，線段呈現被選取的狀態。
切換至平滑工具的 Alt（Option）鍵	勾選的話，在點選〔鉛筆〕工具時，按著 Alt（Option），就能暫時切換成〔平滑〕工具。
編輯選定路徑	勾選的話，以拖曳選取的路徑，就能進行修正。
接近度	編輯選取的路徑之際，設定要拖曳到多近才能進行修正。拖曳到指定的數值範圍內的話，就能修正路徑。

 相關〔鋼筆〕工具：p.58 〔點滴筆刷〕工具：p.196 〔繪圖筆刷〕工具：p.132 〔筆畫〕面板：p.124

052 繪製透鏡反光效果

使用〔反光〕工具的話，就能輕鬆表現出如照片反光般的放射線。另外，在〔透鏡反光選項〕工具對話框，可以隨心所欲地設定・變更放射線的形狀。

從工具列點選〔**反光**〕**工具** ❶，在欲成為影像反光的中心點位置開始拖曳滑鼠 ❷。
如此一來，就能繪製擴散成放射狀的〔放射線〕與從光的中心點向外擴散的圓形〔光輪〕。決定大小之後，放開滑鼠鍵確定。
另外，拖曳中按著↑，便能增加放射線數量，按著↓便能減少放射線數量。此外，按著 shift 也能固定放射線的角度。

在選取反光的狀態下，從文件上的任何位置拖曳滑鼠的話，就能增加「光圈數」❸。另外，拖曳時按↑↓，可以增減光圈數。決定光圈數和位置之後，放開滑鼠確定。

step 3

如此一來，便完成透鏡反光效果 ❹。再來使用〔重新上色圖稿〕（p.122）將放射線改為藍色系顏色，讓影像更為融和。
另外，反光溢出的多餘部分可以套用剪裁遮色片（p.225）隱藏起來。

完成的反光效果可以在〔反光工具選項〕對話框編輯。
使用〔**選取**〕**工具**選取反光的狀態下，按二下工具列的〔**反光**〕**工具**，就會出現〔反光工具選項〕對話框。可以在這裏以數值指定各個項目，進行更詳細的設定 ❺。

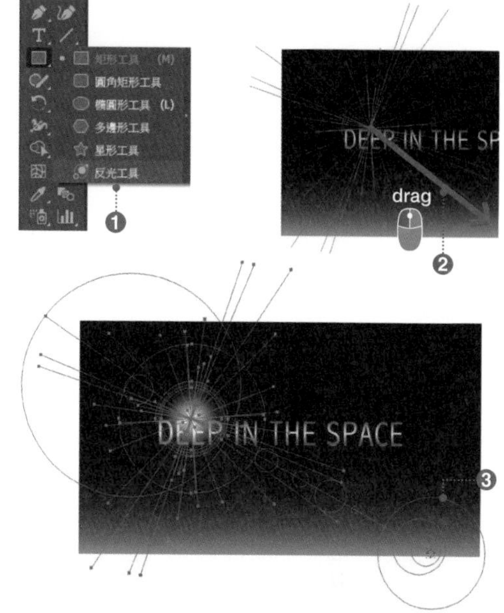

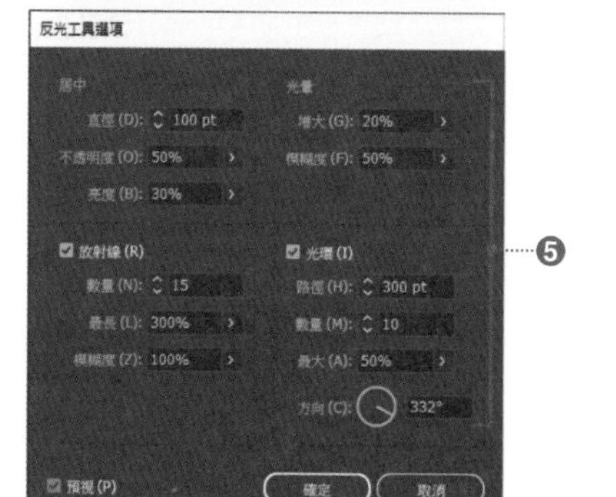

相關 置入影像：p.216　製作剪裁遮色片：p.225

Sample_Data/053/

053 製作圖表

使用〔圖表〕工具，可以根據輸入的資料或讀入的資料來建立各種不同的圖表。圖表總共有 9 種不同的類型。

step 1

圖表總共有 9 種類型，後續也能輕易地變更完成的圖表。

在此製作〔長條圖〕。點選**〔長條圖〕工具** ❶，在文件上按一下滑鼠左鍵，就會出現〔長條圖〕對話框。

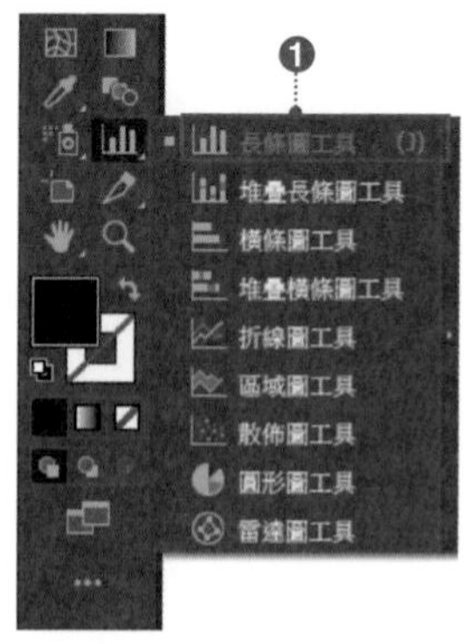

step 2

在〔寬度〕和〔高度〕輸入任意值 ❷，指定圖表的大小。使用〔長條圖〕工具在文件上拖曳，也能指定大小。

設定後，按一下〔確定〕，就會出現〔資料輸入〕視窗。另外，後續可以變更大小。

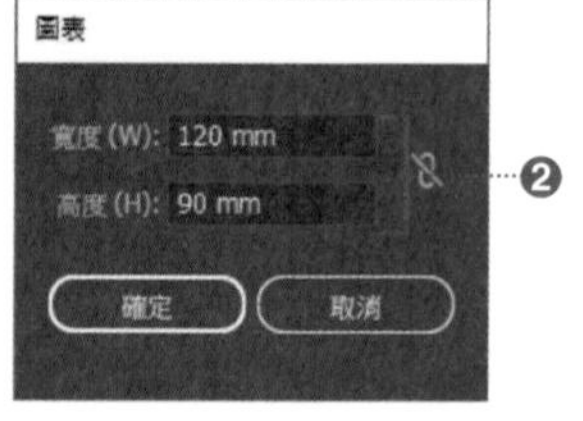

step 3

在〔資料輸入〕視窗輸入資料 ❸。在第一列和第一欄輸入文字列，也能替圖表貼上標籤 ❹。

輸入完畢之後，按一下**〔套用〕** ❺，再按一下〔關閉〕，就能關閉〔資料輸入〕視窗。

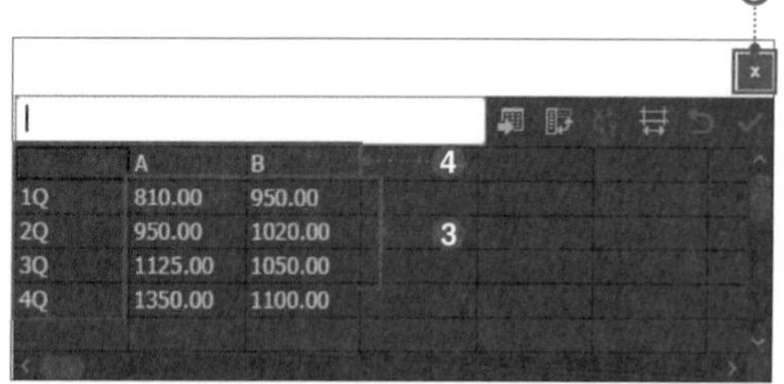

	A	B
1Q	810.00	950.00
2Q	950.00	1020.00
3Q	1125.00	1050.00
4Q	1350.00	1100.00

step 4

在指定的範圍內完成長條圖 ❻。

欲編輯資料時，利用**〔選取〕工具** 選取圖表，並且從功能表列點選〔物件〕→〔圖表〕→〔資料〕，開啟〔資料輸入〕視窗。

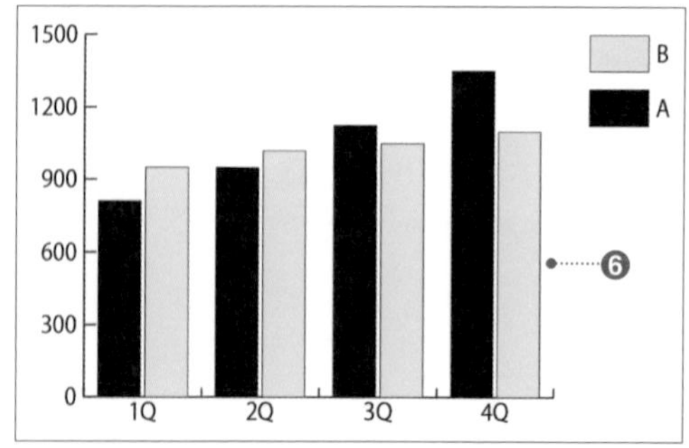

step 5

藉由操作〔資料輸入〕視窗右上角的按鈕，可以從外部檔案讀取製作圖表必要的資料，或者是替換欄與列的數值。

❼ ❽ ❾ ❿ ⓫ ⓬

	A	B
1Q	810.00	950.00
2Q	950.00	1020.00
3Q	1125.00	1050.00
4Q	1350.00	1100.00

◎〔資料輸入〕視窗的設定項目

編號	項目	內容
❼	〔讀入資料〕	讀取列為定位點，欄為換行來作區分的文字檔案。
❽	〔調換列／欄〕	替換直欄與橫列。
❾	〔對調 X／Y〕	對調〔散佈圖〕圖表的 X 軸與 Y 軸。
❿	〔儲存格樣式〕	設定小數點以下的位數和儲存格（圖表的方格）的寬度。
⓫	〔回復〕	輸入內容回復成反映在圖表前的狀態。
⓬	〔套用〕	按一下將輸入內容套用在圖表。

step 6

圖表完成後，欲變更圖表種類時，從功能表列點選〔物件〕→〔圖表〕→〔類型〕，會出現〔圖表類型〕對話框。
從左上角的下拉式選單中點選〔圖表選項〕⓭，再到〔類型〕指定套用的圖表種類 ⓮。如此一來，就會變更成其他圖表。

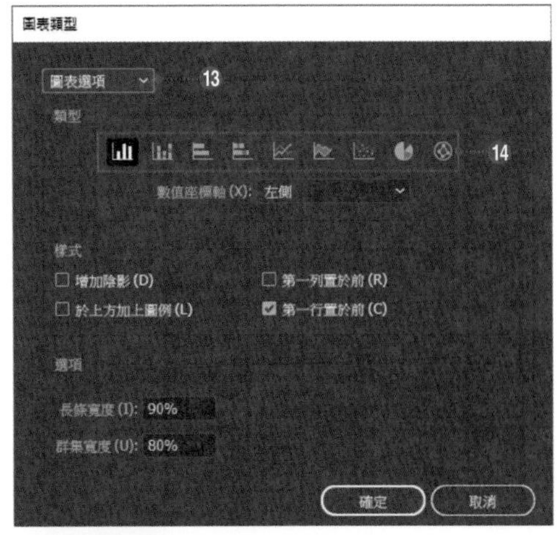

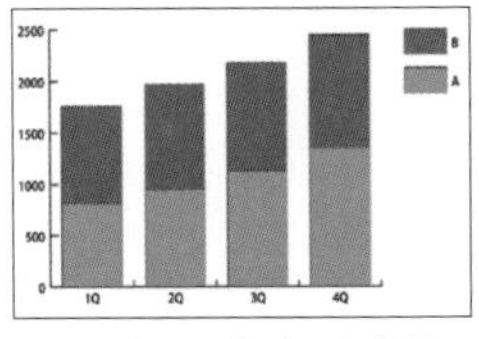

堆疊長條圖：數列垂直堆疊。適用於顯示整體比例。

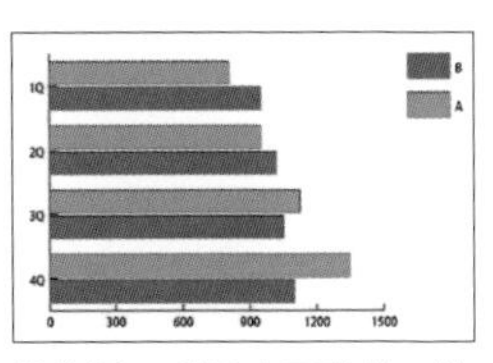

橫條圖：利用水平數棒。適用於比較數值。

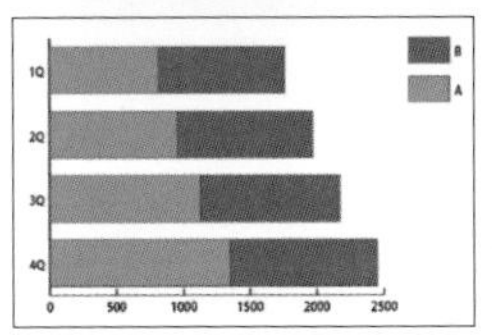

堆疊橫條圖：以水平方向顯示。適用於顯示整體比例。

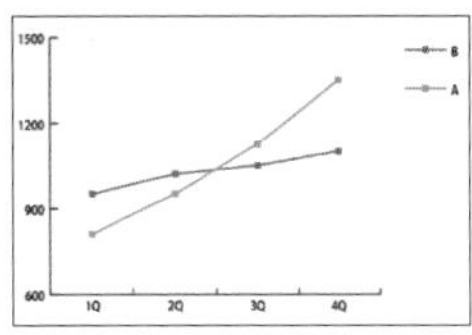

折線圖：適用於表示在一段期間內，目標項目的發展傾向。

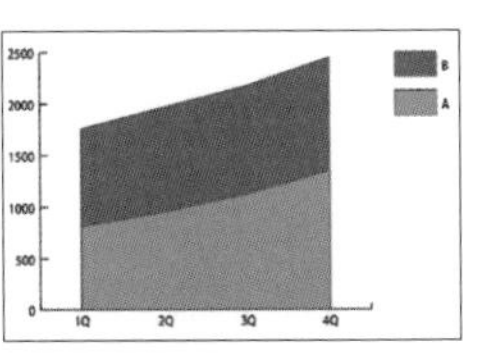

區域圖：雖然類似折線圖，但是比較強調數值的變動以及總值。

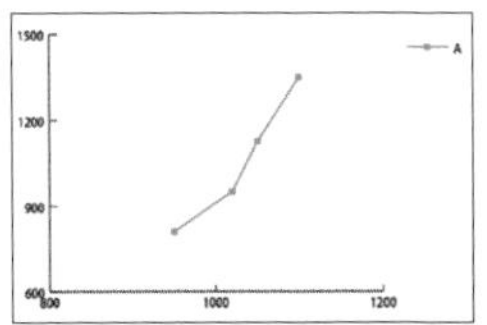

散佈圖：適用於掌握資料傾向或動向。變數間的關係也很明確。

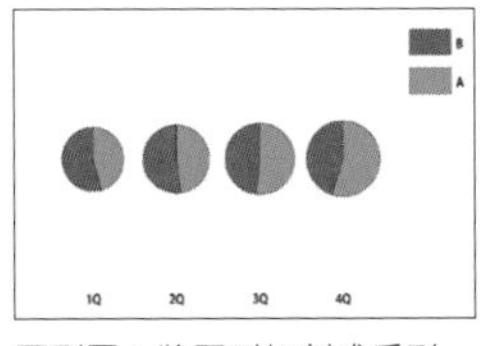

圓形圖：將圓形切割成扇形，顯示比較數值的相對比例。

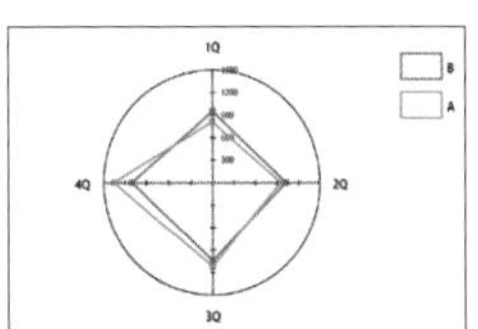

雷達圖：比較某個時間點或者特定類別的數值組時，會以圓形表示的圖表。

相關 變更圖表的顏色或字體：**p.79**　變更圖表的設定：**p.78**

054 變更圖表的設定

圖表的詳細設定是在〔圖表類型〕對話框進行。另外，對話框的設定項目依照〔圖表〕工具的種類不同而有所差異。

step 1

完成的圖表內容（圖表位置或寬度等等），可以在〔圖表類型〕對話框變更。

在此編輯右圖的長條圖。

使用**〔選取〕工具**，點選完成的圖表❶，從功能表列點選〔物件〕→〔圖表〕→〔類型〕，會出現〔圖表類型〕對話框。

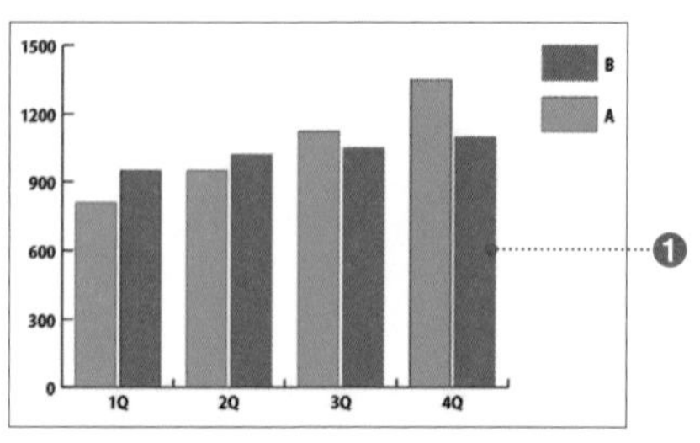

變更範例的位置與圖表的寬度

從左上角的下拉式選單中點選〔圖表選項〕❷。在此勾選〔於上方加上圖例〕❸，設定〔長條寬度：100%〕、〔群集寬度：50%〕後❹，按一下〔確定〕。變更內容便套用在圖表，圖例也配置在圖表左上角❺。另外，也能確認長條圖或各項目的寬度。

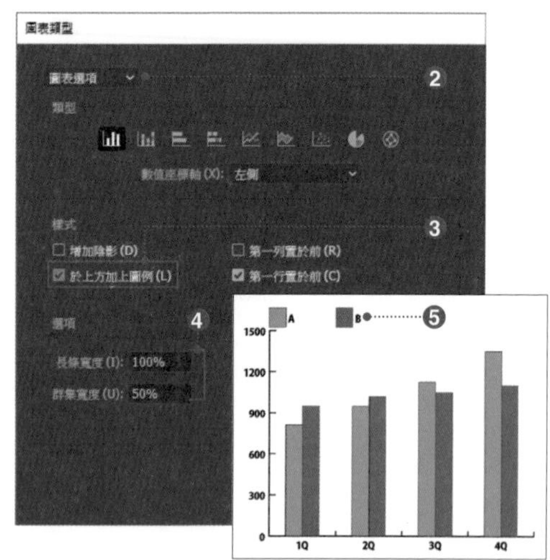

變更刻度剪裁標記與單位

從左上角的下拉式選單點選〔數值座標軸〕❻。在此勾選〔忽略計算出的值〕❼，並且設定〔最小：0〕、〔最大：1400〕、〔標度：14〕❽。另外，點選〔長度：長〕❾，〔字尾：台〕後❿，按一下〔確定〕。

圖表套用變更的內容，刻度剪裁標記變得更細⓫。另外，數值末尾新增了單位。

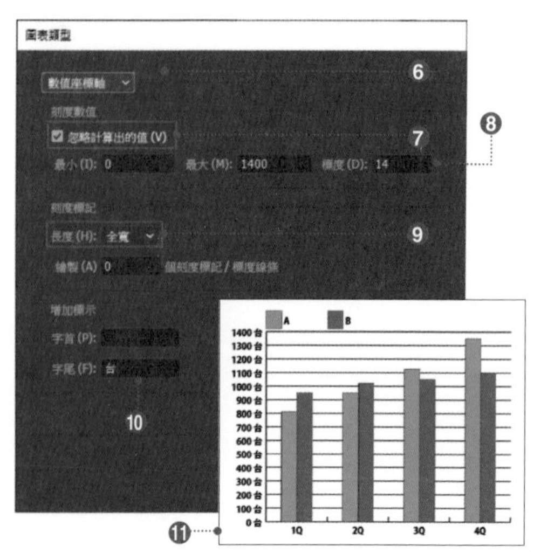

055 變更圖表的顏色或字體

完成的圖表被視為圖表物件，因而被群組化。欲變更圖表顏色時，使用〔直接選取〕工具或者〔群組選取〕工具點選欲編輯的圖表組。

step 1

從工具列點選**〔群組選取〕工具** ❶，按二下變更顏色的圖例 ❷。如此一來，滑鼠點到的圖例和相同顏色的長條全部被選取 ❸。

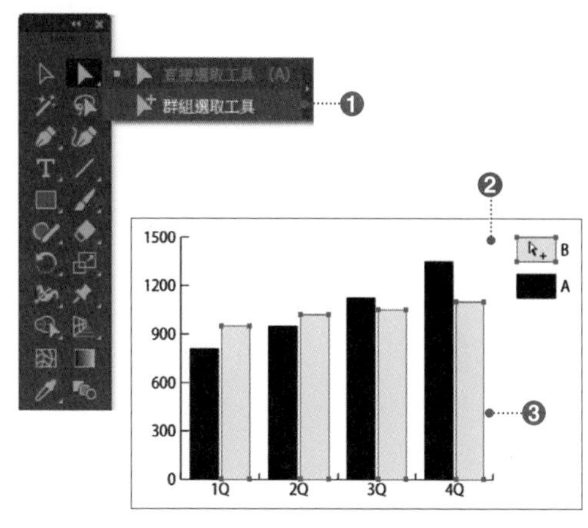

step 2

在〔顏色〕面板或者〔色票〕面板，設定〔填色〕的顏色 ❹，就能變更選取的長條圖的顏色 ❺。

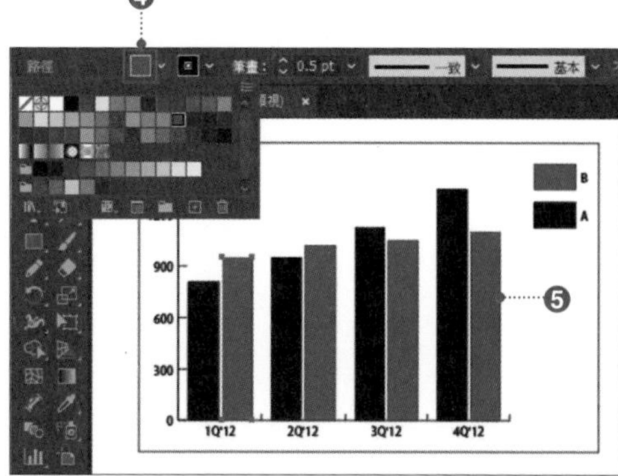

step 3

欲變更字體或字體大小時，使用**〔選取〕工具**按一下選取整個圖表物件 ❻，在〔字元〕面板的〔字體清單〕、〔字體大小〕進行設定 ❼。

欲個別地變更數值的座標軸、項目的座標軸時，使用**〔直接選取〕工具**或者**〔群組選取〕工具**選取物件。

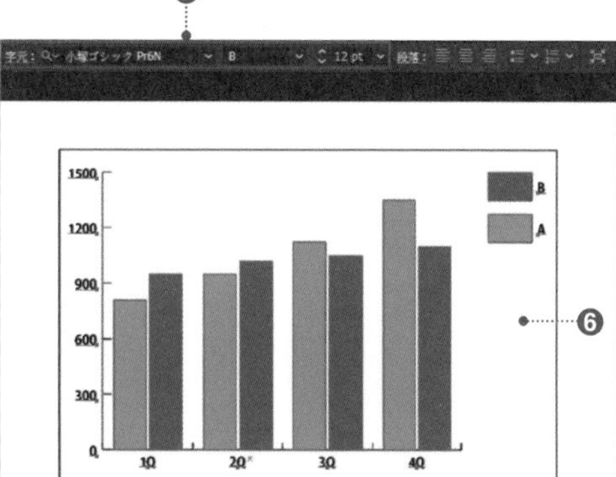

> **Tips**
>
> 解除圖表的群組化，便無法在〔圖表類型〕對話框或〔圖表資料〕視窗編輯圖表的形狀或資料。請務必注意。

相關 製作圖表：**p.76** 變更圖表的設定：**p.78**

Column 變形即時形狀

概要

以〔**橢圓形**〕工具、〔**矩形**〕工具、〔**圓角矩形**〕工具、〔**多邊形**〕工具、〔**線段區段**〕工具、〔**Shaper**〕工具繪製的路徑物件稱為〔**即時形狀**〕。

即時形狀的大小、圓角的形狀、圓角的半徑、旋轉角度、邊數皆紀錄在〔變形〕面板 ❶。

左圖為以〔多邊形〕工具繪製的即時多邊形的屬性。可以確認、編輯邊數、旋轉角度、角的形狀、角的變形、多邊形的半徑、邊長。

step 1

各個即時形狀都搭載一種稱為〔**Widget**〕，藉由拖曳就能讓物件變形的控制把手。

在即時橢圓形上，拖曳**圓角 Widget**，就能變形成圓形圖 ❷。

在即時矩形上，拖曳**尖角 Widget**，就能變成尖角形狀 ❸。

在多邊形上，拖曳**邊線 Widget**，就能增減邊數 ❹。

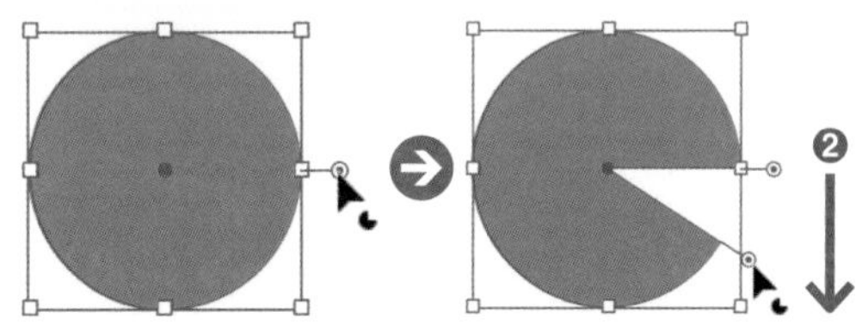

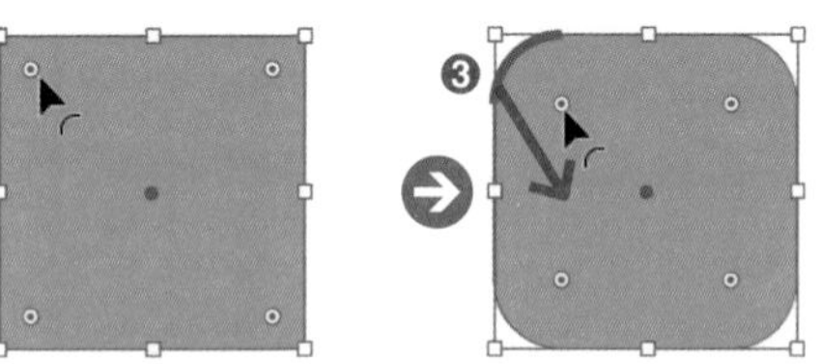

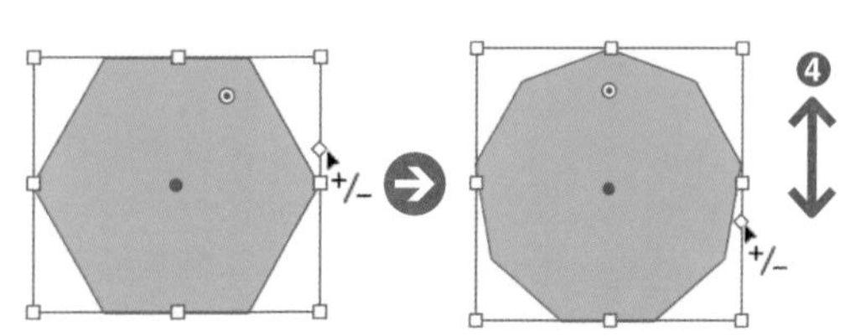

step 2

各個即時形狀，在進行「不需要屬性的變形」時，可能就不需要屬性。在這種情況下，展開即時形狀，放棄屬性。

從功能表列點選〔物件〕→〔形狀〕→〔展開形狀〕❺。

另外，按一下〔內容〕面板顯示的〔展開形狀〕，也能展開形狀。

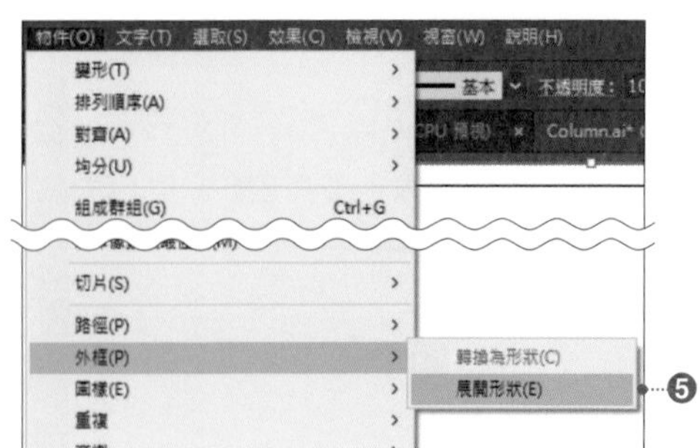

第3章

物件的編輯與操作

056〔選取〕工具的正確使用方式

〔選取〕工具為選取物件的工具。另外，藉由操作邊框，也能憑直覺讓物件變形。

選取物件

從工具列點選**〔選取〕工具** ❶，按一下物件的話，便能選取物件。
選取的物件四周會出現邊框 ❷。
另外，框選物件拖曳的話 ❸，可以選取拖曳框選的全部物件。

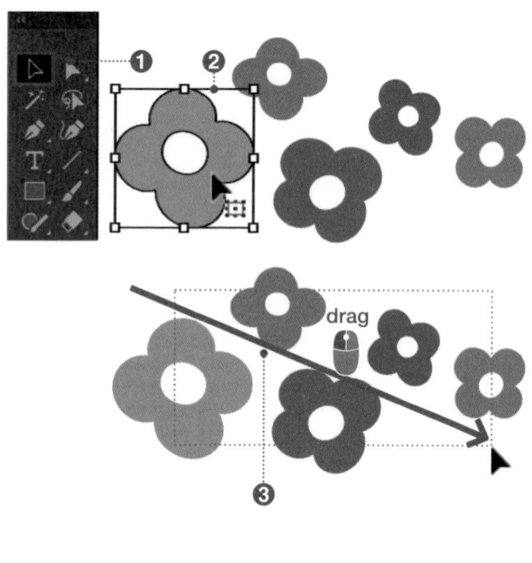

Tips

使用其他工具時，按住Ctrl（⌘）的話，會切換成〔選取〕工具、〔直接選取〕工具、〔群組選取〕工具三者中最後使用的工具。

新增 / 取消選取範圍

按住 shift 同時按一下物件的話，就能在選取範圍內新增物件 ❹。
另外，在選取多個物件的狀態下，欲取消某個特定物件時，按住 shift 再按一下目標物件。

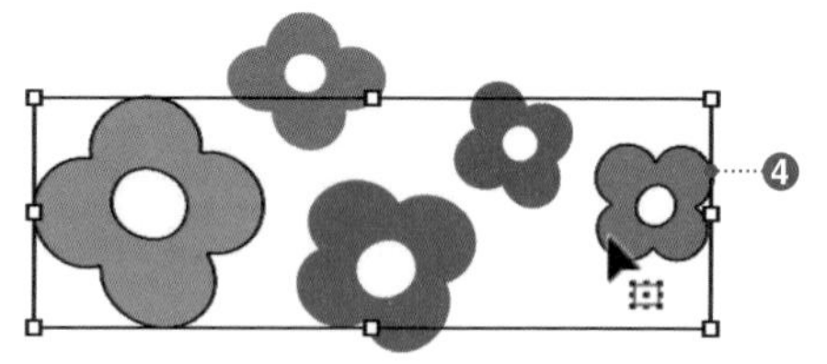

選取下方的物件

按住 Ctrl（⌘）同時按一下物件的話，滑鼠游標的旁邊會出現「<」❺。在這個狀態下持續按物件的話，就能選取下方的物件 ❻。
然後，按住 Ctrl（⌘）同時按一下滑鼠左鍵，就能依序選取游標下方的物件。

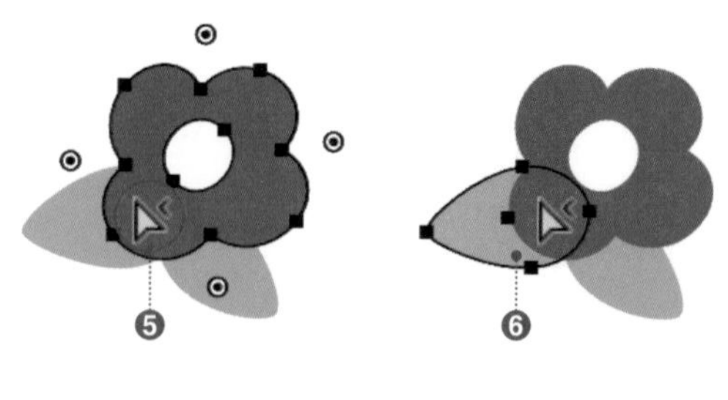

移動物件

選取的物件，可以利用拖曳方式移動 ❼。

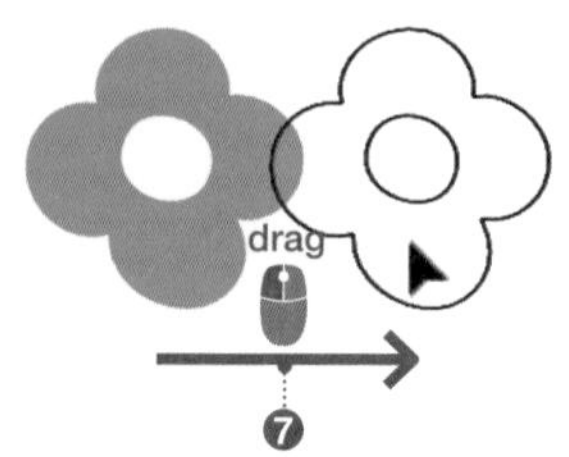

057 操作邊框，使物件變形

使用〔選取〕工具 選取物件之際，會出現「邊框」。操作「邊框」可以放大、縮小以及旋轉物件。

使用**〔選取〕工具** 選取變形的物件❶。選取之後，會顯示如框住物件般的**「邊框」**。

邊框 4 個角和 4 個邊的中央位置會出現稱為**「控制把手」**的空心正方形。如果未出現邊框，就從功能表列點選〔檢視〕→〔顯示邊框〕。

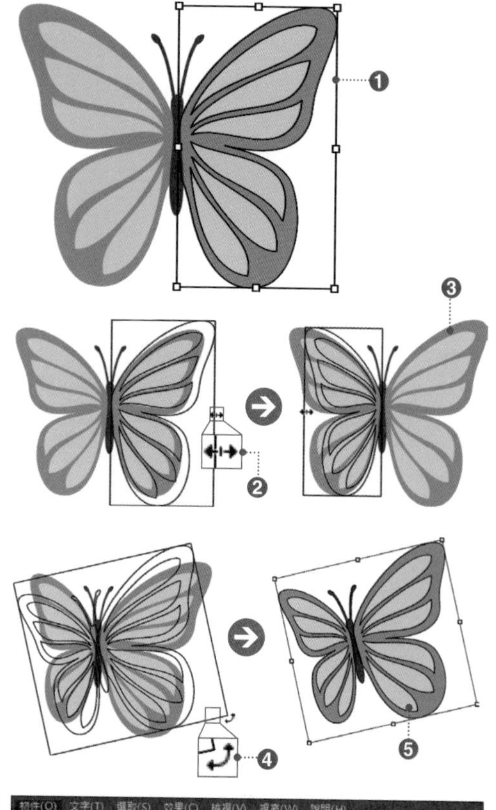

放大、縮小

將游標移到控制把手上的話，游標形狀會改變❷。在這個狀態下，拖曳邊框就能放大、縮小物件❸。變形的基準點為拖曳的控制把手的對邊或者是對角的控制把手。

另外，按住 shift 同時拖曳邊框的話，可以等比例地縮放物件，按住 Alt（option）同時拖曳的話，就能以物件中心為基準點變形。

旋轉

將游標稍微接近控制把手的外側，游標會改變形狀❹。在這個狀態下，可以旋轉物件❺。另外，按住 shift 同時拖曳的話，可以呈 45 度角旋轉。

重設邊框

旋轉物件的話邊框也會朝相同方向傾斜❻。欲拉正邊框時，從功能表列點選〔物件〕→〔變形〕→〔重設邊框〕❼。如此一來，就能讓邊框不再傾斜❽。

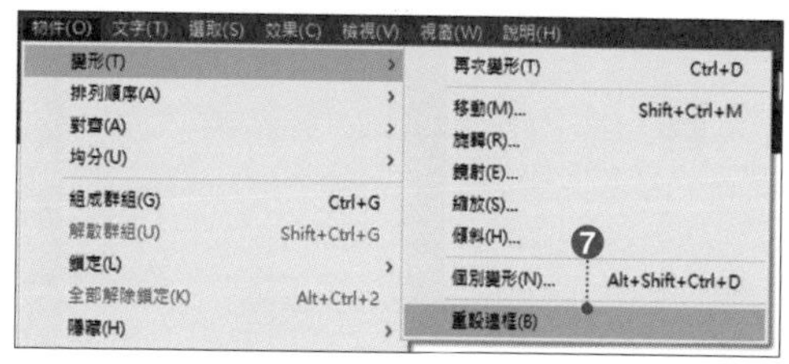

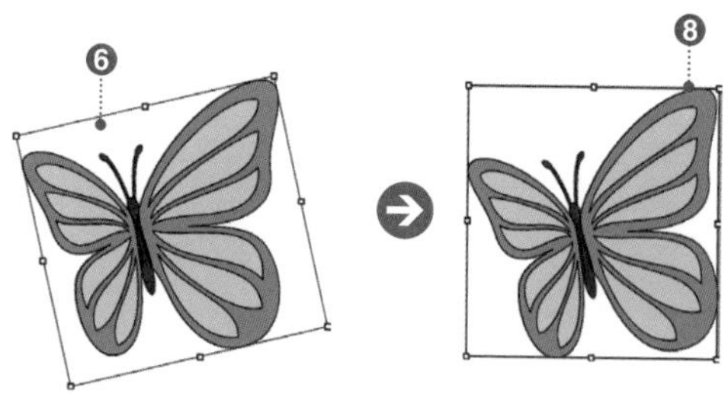

第3章 物件的編輯與操作

相關 鎖定物件：p.98 隱藏物件：p.99 〔任意變形〕工具：p.180

058 選取錨點：〔直接選取〕工具

〔選取〕工具是選取整個物件的工具；〔直接選取〕工具則是選取各個錨點或者路徑區段的工具。

step 1

從工具列點選**〔直接選取〕工具** ❶，按一下物件上的錨點的話，只會選取被按到的錨點 ❷，選取的錨點會反白。

另一方面，未被選取的錨點則不會反白，呈現白色四方形 ❸。

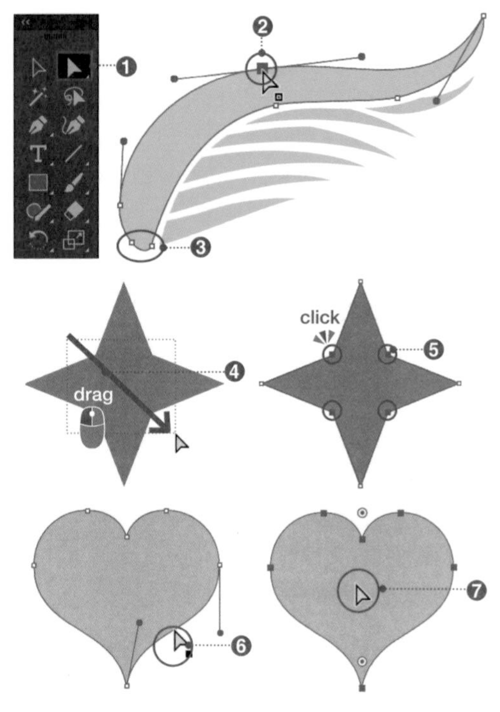

step 2

欲同時選取數個錨點時，可以拖曳滑鼠框選錨點 ❹，或者按住 shift 同時按一下錨點 ❺。

另外，欲取消選取中的錨點時，按住按住 shift 同時按一下目標錨點。

step 3

在路徑區段上按一下滑鼠左鍵 ❻ 或者在文件上橫切拖曳滑鼠，就能選取路徑區段。

另外，按一下路徑的〔填色〕，作用和**〔選取〕工具**相同，可以選取物件本身 ❼。

Tips

使用〔直接選取〕工具時，按住 Alt（option）的話，會暫時切換成〔群組選取〕工具，另外，使用〔群組選取〕工具時，按住 Alt（option）的話，會暫時切換成〔直接選取〕工具。

Variation

使用〔套索〕工具 ❶，拖曳框選錨點 ❷，就能選取框選範圍內的錨點，或者路徑區段。

在選取鄰近的物件錨點時，這個方法非常有效。

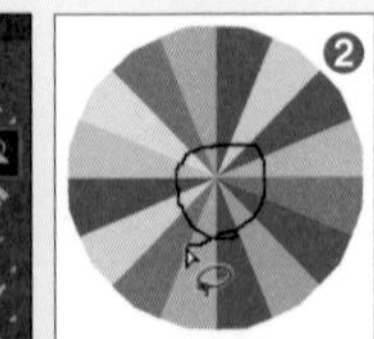

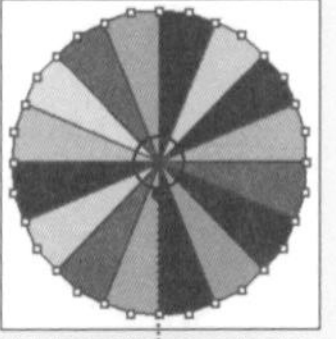

使用〔套索〕工具，僅選取利用框選的物件中心點的錨點。

相關 路徑的基本結構：p.340　〔選取〕工具：p.82　即時尖角功能：p.86　線段重新塑形：p.85

059 憑直覺使路徑區段變形

使用〔錨點〕工具 拖曳路徑區段的話，可以迅速且憑直覺來變形路徑。這項功能也有支援觸控性裝置。

step 1

從工具列點選〔**鋼筆**〕**工具** ❶，繪製路徑。然後，在選取路徑物件的狀態下，按住 Alt（option），切換〔**錨點**〕**工具** ❷。

將〔**錨點**〕**工具** 與路徑區段重疊的話，滑鼠游標會切換路徑重塑游標 ❸。

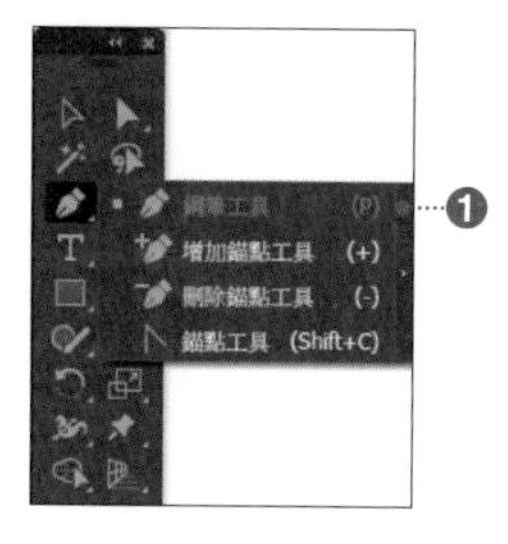

Tips

請注意是「重疊在路徑區段上」。並非錨點上。

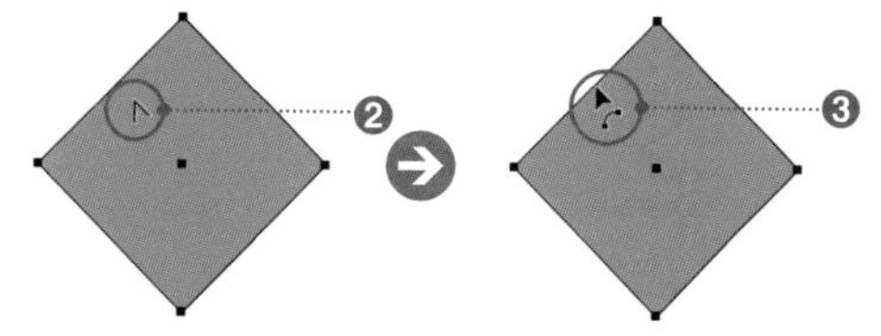

step 2

在游標依舊呈路徑重塑工具游標的狀態下，拖曳路徑區段的話，兩端的錨點會延伸出控制把手 ❹，直線狀的路徑區段會轉換成曲線。以同樣的步驟操作各個控制把手的話，就能憑直覺將路徑變形為各種圖形 ❺。

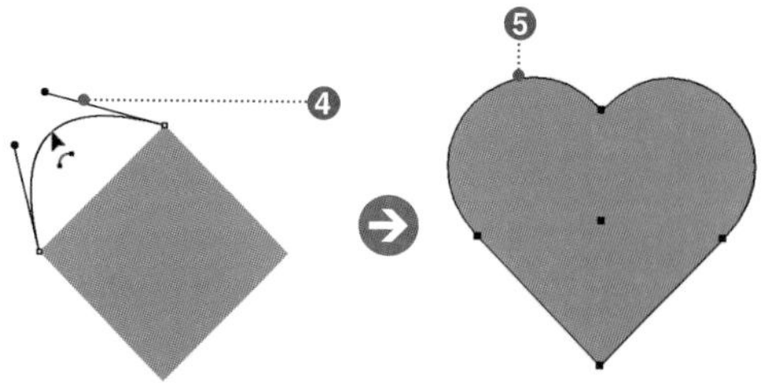

Variation

在拖曳路徑區段途中，按 shift 的話，便能固定控制把手的水平、垂直方向或 45 度角，並且 2 個控制把手會變成相同長度 ❶（可以變形為半圓形）。

另外，以〔**直接選取**〕**工具** 選取時也是同樣地將工具與路徑的曲線線段重疊，滑鼠游標便會切換成線段重塑游標。不過，選取目標為曲線的條件下，才能使用這項功能。將工具重疊在直線的路徑區段時，會變成「移動線段」功能 ❷。

牢記每一個工具各自具備的操作性，更能提升作業效率。

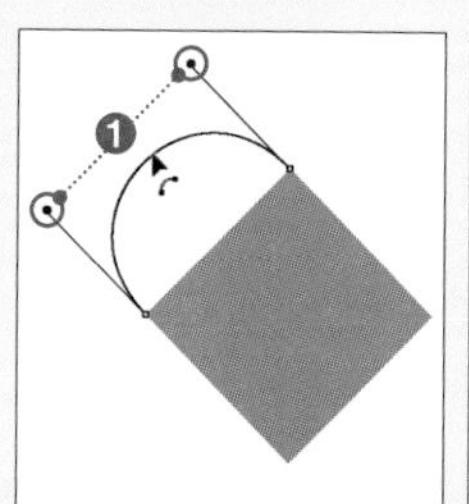

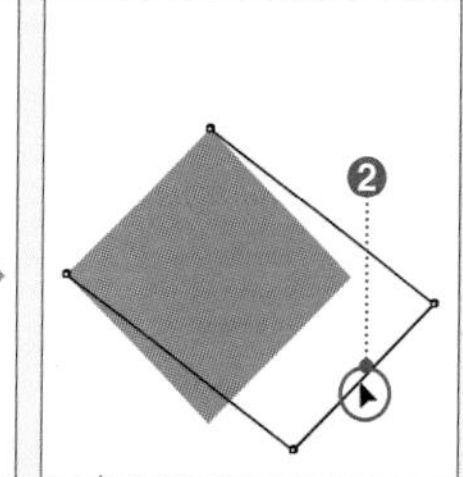

相關 路徑的基本結構：p.340 〔鋼筆〕工具：p.58 切換錨點：p.63 新增、刪除錨點：p.62

060 變形尖角形狀：即時尖角

使用「即時尖角」的話，就能操作尖角 Widget，然後憑直覺將尖角形狀變形成圓角。亦可指定半徑的數值，進行更精準的變形。

同時讓全部的尖角變形

使用〔**直接選取**〕**工具**選取路徑物件的話，在尖角處會出現**「尖角 Widget」**❶。將這個尖角 Widget 朝路徑物件的中心方向拖曳❷，就能讓尖角變形為圓角❸。

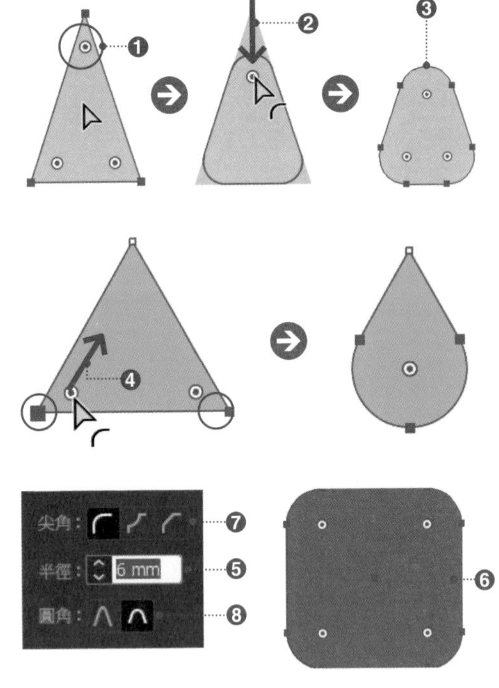

> **Tips**
>
> 若未顯示尖角 Widget 時，請從功能表列點選〔檢視〕→〔顯示尖角 Widget〕。另外，在偏好設定也能指定將顯示的尖角 Widget 隱藏的角度（p.108）。

僅選取的尖角變形

僅選取特定的錨點時，只有被選取的錨點的尖角會出現尖角 Widget。朝中心方向拖曳的話，❹，僅有選取的尖角會變形。

在〔尖角〕對話框指定數值

按二下尖角 Widget 或者按一下〔控制〕面板的〔尖角轉角〕的話，就會出現〔尖角轉角〕對話框。在〔半徑〕指定數值的話❺，可以繪製正確大小的圓角圖形❻。在此在邊長為 30mm 的正方形指定〔半徑：6mm〕的圓角。

尖角的形狀

〔尖角〕對話框的裡的〔尖角〕（尖角的形狀）有〔圓角〕、〔反轉的圓角〕、〔凹槽轉角〕3 種❼。

另外，〔圓角〕又分成〔相對值〕（左側）與〔絕對值〕（右側）2 種❽。關於各項目的設定內容請參考右圖。

圓角　反轉圓角　凹槽轉角

相對值　絕對值　相對值　絕對值

點選〔絕對值〕的話，便能正確反應半徑的數值。另一方面，點選〔相對值〕的話，便能成為很自然的圓角。按住 Alt（option）同時按一下尖角 Widget 的話，就能依序切換 3 種尖角的形狀。

> **Tips**
>
> 雖然即時尖角可以不斷地變更，但是一旦拖曳尖角的錨點或者線段移動，抑或是執行線段重塑，尖角將不會顯示 Widget，因此請務必注意。

 相關 路徑的基本結構：p.340 〔鋼筆〕工具：p.58 切換錨點：p.63 區段的變形：p.85

061 清除整個物件或部分的物件

從功能表列點選〔編輯〕→〔清除〕或者是按 Delete 可以清除多餘的物件或是物件中多餘的部分。

step 1

使用〔**選取**〕**工具** 選取欲清除的物件 ❶，再按 Delete 的話，便能清除選取的物件 ❷。從功能表列點選〔編輯〕→〔清除〕，也可以清除物件。

step 2

使用〔**直接選取**〕**工具** 選取路徑區段或錨點（p.340）❸，按 Delete 的話，就能清除路徑物件的一部分 ❹。這種清除法也可以視為變形的一種。

若為圓形物件，清除 1 個錨點的話 ❺，會成為半圓形的物件 ❻。另外，清除掉路徑區段或錨點的物件會成為開放路徑（p.340）。

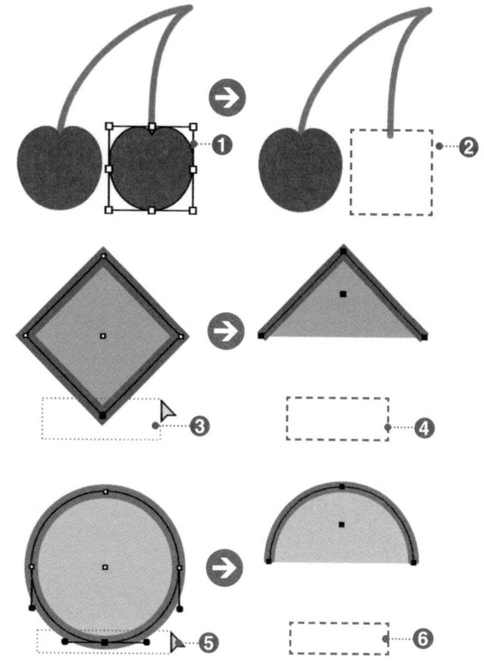

step 3

點選〔**直接選取**〕**工具** ❼，選取路徑物件中有開洞的**複合路徑**（p.204）的開洞部分 ❽，按 Delete 的話，可以只清除該部分 ❾。

選取時，請按一下開洞部分的路徑區段，或者在錨點上按一下滑鼠左鍵。

如此一來，會清除外框化的部分物件，輸入的文字會加上強弱效果。

Tips

如右圖般，即使使用〔直接選取〕工具 選取內側的 4 個錨點，也能進行相同的作業。

刪除多餘的點（孤立控制點）

文件上有孤立控制點的話，會無法順利選取物件，影響作業的進行。另外，也可能會造成不明原因的問題，所以要適當地刪除。

概要

所謂**孤立控制點**，是指使用〔**鋼筆**〕**工具**時按錯文件，或者是使用〔**文字**〕**工具**按一下文件，可是卻沒有輸入文字時所產生，**「不會出現在畫面上的孤立錨點」**。若有孤立控制點的話，可能會造成〔填色〕或〔筆畫〕的設定顯示「？」等問題發生。

因此，雖然在預視觀察左圖時，看起來並無特別的問題，但是在切換成外框顯示時，就會發現存在著幾個孤立控制點。畫面中顯示「X」的位置即為孤立控制點❶。請在給出檔案時，自行檢查後刪除。另外，以外框顯示時，路徑的中心點也出現「X」，因此在刪除時請注意。

step 1

欲刪除孤立控制點時，從功能表列點選〔物件〕→〔路徑〕→〔清除〕，會出現〔清除〕對話框，並且勾選清除目標❷。按一下〔確定〕的話，就能一併刪除目標物件❸。

Tips

從功能表列點選〔選取〕→〔物件〕→〔孤立控制點〕的話❹，便能選取文件內的孤立控制點或空白文字區域。選取後刪除，就能排除孤立控制點。

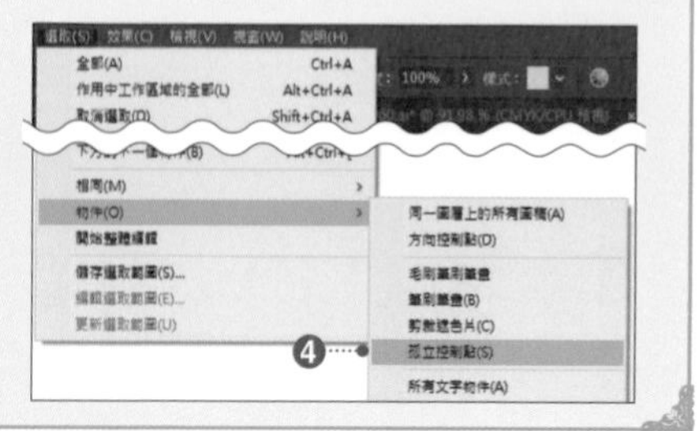

相關 顯示外框：p.42　隱藏物件：p99　清除物件：p.87　繪圖樣式：p.165

063 選取〔填色〕或〔筆畫〕相同的物件

選取物件後，從功能表列的〔選取〕→〔相同〕中點選欲選取的物件屬性，就可以一次選取具備該屬性的物件。

step 1

選取與〔填色〕相同的物件。另外，即使〔填色〕的設定相同，但是無法選取被鎖定的物件或者被鎖定的圖層上的物件。

使用**〔選取〕工具**或者**〔直接選取〕工具**，僅選取一個顏色適合的物件 ❶，然後從功能表列點選〔選取〕→〔相同〕→〔填色顏色〕❷。

如此一來，與選取的物件〔填色〕設定相同的全部物件就會被選取 ❸。

另外，除了〔填色顏色〕以外，也能選取〔外觀〕(p.234）或者〔不透明度〕(p.154)、〔繪圖樣式〕(p.165)、〔符號範例〕(p.160）等等的屬性數值為基準的物件。

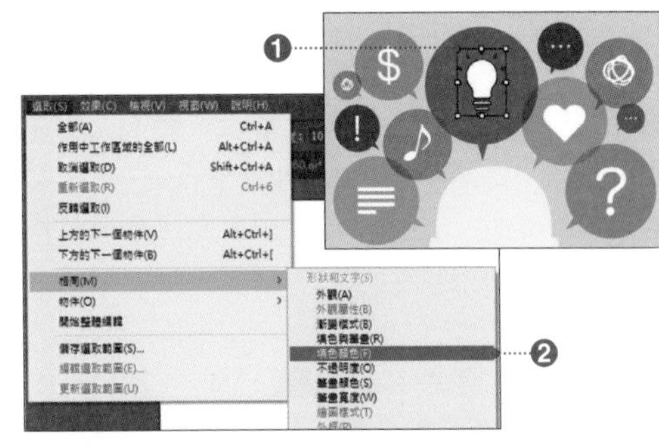

step 2

使用**〔魔術棒工具〕**的話，在設定〔容許度〕之後，可以選取具備共通屬性的物件。

在此之前，按二下工具列的**〔魔術棒〕工具** ❹，在出現的〔魔術棒〕面板中設定當作基準屬性的〔容許度〕。不需要〔容許度〕時，將數值設定為〔0〕。

在此勾選〔填色顏色〕，並且設定〔容許度：20〕❺。

在這個狀態下，按一下物件的話 ❻，便能選取〔容許度〕範圍內的全部物件 ❼。

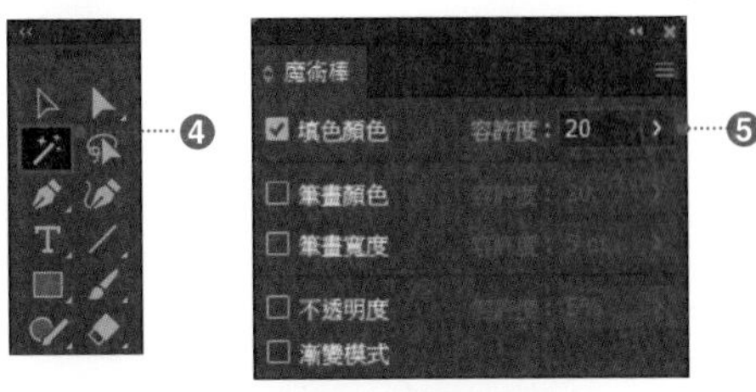

Tips

所謂容許度，是指使用〔魔術棒〕工具選取的物件屬性值中表示「應該選取多大範圍內的物件」的數值。

例如，勾選〔不透明度〕屬性並且設定〔容許度：15%〕後，以〔魔術棒〕工具按一下滑鼠左鍵的話，便能選取〔不透明度〕設定為35～65% 的物件。

相關〔選取〕工具：p.82 〔直接選取〕工具：p.84 混合模式：p.154 不透明度：p.156

064 複製物件

Illustrator 可利用各種不同的方法複製物件，每一種方法都各有其優缺點。因此，理解其特徵，並且視情況好好運用吧。

拖曳複製法

使用〔選取〕工具 點選欲複製的物件 ❶，按 Alt（option）同時拖曳滑鼠的話 ❷，就能複製物件。

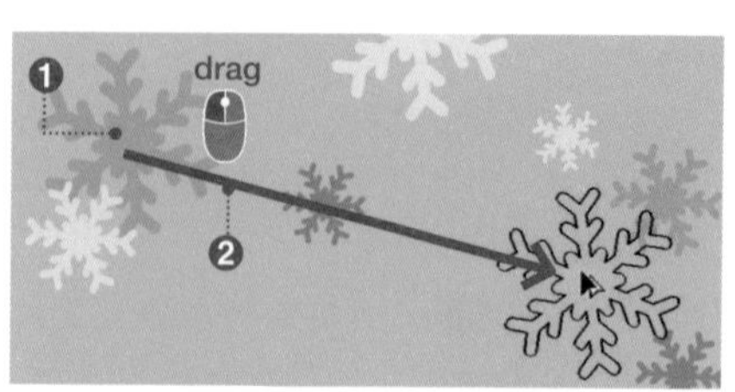

拖曳物件之際，通常會出現黑色的三角形游標記號，在按住 Alt（option）期間，會變成黑白三角形重疊的形狀。

另外，除了**〔選取〕工具** 以外，**〔縮放〕工具**、**〔旋轉〕工具**、**〔鏡射〕工具**、**〔傾斜〕工具**，也是在開始拖曳滑鼠後，利用同樣的操作，就能複製物件。

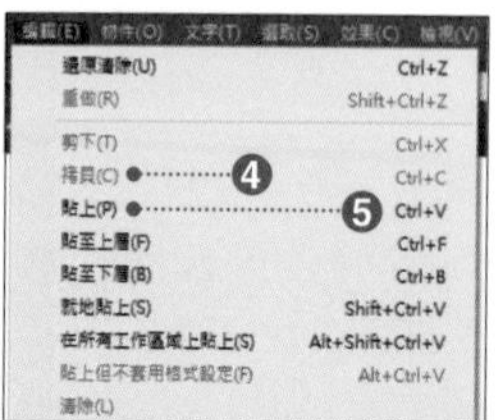

拷貝 & 貼上複製法

利用類似文字編輯，將文字複製 & 貼上的方式，也能複製物件。使用**〔選取〕工具** 點選物件 ❸，從功能表列點選〔編輯〕→〔拷貝〕❹，然後再點選〔編輯〕→〔貼上〕❺，就能複製位於文件顯示畫面中央的物件 ❻。

Short Cut 拷貝

Win Ctrl+C　Mac ⌘+C

Short Cut 貼上

Win Ctrl+V　Mac ⌘+V

執行〔拷貝〕→〔貼上〕複製物件的話，物件會複製在文件視窗的中央位置。

利用變形對話框複製法

在〔移動〕對話框或者〔縮放〕、〔旋轉〕、〔鏡射〕、〔傾斜〕等等的變形對話框（p.188）變形物件之際，按一下**〔拷貝〕**的話 ❼，套用變形的物件會被複製。另外，按住 Alt+Enter（option+Return）也能複製物件。

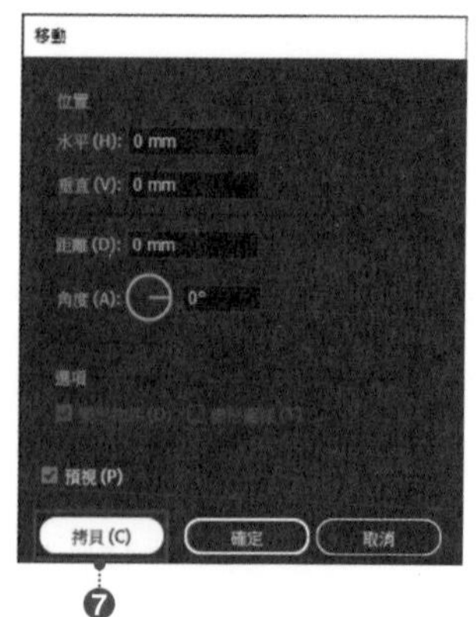

065 在不改變位置的情況下，複製物件

使用〔貼至上層〕或者是〔貼至下層〕指令的話，與既存物件相同位置的上方或下方，會重疊貼上新的物件。

step 1

在物件上製作〔**剪裁遮色片**〕時，或者套用〔分割下方物件〕時，經常會使用〔貼至上層〕的指令。

在此利用右圖圖稿的製作過程，解說在何時會利用這項指令。

使用〔**選取**〕**工具** 點選最下層的背景物件 ❶，從功能表列中點選〔編輯〕→〔拷貝〕❷。

step 2

使用〔**選取**〕**工具** 在空無一物的空白處按一下滑鼠左鍵，在無選取任何物件的狀態下，從功能表列中點選〔編輯〕→〔貼至上層〕❸。

如此一來，拷貝的物件就會貼上至最上層 ❹。

也就是說，在這個時間點，這個物件分成以下 3 層結構。

- **〔最上層〕拷貝的背景物件**
- **〔中間層〕樹枝 · 葉片的物件**
- **〔最下層〕原始的背景物件**

編輯(E) 物件(O) 文字(T) 選取(S) 效果(C) 檢視(V)
還原製作剪裁遮色片(U) Ctrl+Z
重做(R) Shift+Ctrl+Z
剪下(T) Ctrl+X
拷貝(C) Ctrl+C ❷
貼上(P) Ctrl+V
貼至上層(F) Ctrl+F ❸
貼至下層(B) Ctrl+B
就地貼上(S) Shift+Ctrl+V
在所有工作區域上貼上(S) Alt+Shift+Ctrl+V
貼上但不套用格式設定(F) Alt+Ctrl+V
清除(L)
尋找及取代(E)...

step 3

使用〔**選取**〕**工具** 選取全部物件後，從功能表列點選〔物件〕→〔剪裁遮色片〕→〔製作〕的話，就能製作與背景大小和位置皆相同的剪裁遮色片 ❺。

Tips

文件內若包含多個圖層時，複製的物件會貼上至選取中的圖層內部上層或者下層。另外，在選取物件的狀態下，使用〔貼至上層〕或〔貼至下層〕指令的話，就會貼上至選取中物件的上層或下層。
文件內若包含多個工作區域時，使用〔在所有工作區域上貼上〕指令，也能貼上至全部工作區域的相同位置。

Short Cut 貼至上層
Win Ctrl + F
Mac ⌘ + F

Short Cut 貼至下層
Win Ctrl + B
Mac ⌘ + B

相關 指定距離後移動 · 複製：**p.94** 剪裁遮色片：**p.215** 分割下方物件：**p.206**

066 反覆複製或變形操作

使用〔再次變形〕指令的話，剛剛執行的移動或旋轉、縮放、複製等等的變形操作會以相同設定值反覆進行。

step 1

使用〔**選取**〕**工具** 點選物件❶，按住 Alt（shift + option）同時將物件朝水平方向拖曳複製❷。

此時，請將複製的物件貼合在原始物件的正右方。

從功能表列點選〔檢視〕→〔靠齊格點〕和〔智慧參考線〕，這些功能發揮效用的話，就可以緊貼著物件複製。

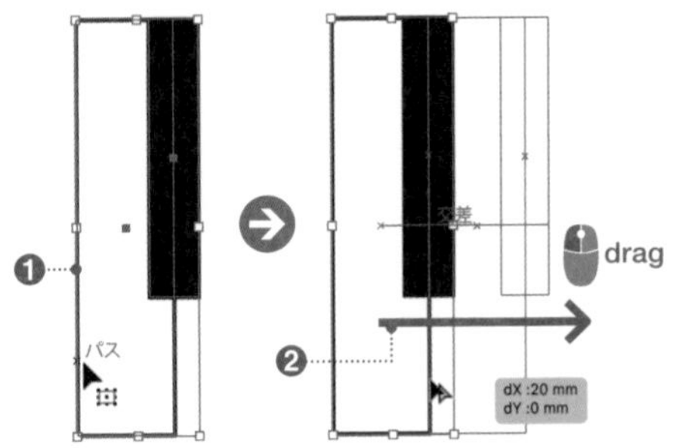

物件(O) 文字(T) 選取(S) 效果(C) 檢視(V) 視窗(W) 說明(H)
變形(T) > 再次變形(T) Ctrl+D ❸
排列順序(A) > 移動(M)... Shift+Ctrl+M
對齊(A) > 旋轉(R)...
均分(U) > 鏡射(E)...
組成群組(G) Ctrl+G 縮放(S)...
解散群組(U) Shift+Ctrl+G 傾斜(H)...
鎖定(L) > 個別變形(N)... Alt+Shift+Ctrl+D
全部解除鎖定(K) Alt+Ctrl+2
隱藏(H) > 重設邊框(B)

step 2

在選取物件的狀態下，從功能表列點選〔物件〕→〔變形〕→〔再次變形〕❸。如此一來，就能以剛剛複製的相同設定值複製物件。

緊接著，進行〔再次變形〕的話，就能簡單且連續地反覆複製❹。

另外，在物件上反覆套用〔**位移複製**〕的變形指令。

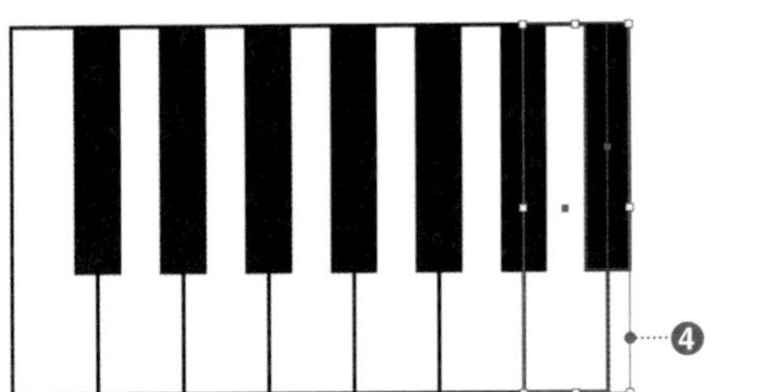

Short Cut 再次變形

Win Ctrl + D　　Mac ⌘ + D

step 3

最後刪除多餘的黑色鍵盤，將整個鍵盤呈水平方向複製的話❺，就能繪製長長的鍵盤❻。

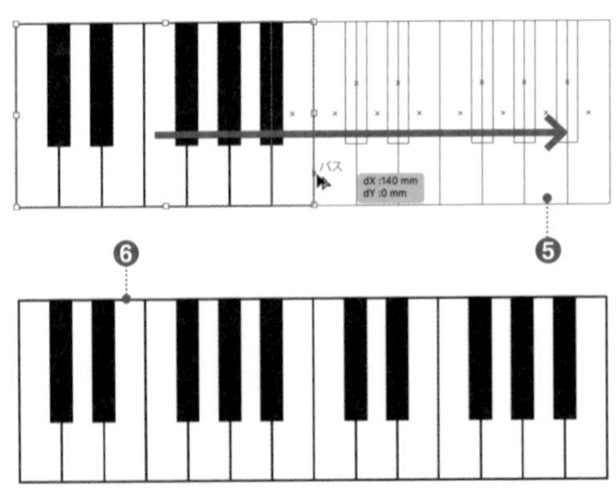

Tips

即使是單純的圖形，但是善用〔再次變形〕的話，可以製作幾何圖形或者圖稿。連乍看之下非常複雜的插圖也能憑藉讀者的創意輕鬆地完成。

另外，〔路徑管理員〕面板（p.208）也一樣，具備可以將單純的形狀製作成複雜插圖這項功能。

Variation

在此利用〔透明〕面板的混合模式（**p.154**），製作幾何圖形。

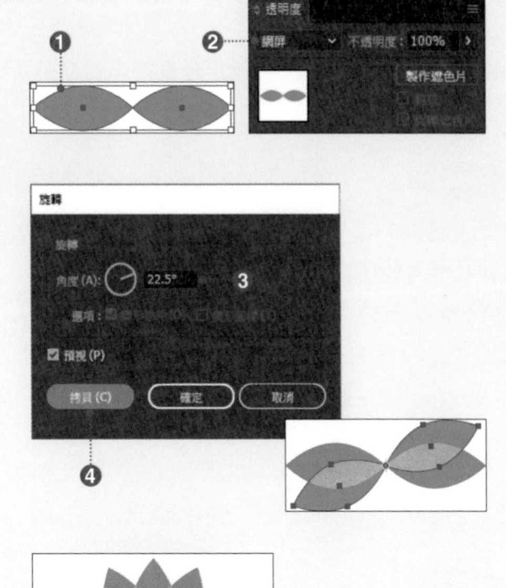

step 1

並排 2 個花瓣般的物件 ❶，將漸變模式設定為〔網屏〕❷。

step 2

在〔旋轉〕對話框設定〔角度：22.5°〕❸，並且按一下〔拷貝〕❹，完成複製作業。

在此決定配置 16 瓣的花瓣，故以「360÷26=22.5」來計算。另外，在角度文字方塊直接輸入「360/16」，也可以算出答案。

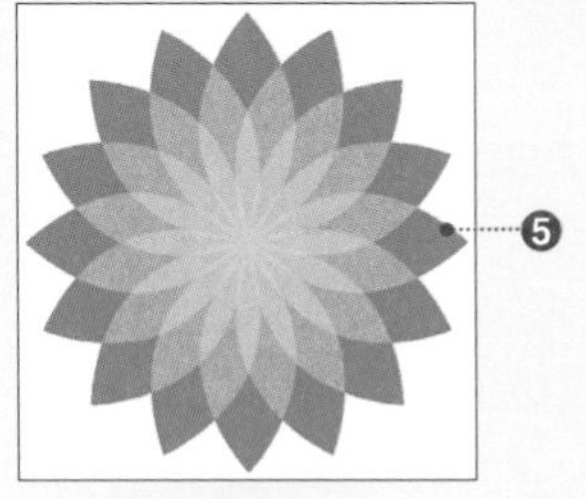

step 3

按 6 次 Ctrl（⌘）+ D 讓複製的花瓣繞一圈，就能輕鬆地完成幾何圖形 ❺。

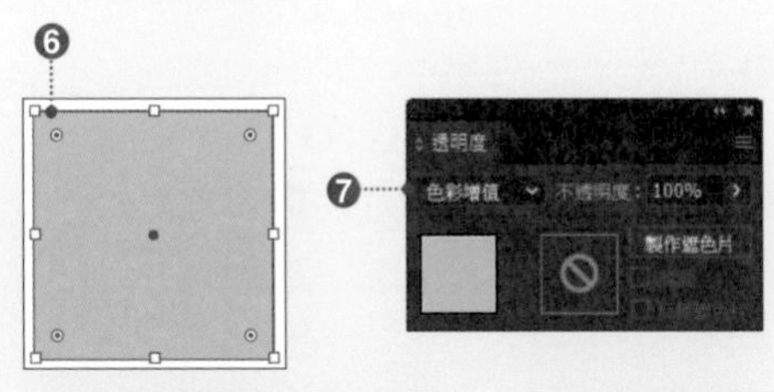

step 4

繪製正方形後 ❻，在物件的混合模式設定〔色彩增殖〕❼。

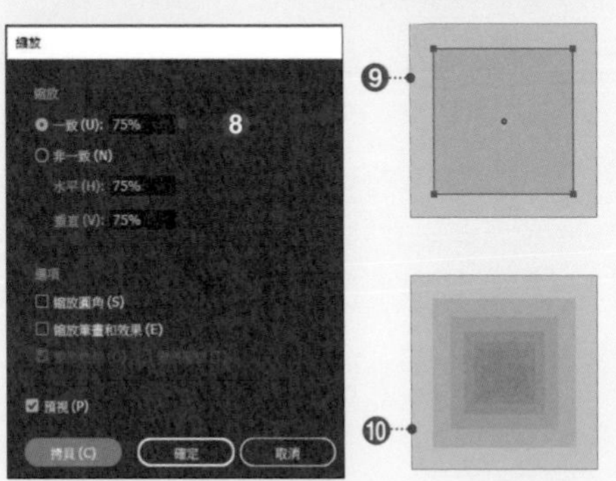

step 5

在〔縮放〕對話框中設定〔縮放：75%〕❽，並且按一下〔拷貝〕完成複製 ❾。

按 5 次 Ctrl（⌘）+ D 的話，就能完成愈往中心點顏色愈濃的圖形 ❿。

相關 複製物件：p.90　旋轉：p.190　縮放：p.182　混合模式：p.154　靠齊格點：p.108

指定距離來移動・複製物件

藉由在〔移動〕對話框中指定垂直方向的移動距離或角度，可以移動或者複製物件。

step 1

使用**〔選取〕工具** 點選物件 ❶，再從功能表列點選〔物件〕→〔變形〕→〔移動〕，會出現〔移動〕對話框。

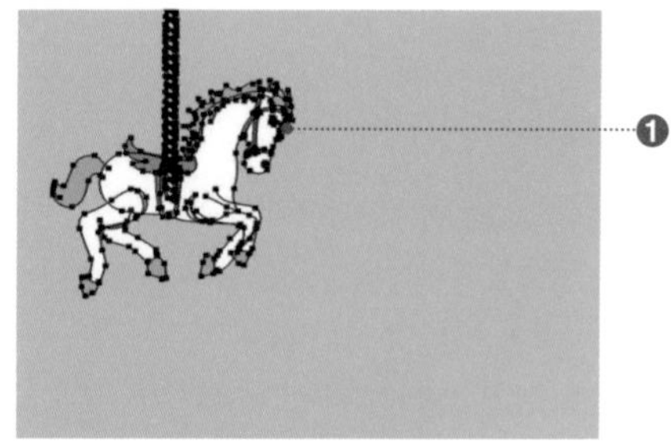

Tips

使用〔選取〕 或者〔直接選取〕工具 選取物件時按住 Enter（Return），也會顯示〔移動〕對話框。

step 2

輸入物件的移動方向與距離，若為移動，按一下〔確定〕，若為複製，則按一下〔拷貝〕。

在此輸入〔水平：100mm〕、〔垂直：40mm〕❷。如此一來，會自動輸入算出的〔距離〕和〔角度〕的數值 ❸。

按一下〔確定〕的話，物件會移動到指定的位置 ❹。

另外，按一下〔拷貝〕的話 ❺，物件會複製到〔移動〕對話框中指定的位置 ❻。

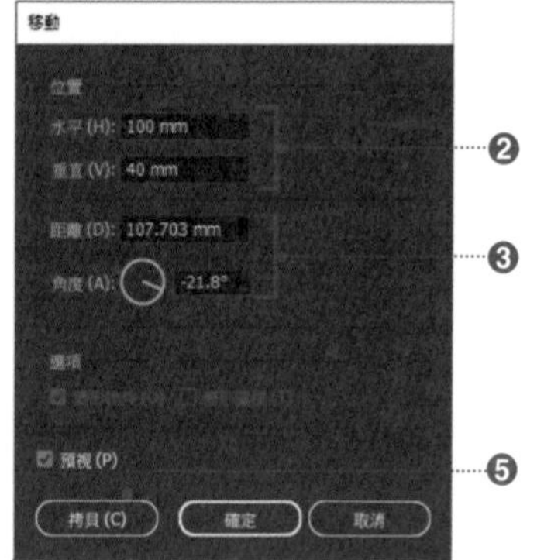

Tips

在〔變形〕面板指定座標值，也能移動物件（P.113）。

068 變更物件重疊的順序

Illustrator 文件上的物件，會依照完成的順序向上重疊。利用〔物件〕→〔排列順序〕可以自由變更重疊的順序。

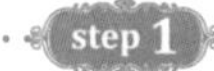

在此變更卡片的排列順序。首先，將最左側的卡片移動到最上層。

使用〔**選取**〕**工具** 點選左邊的卡片 ❶，從功能表列中點選〔物件〕→〔排列順序〕→〔移至最前〕❷。

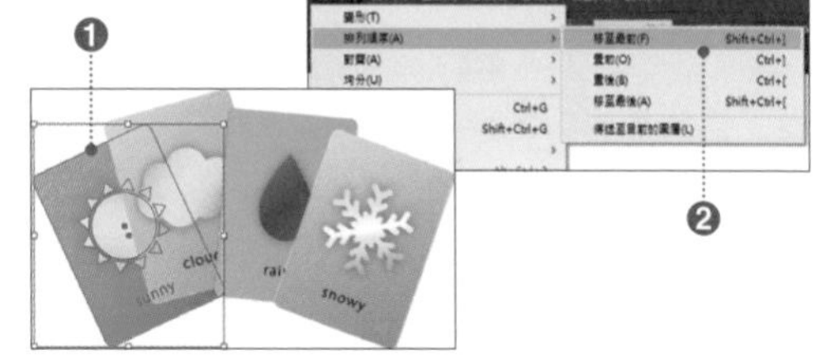

接著，將最右邊的卡片移動到最下層。

使用〔**選取**〕**工具** 點選右邊的卡片 ❸，從功能表列中點選〔物件〕→〔排列順序〕→〔移至最後〕❹。

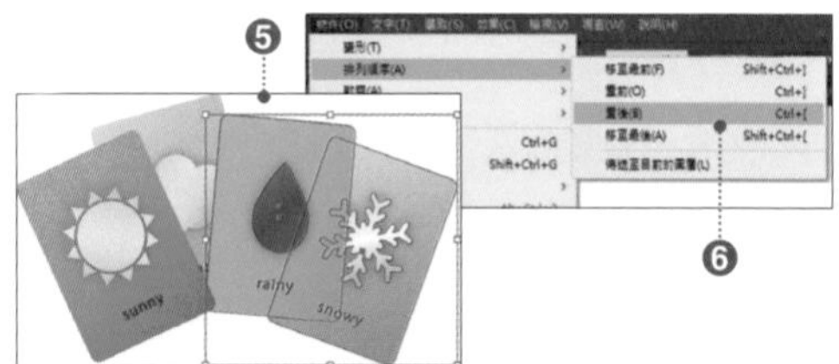

step 3

再來，同時選取最右邊的卡片和右邊數來第 2 張的卡片後移動到下層。在同時選取多個物件的狀態下，變更〔排列順序〕的話，選取中的物件們的排列順序維持不變。

按住 shift 同時使用〔**選取**〕**工具** 物件依序選取 2 個物件 ❺，再點選〔物件〕→〔排列順序〕→〔置後〕❻。

step 4

如此一來，就能按照意願變更排列順序 ❼。另外，若是多張圖層的情況，可能無法隨心所欲地變更順序。在這種情況下，請移動圖層順序，或者將物件移動到不同的圖層（p.100）。

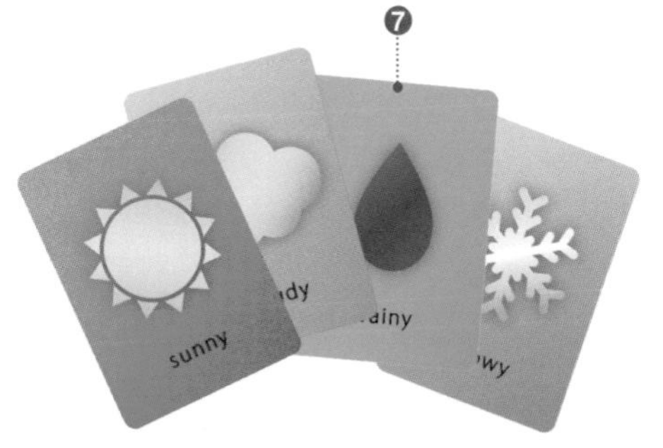

切換到工具列的〔下層描圖〕的話 ❽，最初完成的物件經常會配置在最上層，之後完成的物件會依序向下排列。

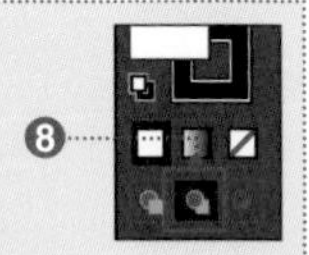

Short Cut 移到最上層	Short Cut 移到上層	Short Cut 移到最下層	Short Cut 移到下層
Win shift + Ctrl +]	Win Ctrl +]	Win shift + Ctrl + [	Win Ctrl + [
Mac shift + ⌘ +]	Mac ⌘ +]	Mac shift + ⌘ + [	Mac ⌘ + [

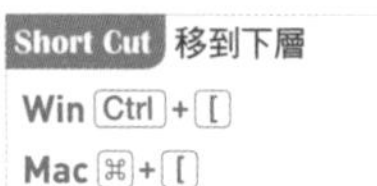

第 3 章 物件的編輯與操作

相關 圖層的基本操作：p.100　將物件移動到不同的圖層：p.101

069 將多個物件群組化

將多個物件群組化後，這個物件會被視為是一個「群組物件」。群組物件也可以設定為巢狀結構（Nested Structure）。

step 1

使用〔選取〕工具 選取欲群組化的所有物件 ❶，從功能表列點選〔物件〕→〔組成群組〕❷。

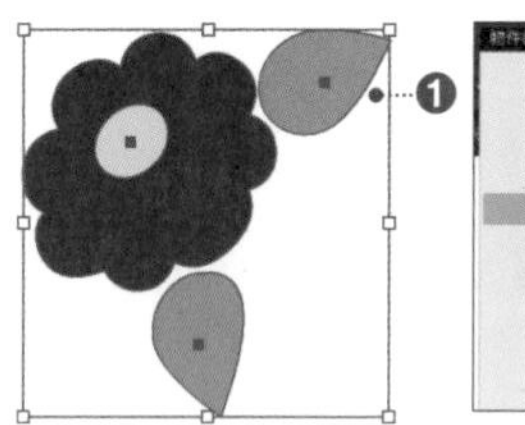

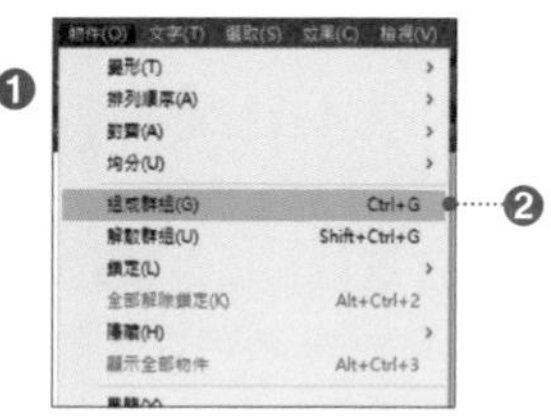

組成群組／解除群組

Win Ctrl+G / Ctrl+shift+G

Mac ⌘+G / ⌘+shift+G

step 2

選取的物件被群組化 ❸。

使用〔選取〕工具 在群組化的物件裡的任何位置按一下滑鼠左鍵，就能選取整個群組。

在〔圖層〕面板確認的話，會發現〈群組〉這個名稱 ❹。

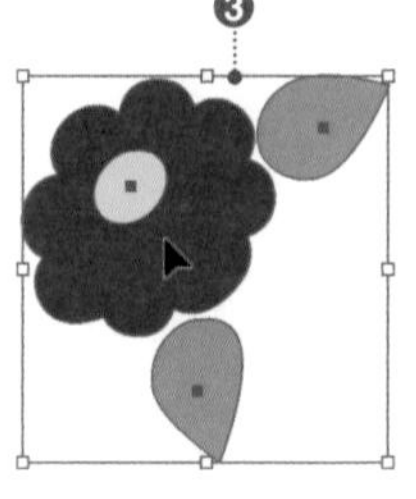

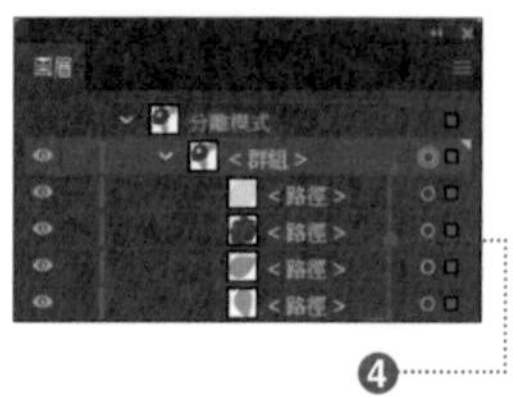

step 3

群組物件也會如右圖般呈現巢狀結構 ❺。

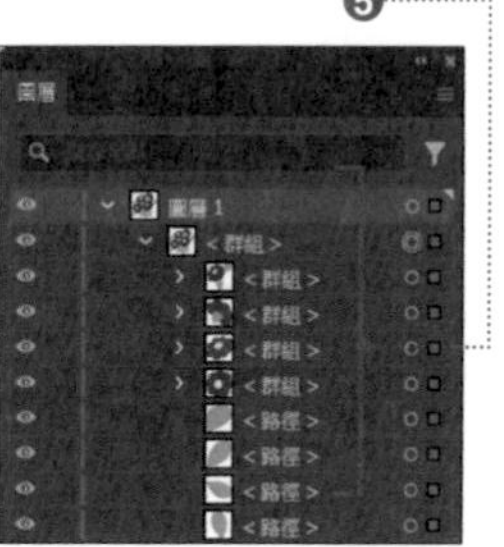

step 4

欲選取群組物件內的個別物件時，使用〔直接選取〕工具 ❻ 按一下目標物件，即呈現選取狀態 ❼。

另外，使用〔群組選取〕工具 ❽ 按一下物件的話，可以選取一個物件，接著再按一次（按第二次）的話，就能選取包括剛才選取的物件在內的群組。接著就可以依序選取上一層的群組。

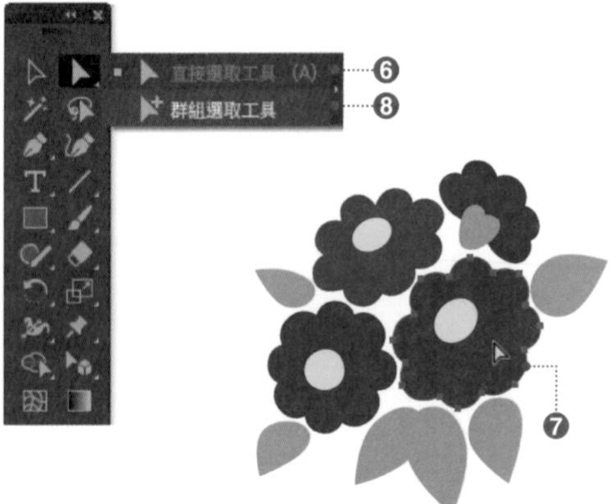

Tips

使用〔直接選取〕工具 時，按住 Alt（option）的話，工具會暫時切換成〔群組選取〕工具 。

070 在編輯模式編輯群組物件

使用編輯模式的話，該群組物件以外的物件會自動鎖定。因此可以只編輯目標物件，不會選取、編輯到目標外的物件。

step 1

使用〔**選取**〕**工具** ❶ 按二下編輯的群組物件 ❷。

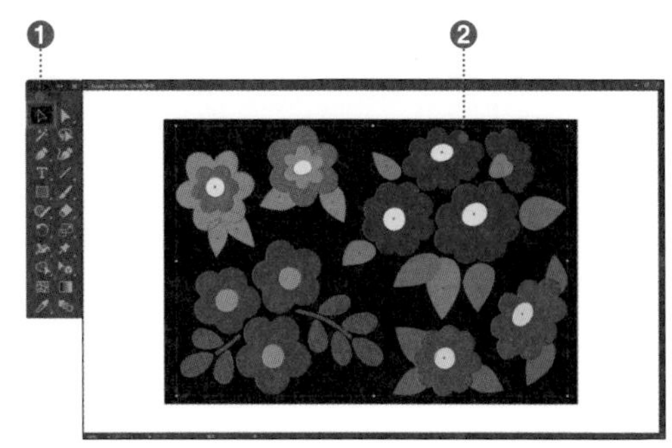

step 2

畫面切換成**編輯模式**，編輯目標以外的物件顏色變淡，而且會自動鎖定 ❸。

在文件視窗的左上角，會出現〔編輯模式〕列，同時顯示編輯目標的群組物件的名稱與位置 ❹。

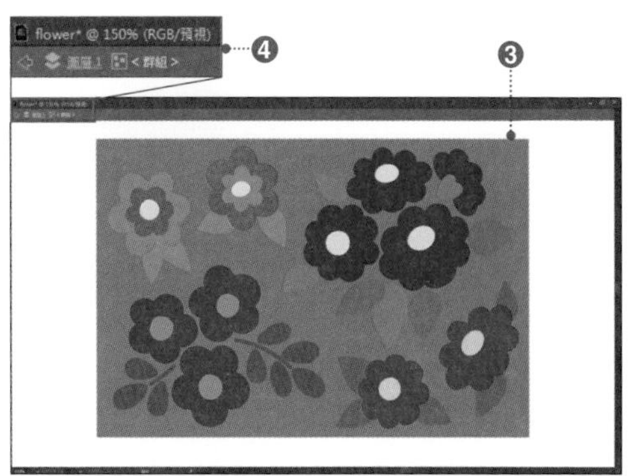

Tips

也可以在〔圖層〕面板確認群組物件的名稱與位置 ❺。

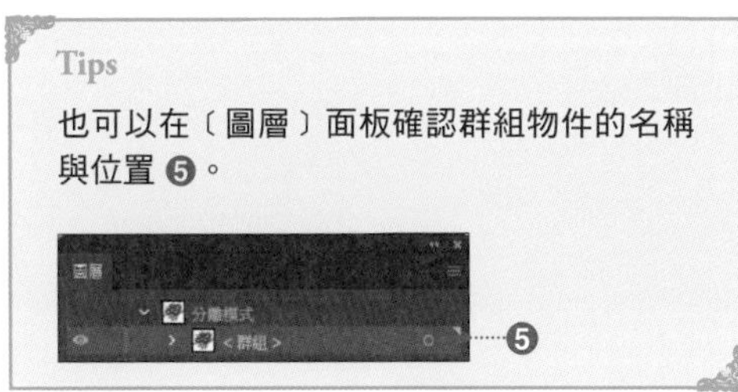

step 3

編輯模式中的群組物件，可以如同解除群組般，針對個別物件進行作業。另外，使用〔**選取**〕**工具** 按二下群組物件裡所包含的巢狀結構物件，就能對該物件進行編輯 ❻。

在物件外圍的任何位置按二下〔**選取**〕**工具** 的話，就能結束編輯模式。

另外，按一下 ❼，便能回到上一層。

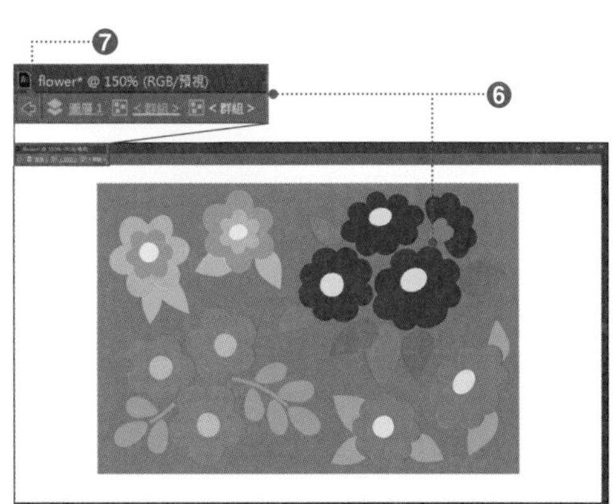

相關〔選取〕工具：，p.82　群組化：p.96　圖層的基本操作：p.100

071 暫時鎖定物件，讓物件無法選取・編輯

選取物件後，從功能表列點選〔物件〕→〔鎖定〕→〔選取範圍〕的話，就能鎖定目標物件。

step 1

使用〔**選取**〕**工具** 點選物件❶，再從功能表列點選〔物件〕→〔鎖定〕→〔選取範圍〕❷。如此一來，選取的物件被鎖定。因此物件無法被選取，一直到鎖定解除為止❸。也能同時選取多個物件一起鎖定。

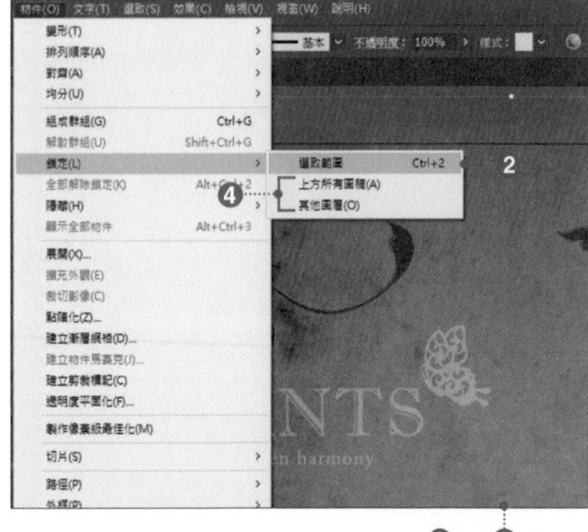

Tips

從〔物件〕→〔鎖定〕點選〔上方所有圖稿〕的話，排列順序（p.95）在選取物件上方的全部物件都會被鎖定。
另外，點選〔其他圖層〕的話，其他未置入選取中物件的圖層，全部會被鎖定❹。

step 2

欲解除鎖定時，從功能表列點選〔物件〕→〔全部解除鎖定〕❺。

Short Cut 鎖定／解除鎖定 物件

Win Ctrl + 2 ／ Ctrl + Alt + 2
Mac ⌘ + 2 ／ ⌘ + Option + 2

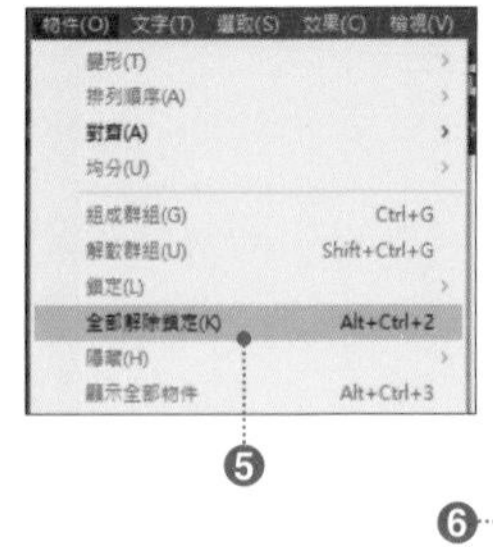

step 3

在〔圖層〕面板按一下圖層或者子圖層的〔**切換鎖定**〕（鑰匙的圖示），也能鎖定或解除圖層內包含的物件❻。鎖定中會出現鑰匙圖示，解除的話，則呈現空白。

另外，鎖定子圖層與鎖定物件的作業方式是一樣的。因此，從功能表列點選〔物件〕→〔全部解除鎖定〕的話，也能解除全部子圖層的鎖定。

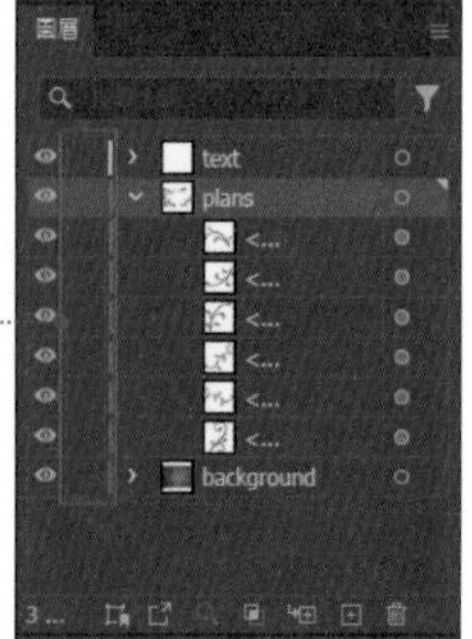

 相關 排列順序：p.95　圖層的基本操作：p.100　隱藏物件：p.99　圖層間的移動：p.101

072 暫時隱藏遮蔽的物件

選取物件，從功能表列點選〔物件〕→〔隱藏〕→〔選取範圍〕，就能暫時隱藏目標物件。

step 1

使用〔**選取**〕**工具** 選取欲隱藏的物件 ❶，再從功能表列點選〔物件〕→〔隱藏〕→〔選取範圍〕❷。

如此一來，便能隱藏選取的物件 ❸。也能同時點選隱藏多個物件。

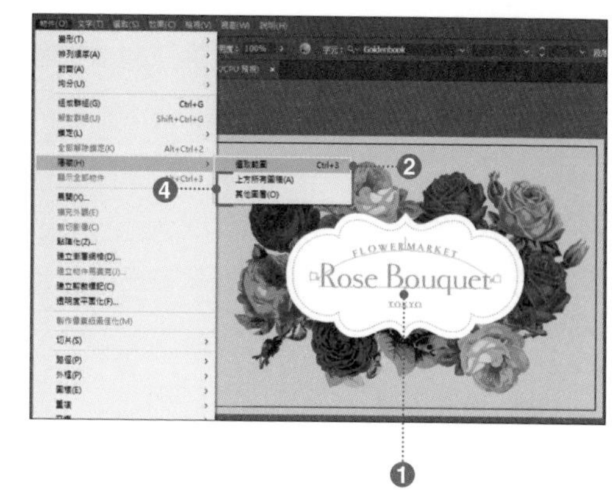

> **Tips**
>
> 從〔物件〕→〔隱藏〕點選〔上方所有圖稿〕的話，排列順序在選取物件上方的全部物件都會被隱藏。另外，點選〔其他圖層〕的話，其他未置入選取中物件的圖層，全部會被隱藏 ❹。

Short Cut 隱藏 / 顯示物件

Win Ctrl+3 / Ctrl+Alt+3

Mac ⌘+3 / ⌘+Option+3

step 2

欲再次顯示被隱藏的物件時，從功能表列點選〔物件〕→〔顯示全部物件〕❺。

或者是利用〔圖層〕面板的〔切換顯示範圍〕（眼睛圖示），按一下隱藏的物件或者子圖層，就能切換成顯示狀態 ❻。

另外，在〔圖層〕面板隱藏物件與利用〔物件〕→〔隱藏〕→〔選取範圍〕隱藏物件是相同的作業。因此，從功能表列點選〔物件〕→〔顯示全部物件〕的話，也能顯示被隱藏的全部物件。

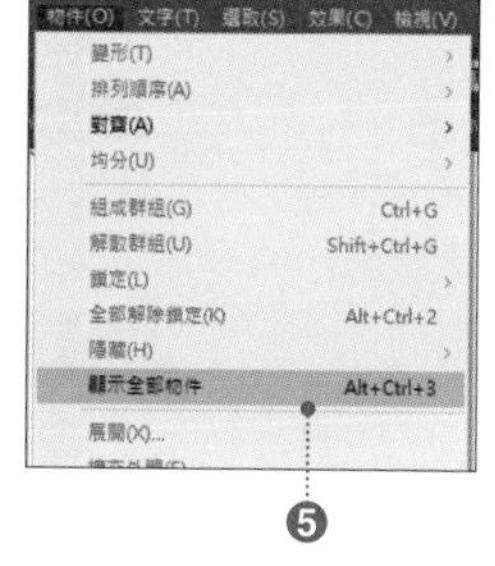

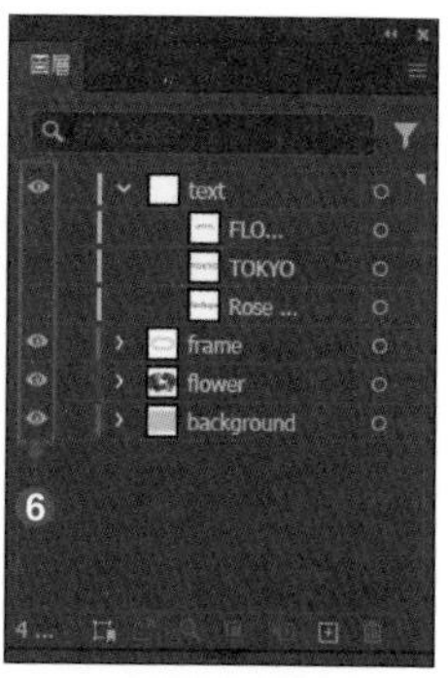

相關 鎖定物件：p.98 圖層的基本操作：p.100 圖層可見度：p.102

073 圖層的基本操作

新增圖層後，將圖稿每個部分分散到各圖層進行管理的話，可以讓作業更有效率。請務必熟記圖層的操作方式。

新增圖層

欲新增圖層時，按一下〔圖層〕面板的**〔新增圖層〕按鈕**❶。按一下滑鼠左鍵的話，選取的圖層上方會新增圖層❷。

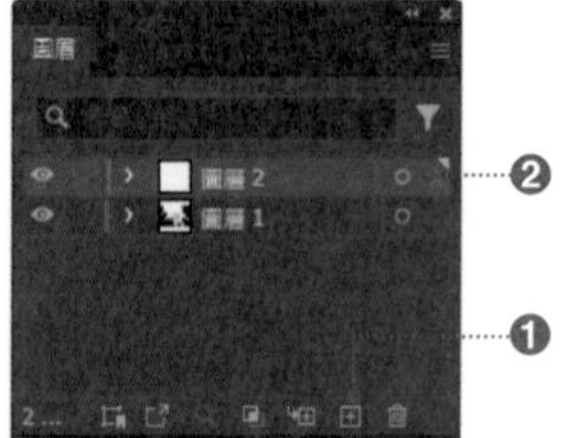

變更排列順序

欲變更圖層的排列順序時，拖放欲變更的圖層到想要放置的位置❸。

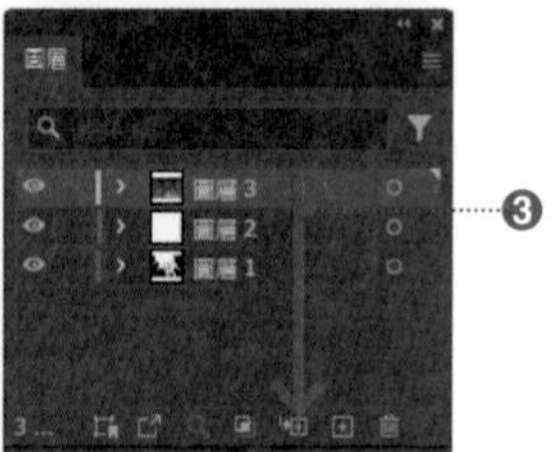

複製／刪除圖層

欲複製圖層時，將圖層拖放到**〔新增圖層〕按鈕**❹。
另外，欲刪除圖層時，在選取欲刪除的圖層的狀態下，按一下**〔刪除選取圖層〕按鈕**或者是拖放到按鈕上❺。

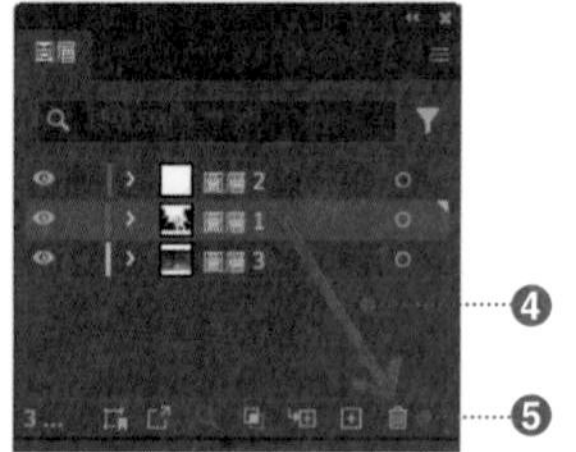

變更圖層的名稱或顏色

欲變更圖層的名稱或顏色時，按二下圖層，會出現〔圖層選項〕對話框，在對話框裡變更該項設定❻。
另外，按二下圖層名稱，也可以直接變更名稱。

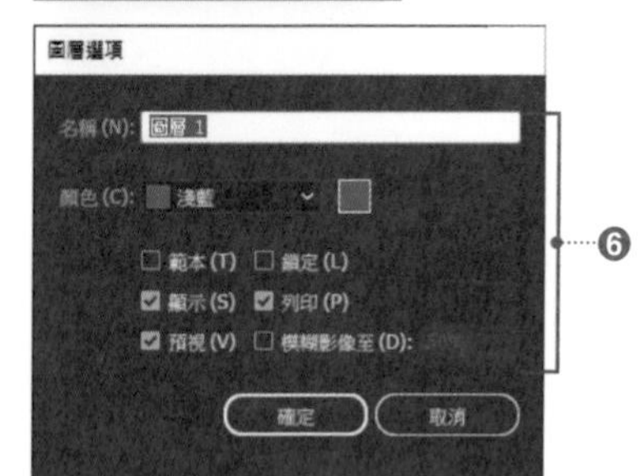

◎〔圖層選項〕對話框的設定項目

項目	內容
範本	勾選的話，選取的圖層會成為範本圖層（p.218）。
顯示	勾選的話，會顯示圖層。切換顯示／隱藏圖層（p.99）。
預視	勾選的話，圖層會變成〔預視〕顯示。不勾選的話，會變成〔外框〕顯示（p.102）。
鎖定	勾選的話，圖層被鎖定（p.98）。
列印	不勾選的話，無法列印。
模糊影像至	可以指定置入影像的模糊程度（p.218）。

 相關 隱藏物件：p.99　鎖定物件：p.98　圖層的可見度：p.102

074 移動物件至其他圖層

欲移動物件至其他圖層時，就要將〔顏色框〕拖曳至〔圖層〕面板上欲移動的圖層。

step 1

使用**〔選取〕工具** 點選欲移動到其他圖層的物件 ❶，並且在〔圖層〕面板上確認該物件目前位於哪一個圖層上。選取的物件所置入的圖層中，在圖層名稱的右側**〔目標〕欄位**會出現有顏色的四角形〔顏色框〕❷。也能同時移動選取的多個物件。

step 2

將〔顏色框〕拖放到移動目標的圖層上 ❸。如此一來，便能將物件移動至目標圖層。

移動的物件其邊框顏色成為移動目標圖層的〔顏色框〕的顏色 ❹。移動的物件會置入移動目標圖層的最上層。

按住 Alt（option）同時拖放〔顏色框〕的話，就能複製在移動目標的圖層上。

Variation

在〔圖層〕面板上，點選多個物件或者圖層 ❶，再點選〔圖層面板〕選單的〔收集至新圖層〕❷ 的話，選取的物件或圖層就可以移動到新子圖層上 ❸。

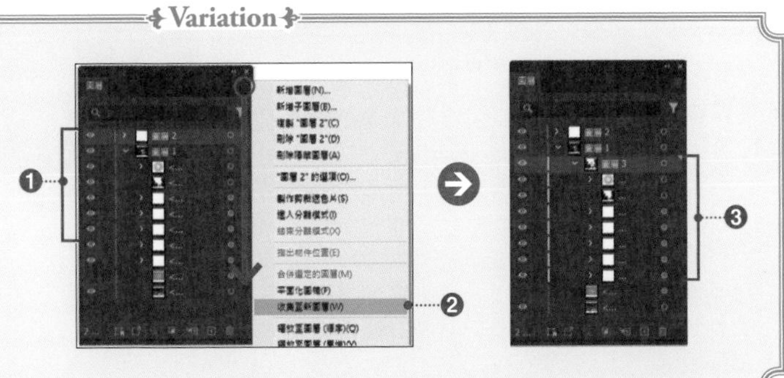

相關 圖層的基本操作：p.100　在〔圖層〕面板點選物件：p.103

075 切換圖層的可見度

按一下〔圖層〕面板的〔切換可見度〕按鈕，就可以切換顯示／隱藏圖層或子圖層，或者切換預視顯示／外框顯示。

顯示／隱藏圖層

欲隱藏圖層時，按一下〔圖層〕面板左側的**〔切換可見度〕**❶。按一下滑鼠左鍵的話，**〔切換可見度〕欄位**呈現空白❷，包含在被選取的圖層內的全部物件都被隱藏❸。

欲顯示圖層時，就按一下空白的**〔切換可見度〕**。

若為多個圖層，可以藉由拖曳**〔切換可見度〕鈕**一併顯示或者隱藏圖層。

> **Tips**
>
> 按住 Alt（option）同時按一下〔切換可見度〕的話，可以切換被選取圖層以外的圖層的顯示狀態。

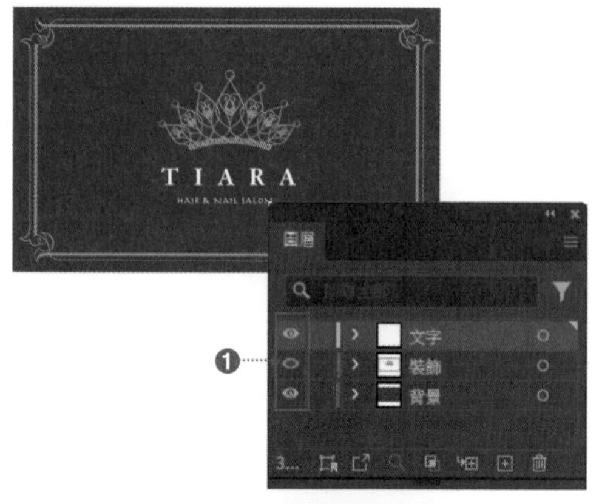

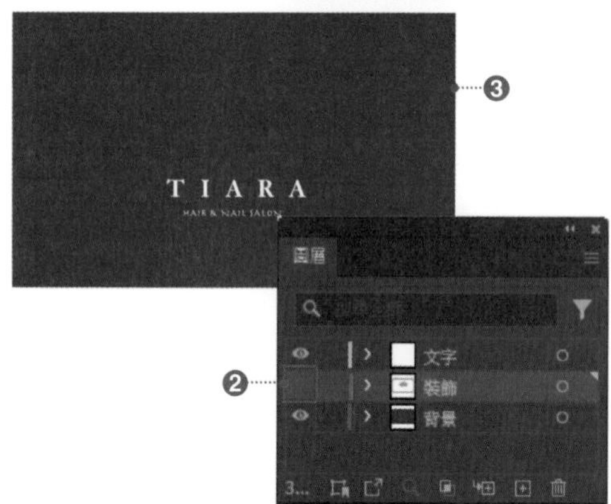

預視顯示／外框顯示

欲以外框顯示圖層內的物件時，按住 Ctrl（⌘）同時按一下**〔切換可見度〕**。

按一下滑鼠的話，**〔切換可見度〕的按鈕**會變成表示外框顯示的圖示❹，包含在被選取圖層內的全部物件都會切換成外框顯示❺。

> **Tips**
>
> 從功能表列點選〔檢視〕→〔外框〕的話，文件內的全部物件（全部的圖層）都變成外框顯示。

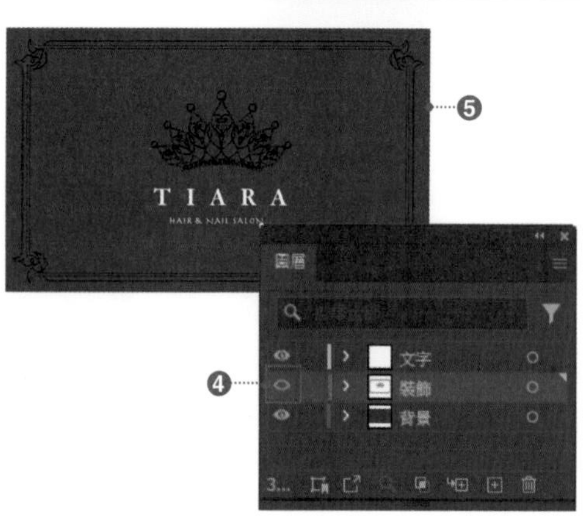

 相關 圖層的基本操作：p.100　隱藏物件：p.99　顯示外框 p.42

076 在〔圖層〕面板選取物件

按一下圖層右側的〔目標〕欄的話，就能選取被選取的圖層上的物件。

按一下內有物件的圖層，其名稱右側的**〔目標〕欄**的話 ❶，〔目標〕欄的圖示會變成雙環圖示，而圖層內的全部物件皆被選取 ❷。

利用同樣的方法也能點選圖層內的〈路徑〉或〈群組〉。

不過，在隱藏圖層或者是鎖定圖層的狀態下，即使按一下**〔目標〕欄**，也無法選取圖層上的物件，請務必注意。

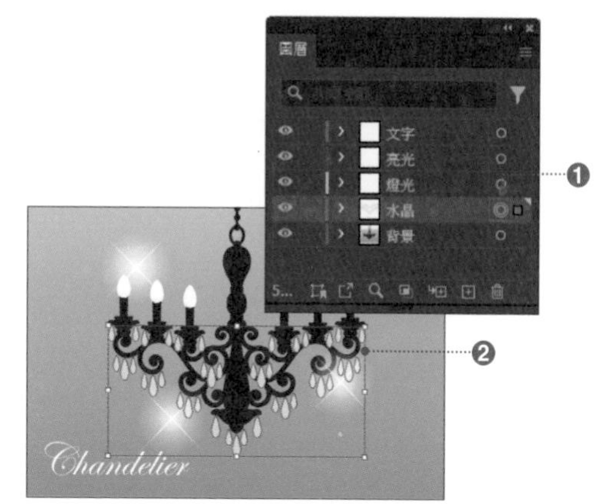

欲調查選取的物件位於哪一個圖層的哪一個階層時，使用**〔選取〕工具**點選物件後 ❸，按一下〔圖層〕面板的**〔指出所選取物件的位置〕**❹。

由於會展開圖層且顯示階層，所以搜尋**〔選取範圍〕欄**裡有出現〔顏色框〕的圖層 ❺。

選取多個物件時，排列順序位在最上層的物件所在圖層成為搜尋目標。

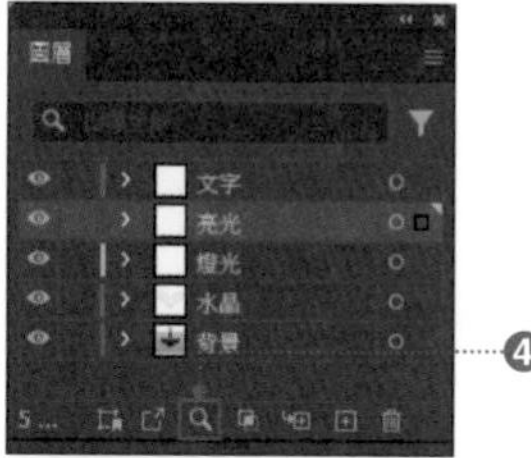

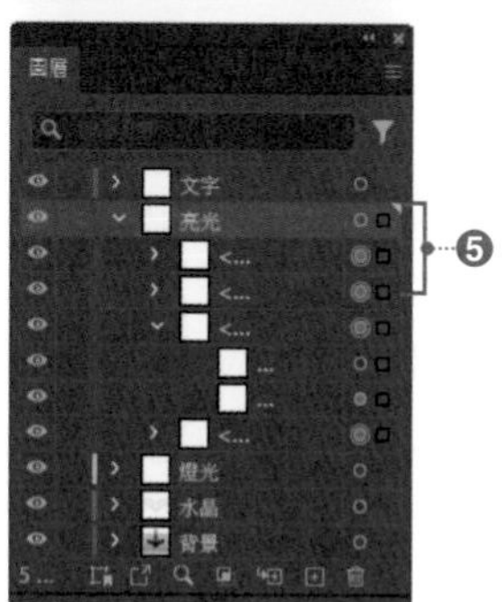

> **Tips**
>
> 在〔面板選項〕設定〔僅顯示圖層〕時，顯示的是〔圖層位置〕而非〔物件的位置〕。

相關〔選取〕工具：p.82　鎖定物件：p.98　圖層的可見度：p.102

077 漸變多個物件的形狀與顏色

使用〔漸變〕工具的話，就能漸變選取的多個物件的形狀或顏色，完成調和過後介於中間值的物件。

準備 2 個形狀或顏色相異的路徑物件，並且從工具列點選**〔漸變〕工具**後 ❶，依序按一下這 2 個物件 ❷。

如此一來，2 個物件的形狀與顏色會互相混合，像漸層般相連 ❸。

同時為了讓中間的物件看起來平滑地連結，所以會自動計算這 2 個物件之間最適當的物件數量。

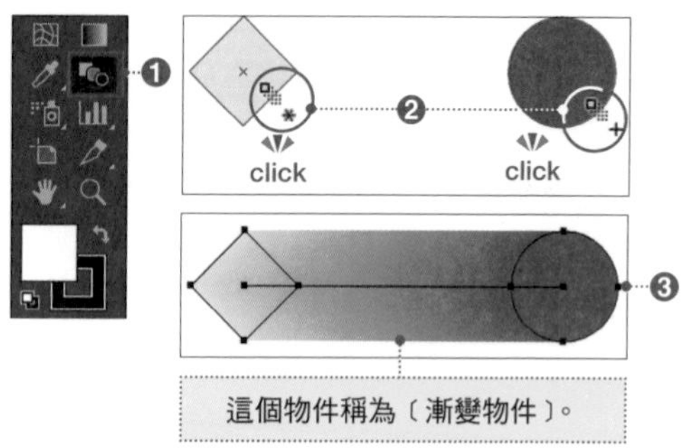

欲變更中間物件的數量時，在選取漸變物件的狀態下，從工具列按二下**〔漸變〕工具**，會出現〔漸變選項〕對話框。

設定〔間距：指定階數〕、〔階數：3〕❹，按一下〔確定〕的話，中間物件就會變成 3 個 ❺。

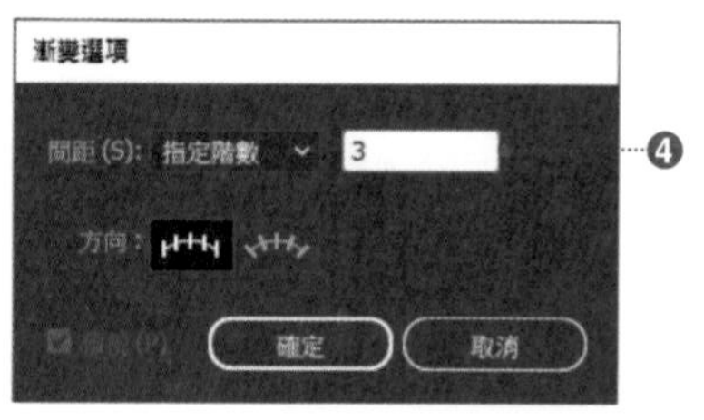

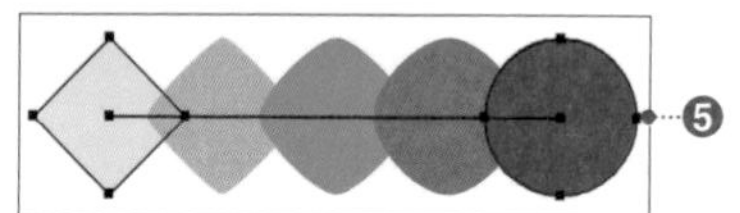

Variation

以下對〔填色：無〕僅有〔筆畫〕的 2 個路徑物件套用〔漸變〕。從功能表列點選〔物件〕→〔漸變〕→〔製作〕也能套用〔漸變〕效果。

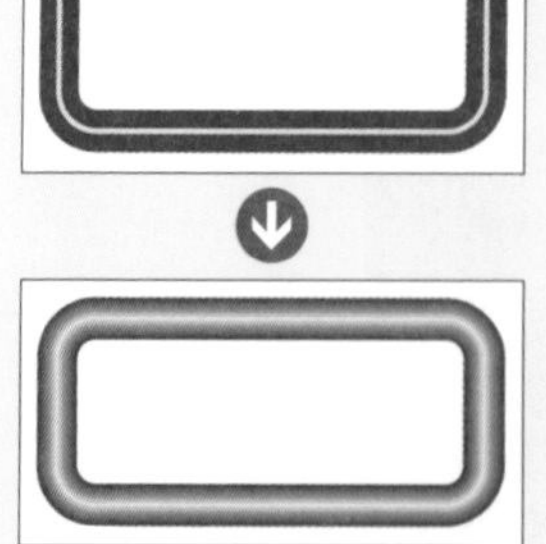

前後重疊 2 個圓角四方形後套用漸變效果，並且完成霓虹燈般的物件。

上下重疊 2 個圓角四方形後套用漸變，並且完成漸層。

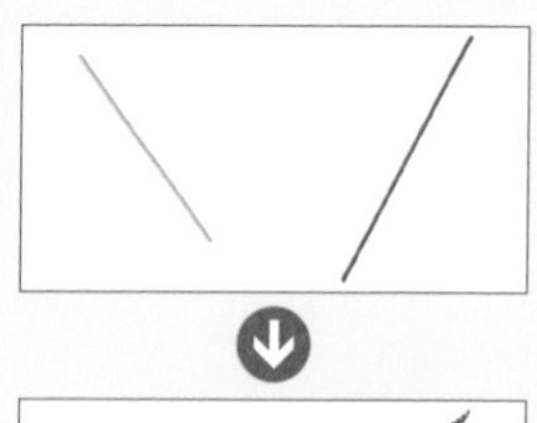

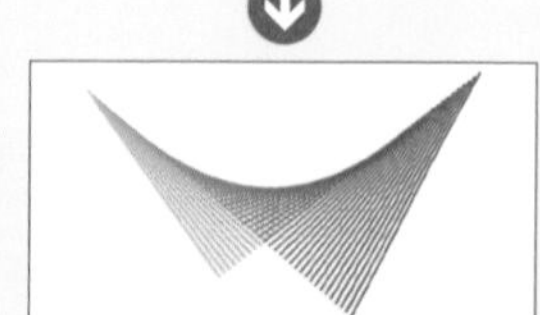

漸變 2 條直線，完成漸變物件。

 相關 編輯漸變物件：p.105

078 編輯漸變物件

漸變物件套用〔取代旋轉〕指令，或者變形漸變軸，中間的物件就能以各種形狀排列。

將漸變軸替換到其他路徑

漸變物件的中間物件，會沿著連結路徑物件稱為漸變軸的路徑排列。

欲將漸變軸替換到其他路徑時，先使用**〔鋼筆〕工具**繪製當作軸心的路徑❶，再使用**〔選取〕工具**點選完成的軸心與漸變物件❷，從功能表列點選〔物件〕→〔漸變〕→〔取代旋轉〕❸。如此一來，漸變軸被替換，並且置入漸變物件❹。

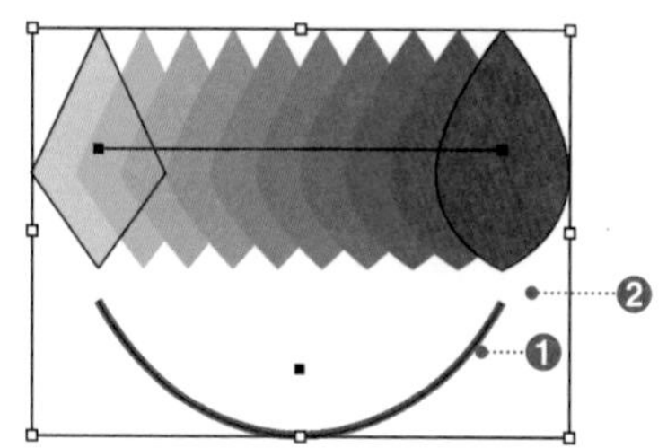

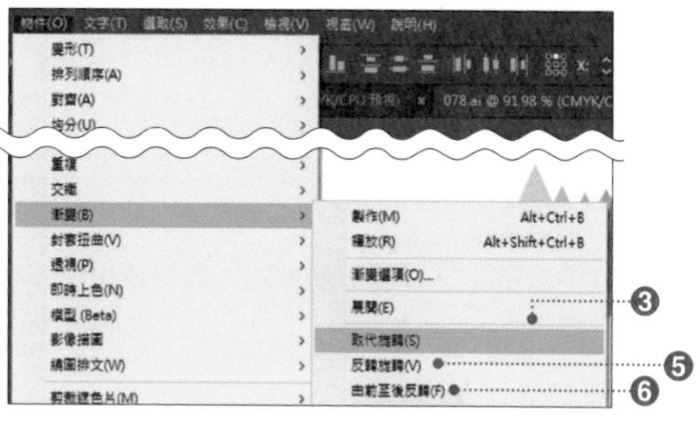

> **Tips**
>
> 點選漸變物件，從功能表列點選〔物件〕→〔漸變〕→〔反轉旋轉〕的話❺，就會與漸變的原始物件位置替換。
> 另外，點選〔物件〕→〔漸變〕→〔由前至後反轉〕❻，也能替換漸變的排列順序。

編輯漸變軸

使用**〔直接選取〕工具**拖曳軸心錨點，可以編輯（變形）漸變軸❼。

另外，使用**〔鋼筆〕工具**或者**〔增加錨點〕工具**操作錨點或者路徑區段，也能變更漸變的形狀。

將漸變物件轉換成路徑

欲個別編輯中間物件時，點選漸變物件❽，從功能表列點選〔物件〕→〔漸變〕→〔釋放〕。如此一來，物件會分割為獨立物件，可以個別進行編輯❾。

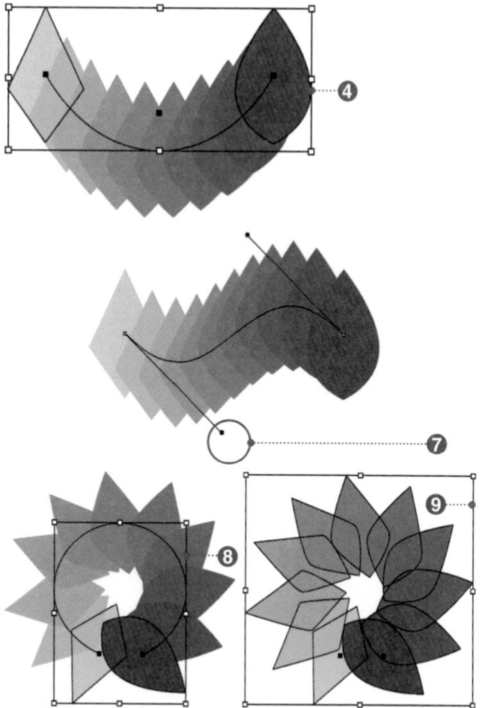

相關 漸變多個物件的形狀和顏色：p.104

079 使用智慧型參考線操作物件

智慧型參考線，是指製作、編輯物件時會出現的參考線。使用這個功能的話，就能以其他物件為基準，製作・置入其他物件。

step 1

從功能表列確認〔檢視〕→〔智慧型參考線〕❶。功能表列選項的左側呈現勾選狀態的話，表示為開啟狀態。預設值為開啟。若未出現智慧型參考線時，從功能表列點選〔檢視〕→〔智慧型參考線〕，開啟智慧型參考線。

另外，在〔**選取**〕**工具** 未選取任何物件的狀態下，按一下〔內容〕面板出現的 ❷ 按鈕，也能切換開啟／關閉。

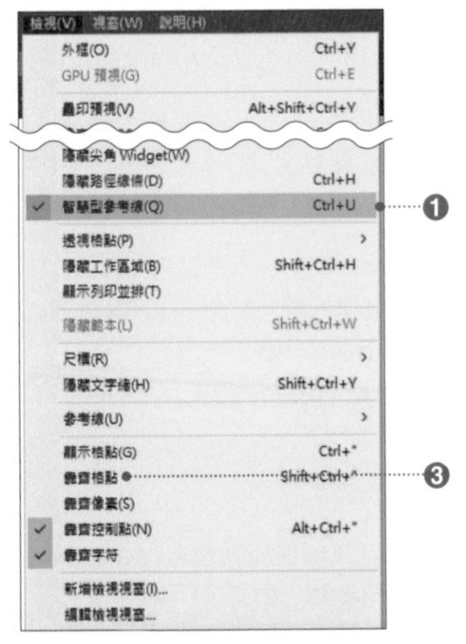

> **Tips**
>
> **〔靠齊格點〕❸ 為開啟狀態時，無法使用智慧型參考線。**

step 2

在〔智慧型參考線〕為開啟的狀態下，將滑鼠游標移到參考線或者工作區域的邊緣，就會顯示配合物件的「頁面」、「參考線」、「錨點」、「路徑」、「中心點」等物件位置的相關提示。

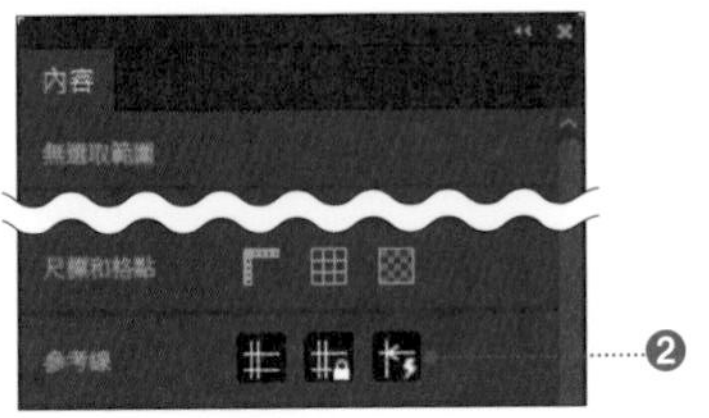

Short Cut 智慧型參考線的開啟・關閉

Win Ctrl+U　　Mac ⌘+U

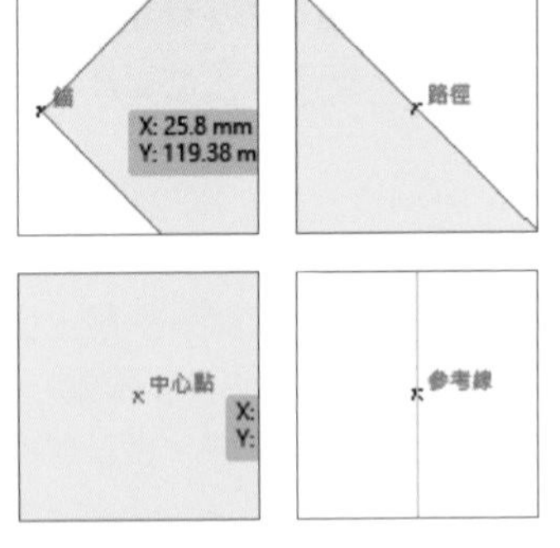

step 3

彈出式視窗中，在選取時會顯示〔X〕〔Y〕軸，在拖曳時或拷貝時則顯示移動距離 ❹。

另外，使用〔**橢圓形**〕**工具** 或〔**矩形**〕**工具** 等繪製工具描圖時，會顯示寬度或高度的測量值 ❺。

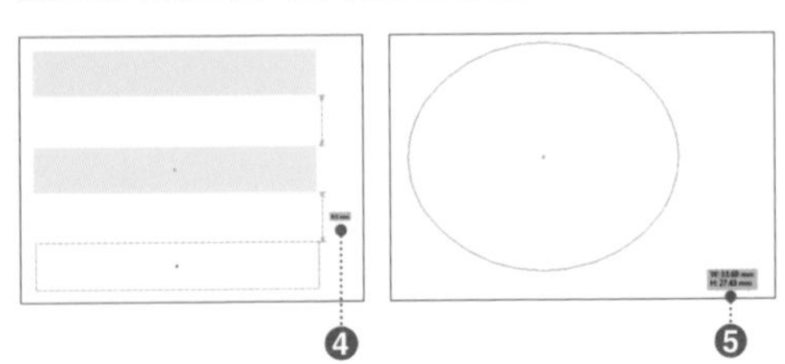

使用〔**選取**〕**工具**，並且將滑鼠游標移到物件的中心部分的話，會顯示〔**中心**〕這二字（提示）❻。

如右圖般，欲重疊 2 個物件的中心時，在這個狀態下，抓住中心部分後拖曳到重疊物件的中心部分 ❼。如此一來，現在變成矩形物件的中心部分顯示〔**中心**〕這二字 ❽。

在這個狀態下，拖曳物件的話，便能重疊 2 個物件的中心位置。

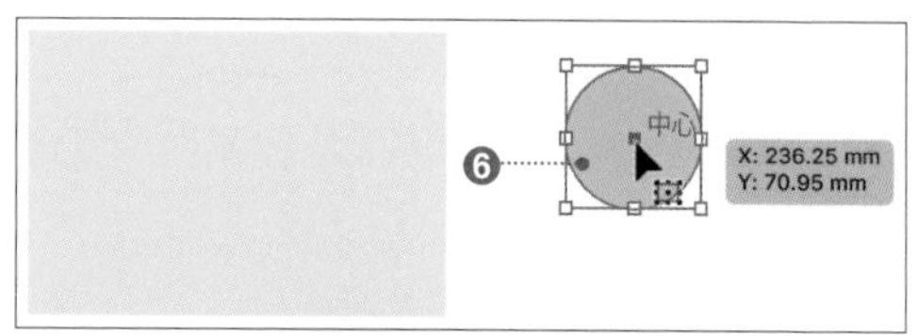

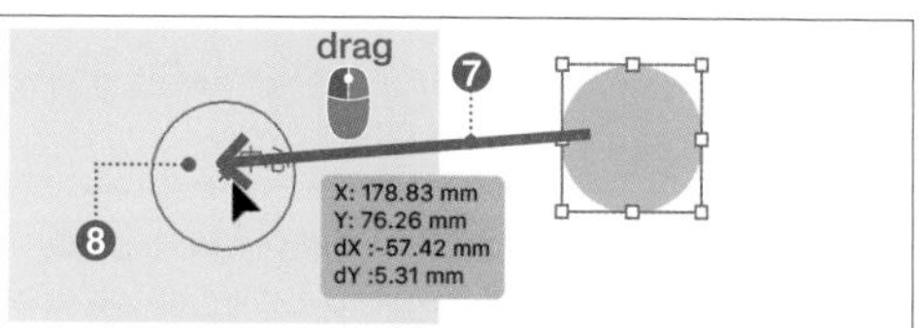

step 5

欲變更智慧型參考線的設定時，從功能表列點選〔編輯〕→〔偏好設定〕→〔智慧型參考線〕❾，會出現〔偏好設定〕對話框。

〔偏好設定〕對話框的〔智慧型參考線〕對話框中，可以設定下表內的項目。

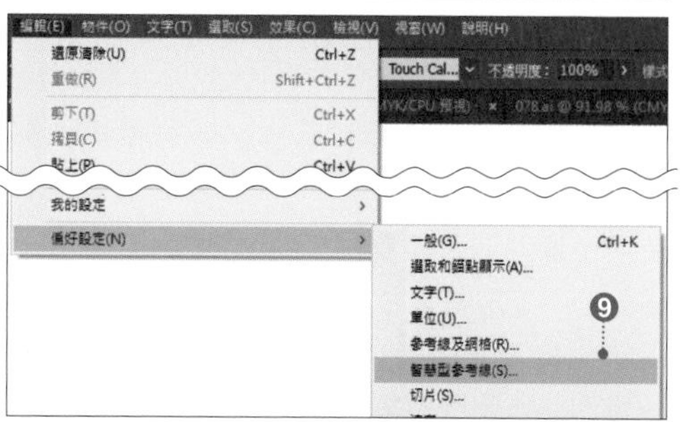

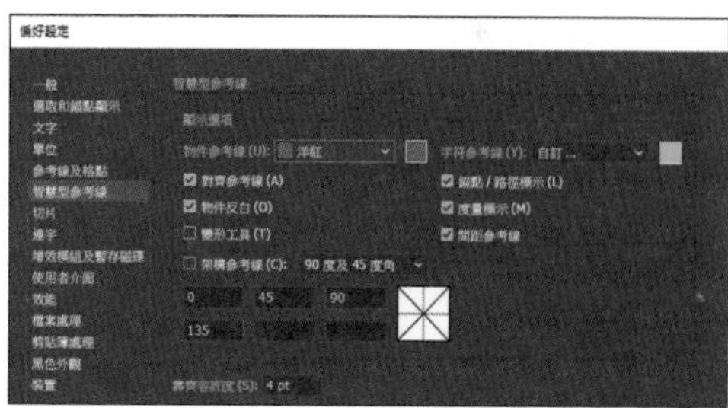

◎〔**偏好設定**〕**對話框的**〔**智慧型參考線**〕**對話框的設定項目**

項目	內容
顏色	指定智慧型參考線的顏色。
對齊參考線	勾選的話，智慧型參考線會沿著工作區域、出血、物件的中心或邊緣出現。移動、變形物件之際或者使用〔**鋼筆**〕**工具**繪製圖形時，會出現智慧型參考線。成為與其他物件對齊時的標準。
物件反白	勾選的話，滑鼠游標下方的物件會反白。
變形工具	勾選的話，在使用〔縮放〕、〔旋轉〕、〔傾斜〕、〔鏡射〕工具進行變形時，會出現資訊。
錨點／路徑標示	勾選的話，將滑鼠游標與錨點或路徑重疊之際，會出現〔錨點〕、〔路徑〕的文字。
度量標示	勾選的話，在移動或旋轉物件之際，會顯示移動距離、現在的位置、角度等等。另外，在繪製物件時，會顯示寬度或高度。
間距參考線	勾選的話，物件在移動中，與鄰近的物件的左右或者上下等距離時，會出現間隔的數值。
架構參考線	在繪製物件時，所顯示的參考線。指定從鄰近物件的錨點拉出的參考線角度。從〔角度〕的下拉式選單選擇角度或者在文字方框輸入角度（最多 6 個）。
靠齊容許度	滑鼠游標在靠近其他物件之際，會以控制點指定智慧型參考線產生作用的距離。

相關〔選取〕工具：**p.82**　顯示參考線：**p.45**　顯示格點：**p.47**　靠齊控制金點：**p.108**

080 將滑鼠游標靠齊錨點

開啟〔靠齊控制點〕功能的話，滑鼠游標就會剛好貼附著錨點或者參考線，因此可以密合地置入多個物件。

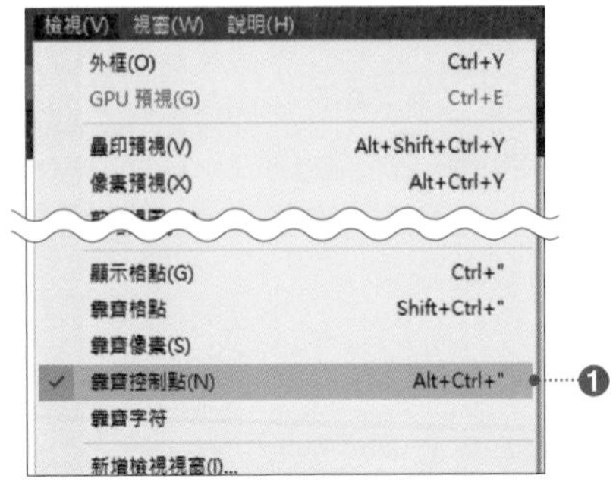

step 1

從功能表列點選〔檢視〕→〔靠齊控制點〕❶，開啟〔靠齊控制點〕功能。

〔靠齊控制點〕前若呈現勾選狀態表示開啟。初始狀態為開啟。

step 2

在此，將置入的物件與右圖的物件角對角地貼合。

使用**〔選取〕工具** 將滑鼠游標移到物件的錨點上，確認右下方出現白色的四角後❷，拖曳物件❸。

拖曳到與物件重疊之際，滑鼠游標會靠齊控制點，此時黑色三角控制點會變成白色三角控制點❹。在這個狀態下，放開滑鼠游標的話，就能密合地置入物件❺。

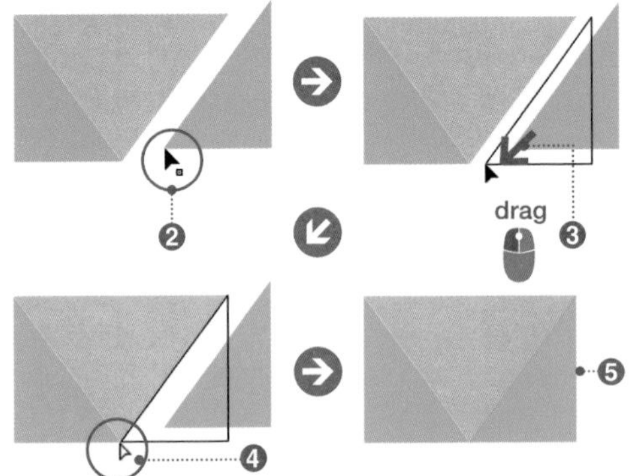

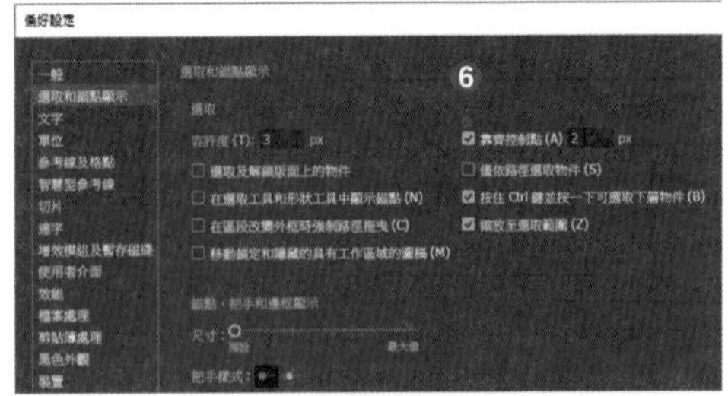

step 3

欲設定靠齊距離時，從功能表列點選〔編輯〕→〔偏好設定〕→〔選取和錨點顯示〕，會出現〔偏好設定〕對話框。

勾選〔靠齊控制點〕後設定靠齊的距離❻。

Tips

在〔選取〕工具 未選取任何物件的狀態下，按一下〔內容〕面板顯示的按鈕❼，就能切換靠齊功能的開啟／關閉。

另外，〔靠齊控制點〕是滑鼠游標靠齊錨點或參考線的功能，因此沒有確實地掌握物件的錨點，就無法正確置入物件。根據自己的需要，與〔智慧型參考線〕(p.106) 一起使用，可以更有效率的進行作業。

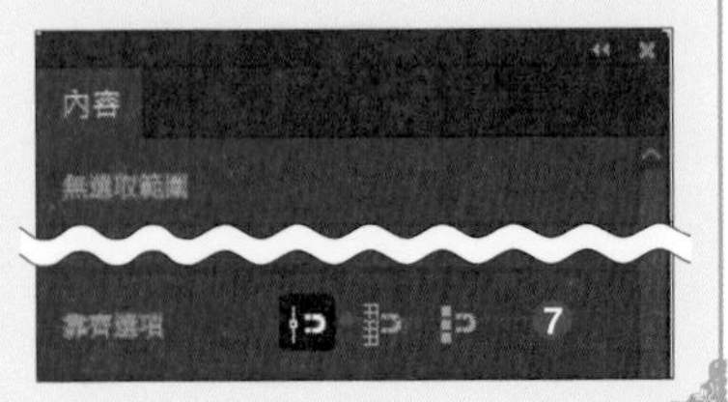

◎〔偏好設定〕對話框的〔選取和錨點顯示〕的設定項目

項目	內容
容許度	選取錨點之際，指定錨點的可能選取範圍。
靠齊控制點	勾選的話，會靠齊控制點。功能與〔檢視〕→〔靠齊控制點〕相同。可以指定讓靠齊功能產生作用的距離。
在選取工具和形狀工具中顯示錨點	勾選的話，以〔**選取**〕**工具**選取物件之際，會顯示錨點。
在區段改變外框時強制路徑拖曳	不勾選的話，在使用〔**鋼筆**〕**工具**或者〔**錨點**〕**工具**、〔**直接選取**〕**工具**時，拖曳路徑區段就能變形（**p.85**）。勾選的話，變成固定控制把手方向的區段移動作業。
移動鎖定和隱藏的具有工作區域的圖稿	勾選的話，在移動工作區域之際，鎖定或隱藏的物件也會一起移動。
僅路徑選取物件	勾選的話，一定要按一下路徑的外框部分，而非物件的〔填色〕，才能選取物件。
按住 Ctrl 並按一下可選取下層物件	勾選的話，按住 Ctrl（⌘）同時按一下物件，就能選取下層物件。（**p.82**）
縮放選取範圍	勾選的話，縮放顯示之際，選取中的物件會置入文件視窗的中央。
尺寸	可以變更錨點、錨點的控制點、邊框的控制點的大小。
把手樣式	指定控制點的端點（方向點）的顯示狀態。
在滑鼠移過來時反白錨點	勾選的話，滑鼠游標與錨點重疊時，會強調顯示錨點。
選取多個錨點時顯示控制點	勾選的話，使用〔**直接選取**〕**工具**或者〔**群組選取**〕**工具**選取物件時，會顯示物件上全部錨點上的方向線。
隱藏的角度大於下列值的尖角 Widget	勾選的話，使用〔**直接選取**〕**工具**選取時，可以指定隱藏顯示的尖角 Widget 的角度。
針對鋼筆和曲率工具啟用橡皮筋	使用〔**鋼筆**〕**工具**與〔**曲線**〕**工具**時，設定是否顯示橡皮筋。

第3章 物件的編輯與操作

Variation

下列為以〔**選取**〕**工具**和〔**直接選取**〕**工具**選取物件時，與靠齊控制點時的滑鼠游標形狀。在操作時，也要一邊注意操作物件時的滑鼠游標形狀。

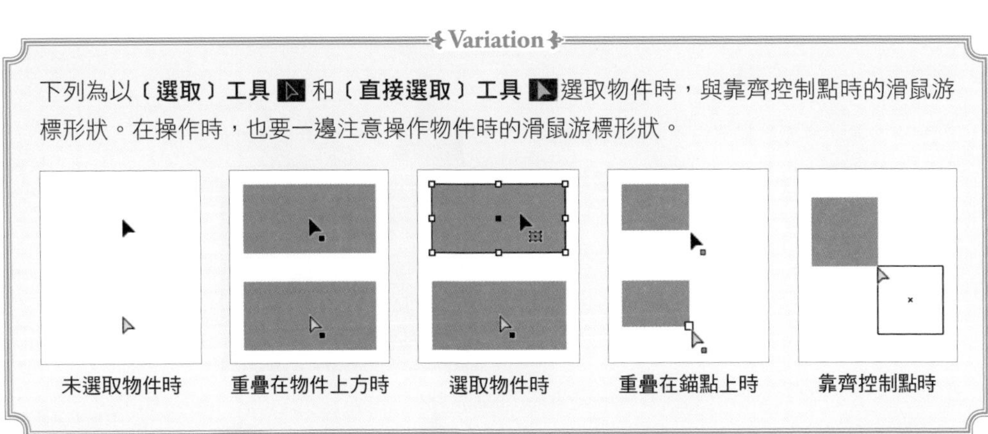

081 靠齊物件

使用〔對齊〕面板，不但能簡單且正確對齊多個物件，還能讓置入的物件均等排列。

概要

〔對齊〕面板大致上由**〔對齊物件〕**❶、〔均分物件〕❷、〔均分間距〕❸這 3 個區域組成。若未顯示**〔均分間距〕**，請從面板選單點選〔顯示選項〕。

使用**〔選取〕工具**選取多個物件的狀態下，就能使用〔對齊〕面板的各個按鈕進行設定。

> **Tips**
>
> 選取物件時，也可以在〔控制〕面板以及〔內容〕面板中的〔對齊〕區操作〔對齊物件〕或〔均分物件〕。

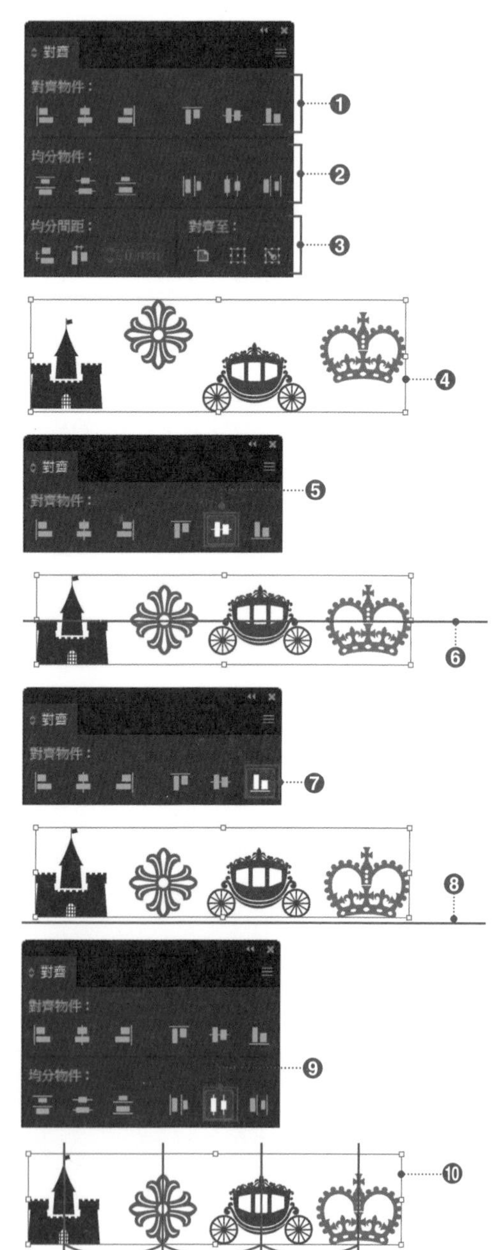

垂直居中對齊

選取多個物件❹，按一下〔對齊物件〕區的**〔垂直居中〕**❺，各物件會以中央水平線為準排成一直線❻。

另外，由於右圖的範例中，每一個物件的高度皆不同，所以垂直居中靠齊的話，看起來依舊不整齊。因此，再按一下**〔水平依中線均分〕**❼，就會全部向下靠齊❽。

以水平方向的中線為基準均等地配置物件

按一下〔均分物件〕區的**〔水平依中線均分〕**的話❾，會以各物件的中心部位為基準均等地配置❿。

以水平方向等間距地排列

按一下〔均分間距〕區的〔**水平均分間距**〕的話 ⓫，各個物件會等間距地配置在畫面上 ⓬。

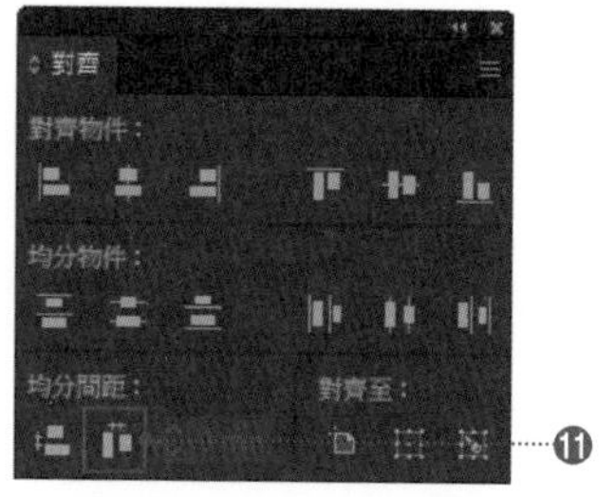

以工作區域為基準對齊

欲以工作區域為基準對齊物件時，首先，按一下〔對齊至〕區 ⓭，點選〔對齊工作區域〕⓮。

在這個狀態下，使用〔**選取**〕**工具** 選取物件 ⓯，按一下〔**水平居中**〕⓰ 再按一下〔**垂直居中**〕⓱。

如此一來，物件就會整齊地排列在工作區域的中央位置 ⓲。

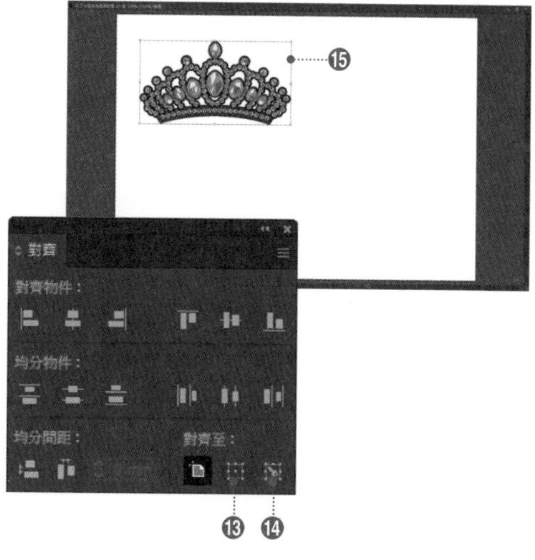

Tips

在初始狀態，會忽略〔筆畫寬度〕或〔筆畫的位置〕，僅以「路徑的邊線」為基準進行〔對齊〕或〔均分〕。
欲讓筆畫寬度或筆畫的位置相異的物件，依照筆畫寬度的外側對齊時，就點選面板選單的〔使用預視邊界〕⓳。

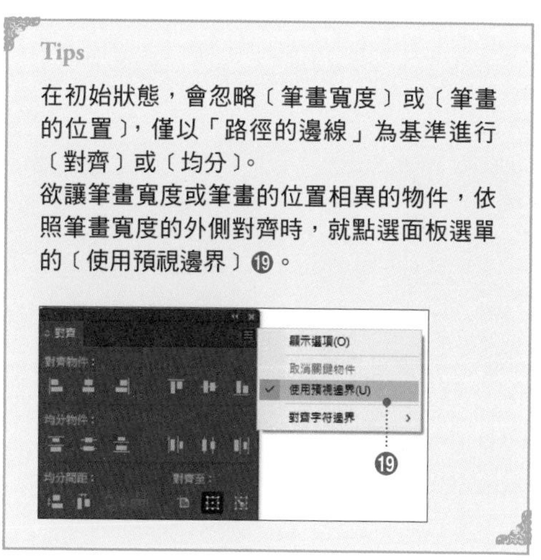

Variation

以下將解說如何將 9 個長寬「10mm」的按鈕，以間隔「2mm」平均對齊的方法。這個方法可以應用在許多地方，是非常有用的基本技巧。請務必熟練。

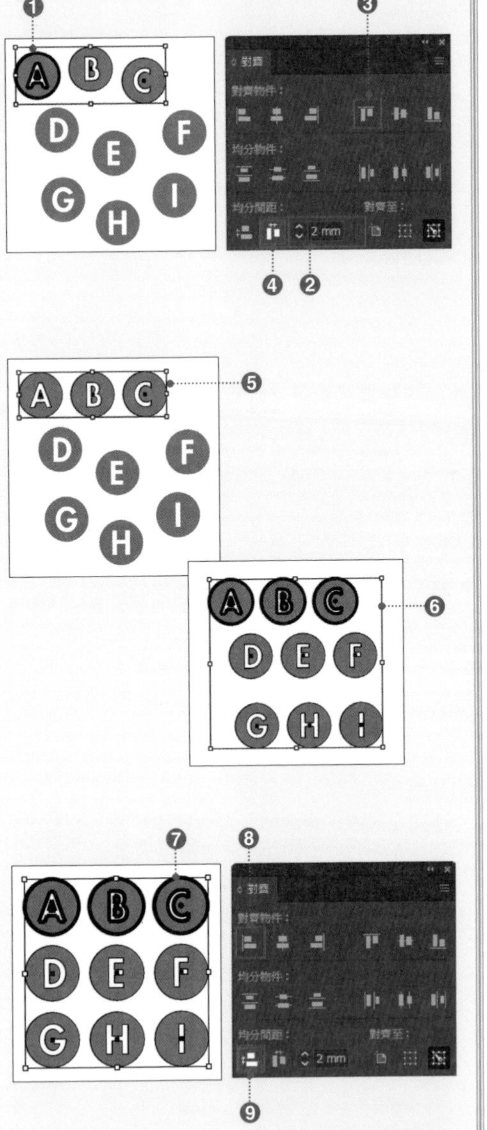

step 1

使用〔**選取**〕**工具** 點選「A」、「B」、「C」，最後再按一下「A」，將「A」設為主物件 ❶（參考下方的 Tips）。

如此一來，〔對齊〕面板的〔**均分間距**〕的設定值就可以自行輸入。在這裡設定為「2mm」後 ❷，按一下〔**水平均分間距**〕❸。接著，按一下〔**垂直均分間距**〕❹。

step 2

「B」、「C」就會以「A」為基準間隔「2mm」整齊地對齊 ❺。在這個狀態下，將之群組化（**p.96**）。

step 3

接著「D」、「E」、「F」的組合與「G」、「H」、「I」的組合也依照 step1 的步驟（對齊和群組化）進行 ❻。

step 4

選取這 3 個群組物件，將「A」、「B」、「C」設定為主群組後 ❼，按一下〔**水平齊左**〕❽。接著，按一下〔**垂直均分間距**〕❾。

如此一來，全部的物件會以間隔「2mm」的距離對齊。

Tips

「所謂主物件」，是指在需要對齊時，作為基準的物件。

在選取欲對齊的全部物件的狀態下，再次按一下特定的物件，該物件即為主物件。主物件會以粗輪廓線強調。另外，〔對齊〕面板右下方的〔對齊至〕區會出現鑰匙圖示。

 相關 錨點的對齊：p.64　智慧型參考線：p.106　靠齊控制點：p.108

082 指定座標值，正確配置物件

欲確實指定・配置選取中物件的位置時，可以在〔變形〕面板指定〔X〕座標以及〔Y〕座標。也能以加減乘除來指定。

將右圖的工作區域設定為橫向的 A4 大小。另外，尺標的原點為初始設定的狀態 ❶。
在這個狀態下，文件上的物件會配置在工作區域的左上角。

按一下〔變形〕面板或者〔控制〕面板的**〔基準點〕**，將基準點設定在左上後 ❷，以**〔選取〕工具** 選取物件 ❸。
如此一來，〔變形〕面板的〔X〕、〔Y〕座標值即為選取中物件左上角的數值 ❹。

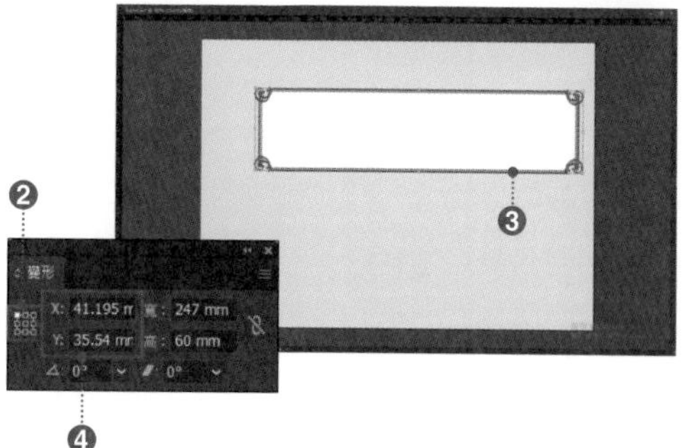

分別在〔X〕、〔Y〕輸入〔X：0〕、〔Y：0〕❺。
如此一來，物件就會正確地配置在工作區域的左上角 ❻。即使沒有輸入單位「mm」，也會自動顯示。

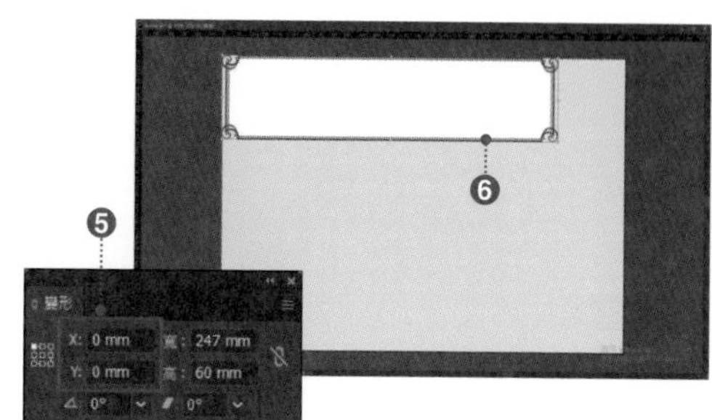

在〔對齊〕面板的〔對齊至〕區點選〔對齊工作區域〕的話，物件就會以工作區域為基準對齊（p.111）。

另外，輸入〔X：25〕、〔Y：30〕後 ❼，按 Enter（Return）的話，物件便會移動到指定的位置 ❽。
此外，座標值也可以用加減乘除來指定。例如，欲將物件朝水平方向移動 20mm，朝垂直方向移動 −30mm 時，就在目前的設定值之後輸入「+20」和「−30」，然後按 Enter（Return）。

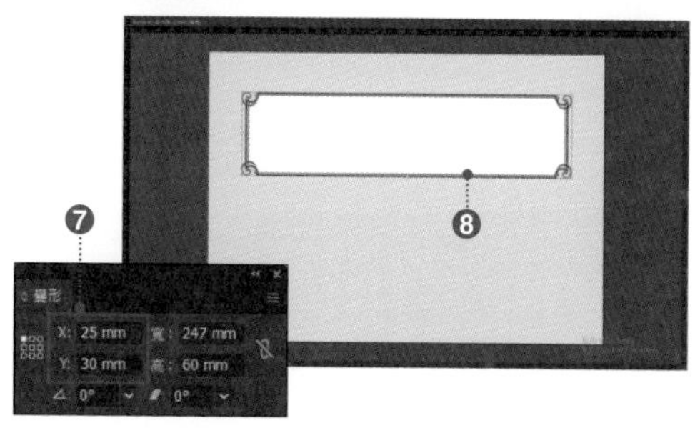

相關〔對齊〕面板：p.110　尺標：p.44　在〔變形〕面板縮放：p.183　變更單位：p.48

083 還原操作／重做還原的操作

使用〔取消〕指令的話，就可以回到前一個操作。不過，檔案一旦關閉，便無法〔取消〕關閉前的操作。

概要

下圖的圖稿是以 ❶～❹ 的步驟作圖。以下將說明取消這些操作的方法。請在實際操作與確認圖稿狀態的同時，依序閱讀步驟。以下的 Step 是從 ❹ 的狀態開始。

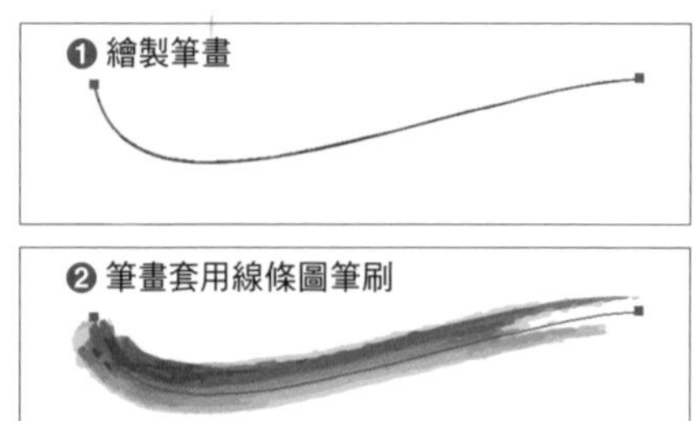

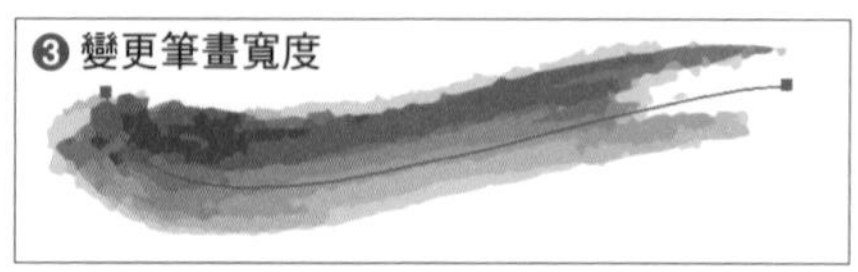

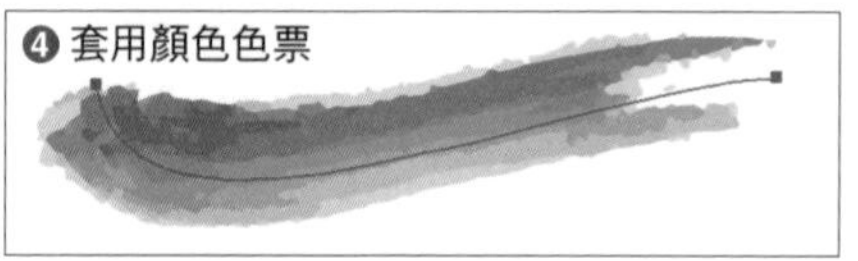

step 1

從功能表列點選〔編輯〕→〔還原套用色票〕的話 ❺，套用色票的操作被取消回復成套用色票前的狀態 ❻。接著，點選〔編輯〕→〔還原筆畫〕的話 ❼，〔筆畫寬度〕就會回復成變更前的狀態 ❽。

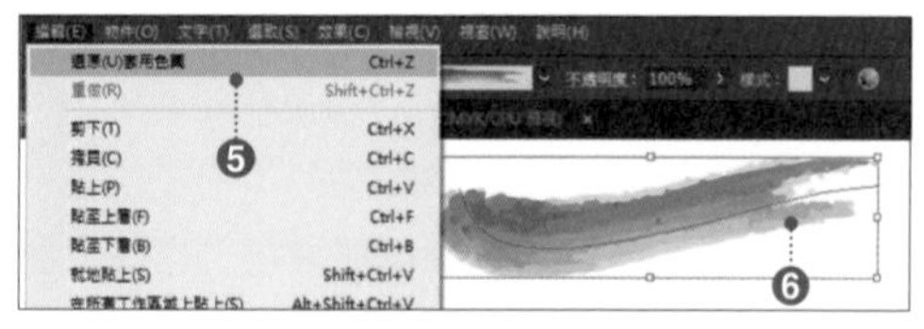

step 2

這一次點選〔編輯〕→〔重做筆畫〕的話 ❾，會從回溯操作的狀態往前一個操作 ❿。

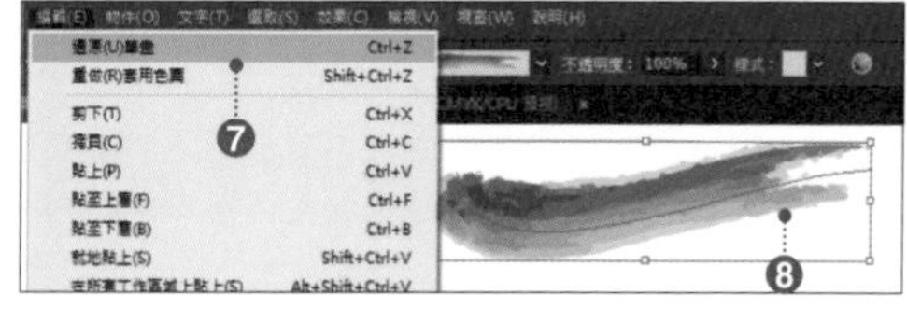

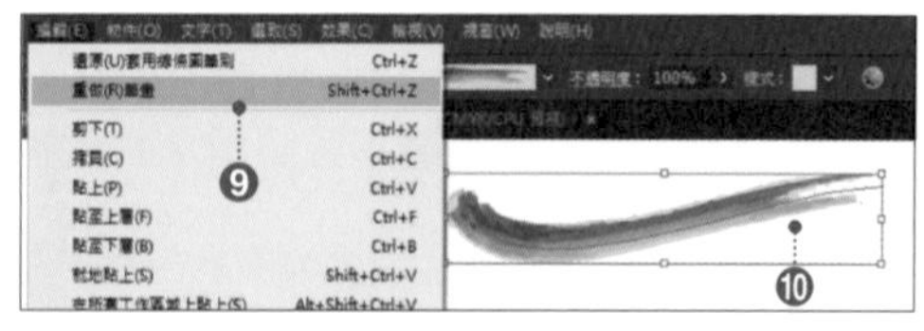

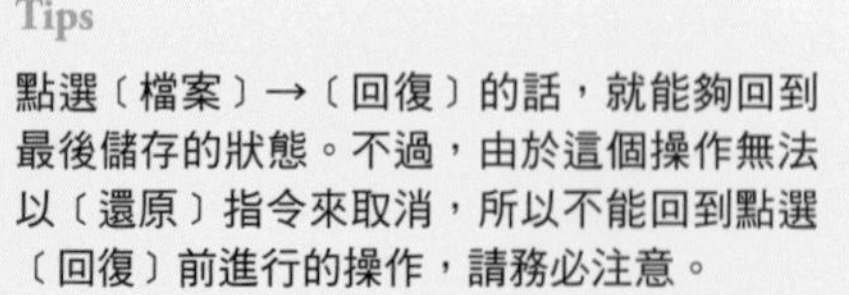

Tips

點選〔檔案〕→〔回復〕的話，就能夠回到最後儲存的狀態。不過，由於這個操作無法以〔還原〕指令來取消，所以不能回到點選〔回復〕前進行的操作，請務必注意。

 相關 儲存檔案：p.23　套用色票：p.116　變更〔筆畫寬度〕：p.124

第4章

設定顏色與登錄、置入物件

084 利用〔色票〕面板套用顏色或者圖樣

〔色票〕面板中有分門別類的顏色或漸層、有登錄的圖樣。只要按一下，路徑物件就能套用〔填色〕或〔筆畫〕。

step 1

在此使用〔控制〕面板進行設定。使用**〔選取〕工具**點選物件 ❶，按一下〔控制〕面板的**〔填色〕框** ❷，就會出現〔色票〕面板。按一下欲套用的色票 ❸。

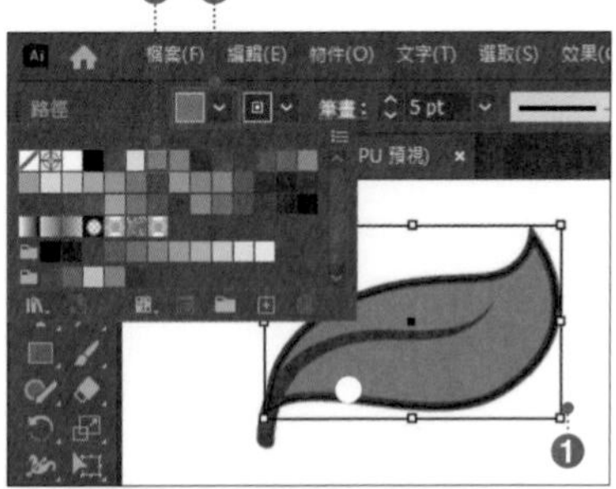

Tips

按住 shift 同時按一下〔控制〕面板的〔填色〕和〔筆畫〕框的話，就會出現〔顏色〕面板。

step 2

物件套用了選取的色票顏色 ❹。同樣的，也可以套用漸層 ❺ 或圖樣 ❻。

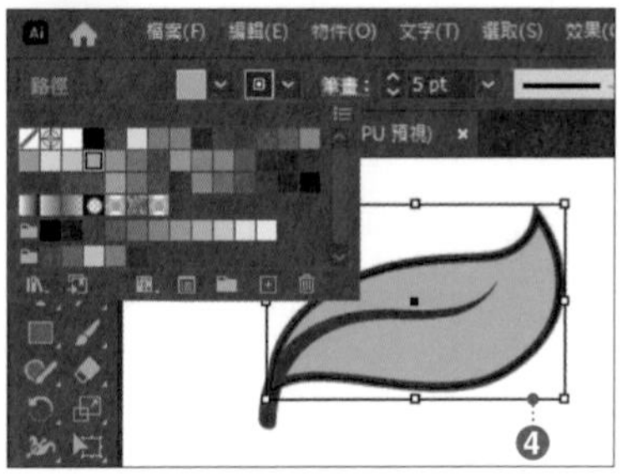

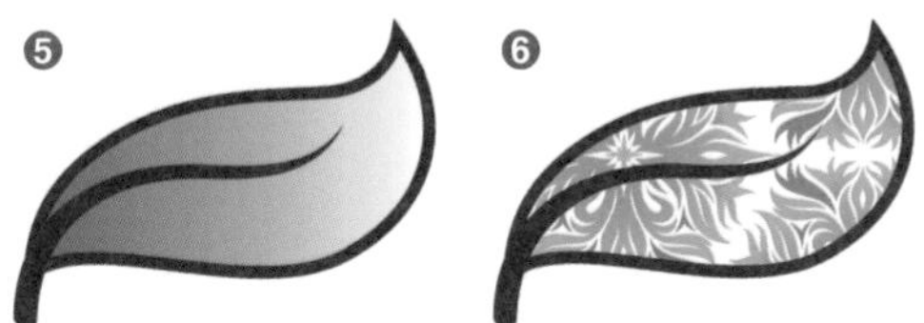

Tips

許多面板上都有〔填色〕框與〔筆畫〕框，選取物件的話，就會與各個面板連動，而出現面板。
另外，各個面板都能顯示〔色票〕面板或者是〔顏色〕面板，因此因應目前的作業，會迅速連結適當的面板，便能進行設定。

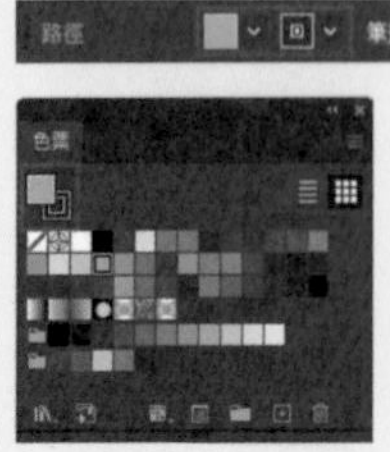

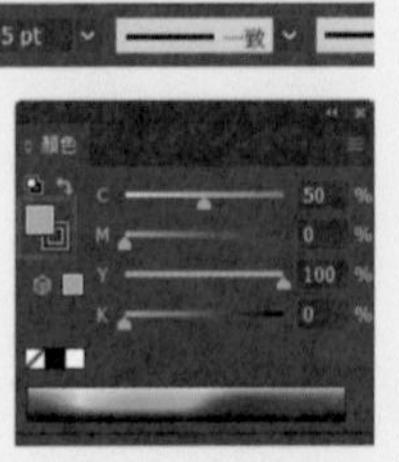

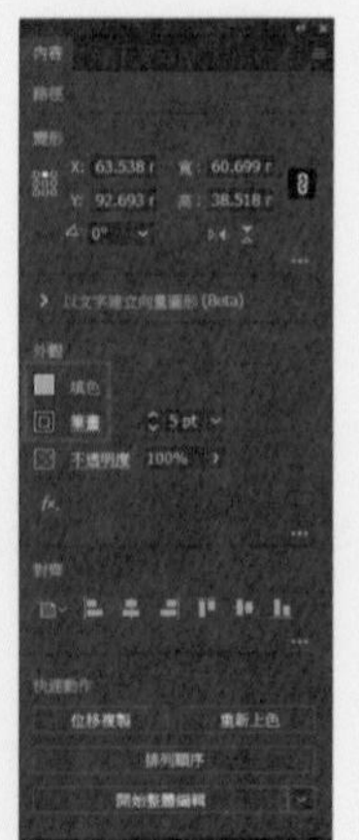

Tips

從〔色票〕面板的面板選單選擇顯示方式的話 ❼，不但可以變更縮圖的大小 ❽，也可以切換成列表模式 ❾。另外，按一下〔色票〕面板下方的〔顯示色票種類選單〕，選擇欲顯示的色票名稱 ❿，就只會顯示特定種類的色票 ⓫。

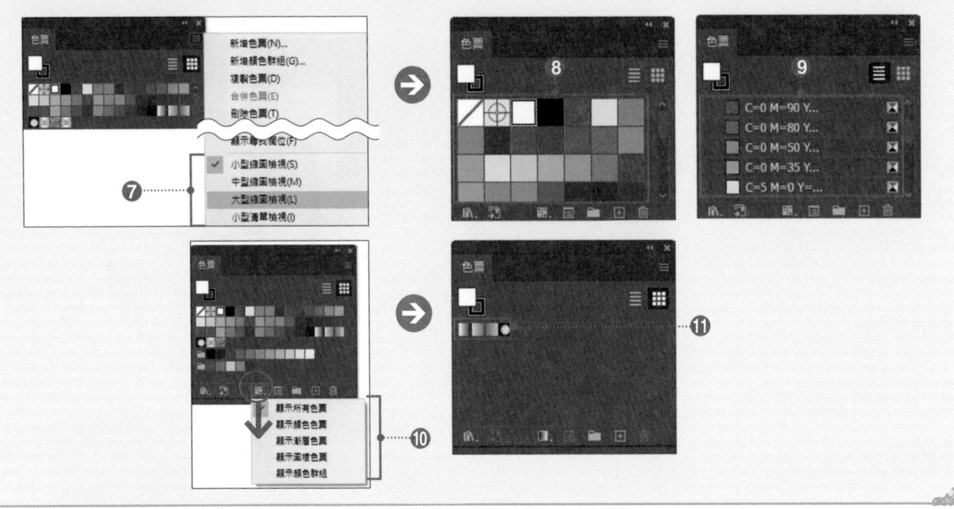

Variation

Illustrator 中，除了〔色票〕面板顯示的色票以外，〔色票資料庫〕也備有各式各樣的色票預設集。

step 1

欲顯示〔色票〕資料庫時，可以按一下〔色票〕面板的**〔色票資料庫選單〕**❶，或者從功能表列點選〔視窗〕→〔色票資料庫〕後隨意選擇任何資料庫名稱。

顯示〔色票資料庫〕的話，與〔色票〕面板不同的是，會另外開啟以資料庫名稱為名的新面板 ❷。選擇的色票會被新增到〔色票〕面板。

step 2

想要每次啟動 Illustrator 時，就會自動地開啟任何〔色票資料庫〕時，就從〔色票資料庫〕的面板選單點選**〔持續性〕**❸。

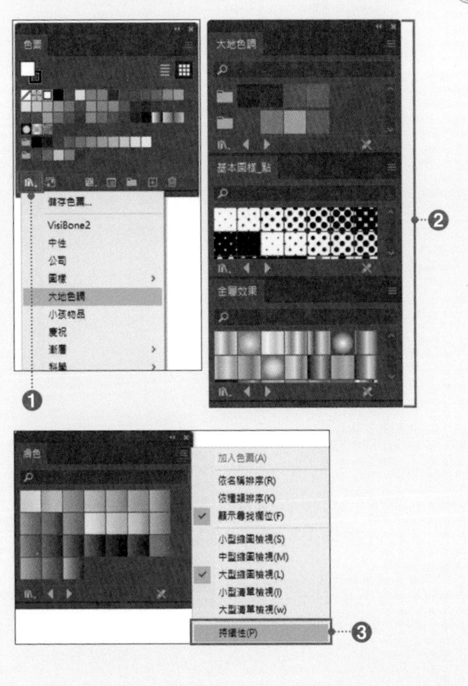

相關〔顏色〕面板的操作：p.118　新增色票：p.119　〔色彩參考〕面板的操作：p.121

Sample_Data/085/

085 在〔顏色〕面板設定〔填色〕或〔筆畫〕的顏色

設定物件的〔填色〕或〔筆畫〕的色彩時，必須在〔顏色〕面板中進行。在繪製物件之前或之後，皆能設定顏色。

在此使用〔控制〕面板，變更路徑物件的〔填色〕的顏色。

使用**〔選取〕工具** 選取物件❶，在按住 shift 的同時按一下〔控制〕面板的**〔填色〕框**❷，就會顯示〔顏色〕面板。

拖曳〔自訂顏色〕或者在〔文字框〕輸入數值❸。皆能在確認物件顏色變化的同時變更顏色。

按一下**〔無〕框**的話❹，表示未設定〔填色〕或者〔筆畫〕的的顏色。

按二下工具列或者〔顏色〕面板的〔填色〕框或〔筆畫〕框❺，會出現〔檢色器〕面板，也能靠視覺選擇顏色。

按一下〔色彩光譜〕的內側，或者拖曳移動〔顏色滑桿〕❻。如此一來，〔選取色彩〕的顏色會產生變化❼。

在〔檢色器〕對話框的右側，可以比較〔原來的顏色〕和〔新的顏色〕❽。

按一下〔確定〕的話，就能套用設定的顏色。

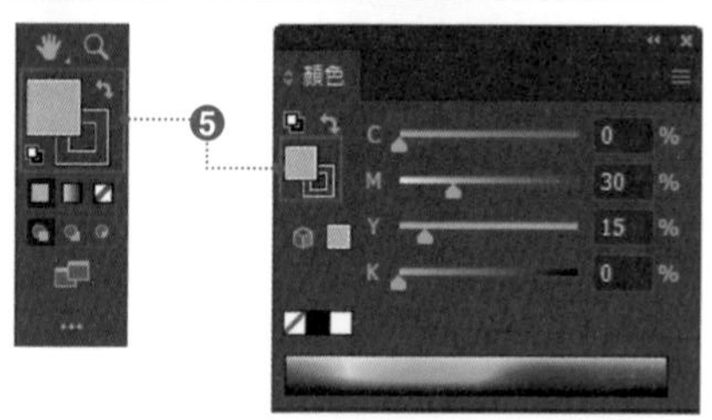

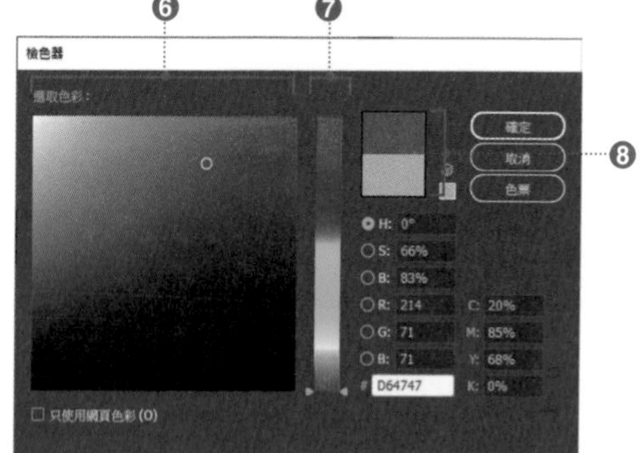

Tips

從〔顏色〕面板的面板選單中，可以變更〔顏色〕面板的〔色彩模式〕❾。而且，按住 shift 同時按一下〔色彩光譜〕❿，也可以變更顏色。另外，〔色彩模式〕僅是顯示在〔顏色〕面板上。即使變更這裡的設定值，文件的〔色彩模式〕(p.38) 也不會有變化。這一點請務必注意。

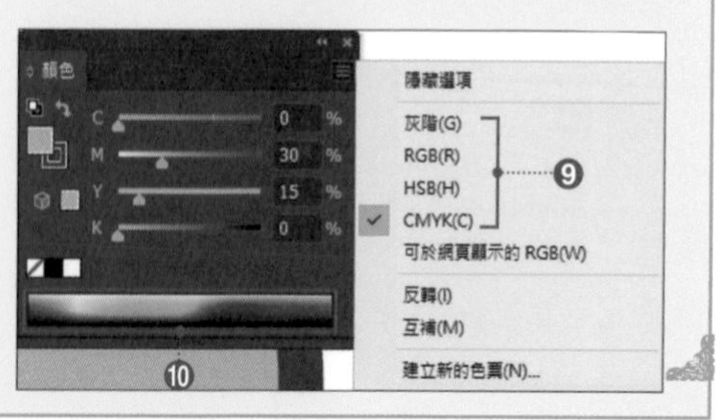

086 將常用的顏色登錄在〔色票〕面板

只要事先將常用的顏色或者漸層登錄到〔色票〕面板上，作業就會變得更加方便。想用時隨時都能使用。

step 1

編輯儲存在〔顏色〕面板的顏色，並且啟動〔填色〕框，或者是〔筆畫〕框後❶，會顯示〔色票〕面板。按一下位於下方的**〔新增色票〕**❷，會出現〔新增色票〕對話框。

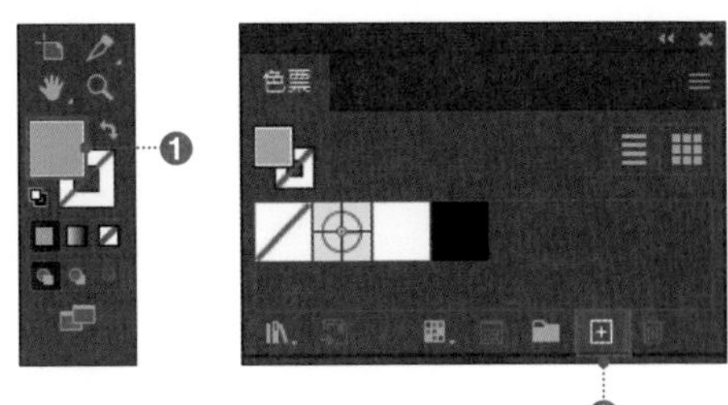

step 2

〔色票名稱〕會自動輸入顏色的數值❸。設定〔色彩模式〕或顏色的數值❹，按一下〔確定〕後就能變更顏色。

如此一來，就會以「預設色票」登錄在**〔色票〕**面板❺。

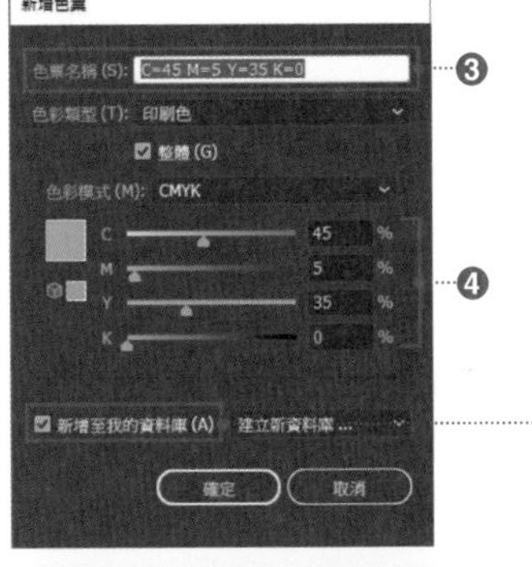

勾選〔新增到色票資料庫〕的話，皆能在CC資料庫的任何資料庫裡新增顏色。

step 3

欲編輯登錄的色票名稱或顏色時，可以按二下色票直接編輯，或者是在選取的狀態下、按一下**〔色票選項〕**❻，在出現的〔色票選項〕對話框中編輯❼。

欲刪除色票時，在選取色票之後，按一下〔色票〕面板下方的〔刪除色票〕❽。或者是將色票拖放到〔刪除色票〕上。

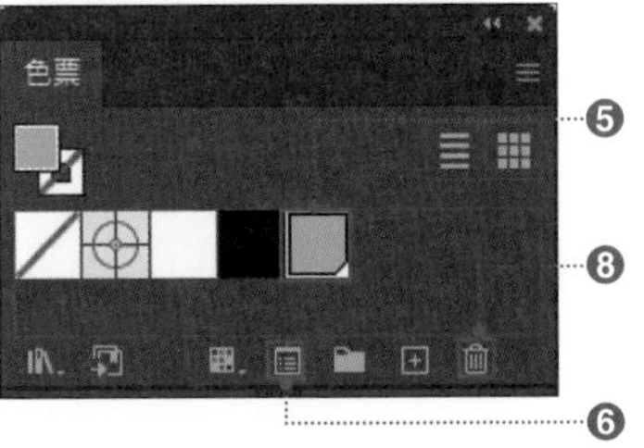

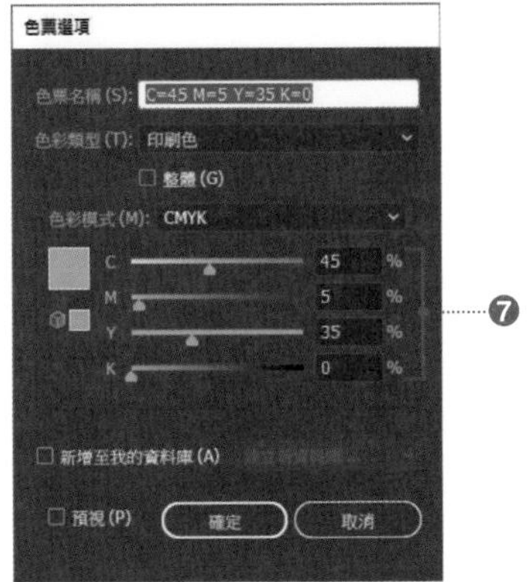

Tips

顯示在工具列或〔顏色〕面板的〔填色〕框或者〔筆畫〕框中顏色也可以拖曳到〔色票〕面板進行登錄。

相關〔顏色〕面板的操作：p118 〔色票〕面板的操作：p.116 整體色票：p.120

087 套用整體色票

將〔整體色票〕套用到物件後，就可以變更色彩濃度。另外，也可以編輯顏色，同時在多個物件套用變更的內容。

step 1

在〔新增色票〕對話框，或者〔色票選項〕對話框，勾選〔整體〕的話 ❶，該顏色就會登錄成**「整體色票」**。

整體色票在〔色票〕面板的右下方會顯示三角形 ❷。〔色票〕面板以清單方式顯示的話，會出現整體顏色圖示 ❸。

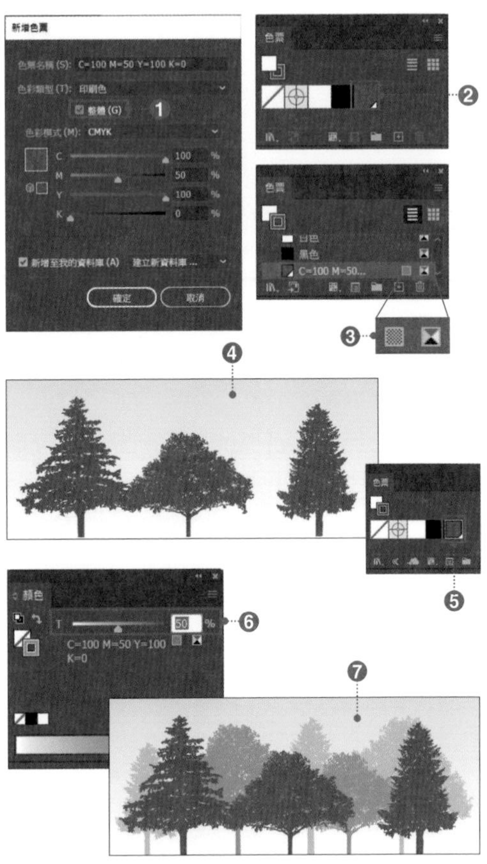

step 2

套用整體色票的方式和平常的顏色一樣，在選取物件的狀態下 ❹，從〔色票〕面板按一下整體顏色色票 ❺，就會套用到物件上。

確認〔顏色〕面板的話，會發現滑桿只有一個。拖曳滑桿 ❻，可以變更顏色的濃度 ❼。

> **Tips**
>
> 從〔色票〕面板的面板選項中選擇〔增加使用的顏色〕的話，文件中使用的全部顏色都會轉換成〔整體顏色〕，而且可以在〔色票〕面板新增為〔整體顏色色票〕。

step 3

按二下〔色票〕面板的整體顏色色票，會出現〔色票選項〕對話框，並且編輯顏色的話 ❽，套用整體顏色色票的全部物件都能同時套用編輯的內容 ❾。

在出現的〔色票選項〕對話框，不勾選〔整體〕❿，或者刪除〔色票〕面板的整體顏色色票，就能刪除整體顏色色票。

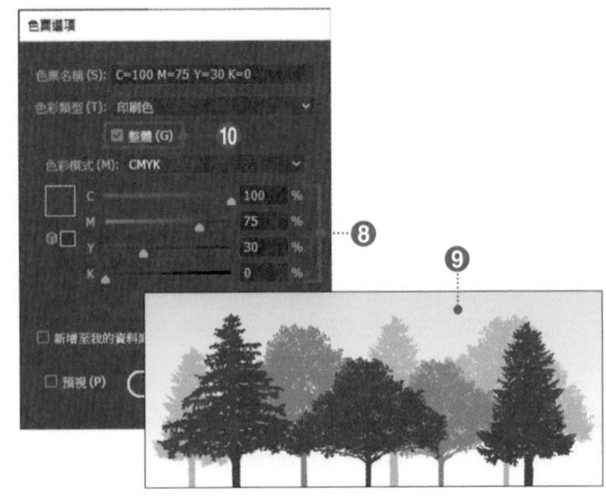

088 顯示色彩調和的顏色組合

使用〔色彩參考〕面板的話，面板會以基本色為主軸，並且顯示與基本色十分搭配的各種顏色組合，顏色組合可以登錄在〔色票〕面板。

未選取文件上的任何物件的狀態下，〔顏色〕面板的〔**填色顏色**〕框會設定基本色 ❶。

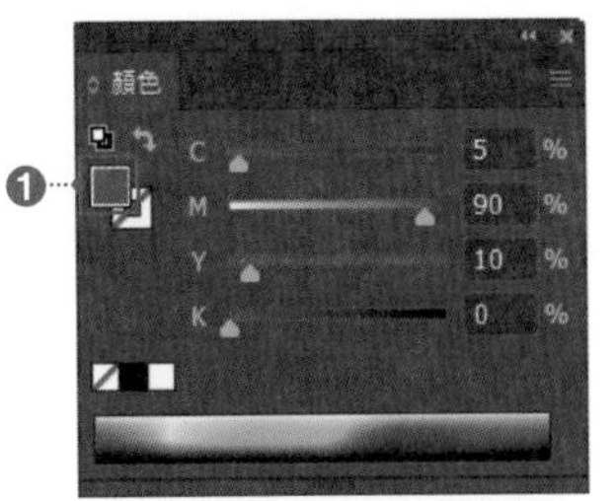

從功能表列點選〔視窗〕→〔色彩參考〕，出現〔色彩參考〕面板的話，〔顏色〕面板設定的顏色會顯示為〔設為基色〕❷，相關顏色則顯示為〔顏色群組〕❸。

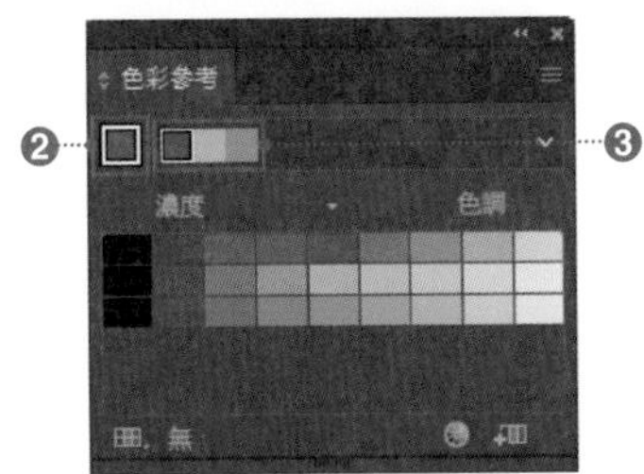

按一下〔色彩調和規則〕選單右邊的箭頭 ❹，會顯示「**色彩調和規則**」清單。所謂色彩調和規則，是指以色相環為準，依循各項規定所導出的配色方法。

在此選擇符合目的的色彩調和規則的話，依循該原則的顏色組合會自動地顯示。在此選擇〔五角星形〕❺。

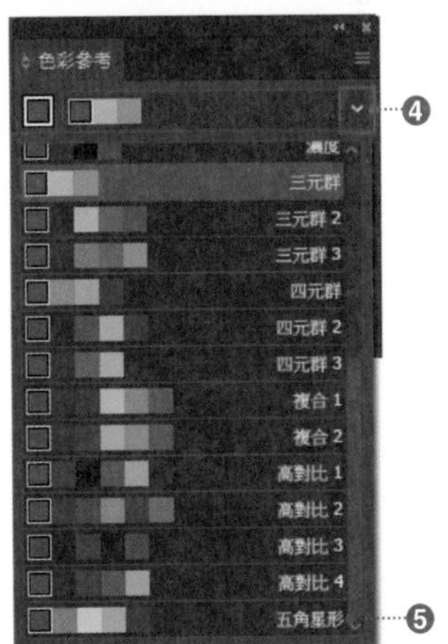

選取的色彩調和規則的〔顏色群組〕會顯示在面板上 ❻。

在〔色調變量〕中，直排是指〔顏色群組〕，〔橫排〕是表示〔顏色變量〕❼。這些顏色與〔色票〕面板一樣，皆能套用在物件上。

另外，按一下〔**將顏色群組儲存到色票面板**〕，這些顏色也能以〔顏色群組〕儲存在〔色票〕面板 ❽。

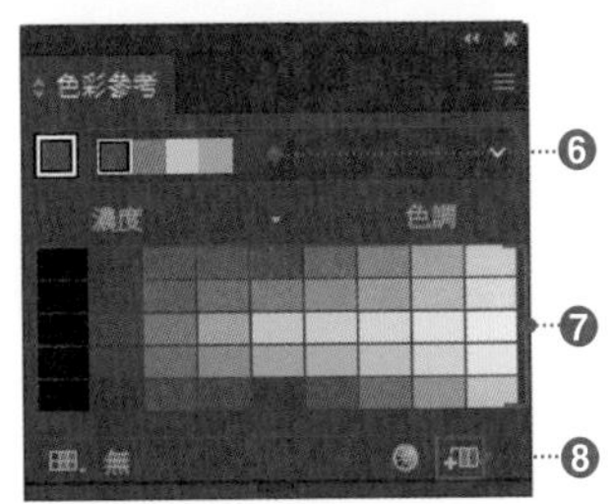

Tips

〔色調變量〕有 3 種。可以從面板選單選擇。

相關〔顏色〕面板的操作：p.118 〔色票〕面板的操作：p.116〔重新上色圖稿〕對話框：p.122

089 保持色相關係的同時調整上色

使用〔重新上色〕對話框的話，不但能保持使用色的色相關係，同時也能變更上色。套用在複雜且多色的物件上，特別有效。

step 1

對於套用複雜且多色的圖樣或者圖樣筆刷、符號、漸層網格的物件，〔**重新上色**〕**功能**更能發揮效果。在此將針對已經套用圖樣色票的圖樣物件進行再上色的作業。

使用〔**選取**〕**工具** 選取物件❶，按一下〔控制〕面板的〔**重新上色**〕❷，會出現〔重新上色〕對話框，按一下〔進階選項〕，會出現〔重新上色圖稿〕對話框。

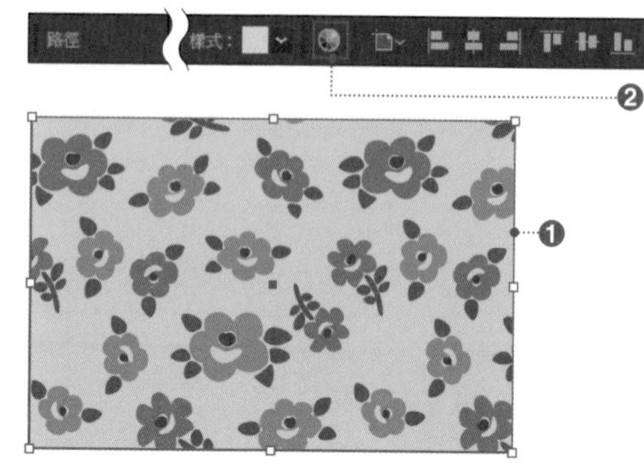

step 2

按一下〔**編輯**〕**標籤**❸，會出現色輪。

選取中的物件使用的全部顏色都以圓形記號表示。只有一個特別大的圓形記號即為**基色**❹。

勾選〔重新上色線條圖〕❺，按一下〔**連結色彩調和顏色**〕❻，就能連結所有的記號。

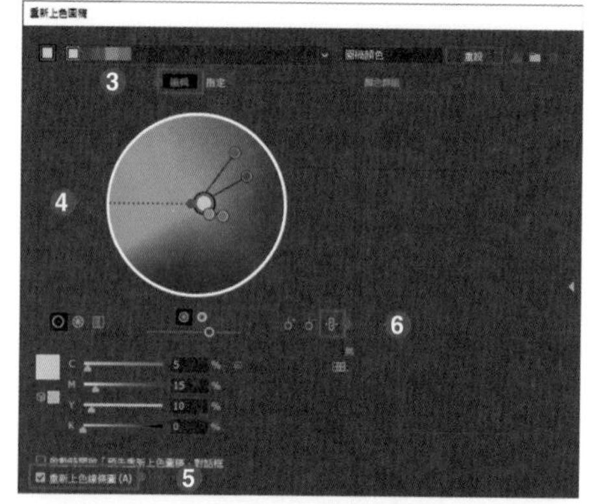

step 3

在色輪上拖曳基色記號❼，或者按一下基色呈選取狀態後使用顏色滑桿設定顏色❽。

如此一來，就能保持與基色的色相關係，同時和整體顏色連動，進行重新上色作業❾。

設定結束之後，按一下〔確定〕。

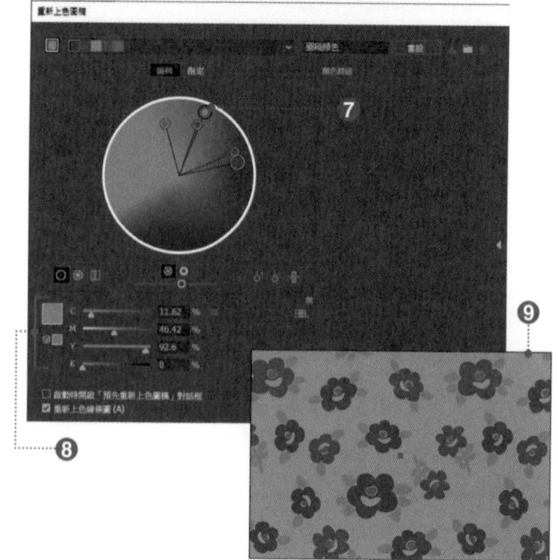

Tips

套用〔重新上色〕的〔圖樣色票〕會自動新增在〔色票〕面板❿。

相關 調和顏色的組合：p.121　製作色調變量：p.123

090 利用〔重新上色〕功能同時變更相同的顏色

使用〔重新上色〕對話框的話，在變更色數多的圖稿顏色時，可以同時變更相同的顏色。

step 1

使用**〔選取〕工具** 點選物件 ❶，按一下〔控制〕面板的**〔重新上色〕**❷，會出現〔重新上色〕對話框，按一下〔進階選項〕，會出現〔重新上色圖稿〕對話框。

〔內容〕面板以及從功能表列點選〔編輯〕→〔編輯顏色〕→〔重新上色〕也可以執行這項功能。

step 2

物件使用的全部顏色會顯示在〔目前顏色〕❸。從〔新增〕選擇欲變更的顏色，按一下〔顏色〕框 ❹。

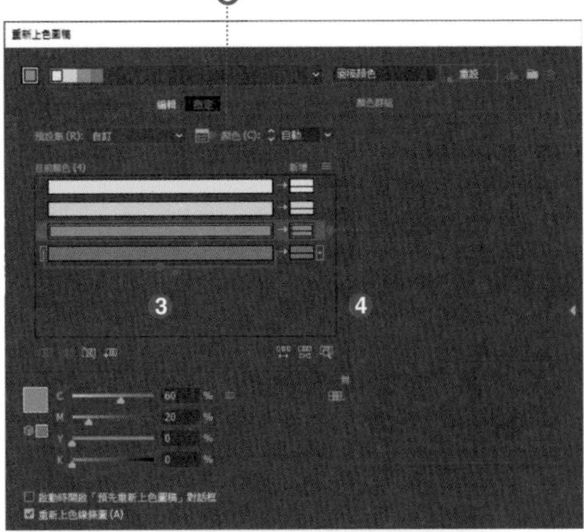

Tips

若為黑或白，無法變更，在資料夾的〔新增〕會呈現空欄。
按一下〔顏色〕❺，在出現的〔色彩減少選項〕對話框不勾選〔保留：白色、黑色〕後，按一下〔確定〕❻。
關閉〔重新上色圖稿〕對話框，再度開啟的話，白色和黑色也可以變更。
這項設定會一直保留。

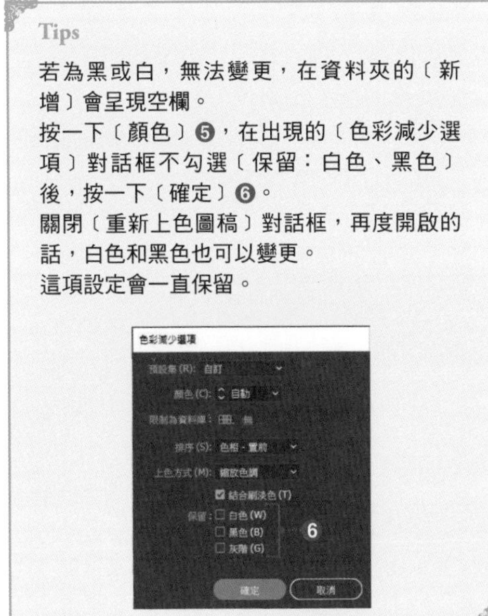

step 3

勾選下方的〔重新上色線條圖〕❼，利用顏色滑桿指定顏色 ❽。
上色結束之後，按一下〔確定〕，就能套用〔新增圖樣〕的顏色 ❾。

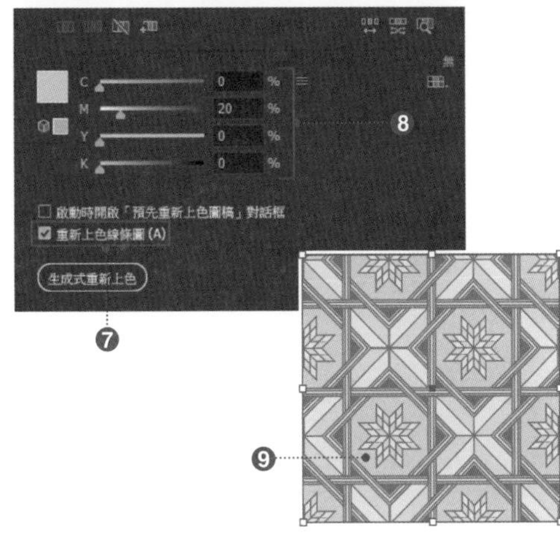

相關 調和顏色的組合：p.121〔重新上色圖稿〕對話框：p.122

091 設定筆畫的寬度或筆畫的形狀

筆畫〔寬度〕和〔端點形狀〕的設定，皆在〔筆畫〕面板進行。另外，也可以利用〔筆畫〕面板進行虛線以及箭頭的設定。

概要

筆畫的寬度或端點的形狀等等，都在〔筆畫〕面板設定。從功能表列點選〔視窗〕→〔筆畫〕，會出現〔筆畫〕面板。

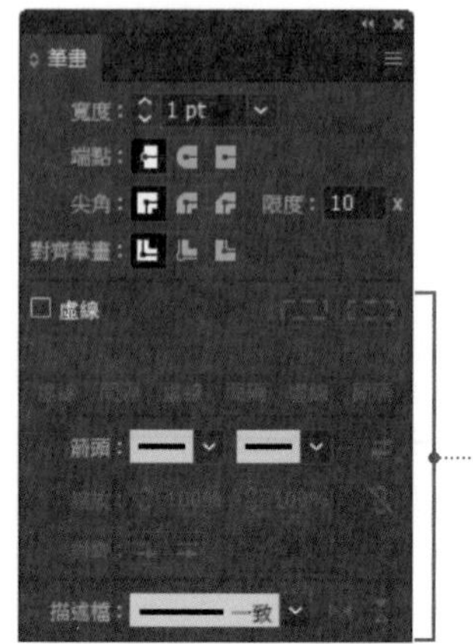

關於〔筆畫〕面板下方的各項功能，會另外詳細說明。細項請參考各個項目。
〔虛線〕：p.126
〔箭頭〕：p.127
〔描述檔〕：p.129

Tips

在選取路徑物件的狀態下，按一下所出現〔內容〕面板以及〔控制〕面板、〔外觀〕面板中的下虛線〔筆畫〕文字，也會出現〔筆畫〕面板。

變更筆畫寬度

在選取物件的狀態下 ❶，在〔寬度〕設定任意值的話 ❷，就能變更路徑物件的寬度 ❸。
將游標移到〔寬度〕的文字框，按鍵盤的 ↑ 或 ↓ 的話，就能增減數值。
另外，設定〔寬度：0〕的話，就變成〔筆畫：無〕。

變更端點形狀

所謂端點，是指開放路徑的端點。端點的形狀在 3 個端點**形狀按鈕**設定 ❹。

◎〔端點〕的形狀

項目	內容
平端點 ❺	為初始值。路徑的端點即為筆畫的端點。
圓端點 ❻	筆畫端點呈半圓形，從路徑的端點開始延長半圓線。
方端點 ❼	筆畫端點呈直角，從路徑的端點開始延長筆畫寬度一半長的線。

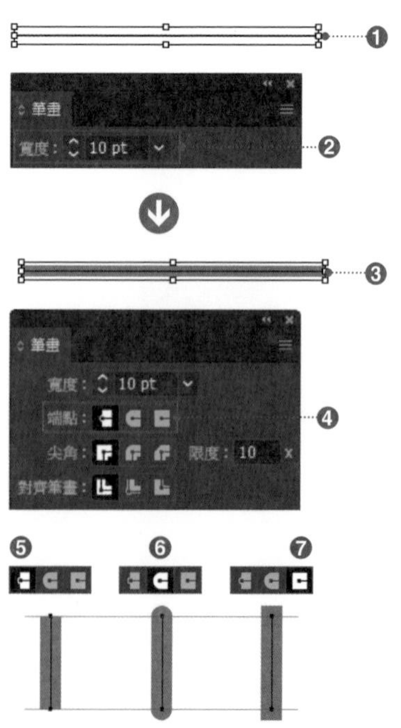

變尖・變圓筆畫的轉角

所謂轉角，是指路徑方向變化的地方（尖角）。轉角的形狀由 3 個〔轉角形狀〕按鈕來設定 ❽。

◎〔轉角形狀〕

項目	內容
尖角 ❾	為初始值。為具有尖角的線條。
圓角 ❿	轉角呈圓形角。
斜角 ⓫	呈現轉角被切斷的形狀。

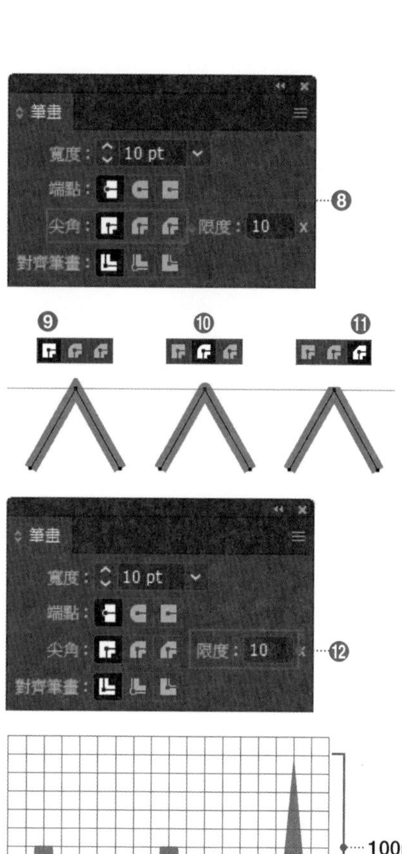

設定轉角限度

〔轉角〕過於尖銳的話，會自動地切換成〔斜角〕。

欲維持尖角狀態的話，就在〔限度〕設定 ⓬。所謂限度，是指從〔尖角〕切換到〔斜角〕的比例。〔限度〕的初始值是〔限度：10〕。這個意思是尖角部分的長度是筆畫寬度的「10 倍」時，會自動地從〔尖角〕切換到〔斜角〕。

右圖為在 1 格 10pt 的參考線上，比較〔寬度：10pt〕的線。由於最右邊圖形的轉角約在 100pt 以上，所以是〔寬度 10pt〕的 10 倍以上。因此，若設定〔限度：10〕以下的話，會自動切換成〔斜角〕，若設定大於〔限度：10〕的話，就會是〔尖角〕。

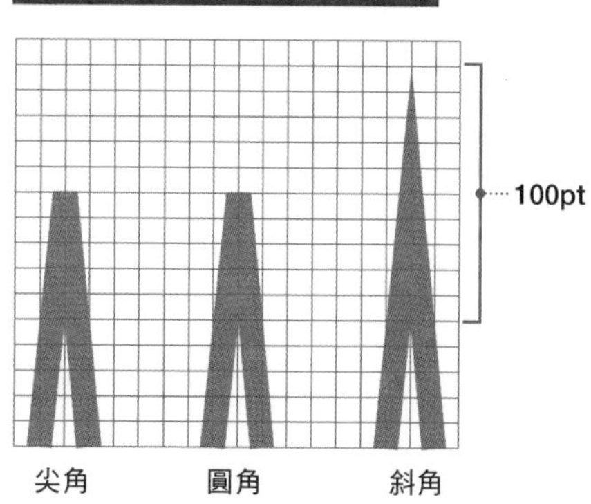

在路徑的內側或外側對齊筆畫

對齊筆畫的位置由 3 個**〔對齊筆畫〕按鈕**設定 ⓭。不過，開放路徑或複合形狀、即時上色群組，無法設定除了初始值以外的數值。

◎〔對齊筆畫〕

項目	內容
筆畫置中對齊 ⓮	為初始設定。可以在以路徑邊線為中心的兩側繪製線條。筆畫寬度為 10pt 時，表示筆畫內側為 5pt，外側為 5pt。
筆畫內側對齊 ⓯	筆畫向路徑的邊線內側對齊。
筆畫外側對齊 ⓰	筆畫向路徑的邊線外側對齊。

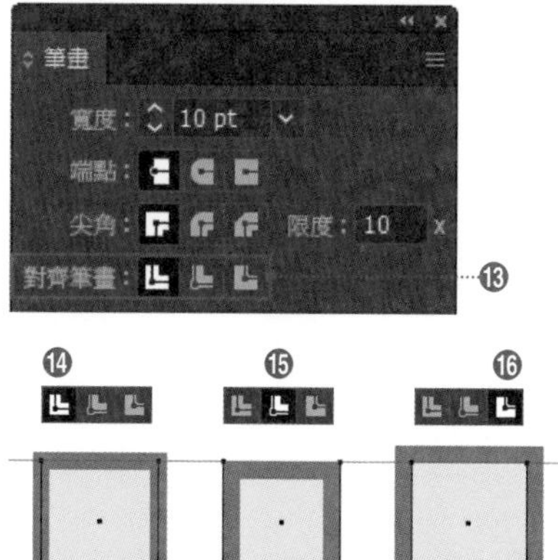

第 4 章 設定顏色與登錄、置入物件

相關 製作虛線・點線：p.126 製作箭頭：p.127 〔寬度〕工具：p.128 〔外框筆畫〕：p.131

092 繪製虛線・點線

勾選〔筆畫〕面板的〔虛線〕，並且設定〔虛線〕和〔間隔〕的話，就能繪製虛線。Illustrator 可以仔細設定虛線的間隔或形狀。

step 1

使用**〔鋼筆〕工具**或者是**〔線段區段〕工具**，繪製〔填色：無〕、〔筆畫：黑色〕的路徑物件，並且在選取狀態下 ❶，勾選〔筆畫〕面板的〔虛線〕的話 ❷，在〔虛線〕就會輸入初始值（筆畫單位為〔點〕時是 12pt），筆畫變成虛線 ❸。

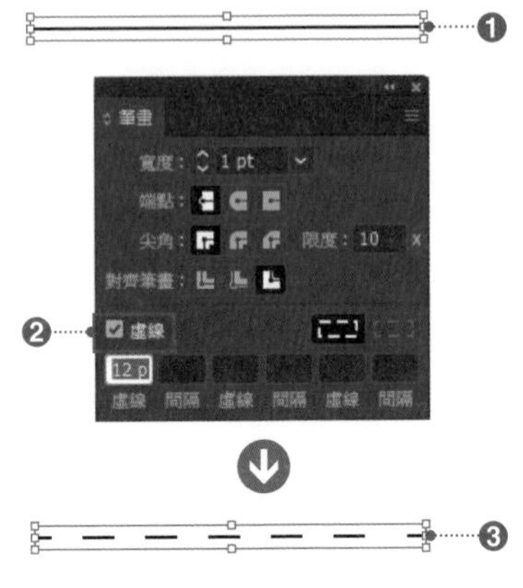

step 2

在〔虛線〕輸入實線的長度，在〔間隔〕輸入筆畫與筆畫間的空格長度。

僅〔虛線〕輸入數值，〔間隔〕空白時，〔虛線〕的數值也能套用在〔間隔〕。

另外，輸入的數值會自動地反覆，選取中的路徑物件的筆畫會全部變成虛線。

〔虛線〕和〔間隔〕、〔端點形狀〕排列組合的話，就會如右圖般，可以設定各式各樣的虛線。

〔寬度：5pt〕〔圓角端點〕〔虛線 0pt 間隔 5pt〕

〔寬度：5pt〕〔圓角端點〕〔虛線 0pt 間隔 15pt〕

〔寬度：5pt〕〔圓角端點〕〔虛線 15pt 間隔 15pt〕

〔寬度：1pt〕〔尖角端點〕〔虛線 24pt 間隔 3pt 虛線 6pt 間隔 3pt〕

step 3

設定虛線選項，可以讓虛線對齊。❹ 正確地反應了〔虛線〕和〔間隔〕設定的數值 ❺。

另一方面，❻ 在調整〔虛線〕和〔間隔〕設定數值的同時，將虛線對齊尖角或路徑的端點的結果顯示 ❼。

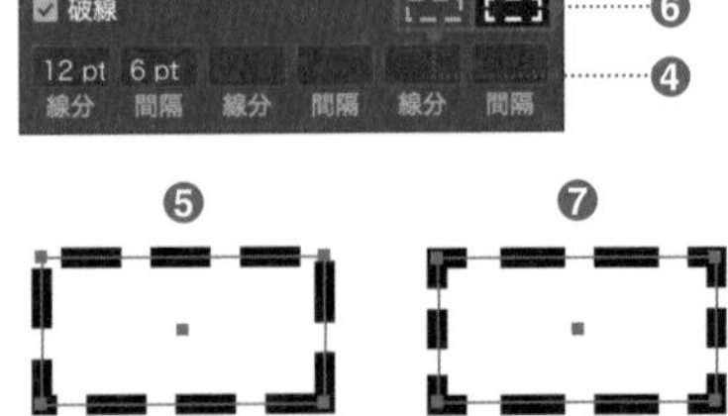

Variation

除了在〔筆畫〕面板設定虛線的方法之外，套用登錄在〔筆刷資料庫〕的筆刷也能設定虛線。從功能表列點選〔視窗〕→〔開啟筆刷資料庫〕→〔邊框〕→〔虛線框〕，會出現〔虛線框〕面板 ❶。在這裡登錄各種虛線的筆刷。

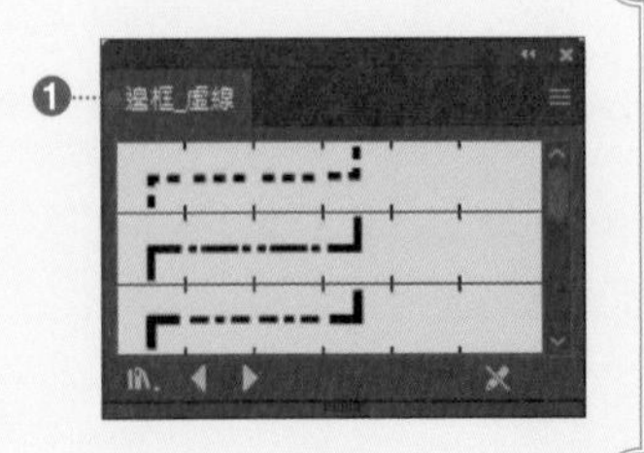

093 在筆畫上設定箭頭

在〔筆畫〕面板，準備各種為了製作箭頭的項目。利用這些功能，就能以簡單的步驟將各式各樣的箭頭套用在筆畫。

step 1

使用〔選取〕工具 點選〔填色：無〕、〔筆畫：黑色〕的物件 ❶，按一下〔筆畫〕面板的〔箭頭〕區的下拉式選單，選擇起點和終點的形狀 ❷。

step 2

按一下 ❸ 的按鈕，就能切換起點和終點的形狀。

另外，在〔縮放〕設定相對於寬度的箭頭比例 ❹。另外，此時按一下〔維持〕❺，就能固定起點和終點的縮放比例。經由排列組合後，如右圖般，可以套用各式各樣的箭頭。變更筆畫顏色的話，箭頭顏色也會隨之改變。

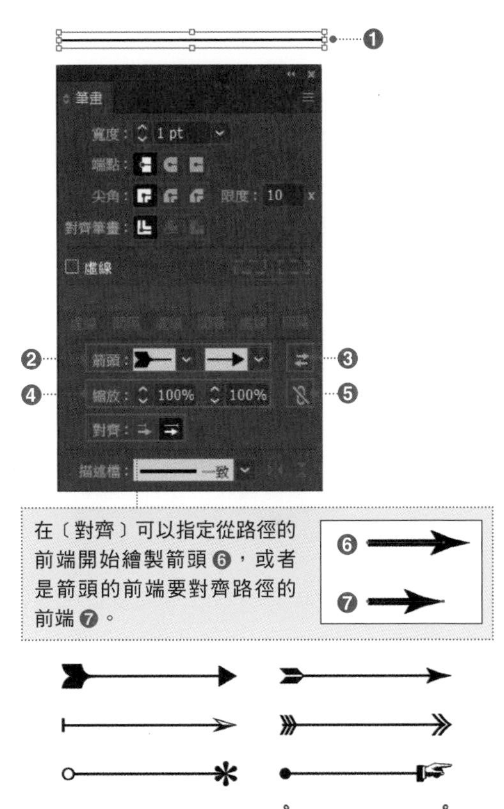

在〔對齊〕可以指定從路徑的前端開始繪製箭頭 ❻，或者是箭頭的前端要對齊路徑的前端 ❼。

Variation

製作箭頭的方法，除了上述的在〔筆畫〕面板設定的方法外，還有在〔筆畫〕套用圖樣筆刷或線條圖筆刷等等筆刷筆畫的方法。

欲在筆畫套用筆刷筆畫時，從功能表列點選〔視窗〕→〔筆刷資料庫〕→〔箭頭〕，並且從中指定套用的箭頭形狀的筆刷。

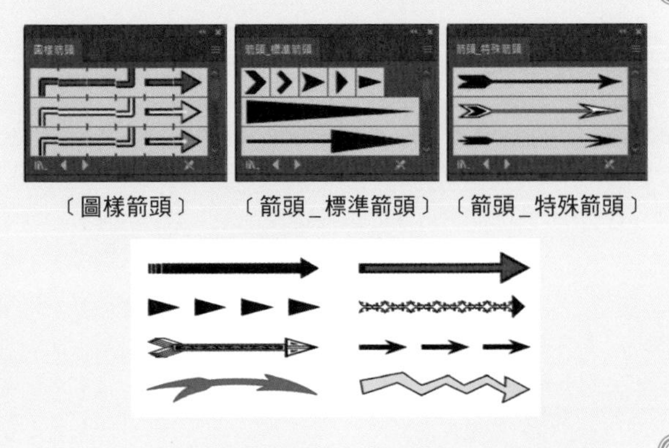

〔圖樣箭頭〕 〔箭頭_標準箭頭〕 〔箭頭_特殊箭頭〕

094 變更部分寬度，營造筆畫的強弱感：〔寬度〕工具

使用〔寬度〕工具的話，可以讓部分的筆畫寬度變形。另外，變形的設定可以當作描述檔儲存。

step 1

在置入〔填色：無〕、〔筆畫：黑色〕的物件之後，從工具列選取〔**寬度**〕**工具** ❶。

將滑鼠游標重疊在筆畫的物件上，重疊處會出現控制點 ❷。

直接向外側拖曳控制點的話，拖曳位置的筆畫寬度會變寬 ❸。

這種筆畫稱為「**變數寬度筆畫**」。

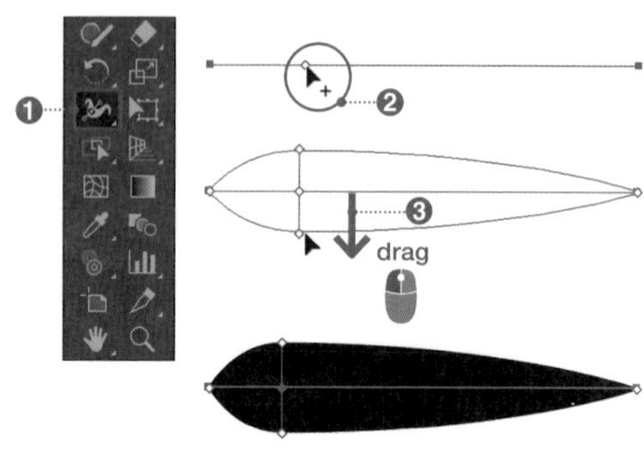

使用〔**寬度**〕**工具**操作「**寬度點**」與「**寬度點的控制把手**」就能編輯變數寬度筆畫。

此時，配合下表的鍵盤操作，就可以進行各式各樣的操作。

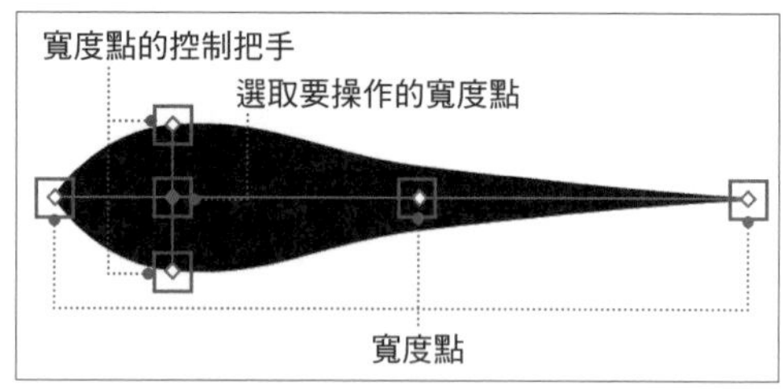

使用〔**寬度**〕**工具**可以拖曳移動新增的寬度點。拖曳寬度點 ❹，也能和其他的寬度點重疊 ❺。

另外，欲刪除寬度點時，使用〔**寬度**〕**工具**按一下寬度點，選取寬度點後按 Delete，刪除寬度點。

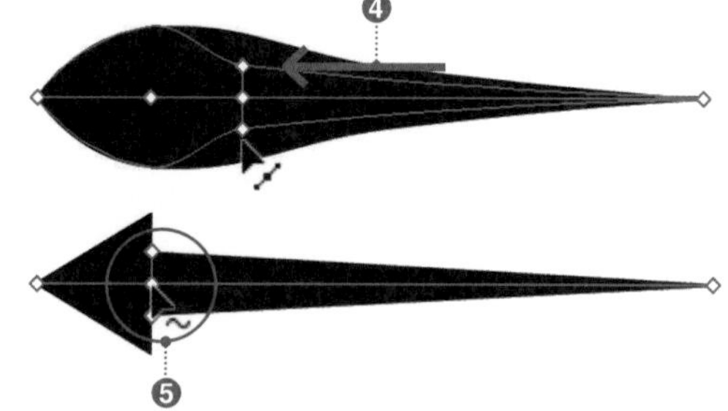

◎〔寬度〕工具的操作與鍵盤輸入法

項目	內容
shift + 拖曳寬度點的控制把手	鄰近的寬度點控制把手也會跟著連動變形。
Alt（option）+ 拖曳寬度點的控制把手	僅單側的筆畫寬度變形。
shift + Alt（option）+ 拖曳寬度點的控制把手	僅單側的筆畫寬度變形，而且鄰近的寬度點的筆畫寬度也是單邊連動變形。
shift + 按一下寬度點	選取多個寬度點。
shift + 拖曳寬度點	連動多個寬度點後移動。
Alt（option）+ 拖曳寬度點	複製寬度點。

step 4

也可以用數值指定寬度點。

按二下欲編輯的寬度點 ❻，會出現〔寬度點編輯〕對話框。

另外，只有在使用**〔寬度〕工具**選取筆畫寬度時才會顯示寬度點。使用其他工具時不會出現寬度點。

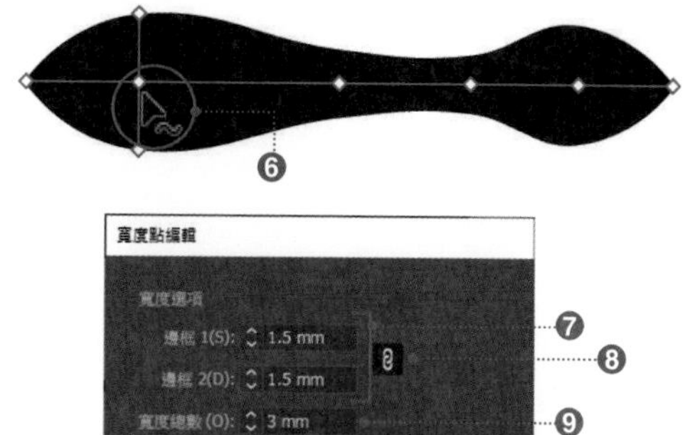

以路徑為中心，指定〔邊框 1〕和〔邊框 2〕的數值 ❼。利用〔連結〕按鈕也能讓兩者的數值互相連動 ❽。

在〔寬度總數〕指定〔邊框 1〕和〔邊框 2〕相加的寬度總數 ❾。

另外，勾選〔調整相鄰的寬度點〕的話 ❿，鄰近的寬度點也會跟著自動地調整變形。

按一下〔刪除〕的話，可以刪除寬度點 ⓫。

在此勾選〔調整相鄰的寬度點〕，設定〔寬度總數：3mm〕⓬。

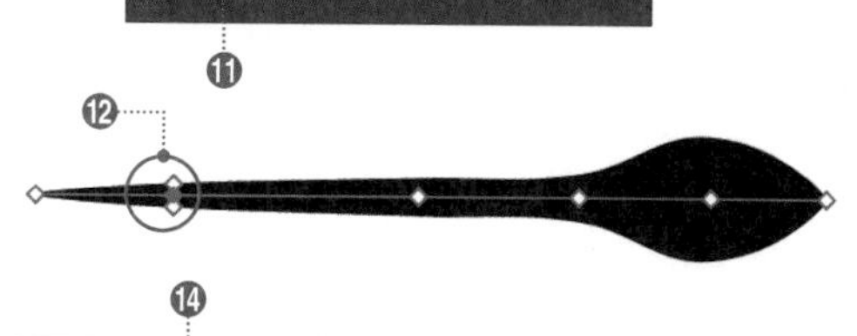

step 6

變形後完成的變數寬度筆畫可以儲存為〔寬度描述檔〕。

使用**〔寬度〕工具**或者**〔選取〕工具**選取變數寬度筆畫之後 ⓭，按一下〔筆畫〕面板，或者是〔控制〕面板或〔內容〕面板的**〔寬度描述檔〕**的箭頭 ⓮，再按一下**〔加入寬度描述檔〕**儲存自訂的變數寬度筆畫 ⓯。

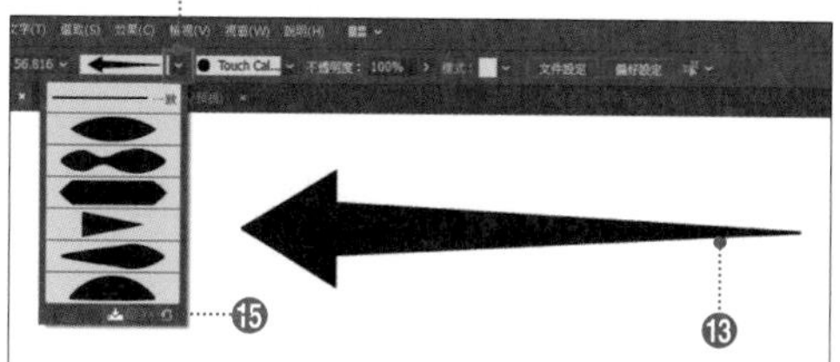

step 7

儲存成功的話，相同的設定也可以套用在其他的筆畫物件。

選取套用〔筆畫〕的物件 ⓰，從〔寬度描述檔〕選擇描述檔。如此一來，就能套用描述檔 ⓱。

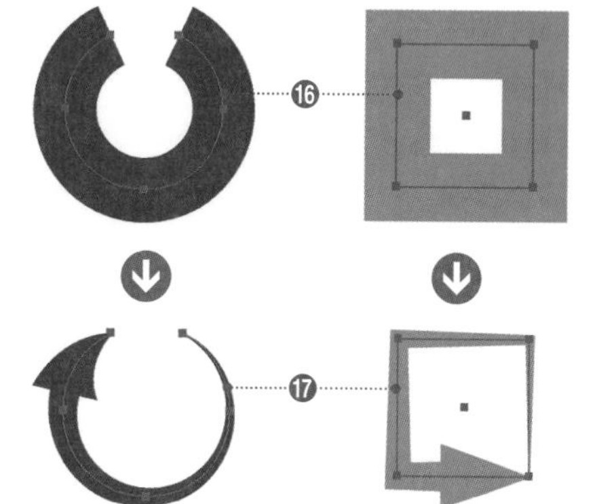

Tips

使用〔寬度〕工具設定的變數寬度筆畫，其中最粗的部分會成為筆畫的〔寬度〕。因此，即使在〔寬度：1pt〕的筆畫上套用〔寬度描述檔〕，可能不會產生變化。這個時候，請如上圖般，加粗筆畫寬度。

相關〔筆畫〕面板：p.124　繪製虛線・點線：p.126　製作箭頭：p.127

095 在一個物件上套用多條筆畫，形成外框

在〔外觀〕面板操作外觀屬性的話，可以在一個物件上套用多條〔筆畫〕，或者變更〔填色〕和〔筆畫〕的排列順序。

概要

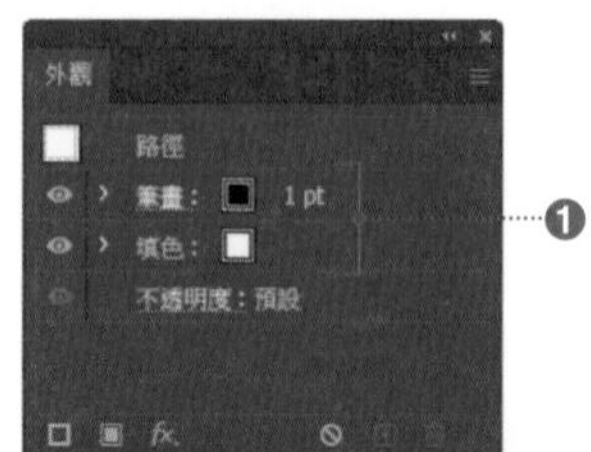

繪製的路徑物件其初始設定為 1 種〔填色〕和 1 種〔筆畫〕❶。稱為〔基本外觀〕。〔外觀〕面板由上而下的顯示順序與物件內的屬性排列順序相呼應。

step 1

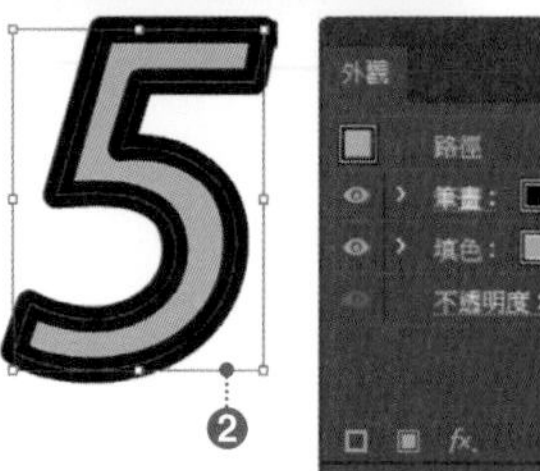

使用〔選取〕工具選取套用基本外觀的物件❷，在〔外觀〕面板拖曳〔筆畫〕放置在〔填色〕的下方❸。

step 2

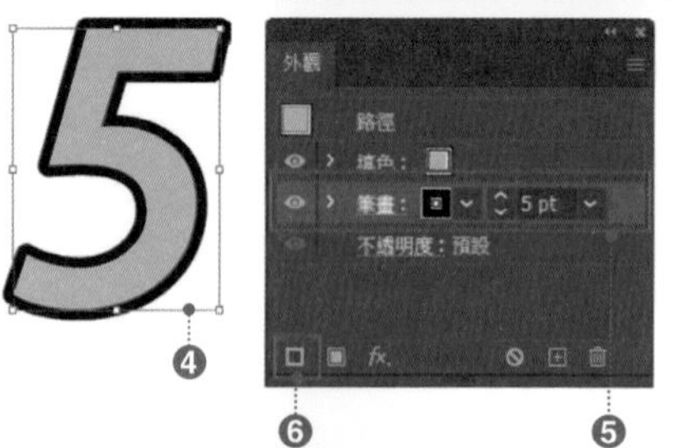

〔筆畫〕顯示在〔填色〕背面，而且〔筆畫〕寬度減半❹（寬度不變。只是被〔填色〕的面遮蔽）。

在〔外觀〕面板點選〔筆畫〕❺，按一下〔新增筆畫〕❻。

step 3

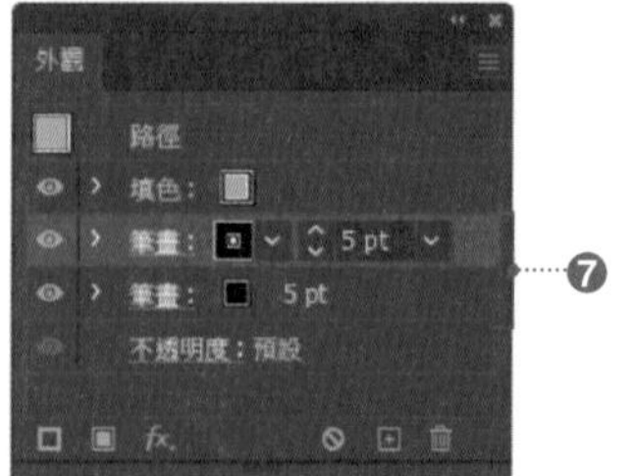

在〔筆畫〕上新增了相同顏色和相同〔寬度〕的〔筆畫〕❼。

Tips

2 條〔筆畫〕的屬性明顯地可以各自設定〔顏色〕或者〔寬度〕。按一下〔外觀〕面板的「下虛線的文字」，在出現的〔顏色〕面板或〔色票〕面板、〔筆畫〕面板進行編輯。

step 4

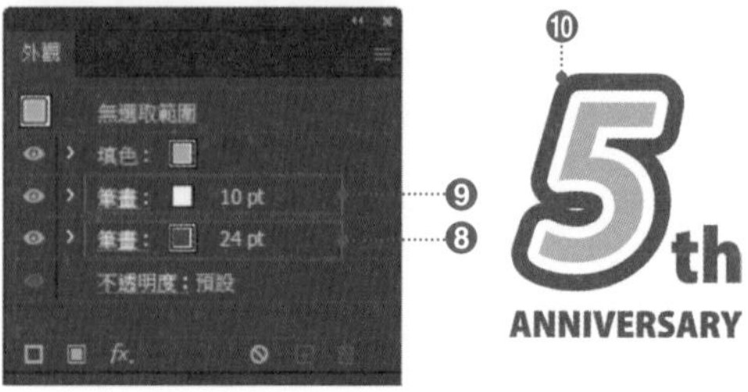

選擇下方的〔筆畫〕，在〔筆畫〕面板加粗〔寬度〕，在〔顏色〕面板變更顏色❽，接著在對上方的〔筆畫〕也進行編輯的話❾，就能製作雙筆畫物件❿。

相關〔筆畫〕面板：p.124　繪製虛線・點線：p.126　製作箭頭：p.127　〔寬度〕工具：p.128

096 將〔筆畫〕轉換成〔填色〕的物件

套用〔外框筆畫〕後將〔筆畫〕轉換成〔填色〕的物件的話，可以編輯輪廓部分的路徑。

step 1

使用**〔選取〕工具** 或者是**〔直接選取〕工具** 選取路徑物件 ❶，從功能表列點選〔物件〕→〔路徑〕→〔外框筆畫〕。

如此一來，〔筆畫〕呈現外框化，並且轉換成〔填色〕的物件（外表不變）❷。繪製筆畫後進行外框化的話，對於繪製地圖或者製作標誌時，相當便利。

step 2

對〔筆畫〕和〔填色〕兩者都有設定顏色的路徑物件 ❸，套用〔外框筆畫〕的話，〔筆畫〕會呈現外框化，而且轉換成〔填色〕的物件，完成背面只有〔填色〕的物件。

雖然這 2 個物件被群組化，但只要解除群組的話，就能個別選取 ❹。

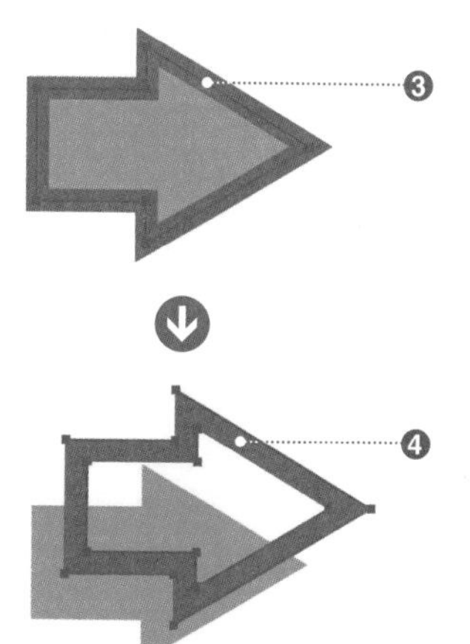

Variation

編輯外觀屬性，套用多條筆畫的物件（p.130）時 ❶，可以從功能表列套用〔物件〕→〔擴充外觀〕之後，再套用〔物件〕→〔路徑〕→〔外框筆畫〕❷。

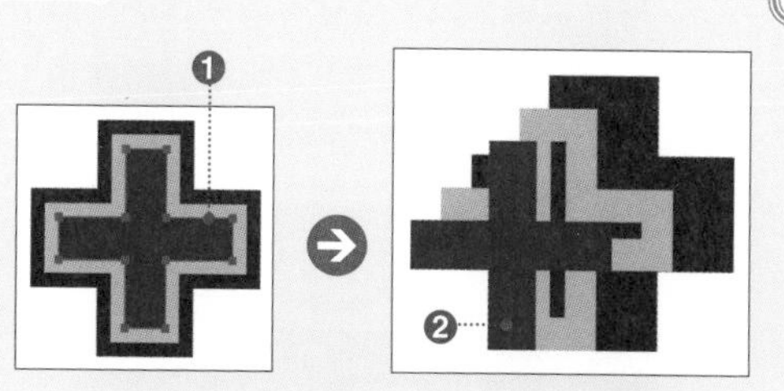

相關〔筆畫〕面板：p.124　套用多條筆畫：p.130　擴充外觀：p.234

097 繪製各種筆畫：〔繪圖筆刷〕工具

〔筆刷〕面板提供各種筆刷，只要使用〔繪圖筆刷〕工具 繪圖，就能畫出有如鋼筆般的筆觸線條以及毛筆的飛墨效果。

step 1

從工具列點選 **〔繪圖筆刷〕工具** ❶，在〔筆刷〕面板任意選擇筆刷。

〔筆刷〕分成 **「散落筆刷」、「沾水筆筆刷」、「圖樣筆刷」、「毛刷筆刷」、「線條圖筆刷」** 5 種。

在此選取〔線條圖筆刷〕的〔炭筆 - 羽化〕❷。

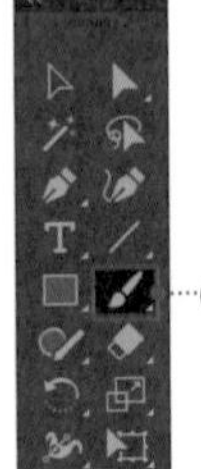

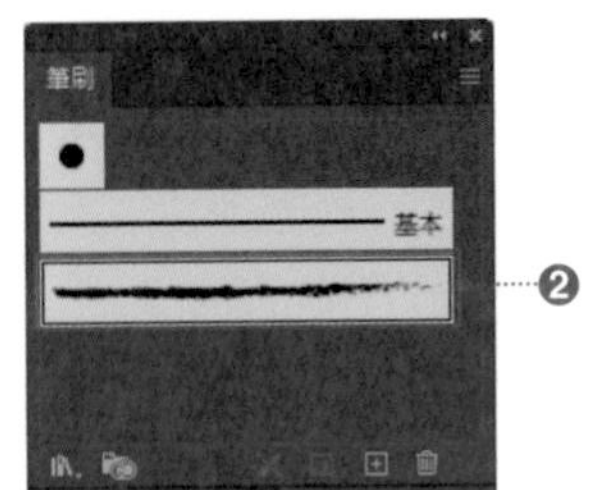

step 2

使用 **〔繪圖筆刷〕工具** 在文件上拖曳的話，就能用選取的筆刷繪圖。如同手持毛筆或鋼筆作畫般，拖曳著滑鼠繪圖 ❸。

另外，筆刷可以當作物件的〔筆畫〕。因此，變更〔寬度〕的話，筆刷筆畫的寬度也隨之變化，一旦變更〔筆畫〕的顏色，依據筆刷的設定，筆刷的顏色也會改變（參考 **p137** 的 Variation）。

step 3

設定繪圖時的〔精確度〕或〔平滑度〕等筆刷的進階設定時，從工具列按二下 **〔繪圖筆刷〕工具** ，會出現〔繪圖筆刷工具選項〕對話框 ❹。

〔繪圖筆刷工具選項〕的基本設定內容與 **〔鉛筆〕工具** 相同（**p.74**）。

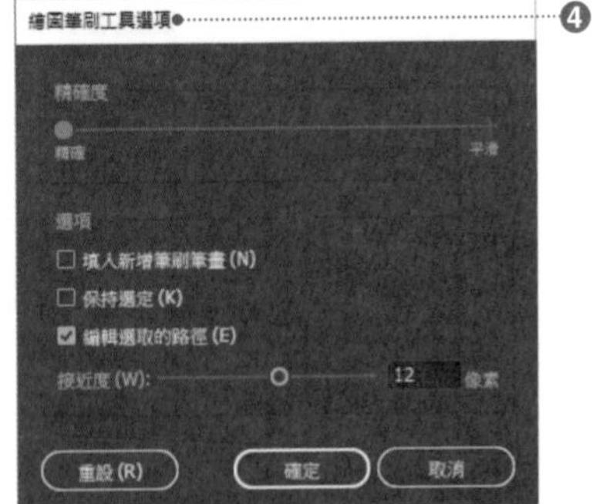

step 4

Illustrator 準備多種筆刷預設集。使用這些預設集時，按一下〔筆刷〕面板的 **〔筆刷資料庫選項〕** ❺ 後，任意選擇資料庫的名稱。

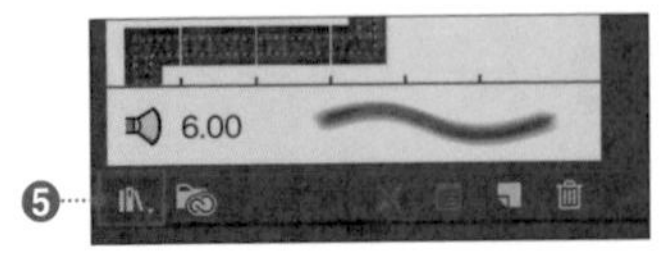

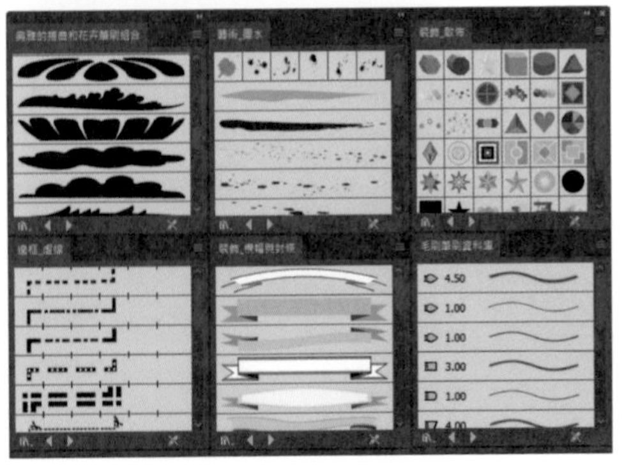

098 將筆刷筆畫轉換為物件

套用〔擴充外觀〕後，就可以將套用在筆畫的〔沾水筆筆刷〕、〔散落筆刷〕、〔線條圖筆刷〕等筆刷筆畫轉換成物件。

step 1

右圖為筆畫套用〔圖樣筆刷〕的物件。

使用〔**選取**〕**工具** 選取套用筆刷筆畫的物件後 ❶，從功能表列點選〔物件〕→〔擴充外觀〕❷。

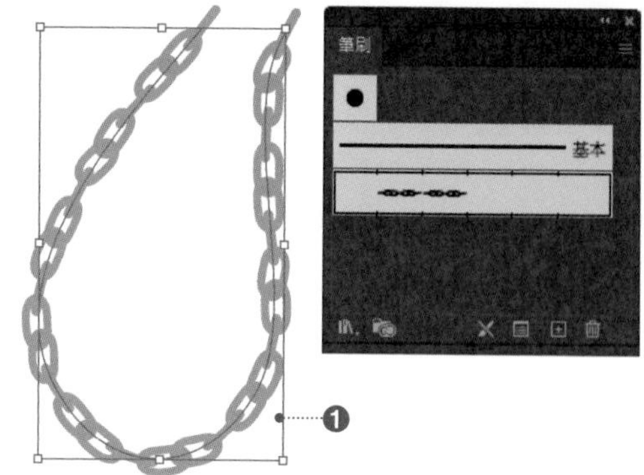

step 2

筆刷筆畫被擴充，轉換成路徑物件 ❸。被擴充的物件呈現群組化狀態。

即使是其他種類的筆刷，也能如上述般以套用〔擴充外觀〕的方式轉換為物件。

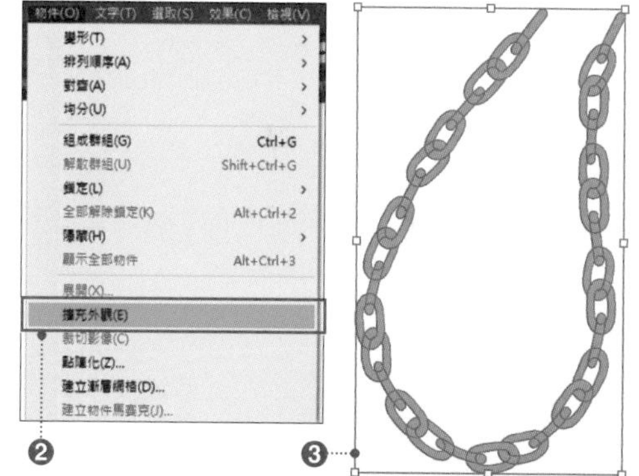

step 3

在使用筆刷的狀態下，無法個別編輯具備筆刷要素的物件，但是經由擴充，就能使用〔**直接選取**〕**工具** 或〔**鋼筆**〕**工具** 針對各要素個別地選取 / 編輯。

另外，由於套用漸層的物件，無法登錄為筆刷，因此製作筆刷套用在物件後，執行〔擴充外觀〕，進行編輯 ❹。

相關〔直接選取〕工具：p84 〔鋼筆〕工具：p.60 擴充外觀：p.234

099 編輯筆刷筆畫

在〔筆畫選項〕對話框中，可針對選取物件的筆刷筆畫進行個別編輯。而筆刷的編輯則在〔筆刷選項〕對話框中進行。5 種筆刷的操作步驟是相同的。

step 1

在此編輯〔散落筆刷〕的筆刷筆畫。使用**〔選取〕工具** 選取套用筆刷筆畫的物件 ❶，按一下〔筆刷〕面板的**〔所選取物件的選項〕** ❷，會出現〔筆畫選項（散落筆刷）〕對話框。

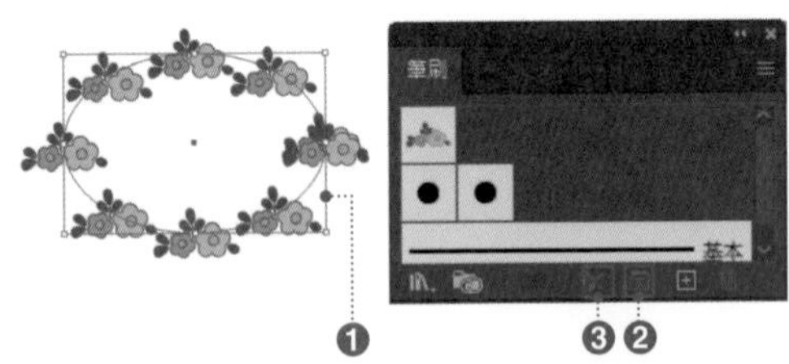

Tips

按一下〔刪除筆刷〕❸ 的話，套用在筆畫上的筆刷筆畫會被刪除，回復成一般的路徑物件。

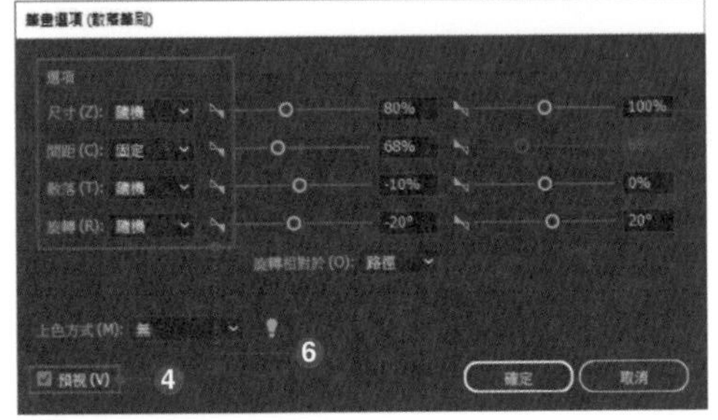

step 2

勾選〔筆畫選項（散落筆刷）〕的〔預視〕❹，變更各種設定後按一下〔確定〕。

step 3

物件套用了變更項目，散落程度改變 ❺。使用〔隨機〕呈現不規則的散落效果 ❻。

step 4

欲編輯筆刷本體時，按二下〔筆刷〕面板的筆刷縮圖，會出現〔散落筆刷選項〕對話框 ❼。另外，編輯的筆刷本體如果處於包含套用筆刷筆畫的物件在內的文件裡的話，就會出現右圖的對話框。此時，選擇**〔保留筆刷〕** ❽，對於文件裡已經套用筆刷筆畫的物件就不會套用變更設定。

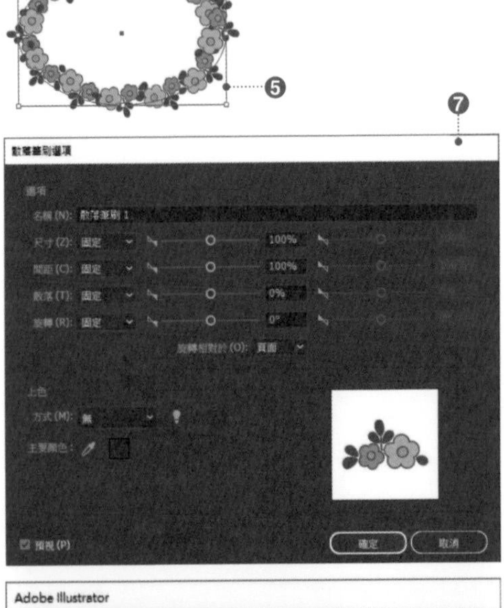

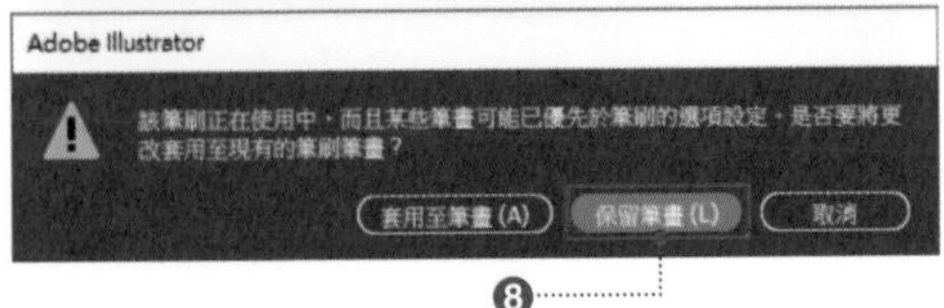

 相關〔繪圖筆刷〕工具：p.132　將筆刷筆畫轉換為物件：p.133

利用〔沾水筆筆刷〕畫出具有強弱層次的線條

只要在〔筆畫〕上套用〔沾水筆筆刷〕，就可以畫出像是在使用斜切筆尖的沾水筆描繪般，具有強弱層次的線條。

首先，製作原創的〔沾水筆筆刷〕。在無選取任何物件的狀態下，按一下〔筆刷〕面板的**〔新增筆刷〕**❶，會出現〔新增筆刷〕對話框。

接著，勾選〔沾水筆筆刷〕❷，按一下〔確定〕，就會出現〔沾水筆筆刷選項〕對話框。

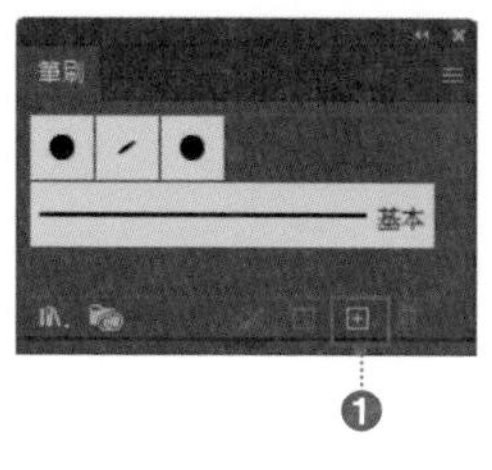

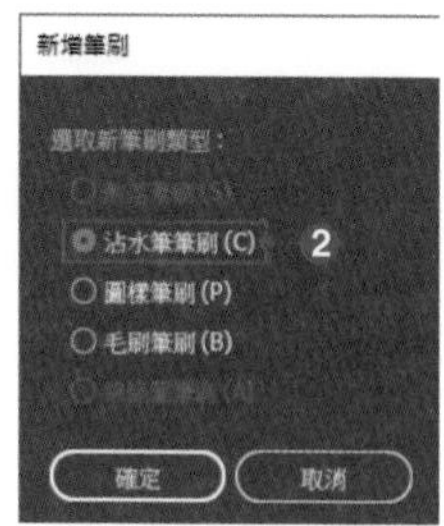

在〔沾水筆筆刷選項〕對話框進行各種設定後❸，按一下〔確定〕，將自訂的筆刷登錄在〔筆刷〕面板。

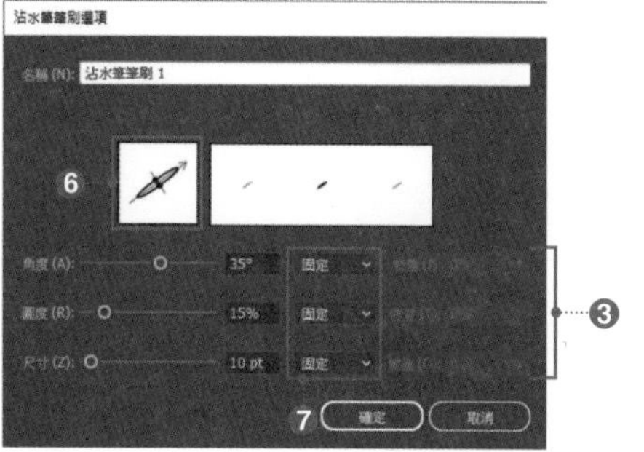

使用**〔選取〕工具**選取物件❹，從〔筆刷〕面板選取登錄的〔沾水筆筆刷〕。如此一來，就能沿著物件的路徑，套用〔沾水筆筆刷〕❺。

另外，在〔筆刷〕面板選取〔筆刷筆畫〕時，使用**〔繪圖筆刷〕工具**在文件上拖曳也可以繪製筆畫。

◎〔沾水筆筆刷選項〕對話框的設定項目

項目	內容
名稱	輸入沾水筆筆刷的名稱。
角度	以文件視窗的 X 軸（水平方向軸）為基準，設定沾水筆筆刷的旋轉角度。設定方式有輸入數值或者是拖曳**筆刷編輯器**的箭頭❻。
圓度	設定沾水筆筆刷的圓角。設定方式有輸入數值或者是將筆刷編輯器的黑點向外側或內側拖曳。
尺寸	設定筆刷的直徑。設定方式有輸入數值或者是拖曳滑桿。
下拉式選單❼	調整沾水筆筆刷的形狀位移。 **〔固定〕**為以指定的數值製作筆刷。 **〔隨機〕**為在指定範圍內製作隨機位移的筆刷。例如，設定〔直徑：10pt〕，並且設定〔位移：5pt〕時，筆刷的直徑會在 5 ～ 15pt 的範圍內變化。另外，〔壓力〕、〔筆尖輪〕、〔傾斜〕、〔方向〕、〔旋轉〕等項目，只有在具備可以設定這些項目的數位板的情況下才能使用。

相關〔繪圖筆刷〕工具：p.132　將筆刷筆畫轉換為物件：p.133　編輯筆刷筆畫：p.134　筆刷的種類：p.344

沿著路徑，鑲嵌圖稿：〔散落筆刷〕

只要在〔筆畫〕上套用〔散落筆刷〕，就可以將登錄在〔筆刷〕面板的圖稿，沿著路徑鑲嵌。

step 1

將右圖的物件登錄為〔散落筆刷〕。

使用**〔選取〕工具**選取物件❶，按一下〔筆刷〕面板的**〔新增筆刷〕**❷，會出現〔新增筆刷〕對話框。

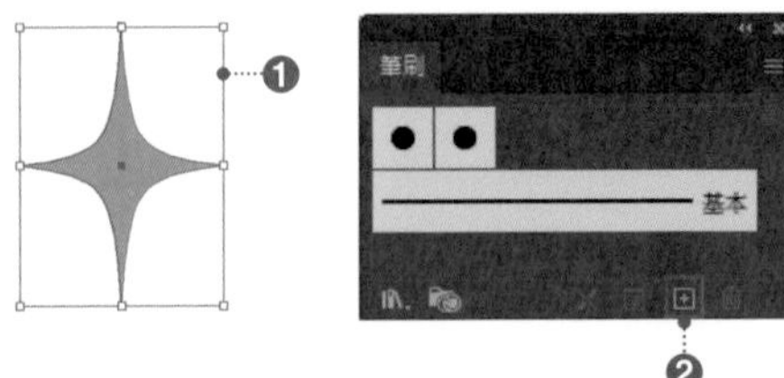

勾選〔散落筆刷〕❸，按一下〔確定〕後，會出現〔散落筆刷選項〕對話框。

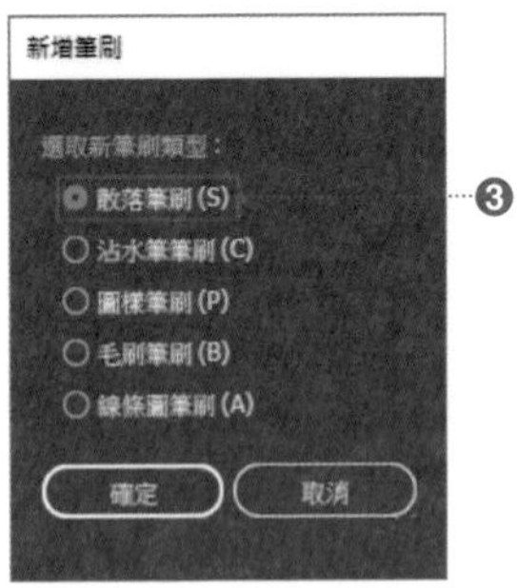

在〔散落筆刷選項〕對話框進行各種設定。設定後按一下〔確定〕，就能登錄在〔筆刷〕面板。

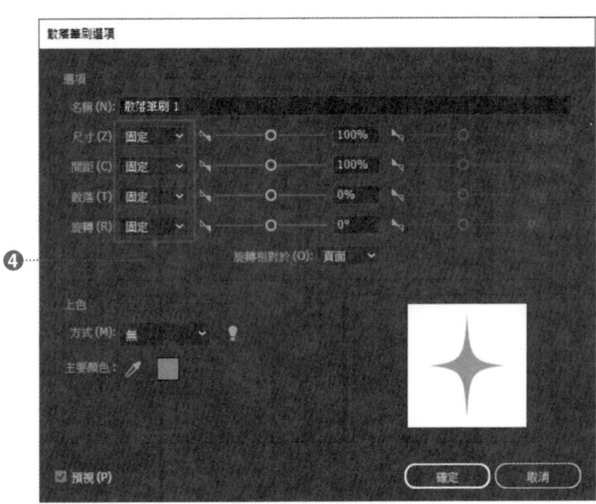

◎〔散落筆刷選項〕對話框的設定項目

項目	內容
名稱	輸入散落筆刷的名稱。
尺寸	指定散落物件的尺寸。登錄時的原始物件尺寸為 100%。
間距	指定散落物件的間距。指定 100% 的話，散落物件會彼此相鄰。
散落	指定各散落物件與路徑的距離。數值愈大，散落物件的位置離路徑愈遠。
旋轉	指定散落物件的旋轉角度。
旋轉相對於	相對於從**〔頁面〕**或者**〔路徑〕**設定散落物件旋轉的基準。**〔頁面〕**為**〔旋轉〕**是 0 度時，散落物件的上方與頁面的上方呈相同方向。〔路徑〕為〔旋轉〕是 0 度時，散落物件與路徑呈垂直方向。
下拉式選單❹	調整筆刷形狀的位移。**〔固定〕**為以指定的數值製作筆刷。**〔隨機〕**為製作隨機在最小 / 最大的 2 個欄框輸入的數值範圍內位移的筆刷。例如，〔尺寸〕左側的欄框設定 100%，右側欄框設定 150% 時，物件的〔尺寸〕會在 100% ～ 150% 的範圍內隨機變化。

使用〔**選取**〕**工具** 選取物件❺，從〔筆刷〕面板選擇登錄的〔散落筆刷〕❻。如此一來，就能沿著物件的路徑，配置〔散落筆刷〕的圖稿❼。

設定〔旋轉相對於：路徑〕的話，圖稿的散落方向會與路徑垂直❽。

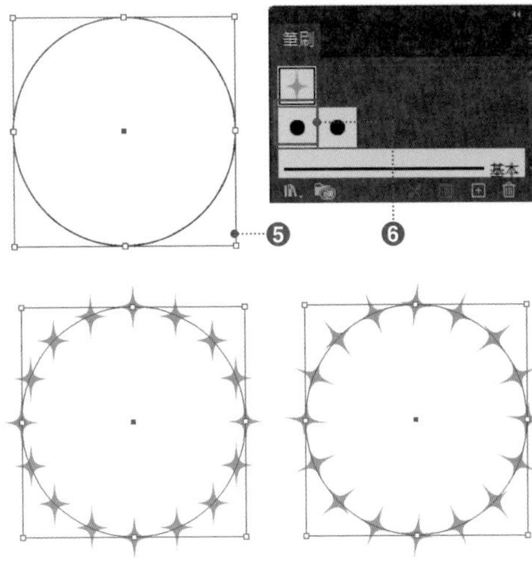

❼〔旋轉的基準：頁面〕 ❽〔旋轉的基準：路徑〕

Tips

在〔筆刷〕面板選取筆刷筆畫，也可以使用〔繪圖筆刷〕工具 在文件上拖曳繪圖。

Variation

設定上色選項的話，在筆刷筆畫可以反映〔筆畫〕框的顏色。從各個筆刷選項對話框的〔上色〕區的〔方式〕選擇設定方法❶。散落筆刷、線條圖筆刷、圖樣筆刷的上色選項都是相同的。

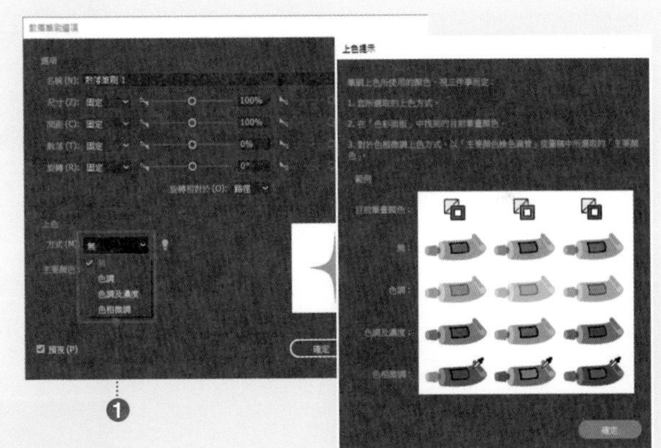

◎〔色調選項〕的設定項目

項目	內容
無	與〔筆畫〕的顏色無關，將登錄在〔筆刷〕面板的物件原封不動地呈現。
色調	黑色的部分套用〔筆畫〕框的顏色。白色的部分就是白色，其餘的顏色可以套用〔筆畫〕框的顏色色調。這個選項，在筆刷是由黑色和白色製作的情況下，或者是以專色為筆刷筆畫上色的情況下特別有效。
色調及濃度	在筆刷筆畫上新增在〔筆畫〕指定的色調和濃度。物件的黑色與白色部分維持不變，其他部分可以新增由黑色漸變為白色的色調。這個選項，對於使用灰階筆刷時非常有效。
色相微調	使用顯示在〔主要顏色〕框的圖稿主要顏色。圖稿中的主要顏色全部是〔筆畫〕的顏色，其他顏色則是與〔筆畫〕顏色相關的顏色。黑色、白色、灰色維持不變。對筆刷設定多種顏色時，這個項目相當有效。欲變更主要顏色時，選取主要顏色的滴管工具，從預視按一下可以當作主要顏色的顏色。

Sample_Data/102/

102 使用〔線條圖筆刷〕沿著路徑套用圖稿

只要在〔筆畫〕套用〔線條圖筆刷〕，就可以將登錄在〔筆刷〕面板的圖稿，沿著路徑配置。

將右圖的物件登錄為〔線條圖筆刷〕。使用**〔選取〕工具**選取物件❶，按一下〔筆刷〕面板的**〔新增筆刷〕**❷，會出現〔新增筆刷〕對話框。

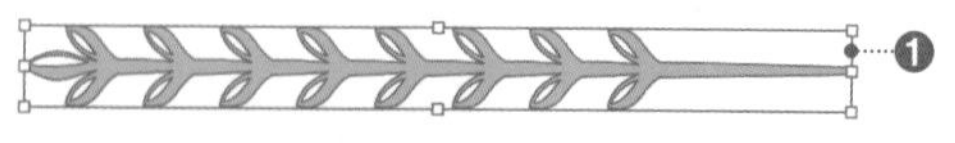

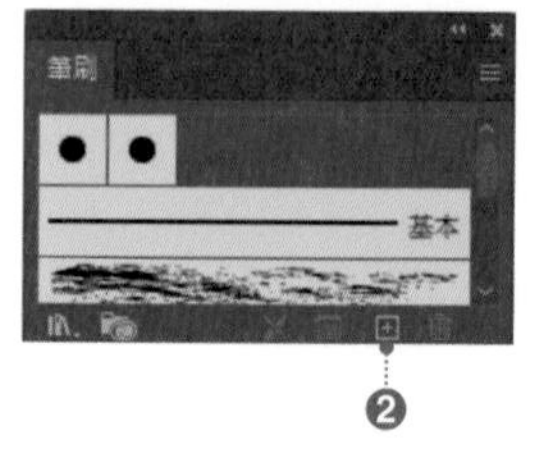

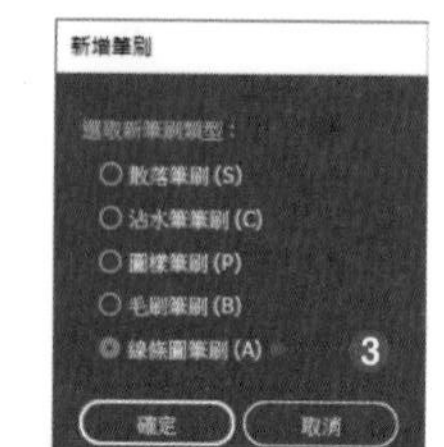

勾選〔線條圖筆刷〕❸，按一下〔確定〕後，會出現〔線條圖筆刷選項〕對話框。

step 3

在〔線條圖筆刷選項〕對話框進行各種設定。在〔預視〕區會顯示登錄的物件❹。設定後按一下〔確定〕，物件就能登錄為線條圖筆刷。

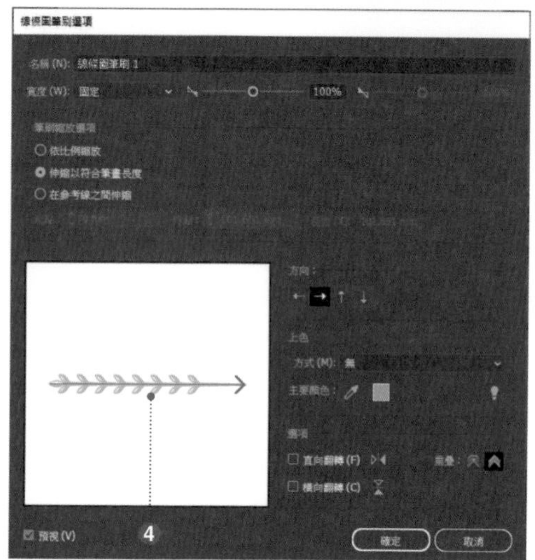

◎〔線條圖筆刷選項〕對話框的設定項目

項目	內容
名稱	輸入筆刷的名稱。
寬度	以原始寬度為基準來調整物件。關於下拉式選單請參考〔圖樣筆刷選項〕對話框的「縮放」（p.141）。
筆刷縮放選項	在縮放套用筆刷的物件時，指定筆刷的形狀如何變形。詳情請參考下一頁的 Variation。
方向	按一下箭頭指定物件的方向。
上色	設定上色選項的話，線條圖筆刷會反映〔筆畫〕框的顏色（請參考 **p.137** 的 Variation）。
直向翻轉／橫向翻轉	以路徑為基準，翻轉線條圖物件的方向。
重疊	選擇右邊的圖示，調整讓轉角與折線不會重疊。選擇左邊的圖示，轉角與折線不做調整（請參考下一頁的 Tips）。

step 4

使用〔**選取**〕**工具** 選取套用〔線條圖筆刷〕的路徑物件❺，從〔筆刷〕面板選擇登錄的〔線條圖筆刷〕❻。

如此一來，就能沿著物件的路徑，配置〔線條圖筆刷〕的圖稿❼。

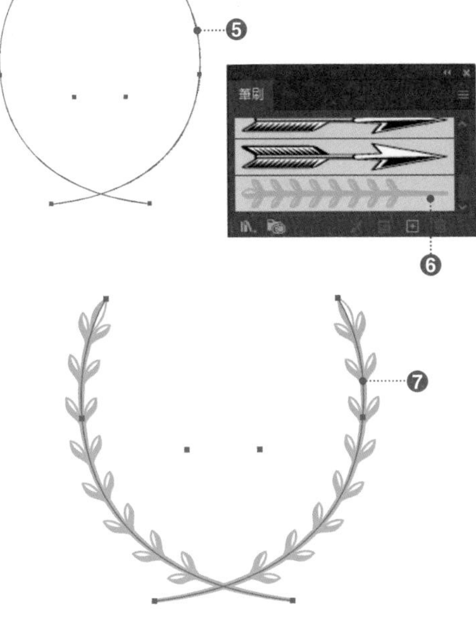

Tips

〔線條圖筆刷選項〕對話框的〔選項〕區的〔重疊〕，其 2 個按鈕的差異性如下。

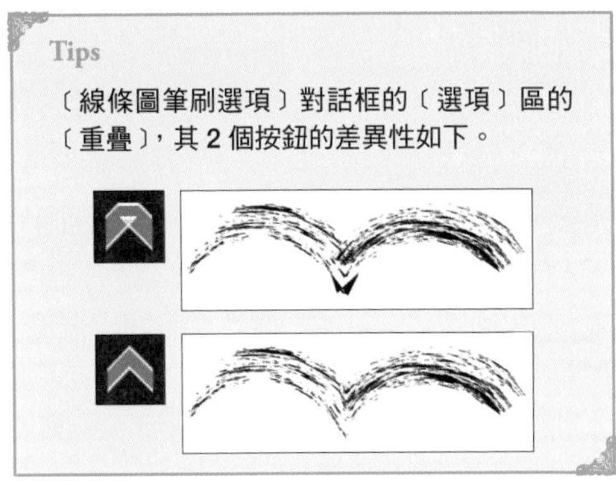

Variation

在〔線條圖筆刷選項〕對話框，可以設定〔筆刷縮放選項〕❶。

在此使用右圖的箭頭筆刷，說明〔筆刷縮放選項〕可以設定的各項目之差異點。請因應筆刷的用途或目的，選擇適合的選項。

另外，選擇〔在參考線之間伸縮〕時，必須指定參考線的起點和終點。預視畫面內的虛線部分即〔參考線之間〕❷。

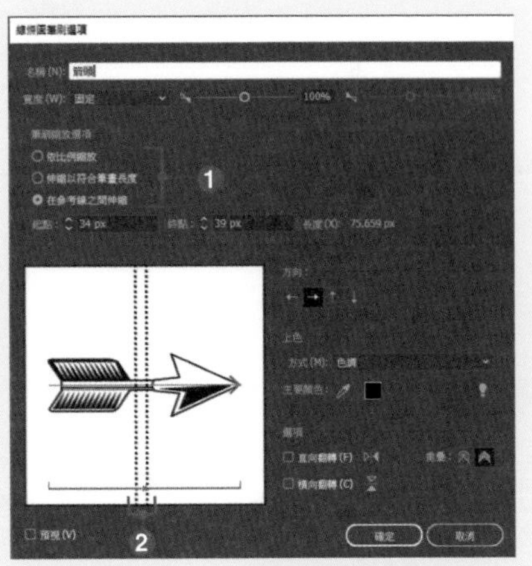

◎〔線條圖筆刷選項〕對話框的〔筆刷縮放選項〕

項目	內容	變形後
依比例縮放	保持登錄在筆刷的線條圖物件的長寬比來進行縮放。	
伸縮以符合筆畫長度	線條圖物件的寬度維持不變，配合筆畫的長度進行縮放。	
在參考線之間伸縮	在預視畫面時，僅在設定的參考線之間伸縮。在參考線範圍之外，則不會伸縮，保持原狀。	

相關〔繪圖筆刷〕工具：p.132　將筆刷筆畫轉換為物件：p.133　編輯筆刷筆畫：p.134　筆刷的種類：p.344

103 使用〔圖樣筆刷〕沿著路徑配置圖樣

只要在〔筆畫〕套用〔圖樣筆刷〕，就可以將登錄在〔圖樣筆刷〕的圖樣，沿著路徑配置。路徑的各個部位可以定義不同的圖樣。

step 1

製作如右圖般的 2 個物件 ❶，並且當作〔圖樣色票〕分別登錄在〔色票〕面板（p.143）❷。另外，包含漸層或者網格的圖樣色票，不能設定為圖樣筆刷。

step 2

按一下〔筆刷〕面板下方的**〔新增筆刷〕**❸，會出現〔新增筆刷〕對話框。勾選〔圖樣筆刷〕❹，按一下〔確定〕。

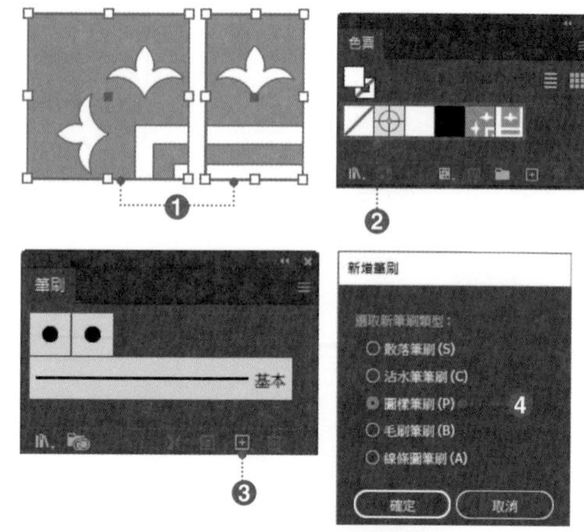

step 3

會出現〔圖樣筆刷選項〕對話框。在〔拼貼〕設定事前登錄的圖樣色票 ❺。另外，進行各種設定。

設定後按一下〔確定〕，就能登錄為圖樣筆刷 ❻。

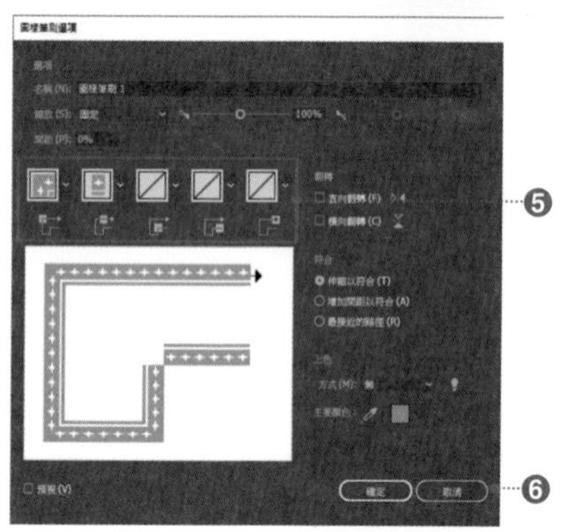

step 4

使用**〔選取〕工具** 選取套用〔圖樣筆刷〕的路徑物件 ❼，從〔筆刷〕面板選擇登錄的〔圖樣筆刷〕❽。如此一來，就能沿著物件的路徑，配置〔圖樣筆刷〕的圖稿 ❾。

在〔筆刷〕面板選取筆刷筆畫，也可以使用**〔繪圖筆刷〕工具** 在文件上拖曳繪圖。

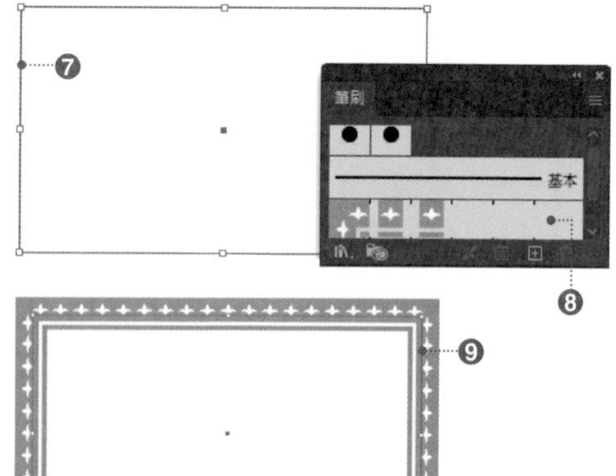

◎〔圖樣筆刷選項〕對話框的設定項目

項目	內容
名稱	輸入圖樣筆刷的名稱。
縮放	以原始圖樣色票的尺寸為基準，調整拼貼的尺寸。另外，在〔筆刷選項〕對話框無法選擇〔寬度點／描述檔〕。只有對套用筆刷的物件套用〔變數寬度描述檔〕（p.128）的情況下，才可以在〔筆畫選項（圖樣筆刷）〕對話框選擇。 其他選項如〔壓力〕、〔筆尖輪〕、〔傾斜〕、〔方向〕、〔旋轉〕等等項目，可以在使用數位板時指定。
間距	指定拼貼效果彼此之間的間距。
〔拼貼按鈕〕	指定每一個路徑套用的圖樣。依序按一下 ❺ 個拼貼按鈕，從顯示的清單中選擇〔圖樣色票〕。
旋轉	以路徑為基準旋轉圖樣的方向。
符合	指定配置拼貼的方法（參考下方的「Variation 」）。
上色	設定上色選項的話，圖樣筆刷會反映〔筆畫〕框的顏色（參考 p.137 的 Variation ）。

Variation

指定外緣拼貼（縱橫的拼貼）的話，就會以指定的外緣拼貼為主自動產生 4 種轉角拼貼（四個角的拼貼）。因此，指定外緣拼貼之後，就可以不用製作轉角拼貼，而是從這 4 種之中選擇最適合的轉角拼貼 ❶。

◎ 轉角拼貼的種類

項目	內容
外部轉角拼貼	外緣拼貼會延長到轉角，並且在拼貼的中央位置靠齊轉角。
內部轉角拼貼	拷貝的外緣拼貼會延長如同配置在轉角兩側般。
起點拼貼	斜切外緣拼貼後接合，方法與框住轉角的接縫處相同。
終點拼貼	拷貝的拼貼會在轉角處重疊。

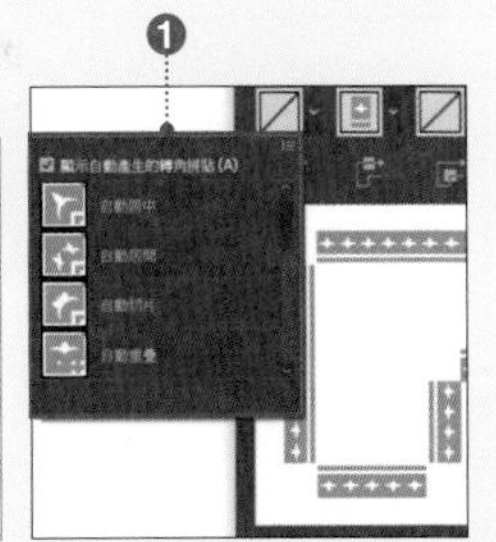

Variation

在〔圖樣筆刷選項〕對話框的〔符合〕區中，可以從下列 3 種類型擇一指定拼貼的配置位置。

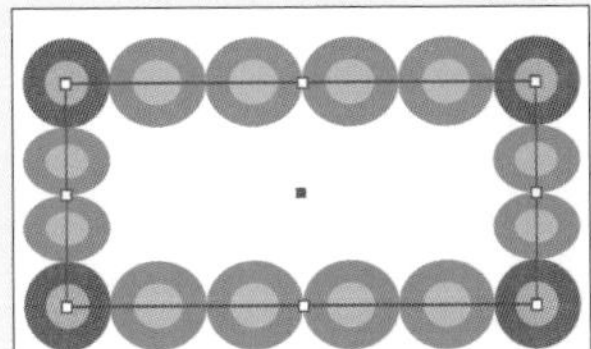

伸縮以符合：配合路徑的形狀，伸縮圖樣拼貼。由於圖樣會有不平均的情況，所以不適合正圓形或正方形等等，一旦伸縮就不自然的圖樣。

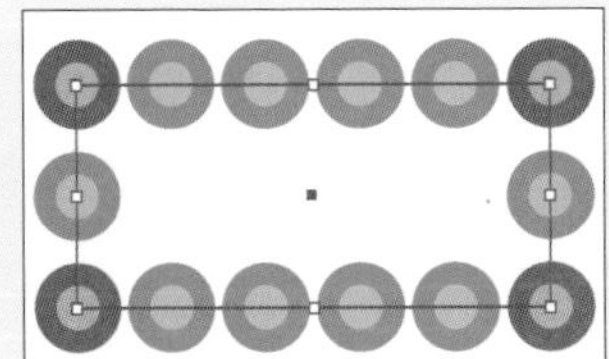

增加間距以符合：配合路徑的形狀，圖樣拼貼之間會留白。不適合有間距就顯得不自然的圖樣。

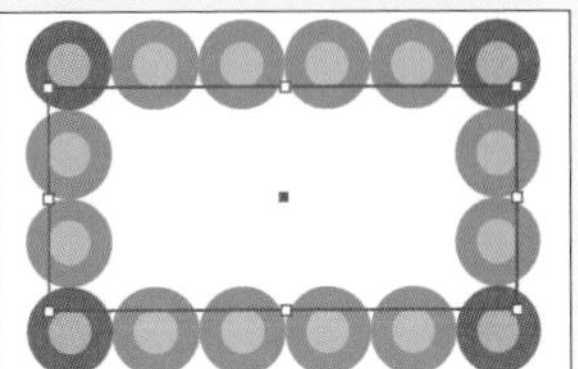

最接近的路徑：圖樣拼貼偏離內側或外側，均等地配置。雖然適合平均地配置圖樣的圖稿，但是會偏離路徑的中心點，因此會需要調整位置。

104 使用〔毛刷筆刷〕繪製有如水彩畫般的筆畫

使用〔毛刷筆刷〕的話，就能用毛刷繪製有如水彩畫般具有透明感的筆畫。不過，因為筆畫和細節較多，將會使得資料變得複雜，加重處理作業。這點必須要注意。

按一下〔筆刷〕面板的〔筆刷資料庫選項〕❶，選擇〔毛刷筆刷〕→〔毛刷筆刷資料庫〕❷，就會出現〔毛刷筆刷資料庫〕面板。

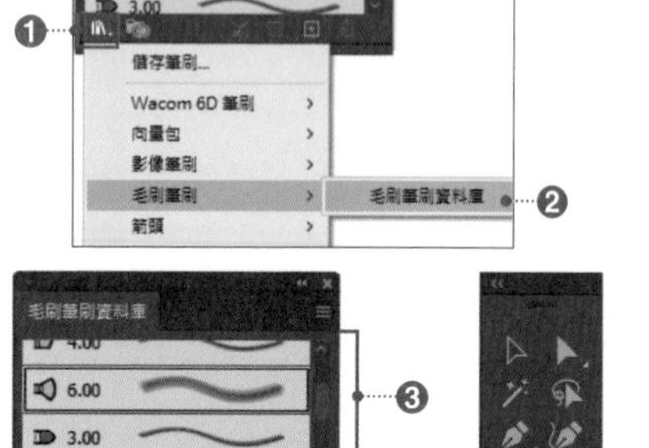

> **Tips**
>
> 在文件內使用 30 種以上〔筆畫選項〕的話，在執行〔儲存〕或〔列印〕〔透明度平面化〕(p.51) 等等時，會出現警告對話框。這是因為筆刷物件過於複雜，可能無法正常處理這些項目所提出的警告。
> 針對這個警告對話框的處置法為將〔毛刷筆刷筆畫〕點陣圖化 (p.228)。不過，點陣圖化的話就無法編輯路徑，請特別注意。

在〔毛刷筆刷資料庫〕面板準備各種不同設定的毛刷筆刷 ❸。
從工具列點選**〔繪圖筆刷〕工具** ❹，再從〔毛刷筆刷資料庫〕面板任選筆刷後，在文件上拖曳繪製圖形 ❺。

> **Tips**
>
> 在繪製之際搭配鍵盤輸入法，可以變更〔上色不透明度〕。輸入「1」繪製圖形的話，會變成〔不透明度：10%〕，輸入「0」繪製圖形的話，會有變成〔不透明度：100%〕的筆刷筆畫。這個變更方式與下列的〔毛刷筆畫選項〕對話框變更〔上色不透明度〕是相同的。

step 3

繪製後的筆畫可以在〔毛刷筆畫選項〕對話框調整 ❻。

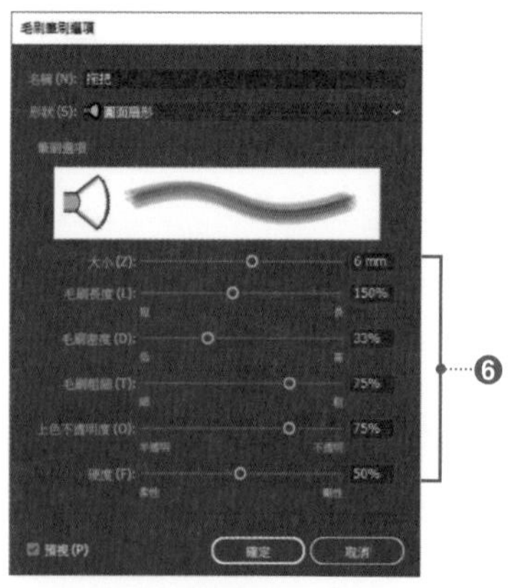

由於使用〔繪圖筆刷〕工具 繪製的〔毛刷筆刷筆畫〕是由路徑構成，所以可以操作錨點或控制把手進行變更。

 相關 將筆刷筆畫轉換為物件：p.133　編輯筆刷筆畫：p.134　筆刷的種類：p.344

105 登錄原創的〔圖樣色票〕

將圖樣的原始物件拖放到〔色票〕面板的話，就能登錄為〔圖樣色票〕。另外，〔圖樣筆刷〕使用的圖樣也是依照這個步驟進行登錄。

step 1

製作圖樣的原始物件，並且在物件的最下方繪製〔填色：無〕、〔筆畫：無〕的四角形 ❶。配置的四角形範圍即圖樣的一個拼貼範圍。由於圖樣在最下方的四角形範圍內會一直重做，所以即使變成如右圖般物件超出四角形的範圍也沒有關係。

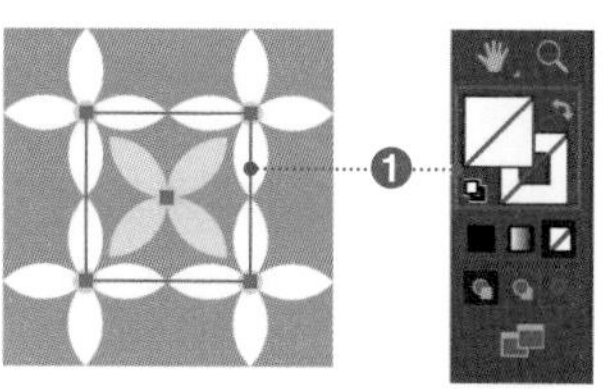

step 2

使用〔**選取**〕**工具**，選取包含配置在最下方的四角形在內的全部物件後，拖放到〔色票〕面板 ❷。如此一來，就能登錄成為〔新增圖樣色票〕。登錄完成後，也可以刪除原始物件。

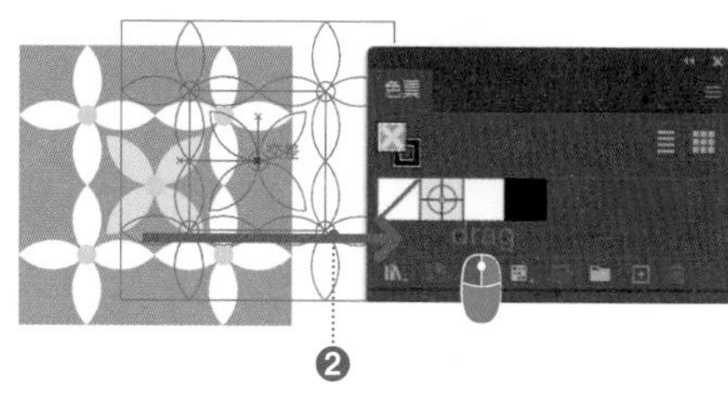

step 3

選取套用圖樣的物件 ❸，從〔色票〕面板點選登錄的〔圖樣色票〕的話 ❹，就能套用圖樣 ❺。

另外，不在最下方配置透明的四角形就登錄為圖樣色票的情況下，圖樣會在物件的東西南北邊的位置反覆重做。

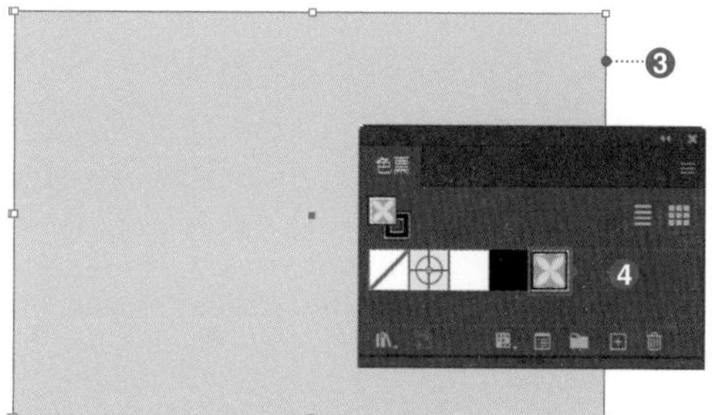

step 4

編輯登錄的〔圖樣色票〕時，從〔色票〕面板將〔圖樣色票〕拖曳到文件上 ❻，進行編輯。編輯後，按住 Alt（option）同時拖曳到原始的〔圖樣色票〕上。如此一來，就能與〔色票〕面板上的〔圖樣色票〕替換，套用舊〔圖樣色票〕的物件也會更新。

另外，在「圖樣編輯模式」（p.144）或「重新上色圖稿」（p.122、p.123）也有編輯顏色的方法。

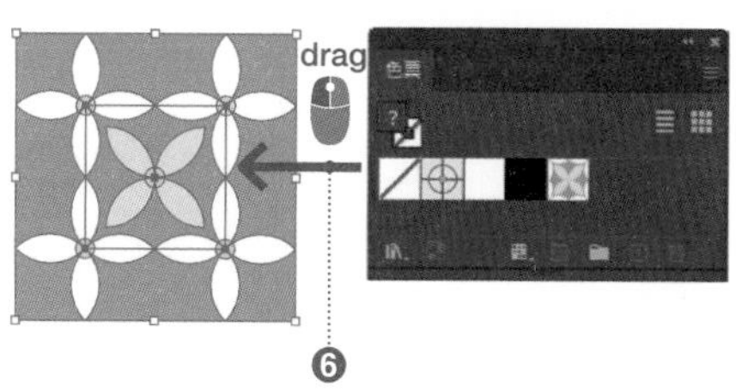

相關 套用圖樣色票：p.116　僅圖樣變形：p.185　圖樣筆刷：p.140　圖樣編輯模式：p.144

106 在圖樣編輯模式製作圖樣

使用圖樣編輯模式的話，就能輕鬆地製作複雜的圖樣色票。也能詳細指定拼貼，或者是重疊方式。

step 1

使用〔**選取**〕**工具** 選取圖樣的原始物件❶，從功能表列點選〔物件〕→〔圖樣〕→〔製作〕❷。

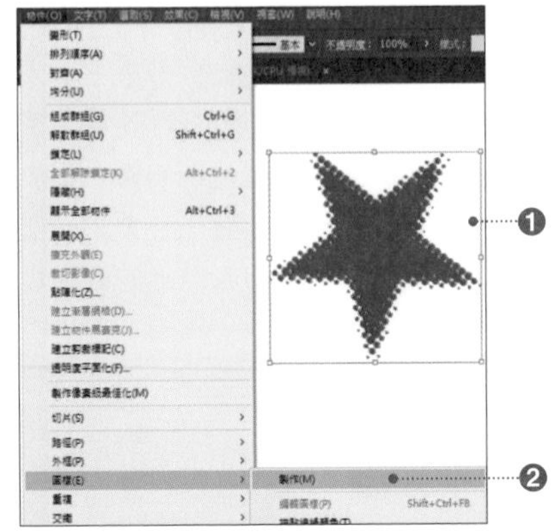

Tips

無須事先製作圖樣的原始物件。在切換成圖樣編輯模式之後，也可以製作物件。圖樣色票中也包含許多精細的內嵌影像。

step 2

由於會出現對話框，所以按一下〔確定〕❸。如此一來，畫面就切換成**圖樣編輯模式**。此時會出現〔圖樣選項〕對話框❹，並且以原始物件為中心，周圍會自動地拼貼長寬5×5較模糊的物件拷貝❺。

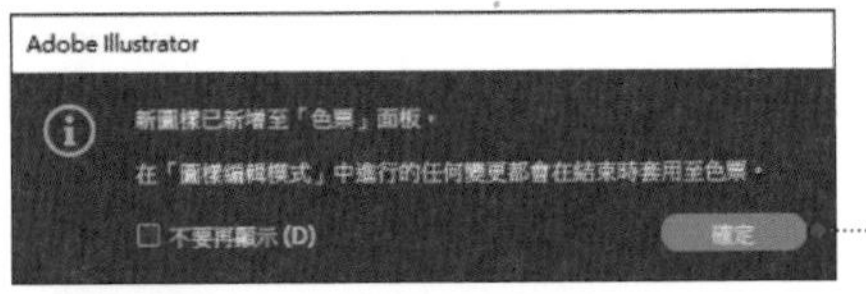

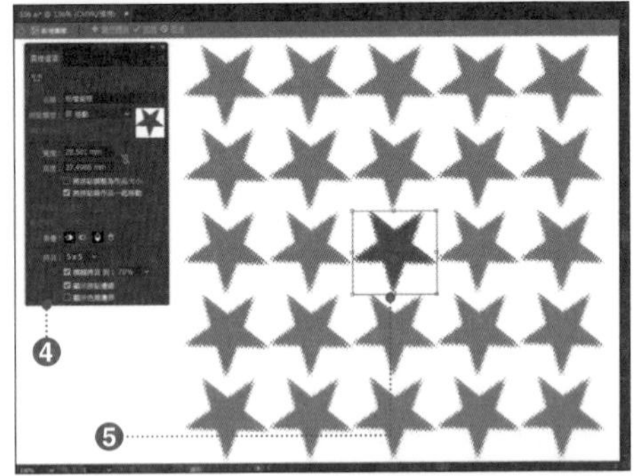

step 3

此時，首先在〔圖樣選項〕面板，輸入圖樣的名稱❻，並且變更成〔拼貼類型：磚紋（依欄）〕❼。
接著，不勾選〔將拼貼調整為作品大小〕和〔將拼貼與作品一起移動〕，並且設定〔寬度：40mm〕、〔高度：30mm〕❽。
緊接著，在物件的混合模式設定為〔色彩增值〕（p.154）的情況下進行複製，然後將〔填色〕的顏色變更成淺藍色，並且調整大小❾。在預視會立即反映最新的狀態❿。

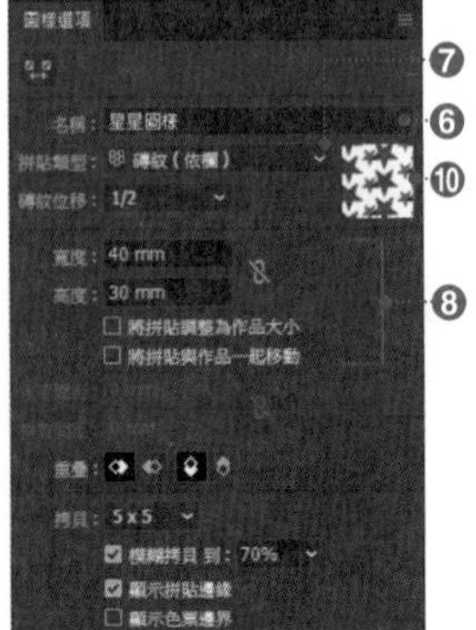

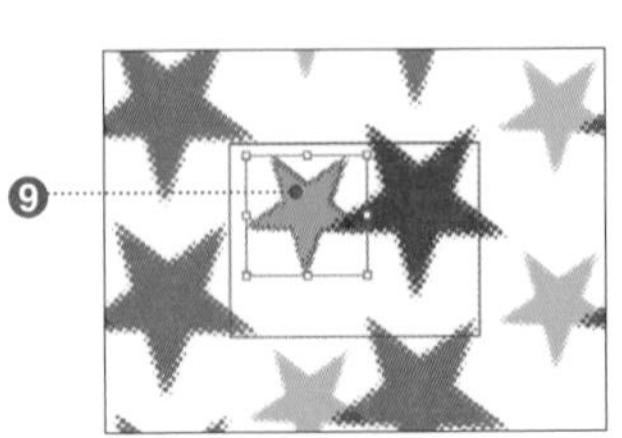

◎〔圖樣選項〕面板的設定項目

項目	內容
名稱	輸入圖樣色票的名稱。
拼貼類型	指定拼貼的方法。
磚紋位移	在〔拼貼類型〕選擇〔磚紋依橫欄〕或者〔磚紋依直欄〕的話，就能輸入數值。以拼貼大小為基本，指定錯位的大小。例如，指定〔磚紋位移：1/3〕的話，會以拼貼大小的 1/3 的距離錯位。
寬度、高度	不勾選〔將拼貼調整為作品大小〕，就能輸入數值。可以指定當作圖樣基準的拼貼大小（藍色參考線的範圍）。〔連結〕產生作用的話，就可以固定寬度和高度的比例。
將拼貼調整為作品大小	勾選的話，拼貼的大小完全符合物件的大小。移動 ・ 縮放物件的話，拼貼大小也會跟著連動。
將拼貼與作品一起移動	勾選的話，移動物件時，拼貼也會跟著移動。
水平間距、垂直間距	以物件的大小為基準，指定拼貼的大小（藍色參考線的範圍）。勾選〔將拼貼調整為作品大小〕的話，就能輸入數值。
重疊	指定上下、左右的重疊方式。
拷貝	指定拼貼的顯示數量。
模糊拷貝到	指定拷貝的模糊度。不勾選的話，拷貝模糊到 100%。
顯示拼貼邊緣	不勾選的話，藍色參考線範圍內的拼貼會被隱藏。
顯示色票邊界	完成的圖樣色票的尺寸參考線會以點線呈現。參考線內的物件會一直重做。

step 4

以同樣的步驟複製物件，變更顏色，隨機變形，同時置入物件。

圖樣編輯結束之後，按一下文件視窗左上角的**〔完成〕**⑪，切換回一般的模式。

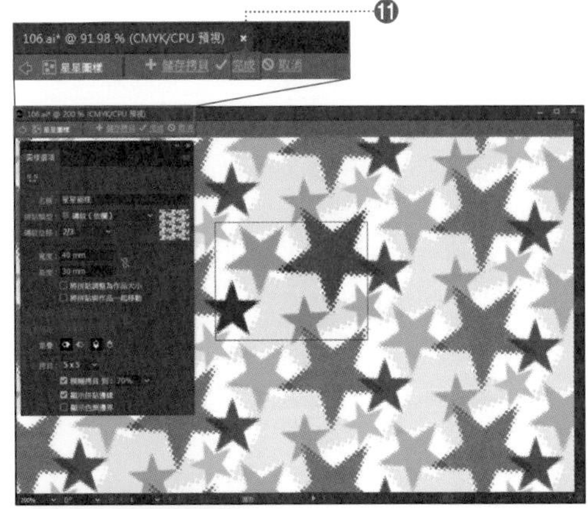

step 5

完成的圖樣，會當作圖樣色票登錄在〔色票〕面板 ⑫。

欲對物件套用色票時，使用**〔選取〕工具**選取物件，按一下〔色票〕面板的圖樣色票。

另外，欲再次編輯登錄的圖樣色票時，按二下〔色票〕面板的圖樣色票。如此一來，畫面會切換成圖樣編輯模式，就可以進行編輯。

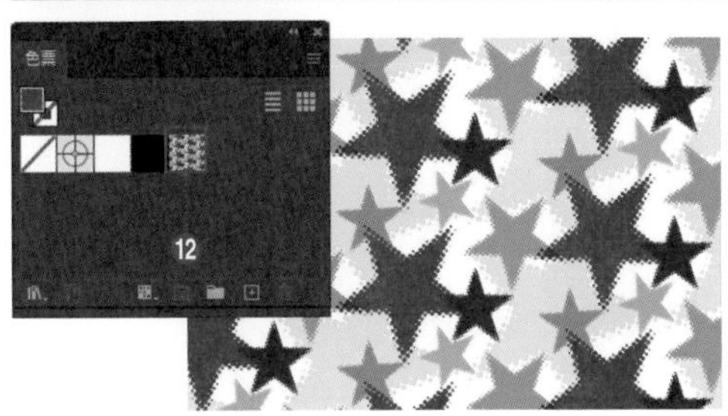

第4章 設定顏色與登錄、置入物件

107 抽出物件或照片的顏色

使用〔檢色滴管〕工具的話，可以抽出選取過的物件〔填色〕或〔筆畫〕顏色等各種屬性，然後套用在選取中的物件。

step 1

欲抽出或者套用物件的屬性時，使用**〔選取〕工具**選取物件❶，再點選工具列的**〔檢色滴管〕工具**❷。

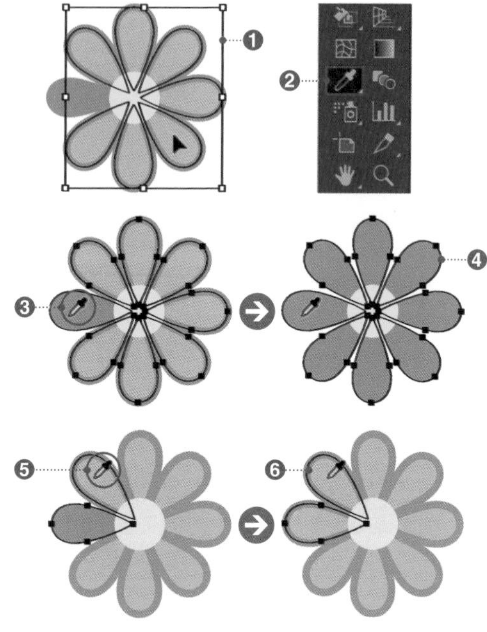

〔檢色滴管的抽出〕

使用**〔檢色滴管〕工具**按一下抽出屬性的物件❸。如此一來，選取中的物件就能套用該物件的〔填色〕和〔筆畫〕的屬性❹。

〔檢色滴管的套用〕

按住 Alt（option）的同時使用**〔檢色滴管〕工具**按一下套用屬性的物件❺。如此一來，選取中的物件的〔填色〕和〔筆畫〕的屬性❻會套用在已選取過的物件上。

step 2

使用**〔檢色滴管〕工具**的話，也可以從置入的點陣圖影像抽出顏色。

使用**〔選取〕工具**，選取欲套用顏色的物件❼，並且從工具列點選**〔檢色滴管〕工具**❽，按一下點陣圖影像❾。如此一來，影像的顏色就會套用在物件上。

Variation

使用**〔檢色滴管〕工具**在文件上的任何位置按一下滑鼠左鍵，然後從該處開始拖曳，將滑鼠游標拖曳到桌面或者其他應用程式的視窗上的話，皆能讀取畫面上所有地方的顏色❶。

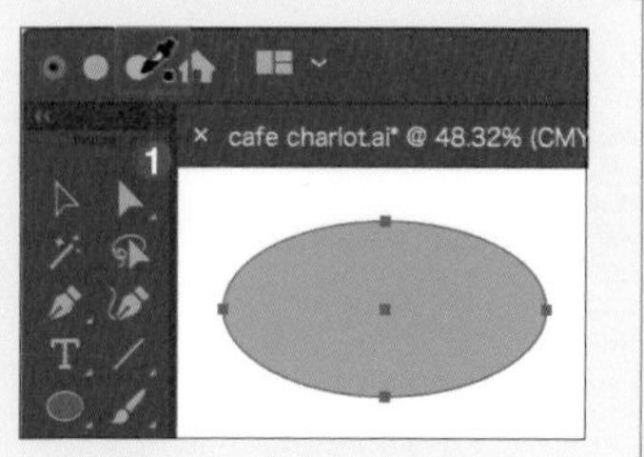

108 調整漸層的開始點、結束點和角度

使用〔漸層〕工具，就能憑直覺任意設定漸層的開始點、結束點和角度。

step 1

使用〔**選取**〕**工具**，在選取套用線性漸層的物件的狀態下❶，從工具列點選〔**漸層**〕**工具**❷，並且在物件上拖曳的話❸，就能調整漸層的角度或位置。

拖曳起點為漸層的起點，拖曳終點為漸層的終點，拖曳的角度為漸層的角度。

〔放射狀〕漸層也是同樣地❹，拖曳起點為漸層的起點（放射狀的中心），拖曳終點為漸層的終點。

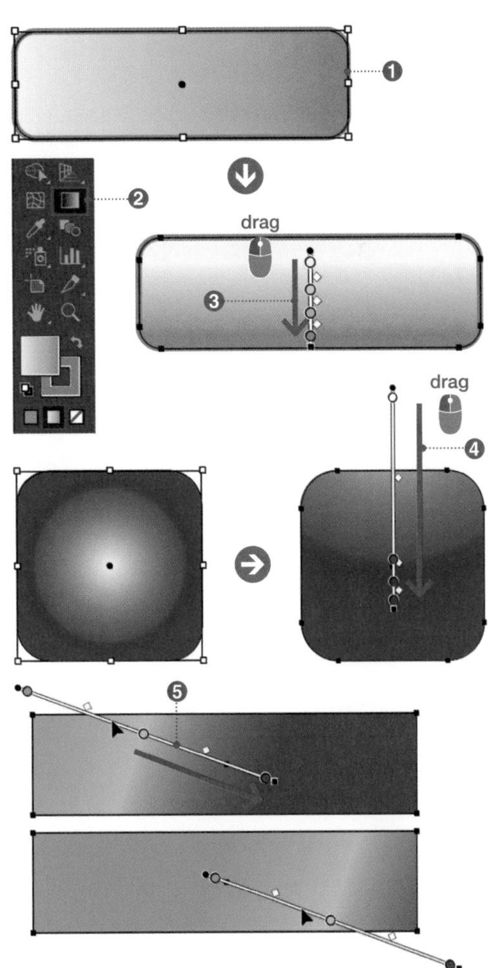

Tips

按住 shift 同時開始拖曳的話，角度會固定為水平・垂直 45 度角。

step 2

漸層物件上會顯示**漸層列**❺。將滑鼠游標重疊在漸層列上的話，游標形狀會變成▸。拖曳移動漸層列的話，可以變更漸層的套用範圍。

另外，操作漸層列的〔色標〕、〔中點〕，可以編輯顏色。操作方法與〔漸層〕面板相同（p.150）。

Variation

欲套用橫跨多個物件的漸層時，使用〔**選取**〕**工具**選取套用相同漸層的多個物件❶，再使用〔**漸層**〕**工具**拖曳❷。

如此一來，選取的全部物件皆套用綿延不絕的漸層。

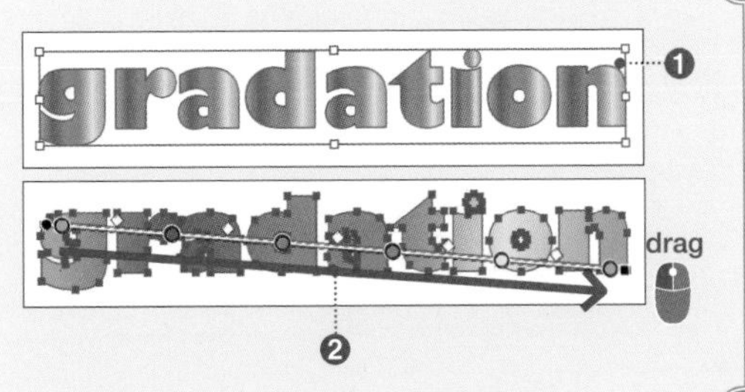

第4章 設定顏色與登錄、置入物件

相關 編輯放射狀漸層：p.148 編輯任意形狀漸層：p.149 〔漸層〕面板：p.150

109 憑直覺編輯放射狀漸層

使用〔漸層〕工具的話，可以在物件上設定漸層，所以能夠憑直覺編輯漸層。

step 1

選取套用放射狀漸層的物件，從工具列點選**〔漸層〕工具**的話❶，物件上會顯示漸層列。

滑鼠游標靠近漸層列的話，會顯示包含〔漸層列〕在內的〔漸層註解者〕❷。

> **Tips**
>
> **未顯示漸層註解者時，從功能表列點選〔檢視〕→〔顯示漸層註解者〕。**

step 2

滑鼠游標與〔漸層列〕的終點或者和❸重疊的話，會切換成控制點的形狀。在這個狀態下，拖曳控制點，就能縮放漸層的套用範圍（虛線的圓形）。

滑鼠游標與黑色圓點重疊的話，控制點的形狀會變成❹。在這個狀態下，拖曳控制點，可以變更圓形的長寬比，變形為橢圓形。

step 3

將滑鼠移到與虛線或者控制列的終點外側的話，控制點的形狀變成❺。在這個狀態下，旋轉拖曳控制點，就能調整橢圓形的角度。

另外，將滑鼠游標移到控制列之上，控制點的形狀變成❻。在這個狀態下，拖曳控制點的話，可以變更漸層的中心位置。排列組合這些步驟後套用的話，讓漸層產生偏斜效果，更具立體感❼。

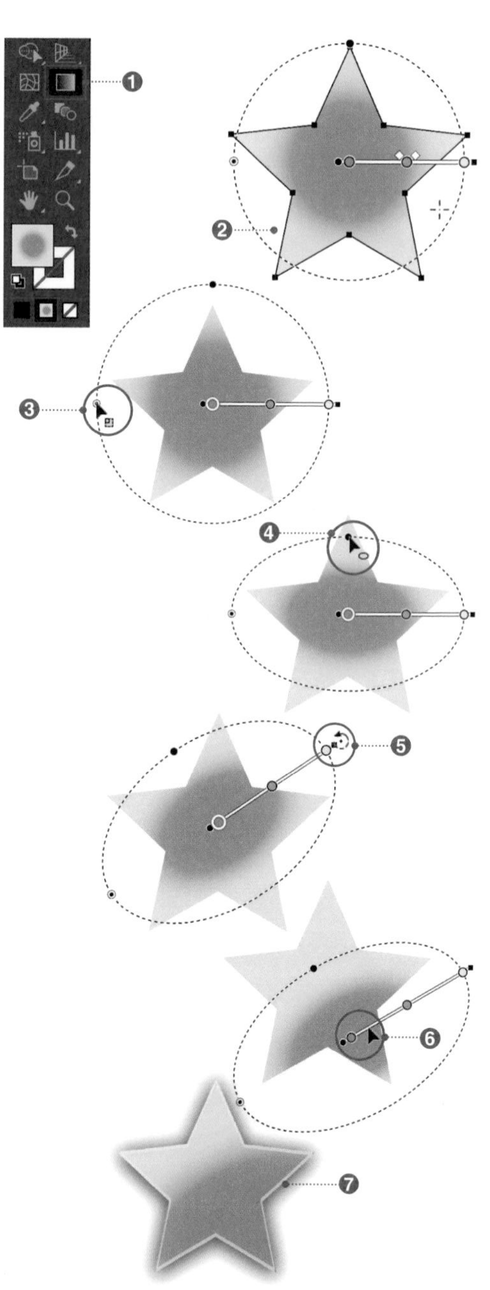

110 編輯任意形狀漸層

套用〔任意形狀漸層〕的話，可以設定平滑且自然的漸層。利用〔漸層〕工具的直覺性操作，能夠編輯色標的位置或顏色。

step 1

使用**〔選取〕工具**選取物件，點選〔漸層〕面板的〔類型：任意形狀漸層〕❶。

另外，任意形狀漸層僅能套用〔填色〕。無法套用〔筆畫〕。

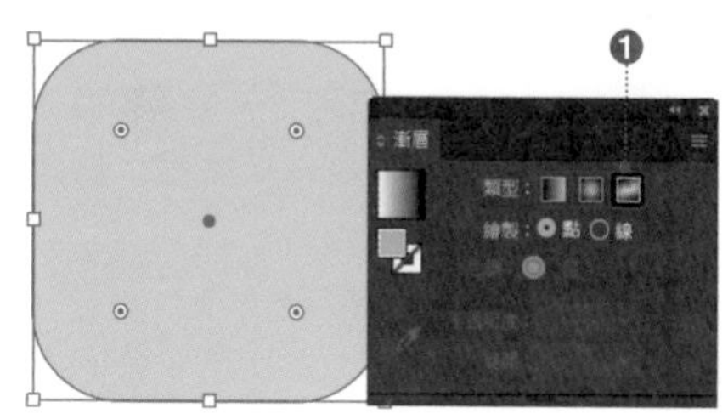

step 2

任意漸層會自動套用物件的形狀與文件內的配色上❷。而且，工具會自動切換成**〔漸層〕工具**，因此立即就能編輯物件新增的〔色標〕。〔色標〕可以拖曳移動。另外，按一下欲新增〔色標〕的位置，就能新增〔色標〕❸。欲刪除〔色標〕時，將想要刪除的〔色標〕拖曳到物件的輪廓線外側❹。

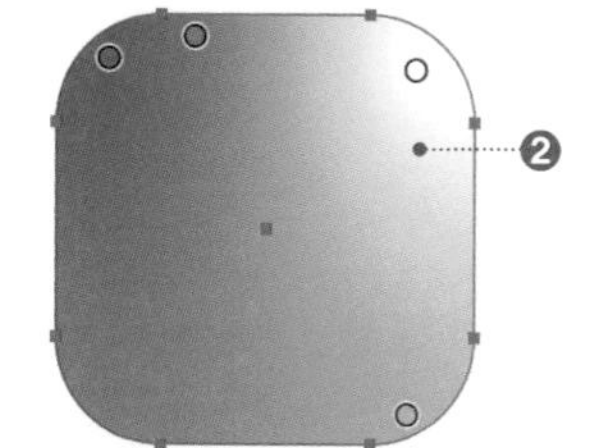

step 3

按二下〔色標〕，會出現〔顏色〕面板或者是〔色票〕面板，在此設定顏色❺。

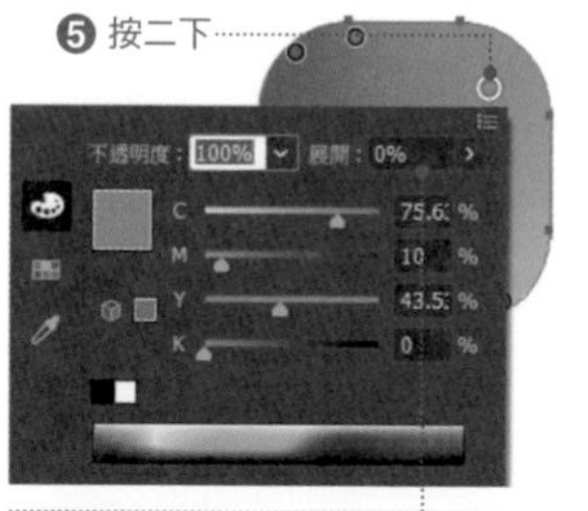

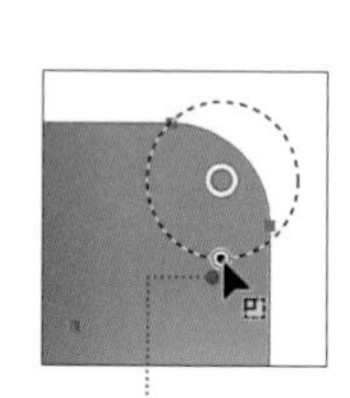

拖曳〔色標〕周圍的註解者，設定〔位置〕（顏色的套用範圍）。也可以從面板編輯〔位置〕。

step 4

選取〔色標〕，並且從〔漸層〕面板選擇〔筆畫：線〕❻，再按一下任一〔色標〕的話，會出現連結〔色標〕與〔色標〕的線，沿著這條線就會反映出自然的漸層顏色❼。

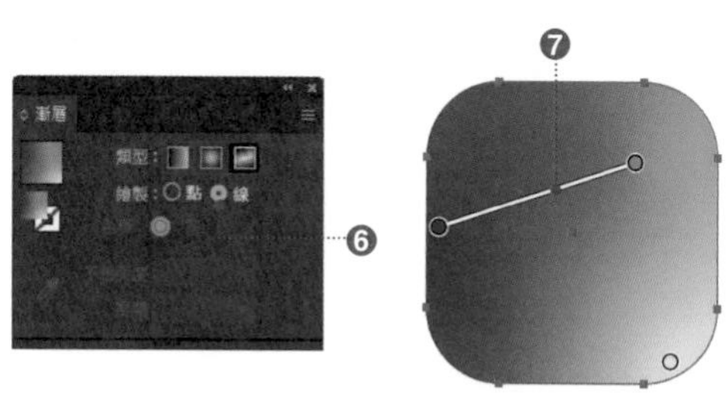

Tips

任意形狀漸層在設定完成後，可以登錄在〔繪圖樣式〕面板。

相關〔漸層〕工具：.147 〔漸層〕面板：p.150

111〔漸層〕面板的使用方法

使用〔漸層〕面板的話，就能詳細地調整漸層的顏色或方向、位置。如果能熟練面板的操作方式，可以隨心所欲的完成各種漸層。

套用漸層

欲套用漸層的話，使用**〔選取〕工具** 選取物件，按一下〔漸層〕面板的**〔漸層〕縮圖** ❶。

如此一來，物件就會套用漸層 ❷。

按一下**〔反轉漸層〕** ❸，就能反轉漸層的方向。

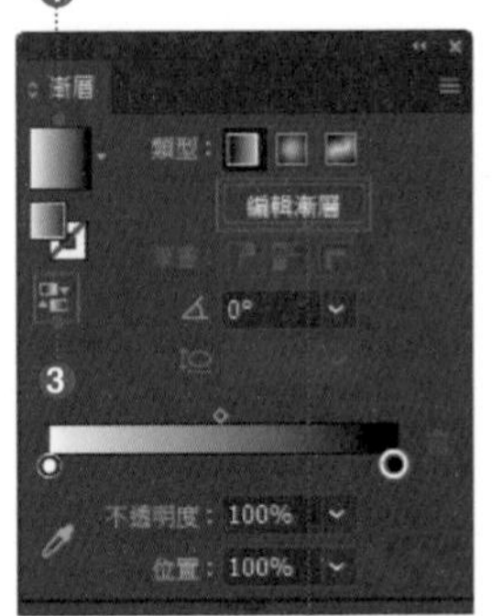

按一下〔編輯漸層〕的話，工具會自動切換成〔漸層〕工具。

設定漸層的顏色

按二下〔色標〕❹，在顯示的〔顏色〕面板可以設定漸層的顏色。

另外，也能切換〔色票〕面板 ❺。點選〔檢色器〕的話，在物件的任意位置按一下滑鼠左鍵，就能將該處的顏色設為〔色標〕❻。

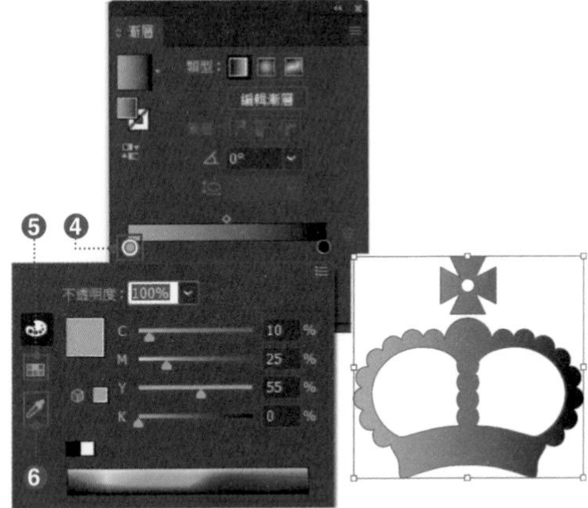

> **Tips**
>
> 將〔色票〕面板的〔顏色色票〕拖放到〔色標〕的話，也可以套用漸層的顏色。

新增色標

欲新增〔色標〕時，按一下〔漸層註解器〕的下方 ❼。

點選〔色標〕後，按住 Alt（option）同時橫向拖曳，就能複製〔色標〕。

欲刪除〔色標〕時，可以點選〔色標〕後按一下**〔刪除色標〕** ❽，或者是將〔色標〕向下拖曳。

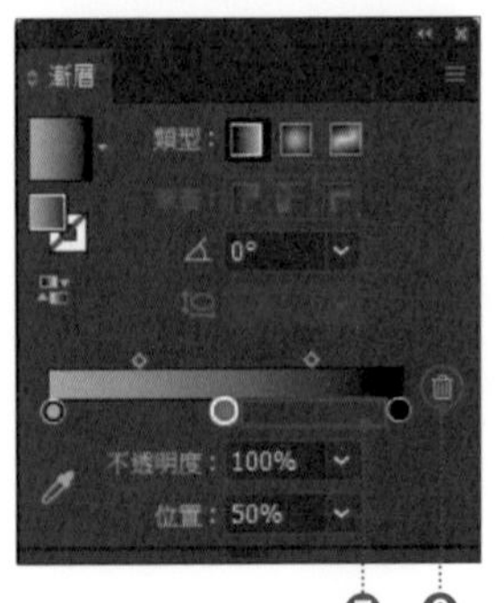

> **Tips**
>
> 將〔色票〕面板的〔顏色色票〕拖放到〔漸層註解者〕下方，也能新增〔色標〕。

調整漸層的位置

欲調整漸層的位置時，須拖曳〔色標〕或〔色標〕之間的〔中點〕。

或者是，按一下〔色標〕或〔中點〕，在選取的狀態下，指定數值調整〔位置〕❾。

在〔角度〕指定數值也可以調整漸層的角度❿。

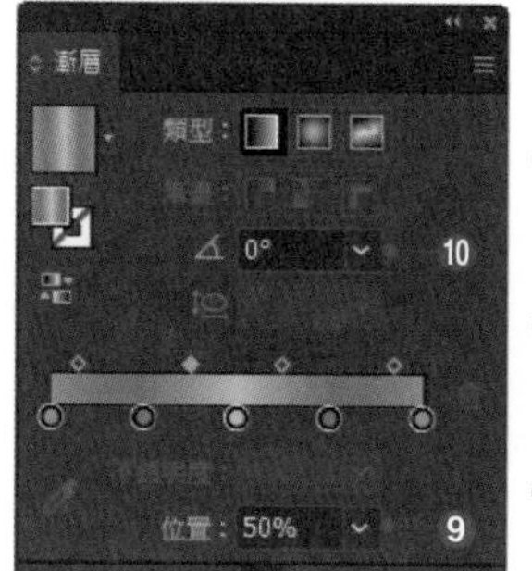

登錄漸層

欲登錄漸層時，按一下〔漸層〕縮圖右側的現有漸層下拉式選單⓫，按一下〔加入色票〕⓬。

或者是，在工具列的〔填色〕框顯示漸層後，按一下〔色票〕面板的〔新增色票〕，就能登錄漸層。

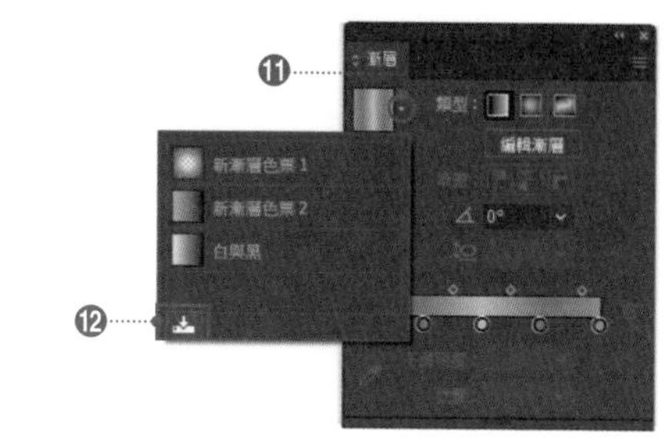

設定漸層類型或不透明度

點選〔類型：放射狀漸層〕的話⓭，就能套用放射狀的漸層。指定〔外觀比例〕⓮，也可以設定橢圓形的漸層。

另外，漸層也能設定不透明度。按一下〔色標〕在選取後，設定〔不透明度〕⓯。

例如，欲從透明漸層設定為黑色漸層時，在兩端的〔色標〕設定相同數值的黑色，並且將〔不透明度：0〕設定為〔不透明度：100〕。

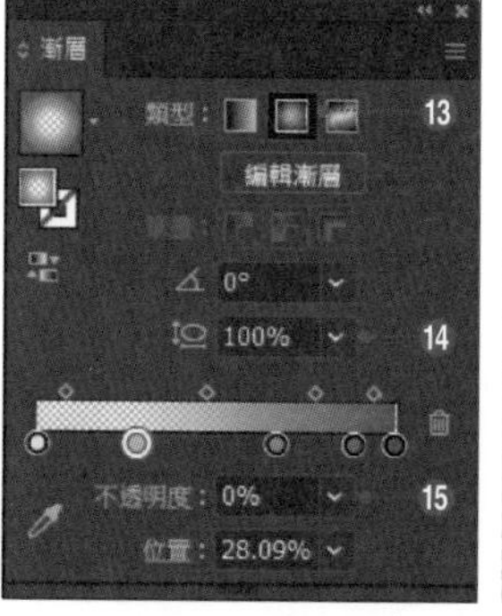

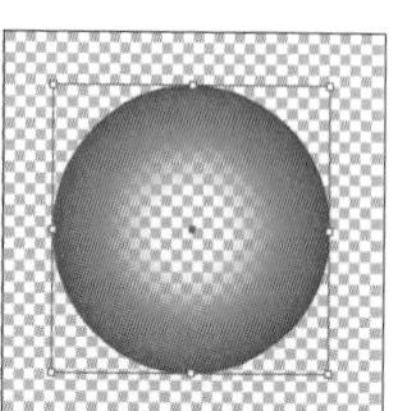

在〔筆畫〕上套用漸層

欲在〔筆畫〕上套用漸層時，按一下〔漸層〕面板的〔筆畫〕框⓰，就能套用漸層。〔類型〕或〔角度〕也與〔填色〕同樣地可以設定。另外，還可以選擇筆畫套用漸層的方法⓱。

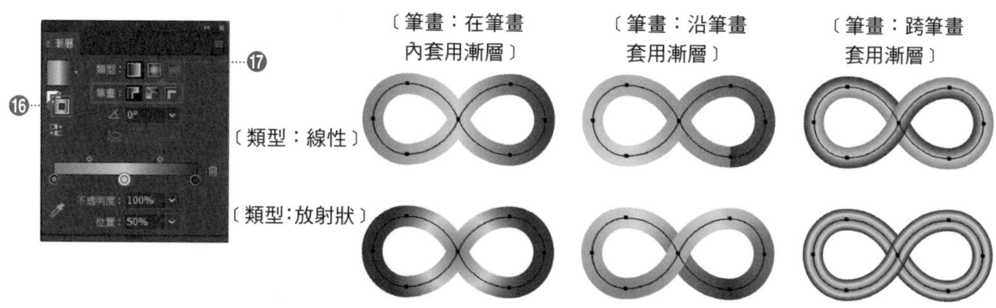

相關〔漸層〕工具：.147　編輯放射狀漸層：p.148　編輯任意形狀漸層：p.149

112 指定網格格線數，製作漸層網格

只要套用〔建立漸層網格〕指令，就可以指定長寬的網格格線數目以及反白的亮度，製作網格。

使用〔**選取**〕**工具** 選取路徑物件 ❶，再從功能表列點選〔物件〕→〔建立漸層網格〕，會出現〔建立漸層網格〕對話框。

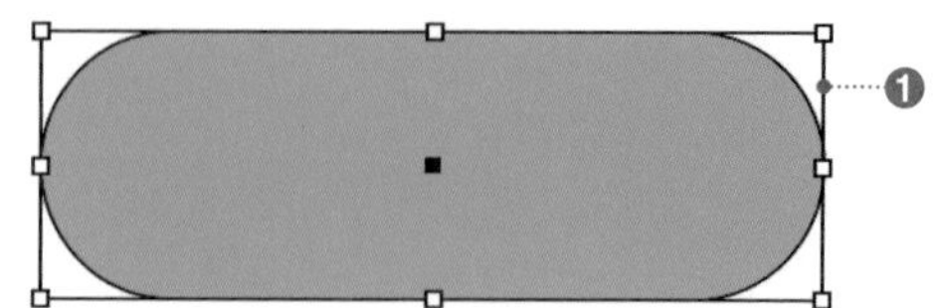

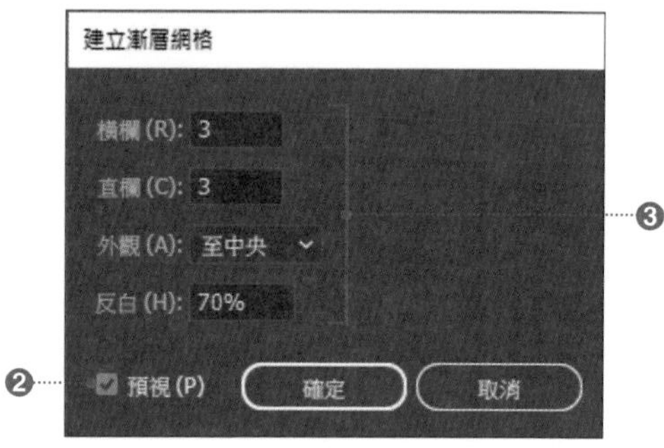

step 2

勾選〔預視〕❷，分別指定網格長寬的〔橫欄〕、〔直欄〕或其他的設定項目 ❸。設定結束之後按一下〔確定〕。
物件便會新增網格，轉換成網格物件 ❹。

◎〔建立漸層網格〕的設定項目

項目	內容
〔外觀：平坦〕	物件所設定的〔填色〕顏色不變，且新增了網格。
〔外觀：至中央〕	在中心部分建立反白效果。
〔外觀：至邊緣〕	邊緣部分建立反白效果。
〔反白〕	指定反白部分的淡化效果。

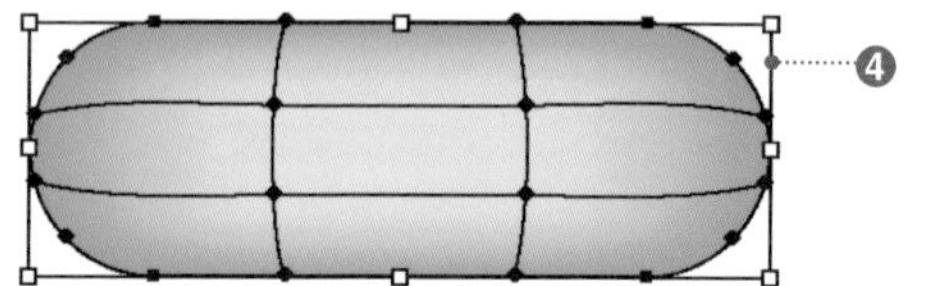

網格物件由網狀的**「網格線」**❺，網格線交錯位置的**「網格點」**❻，與 4 個「網格點」包圍形成的**「網格分片」**❼ 所構成。
欲變更網格顏色時，使用〔**直接選取**〕**工具** ，按一下選取網格點或網格分片後，在〔色票〕面板或〔顏色〕面板進行設定 ❽。另外，在〔透明度〕面板也可以設定網格點的〔不透明度〕。

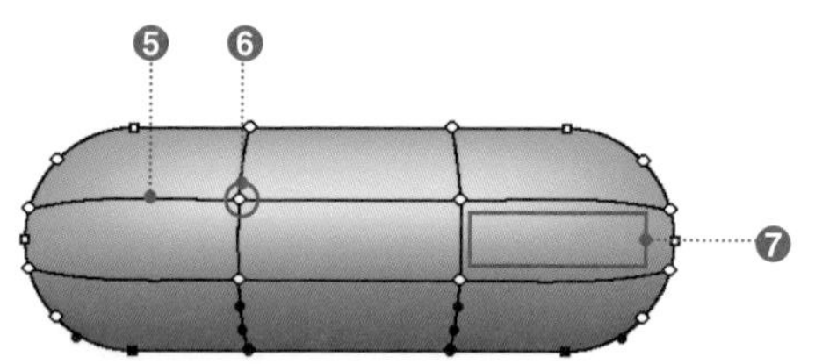

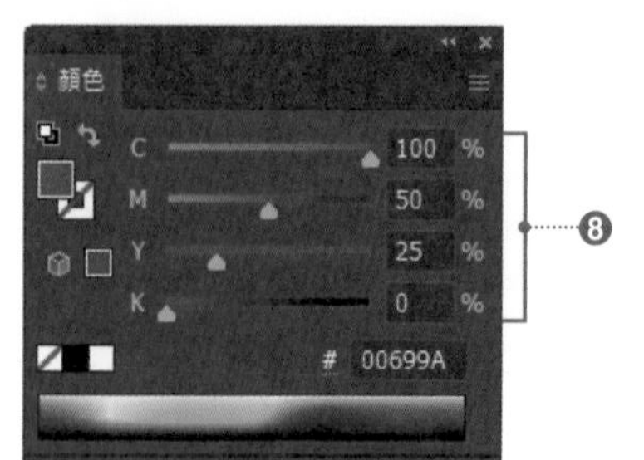

113 使用〔網格〕工具製作複雜的漸層網格

使用〔網格〕工具 的話，在路徑的任何位置皆能新增網格點。不過，複合路徑則無法新增網格。

step 1

在此利用漸層網格將香菇造型的物件立體化 ❶。

從工具列點選**〔網格〕工具** ❷，在〔填色〕框設定當作網格的新顏色 ❸。

step 2

按一下物件的話，選取的位置會新增網格點，以該網格點為中心會新增可以上下左右延展的網格線 ❹。

接著，按一下滑鼠左鍵新增網格點後，設定如右圖般的漸層 ❺。

另外，點選**〔網格〕工具**，按住 Alt（option）的同時按一下網格點，便能刪除網格點。

Tips

在〔筆畫〕套用漸層，並且展開該筆畫的外觀，就能轉換成網格物件。活用這項功能的話，就能輕易地完成在製作複雜漸層網格時的〔原始形狀〕。

step 3

欲編輯網格點時，使用**〔直接選取〕工具** 拖曳網格點來改變位置，或者利用控制把手來設定漸層顏色位移強度或漸層顏色的範圍 ❻。

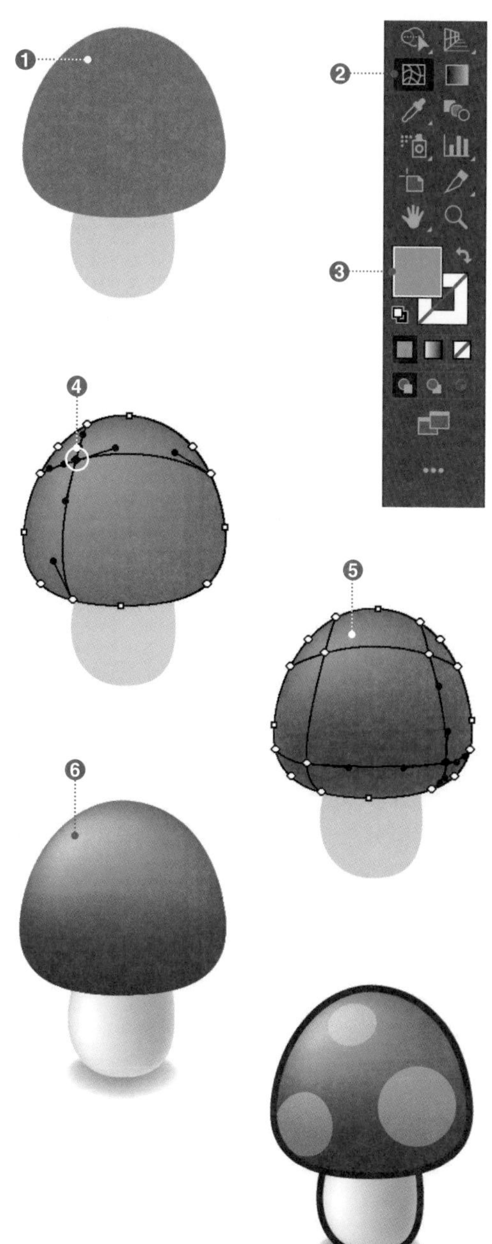

Tips

欲在網格物件設定〔筆畫〕時，可以在〔外觀〕面板新增筆畫（p.130）。
另外，欲將網格物件轉換成路徑物件時，將〔位移複製〕指令設定為〔位移：0mm〕後進行套用（p.213）。

相關〔漸層〕面板：p.150 〔建立漸層網格〕指令：p.152

114 變更物件的混合模式

變更〔透明度〕面板的〔混合模式〕的話，可以依據選擇的模式，合成物件重疊部分的顏色。

step 1

使用**〔選取〕工具**選取物件❶，變更〔透明度〕面板的〔混合模式〕❷。

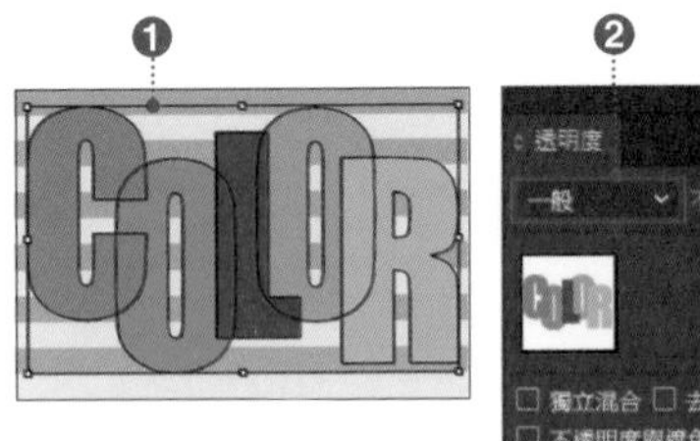

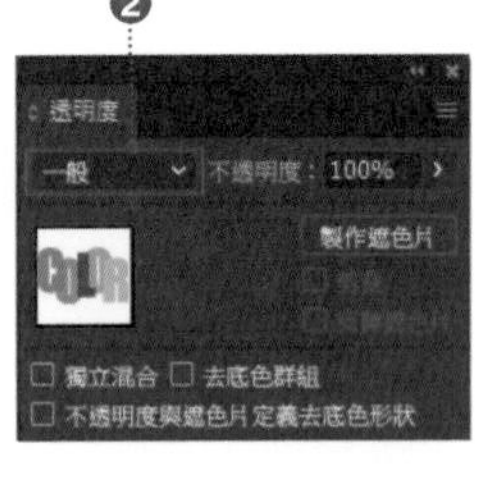

step 2

設定〔混合模式：色彩增值〕的話❸，物件會呈現半透明，與下方物件重疊部分的顏色會混合❹。

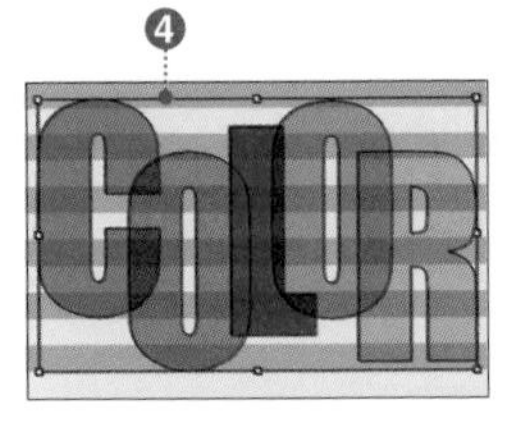

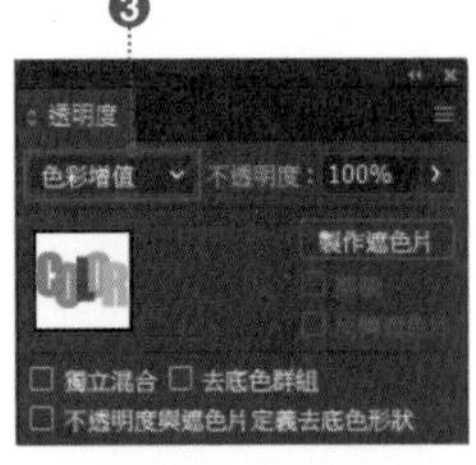

step 3

右圖為設定〔混合模式：色彩增值〕後群組化的結果。群組化的話，群組本身的〔混合模式〕會變成〔一般〕。

另外，選取整個群組，勾選〔獨立混合〕的話❺，效果就不會反映在下方的物件❻。

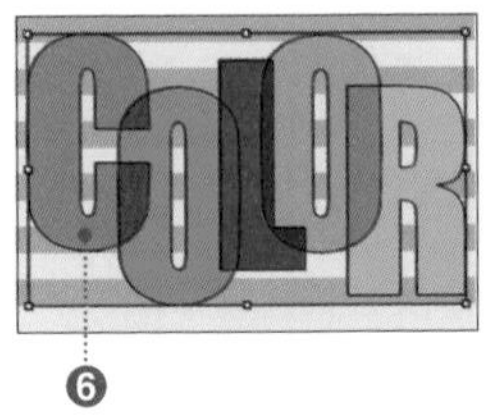

step 4

Illustrator 準備 16 種混合模式❼。另外，最終物件的判定方式並不止於選擇的混合模式，依據上方物件與下方物件的淡化程度或顏色組合，甚至是文件的色彩模式，都有影響。在下一頁的範例中，除了〔混合模式〕的種類，也請注意各個顏色的變化。上方物件的顏色為**「漸變色」**，下方物件的顏色為**「基色」**，合成後的顏色稱為**「最終色」**。

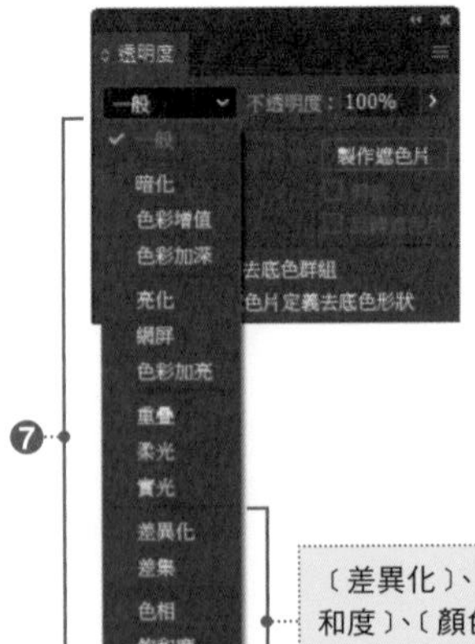

〔差異化〕、〔排除〕、〔色相〕、〔飽和度〕、〔顏色〕、〔明度〕的各個模式中，並無具特色的漸變效果。

> **Tips**
>
> 文件的色彩模式為〔CMYK 色彩〕時，在多數的混合模式中，〔K：100%〕的黑色會掩蓋下方圖層的顏色。請使用 CMYK 數值指定四色黑來取代〔K：100%〕。

下列是以文件的色彩模式為 RGB 的範例。若色彩模式為 CMYK 時，其結果會因為 CMYK 數值的不同而有很大的差異。

〔一般〕：為初始設定值。與背景互不影響。

〔暗化〕：基色與漸變色之中，較暗的顏色為最終顏色。

〔色彩增值〕：基色與漸變色加乘。最終顏色通常會變暗。

〔色彩加深〕：基色變暗，再反映到漸變色。

〔變亮〕：基色與漸變色之中，明亮色為最終顏色。

〔濾色〕：基色與漸變色反轉相乘。最終顏色通常為明亮的顏色。

〔加亮顏色〕：基色變亮，再反映到漸變色。

〔重疊〕：因應基色，套用〔色彩增值〕或者〔濾色〕。基色會與漸變色混合，反映基色的明度或暗度。

〔柔光〕：漸變色比 50% 灰階亮的時候，套用〔覆蓋顏色〕，比較暗的時候，套用〔色彩加深〕。

〔實光〕：漸變色比 50% 灰階亮的時候，套用〔濾色〕，比較暗的時候，套用〔色彩增值〕。

〔差異化〕：基色與漸變色之中，亮度高的顏色會減去亮度低的顏色。與白色漸變的話，會反轉基色的數值。

〔排除〕：雖然可以得到與〔差異化〕相同的效果，但是對比度會降低。與白色漸變的話，會反轉基色的顏色部分。

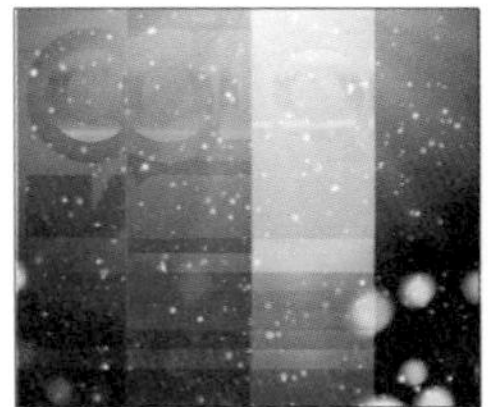

〔色相〕：基色的明度和飽和度與漸變色的色相混合。

〔飽和度〕：基色的明度和色相與漸變色的飽和度混合。

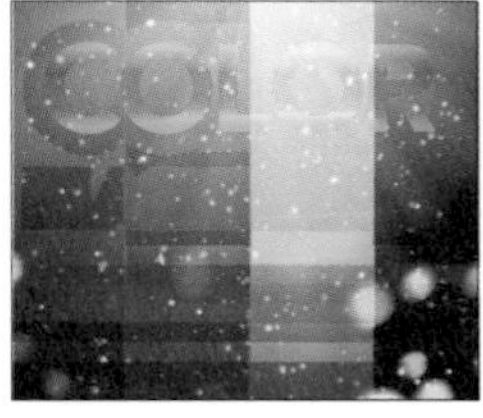

〔顏色〕：基色的明度與漸變色的色相和飽和度混合。可以製作與〔明度〕相反的效果。

〔明度〕：基色的色相和飽和度與漸變色的明度混合。可以製作與〔顏色〕相反的效果。

相關 不透明度：**p.156** 製作〔不透明遮色片〕：**p.157** 繪圖樣式：**p.165**

115 製作半透明物件

欲將物件半透明化時，須變更〔透明度〕面板的〔不透明度〕。〔不透明度〕的設定範圍為 0 ～ 100%；0% 為透明，100% 為不透明。

step 1

使用〔**選取**〕**工具** 選取物件 ❶，變更〔透明度〕面板的〔不透明度〕❷。在此設定〔不透明度：50%〕❸。

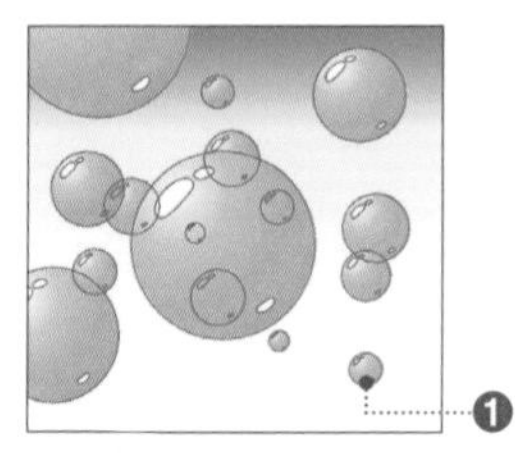

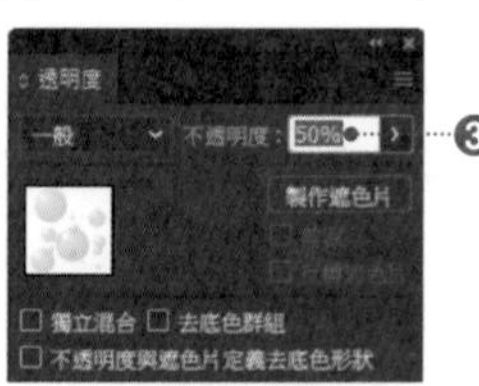

Tips

未出現〔透明度〕面板時，從功能表列點選〔視窗〕→〔透明度〕後會出現面板。按一下控制面板的〔不透明度〕，也會出現〔透明度〕面板。

step 2

物件呈現半透明，可以看透下方的物件 ❹。
在下方置入物件，就能營造具有輕巧透明感或者向內延伸的立體感。

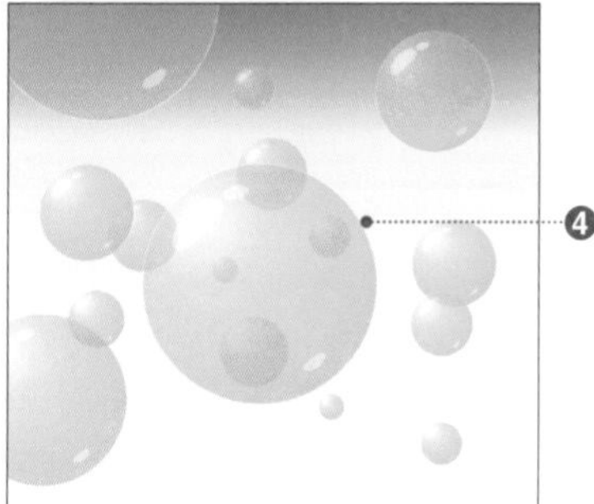

step 3

右圖中，將與上方物件重疊的物件設定〔不透明度：70%〕後，進行群組化 ❺。
勾選〔去底色群組〕的話 ❻，群組內的物件不會互相干涉，而呈現出穿透到下方物件的感覺 ❼。

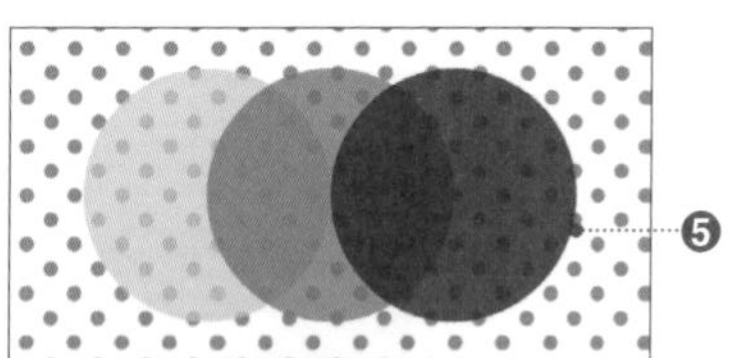

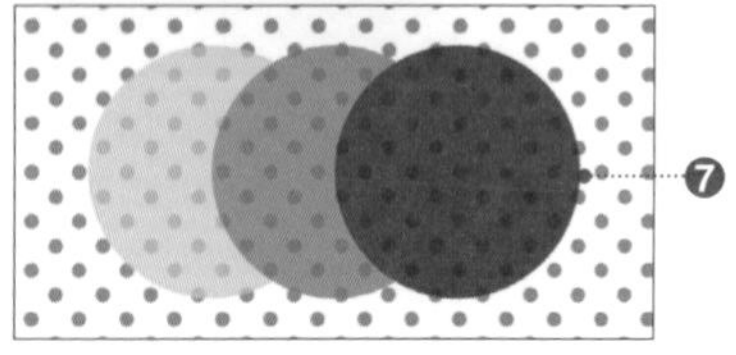

Tips

〔透明度〕面板未顯示〔獨立混合〕、〔去底色群組〕時，就選擇面板選單的〔顯示選項〕。

 相關 混合模式：p.154　製作〔不透明遮色片〕：p.157　繪圖樣式：p.165

 套用漸次透明的遮色片

在物件套用〔不透明遮色片〕的話，就可以套用具備透明度的遮色片。不透明遮色片套用漸層的話，就能製作逐漸變得透明的遮色片。

step 1

套用〔不透明遮色片〕的物件上方所置入的物件，套用了當作〔不透明遮色片〕使用的黑白漸層 ❶。

使用**〔選取〕工具** 選取全部的物件後，按一下〔透明度〕面板的**〔製作遮色片〕** ❷。

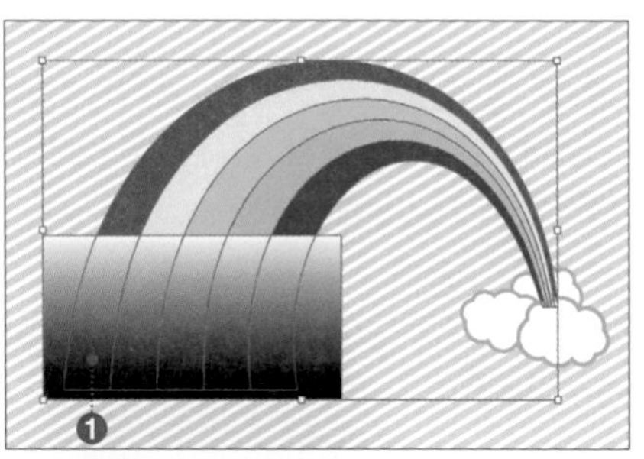

> **Tips**
>
> 〔透明度〕面板未顯示〔製作遮色片〕時，就從面板選單選擇〔顯示縮圖〕。

step 2

物件套用了〔不透明遮色片〕，在〔透明度〕面板的**〔要被遮蓋的物件〕**和**〔遮色片物件〕**會以縮圖顯示 ❸。

在這個狀態下，未置入漸層的部分會消失，因此不勾選〔剪裁〕❹。

step 3

置入在上方的漸層形狀，會套用逐漸變得透明的〔不透明遮色片〕❺。

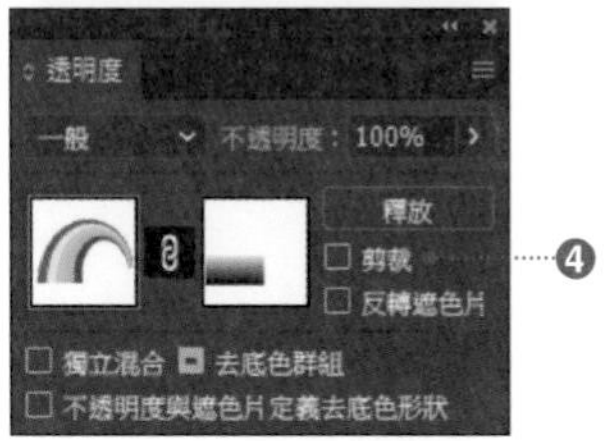

> **Tips**
>
> 套用〔不透明遮色片〕的話，不透明度會隨著遮色片物件的顏色明度而變化。
> 遮色片物件的白色（〔K：0%〕或者〔R、G、B：255〕）部分的圖稿，其不透明度變成100%。黑色（〔K：100%〕或者〔R、G、B：0〕）部分的圖稿，其透明度變成0%。

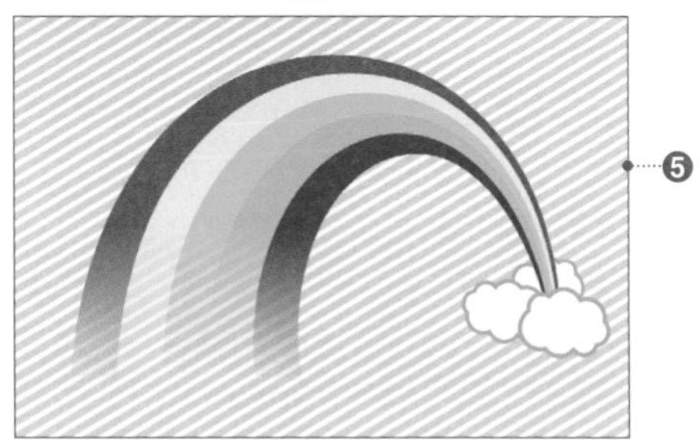

相關 混合模式：p.154　不透明度：p.156　編輯〔不透明遮色片〕：p.158

Sample_Data/117/

117 編輯〔不透明遮色片〕

欲編輯套用〔不透明遮色片〕的物件時，可以在〔透明度〕面板的縮圖，切換一般模式和編輯遮色片模式。

step 1

使用〔**選取〕工具** 選取套用〔不透明遮色片〕的物件 ❶，在按住 Alt（option）的同時按一下〔透明度〕面板的遮色片物件的縮圖 ❷，就能切換成遮色片編輯模式。

按住 Alt（option）的同時按一下滑鼠左鍵，切換成遮色片編輯模式的話，只會顯示遮色片物件。

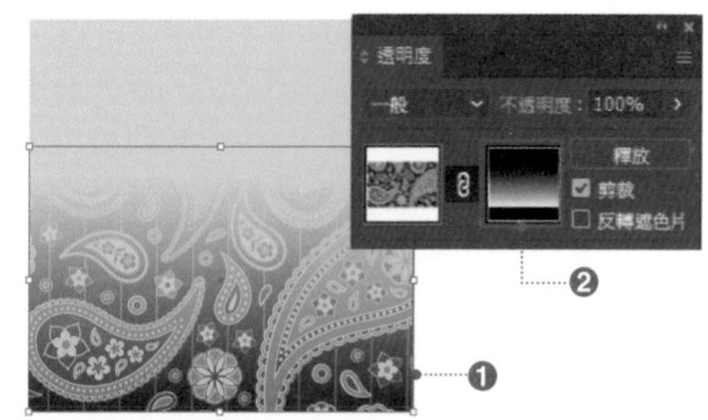

step 2

選取的縮圖會出現方框以強調顯示 ❸，在文件視窗的檔案名稱旁邊與〔圖層〕面板，都會顯示「(不透明遮色片)」❹。

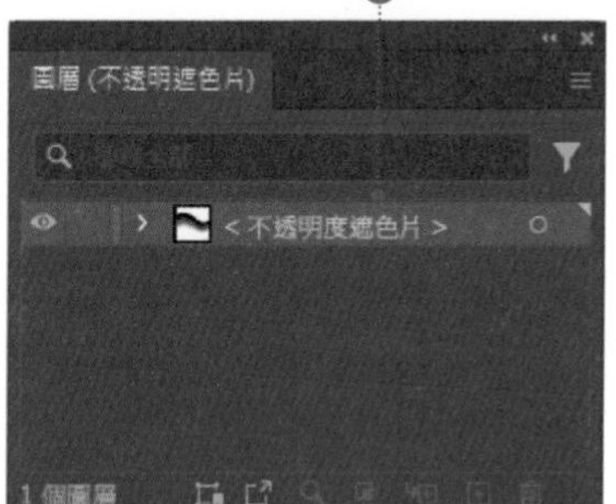

原本遮色片是使用 ❺ 的漸層，但是在此讓物件套用〔漸層網格〕(p.152)，而變形為 ❻ 的形狀，並且套用遮色片。

另外，在〔透明度〕面板再度按住 Alt（option）同時按一下遮色片物件的縮圖的話，會顯示要被遮蓋的物件，就可以進行編輯。

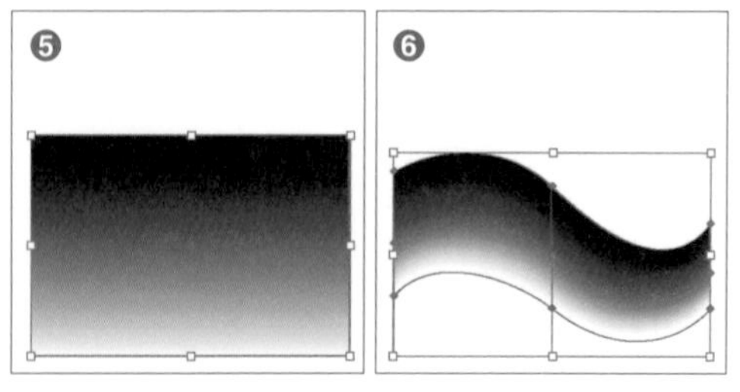

遮色片物件的編輯結束之後，按一下左側的縮圖 ❼，回到一般模式 ❽。

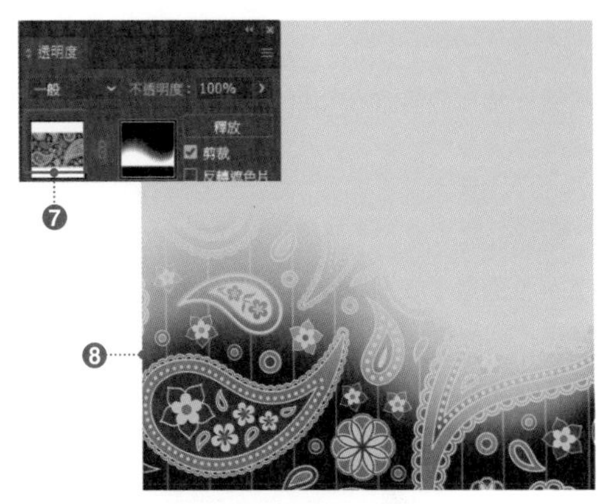

不透明遮色片無效化

欲讓〔不透明遮色片〕暫時無效時，使用**〔選取〕工具** 選取套用〔不透明遮色片〕的物件，按住 shift 的同時，按一下遮色片物件的縮圖。

如此一來，縮圖會出現紅色的「╳」記號，遮色片便無效化 ❾。欲使遮色片有效時，就在按住 shift 的同時，按一下遮色片物件的縮圖。

釋放不透明遮色片

欲解除〔不透明遮色片〕時，使用**〔選取〕工具** 選取套用〔不透明遮色片〕的物件後，按一下〔透明度〕面板的**〔釋放〕**❿。

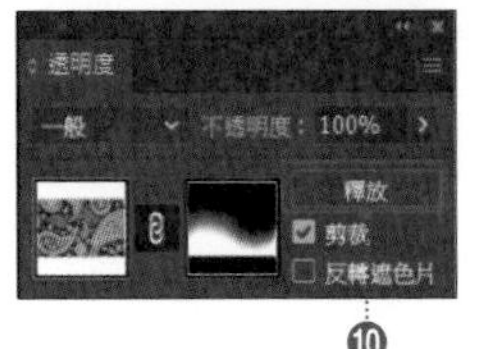

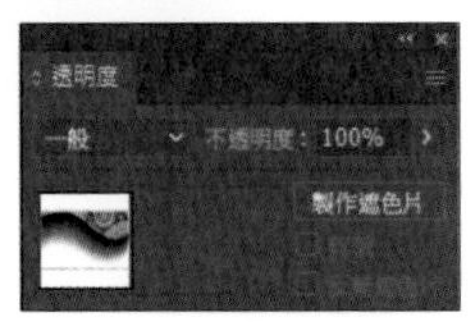

Variation

〔不透明遮色片〕可以在 Illustrator 和 Photoshop 間轉換。

從 Illustrator 轉存為 Photoshop 的 PSD 資料時，或者是 Photoshop 的 PSD 資料置入 Illustrator 時，Illustrator 的〔不透明遮色片〕與 Photoshop 的〔圖層遮色片〕可以相互轉換 ❶。

詳情請參考「保持 Photoshop 資料的圖層置入」(**p.220**) 與「轉存 Photoshop 的 PSD 資料」(**p.28**)。

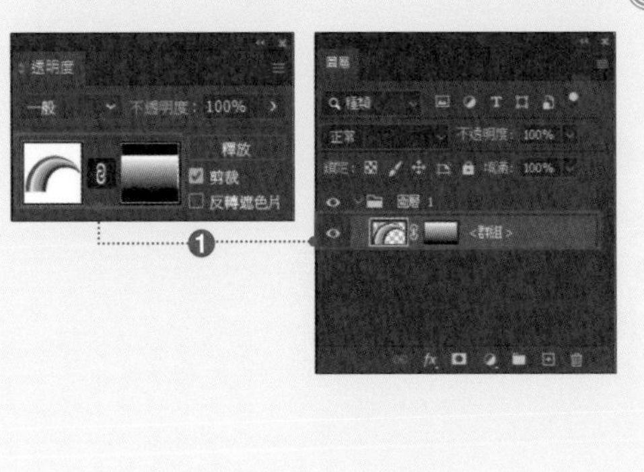

相關 製作〔不透明遮色片〕：**p.157**　保持 Photoshop 資料的圖層置入：**p.220**

118 將圖稿登錄到〔符號〕面板

將同一物件內多次使用的圖稿登錄到〔符號〕面板，想用時馬上就能派上用場。

使用**〔選取〕工具** 選取欲登錄為符號的圖稿後，拖放該圖稿到〔符號〕面板 ❶，或者是按一下**〔新增符號〕**❷。

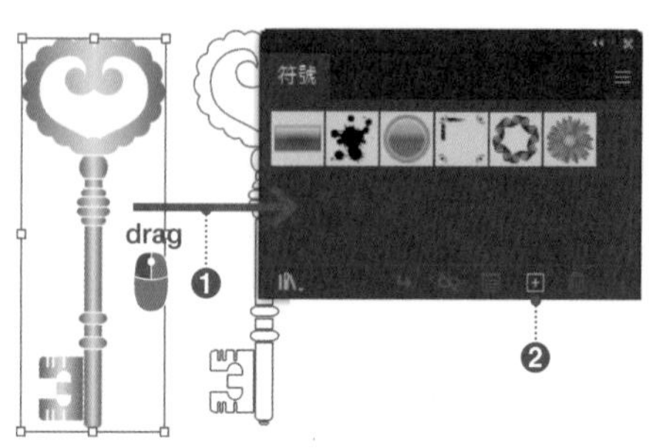

由於會出現〔符號選項〕對話框，適當的輸入名稱後 ❸，按一下〔確定〕。

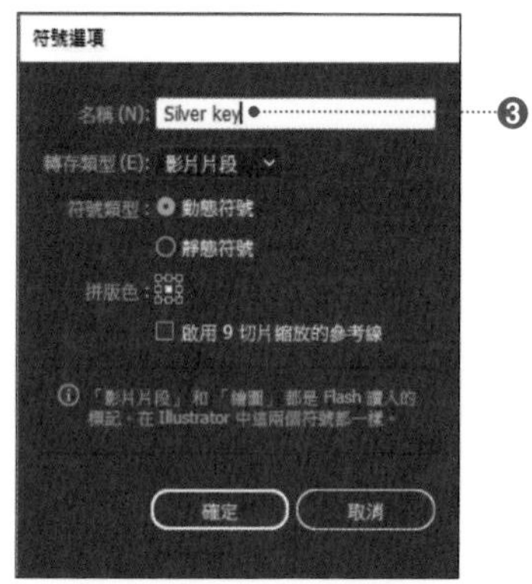

符號登錄後，按一下〔符號〕面板的〔符號選項〕的話，也可以再度顯示〔符號選項〕對話框。

Tips

〔轉存類型〕的〔影片片段〕以及〔圖形〕都是轉存為 Flash 的設定。在 Illustrator 使用時，不需要特別的指定。

Tips

〔符號類型〕的〔動態符號〕是與主符號維持關聯的狀態下，使用〔直接選取〕工具 選取置入的範例，並且編輯〔填色〕或〔筆畫〕等等的外觀。〔靜態符號〕為 CS6 以前的符號。無法執行上述的編輯作業。另外，〔符號類型〕的設定即使在登錄為符號後也可以變更。

圖稿登錄為符號後，會顯示在〔符號〕面板 ❹。

欲將登錄的符號置入文件上時，就從〔符號〕面板將欲置入的符號拖放到文件上 ❺。

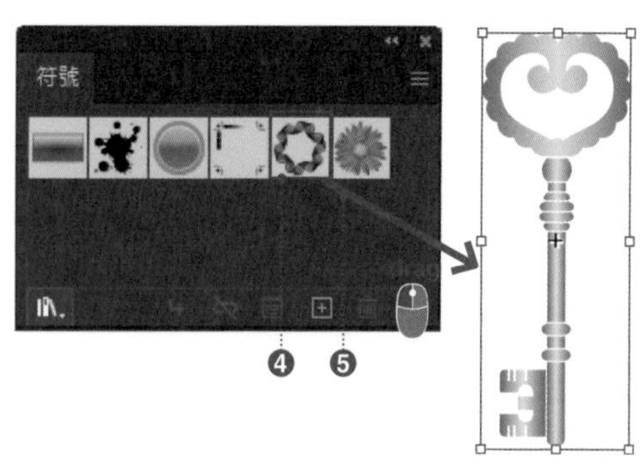

Tips

此時，置入的符號是一種被稱為〔符號範例〕的符號，類似符號的拷貝。因此，編輯符號的話，結果也會反映在全部的符號範例上。

 相關 編輯符號：p.161 〔符號噴灑器〕工具：p.163 加工符號範例：p.164

119 編輯符號

登錄的符號，或者置入的符號範例可簡單進行編輯。符號的編輯內容會自動套用在置入的全部符號範例上。

編輯符號

使用〔**選取**〕**工具**，按一下欲編輯的符號範例 ❶。

由於會出現警告視窗，所有按一下〔確定〕❷。

切換到編輯模式，就可以進行符號的編輯 ❸。

符號編輯結束之後，在文件的空白處按二下滑鼠左鍵，或者是按一下〔**結束編輯符號**〕❹，就能解除編輯模式 ❺。

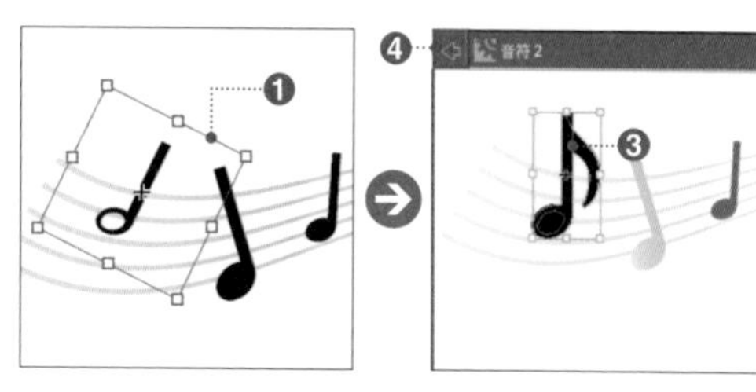

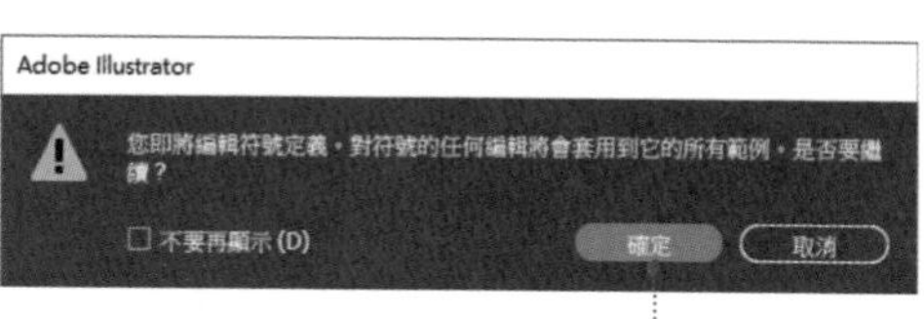

> **Tips**
>
> 按一下〔控制〕面板以及〔內容〕面板顯示的〔編輯符號〕或者是在〔符號〕面板按二下縮圖，也可以切換成符號編輯模式。

編輯符號範例

使用〔**直接選取**〕**工具** 選取以〔符號類型：動態符號〕登錄的符號範例，就能針對其〔填色〕或〔筆畫〕等外觀進行編輯。

從工具列點選〔**直接選取**〕**工具** ❻，按一下選取符號範例 ❼。在〔控制〕面板或者〔內容〕面板確認的話，會發現動態符號的標記 ❽。

在〔色票〕面板變更〔填色〕顏色的話，結果會反映在範例 ❾。

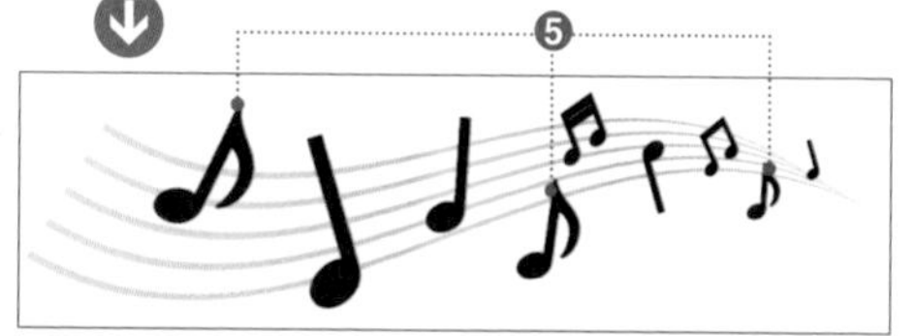

從〔符號〕面板刪除符號

欲從〔符號〕面板刪除符號時，選取欲刪除的符號 ⑩，按一下〔刪除符號〕⑪。
此時，如果有目標的符號範例置入文件上的文話，就會出現警告視窗。

按一下 ⑫ 的話，雖然可以刪除符號，但是符號範例會變成可編輯群組物件而殘留在文件上。
按一下 ⑬ 的話，與符號一起置入的範例也可以從文件上刪除。

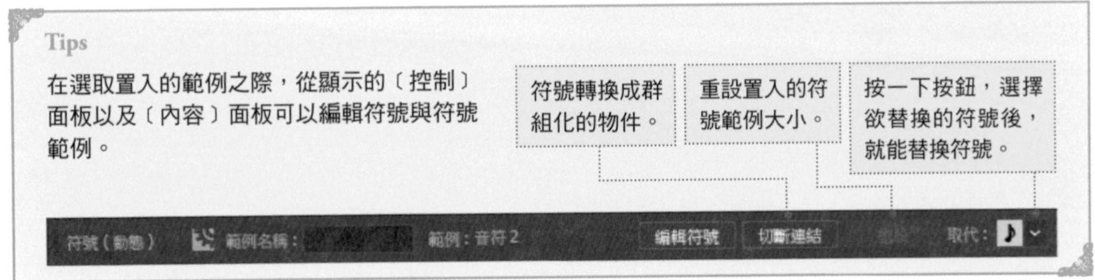

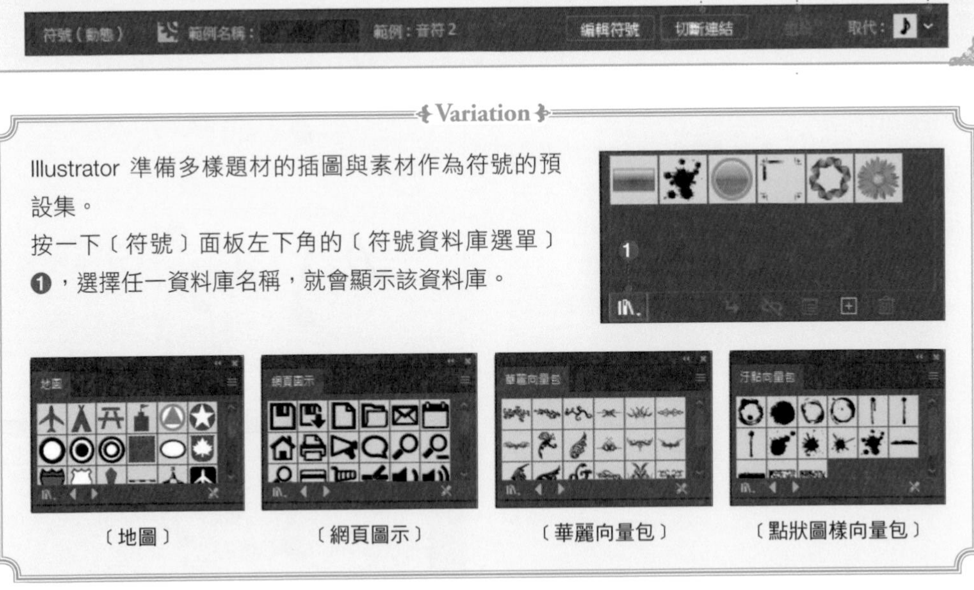

Tips

登錄新增的符號時或者登錄後，從面板選單會出現〔符號選項〕對話框，勾選〔啟用 9 切片縮放的參考線〕的話，便無法縮放該符號的轉角領域。
符號轉換成群組化的物件。
在符號編輯模式中，藉由拖曳 4 條參考線，就能夠設定無縮放功能的轉角領域 ❶。

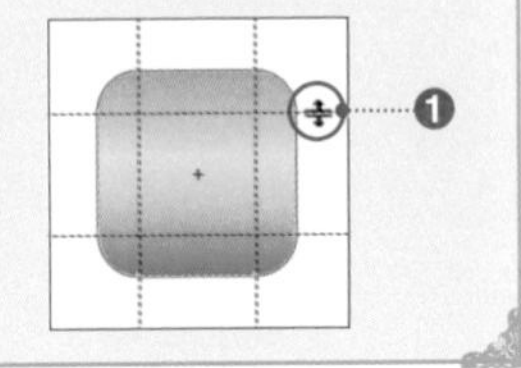

相關 製作符號：p.160 〔符號噴灑器〕工具：p.163 加工符號範例：p164

120 鑲嵌相同的圖稿：〔符號噴灑器〕工具

使用〔符號噴灑器〕工具的話，就能隨機鑲嵌登錄在〔符號〕面板的符號。另外，使用符號，檔案容量會變小。

從〔符號〕面板選擇置入的符號 ❶，再從工具列點選〔**符號噴灑器**〕**工具** ❷。

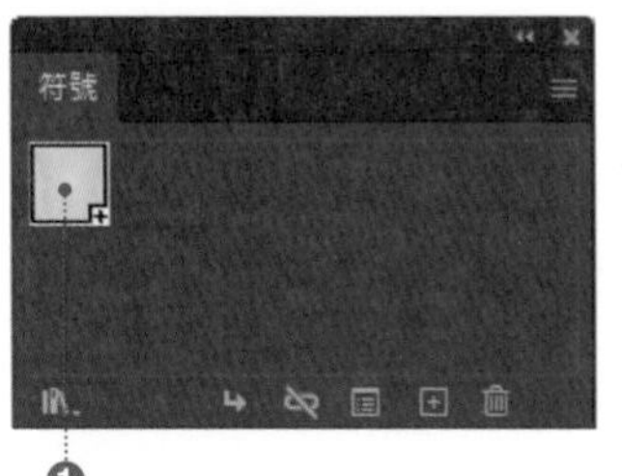

使用〔**符號噴灑器**〕**工具**的話，滑鼠游標會變成〔符號噴灑器〕的圖示，呈現圓形的刷子 ❸。

在文件上按一下或者拖曳圓形滑鼠游標，隨機顯示的符號範例會散布在拖曳的軌跡上。另外，散布符號範例時，按住 Alt（option）的同時拖曳滑鼠游標的話，也可以減少已經散布的符號範例。

step 3

利用〔**符號噴灑器**〕**工具**將散布的符號範例收集到名為〔符號組〕的符號範例收納區。整個符號組被視為 1 個物件 ❹。

欲分開符號組，使其成為個體的符號範例時，就在選取符號組的狀態下，從功能表列點選〔物件〕→〔展開〕，就能在展開後解除群組 ❺。

> **Tips**
>
> **按一下〔符號〕面板的〔打斷符號連結〕，就能將符號範例轉換成路徑物件。**

相關 製作符號：p.160　編輯符號：p.162　加工符號範例：p164　解散群組：p.96

121 加工置入的符號範例

使用各種〔符號〕工具的話，就可以對符號範例或該集合體的符號組的密度、顏色、位置、大小、旋轉、透明度、樣式等進行加工。

概要

欲編輯符號範例或符號組的密度或顏色、位置、大小等項目時，就使用各種〔符號〕工具。Illustrator 因應用途／目的，準備 8 種〔符號〕工具 ❶。

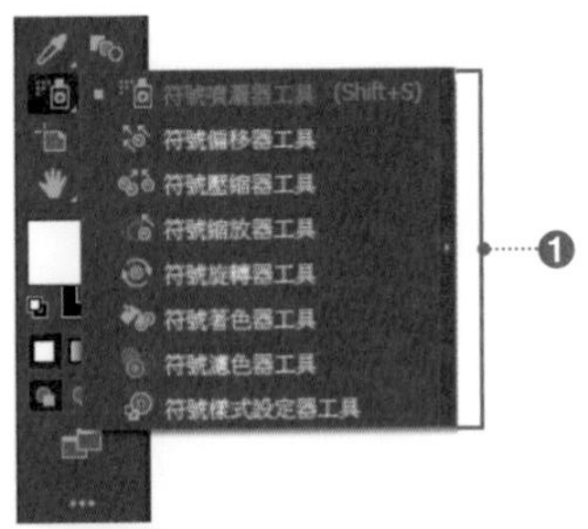

❶

step 1

右圖為使用〔**符號噴灑器**〕**工具**置入的符號組。首先，讓符號範例隨機旋轉。

使用〔**選取**〕**工具**選取符號組之後，從工具列點選〔**符號噴灑器**〕**工具**，並且拖曳符號組。

由於拖曳處的符號範例上會出現朝上的箭頭，因此移動箭頭來改變符號範例的方向 ❷。

❷

step 2

調整符號範例的大小，讓畫面看起來有層次感。

點選〔**符號噴灑器**〕**工具**，在欲放大的符號範例上持續按壓滑鼠游標 ❸，就會放大符號範例。按住 Alt（option）的同時按一下滑鼠左鍵的話，就會縮小符號範例。

另外，使用〔**符號偏移器**〕**工具**在文件上拖曳的話，就能移動符號範例，調整整體的平衡感。

❸

step 3

點選〔**符號濾色器**〕**工具**，按一下滑鼠左鍵的話，選取的符號呈現半透明 ❹。

❹

> **Tips**
>
> 按二下工具列的各項符號工具的圖示，就會顯示〔符號工具選項〕對話框，在對話框設定噴灑器的大小或強度等各項工具的詳細設定。

 相關 製作符號：p.160　編輯符號：p.162　〔符號噴灑器〕工具：p.163

122 在物件套用〔繪圖樣式〕

在路徑物件套用〔繪圖樣式〕，只要按一下滑鼠，就能實現立體感或是紋理等多樣面貌。

step 1

所謂**「繪圖樣式」**是指將〔填色〕或〔筆畫〕、〔不透明度〕、〔效果〕等外觀屬性的設定內容合而為一地登錄在面板。繪圖樣式並非讓路徑本身變形，而是僅對**外觀**產生作用。

使用**〔選取〕工具**選取物件 ❶，從〔繪圖樣式〕面板選擇欲套用的繪圖樣式 ❷。

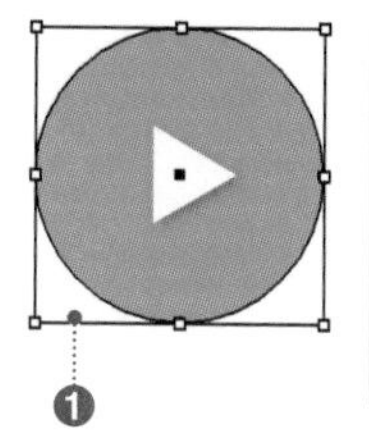

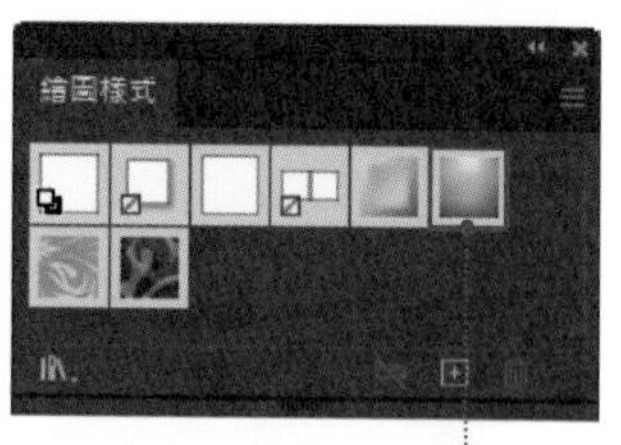

step 2

套用繪圖樣式 ❸ 之後，可透過〔外觀〕面板確認 ❹。

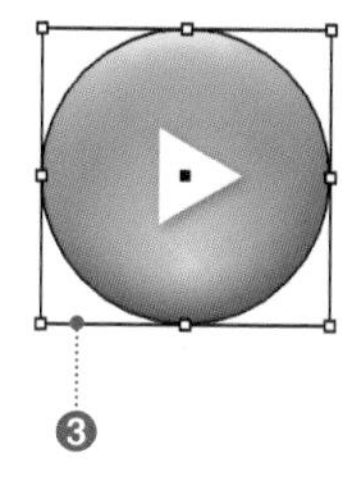

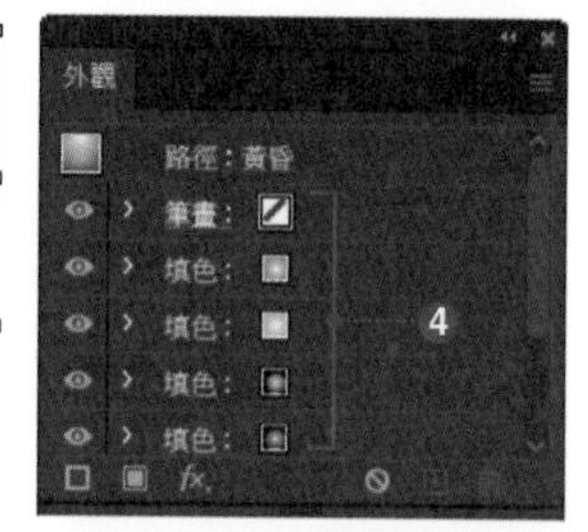

step 3

欲刪除套用的繪圖樣式時，使用**〔選取〕工具**選取物件 ❺，在〔繪圖樣式〕面板按一下〔預設〕❻。

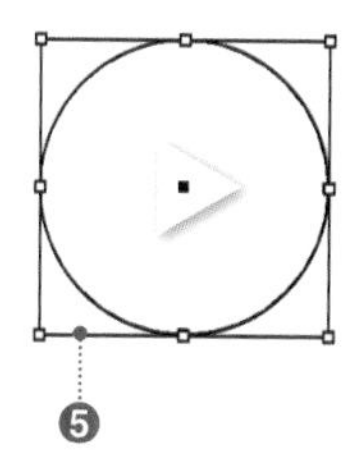

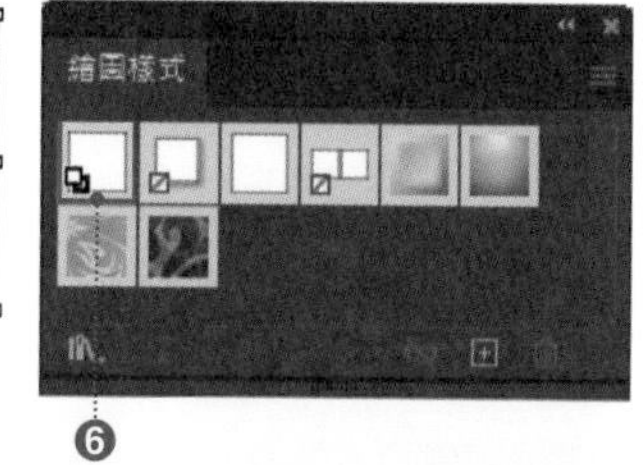

step 4

除了面板顯示的項目之外，**繪圖樣式資料庫**也準備了許多繪圖樣式。

按一下〔繪圖樣式〕面板左下角的**〔繪圖樣式資料庫選單〕**❼，選擇任一資料庫名稱後就會顯示選擇的樣式。

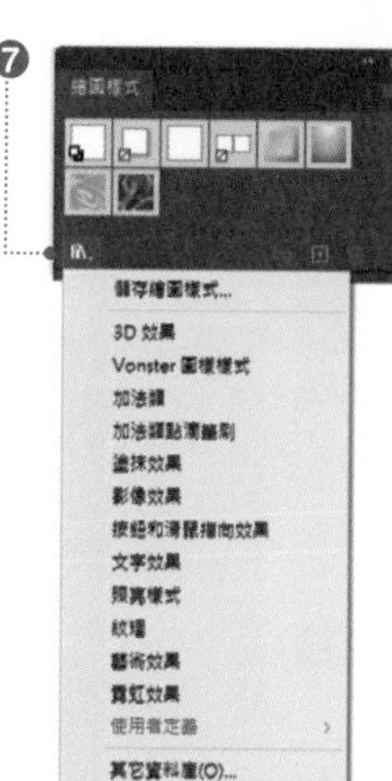

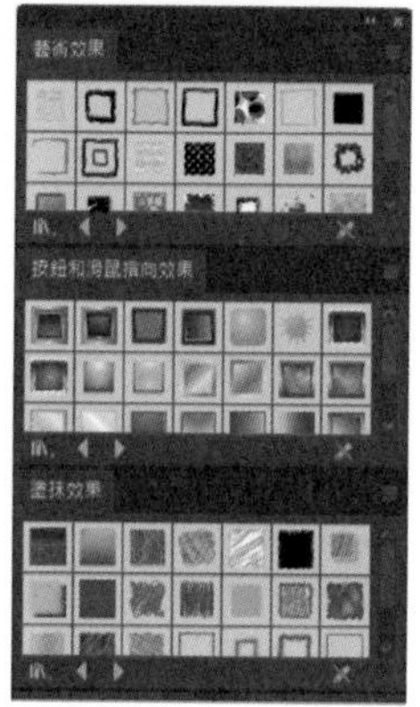

相關 登錄繪圖樣式：p.236　編輯效果：p.232　套用基本外觀：p.233

123 將物件轉換為灰階

使用〔轉換為灰階〕指令的話，彩色的物件可以轉換成灰階物件。套用這個指令到彩色的點陣圖也可以變成如黑白照片般的影像。

step 1

使用〔**選取**〕**工具** 選取物件 ❶，從功能表列點選〔編輯〕→〔編輯色彩〕→〔轉換為灰階〕❷。

如此一來，由顏色構成的路徑物件就轉換成如下圖般的灰階 ❸。

另外，物件一旦轉換成灰階，就無法回復到彩色狀態。

❶

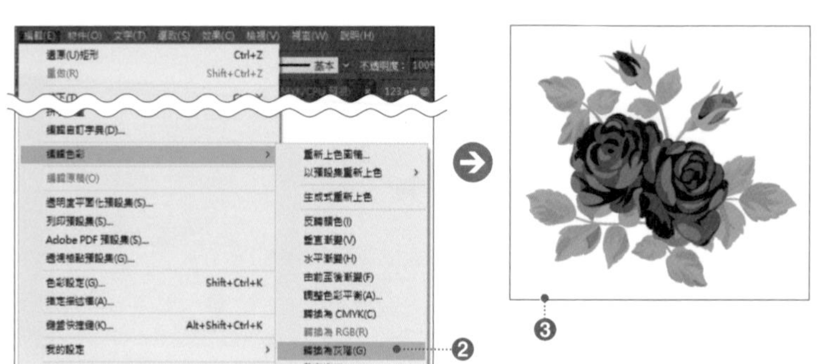

❸

step 2

也可以將彩色的點陣圖轉換成灰階影像。此時，也能夠利用在 Step1 使用的〔轉換為灰階〕指令，但是在此將說明使用〔調整色彩平衡〕指令的方法。

使用〔**選取**〕**工具** 選取內嵌置入的點陣圖 ❹，從功能表列點選〔編輯〕→〔編輯色彩〕→〔調整色彩平衡〕，就會出現〔調整色彩〕對話框。

選擇〔色彩模式：灰階〕❺，勾選〔轉換〕❻ 和〔預視〕❼，拖曳〔黑色〕滑桿調整黑色的比例 ❽。

調整後按一下〔確定〕，就會轉換成灰階影像 ❾。

❹

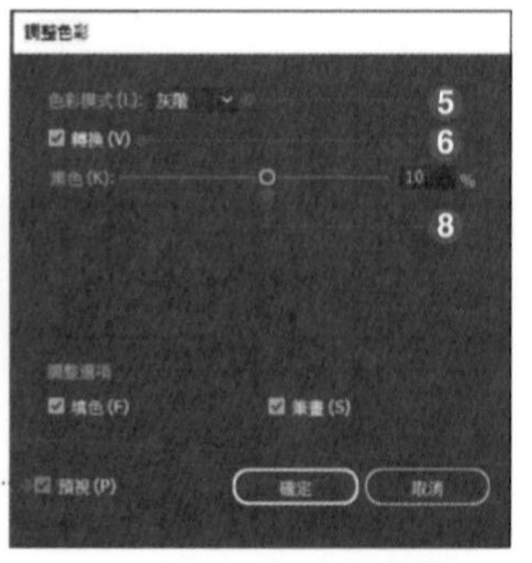

❾

 相關 內嵌影像：**p.219** 〔色彩〕對話框、〔飽和度〕對話框：**p.167**〔反轉色彩〕指令：**p.168**

124 調整物件的色彩平衡

使用〔調整色彩〕對話框的話，就能簡單地調整物件的色彩平衡。另外，在〔調整飽和度〕對話框中也可以變更濃度。

step 1

使用〔選取〕工具 選取物件 ❶，從功能表列點選〔編輯〕→〔編輯色彩〕→〔調整色彩平衡〕後會出現〔調整色彩〕對話框。

step 2

勾選〔預視〕，在確認變化的同時，調整各個色彩的滑桿 ❷。例如，色彩模式為 CMYK 時，將滑桿設定在 20% 的話，表示目前的色彩數值要多加 20%。另外，色彩模式為 RGB 時，若設定為 20%，則表示目前的數值要多加 51。

勾選〔調整設定〕區的〔填色〕與〔筆畫〕的話，對於 CMYK 或 RGB 色彩模式皆能套用〔調整色彩〕❸。在此設定筆〔C：－20〕、〔M：－20〕、〔Y：40〕、〔K：0〕。憑藉設定的數值，就能從目前的色彩數值開始增減顏色 ❹。

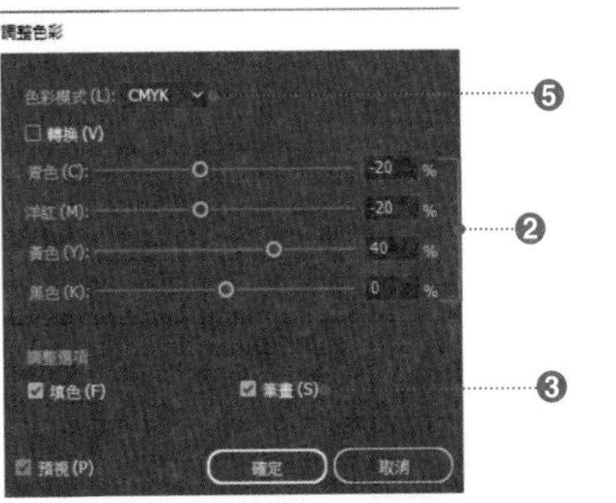

Tips

選取的物件中若包含整體色彩（p.120），便無法同時調整，因此請在〔色彩模式〕選擇〔整體〕或者〔目前的色彩模式〕❺。

step 3

欲調整濃度時，選取物件，從功能表列點選〔編輯〕→〔編輯色彩〕→〔飽和度〕，就會出現〔飽和度〕對話框。

勾選〔預視〕，並且拖曳調整〔強度〕的滑桿 ❻。

假設目前的色彩數值為 10%，那麼會從 10% 增減到設定的 % 為止 ❼。

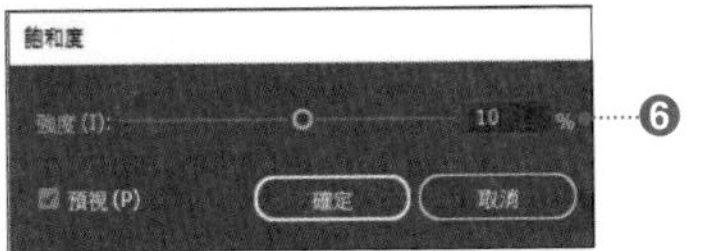

相關 整體顏色：p.120　重新上色圖稿：p.122,123

125 反轉物件的色彩

使用〔反轉顏色〕指令，就可以將物件的色彩反轉，做出如照片負片般的效果。

使用〔**選取**〕**工具** 選取物件 ❶，從功能表列點選〔編輯〕→〔編輯色彩〕→〔反轉顏色〕❷。如此一來，就會套用〔反轉顏色〕，物件的顏色會反轉 ❸。在此反轉了套用圖樣色票的路徑物件的顏色。

以同樣的步驟，也可以反轉內嵌置入的點陣圖顏色 ❹。

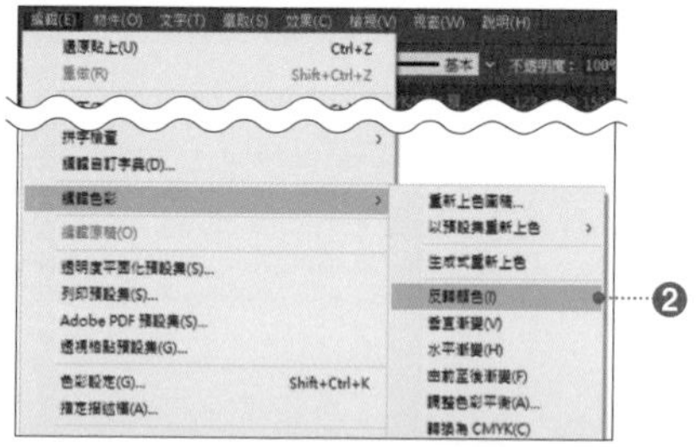

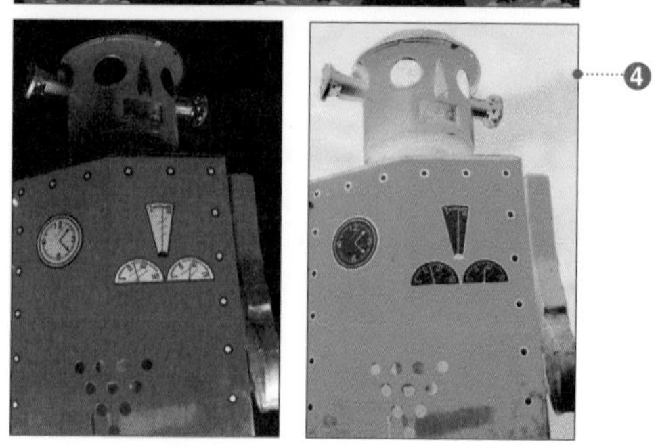

Tips

若為單色的物件時，使用〔選取〕工具 選取物件，在〔顏色〕面板的面板選單選擇〔反轉〕❺，可以反轉顏色。

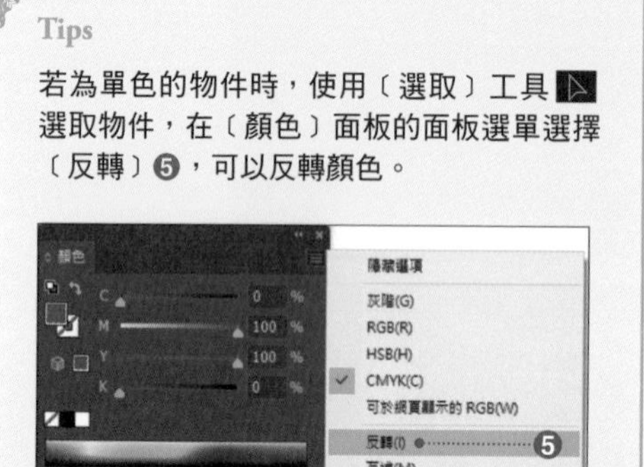

Tips

所謂反轉顏色，是指物件的顏色完全符合以下公式，而發生轉換的處理方式。

255 − 目前的數值 ＝ 反轉值

也就是說，相對於黑色（R：0、G：0、B：0），執行〔反轉顏色〕指令的話，會變成白色（R：255、G：255、B：255）（色彩模式為 RGB 的情況下）。另外，CMYK 的情況，則是色調反轉而變成近似值。

 相關〔轉換為灰階〕指令：p.166　〔調整色彩〕、〔飽和度〕對話框：p.167　重新上色圖稿：p.122,123

126 漸變多個物件的色彩

選取 3 個以上的路徑物件，執行〔漸變〕指令，就能以路徑物件的位置或排列順序為基礎，將 2 個路徑物件的顏色相互混合，套用中間的色彩。

準備 3 個以上要互相混色的路徑物件。全部的物件必須套用填色。在此漸變右圖的 8 個路徑物件的顏色。

使用**〔選取〕工具** 選取全部的物件 ❶，從功能表列點選〔編輯〕→〔編輯色彩〕，並且選擇漸變的方法 ❷。方法有〔垂直漸變〕、〔水平漸變〕、〔由前至後漸變〕3 種。

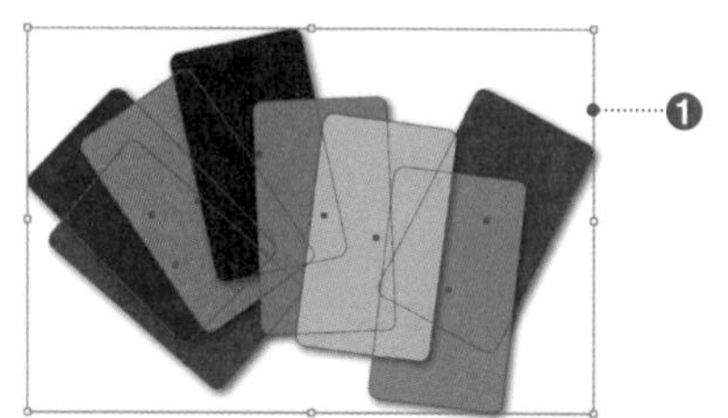

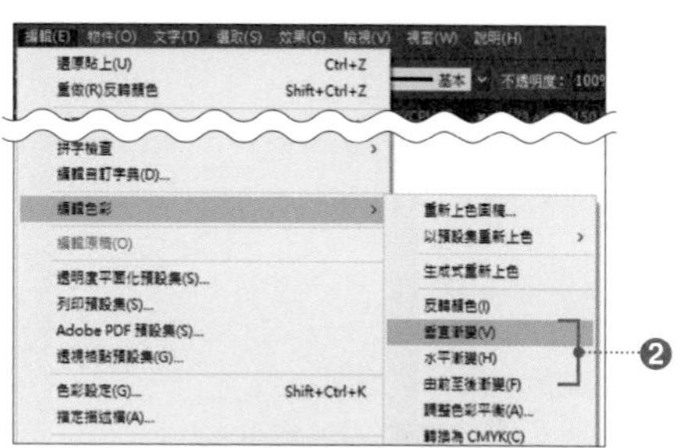

Tips

整體顏色或漸層、圖樣、複合路徑無法套用〔漸變〕指令。

◎〔漸變〕指令

指令名稱	內容
〔垂直漸變〕	選取的物件之中，以最上方和最下方的物件為基準漸變顏色。
〔由前至後漸變〕	選取的物件之中，以最後面和最前面的物件為基準漸變顏色。
〔水平漸變〕	選取的物件之中，以最左邊和最右邊的物件為基準漸變顏色。

step 2

從功能表列點選〔編輯〕→〔編輯色彩〕→〔垂直漸變〕的話，會以配置在最上方的「藍色」物件 ❸，與配置在最下方的「淺藍色」物件 ❹ 為基準漸變顏色，並且套用在中間的物件。

同樣地，點選〔水平漸變〕的話，最左邊的「紫色」❺，與最右邊的「粉紅色」❻ 為基準。另外，點選〔由前至後漸變〕的話，最後面的「橘色」❼ 與最前面的「黃色」❽ 為基準。

相關〔漸變〕工具：**p.104**　編輯漸變物件：**p.105**

127 利用影像描圖功能，將照片轉換為插圖

使用影像描圖功能的話，就能將點陣圖轉換為可編輯的「描圖影像」，甚至可以展開轉換成路徑。

step 1

在此說明將右方的點陣圖轉換成插圖，並且進行編輯的方法。

使用〔**選取**〕**工具** 選取點陣圖 ❶，按一下〔控制〕面板的〔影像描圖〕右側箭頭的〔**描圖預設集**〕❷，選擇〔低保真度相片〕❸。

step 2

對影像進行描圖，色彩數量變少，並且轉換成單純化的插圖 ❹。

原圖

轉換後

step 3

編輯成更單純的視覺影像。

使用〔**選取**〕**工具** 選取描圖物件，按一下〔控制〕面板的〔**選項**〕❺，會顯示〔影像描圖〕面板。

step 4

欲單純化，就要減少路徑、顏色、錨點的數量。勾選〔預視〕❻，在確認套用程度的同時，或者確認描圖結果的資訊的同時 ❼，儘可能地減少〔路徑〕、〔錨點〕、〔顏色〕的設定數值。

按一下進階 ❽，在此變更為〔顏色：1〕、〔路徑：20%〕、〔轉角：10%〕、〔雜訊：50px〕、〔方法：鄰接（建立挖剪路徑）〕。設定結束之後，解除選取。如此一來，影像更加單純化，成為插圖風影像 ❾。這個狀態下的物件稱為「描圖影像」。

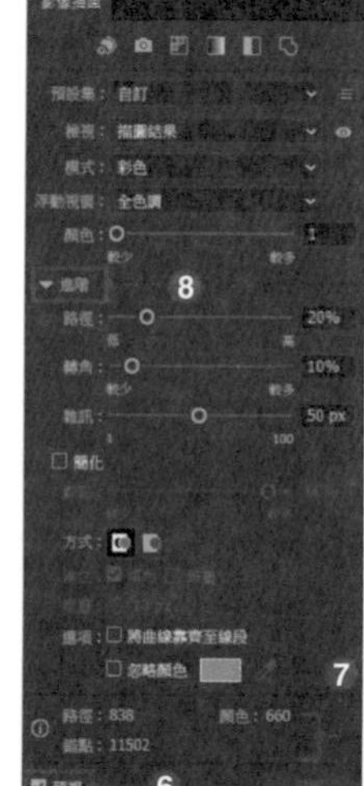

描圖影像是由原始影像與完成影像描圖後的向量資訊這 2 個要素所構成。

欲轉換成路徑時，按一下〔控制〕面板的**〔展開〕**⑩。

在此使用**〔魔術棒〕工具**刪除因展開而轉換成路徑的物件背景，然後利用〔編輯〕→〔編輯色彩〕→〔飽和度〕，將背景淡化⑪。

⑩

⑪

◎**〔影像描圖〕面板的設定項目**

項目	內容
預設集	包含〔高保真度照片〕、〔6 色〕、〔黑白標誌〕、〔剪影〕等等，因應目標影像的狀態，準備多樣化的預設集。
檢視	從〔描圖結果〕、〔描圖結果（含外框）〕、〔外框〕、〔外框與（含來源影像）〕、〔來源影像〕中指定顯示方式。另外，在按住眼睛圖示期間，會顯示來源影像。
模式	從〔顏色〕、〔灰階〕、〔黑白〕之中指定描圖結果的色彩模式。
浮動視窗	選擇〔模式：顏色〕的話，就會開啟視窗。 **〔自動〕**、**〔受限〕**、**〔全色調〕**是指從原始影像的顏色產生描圖結果的顏色。 〔文件庫〕是指利用文件的〔色票〕面板內的顏色來產生描圖結果。 另外，任何一個〔色票資料庫〕面板出現的話，就像從下拉式選單中選擇〔色票資料庫〕般，可以利用色票資料庫內的顏色產生描圖結果。
顏色	選擇〔模式：顏色〕的話，就會出現這個項目。 **〔自動〕**、**〔全色調〕**是指設定描圖影像使用的顏色正確比例。 **〔受限〕**設定描圖影像使用的顏色最大數值。 **〔文件庫〕**選擇〔色票〕面板內的全部顏色，或者任何的〔顏色群組〕。
灰階	選擇〔模式：灰階〕的話，就會出現這個項目。指定描圖時使用的顏色數量的比例。
臨界值	選擇〔模式：黑白〕的話，就會出現這個項目。 設定從原始影像到完成黑白描圖影像期間，讓黑白轉換間取得平衡的數值。比臨界值暗的向量圖會轉換成黑色。
▼進階	
路徑	設定誤差的容許值。數值愈大描圖影像愈精密。
轉角	設定轉角的比例。數值愈大描圖影像的轉角愈多。
雜訊	在描圖時忽略小於指定大小的向量領域。數值愈大，愈容易完成細部少的單純描圖影像。
方式	**〔鄰接（挖剪路徑）〕**是指製作不會重疊交錯的路徑。**〔重疊（堆疊路徑）〕**是指製作鄰接處會重疊的路徑。
建立	選擇〔色彩模式：黑白〕的話，就會出現這個選項。勾選〔填色〕與〔筆畫〕兩者或者其中一方。套用〔填色〕與〔筆畫〕的領域會出現描圖結果。
筆畫	勾選〔筆畫〕的話，就會出現這個項目。小於指定大小的筆畫會轉換成直線。
選項	勾選**〔將曲線靠齊至線段〕**的話，稍微彎曲的筆畫會替換成直線。 勾選**〔忽略顏色〕**的話，使用檢色器選擇性地忽略顏色。「灰階」模式和「重疊」方法無法使用此選項。

相關 置入影像：**p.216**　照片加上馬賽克效果：**p.226**

128 上色時不分割物件

使用〔即時上色〕功能，就能在不分割重疊物件的條件下，自由地為物件上色。只要善用這項功能，就可以輕易作出複雜的物件。

step 1

使用〔**選取**〕**工具** 選取物件 ❶，從功能表列點選〔物件〕→〔即時上色〕→〔製作〕❷。另外，這個步驟只有對路徑或者複合路徑有效。文字或符號、點陣圖、剪裁路徑、筆刷、圖表等將無法套用。

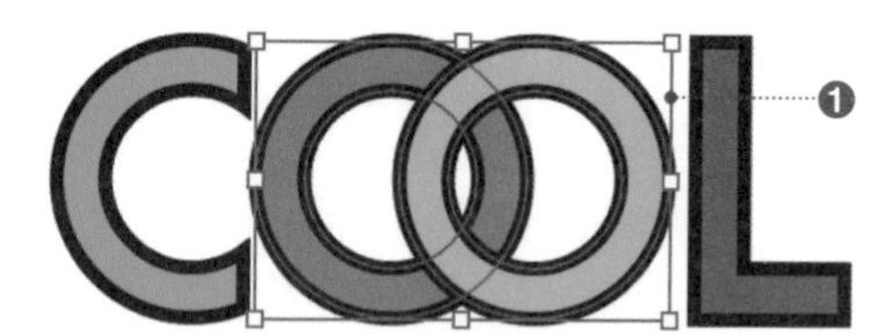

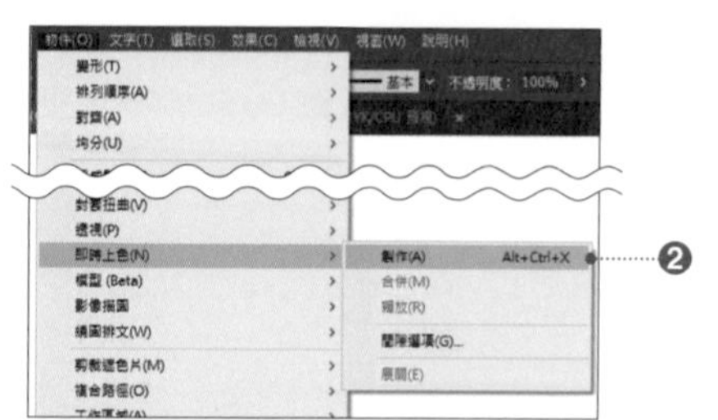

> **Tips**
>
> 使用〔選取〕工具 選取重疊的物件，再使用〔即時上色油漆桶〕工具 按一下物件，也可以轉換成「即時上色群組」。

step 2

選取的物件轉換成即時上色群組 ❸。乍看之下與原始物件相同，但是邊框的控制把手形狀改變了 ❹。

另外，物件轉換成即時上色群組的話，會喪失〔效果〕或〔不透明度〕、〔混合模式〕、〔不透明遮色片〕等部分屬性，因此請注意。

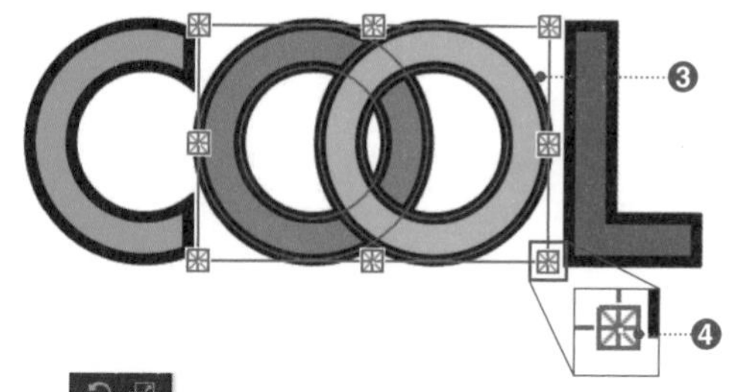

step 3

從工具列點選〔**即時上色油漆桶**〕**工具** ❺，在〔填色〕設定要上色的顏色 ❻。

然後，按一下欲上色的位置的話 ❼，就可以變更物件重疊處的顏色 ❽。

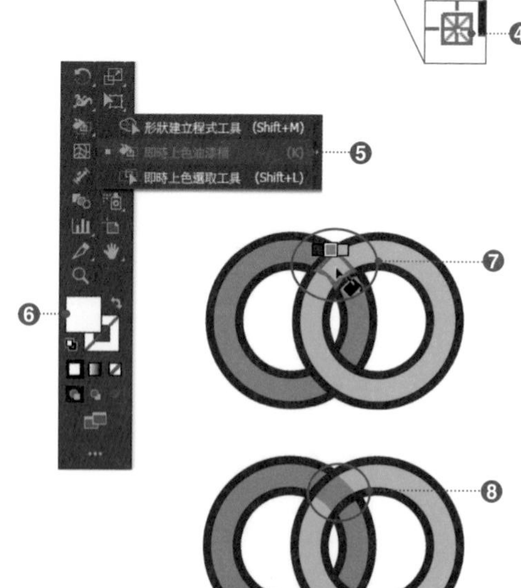

> **Tips**
>
> 〔即時上色油漆桶〕工具 的滑鼠游標會顯示目前的色票與在〔色票〕面板相鄰的色票。色票可以使用←或→切換。事先將使用的顏色登錄在〔色票〕面板，作業會更有效率。

step 4

編輯〔筆畫〕的重疊處。

按二下工具列的**〔即時上色油漆桶〕工具**，會出現〔即時上色選油漆桶項〕對話框，勾選〔上色筆畫〕❾。

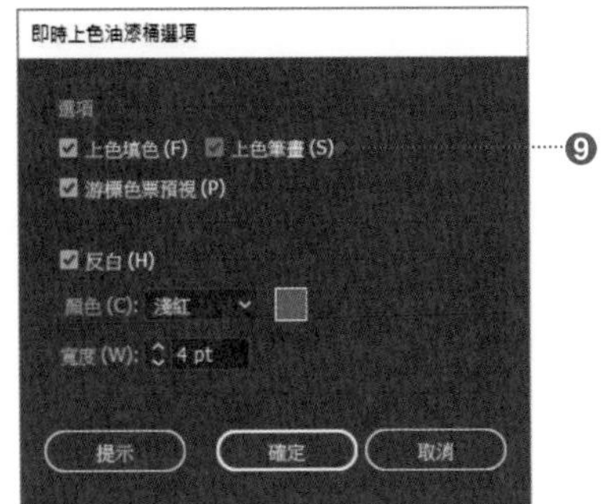

step 5

將滑鼠游標移到上色的〔筆畫〕上。如此一來，〔即時上色油漆桶〕工具的控制點會變成毛筆形狀 ❿。在這個狀態下按一下滑鼠左鍵的話，就能為〔筆畫〕上色 ⓫。

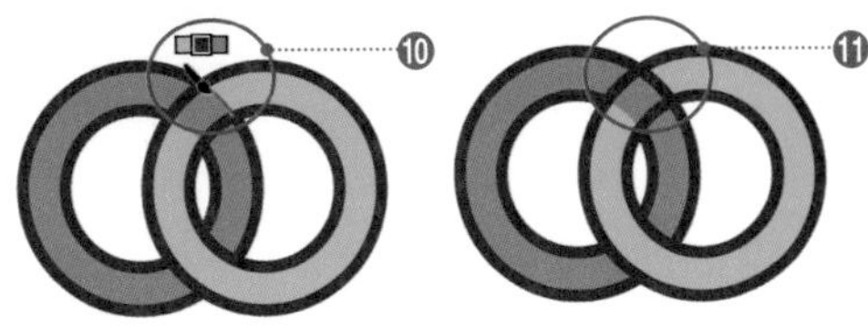

step 6

從工具列點選**〔即時上色選取〕工具** ⓬，點選欲設定為〔筆畫：無〕的物件部分 ⓭。按住 shift 的同時按一下滑鼠左鍵的話，就能選取多個位置。

選取後，按一下工具列下方的〔無〕⓮，並且設定〔筆畫：無〕。

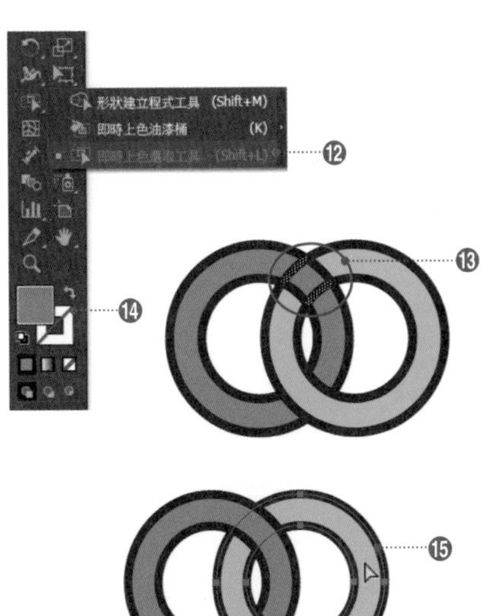

step 7

從工具列點選**〔直接選取〕工具**，對路徑進行微調。在即時上色群組內的上色狀態維持不變的情況下，可以移動原始物件，或者變形物件 ⓯。

step 8

上色結束之後，按一下〔控制〕面板或者是〔內容〕面板的**〔展開〕**⓰，展開即時上色群組。展開群組的話，分別塗色的位置會變成分散的路徑、並且分類成只有〔填色〕的物件與只有〔筆畫〕的物件。群組展開後，將同色物件群組化或者在〔路徑管理員〕面板套用〔合併〕，整理物件。整理之後就完成作業 ⓱。

相關〔路徑管理員〕面板：p.208~p.211　即時上色的〔間隙〕選項：p.175　〔形狀建立程式〕工具：p.212

129 將手繪影像轉換成路徑後上色

使用影像描圖功能，可以將鉛筆或鋼筆繪製的手稿插圖，轉換成路徑。同時，也可以簡單地進行上色。

step 1

使用〔**選取**〕**工具** 選取掃描的手繪插圖❶，然後按一下〔控制〕面板的〔影像描圖〕右側的箭頭，並且選擇〔預設〕❷。

> **Tips**
>
> 在此以使用〔控制〕面板的方法進行解說，但是在〔內容〕面板或者從功能表列點選〔物件〕→〔影像描圖〕也可以執行相同的處理作業。

step 2

影像被描圖成為描圖影像❸。在〔影像描圖〕面板進行細部的調整（步驟參考 p.170）。

接著，按一下〔控制〕面板的〔**展開**〕❹，轉換成路徑❺。然後從功能表列點選〔物件〕→〔即時上色〕→〔製作〕❻。

step 3

從工具列點選〔**即時上色油漆桶**〕**工具** ❼，從〔色票〕面板選擇欲填滿的顏色後，按一下即時上色群組，進行上色❽。

> **Tips**
>
> 上色後，直接拖曳滑鼠到欲以相同顏色上色的位置的話，此時會以紅框強調多個的範圍，就可以用相同顏色上色。

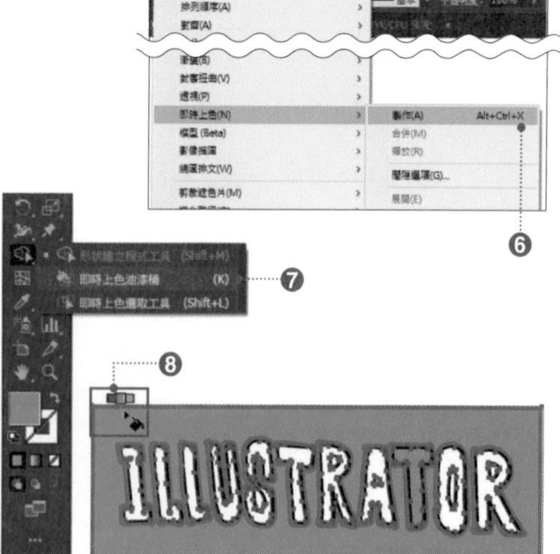

使用〔**直接選取**〕**工具** 選取多餘的物件後刪除，並且調整間隙，整體上色後即完成圖稿 ❾。關於調整間隙的方法請參考下列的 Variation。

Tips

使用〔選取〕工具 選取即時上色群組，以及欲新增到即時上色群組的任何物件之後，再從功能表列點選〔物件〕→〔即時上色〕→〔合併〕，該物件就能新增至即時上色群組。

Variation

描圖物件若有間隙的話，顏色會塗到不想上色的範圍。

右圖雖然替文字的外側上色，但是由於「T」字有一點點的間隙，所以顏色會塗到「T」字內 ❶。

在這種情況之下，設定即時上色的〔**間隙選項**〕。

step 1

按一下〔控制〕面板的〔間隙選項〕選項 ❷，會出現〔間隙選項〕對話框。

step 2

勾選〔預視〕❸，再勾選〔間隙偵測〕的話 ❹，就能偵測出即時上色群組內的間隙，間隙部分會以紅色強調。

〔上色停止在〕變更為〔中等間隙〕或〔大間隙〕的話 ❺，因應狀況，選擇〔自訂間隙〕，就可以用數值指定間隙的大小。

step 3

區別上色位置的間隙呈現紅色之後 ❻，按一下〔確定〕。如此一來，即使外表看起來仍有間隙，但是已經可以分開塗色。

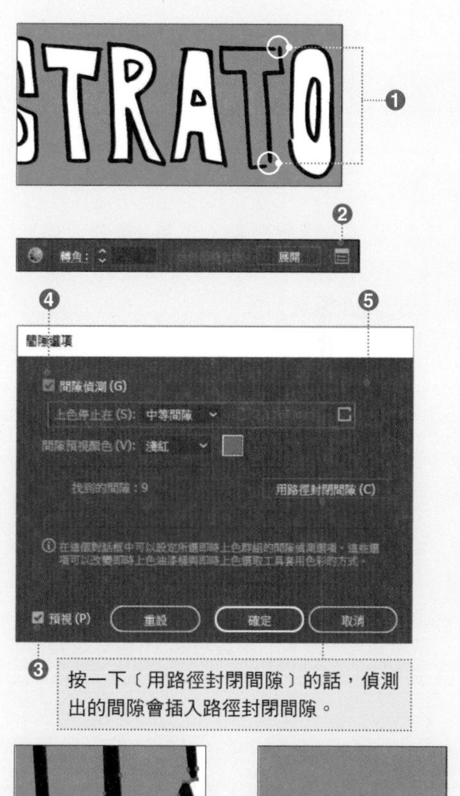

按一下〔用路徑封閉間隙〕的話，偵測出的間隙會插入路徑封閉間隙。

相關 影像描圖：**p.170**　即時上色：**p.172**

130 利用透視格點製作具有遠近感的圖稿

只要使用透視格點功能，就可以利用透視格點的透視法，簡單描繪出向內延伸具有遠近感的物件。

概要

在 Illustrator 中，欲做出具遠近感的 3D 表現時，過去都是從製作開始就要一邊注意 3D 空間一邊進行描繪，但現在已經可以使用〔**透視格點**〕功能，輕鬆表現出 3D 的遠近感。只要使用這項功能，就能夠自動描繪出具有遠近感的物件。

另外，將一般模式下所描繪製作的物件插入透視格點內，也可以讓其持有遠近感。在格點內也能進行向內延伸移動。

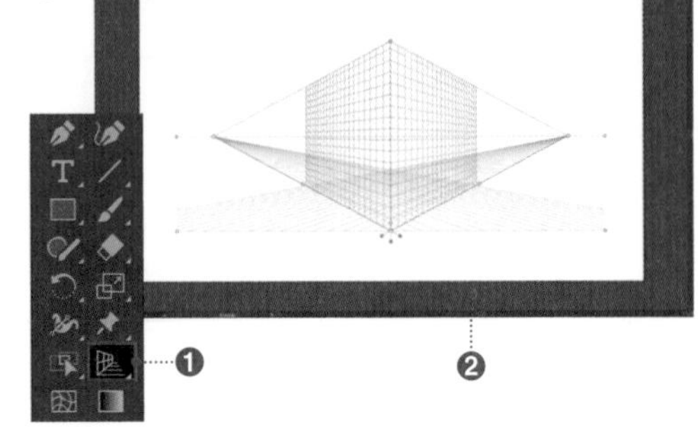

step 1

從工具列點選〔**透視格點**〕**工具** ❶。如此一來，工作區域上會顯示**「透視格點」**❷ 與**「平面切換 Widget」**❸。

平面切換 Widget 表示透視格點的各個格點平面及其對面的平面。按一下欲繪製的平面或者利用快捷鍵切換。

另外，只要按一下左上角的「x」，就可以隱藏透視格點。

◎ **平面切換 Widget**

圖示	內容	Short Cut
	左側格點平面	1
	水平格點平面	2
	右側格點平面	3
	無作用中的格點平面	4

> **Tips**
>
> 從功能表列點選〔檢視〕→〔透視格點〕→〔顯示格點〕或者〔隱藏格點〕，也可以切換顯示／隱藏格點。

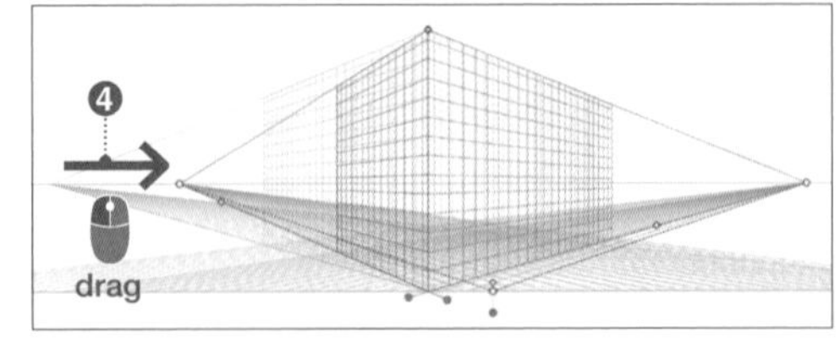

step 2

使用〔**透視格點**〕**工具** 拖曳控制把手 ❹，改變透視格點向內延伸的角度或者消失點的位置等等，就可以自由地變形 ❺。

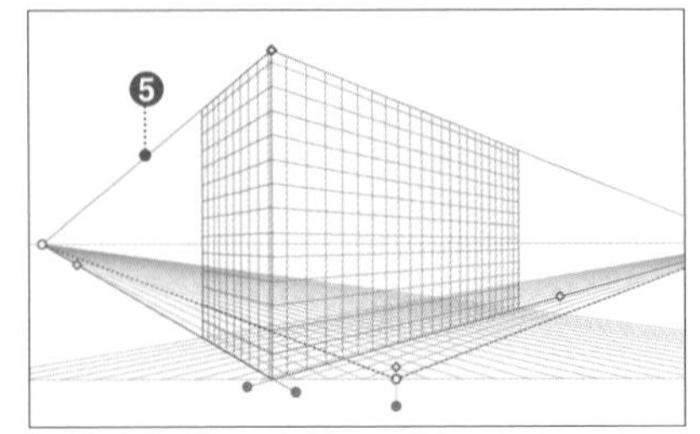

> **Tips**
>
> 從功能表列點選〔檢視〕→〔透視格點〕→〔將格點另存為預設集〕，就可以儲存編輯的透視格點。

step 3

從工具列點選〔**矩形**〕**工具** ❻，在格點上拖曳滑鼠的話，矩形會沿著格點繪製，增添遠近感 ❼。

除了〔**矩形**〕**工具** 以外，使用下列的繪圖類工具，在透視格點內就能直接繪製物件。

- 〔**矩形**〕**工具**
- 〔**圓角矩形**〕**工具**
- 〔**橢圓形**〕**工具**
- 〔**多邊形**〕**工具**
- 〔**星形**〕**工具**
- 〔**螺旋**〕**工具**
- 〔**矩形格線**〕**工具**
- 〔**放射網格**〕**工具**

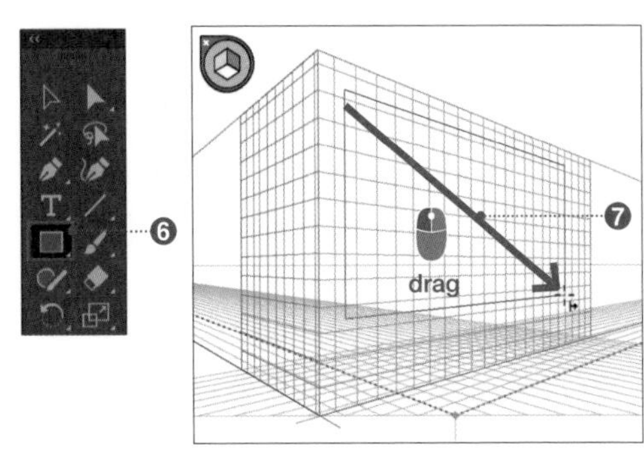

step 4

從工具列點選〔**透視選取**〕**工具** ❽，並且選取物件的話，會出現與平常的邊框相異的佈滿控制把手的邊框 ❾。

拖曳這個邊框的話，就能在維持遠近感的狀態下變形 ❿。

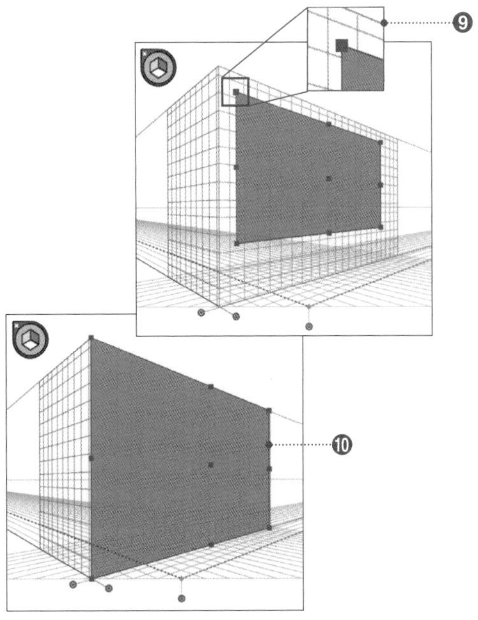

> **Tips**
>
> 使用〔透視選取〕工具 移動物件時，按住 5 的同時拖曳的話，物件不會沿著格點平面，而是朝格點平面的後方移動。

step 5

置入如文字物件等無法直接在透視格點內繪製的物件時，先在一般模式完成物件，再使用〔**透視選取**〕**工具** 將物件拖放到透視格點上 ⓫。

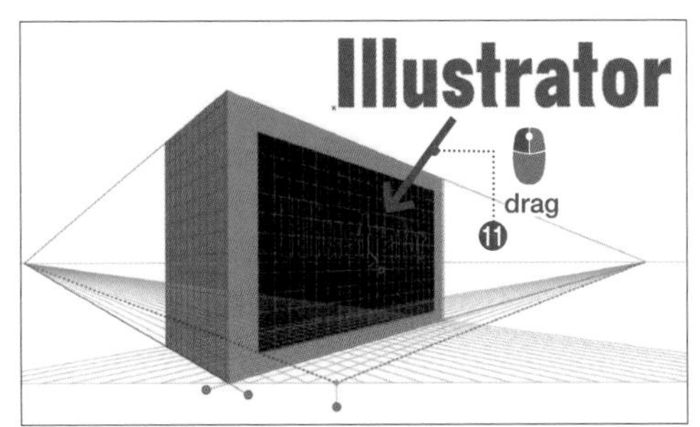

> **Tips**
>
> 變形格點之際，物件的路徑可能也會隨之變形（使用〔兩點透視〕和〔三點透視〕有效：p.178）。
>
> 執行下列步驟，格點與物件的路徑就會產生連動。
>
> 1. 繪製完圖稿後，從功能表列點選〔檢視〕→〔透視格點〕→〔鎖定站點〕，鎖定站點。
> 2. 使用〔透視格點〕工具，朝「水平線」或者「左右的消失點」拖曳滑鼠。

step 6

將物件拖放到透視格點上的話，物件會在自動計算出遠近感後，沿著格點置入 ⑫。
另外，轉換成透視物件後也可以編輯文字。選取文字物件，從〔控制〕面板點選〔**編輯文字**〕，就能進行編輯 ⑬。

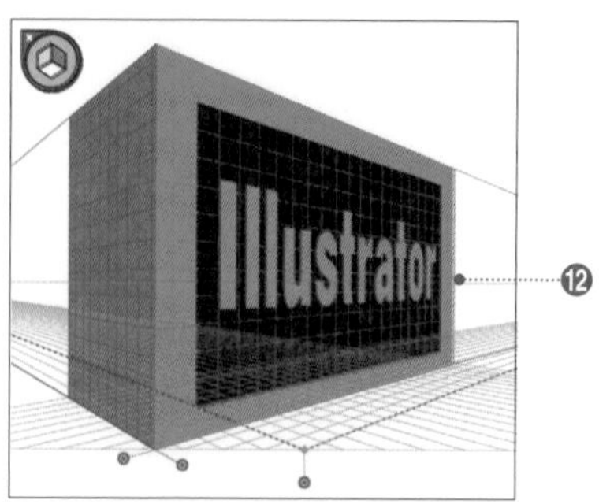

關於透視格點的詳細設定，可以在〔定義透視格點〕對話框指定。從功能表列點選〔檢視〕→〔透視格點〕→〔定義格點〕後會出現對話框。

◎〔定義透視格點〕對話框的設定項目

項目	內容
預設集	3 種透視法，皆有各自的預設設定（參考下列的 Variation）。
透視格點設定	設定顯示的格點的進階項目。在〔類型〕選擇透視法之後 ⑭，設定〔單位〕或〔檢視角度〕等等項目。
格點顏色與不透明度	設定格點的顏色。依據製作的物件顏色，如果格點的顏色為預設值的話，作業可能難以進行。在那個情況下，可以變更為自己喜好的顏色 ⑮。

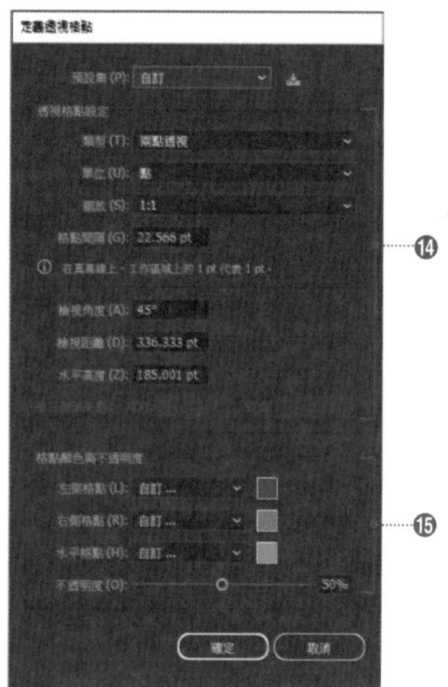

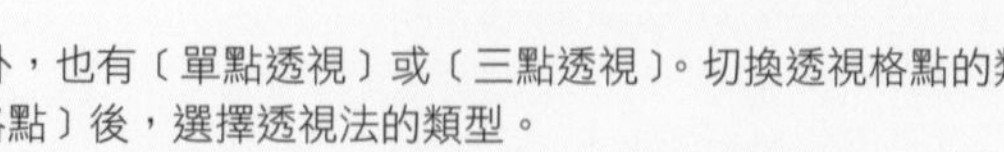

Variation

透視格點除了上述的「兩點透視法」之外，也有〔單點透視〕或〔三點透視〕。切換透視格點的類型時，從功能表列點選〔檢視〕→〔透視格點〕後，選擇透視法的類型。

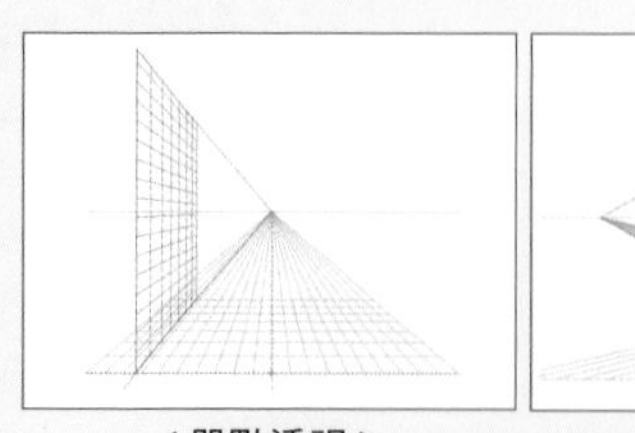

〔單點透視〕

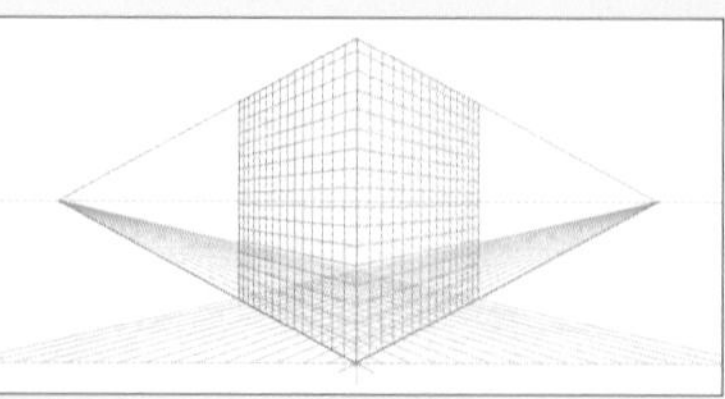

〔兩點透視〕

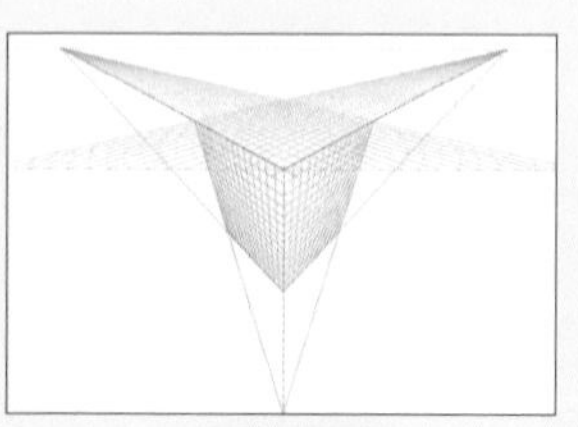

〔三點透視〕

 相關 智慧型參考線：p.106　格點：p.47　尺標：p.44

第5章

物件的變形、合成

131 使用〔任意變形〕工具為物件增添遠近感

〔任意變形〕工具，可以任意變形工具箱的各個按鈕，進行傾斜或彎曲變形，表現出遠近感。也可以搭配鍵盤輸入法，進行操作。

在此使用〔**任意變形**〕**工具**，為平面的大樓增添遠近感，將其變形為立體的大樓。
使用〔**選取**〕**工具** 選取變形的物件 ❶，從工具列點選〔**任意變形**〕**工具** ❷。此時會顯示任意變形工具箱，邊框的控制把手形狀會切換為圓形控制把手。

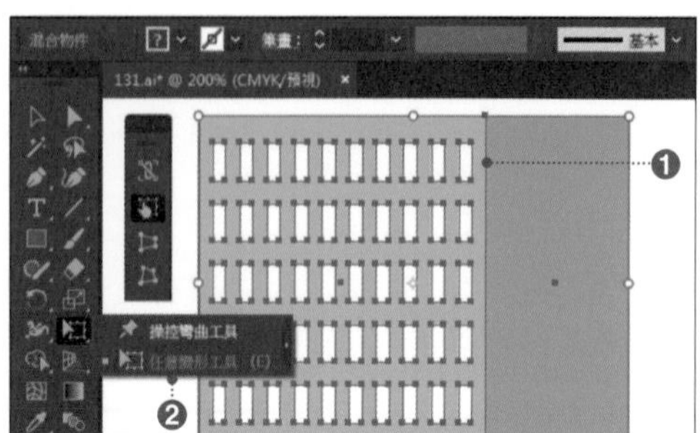

Tips

〔透視扭曲〕、〔隨意扭曲〕無法套用在文字物件或影像。
欲進行上述變形時，以封套扭曲〔橫欄：1〕、〔直欄：1〕套用物件，物件轉換成封套物件的話，就可以變形（p.197）。

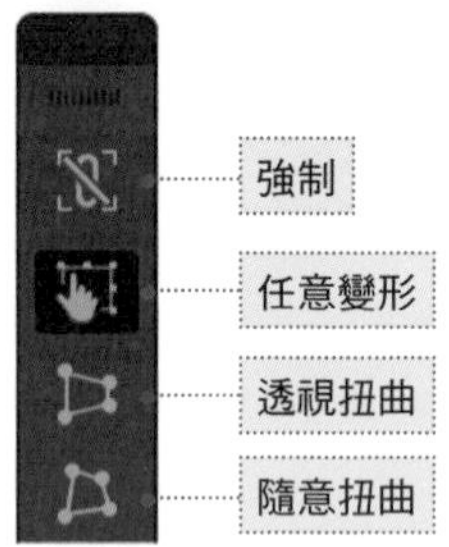

利用〔路徑的任意變形〕讓物件扭曲

點選任意變形工具箱的〔**強制**〕❸ 與〔**隨意扭曲**〕後 ❹，將左上角的尖角控制把手往下拖曳 ❺。如此一來，只有 1 個角會歪斜。以相同的步驟，將右側的物件變形的話 ❻，就能完成如右圖般的立體大樓。

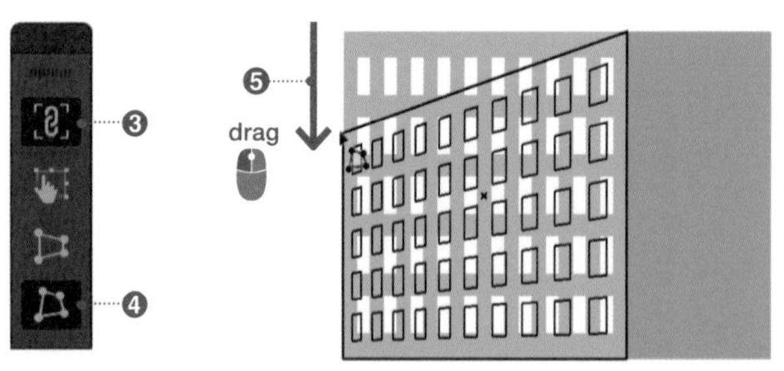

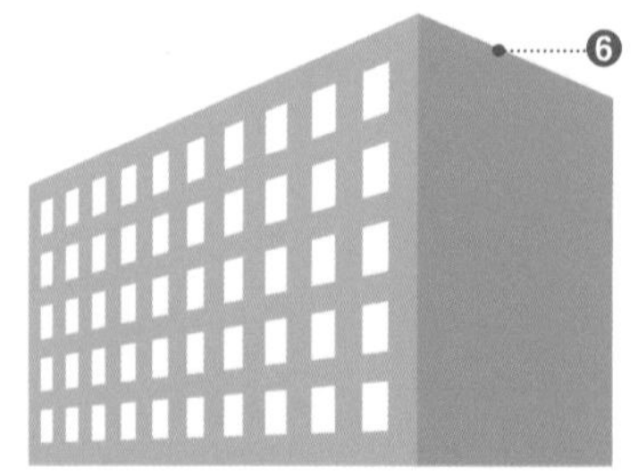

Tips

變形之際，關閉〔強制〕時，按住 shift 就可以固定直向或橫向軸。另外，按 Alt（option）的話，對角的控制把手會連動，讓物件變形。

利用〔透視扭曲〕透視變形

接著，變形矩形物件，繪製飛機的跑道。

與 Step1 同樣地，使用〔**選取**〕**工具** 選取物件，然後選擇〔**任意變形**〕**工具**。

在這個狀態下，按一下任意變形工具箱的〔**透視扭曲**〕❼，將右下方的尖角控制把手朝右邊拖曳❽。如此一來，如同右圖般，物件會出現遠近感❾。

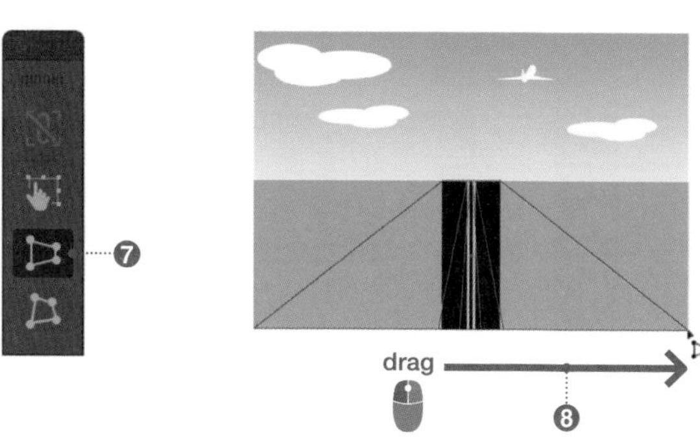

> **Tips**
>
> 在點選〔任意變形〕的狀態下，配合下列的鍵盤輸入法，就能進行「透視扭曲」與「對稱扭曲」。另外，確定變形後，滑鼠游標要比鍵盤輸入早一步放開。
>
> 透視扭曲：拖曳控制把手，在拖曳開始之後，按住 shift + Alt + Ctrl（shift + option + Command），持續地拖曳。
>
> 對稱扭曲：拖曳控制把手，在拖曳開始之後，按住 Ctrl，持續地拖曳。

利用〔任意變形〕傾斜變形

點選任意變形工具箱的〔**強制**〕與〔**任意變形**〕❿，然後將上方中央的水平控制把手往右拖曳的話⓫，物件會如同右圖般，朝水平軸方向傾斜⓬。

點選〔**任意變形**〕的話，物件不僅會傾斜，還能進行旋轉或縮放。

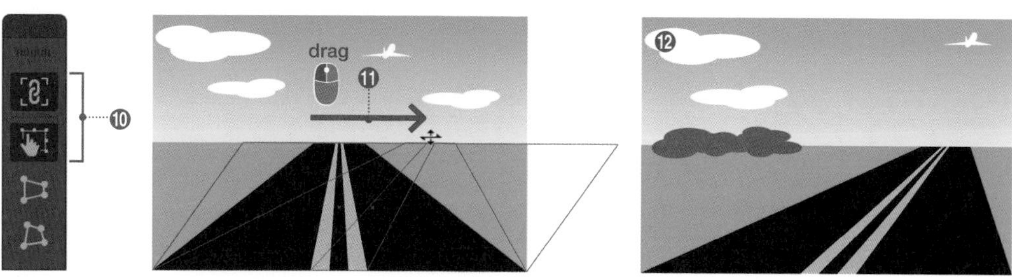

> **Tips**
>
> 開啟〔強制〕的話，變形狀態會如下所示（〔強制〕為關閉時，按一下 shift 就能進行相同動作）。
>
> - 縮放時固定長寬比例。
> - 旋轉時以 45 度角旋轉。
> - 傾斜扭曲時固定為直向或橫向。

相關 邊框：p.83 〔旋轉〕、〔鏡射〕、〔傾斜〕工具：p.190

132 設定基準點，縮放物件

只要使用〔縮放〕工具，就可以在任意位置設定基準點，縮放物件。

使用〔**選取**〕**工具**選取物件之後，在工具列點選〔**縮放**〕**工具** ❶。如此一來，物件的中心位置會出現基準點 ❷。欲變更基準點位置時，按一下欲變更的目標位置。如此一來，選取的位置就會顯示基準點 ❸。

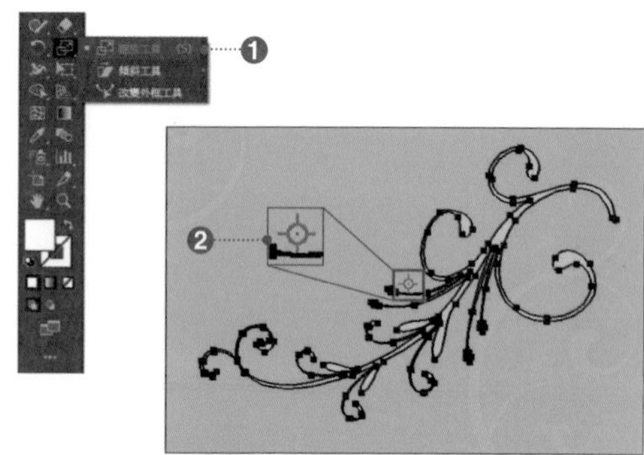

在這個狀態下，在物件上拖曳滑鼠的話 ❹，就能以變更後的基準點為基準，縮放物件。

此時，在遠離基準點的位置開始拖曳滑鼠的話，變形作業較為正確。另外，按住 shift 的同時拖曳滑鼠，就能在固定長寬比例或者寬度／高度的條件下，進行縮放。

step 3

指定長寬比的數值，縮放物件時，按住 Alt（option）同時按一下變形基準點的位置，就會出現〔縮放〕對話框。

選擇〔一致〕或〔非一致〕❺ 後，指定縮放比例。勾選〔預視〕的話 ❻，就能在確認變形後的狀態下，同時指定數值。

按一下〔確定〕的話，就可以套用縮放指令 ❼。

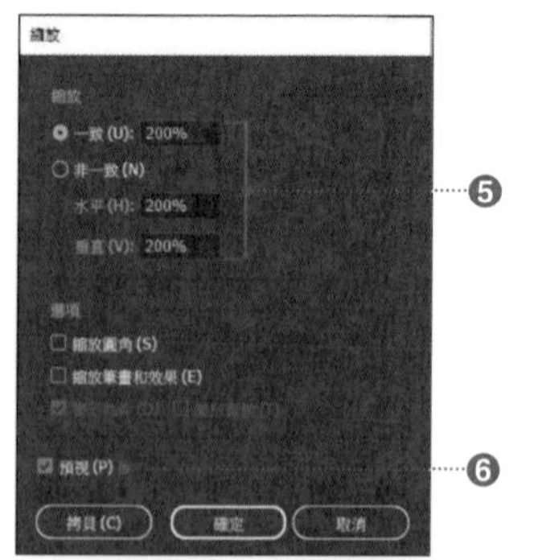

 相關 邊框：p.83 〔旋轉〕、〔鏡射〕、〔傾斜〕工具：p.190

133 指定數值，縮放物件

使用〔變形〕面板的話，就能指定數值縮放物件。另外，指定四則運算，也可以設定數值。

step 1

從功能表列點選〔視窗〕→〔變形〕，會出現〔變形〕面板。

使用〔**選取**〕**工具** 選取物件的話 ❶，〔變形〕面板的〔寬〕就是物件的寬度，〔高〕就是物件的高度 ❷。

選取物件時，〔內容〕面板與〔控制〕面板也會顯示〔變形〕面板。

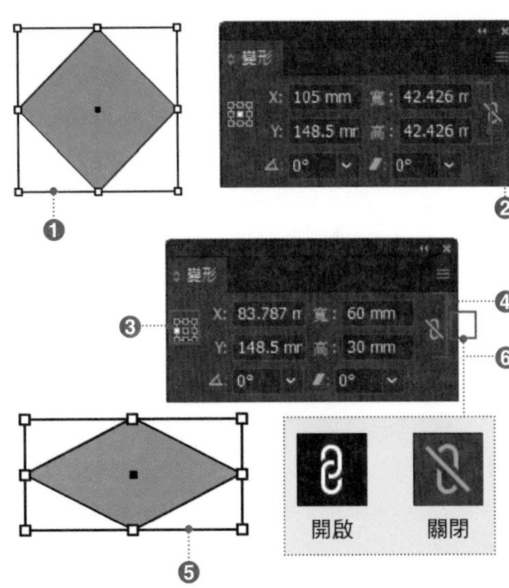

step 2

在〔設定參考點〕圖示選擇基準點 ❸，在〔寬〕和〔高〕輸入數值後按 Enter （Return）或者在文件上拖曳滑鼠的話 ❹，物件就會變形 ❺。

輸入數值之際，按一下〔維持寬度和高度的比例〕的話 ❻，無論輸入〔寬〕或〔高〕的數值，另一邊也會自動輸入數值。

Tips

在〔寬〕或〔高〕輸入數值後，按住 Ctrl （⌘）同時按 Enter （Return）也能固定長寬比例來變形物件。

step 3

指定數值也可以利用四則運算。加法為「+」、減法為「－」、乘法為「*」、除法為「／」❼。

指定數值後，在游標離開的時機點開始計算答案，而且會自動地設定計算後的數值 ❽。

另外，右圖為「*（乘）0.75」，即縮小 75%。這個時候可以省略「0」。

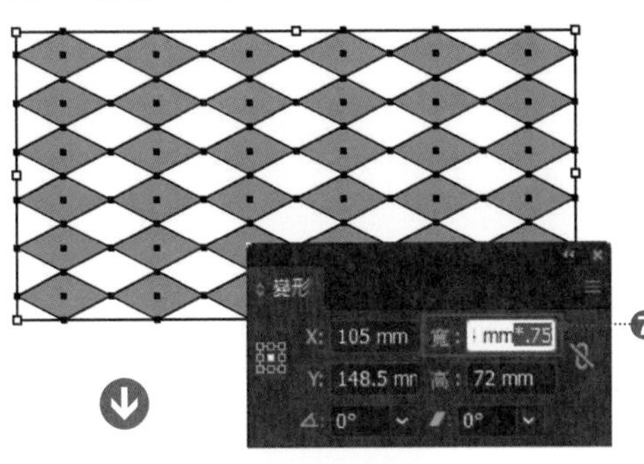

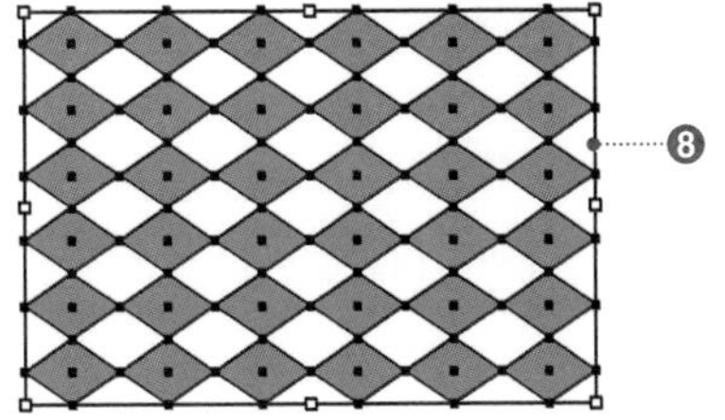

Tips

使用〔矩形〕工具 製作正方形後，旋轉 45 度，並且在旋轉後從功能表列點選〔物件〕→〔外框〕→〔展開形狀〕，在展開矩形之後，再從功能表列點選〔物件〕→〔變形〕→〔重設邊框〕，就能完成 Step1 的圖形（p.83）。

相關 在〔變形〕面板指定座標值：p.113 〔旋轉〕、〔鏡射〕、〔傾斜〕對話框：p.188

134 變形物件時，也能縮放筆畫寬度或效果

只要勾選〔縮放〕對話框的〔縮放筆畫和效果〕，就可以在物件變形時，同時縮放筆畫寬度或效果。

概要

右圖是由〔效果：鋸齒化〕、〔效果：陰影〕、虛線等等，設定各種效果或筆畫樣式的物件排列組合所完成圖稿 ❶。

若為預設值，即使縮放物件，筆畫寬度或效果也不會改變，因此縮放這個物件的話，會得到意想不到的結果 ❷。

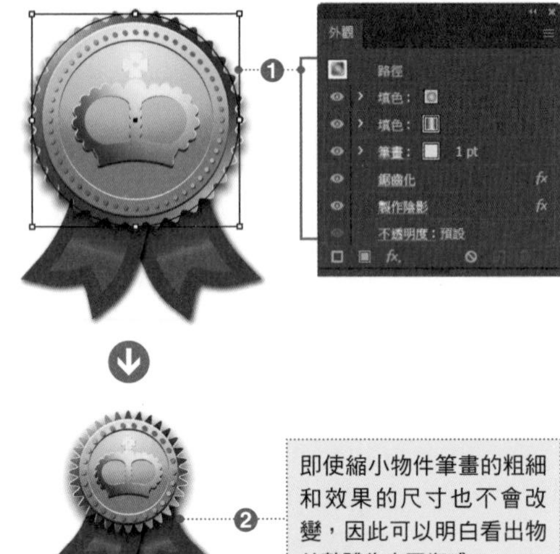

step 1

欲在物件變形時也能縮放筆畫寬度或效果的話，就使用**〔選取〕工具**選取物件，再從功能表列點選〔物件〕→〔變形〕→〔縮放〕，會出現〔縮放〕對話框。

在此設定〔一致：50%〕❸，勾選〔縮放筆畫和效果〕❹。設定後按一下〔確定〕。

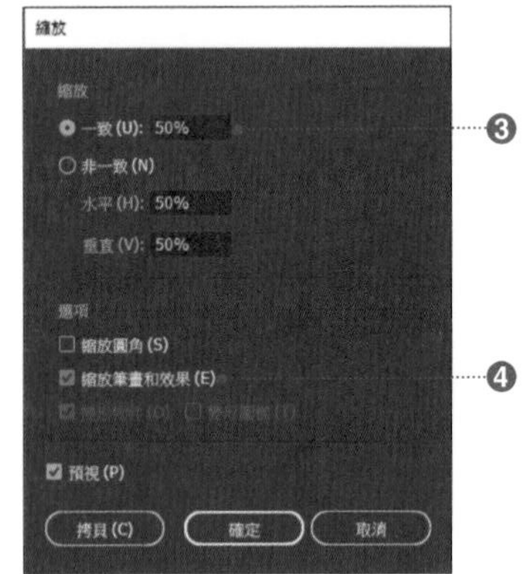

step 2

不僅是物件，筆畫寬度和效果也會一起縮小 ❺。

另外，一旦設定〔縮放筆畫和效果〕的話，全部的變形操作皆會套用這個設定，直到解除勾選為止。

> **Tips**
>
> 勾選功能表列的〔編輯〕→〔偏好設定〕→〔一般〕或者在〔變形〕面板的〔縮放筆畫和效果〕，也可以進行相同的設定。

135 物件形狀維持不變，僅變形圖樣

藉由在〔縮放〕對話框的設定，可以在物件形狀維持不變的情況下，僅變形圖樣（縮放等等）。

step 1

使用〔**選取**〕**工具** 選取物件 ❶，從功能表列點選〔物件〕→〔變形〕→〔縮放〕後會出現〔縮放〕對話框。

> **Tips**
>
> 在〔移動〕、〔旋轉〕、〔鏡射〕、〔傾斜〕對話框中，也可以使用相同的步驟，僅變形圖樣。

❶

step 2

選擇〔一致〕❷，輸入圖樣的縮放比例。
不勾選〔選項〕區的〔變形物件〕，勾選〔變形圖樣〕❸。
勾選〔預視〕的話 ❹，就能在確認變形狀態的同時進行設定。

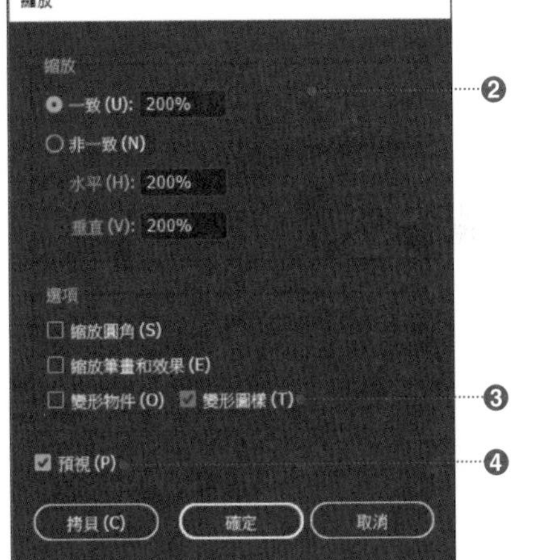

step 3

設定後按一下〔確定〕的話，僅圖樣會依照指定的比例縮放 ❺。
欲將圖樣回復成原始狀態時，就在〔色票〕面板再按一下套用中的圖樣。

> **Tips**
>
> 利用拖曳滑鼠也可以只變形圖樣。使用〔選取〕工具 選取物件後，再點選〔縮放〕工具 ，按住的同時拖曳物件。如此一來，雖然也能縮放物件的邊線，但是一放開滑鼠的話，邊線會回到原本的位置，僅圖樣變形。

第5章 物件的變形、合成

相關 邊框：p.83 縮放筆畫和效果：p.184 旋轉・反轉・傾斜物件：p.188

136 位置不變的條件下，同時變形多個物件

同時選取多個物件，並且在〔個別變形〕對話框設定的話，就能在不改變位置的條件下，一起進行〔縮放〕、〔移動〕、〔旋轉〕、〔鏡射〕等變形。

step 1

使用**〔選取〕工具** 同時選取多個物件❶，從功能表列點選〔物件〕→〔變形〕→〔個別變形〕，會出現〔個別變形〕對話框。

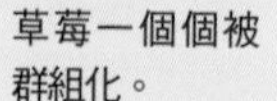
草莓一個個被群組化。

Tips

在〔個別變形〕對話框中，可將單獨路徑或是群組物件視為 1 個物件單位進行變形，因此根據需求，可先行將物件群組化。

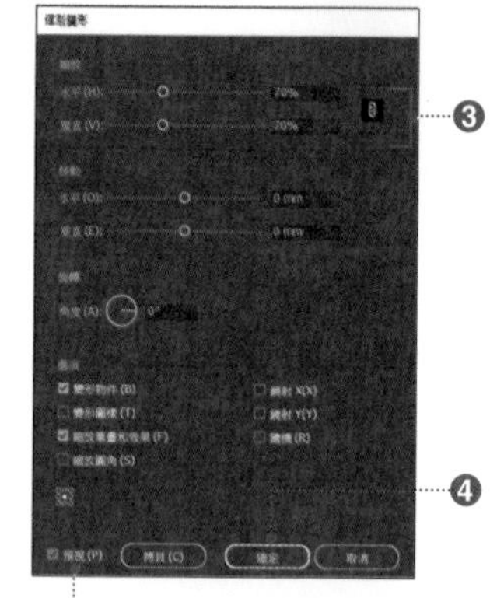

step 2

勾選〔預視〕❷，確認變形的套用狀況，同時進行設定。

在此設定〔縮放〕區的〔水平：70%〕、〔垂直：70%〕❸。設定後按一下〔確定〕❹。

step 3

物件套用〔個別變形〕，並且在不改變每一顆草莓位置的狀態下，一次變形多個物件❺。

◎〔個別變形〕對話框的設定項目

項目	內容
〔縮放〕區	指定水平 / 垂直方向的縮放比例。輸入相同數值固定長寬比。
〔移動〕區	指定水平 / 垂直方向的移動距離。
〔旋轉〕區	指定〔角度〕的話，物件就能在不改變位置的情況下個別旋轉。
變形物件	勾選的話，選取中的物件會套用變形。
變形圖樣	勾選的話，選取中的物件的〔填色〕圖樣，會套用變形。
縮放筆畫和效果	勾選的話，縮放時也能縮放筆畫和效果（p.184）。
縮放圓角	勾選的話，縮放時，圓角半徑也會適當地縮放。
鏡射 X 鏡射 Y	勾選的話，設定是否往水平 / 垂直方向的鏡射。
隨機	勾選的話，在設定的數值範圍內，物件會隨機變形。
〔設定參考點〕圖示	設定每個物件的基準點位置。

相關 在〔個別變形〕對話框隨機的變形：p.187　僅圖樣變形：p.185　縮放筆畫和效果：p.184

137 隨機變形多個物件

在〔個別變形〕對話框勾選〔隨機〕的話，就能將多個物件同時隨機變形。

step 1

使用**〔選取〕工具** 一併選取多個物件 ❶，從功能表列點選〔物件〕→〔變形〕→〔個別變形〕，會出現〔個別變形〕對話框。

step 2

勾選〔預視〕❷，確認變形後的狀態同時進行設定。

在〔縮放〕區設定〔水平：250%〕、〔垂直：250%〕❸，在〔移動〕區設定〔水平：15mm〕、〔垂直：15mm〕❹，在〔旋轉〕區設定〔角度：90〕❺。

勾選〔隨機〕後 ❻，按一下〔確定〕。

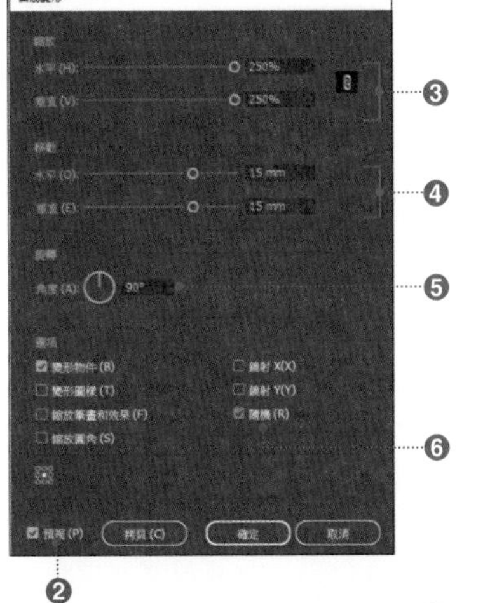

> **Tips**
>
> 即使勾選〔隨機〕但是有勾選〔鏡射 X〕或〔鏡射 Y〕的話，物件不會隨機套用鏡射，而是全部的物件都會套用鏡射。

step 3

物件套用〔個別變形〕，且多個物件隨機變形 ❼。

> **Tips**
>
> 關於〔個別變形〕對話框的各個設定項目的詳細內容，請參考 p.186。

相關 邊框：p.83　在〔個別變形〕對話框變形：p.186

138 指定數值，旋轉／反轉／傾斜物件

只要使用〔旋轉〕對話框、〔鏡射〕對話框、〔傾斜〕對話框，就可以指定角度變形物件。另外，也能在任意位置設定基準點。

使用〔**選取**〕**工具** 選取物件之後 ❶，從功能表列點選〔物件〕→〔變形〕→〔鏡射〕❷，會出現〔鏡射〕對話框。

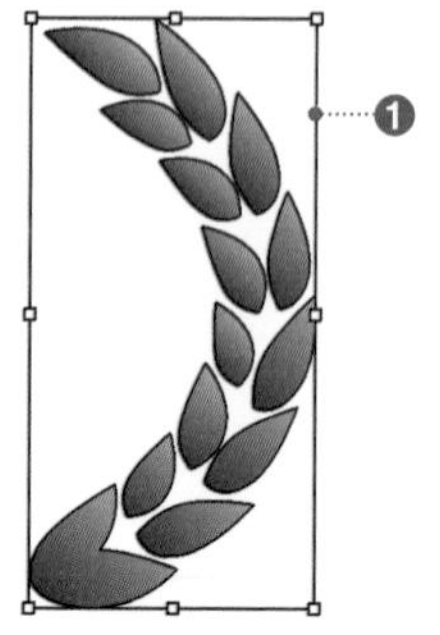

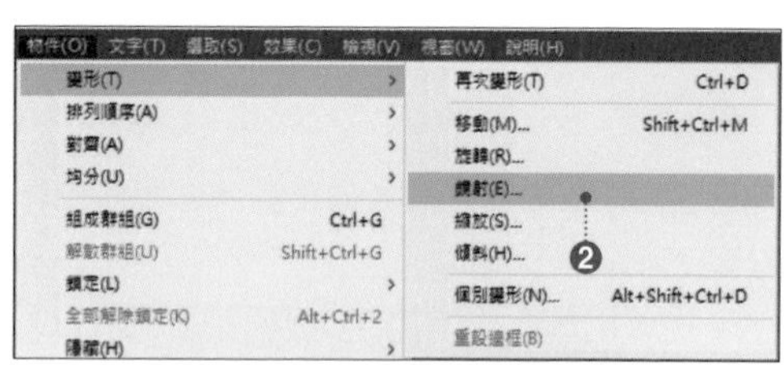

> **Tips**
>
> 按二下工具列的〔鏡射〕工具、〔旋轉〕工具、〔傾斜〕工具圖示，或者在選取各工具的狀態下，按住 Enter（Return），也可以顯示各個設定的對話框。

◎ 各個對話框的選項設定項目

項目	內容
變形物件	勾選的話，選取中的物件會套用變形。
變形圖樣	勾選的話，只有選取中的物件的〔填色〕圖樣會套用變形。

在〔座標軸〕區選擇反轉的軸心。選擇〔角度〕時，指定 –360° ～ 360° 的範圍。

在此設定〔座標軸：垂直〕❸，按一下〔**拷貝**〕❹。

物件被複製，並且以軸心垂直反轉。拖曳物件，調整位置 ❺。

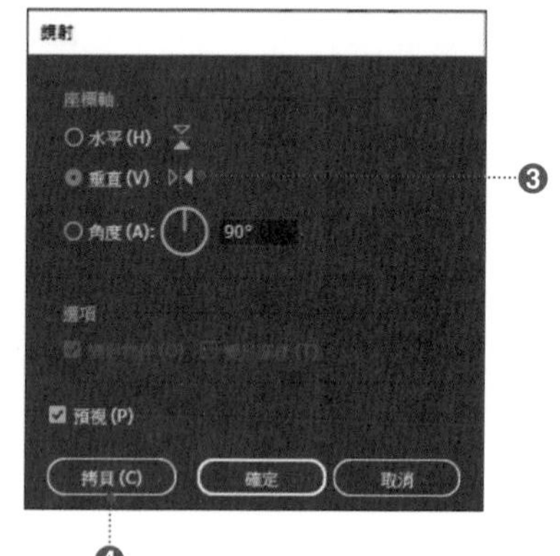

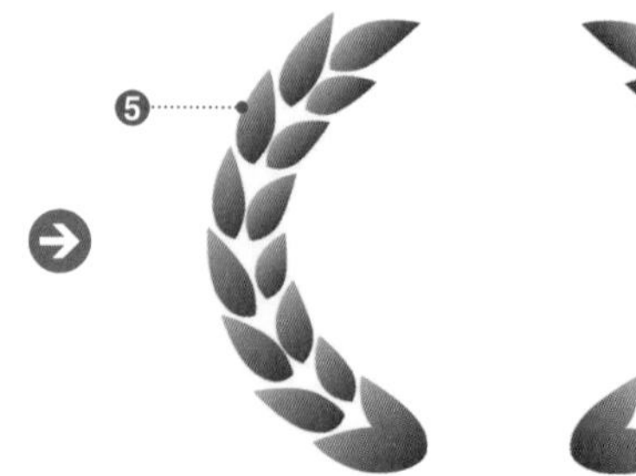

step 3

選取文字物件之後 ❻，在〔傾斜〕對話框套用〔傾斜角度：15〕、〔座標軸：水平〕的話 ❼，就能輕鬆地完成斜體物件 ❽。套用在無斜體字的字體中會特別有效果。

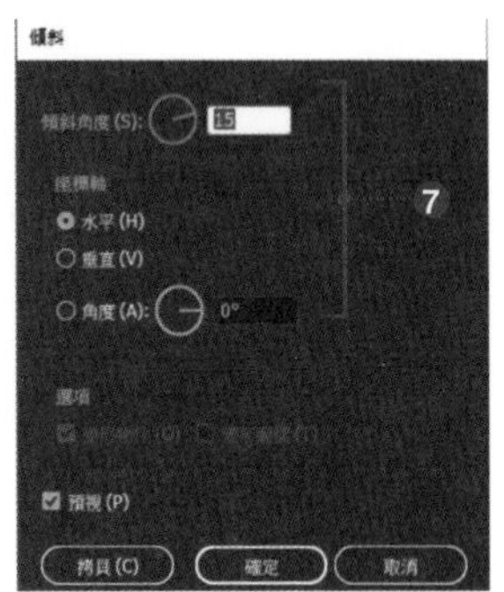

Variation

在任意位置變更基準點之後，也會出現對話框。

step 1

在選取物件的狀態下，點選**〔旋轉〕工具**（或者是**〔鏡射〕工具**、**〔傾斜〕工具**）❶，在欲設定為基準點的位置按住 Alt（option）按一下滑鼠左鍵 ❷。

step 2

在此欲製作 5 片櫻花花瓣，因此指定〔角度：72°〕❸，按一下〔拷貝〕❹。

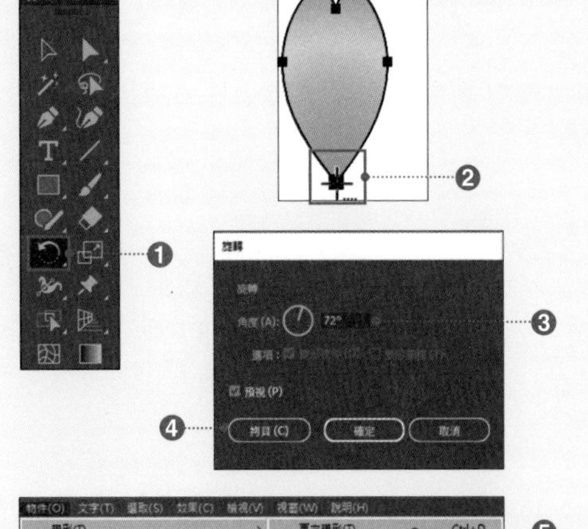

step 3

從功能表列點選〔物件〕→〔變形〕→〔再次變形〕❺，就會反覆複製花瓣。重複 4 次這項作業就能完成 5 片花瓣 ❻。

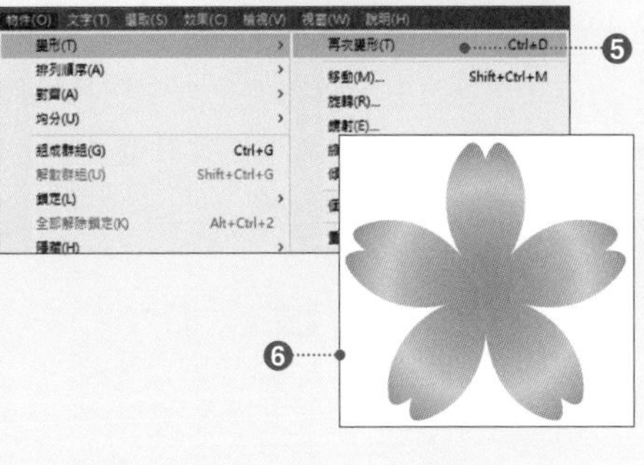

Short Cut 再次變形	
Win Ctrl + D	Mac ⌘ + D

Tips

利用〔變形〕面板的〔設定參考點〕圖示設定基準點 ❶，也可以進行旋轉 ❷、傾斜 ❸、鏡射 ❹。

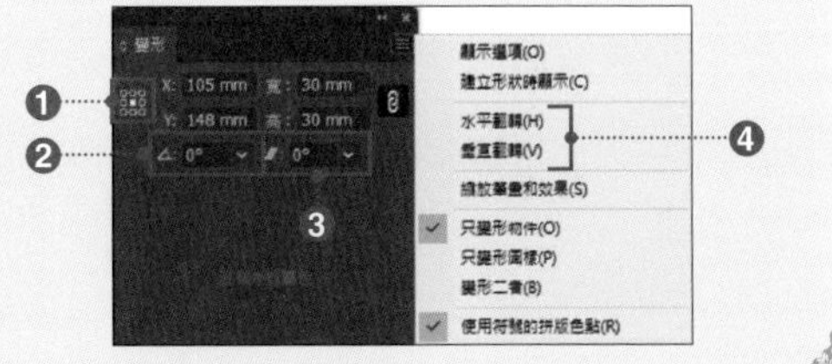

相關 縮放筆畫和效果：**p.184** 僅圖樣變形：**p.185** 〔旋轉〕、〔鏡射〕、〔傾斜〕工具：**p.190**

139 旋轉／反轉／傾斜物件

只要使用〔旋轉〕工具、〔鏡射〕工具、〔傾斜〕工具，就可以憑直覺拖曳物件，讓物件變形。也可以在任何位置設定基準點。

step 1

旋轉物件。

使用〔**選取**〕**工具** 選取物件之後，點選工具列的〔**旋轉**〕**工具** ❶。如此一來，物件的中心位置會出現**「基準點」**❷。

step 2

欲變更基準點時，按一下欲變更的位置 ❸。

以基準點為中心拖曳旋轉物件，讓物件旋轉 ❹。

step 3

欲反轉物件時，點選工具列的〔**鏡射**〕**工具** ❺。設定基準點，並且以基準點為中心將物件往反方向拖曳，就能反轉物件 ❻。

step 4

欲傾斜物件時，點選工具列的〔**傾斜**〕**工具** ❼。設定基準點，並且以基準點為中心將物件往欲傾斜的方向拖曳，就能傾斜物件 ❽。

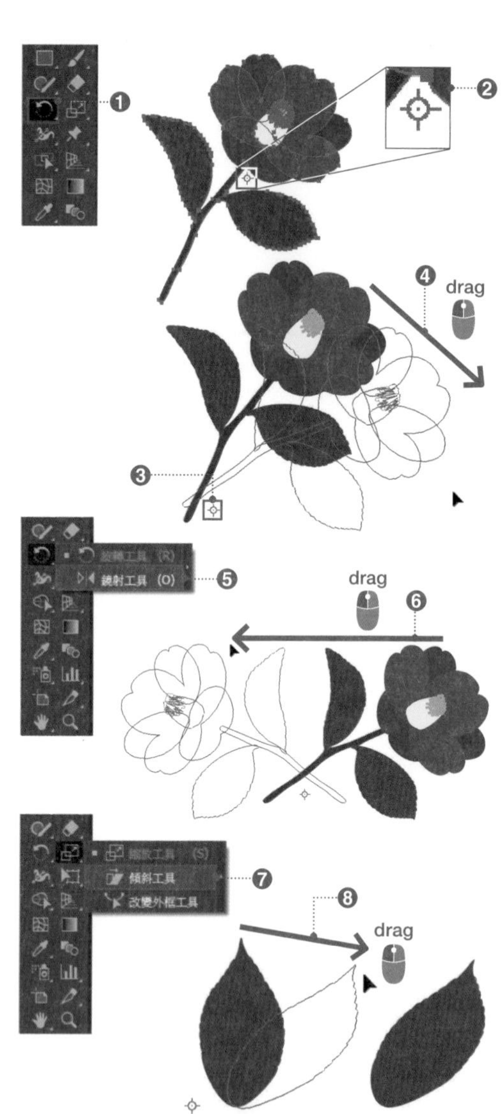

Tips

使用〔直接選取〕工具 選取物件內的部分錨點或路徑區段的話，僅部份物件會套用變形。

◎〔旋轉〕工具、〔鏡射〕工具、〔傾斜〕工具與鍵盤輸入法

項目	內容
拖曳＋shift	若是〔**旋轉**〕**工具**、〔**鏡射**〕**工具**，變形角度會固定為 45 度。 若是〔**傾斜**〕**工具**，可以在寬度或高度不變的情況下傾斜。
拖曳＋Alt（option）	可以在複製物件後變形。

 相關 在〔變形〕面板縮放：**p.183** 〔旋轉〕、〔鏡射〕、〔傾斜〕對話框：**p.188**

140 變形為自然形狀：〔操控彎曲〕工具

只要使用〔操控彎曲〕工具，就可以在圖稿新增圖釘，並且利用簡單的拖曳操作方式，讓路徑物件變形為自然的形狀。

使用〔**選取**〕**工具** 選取變形的路徑物件，從工具列點選〔**操控彎曲**〕**工具** ❶。

如此一來，變形的基準位置會自動地新增圖釘，並且顯示覆蓋著物件般的多邊形網格 ❷。

接著，按一下變形的基準點位置，新增圖釘。

欲變形物件時，使用〔**操控彎曲**〕**工具**拖曳移動圖釘 ❸。

另外，使用〔**操控彎曲**〕**工具** 按一下圖釘，讓圖釘產生作用 ❹，並且朝顯示的虛線圓形內側拖曳旋轉 ❺，就能執行旋轉變形。

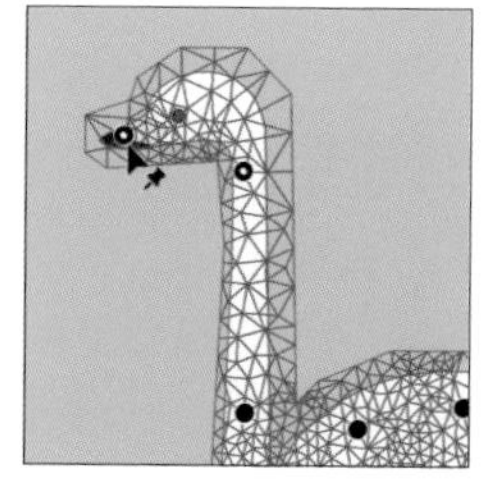

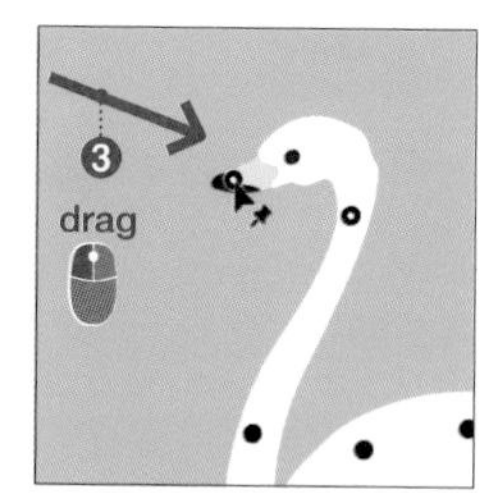

按住 shift 同時按一下圖釘，選取多個圖釘，也可以移動圖釘。另外，點選圖釘，按 Delete 的話，就能刪除多餘的圖釘。

step 3

在此變形頭尾部份 ❻。編輯結束之後，會切換成其他工具。

另外，在此選取物件，使用〔**操控彎曲**〕**工具** 的話，就能在保持圖釘的狀態下進行編輯。

再者，使用〔**操控彎曲**〕**工具** 編輯的物件會被群組化，解除群組的話，圖釘的資訊會被消除。

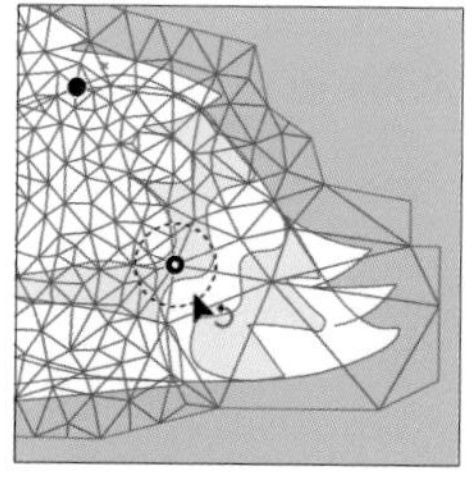

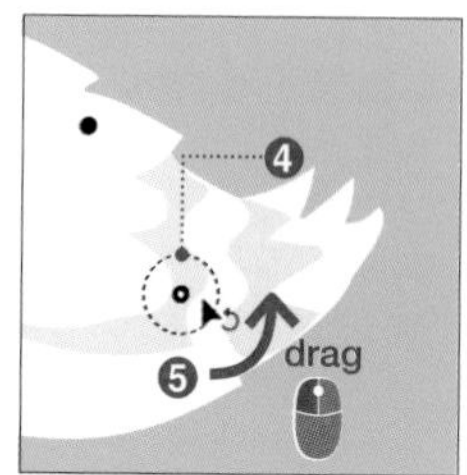

Tips

〔操控彎曲〕工具 無法變形網格物件或影像。
另外，按一下文字物件的話，就會自動轉外框。

相關〔任意變形〕工具：p180　縮放筆畫和效果：p.184　〔旋轉〕、〔鏡射〕、〔傾斜〕工具：p.190

141 在指定的位置切斷路徑：〔剪刀〕工具

只要使用〔剪刀〕工具，按一下錨點或者路徑區段，就能在選取的位置切斷路徑。被切斷的路徑稱為開放路徑。

step 1

從工具列點選**〔剪刀〕工具** ❶，按一下欲切斷的錨點或者路徑區段（想切掉的筆畫部份）。如此一來，選取位置的路徑被切斷，並且新增錨點。

使用**〔直接選取〕工具**移動錨點的話，結果如右圖所示 ❷。

另外，使用**〔剪刀〕工具**切斷路徑時，不需要事先選取物件。

step 2

使用**〔剪刀〕工具**切斷有〔填色〕的封閉路徑物件的話 ❸，會如右圖般，成為開放路徑（p.340） ❹。

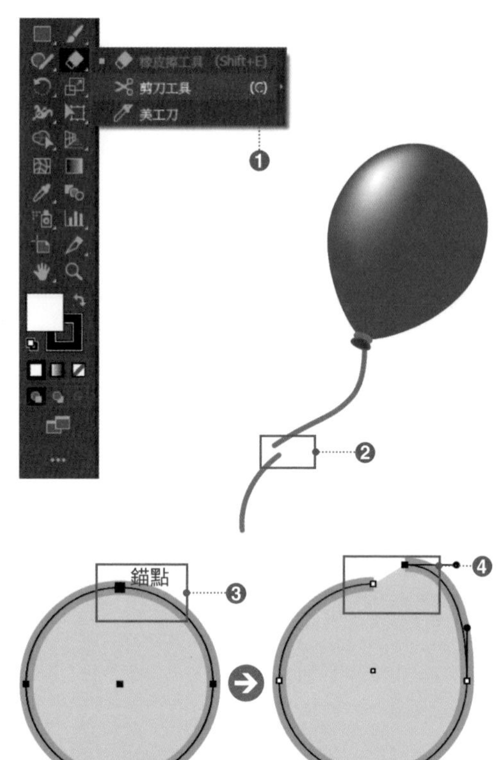

Tips

啟動〔智慧型參考線〕（p.106）或〔靠齊控制點〕（p.108）的話，更容易選取目標位置。

Variation

使用**〔直接選取〕工具**選取物件的錨點的話 ❶，〔內容〕面板以及〔控制〕面板會顯示**〔在選取的錨點處剪下路徑〕按鈕** ❷。

按一下這個按鈕的話，會在選取的錨點上切斷路徑，錨點變成上下互相重疊的 2 個錨點。

利用這個功能的話，就能同時切斷選取的多個錨點 ❸。

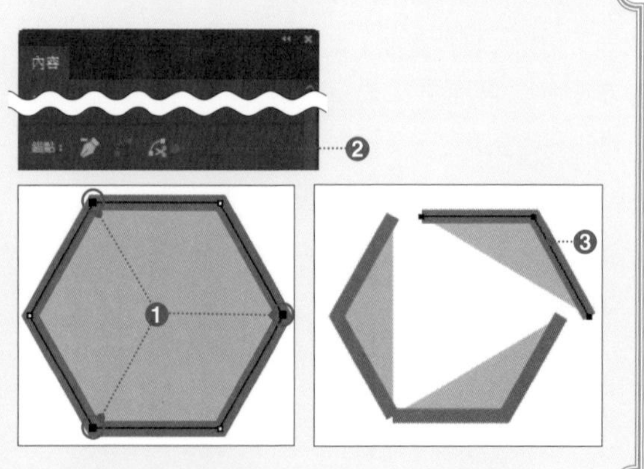

142 切割物件：〔美工刀〕工具

只要使用〔美工刀〕工具，就可以沿著拖曳的軌跡切割路徑物件。被切割的物件將成為封閉路徑。

step 1

從工具列點選〔**美工刀**〕**工具** ❶，在物件上隨手拖曳一條超出路徑區段的線段 ❷。

另外，使用〔**美工刀**〕**工具** 無法切割〔填色：無〕，只有筆畫的路徑物件（無〔填色〕的開放路徑）。

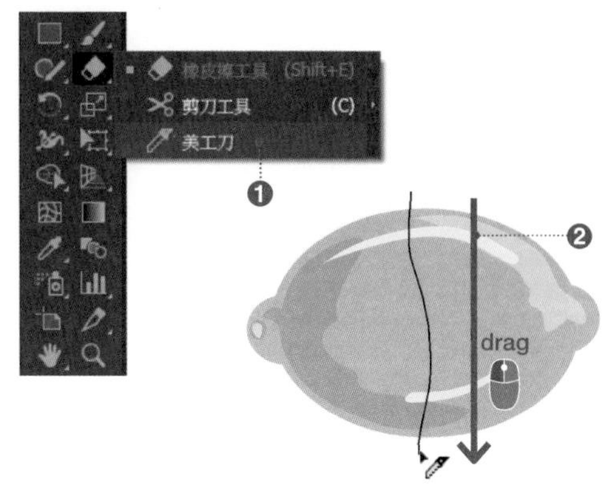

step 2

沿著拖曳的軌跡新增路徑，就可以切割路徑物件 ❸。

使用〔**選取**〕**工具** 移動的話，可以確認如右圖般的 2 個路徑物件 ❹。另外，被切割的路徑物件為封閉路徑（**p.340**）。

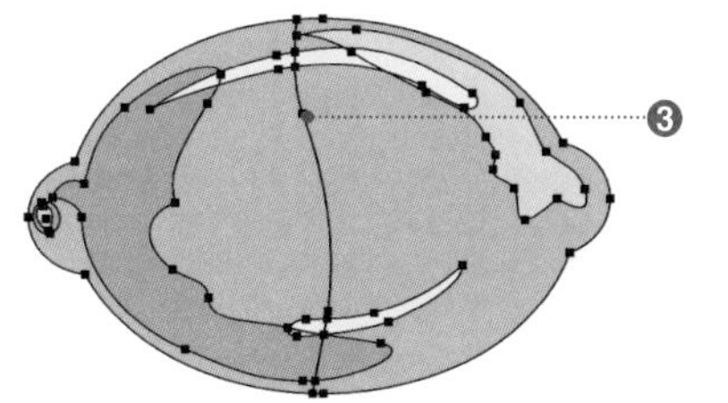

> **Tips**
>
> 切割的對象為群組物件（被群組化的物件）時，即使使用〔美工刀〕工具 切割，依然會維持群組關係。

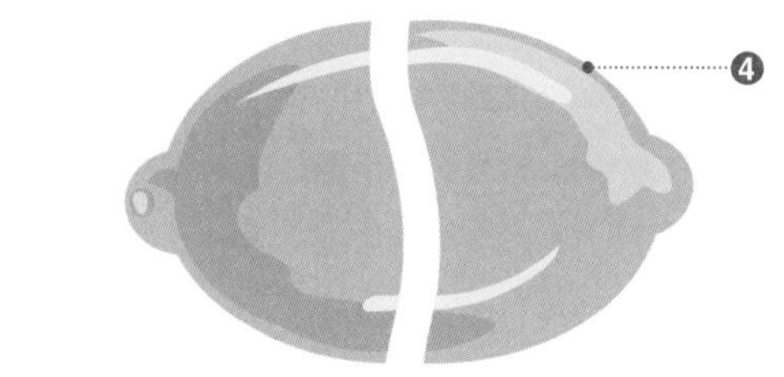

step 3

按住 Alt（option）同時使用〔**美工刀**〕**工具** 在文件上拖曳的話，就能以直線切割物件 ❺。

另外，此時配合 shift，就能固定以每 45 度角進行切割。

右圖為使用〔**選取**〕**工具** 將切割的物件向右移動的結果。

另外，使用〔**選取**〕**工具** 選取物件，再使用〔**美工刀**〕**工具** 拖曳物件的話，也可以僅切割選取中的物件。

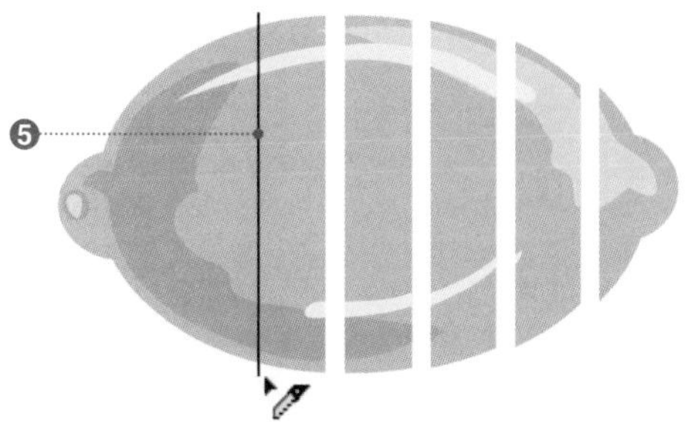

相關〔橡皮擦〕工具：p.195　新增・刪除錨點：p.62〔剪刀〕工具：p.192

143 拖曳以清除部份筆畫：〔路徑橡皮擦〕工具

只要使用〔路徑橡皮擦〕工具，就可以藉由點擊或者是拖曳路徑錨點、區段，來刪除該路徑。被清除的路徑物件將成為開放路徑。

step 1

使用〔**選取**〕**工具** 選取路徑物件 ❶，從工具列點選〔**路徑橡皮擦**〕**工具** ❷。

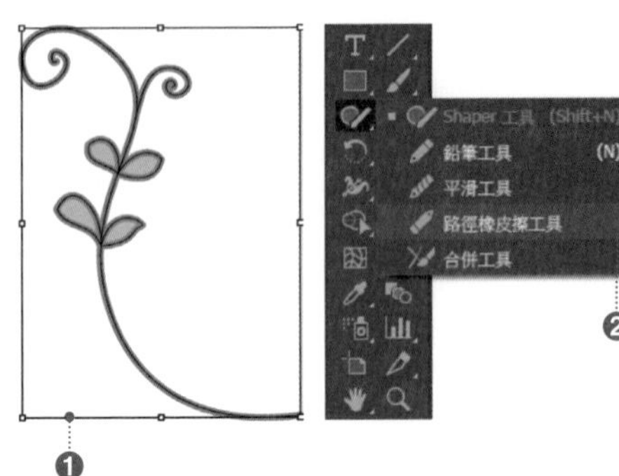

step 2

在欲清除的部份的錨點上，或者路徑區段上一口氣拖曳滑鼠 ❸，被拖曳的路徑就會消失 ❹。

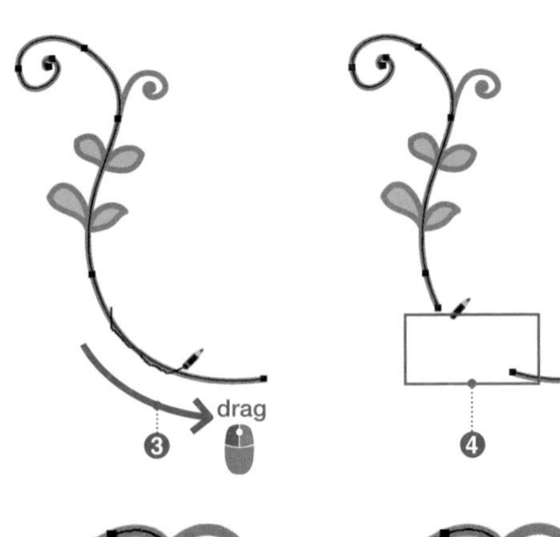

step 3

使用〔**路徑橡皮擦**〕**工具** 清除部份封閉路徑物件後 ❺，物件變成開放路徑 ❻。

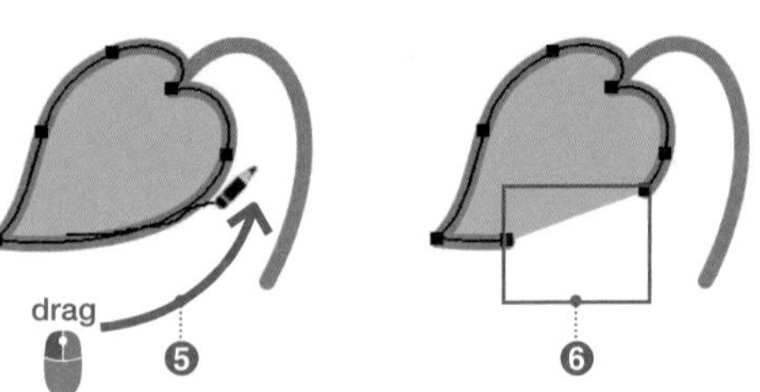

Tips

如上所述，使用〔路徑橡皮擦〕工具清除部份封閉路徑物件的話，該路徑會成為開放路徑，另一方面，使用〔橡皮擦〕工具（p.195）清除部份封閉路徑物件的路徑 ❼，所清除的路徑會變成封閉路徑 ❽。請牢記這 2 者的差別。

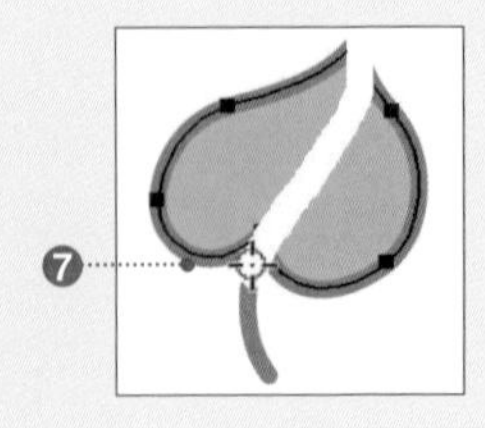

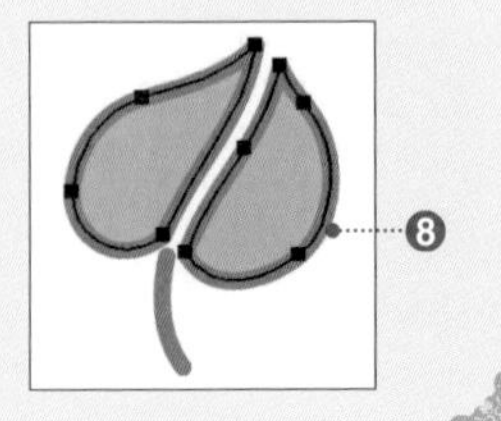

144 清除部份物件：〔橡皮擦〕工具

〔橡皮擦〕工具 ，可以沿著拖曳的軌跡清除部份的路徑物件。部份被清除的物件將變成封閉路徑。

step 1

欲清除部份路徑物件時，從工具列點選**〔橡皮擦〕工具** ❶，在路徑物件上欲清除的位置拖曳滑鼠。拖曳的軌跡會反白 ❷。
放開滑鼠的話，拖曳之處的路徑被清除 ❸。

> **Tips**
> 使用〔選取〕工具 選取物件，再使用〔橡皮擦〕工具 拖曳物件的話，僅會清除選取中的物件。

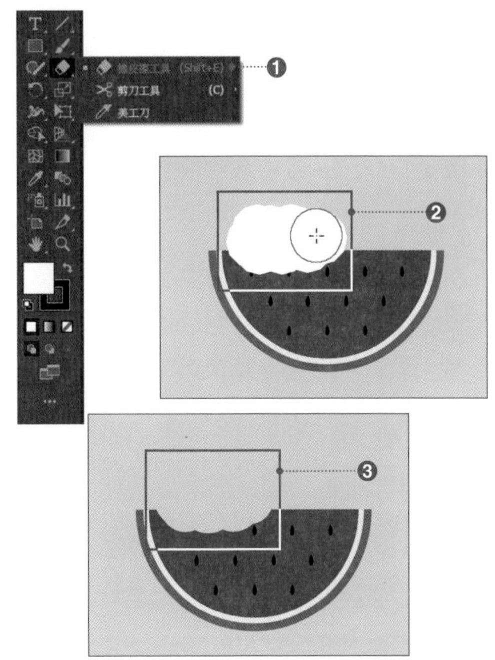

step 2

按住 Alt（option）同時拖曳滑鼠的話，會顯示以點線框住的白色長方形區域 ❹，只有該區域被覆蓋的部份會被清除 ❺。
另外，按住 shift 同時拖曳滑鼠的話，可以固定水平・垂直 45 度角，並且以直線拖曳滑鼠。

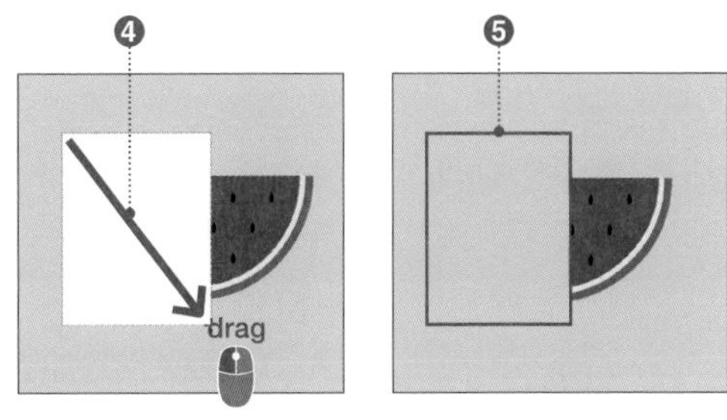

step 3

按二下工具列的**〔橡皮擦〕工具** ，會出現〔橡皮擦工具選項〕對話，在此可以進行**〔橡皮擦〕工具** 的詳細設定。可以設定角度或圓度、尺寸等項目 ❻。
關於設定方法請參考〔沾水筆筆刷〕的項目（p.135）。

> **Tips**
> 〔橡皮擦〕工具 無法對影像或文字、圖表、符號、網格等物件進行編輯。

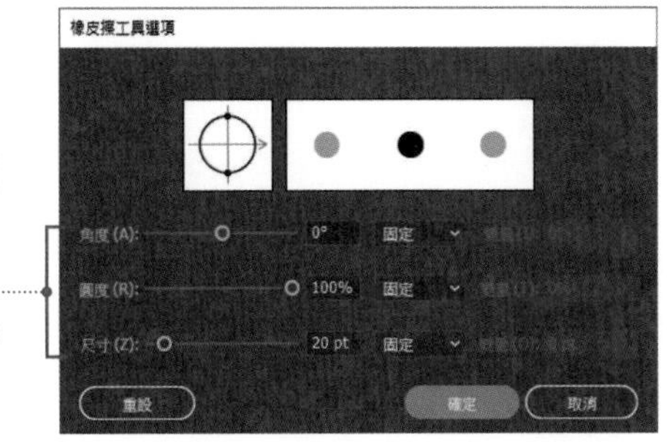

相關 沾水筆筆刷：**p.135** 〔美工刀〕工具：**p.193** 〔點滴筆刷〕工具：**p.196**

145 隨手繪製圖形：〔點滴筆刷〕工具

使用〔點滴筆刷〕工具 在文件上拖曳，該軌跡會直接變成路徑的輪廓，並且成為〔填色〕物件。

step 1

在工具列點選**〔點滴筆刷〕工具** ❶，從〔筆刷〕面板選擇〔觸控沾水筆筆刷〕❷。也可以從〔筆刷〕面板左下方的〔筆刷資料庫選單〕中選擇各種型態的筆刷 ❸。

step 2

在〔筆畫〕或〔填色〕設定顏色，並且在文件上拖曳滑鼠，進行繪圖 ❹。

放開滑鼠的話，筆刷筆畫會變成被路徑包圍且有〔填色〕的物件 ❺。

〔筆畫〕和〔填色〕皆有設定顏色時，以〔筆畫〕為優先。

在繪製完成的物件上，再次繪圖的話，就會與下方的物件以及重疊繪製的物件合併。

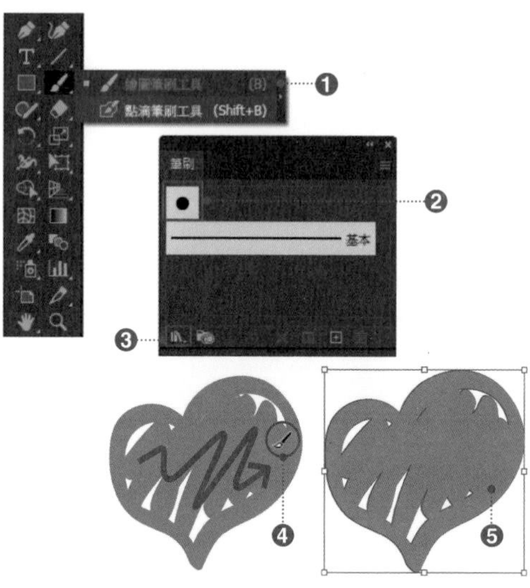

step 3

按二下工具列的**〔點滴筆刷〕工具**，會出現**〔點滴筆刷工具選項〕**對話框，在此進行的相關設定。

◎〔點滴筆刷工具選項〕對話框的設定項目

項目	內容
保持選定	使用**〔點滴筆刷〕工具** 描圖後，設定選取物件或者解除選取。
僅與選取範圍合併	在勾選的狀態下，選取物件，並且使用**〔點滴筆刷〕工具** 進行描圖的話，路徑僅與選取中的物件合併。
精準度	請參考〔鉛筆〕工具（**p.74**）。
〔預設筆刷選項〕	請參考〔沾水筆筆刷〕（**p.135**）。

Tips

可以合併的路徑物件僅限只有〔填色〕沒有〔筆畫〕的路徑，而且與〔點滴筆刷〕工具 必須為相同屬性。

至於物件沒有合併的範例，舉例來說，物件的〔混合模式〕設定為〔色彩增值〕時，即使使用〔點滴筆刷〕工具 ，以相同的顏色進行描繪，路徑仍舊不會被合併。在這種情況下，就要從〔外觀〕面板的面板選單，取消勾選〔新線條圖使用基本外觀〕。

如此一來，選取的圖稿屬性就能套用〔點滴筆刷〕工具，因此可以合併。

146 使用〔封套扭曲〕變形物件

〔封套扭曲〕功能可以操作網格，將物件變形成任何形狀。不僅是路徑物件，連內嵌影像或文字物件都能變形。

step 1

使用**〔選取〕工具** 選取物件 ❶，從功能表列點選〔物件〕→〔封套扭曲〕→〔以網格製作〕，會出現〔封套網格〕對話框。

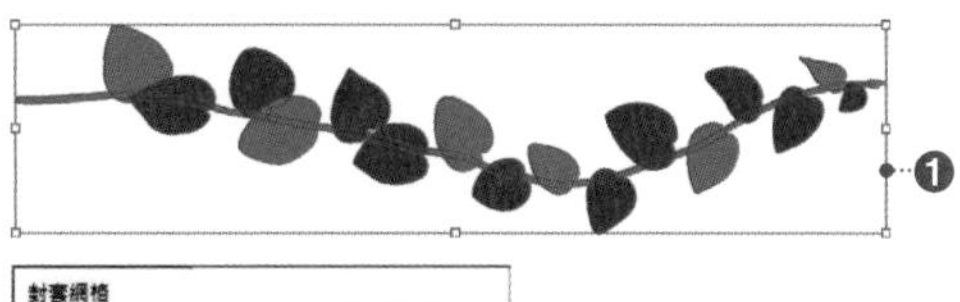

step 2

勾選〔預視〕❷，在確認畫面的同時在〔橫欄〕和〔直欄〕設定直切橫切的的路徑數量。在此設定〔橫欄：2〕、〔直欄：2〕後 ❸，按一下〔確定〕。

物件上新增了〔封套網格〕使用**〔直接選取〕工具** 操作〔封套網格〕的**網格點**的話 ❹，物件會以**網格點**為軸心，如右圖般變形。

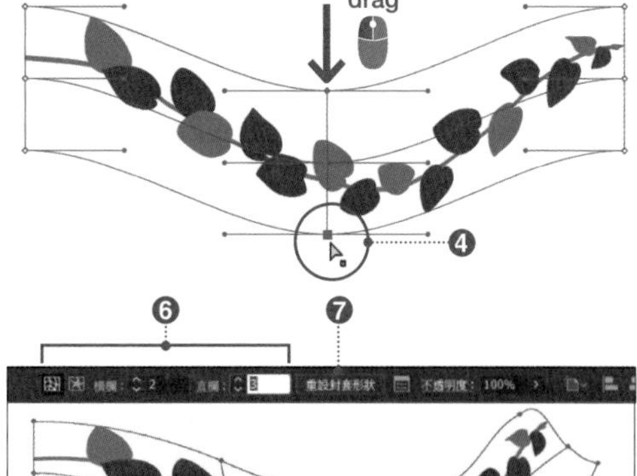

step 3

欲變更網格的〔橫欄〕或〔直欄〕的數量時，使用**〔選取〕工具** 選取封套物件 ❺，變更〔控制〕面板上顯示的各個項目的數值 ❻。按一下**〔以網格重設〕** ❼，也可以重設變形。

step 4

點選工具列的**〔網格〕工具** ❽，在〔封套網格〕上按一下滑鼠左鍵的話 ❾，就能新增網格點。另外，按住 Alt（option）同時按一下網格點的話，就能刪除網格點。

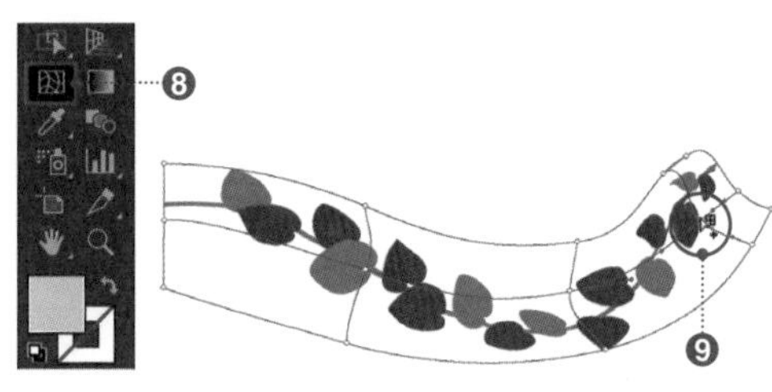

Tips

在使用〔選取〕工具 選取封套物件的狀態下，從功能表列點選〔物件〕→〔封套扭曲〕→〔展開〕，封套物件就會展開，轉換成路徑物件 ❿。轉換成路徑物件之後，就可以直接編輯錨點或區段。

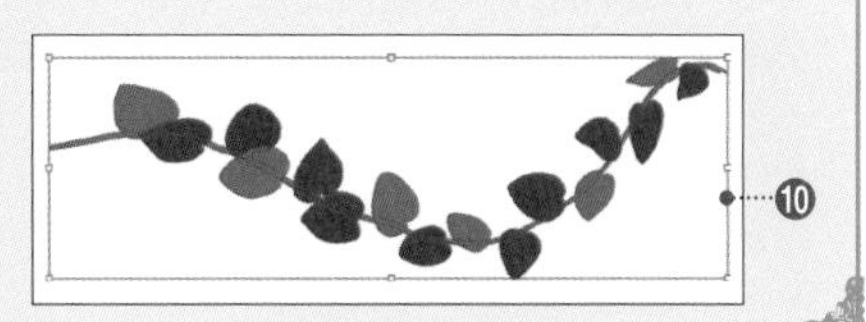

相關〔以彎曲製作〕：p200　〔以上層物件製作〕：p.198　編輯〔封套扭曲〕：p.199

147 配合圖形變形物件

套用功能表列的〔物件〕→〔封套扭曲〕→〔以上層物件製作〕，物件就會依上層的「模型」圖形進行變形。

step 1

在此變形右側的文字物件 ❶。除了圖表、參考線、被連結的影像之外，其他的物件或文字、內嵌影像都能夠套用〔封套扭曲〕。

step 2

以單一路徑或者網格物件（複合路徑無法使用）製作當作模型的圖形，並且置入變形物件的上層後，使用**〔選取〕工具** 選取當作模型的圖形以及變形的物件 ❷。

step 3

從功能表列點選〔物件〕→〔封套扭曲〕→〔以上層物件製作〕❸。

如此一來，物件會套用〔封套扭曲〕，下方物件會變形，與置入在上層當作模型的圖形形狀一致 ❹。

Short Cut 以上層物件製作封套扭曲

Win Ctrl + Alt + C　　Mac ⌘ + Option + C

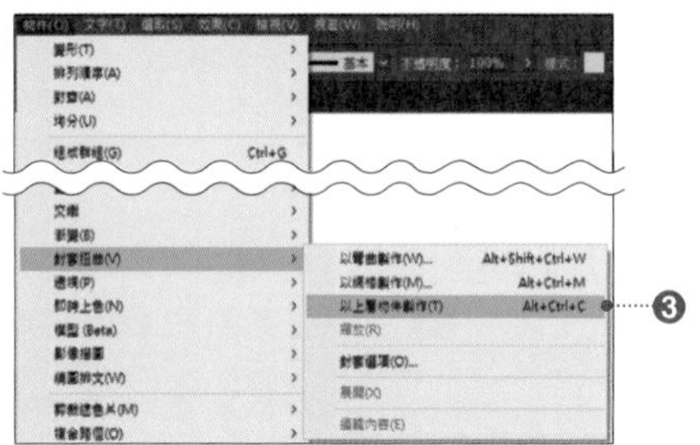

Tips

從功能表列點選〔物件〕→〔封套扭曲〕→〔釋放〕，就能解除變形物件的變形狀態。此時置入在上層的物件會成為〔填色〕呈淺灰色的網格物件 ❺。

另外，欲將網格物件轉換成一般物件時，套用〔位移：0mm〕的〔位移複製〕指令（p.213）。

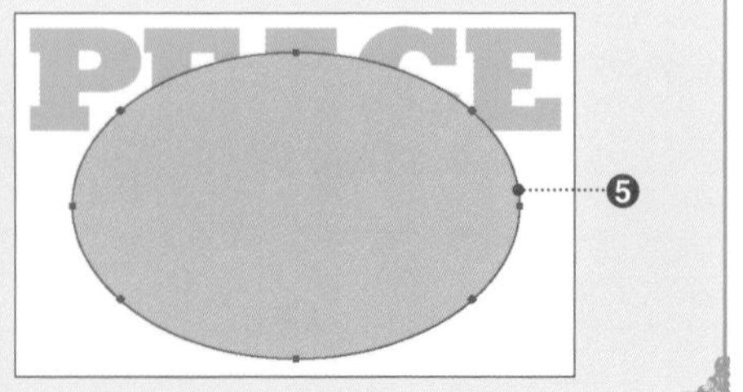

 相關〔以彎曲製作〕：p200　〔封套網格〕：p.197　編輯〔封套扭曲〕：p.199

編輯套用〔封套扭曲〕的物件

〔封套扭曲〕具有不讓原始物件變形的「非破壞變形」功能，因此即使套用完〔封套扭曲〕，後續依舊隨時可以編輯原始物件。

step 1

在此利用〔控制〕面板的操作，編輯上一頁中使用封套扭曲變形文字物件後的封套物件。

使用**〔選取〕工具** 選取封套物件後 ❶，按一下〔控制〕面板的**〔編輯內容〕** ❷。

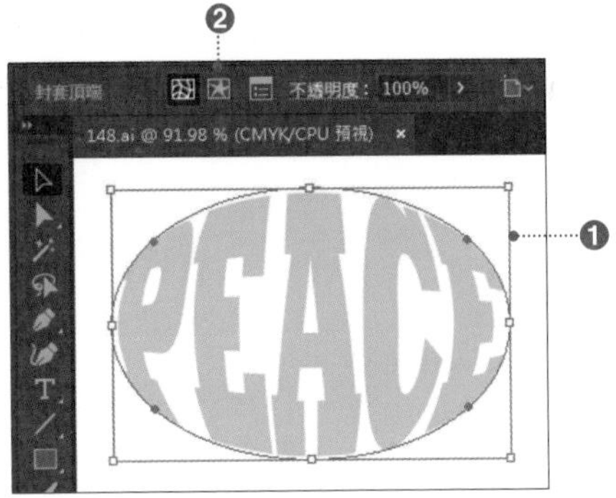

step 2

原始物件的路徑被選取後，會顯示路徑 ❸。

不過，由於這個範例的對象是文字物件，所以看不到形狀。因此，從功能表列點選〔檢視〕→〔外框〕，切換成外框顯示（p.42）❹。

> **Tips**
>
> 從功能表列點選〔物件〕→〔封套扭曲〕→〔編輯內容〕或者是〔編輯封套〕，也可以切換編輯模式。
>
> 另外，使用〔選取〕工具 按二下封套物件，也可以切換成〔編輯內容〕。

step 3

使用〔文字〕工具編輯文字物件的話 ❺，立刻就會反映編輯結果 ❻。

編輯後，按一下〔控制〕面板的**〔編輯封套〕** ❼，就會回到編輯封套的狀態。

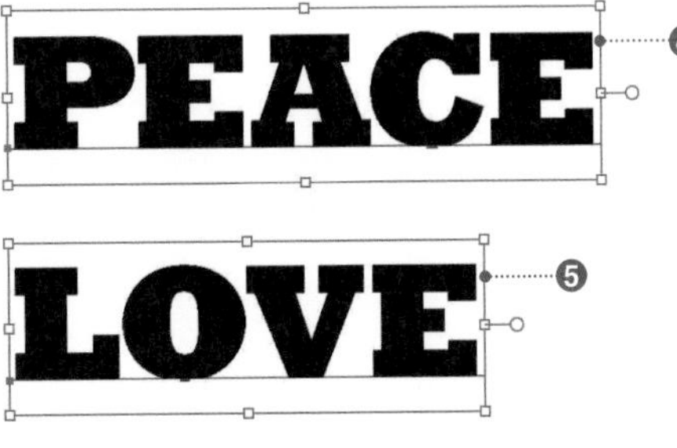

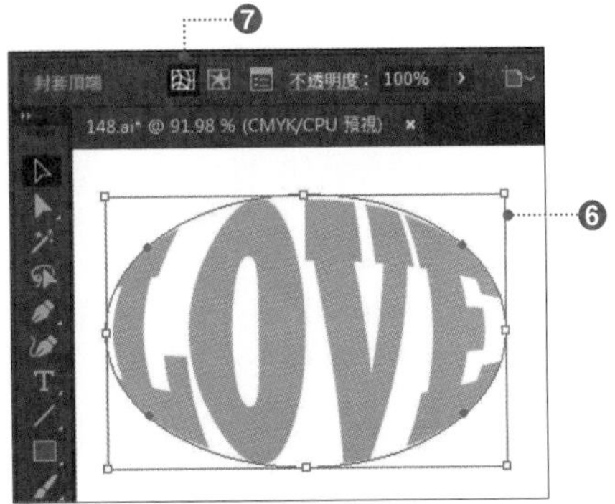

相關〔以彎曲製作〕：p.200 〔封套網格〕：p.197

 149 將物件變形成旗幟、圓弧等各式各樣的形狀

只要套用功能表列的〔物件〕→〔封套扭曲〕→〔以彎曲製作〕，就可以從各種預設集中選擇樣式，輕鬆讓物件變形。

step 1

從功能表列點選〔物件〕→〔封套扭曲〕→〔以彎曲製作〕，會出現〔彎曲選項〕對話框。在此選擇〔樣式〕，進行各種設定後，將物件變形為各種形狀。

〔封套扭曲〕可以套用在路徑物件或文字、內嵌影像等各種物件。不過，無法套用在圖表、參考線和被連結的影像。

旗幟

在下圖的路徑物件套用〔封套扭曲〕❶，讓物件變形為隨風飄揚的旗幟造型。

選擇〔樣式：旗形〕❷，將變形軸的方向設定為〔水平〕❸。再設定〔彎曲：20%〕、〔水平：–20%〕、〔垂直：10%〕後❹，按一下〔確定〕的話，就能讓物件變形為如右圖般隨風飄揚的旗幟❺。

將〔扭曲〕區的〔水平〕設定為負值的話，左邊會膨脹，右邊會收攏。

另外，〔垂直〕設定為負值的話，上方會膨脹，下方會收攏。

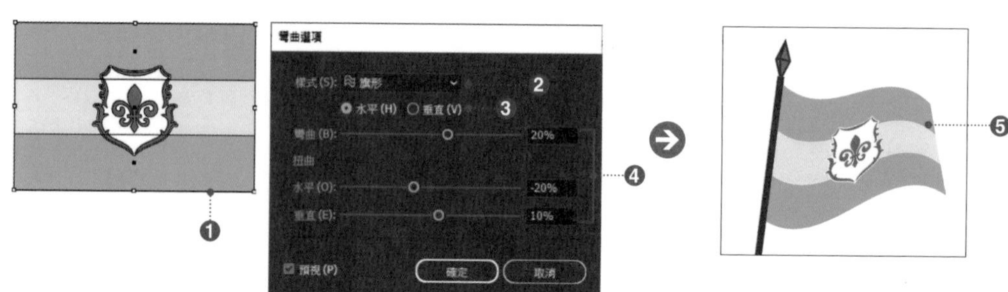

圓弧

選擇〔樣式：弧形〕❻，變形軸的方向設定為〔水平〕❼。再設定〔彎曲：100%〕、〔水平：–45%〕、〔垂直：24%〕後❽，按一下〔確定〕的話，物件就會變形成如右圖般的彩虹。

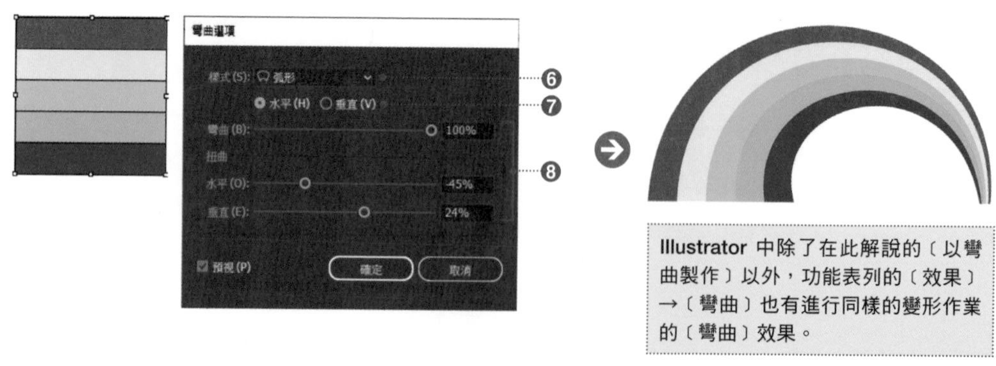

Illustrator 中除了在此解說的〔以彎曲製作〕以外，功能表列的〔效果〕→〔彎曲〕也有進行同樣的變形作業的〔彎曲〕效果。

彎曲封套有 15 種預設集，各有其獨特的效果。下列為右邊的原始影像 ❾ 套用各種預設集時的變形結果。

原始影像

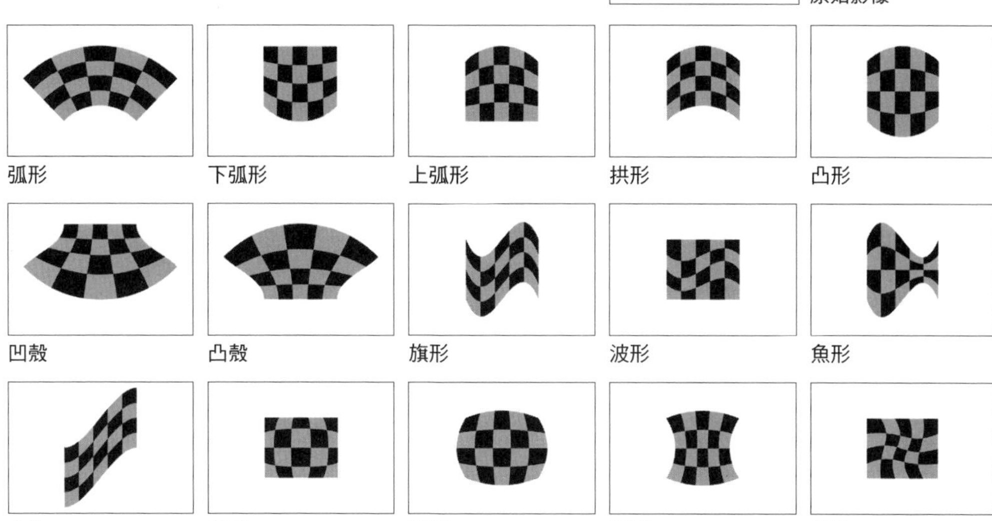

套用彎曲封套的物件，可以在〔控制〕面板再次編輯 ❿。另外，也可以立即從〔內容〕面板選擇〔彎曲選項〕對話框與〔封套選項〕對話框。

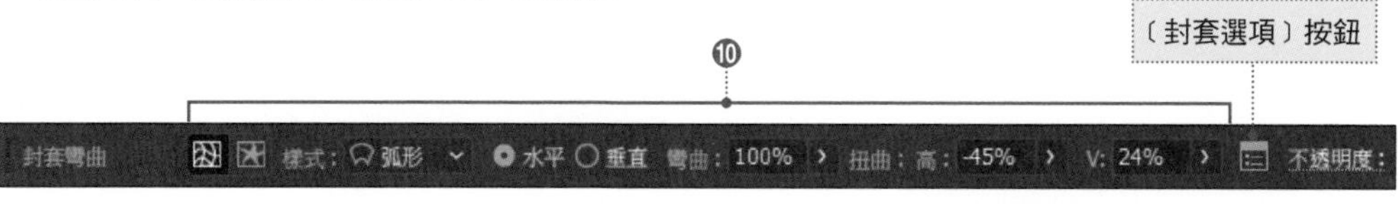

欲提升封套扭曲變形的精準度時，選取套用封套扭曲的物件，按一下控制面板的〔封套選項〕按鈕或者從功能表列點選〔物件〕→〔封套扭曲〕→〔封套選項〕，在出現的〔封套選項〕對話框裡調整〔精確度〕⓫。預設值為〔精準度：50〕。

在這個對話框中，也可以指定變形點陣圖時的平滑度，或者指定套用在物件的「效果或影像樣式等外觀屬性」、「線性漸層」、「圖樣」是否要變形。

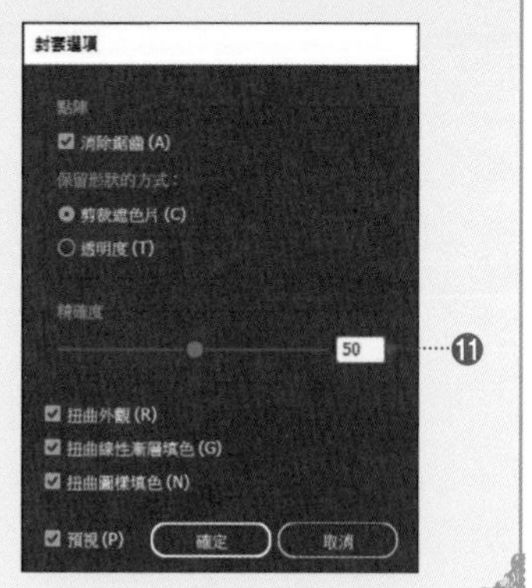

相關〔封套網格〕：**p.197**〔上層封套扭曲〕：**p.198**　編輯〔封套扭曲〕：**p.199**

150 讓物件自由地扭曲：〔液化〕工具

使用〔液化〕工具，可以讓物件如同液體般自由變形成各式各樣的形狀。

step 1

〔液化〕工具共有 7 種用途相異的工具。在此從工具列點選其中一個**〔彎曲〕工具** ❶。

選擇**〔彎曲〕工具**的話，滑鼠游標會呈現圓形。在這個狀態下，在文件上拖曳滑鼠的話 ❷，物件的邊線會配合拖曳的軌跡，因拉扯而扭曲。

事先使用**〔選取〕工具** 選取物件的話，僅選取中的物件變形。一放開滑鼠，物件立即變形 ❸。

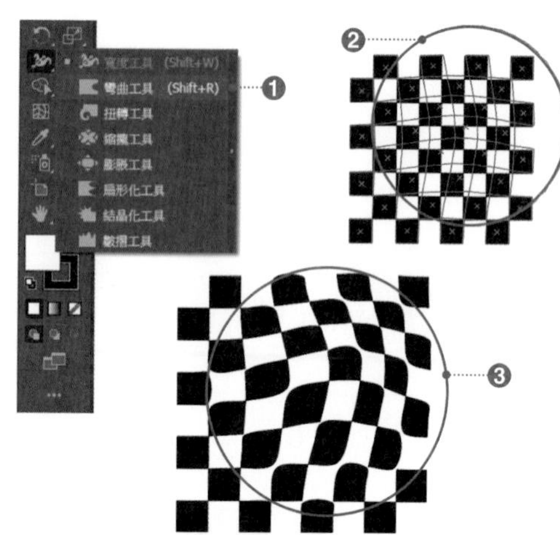

按二下工具列的**〔彎曲〕工具**，在出現的〔彎曲工具選項〕對話框設定**〔彎曲〕工具**的進階項目 ❹。

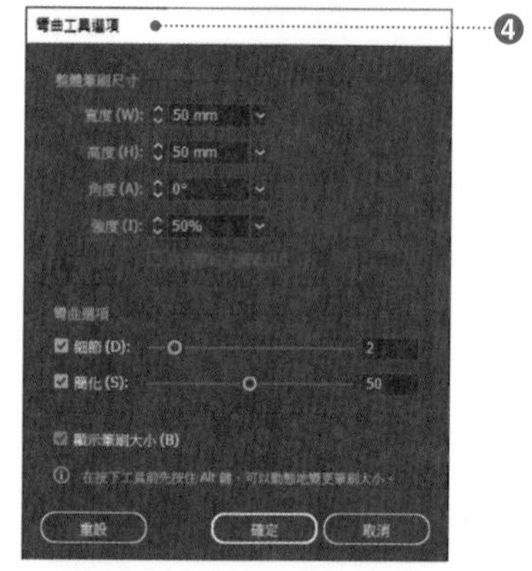

◎〔彎曲工具選項〕對話框的設定項目

項目	內容
寬度、高度、角度	指定滑鼠游標的尺寸與角度。
強度	指定變形的強度。數值愈大變形速度愈快。
使用壓感式鋼筆	取代〔強度〕的數值，數位板的筆壓會影響變形的強度。無連接對應筆壓的數位板時就無法使用這項功能。
彎曲選項	每個〔液化〕工具的選項。每個工具的設定項目皆不相同。 **〔細節〕**指定在物件外框上新增的錨點間距。 **〔簡化〕**指定要刪減多少個不太影響形狀的多餘錨點。數值愈大減掉的錨點愈多，物件愈單純。
顯示筆刷大小	勾選的話，滑鼠游標會以筆刷大小來表示。另外，按住 Alt（option）的同時在文件上拖曳滑鼠的話，可以變更筆刷大小。不勾選的話，滑鼠游標會呈十字形而非圓形。

雖然〔液化〕工具包含 7 種用途相異的工具，但是基本操作幾乎相同。根據工具的種類，物件的變形內容會隨之改變。

原始的物件：對這個物件套用〔液化〕工具。

〔彎曲〕工具：拖曳的話，物件會像延伸般地變形。

〔扭轉〕工具：按一下或者拖曳的話，物件會變形成漩渦狀。

〔縮攏〕工具：按一下或者拖曳的話，物件的錨點會朝滑鼠游標的中心集結縮攏。

〔膨脹〕工具：按一下或者拖曳的話，物件的錨點會以滑鼠游標為中心，向外側移動。

〔扇形化〕工具：按一下或者拖曳的話，物件的外框像是被吸到滑鼠游標所在位置般集結。另外，會新增有尖銳端點的平滑曲線。

〔結晶化〕工具：按一下或者拖曳的話，物件的外框會以滑鼠游標為中心，向外側擴展。另外，會新增有尖銳端點的平滑曲線。

〔皺摺〕工具：按一下或者拖曳的話，物件的外框會隨機地新增如皺紋般的細小曲線。

Tips

〔液化〕工具能產生變形作用的物件為路徑物件與內嵌影像。連結置入的影像，或者文字、圖表、符號等等的物件，無法套用〔液化〕工具進行變形。

相關 路徑的基本結構：p.340　新增・刪除錨點：p.62

151 將多條路徑視為 1 個路徑：複合路徑

複合路徑可以將重疊的多條路徑，或者不相鄰的多條路徑物件視為 1 個路徑。

在**裁切多條路徑**的形狀，或者多條路徑彼此進行裁切形狀，甚至利用多條路徑製作剪裁遮色片的時候，會使用複合路徑。

在此將解說複合路徑最廣為使用的方法。將多個路徑物件並排配置後，使用〔**選取**〕**工具** 選取全部路徑物件 ❶。

接著，從功能表列點選〔物件〕→〔複合路徑〕→〔製作〕❷。

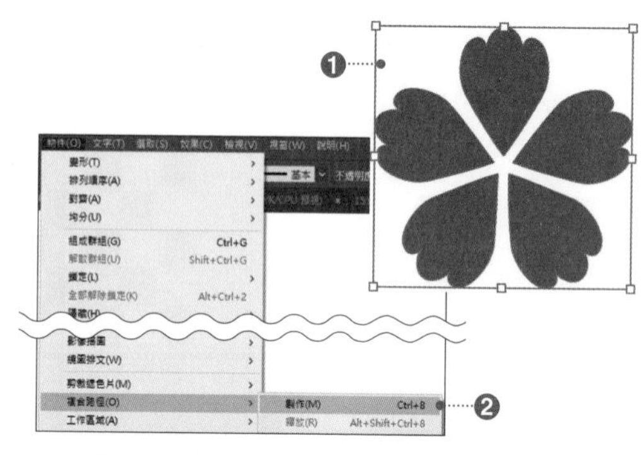

如此一來，選取的路徑轉換成複合路徑。

在這個時間點，外表並無變化，但是在〔圖層〕面板確認的話，會發現原本是獨立的〈路徑〉物件 ❸，變成**〈複合路徑〉**，並且被視為 1 個路徑物件 ❹。

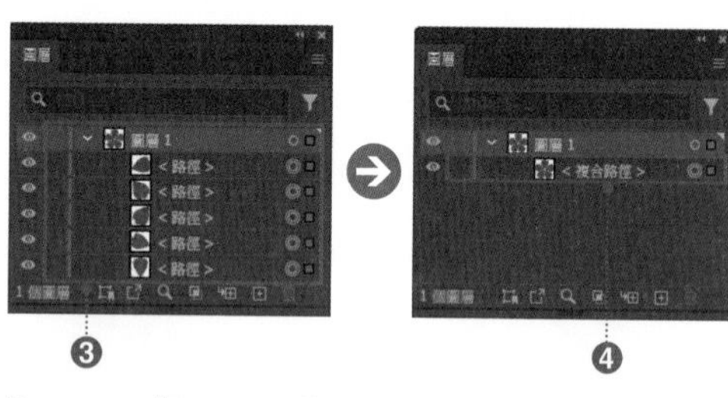

在複合路徑的上層置入如右圖般的物件，並且使用〔**選取**〕**工具** 選取全部的物件 ❺，再套用〔路徑管理員〕面板的〔**減去上層**〕的話 ❻，就能一次裁切多個物件。

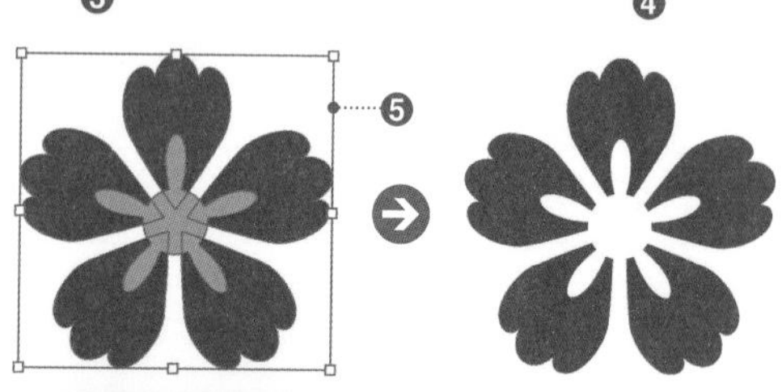

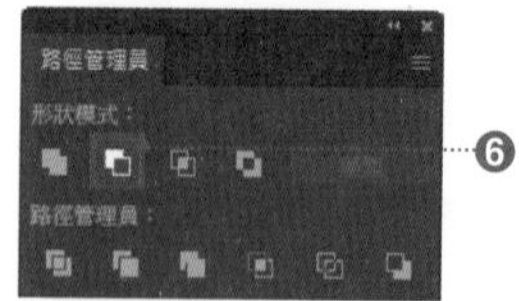

> **Tips**
>
> **欲解除複合路徑時，使用〔選取〕工具 選取複合路徑的物件，再從功能表列點選〔物件〕→〔複合路徑〕→〔釋放〕。**

step 4

接著介紹其他的使用方法。

將 Step3 完成的路徑物件，如右圖般全體轉換為複合路徑後，在其下方置入影像。

再來使用〔**選取**〕**工具** 選取複合路徑與影像 ❼。

step 5

從功能表列點選〔物件〕→〔剪裁遮色片〕❽。如此一來，物件會套用剪裁遮色片，1 張影像會被多個物件的形狀遮色 ❾。

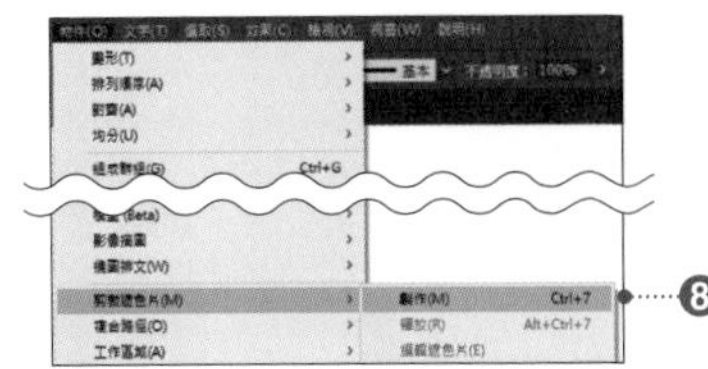

Short Cut 製作剪裁遮色片

Win Ctrl + 7　Mac ⌘ + 7

Tips

重疊多個路徑物件，製作複合路徑時 ❶，物件重疊的部分會被裁切而鏤空 ❷。完成的複合路徑會套用最下層物件的外觀屬性以及樣式屬性。

另一方面，交錯重疊的路徑轉換成複合路徑時 ❸，交錯部份會被裁切而鏤空，未交錯的部分會套用最下層物件的外觀屬性 ❹。

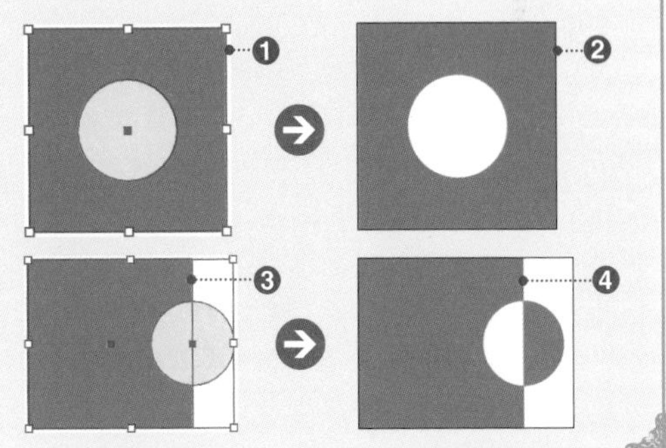

Variation

右圖中，雖然製作複合路徑，並且交互鏤空，但是也有部分未鏤空的路徑。在這個情況下，執行下列步驟。

step 1

使用〔**群組選取**〕**工具** 選取未鏤空的路徑的錨點，或者點選路徑的邊線 ❶，在〔內容〕面板確認〔**使用非零迂迴填色規則**〕已經被選擇之後 ❷，按一下〔**關閉反轉路徑方向**〕或者〔**開啟反轉路徑方向**〕，與目前選取狀況相反的按鈕 ❸。

step 2

如此一來就能交互鏤空 ❹。

另外，按一下〔**使用奇偶填色規則**〕❺，複合路徑套用奇偶規則的話，就會在與路徑方向無關的條件下交互鏤空。

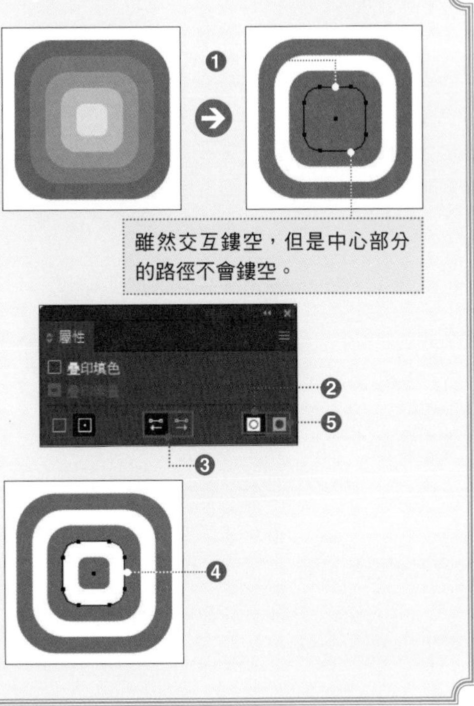

第5章 物件的變形、合成

相關 拷貝至上層：p.91　分割下方物件：p.206　剪裁遮色片：p.214

152 分割下方的物件

使用〔分割下方物件〕指令，就能將下層的物件裁切成與上層的物件相同的形狀。

事先準備置入在下層的路徑物件 ❶，其上層則置入當作模型的路徑物件 ❷。下層的物件，無論是由多個物件組成的物件，或者是單獨的物件皆可。不過，下列的物件不可以套用這個指令。

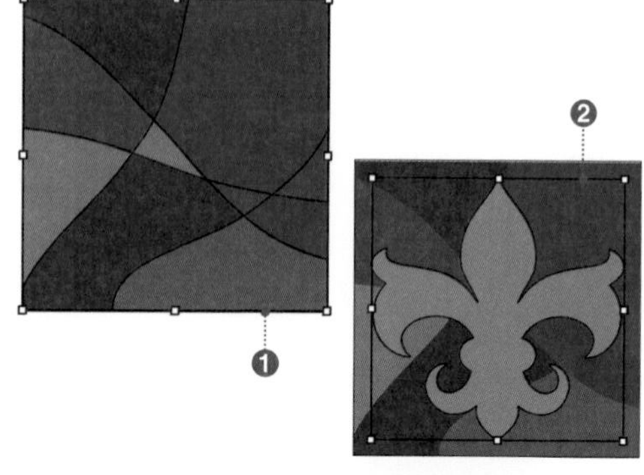

- **設定〔填色：無〕的開放路徑**
- **被鎖定的物件**
- **文字物件**
- **影像**
- **符號**

另外，上層置入的物件必須為**「單獨的路徑」**。不能使用複合路徑（p.204）。

使用〔**選取**〕**工具** 選取上層的路徑物件。再從功能表列點選〔物件〕→〔路徑〕→〔分割下方物件〕❸。

如此一來，下層的物件會裁切成與上層物件相同的形狀 ❹。當作模型的上層物件棄而不用。

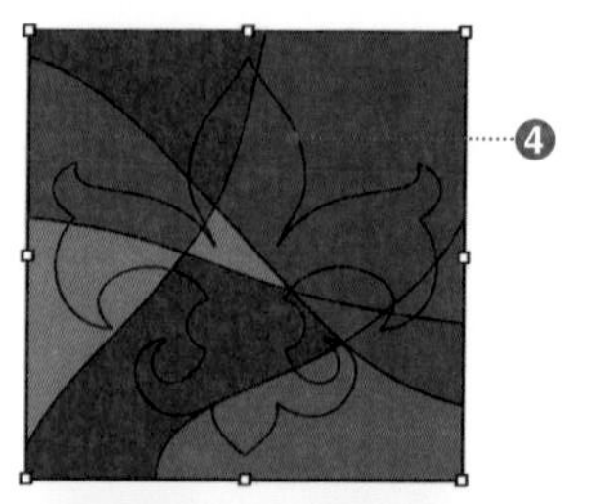

選取模型內側刪除的話，會變成 ❺，選取外側刪除的話，則變成 ❻。依照這些步驟，就能完成各式各樣的形狀。

另外，切換成外框顯示（p.42）的話，比較容易選取內側、外側。

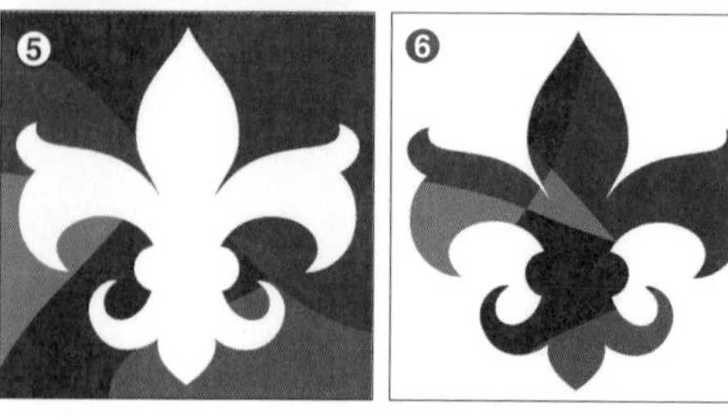

 相關〔路徑管理員〕面板的〔分割〕按鈕：p210　剪裁遮色片：p.214

153 利用〔路徑管理員〕功能在物件上鏤空

按一下〔路徑管理員〕面板的〔減去上層〕，將最下層物件裁切成與上層的路徑物件相同的形狀。如此一來，就能輕易地製作複雜形狀的圖形。

step 1

重疊多個物件置入任意的形狀中，然後使用〔選取〕工具 選取全部的物件 ❶。

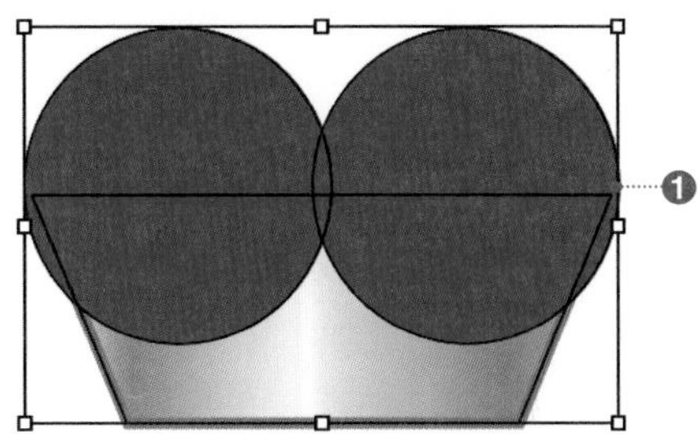

step 2

從功能表列點選〔視窗〕→〔路徑管理員〕，會出現〔路徑管理員〕面板，按一下〔路徑管理員〕面板的〔**減去上層**〕❷。如此一來，就會裁切成與上層路徑物件相同的形狀 ❸。

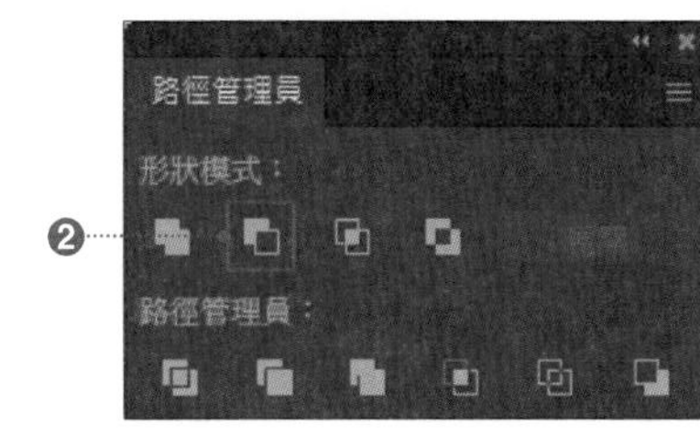

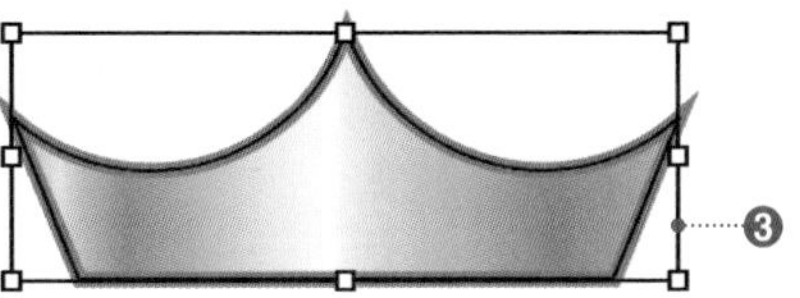

step 3

善用這項功能的話，也可以輕易地製作由複雜曲線構成的物件。在此加畫圓形，完成皇冠的插圖 ❹。

Tips

當作模型的物件完全與最下層物件重疊後，按一下〔減去上層〕的話，物件會鏤空，形成複合路徑（p.204）❺。

相關 分割下方的物件：**p.204** 〔路徑管理員〕面板：**p.208~211**

154 合併多個路徑物件

按一下〔路徑管理員〕面板的〔聯集〕，合併多個路徑物件，就能輕易地製作複雜形狀的路徑物件。

step 1

使用〔路徑管理員〕面板，排列組合單純的物件，就能畫出**〔鋼筆〕工具** 難以繪製的圖形，連複雜形狀的圖形也可以輕鬆地完成。
將多個單純形狀的路徑物件置入任意形狀中，再使用**〔選取〕工具** 選取全部的物件 ❶。

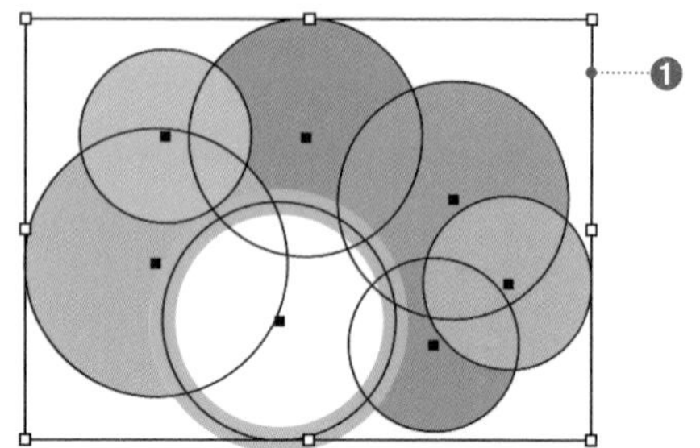

step 2

從功能表列點選〔視窗〕→〔路徑管理員〕，會出現〔路徑管理員〕面板，按一下**〔聯集〕** ❷。
如此一來，路徑物件會合併成 1 個物件 ❸。

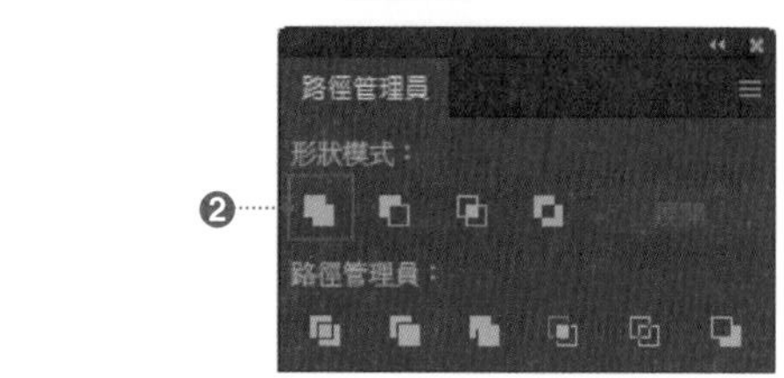

Tips

在選取多個路徑物件，點選〔形狀模式〕的各個按鈕時，按住 Alt（option）的話，會變成可以編輯或釋放的「複合形狀」❹。
複合形狀扮演如群組物件的角色，使用〔直接選取〕工具 或者〔選取〕工具 可以編輯各個物件。（欲使用〔選取〕工具 編輯時，必須按二下物件，進入〔編輯模式〕）。
另外，完成合併之後，按一下〔展開〕的話 ❺，就能展開複合形狀 ❻。釋放時則從面板選單點選〔釋放複合形狀〕❼。

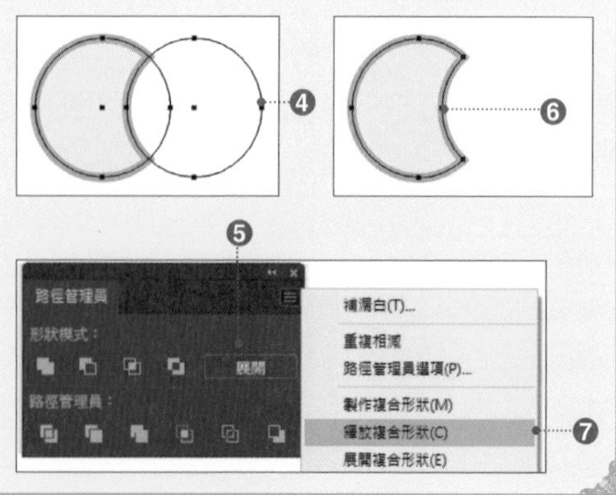

Variation

〔形狀模式〕區共有 4 種合併按鈕。在此針對下圖的物件 ❶，在按住 Alt（option）的同時按一下各個形狀模式，形成複合形狀的結果（括號內的名稱為套用複合形狀時的名稱）。

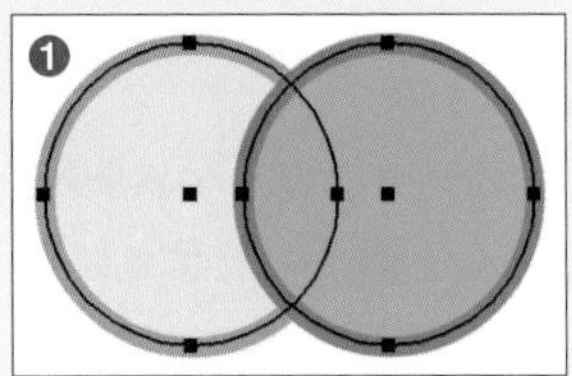

❷〔聯集〕按鈕
（〔新增至形狀區域〕按鈕）

合併多個物件成為一個物件。此時會套用最上層物件的〔填色〕與〔筆畫〕的上色屬性以及樣式屬性。

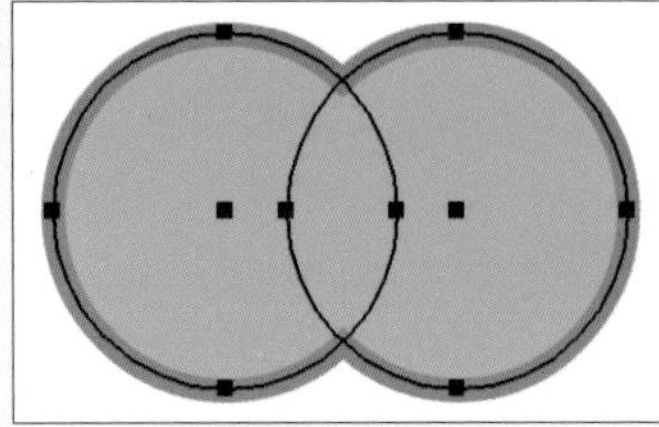

❸〔剪去上層〕按鈕
（〔自形狀區域相減〕）

利用上層物件的形狀減去下層的物件。多個路徑物件重疊時，最下層的物件會被裁切成與上層的全部物件相同的形狀。

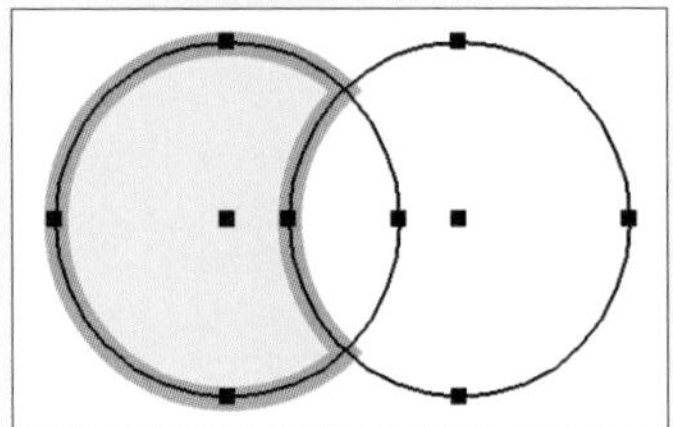

❹〔交集〕按鈕
（〔形狀區域相交〕按鈕）

只留下與選取的路徑物件重疊的部分。多個物件重疊時，會留下全部物件重疊的部分。新物件會套用最上層物件的上色屬性與樣式屬性。

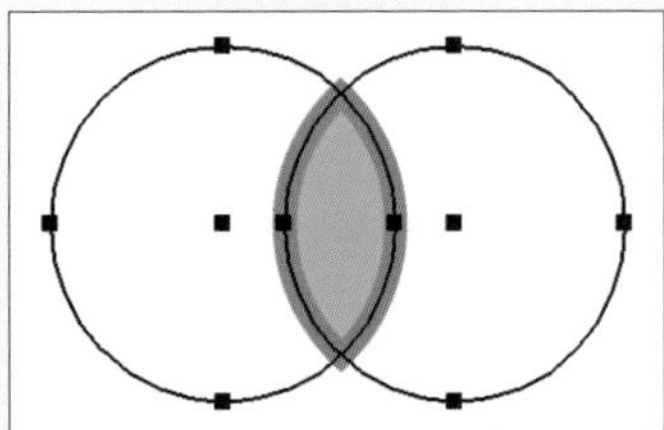

❺〔差集〕按鈕
（〔排除重疊的形狀區域〕按鈕）

減去選取的路徑物件重疊的部分。多個物件重疊時，重疊的物件若為偶數，重疊處會鏤空，若為奇數，則會套用填色。新物件會套用最上層物件的〔填色〕與〔筆畫〕的上色屬性和樣式屬性。

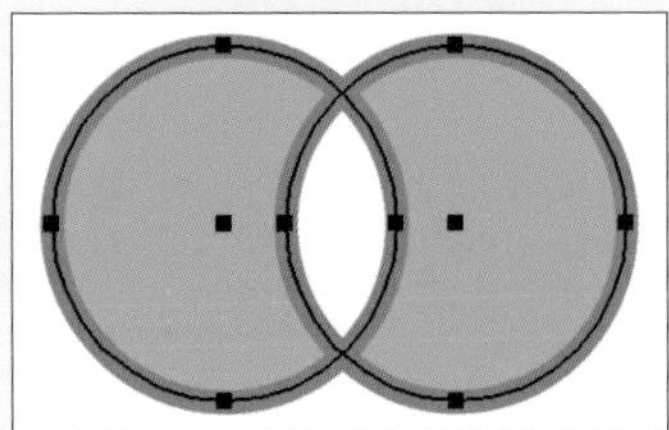

相關 路徑的基本結構：p.340　複合路徑：p.204　〔路徑管理員〕面板的〔分割〕按鈕：p.210

155 分割物件重疊的部分

只要按一下〔路徑管理員〕面板的〔分割〕，就能分割多個路徑物件重疊的部分。

將多個路徑物件重疊置入任意的形狀中，再使用〔**選取**〕**工具** 選取全部的路徑物件 ❶。

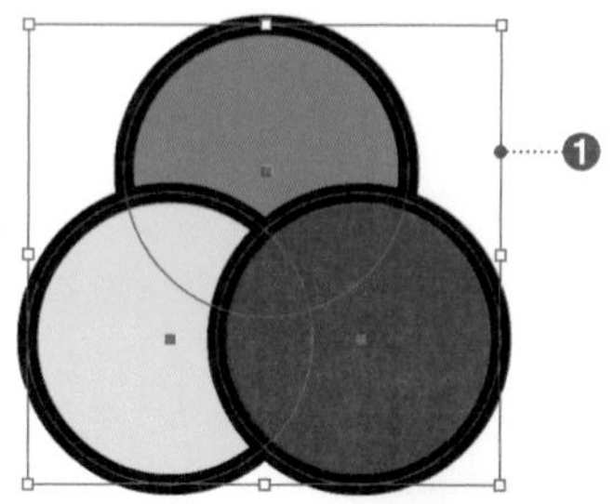

從功能表列點選〔視窗〕→〔路徑管理員〕，會出現〔路徑管理員〕面板，按一下〔**分割**〕❷。

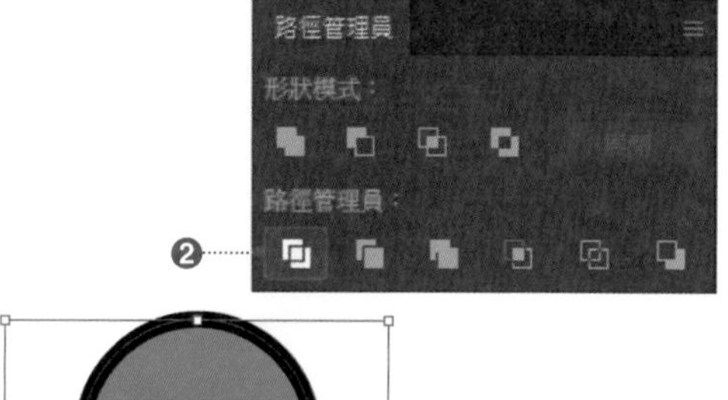

路徑物件重疊的部分會被分割，成為獨立的路徑物件 ❸。重疊部分被刪除，只留下最上層的物件。

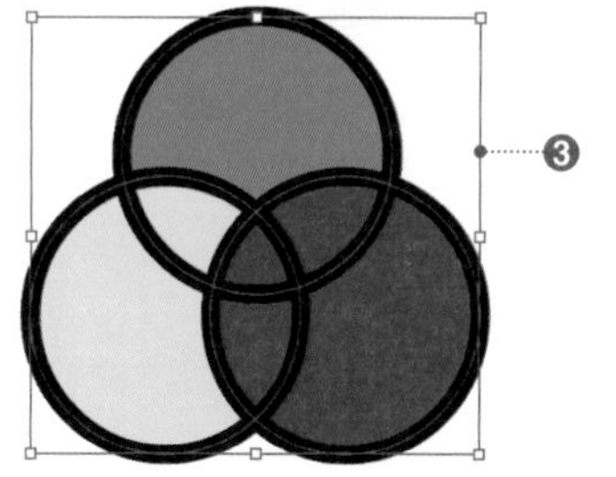

被分割的路徑物件會被群組化。

被分割的物件若是分別套用不同的〔填色〕的話，就能簡單地完成如右圖般，展現色彩三原色與光線三原色的圖形 ❹。

另外，將〔填色〕套用漸層或圖樣的物件置入上層時，雖然下層的物件會被分割，但是不會被刪除。這一點請注意。

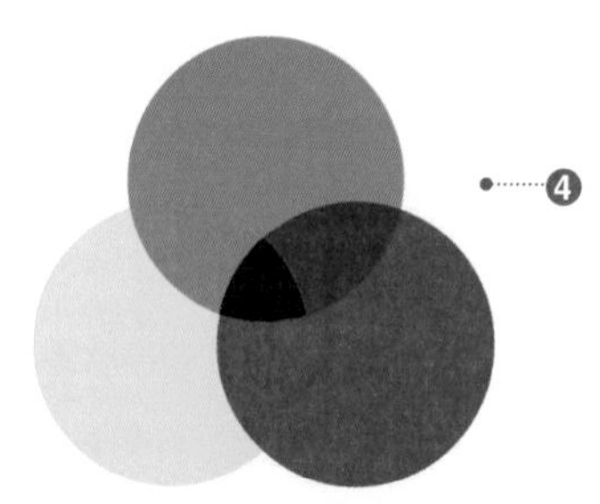

Tips

從面板選單點選〔路徑管理員選項〕，會出現〔路徑管理員選項〕對話框，在對話框可以設定精確度，或者移除多餘控制點、處理未上色路徑物件等作業。

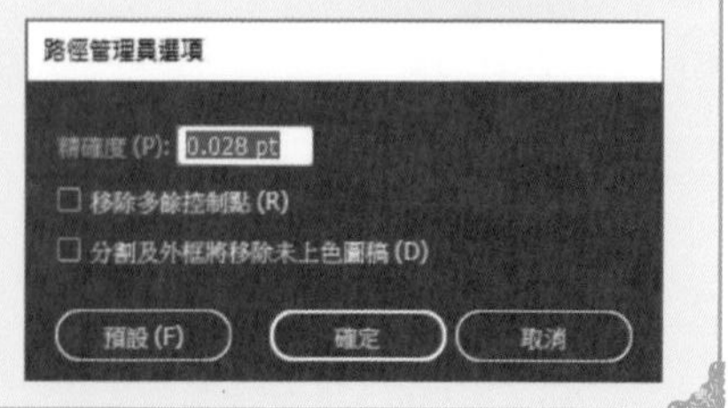

Variation

〔路徑管理員〕面板下方的〔路徑管理員〕區設有 6 種合併按鈕。在此將針對上一頁說明的〔分割〕按鈕以外的 5 個按鈕進行說明。

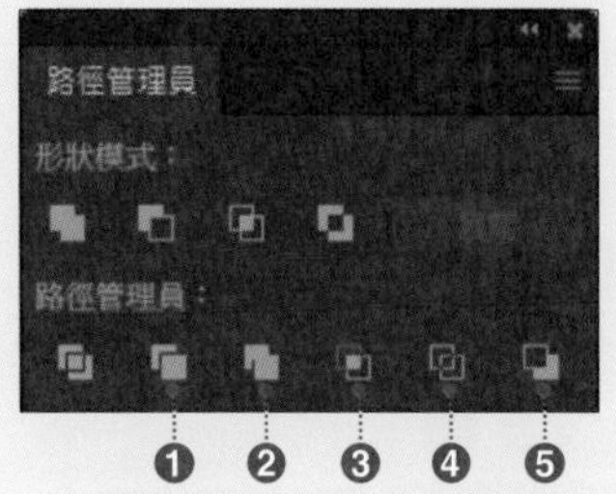

❶〔剪裁覆蓋範圍〕按鈕

刪除上層物件重疊的部分。全部的筆畫被刪除成為〔筆畫：無〕。

套用前　套用後　加工後

❷〔合併〕按鈕

刪除上層物件重疊的部分，而且相鄰或者重疊的相同〔填色〕的物件會合併。全部的筆畫被刪除成為〔筆畫：無〕。

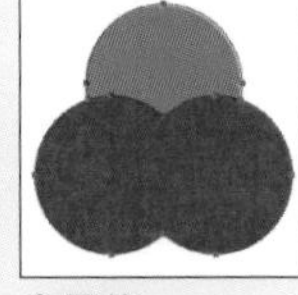

套用前　套用後　加工後

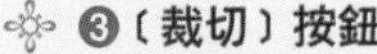

❸〔裁切〕按鈕

刪除最上層物件的外圍領域。另外，最上層物件的內側會被其他層物件〔裁切〕，並且刪除最上層。全部的筆畫被刪除成為〔筆畫：無〕。

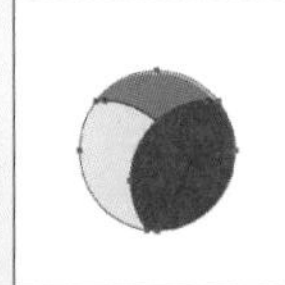

套用前　套用後　加工後

❹〔外框〕按鈕

選取的全部物件被分割，設定〔填色：無〕，〔筆畫〕套用〔填色〕的顏色。

因重疊而被隱藏的部分會套用上層的〔填色〕顏色。〔筆畫〕的物件則套用〔筆畫：無〕或者〔填色〕的顏色。在製作補漏白時，使用這個指令的話，相當方便。

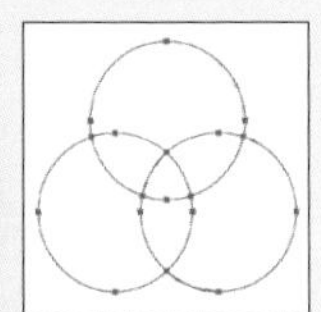

套用前　套用後　加工後

❺〔依後置物件剪裁〕按鈕

與最上層的物件重疊的部分會被下層物件減去而刪除，未重疊部分的下層物件會被刪除。

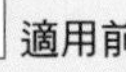

適用前

適用後

相關 合併多個物件：p.208 〔形狀建立程式〕工具：p.212 分割下方物件：p.206

156 操作滑鼠合成物件：〔形狀建立程式〕工具

使用〔形狀建立程式〕工具的話，就能憑藉直覺操作，在重疊的路徑物件上，進行合併或刪除等合成作業。

重疊多個物件置入任何的形狀中，使用**〔選取〕工具**選取全部的物件 ❶，再從工具表列點選**〔形狀建立程式〕工具** ❷。

在這個狀態下，〔填色〕的預設值顏色變成完成後物件的顏色 ❸。

將滑鼠游標移動到路徑物件上的話，重疊的路徑範圍會反白顯示 ❹。此時直接按一下滑鼠左鍵的話，該範圍被分割，並且套用〔填色〕設定的顏色 ❺。

step 3

拖曳滑鼠橫跨欲合併的範圍。反白顯示的範圍邊線會呈現紅色 ❻。放開滑鼠的話，紅色區域內的物件會合併，並且套用〔填色〕設定的顏色 ❼。

另外，按住 Alt（option）的同時按一下欲刪除的範圍的話 ❽，該範圍會被刪除 ❾。

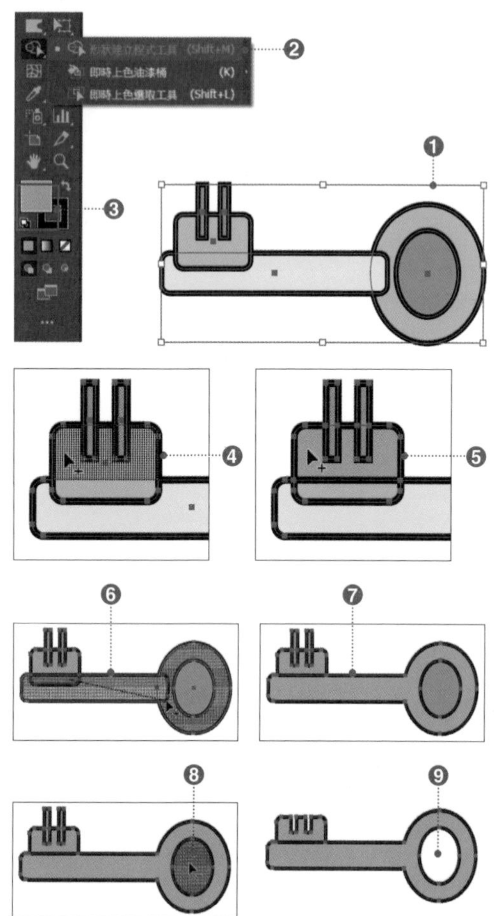

Tips

按二下工具列的〔形狀建立程式〕工具，會出現〔形狀建立程式選項〕對話框，在對話框進行〔形狀建立程式〕工具的進階設定。

設定〔選項〕區的〔選取顏色來源：圖稿〕❶，完成的物件就可以套用物件的顏色。

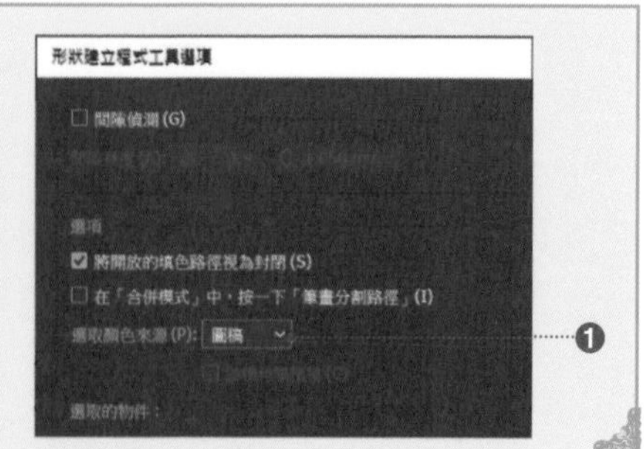

 相關 路徑管理員〔聯集〕：p.208　路徑管理員〔分割〕：p.210

157 利用〔位移複製〕功能為物件加上邊框

使用〔位移複製〕功能時，可以在選取的路徑物件下層製作依照指定尺寸縮放的路徑物件。

step 1

使用〔選取〕工具  選取物件 ❶，從功能表列點選〔物件〕→〔路徑〕→〔位移複製〕，就會出現〔位移複製〕對話框。

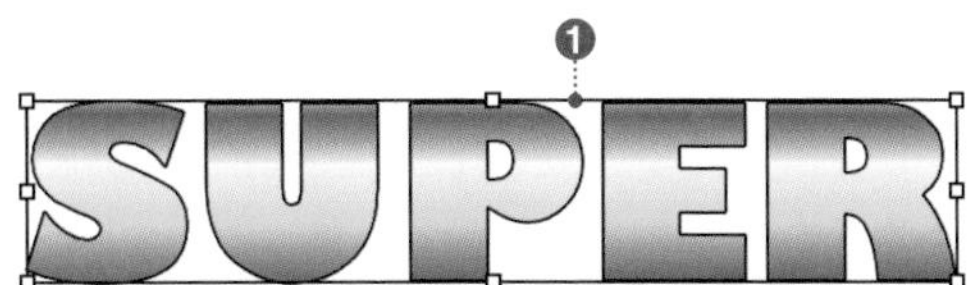

Tips

從功能表列點選〔效果〕→〔路徑〕→〔位移複製〕，也可以套用〔位移複製〕效果。

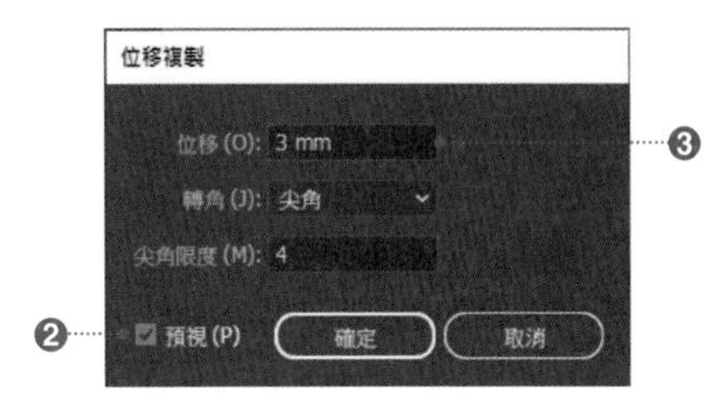

step 2

勾選〔預視〕❷，在〔位移〕輸入縮放的範圍 ❸。欲縮小時，設定負值（關於〔轉角〕、〔尖角限度〕請參考 p.125）。

在此設定〔位移：3mm〕、〔轉角：尖角〕、〔尖角限度：4〕後，按一下〔確定〕。

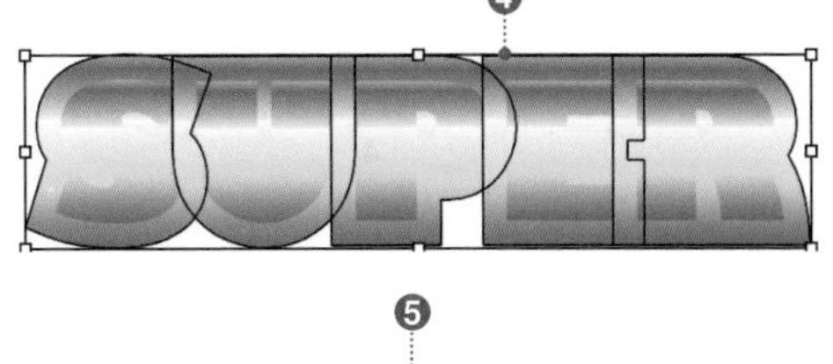

step 3

套用深色調的漸層，並且更動排列順序的話，就能完成右圖般的圖稿 ❺。

Tips

為物件加上邊框的方法，除了上述解說的方法外，還有使用〔外觀〕面板，在物件上套用多個〔填色〕或〔筆畫〕的方法（p.130）。另外也有為物件套用〔筆畫〕時，按一下〔筆畫外側對齊〕，將〔筆畫〕配置在外側的方法（p.125）。

Variation

套用〔位移複製〕的物件為群組或者多個物件時，會在每一個物件的下層製作位移的物件 ❶。因此，必須變更排列順序（p.95）❷。

相關〔尖角〕、〔限度〕：p.125 〔外觀〕面板：p.130

158 將物件當作遮色片使用

套用〔剪裁遮色片〕時，路徑物件可以當作遮色片使用。製作圖檔時會很常使用這項功能，所以請務必熟悉操作方式。

step 1

準備要當作剪裁遮色片的物件。無論是多個物件構成的物件、單獨的物件、影像或是文字、符號皆可。

在右圖套用〔剪裁遮色片〕，隱藏多餘的部分。從工具列選取**〔矩形〕工具** ❶，在圖稿上層繪製當作遮色片的矩形，再使用**〔選取〕工具**，選取上層的矩形和下層的圖稿 ❷。

step 2

從功能表列點選〔物件〕→〔剪裁遮色片〕→〔製作〕❸。

Short Cut 製作剪裁遮色片

Win Ctrl+7　Mac ⌘+7

Short Cut 釋放剪裁遮色片

Win Ctrl+Alt+7　Mac ⌘+Option+7

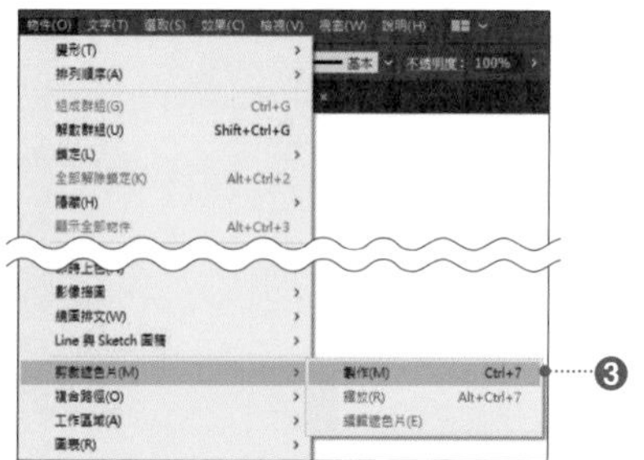

step 3

套用〔剪裁遮色片〕後，僅有顯示矩形內側 ❹。欲釋放〔剪裁遮色片〕時，在使用**〔選取〕工具**選取物件的狀態下，從功能表列點選〔物件〕→〔剪裁遮色片〕→〔釋放〕。

Tips

欲編輯套用〔剪裁遮色片〕的物件時，使用〔選取〕工具按二下物件，切換成〔編輯〕模式後進行編輯作業。使用這個方法，可以在不須釋放〔剪裁遮色片〕的情況下，編輯物件。

 相關 拷貝至上層：p.91　影像套用剪裁遮色片：p.225　編輯模式：p.97　複合路徑：p.204

第 6 章

影像的操作

159 置入照片或影像

從功能表列點選〔檔案〕→〔置入〕，即可將照片或影像置入在文件上。置入的方式有「連結」和「內嵌」2 種。

step 1

從功能表列點選〔檔案〕→〔置入〕❶，會出現〔置入〕對話框。

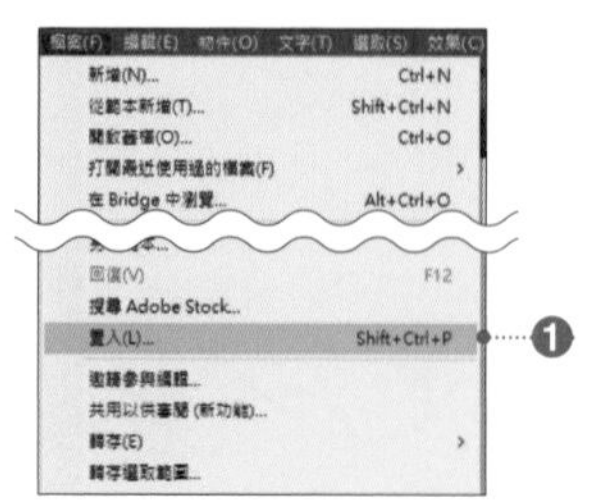

選擇置入的影像 ❷。下列的影像格式可以置入 Illustrator 的文件中。

- Photoshop (PSD)
- TIFF
- EPS
- JPEG
- GIF
- BMP
- PICT
- PNG
- PDF
- AutoCAD
- SVG
- Illustrator (AI)

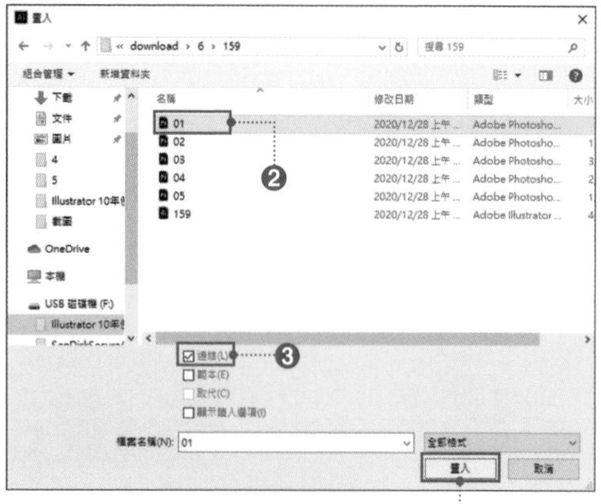

另外，根據需求決定是否勾選〔連結〕❸（參考下一頁的表格）。設定後按一下**〔置入〕**❹。

step 3

滑鼠游標會變成右圖般的形狀，而且會顯示**「影像的縮圖」**和**「置入的影像張數」**❺。在這個狀態下，按一下文件的話，在滑鼠游標所在位置即左上方會置入影像 ❻。

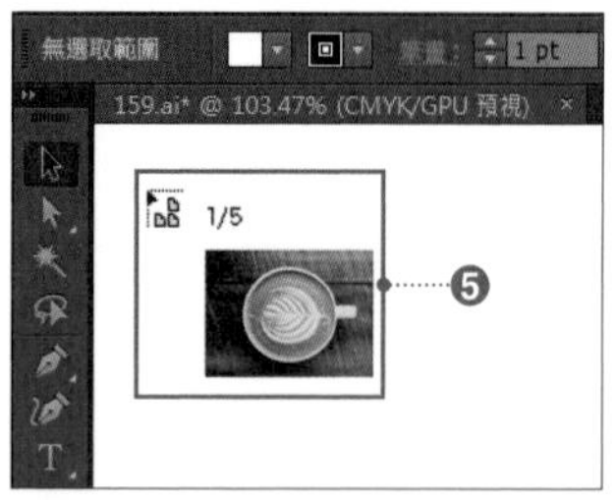

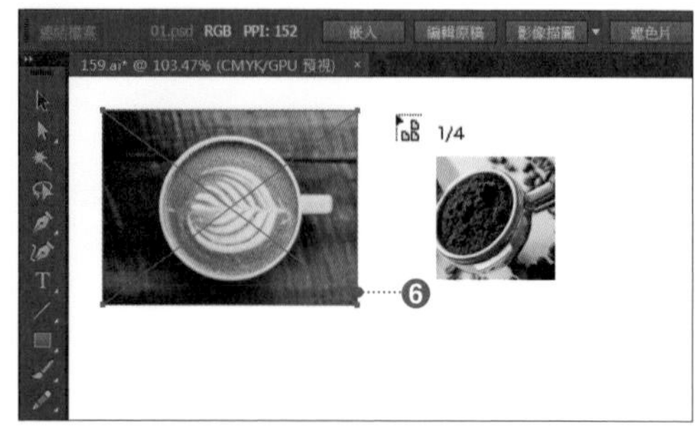

> **Tips**
>
> 在〔置入〕對話框選擇影像之際，按住 shift 或者 Ctrl（⌘）的同時按一下檔名，可以選擇多張影像。

◎〔連結〕的功能

項目	內容
勾選	勾選〔連結〕的話，影像資料不會讀入 Illustrator 檔案裡，而是被存取在影像資料庫，當作預視用資料。 因此，編輯原始影像的話，修改內容也會反映在置入的影像。另外，移動、刪除、縮圖影像資料的話，會因為連結來源不明而無法顯示。Illustrator 檔案的資料容量比「內嵌的影像」小。
未勾選	不勾選〔連結〕的話，影像資料會嵌入至 Illustrator 檔案。因此，即使對原始影像資料進行變更也不會反映在置入的影像。Illustrator 檔案的資料容量比〔連結〕大。另外，後續也能嵌入以連結置入的影像。

step 4

在〔連結〕面板可以確認置入的影像 ❼。
未顯示〔連結〕面板時，請從功能表列點選〔視窗〕→〔連結〕，顯示面板。

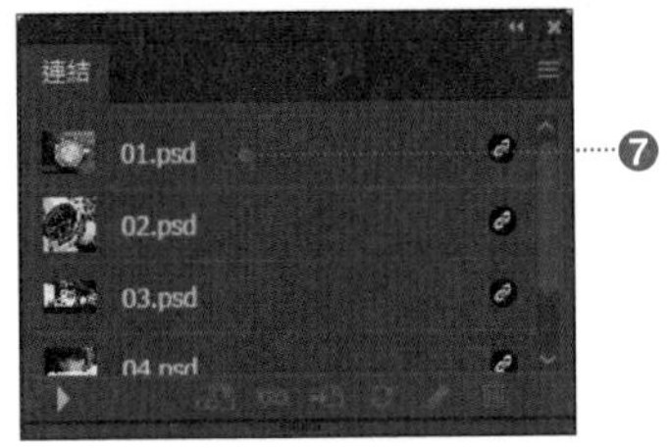

Variation

使用管理影像．檔案軟體「Adobe Bridge」（要下載），可以在確認影像資訊的同時拖放影像，將影像置入於文件中。也可以一次置入多個檔案。

step 1

從功能表列點選〔檔案〕→〔在 Bridge 中瀏覽〕❶，啟動 Adobe Bridge。

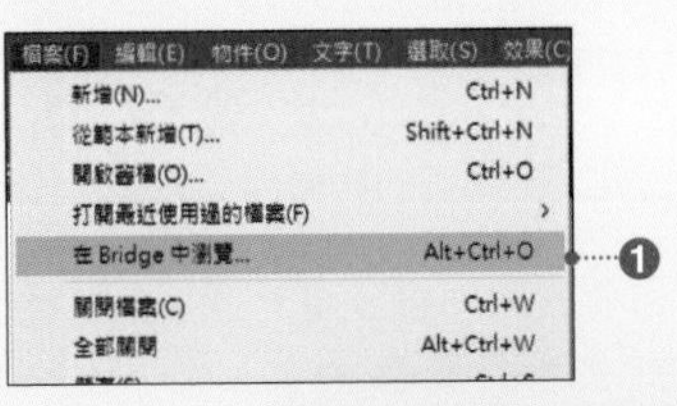

step 2

縮小 Adobe Bridge 的視窗，選擇置入 Illustrator 的影像，並且將影像拖放到文件上 ❷。影像被視為**連結影像**（在此選擇置入 6 張影像）。
欲以內嵌影像置入文件時，則按住 shift 同時拖放影像。

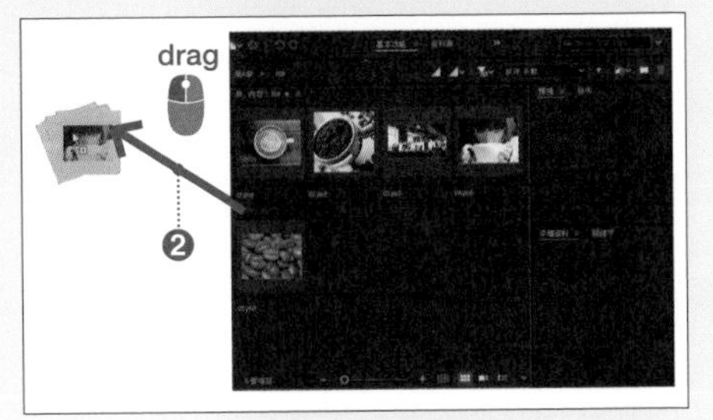

相關 編輯．更新連結影像的原始影像：p.223　嵌入連結影像：p.219　確認置入影像的狀態：p.222

160 置入影像當作插圖的底稿

欲置入當作繪製插圖時的底稿（描圖用）影像時，勾選〔置入〕對話框的〔範本〕，置入影像。

step 1

從功能表列點選〔檔案〕→〔置入〕，會出現〔置入〕對話框。

選擇當作底稿的影像 ❶，勾選〔範本〕❷。另外，在此不勾選〔連結〕後嵌入影像 ❸。

設定後，按一下**〔置入〕**❹。

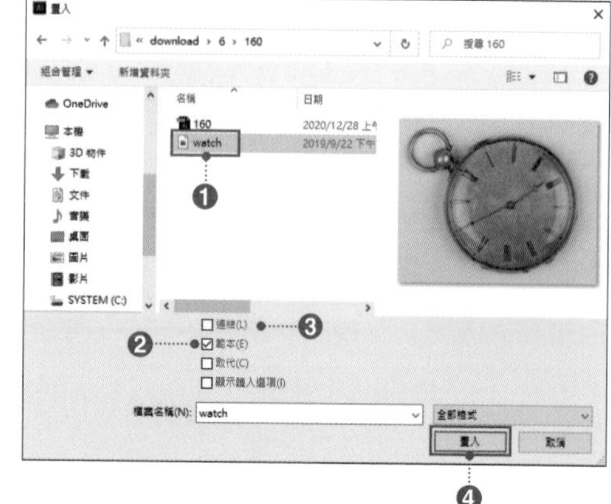

step 2

與原始影像相比，置入影像的顏色較淡 ❺。這是〔範本〕的預設值，為了讓描圖作業順利進行，故置入 50% 濃度的影像。另外，為了預防底稿錯位，所以會鎖定影像。

step 3

確認〔圖層〕面板的話，會發現一個名為〔範本（影像檔名）〕的新圖層 ❻。

如果看不清楚底稿時，就選擇〔圖層〕面板選單的〔範本（影像檔名）的選項〕❼，會出現〔圖層選項〕對話框。

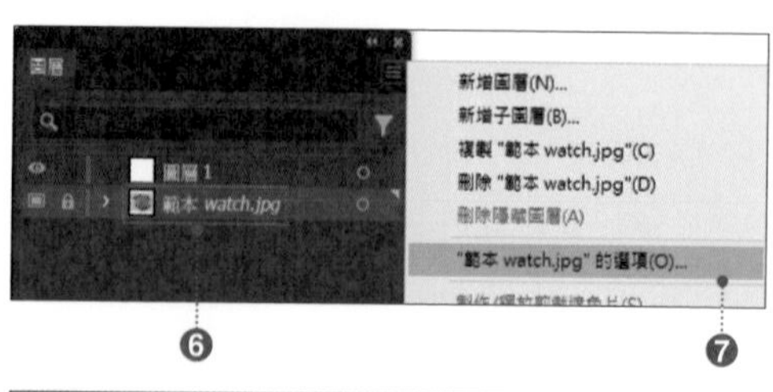

step 4

變更〔模糊影像至〕的數值 ❽，調整濃度。

另外，只要不勾選〔範本〕❾，就可以成為一般圖層。

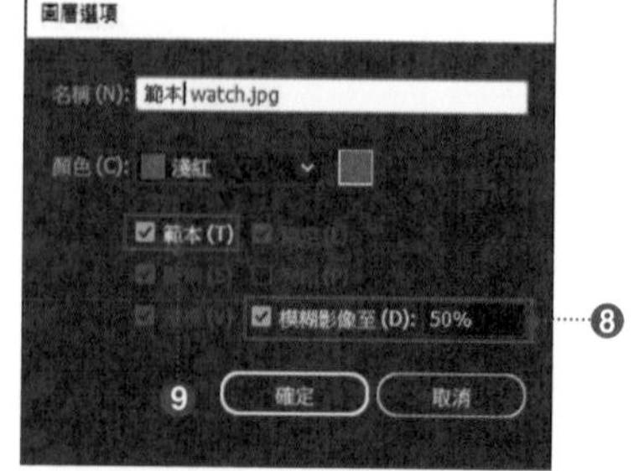

 相關 圖層選項：p100

161 將連結影像改為內嵌影像

將連結影像改為內嵌影像的話，就不會發生無法連結的情況。另外，影像中包含向量圖時，可以視為 Illustrator 的路徑進行編輯。

step 1

使用〔**選取**〕**工具** 或者〔**直接選取**〕**工具** 選取連結影像 ❶，按一下〔控制〕面板或者〔內容〕面板的〔**嵌入**〕❷。

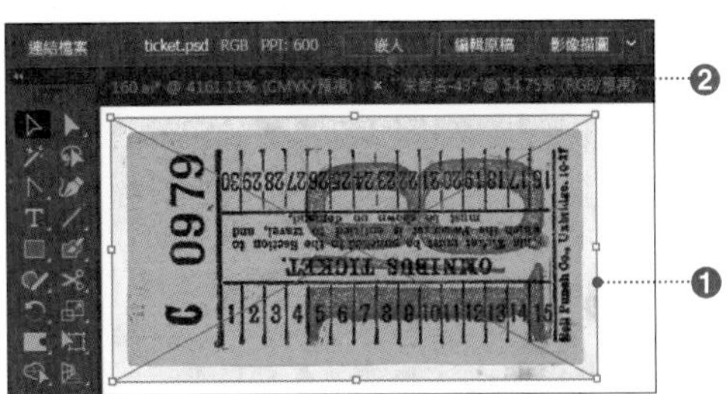

Tips

在〔連結〕面板選擇影像的縮圖，再從〔連結〕面板的面板選單點選〔嵌入影像〕，也能嵌入影像。

step 2

連結影像變更為內嵌影像。選擇連結影像的話，邊框會顯示，但是內嵌影像則不會顯示 ❸。

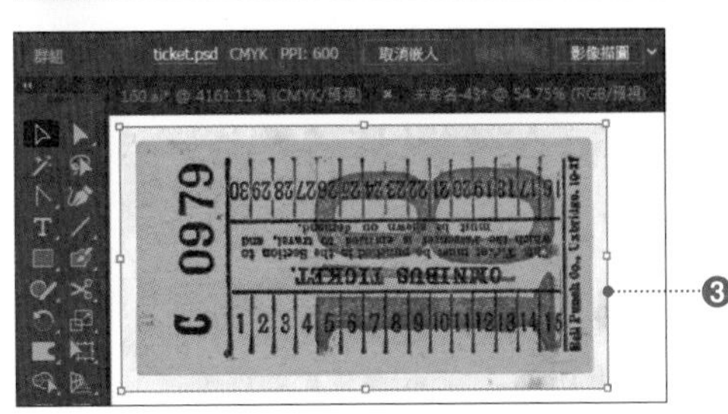

Variation

抽出內嵌影像，置換為 PSD 或者 TIFF 檔案，可以連結置入影像。

step 1

使用〔**選取**〕**工具** 選擇內嵌影像，按一下〔控制〕面板或者〔內容〕面板的〔**取消嵌入**〕❶。

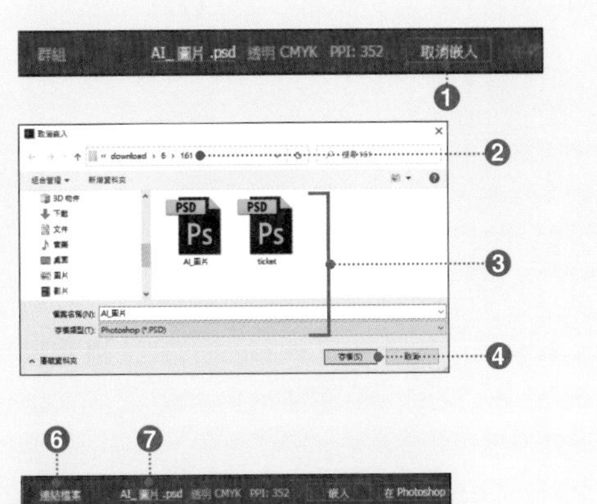

step 2

由於會顯示〔取消嵌入〕對話框，所以欲變更檔名時變更檔名 ❷，然後選擇檔案格式（PSD 或 TIFF）以及儲存位置 ❸，按一下〔存檔〕❹。

step 3

取消嵌入，影像置換成連結影像 ❺。
控制面板的顯示變成〔連結檔案〕❻，並且可以確認〔檔名〕已經變更 ❼。

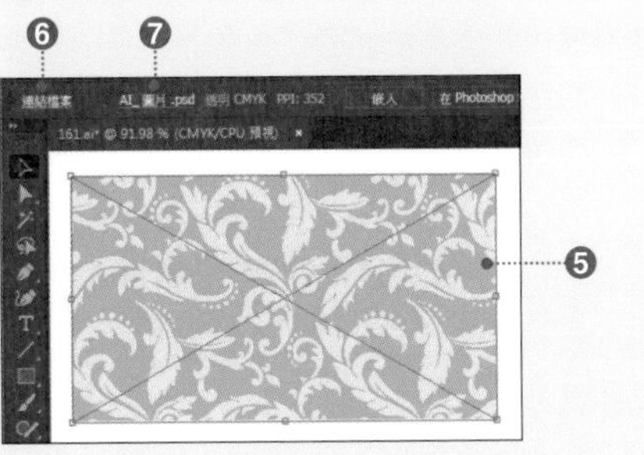

相關 置入影像：p.216　確認置入影像的狀態：p.222

162 保持 Photoshop 檔案的圖層，置入影像

置入 Photoshop 檔案之際，不勾選〔連結〕而是以內嵌影像置入的話，可以選擇保持 Photoshop 檔案的圖層，或者是互相統整。

從功能表列點選〔檔案〕→〔置入〕，會出現〔置入〕對話框。

選擇具備圖層結構的 Photoshop 檔案（PSD）❶，不勾選〔連結〕❷，勾選〔顯示讀入選項〕❸，按一下〔置入〕❹。

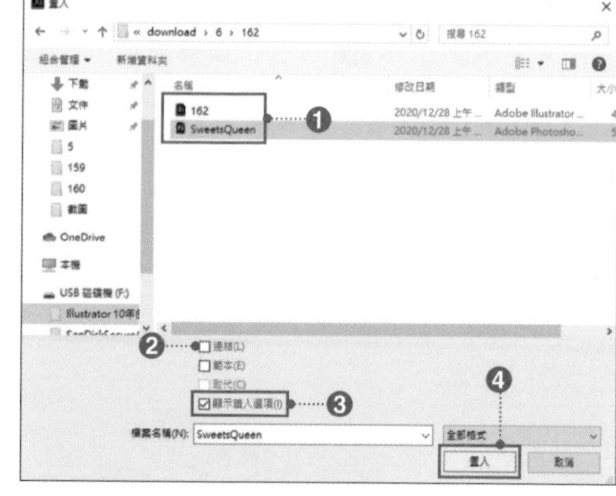

由於會顯示〔Photoshop 讀入選項〕對話框，所以勾選〔顯示預視〕❺，確認影像內容後，選擇〔將圖層轉換為物件〕❻，按一下〔確定〕。

在 Photoshop 檔案設定圖層構圖時，在〔圖層構圖〕選擇讀入哪一個圖層構圖 ❼。

在保持圖層的情況下置入 Photoshop 檔案 ❽。觀察〔圖層〕面板的話，可以確認維持著圖層結構 ❾。

另外，只有在不影響外觀時，Photoshop 的〔**形狀圖層**〕會轉換成 Illustrator 的〔**複合形狀**〕。此外，Illustrator 和 Photoshop 之間，也可以利用拖放方式移動路徑。

Tips

選擇〔將圖層轉換為物件〕之際，如果檔案中包含 Illustrator 不支援的功能，就可以利用合併圖層以及點陣化來保持外觀。

 相關 圖層面板的基本內容：p.100 以 Photoshop（PSD）格式轉存檔案：p.28

163 將置入的影像置換成其他影像

欲將文件上的影像置換成其他影像時，按一下控制面板或者〔連結〕面板的〔重新連結〕，重新置入影像。

step 1

使用〔**選取**〕**工具** 或者〔**直接選取**〕**工具** 選擇欲置換的影像❶，然後按一下〔控制〕面板或者〔內容〕面板的「**影像的檔名**」❷，從跳出式選單中選擇〔重新連結〕❸。

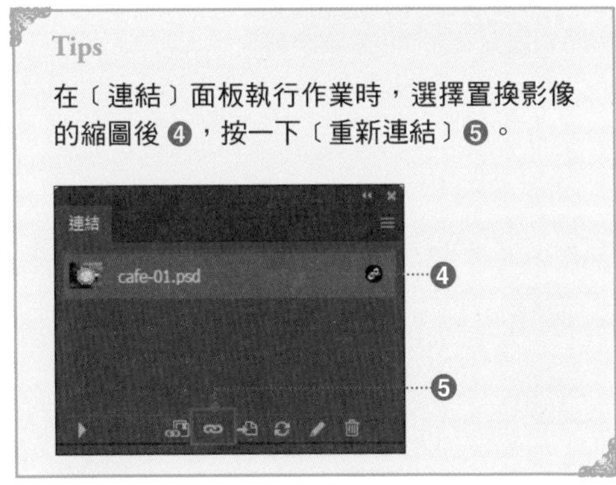

Tips

在〔連結〕面板執行作業時，選擇置換影像的縮圖後❹，按一下〔重新連結〕❺。

step 2

由於會顯示〔置入〕對話框（p.216），故選擇置換的影像。在此勾選〔置入〕對話框的〔連結〕，以連結置入影像，因而置入了連結影像❻。

Tips

置換影像之際，在上述 Step1 的跳出式選單選擇〔置入選項〕的話，會出現〔置入選項〕對話框。在對話框中可以指定影像的置入方法等項目。
例如，將影像縮小到符合目前的邊框形狀，或者可以使用邊框形狀剪裁影像（如剪裁遮色片般的加工）。
只不過，要小心的是這個功能有著無法詳細設定剪裁位置、一旦嵌入影像有可能剪裁會自動釋放等比較不好處理的一面。所以要剪裁影像時，建議還是使用剪裁遮色片（p225）。

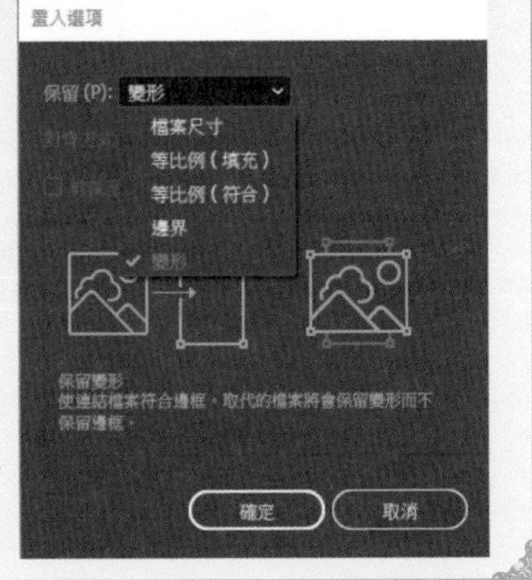

相關 置入影像：p.216 嵌入連結影像：p.219 確認置入影像的狀態：p.222 剪裁遮色片：p.225

164 確認置入影像的狀態

置入文件內的連結影像或者內嵌影像、完成的點陣圖物件的資訊，都可以在〔連結〕面板確認。作業時請務必掌握各個影像的狀態，才能加以靈活運用。

從功能表列點選〔視窗〕→〔連結〕，會出現〔連結〕面板。

在〔連結〕面板會列出置入文件內的影像或者點陣圖影像。在影像名稱右側的圖示則表示影像的狀態 ❶。另外，選擇〔連結〕面板中顯示的縮圖，按一下**〔跳至連結〕**的話 ❷，選擇的影像會顯示在視窗中央。

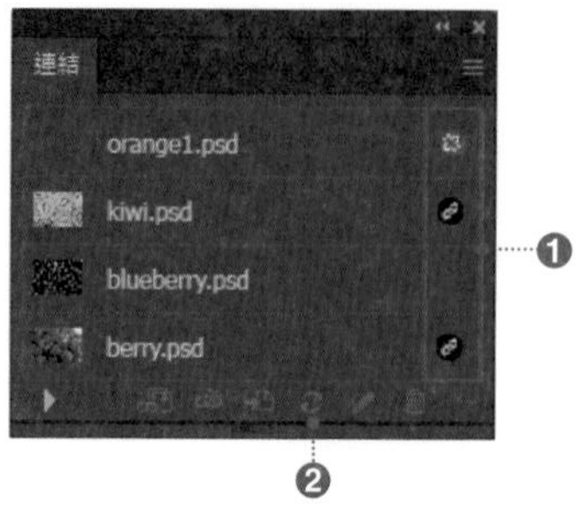

按一下〔連結〕面板左下方的**〔連結檔案資訊〕**的話 ❸，在面板下方會顯示〔連結資訊〕。可以確認檔案的位置或大小、影像的縮放比例、旋轉的角度等資訊。

◎〔連結〕面板的圖示

項目	內容
	正常連結的連結影像。
	找不到連結的原始影像，失去連結的影像。
無圖示	內嵌影像。
	從 CC 資料庫連結的影像。
	從 Adobe Stock 新增到 CC 資料庫的未授權影像，從 CC 資料庫連結的影像。

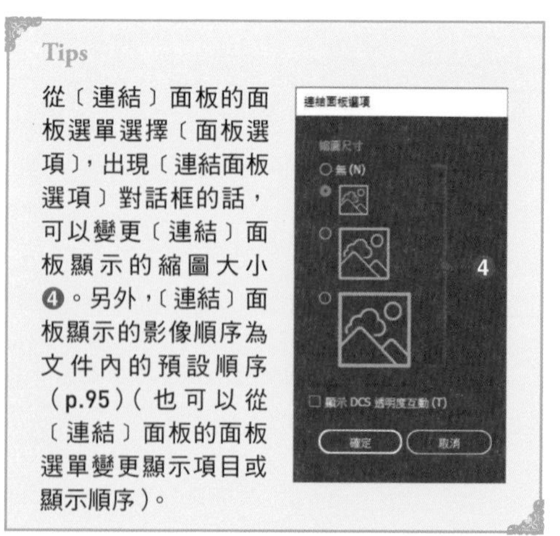

Tips

從〔連結〕面板的面板選單選擇〔面板選項〕，出現〔連結面板選項〕對話框的話，可以變更〔連結〕面板顯示的縮圖大小 ❹。另外，〔連結〕面板顯示的影像順序為文件內的預設順序 (p.95)（也可以從〔連結〕面板的面板選單變更顯示項目或顯示順序）。

165 編輯・更新連結影像的原始影像

按一下〔控制〕面板或者是〔連結〕面板的〔編輯原稿〕的話，可以編輯・更新文件內連結影像的原始影像。

step 1

使用**〔選取〕工具** 選擇文件上的連結影像，按一下〔控制〕面板或者是〔內容〕面板的**〔在 Photoshop 中編輯〕**❶。另外，在〔連結〕面板選取編輯的連結影像❷，按一下**〔在 Photoshop 中編輯〕**❸。

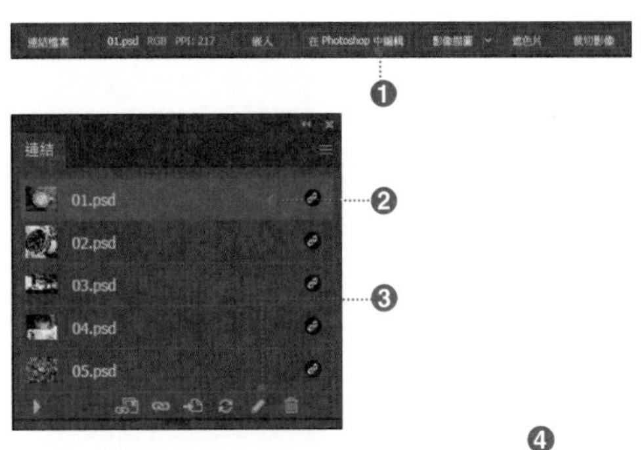

Tips

使用〔選取〕工具或者〔直接選取〕工具，在按住 Alt（option）的同時，按二下文件上的連結影像，也可以編輯原始影像。

點選〔編輯〕→〔偏好設定〕→〔檔案處理與剪貼簿〕時，會出現〔偏好設定〕對話框，在此可以設定連結影像更新時的動作內容。

預設值設定為〔更新連結：在修改時詢問〕，但是也能設定〔自動〕、〔手動〕。

step 2

啟動完成連結原始影像的應用程式，開啟影像❹。右圖是在 Photoshop 開啟的影像。進行編輯，存檔後關閉影像檔案。

step 3

回到 Illustrator 。由於會出現是否更新的詢問對話框，所以按一下**〔是〕**❺。如此一來，連結影像就更新為最新影像。

另外，按一下**〔否〕**的話，連結影像不會更新。在這個時候，〔連結〕面板會出現這個影像非最新狀態的圖示❻。

按一下〔否〕之後，欲再更新影像時，按一下**〔重新連結〕**❼。

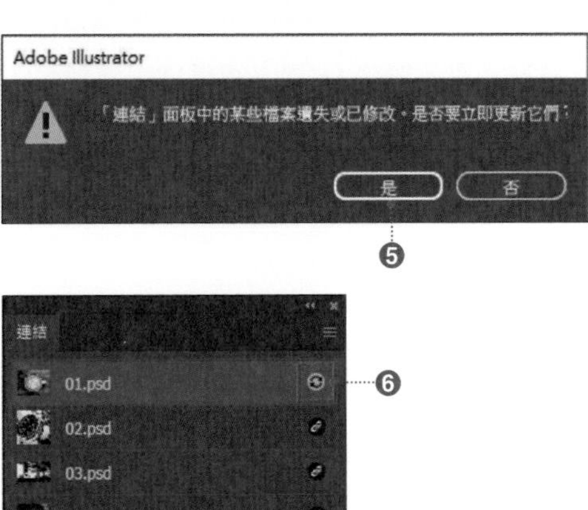

第6章 影像的操作

相關 置入影像：**p.216** 隱藏影像多餘的部分：**p.225** 物件的點陣化：**p.228**

166 遺失影像連結時的處理方法

開啟 Illustrator 檔案時，如果找不到連結影像的連結，就會出現〔遺失連結檔案〕的警告視窗。

step 1

開啟 Illustrator 檔案時，有時會出現**〔遺失連結檔案〕**的警告視窗。這是因為移動／刪除／縮圖連結影像的原始影像造成原始影像遺失。

欲重新指定影像或者置換影像時，按一下**〔取代〕**後 ❶，會出現〔取代〕對話框。

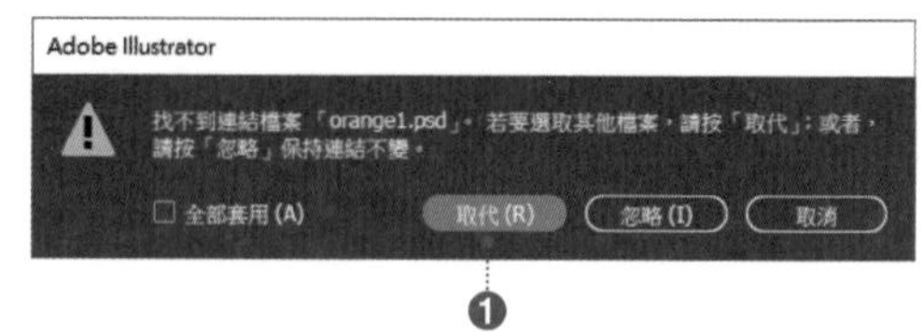

選擇置換的影像 ❷，按一下**〔取代〕**❸。如此一來，就能置換選擇的影像，並且開啟檔案 ❹。

> **Tips**
>
> 如果知道遺失的連結影像的儲存位置，除了在〔取代〕對話框重新指定連結影像的方法以外，還有按一下〔取消〕，暫時取消開啟檔案，然後將 Illustrator 檔案和連結影像放到相同資料夾，再開啟 Illustrator 檔案的方法。

step 3

不指定影像，且在遺失連結的情況下開啟檔案時，按一下**〔忽略〕**。置入影像的位置顯示空欄 ❺。

開啟檔案後，要重新置入影像時，按一下〔連結〕面板的**〔重新連結〕**（p.221）。

> **Tips**
>
> 為了預防遺失影像連結的意外發生，建議將 Illustrator 檔案和連結影像儲存到相同的資料夾內 ❻。
> 另外，使用〔封裝〕功能的話，就能將置入文件內的連結影像或者使用的字體統整到同一個資料夾（p.56）。

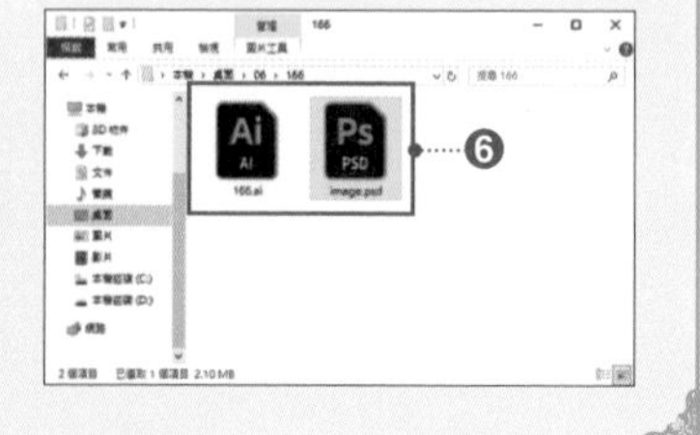

167 隱藏影像多餘的部分：剪裁遮色片

欲隱藏影像多餘的部分時，在影像上層製作表示範圍的物件，然後套用〔剪裁遮色片〕。

step 1

在此將右圖裁切成圓形。

點選〔**橢圓形**〕**工具** ❶，在影像上層製作表示範圍的物件，並且使用〔**選取**〕**工具** 選取上層物件與影像 ❷。

從功能表列點選〔物件〕→〔剪裁遮色片〕→〔製作〕❸。如此一來，影像會被裁切成與上層圓形物件相同的形狀 ❹。

Short Cut 製作／釋放剪裁遮色片

Win Ctrl + 7 / Ctrl + Alt + 7

Mac ⌘ + 7 / ⌘ + Option + 7

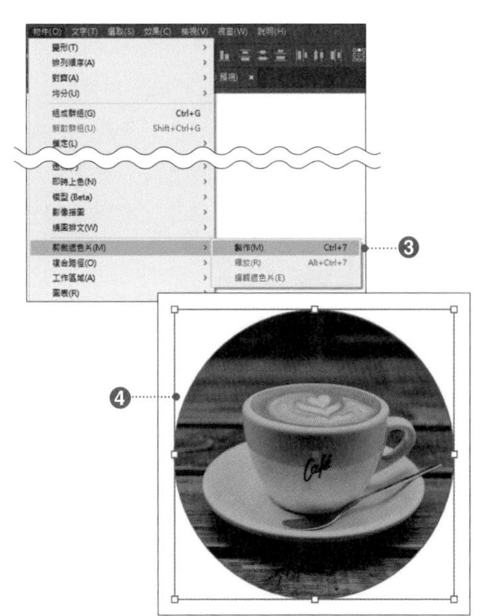

step 3

欲變更影像位置或大小時，使用〔**選取**〕**工具** 按二下影像，切換成編輯模式後進行作業（**p.97**）。

或者是在使用〔**選取**〕**工具** 選取物件的狀態下，從功能表列點選〔物件〕→〔剪裁遮色片〕→〔編輯內容〕❺。

欲釋放剪裁遮色片時，點選〔物件〕→〔剪裁遮色片〕→〔釋放〕❻。

剪裁遮色片只是讓上層的物件隱藏影像，一旦釋放，影像就會回復到原本狀態。

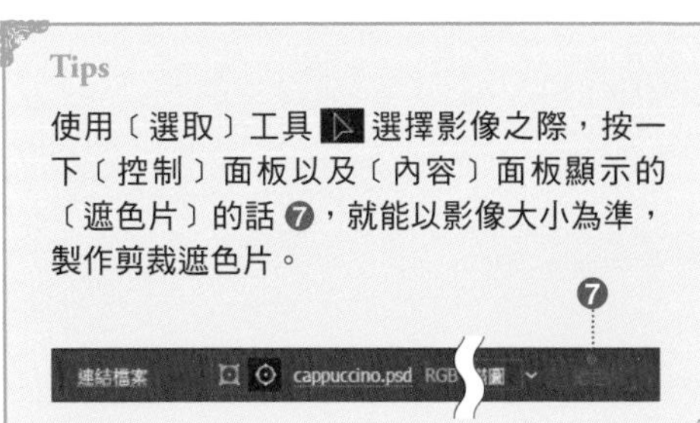

Tips

使用〔選取〕工具 選擇影像之際，按一下〔控制〕面板以及〔內容〕面板顯示的〔遮色片〕的話 ❼，就能以影像大小為準，製作剪裁遮色片。

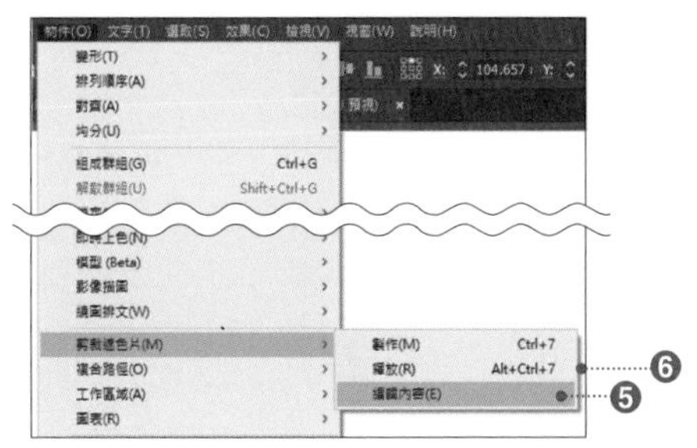

相關 剪裁遮色片：p.214 置入影像：p.216 複合路徑：p.204 編輯模式：p.97

168 為照片打上馬賽克

套用功能表列的〔物件〕→〔建立物件馬賽克〕，就可以將點陣圖（影像檔）變更成馬賽克狀的路徑資料。

選擇內嵌影像 ❶（關於嵌入影像的方法，參考 p.219）。

Tips

〔建立物件馬賽克〕指令無法套用在連結影像。另外，套用到路徑時，要事先點陣化影像（p.228），將影像轉換成影像資料。

從功能表列點選〔物件〕→〔建立物件馬賽克〕，會出現〔建立物件馬賽克〕對話框。

在此設定〔拼貼數目〕區的〔寬度：40〕、〔高度：27〕❷，並且設定〔強制比例：寬度〕、〔結果：顏色〕❸。另外，勾選〔刪除點陣圖〕❹。

設定後按一下〔確定〕。

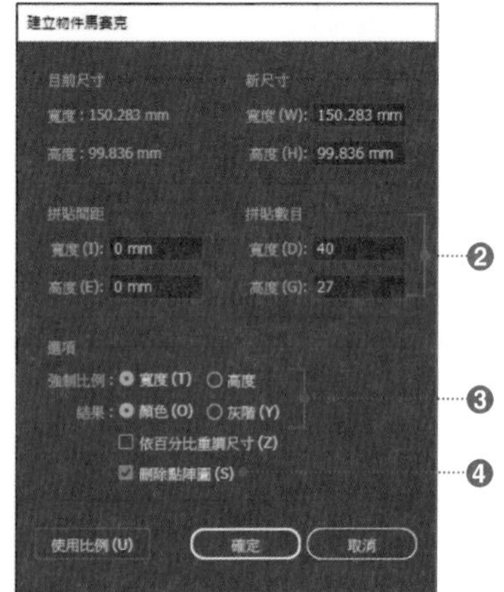

◎〔建立物件馬賽克〕對話框的設定項目

項目	內容
目前尺寸	套用馬賽克的選取中的內嵌影像尺寸。
新尺寸	指定完成的馬賽克尺寸。
拼貼間距	指定馬賽克的拼貼色塊的間距。
拼貼數目	指定馬賽克寬度和高度的拼貼色塊的片數。
強制比例	指定使用〔使用比例〕按鈕時的基準方向。
結果	指定馬賽克的色彩模式。
依百分比重調尺寸	勾選的話，可以用 % 指定完成的馬賽克物件的尺寸。
刪除點陣圖	勾選的話，製作馬賽克物件時，原始影像會被刪除。
〔使用比例〕	按一下按鈕的話，拼貼色塊呈現正方形。

原始的內嵌影像打上了馬賽克 ❺。勾選〔刪除點陣圖〕時，原始影像會被刪除，只留下馬賽克狀的路徑。解除選取的話，可以確認物件變成馬賽克影像 ❻。

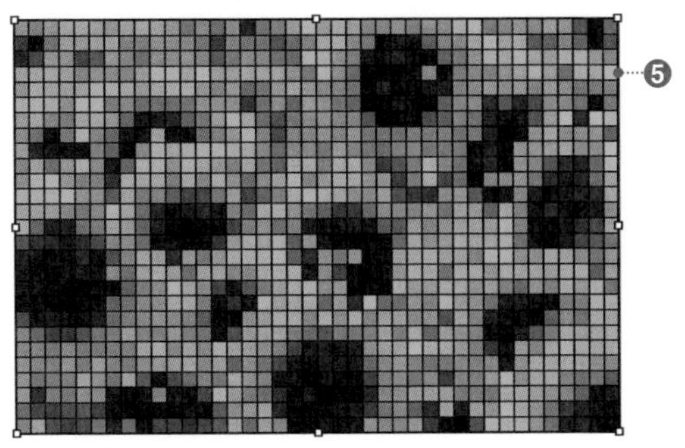

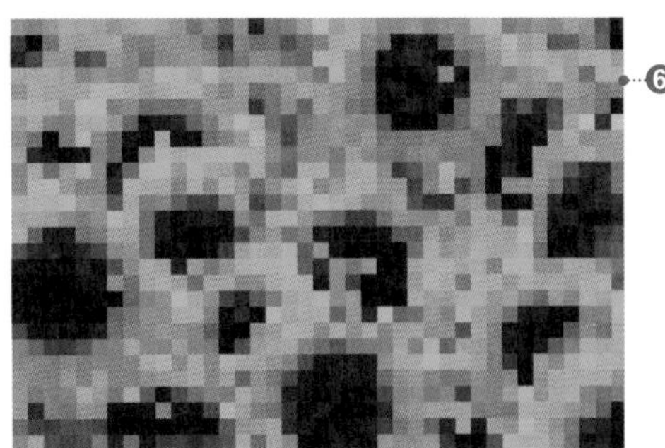

Variation

馬賽克拼貼的形狀可以變形。不過，在初始狀態時，馬賽克狀的路徑呈現群組化，所以必須先解除群組。請使用**〔選取〕工具**選取路徑，再從功能表列點選〔物件〕→〔解散群組〕，解除群組。然後，執行下列步驟。

step 1

選取 1 片馬賽克拼貼，確認尺寸之後，選取全部的馬賽克拼貼，再從功能表列點選〔效果〕→〔轉換為以下形狀〕→〔橢圓〕❶，會出現〔外框選項〕對話框。

step 2

右圖中，1 片馬賽克拼貼的尺寸「約 3.7mm」，因此勾選〔絕對尺寸〕❷，設定〔寬度：3.5mm〕、〔高度：3.5mm〕❸。

設定後按一下〔確定〕的話，就能完成如右圖般的圓形點點馬賽克拼貼 ❹。

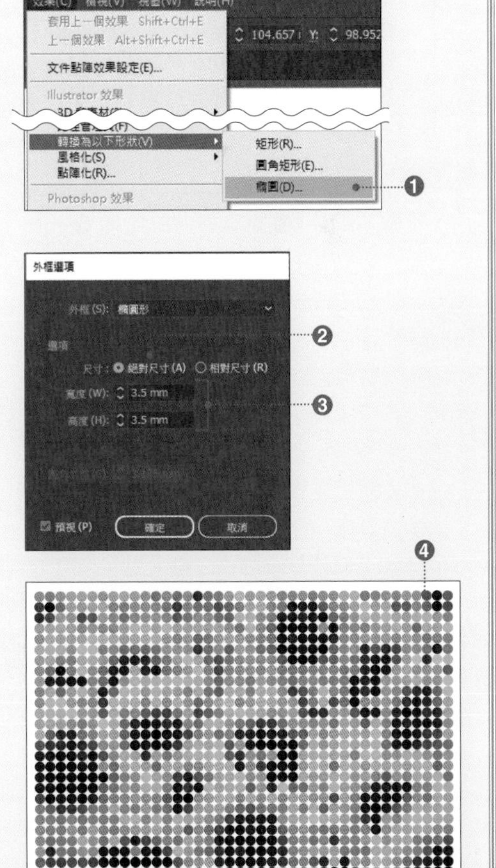

相關 置入影像：p.216　點陣化物件：p.228　嵌入影像：p.219

169 將物件轉換為點陣圖

欲將向量物件轉換為點陣圖時，使用〔點陣化〕指令。物件轉換成點陣圖的話，就可以套用路徑物件無法套用的效果。

概要

使用**〔點陣化〕指令**的話，向量物件或文字、符號這一類的各種物件皆能轉換為點陣圖。

例如，向量物件轉換為點陣圖的話，就能迅速地套用〔效果〕選項旗下的〔Photoshop 效果〕。

不過，一旦使用〔點陣化〕指令，物件就無法回復到原本狀態，請務必注意。

> **Tips**
>
> **複雜的向量物件套用點陣化效果（例如〔效果〕選項中的〔Photoshop 效果〕）的話，處理上相當費力。此時，將物件點陣化，比較有效率。**

step 1

使用**〔選取〕工具** 選取轉換的物件 ❶。在此將右圖的向量物件轉換為點陣圖。

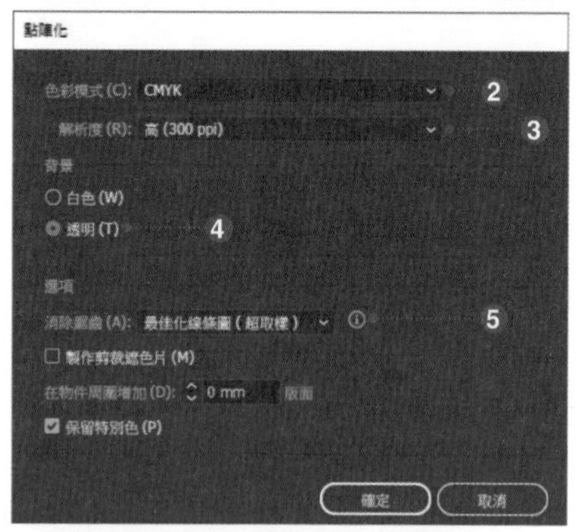

step 2

從功能表列點選〔物件〕→〔點陣化〕，會出現〔點陣化〕對話框，在此進行〔解析度〕或〔背景〕等等的各項設定。

在此選擇〔色彩模式：CMYK〕❷，〔解析度：高（300ppi）❸、〔背景：透明〕❹，並且選擇〔消除鋸齒：最佳化線條圖〕❺，按一下〔確定〕。

如此一來，向量物件被點陣化，轉換為點陣圖。觀察選取時的路徑狀態，會發現整個物件成為 1 個點陣圖 ❻。

轉換的點陣圖被當作**內嵌影像**（p.219）顯示在〔連結〕面板 ❼。

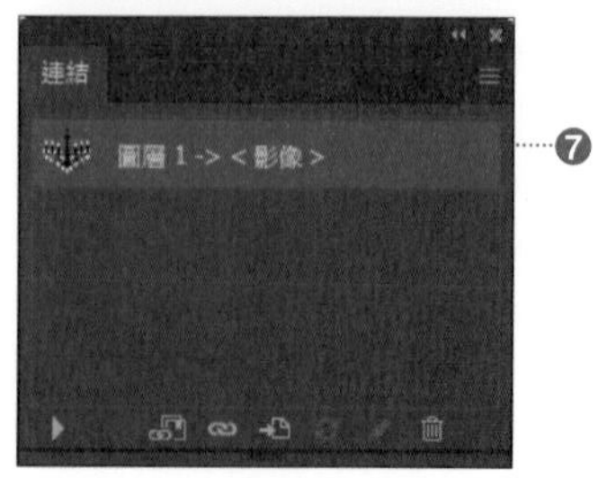

◎〔點陣化〕對話框的設定項目

項目	內容
色彩模式	選擇轉換後的色彩模式。可以選擇的種類有目前的色彩模式（〔CMYK〕或〔RGB〕）和〔點陣圖〕、〔灰階〕3 種。
解析度	設定點陣圖的解析度。配合使用目的從列表中選擇最適合的項目，或者是選擇〔其他〕來指定數值。
背景	選擇〔白色〕的話，框住原始物件的最小四方形方框中，無物件的部分會塗滿白色。選擇〔透明〕的話，無物件的部分會呈現透明（兩者的差異請參考以下的 Tips）。
消除鋸齒	選擇邊緣的處理方法。關於消除鋸齒的各個項目請參考 **p.27**。
製作剪裁遮色片	勾選的話，會以物件的形狀製作剪裁遮色片。另外，套用〔填色：無〕、〔筆畫〕有顏色的物件套用剪裁遮色片的話，可能會沒辦法得到想要的結果，請多加注意。
在物件周圍增加	指定數值的話，物件的周圍會新增白色或者透明的像素。
保留特別色	物件內含有特別色時，保留特別色。

Tips

在〔點陣化〕對話框的〔背景〕區，設定〔白色〕時 ❽ 與設定〔透明〕時 ❾，其差異性如右圖。

Variation

套用〔點陣化〕效果，也可以只將外觀轉換為點陣圖。

〔點陣化〕效果與〔點陣化〕指令不同，物件可以回復到原始狀態。另外，套用效果後，也可以在〔外觀〕面板變更設定 ❶。

使用**〔選取〕工具** 選取向量物件，再從功能表列點選〔效果〕→〔點陣化〕。如此一來，僅外觀變成點陣圖 ❷。

另外，套用〔點陣化〕效果的物件套用〔物件〕→〔擴充外觀〕的話，該物件被點陣化之後，轉換為點陣圖。

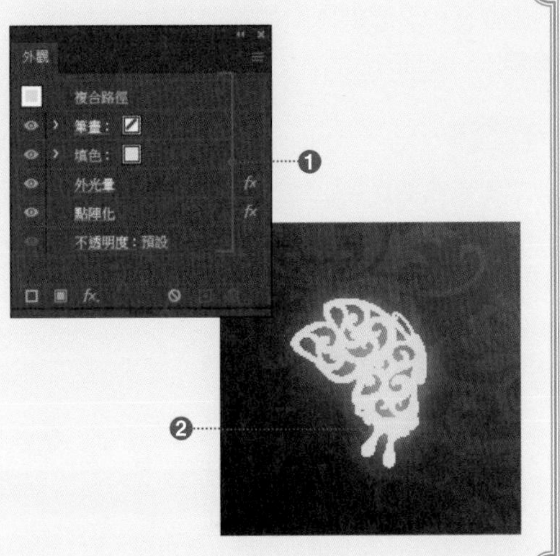

170 裁切影像

使用〔裁切影像〕功能的話，可以裁切置入的內嵌影像的多餘部分（刪除像素）。剪裁遮色片的功能為隱藏影像。可根據自己的需要靈活運用。

使用**〔裁切影像〕功能**的話，可以裁切置入文件內的內嵌影像。另外，由於會刪除影像的像素，因此後續無法擴張影像的裁切範圍。欲暫時隱藏影像時，請使用剪裁遮色片功能（p.225）。

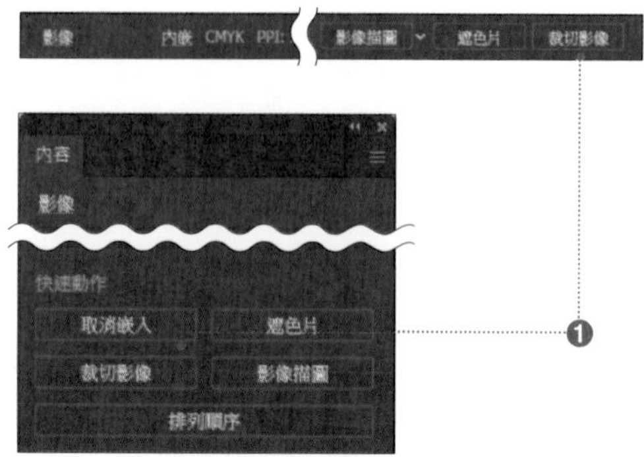

使用**〔選取〕工具** 選取內嵌影像，按一下〔控制〕面板或者是〔內容〕面板的**〔裁切影像〕**❶。

> Tips
>
> 選擇連結影像後，按一下〔裁切影像〕按鈕時，會出現提示嵌入影像的對話框。

內嵌影像的周圍會出現控制把手，控制把手的外側會反白，所以拖曳控制把手指定裁切範圍❷。

取消裁切時，按一下〔取消〕按鈕或者按 **Esc**。

step 3

決定裁切範圍之後，按一下〔控制〕面板或〔內容〕面板的**〔套用〕**❸，或者是按 Enter（Return）執行裁切作業。

> Tips
>
> 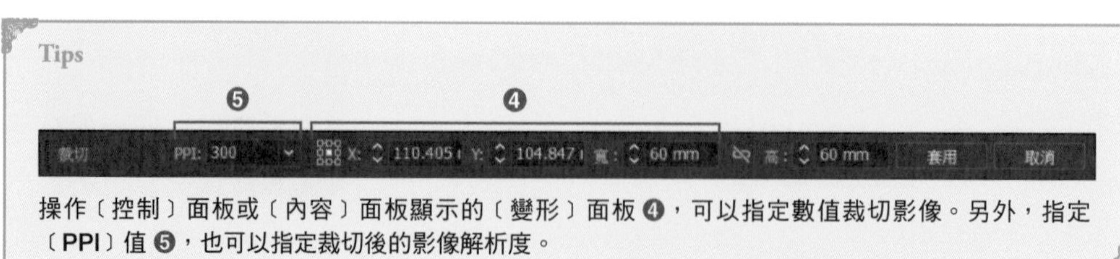
>
>
> 操作〔控制〕面板或〔內容〕面板顯示的〔變形〕面板❹，可以指定數值裁切影像。另外，指定〔**PPI**〕值❺，也可以指定裁切後的影像解析度。

 相關 剪裁遮色片：**p.214**，**p.225**

第 7 章

使用〔效果〕的各種描圖、加工作業

171 編輯套用在物件上的效果

在〔外觀〕面板按一下套用在物件上的效果名稱，會出現效果的對話框。在對話框中可以多次編輯效果的設定值。

step 1

使用**〔選取〕工具**選取物件❶，然後按一下〔外觀〕面板上的效果名稱❷，會出現〔效果〕的對話框。在此編輯〔製作陰影〕效果。

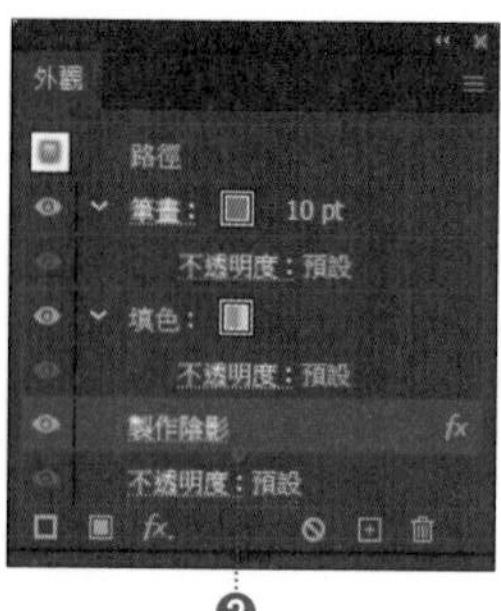

step 2

在顯示的對話框輸入目前的設定值。在此設定陰影範圍小，色調暗。變更設定值後❸，按一下〔確定〕。

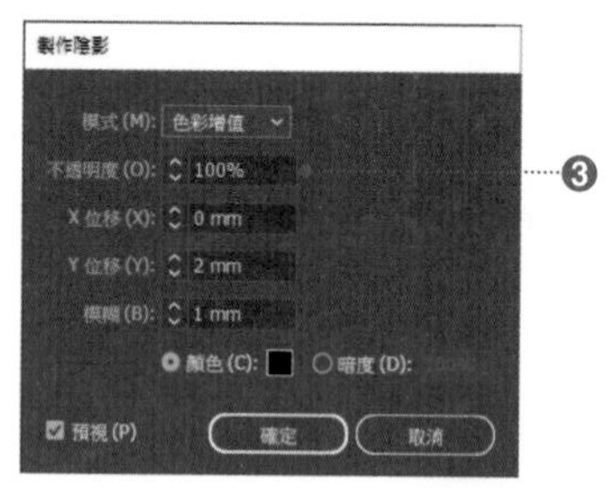

step 3

效果反映在物件上❹。〔效果〕在套用〔擴充外觀〕(**p.234**) 之前，可以反覆重新編輯。
欲刪除〔效果〕時，點選效果名稱的旁邊，再按一下〔外觀〕面板下方右側的〔刪除項目〕❺。

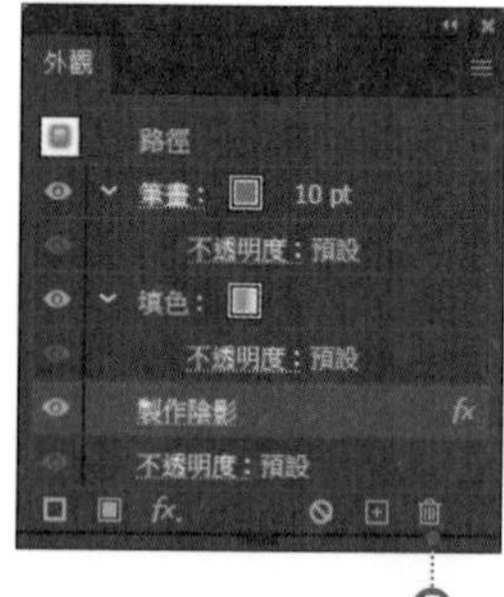

step 4

在〔外觀〕面板上拖曳效果的話，可以變更效果的套用對象或套用範圍。在此拖曳〔陰影〕，僅套用在〔筆畫〕❻。

 相關 擴充外觀：p.234 製作陰影：p.244

172 無法設定〔填色〕或〔筆畫〕時的處理方法

外觀構造一旦變得複雜，有時就會出現無法設定〔填色〕或〔筆畫〕的狀況。此時，就必須視情況執行〔簡化為基本外觀〕或〔清除外觀〕。

如右圖，物件已套用多個〔填色〕或〔筆畫〕、〔不透明度〕、〔效果〕等設定❶。由於各個設定值互有關係，互相影響，因此，結果可能不如預期。

在這種情況下，藉由〔外觀〕面板的**〔可見度〕按鈕**❷，切換顯示／隱藏套用的屬性，選取編輯的對象屬性，並且因應需要刪除或者改變順序（p.232）。

或者是，使用**〔選取〕工具**選取目標物件，再從〔外觀〕面板的選單選擇〔簡化為基本外觀〕❸。

如此一來，〔外觀〕面板上只會留著最後選擇的的〔填色〕與〔筆畫〕（會特別顯示）❹，其餘的外觀屬性會被刪除❺。

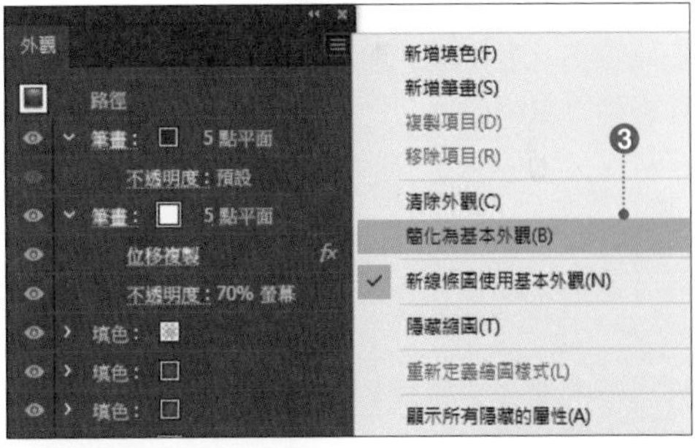

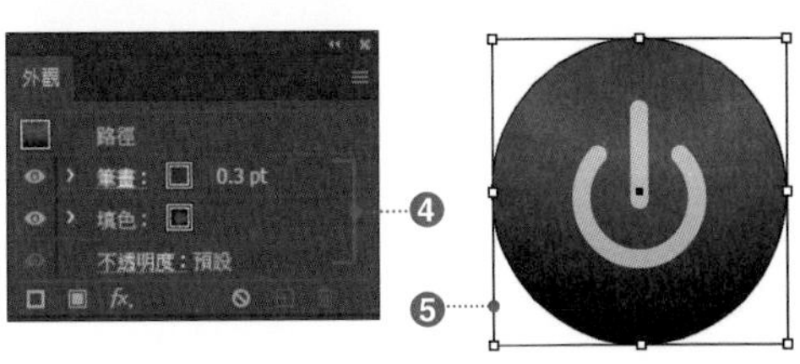

step 3

如果目標是群組物件或者圖層時❻，按一下〔外觀〕面板下方的**〔清除外觀〕**❼。如此一來，雖然清除了圖層或群組的外觀，但是內含的物件外觀屬性不會被刪除。

另外，套用在群組物件的外觀，一旦釋放群組就會被清除。

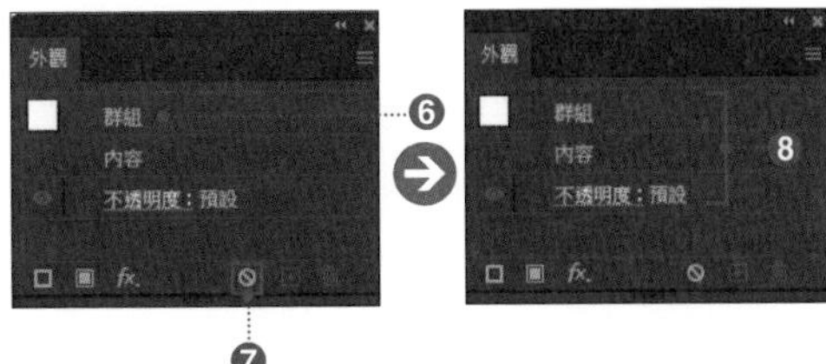

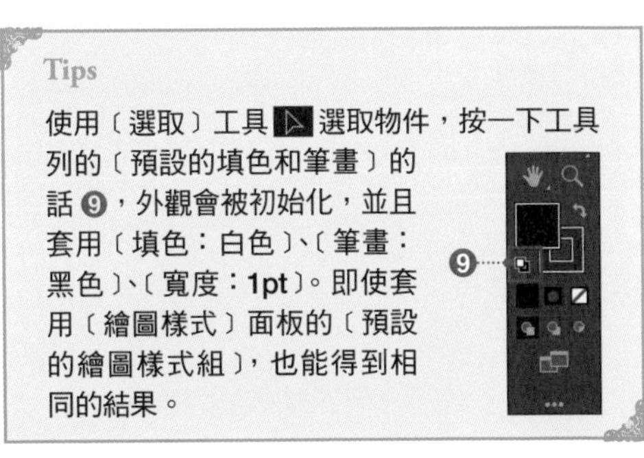

Tips

使用〔選取〕工具選取物件，按一下工具列的〔預設的填色和筆畫〕的話❾，外觀會被初始化，並且套用〔填色：白色〕、〔筆畫：黑色〕、〔寬度：1pt〕。即使套用〔繪圖樣式〕面板的〔預設的繪圖樣式組〕，也能得到相同的結果。

相關 編輯效果：p.232　擴充外觀：p.234　混合模式：p.154　繪圖樣式：p.165

173 擴充外觀

套用〔擴充外觀〕至擁有多個〔填色〕或〔筆畫〕、〔效果〕的物件上時，各個外觀屬性會被分割成不同的獨立物件。

step 1

使用〔**選取**〕**工具** 選取物件 ❶，在〔外觀〕面板確認外觀屬性的內容。此時可以發現正方形的路徑物件套用了〔粗糙效果〕等多個外觀屬性 ❷。

> **Tips**
> 未出現〔外觀〕面板時，請從功能表列點選〔視窗〕→〔外觀〕後就會顯示。

step 2

從功能表列點選〔物件〕→〔擴充外觀〕。如此一來，外觀屬性就會在保持物件外觀（外表）的狀態下，被分割成各個物件 ❸。被分割的物件會被群組化 ❹。

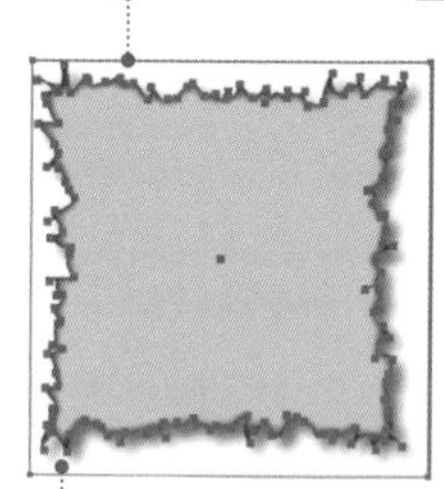

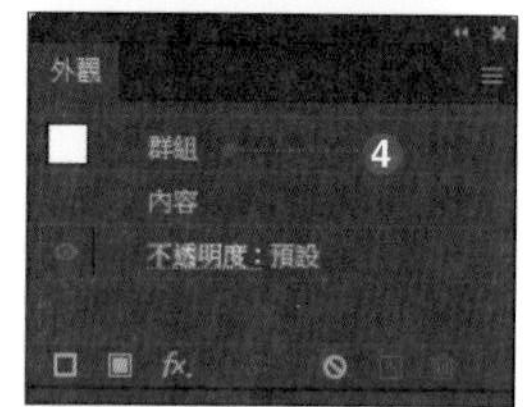

使用〔直接選取〕工具 選取物件的話，可以確認表示路徑輪廓的外觀被擴充了。

step 3

被分割的各個物件會轉換成點陣圖或者路徑物件。

轉換後的物件型態會依照〔效果〕的種類或套用方式而有差異。例如，〔製作陰影〕效果會讓物件轉換為點陣圖，〔內光暈〕效果會轉換為路徑物件和點陣圖的〔不透明遮色片〕（p.157）。

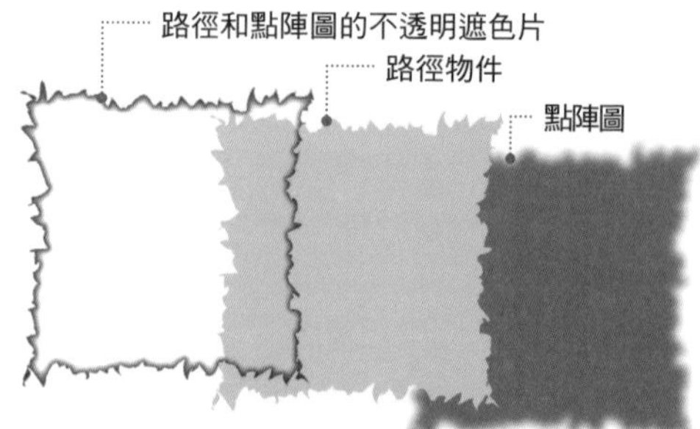

> **Tips**
> 套用〔擴充外觀〕到已經套用點陣化效果的向量物件的話，物件會變成（內嵌影像）❺（變更點陣化效果的解析度：p.252）。

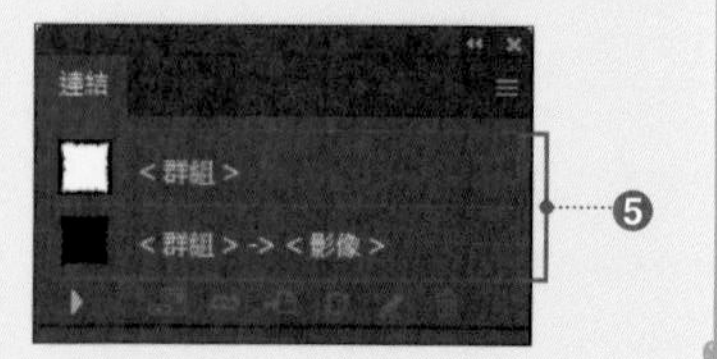

174 〔填色〕和〔筆畫〕分別套用不同的效果

只要使用〔外觀〕面板，就可以在路徑物件的〔填色〕和〔筆畫〕分別套用不同的效果。使用這個功能，就能輕鬆展現各種獨特的創意。

step 1

在初始設定，會將〔填色〕和〔筆畫〕視為一體，因此套用〔效果〕的話，兩者都會變形，但是在〔外觀〕面板操作時，〔填色〕和〔筆畫〕可以套用不同的〔效果〕。另外，也能夠新增多個〔填色〕或〔筆畫〕。

欲對〔填色〕和〔筆畫〕套用不同的〔效果〕時，使用**〔選取〕工具**選取路徑物件❶，在〔外觀〕面板選擇〔填色〕❷。

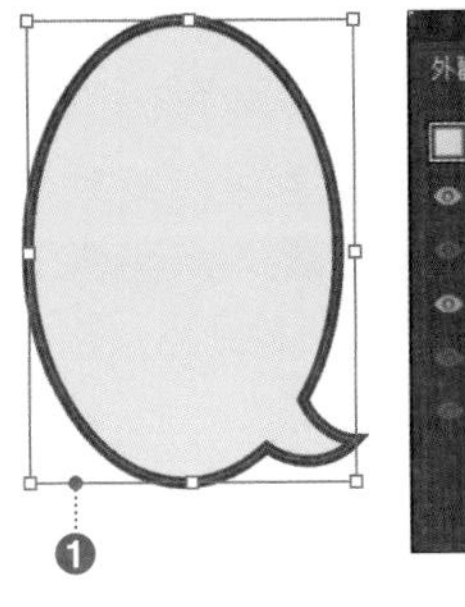
❶

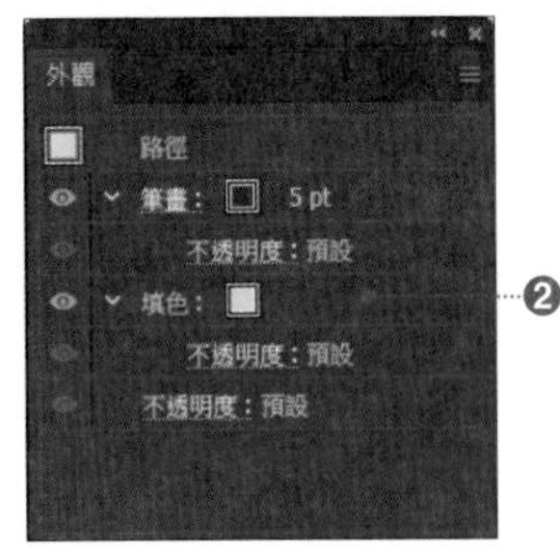

❷

step 2

從功能表列點選〔效果〕→〔風格化〕→〔塗抹〕，在〔塗抹選項〕對話框中，設定任意值❸。

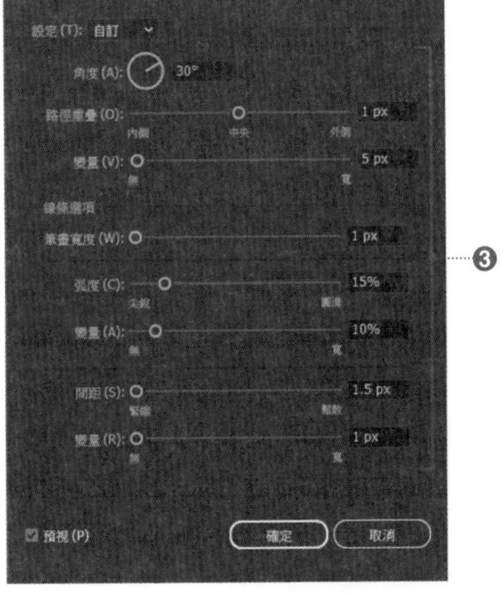

❸

step 3

僅〔填色〕套用〔塗抹〕效果❹。在〔外觀〕面板確認的話，會發現只有〔填色〕套用〔塗抹〕效果❺。

同樣的，在〔外觀〕面板選擇〔筆畫〕，再從功能表列套用〔效果〕→〔路徑〕→〔粗糙效果〕的話，僅〔筆畫〕套用〔粗糙〕效果❻。

依照上述的方式，就能分別對〔填色〕和〔筆畫〕套用不同的效果❼。

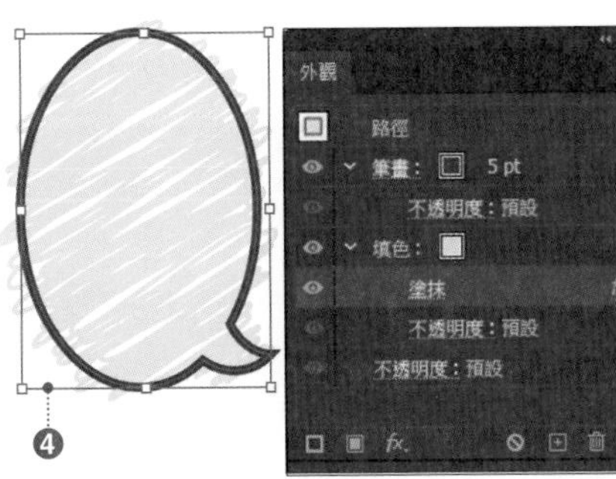

❹ ❺

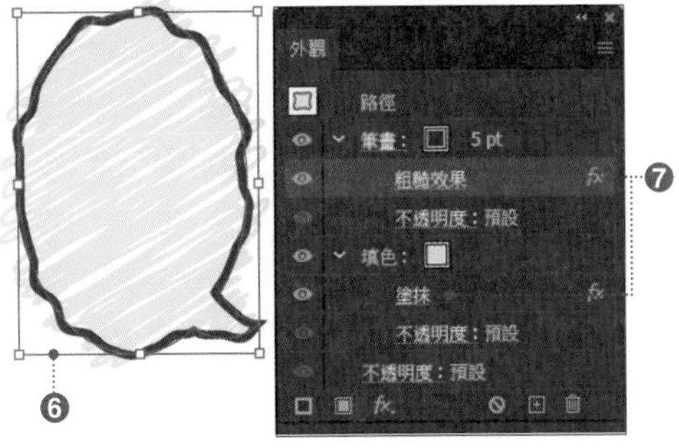

❻ ❼

相關 編輯效果：p.232　套用多個筆畫：p.130　登錄效果的設定內容：p.236

175 登錄〔填色〕或〔筆畫〕、〔效果〕的設定內容

物件中所設定的〔填色〕顏色、〔筆畫〕寬度和轉角的形狀，以及〔不透明度〕、套用的〔效果〕等，可以一併登錄至〔繪圖樣式〕面板。

〔填色〕或〔筆畫〕的設定內容，套用的〔效果〕的設定內容，稱為**〔外觀屬性〕**。

外觀屬性可以視為 1 組的**〔繪圖樣式〕**，登錄在〔繪圖樣式〕面板。如果登錄繪圖樣式的話，相同的外觀屬性就能套用在多個物件。

欲登錄繪圖樣式時，使用**〔選取〕工具** 選取物件 ❶，按一下〔繪圖樣式〕面板的〔新增繪圖樣式〕❷。

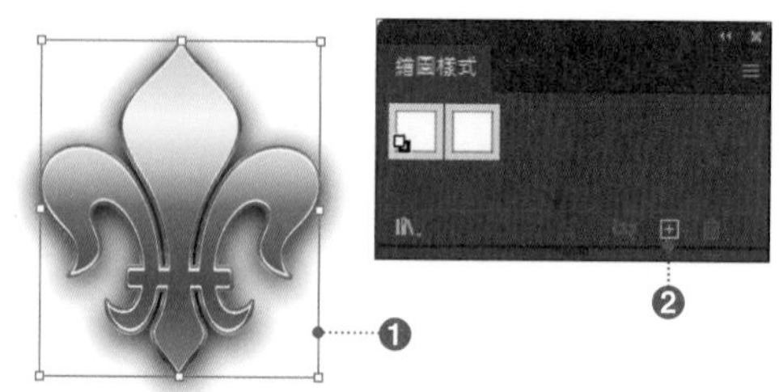

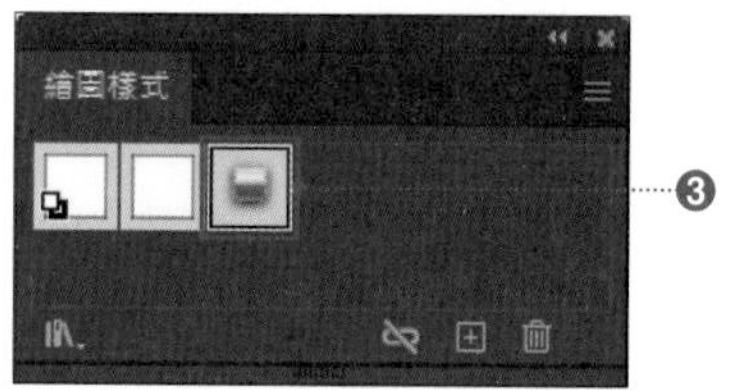

step 2

選取的物件外觀屬性登錄在〔繪圖樣式〕面板 ❸。

按二下登錄的〔繪圖樣式〕，出現〔繪圖樣式選項〕對話框的話，就可以任意命名 ❹。

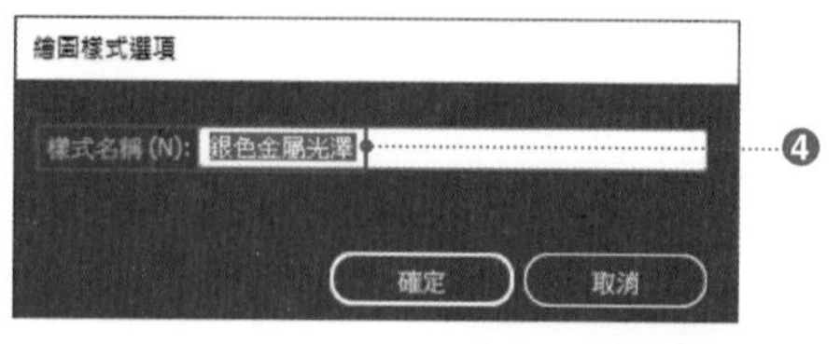

step 3

欲將登錄的繪圖樣式套用在其他物件上時，使用**〔選取〕工具** 選取物件 ❺，按一下〔繪圖樣式〕面板的〔繪圖樣式〕❻。

如此一來，該物件被套用相同的外觀屬性 ❼。

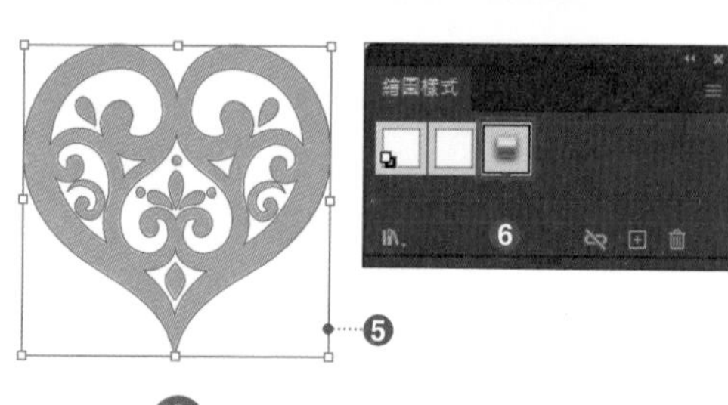

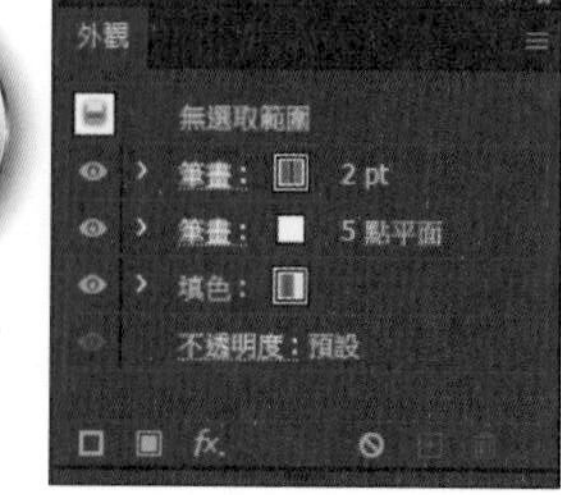

使用〔檢色滴管〕工具，也可以將某物件的外觀屬性套用在其他的物件上（p.146）。

176 將圖形的轉角變成圓角

套用〔圓角〕效果在路徑物件上的話，就能讓路徑的尖角變成圓角。套用〔擴充外觀〕的話，路徑的轉角會新增錨點。

使用〔選取〕工具 選取物件 ❶，從功能表列點選〔效果〕→〔風格化〕→〔圓角〕，會出現〔圓角〕對話框。

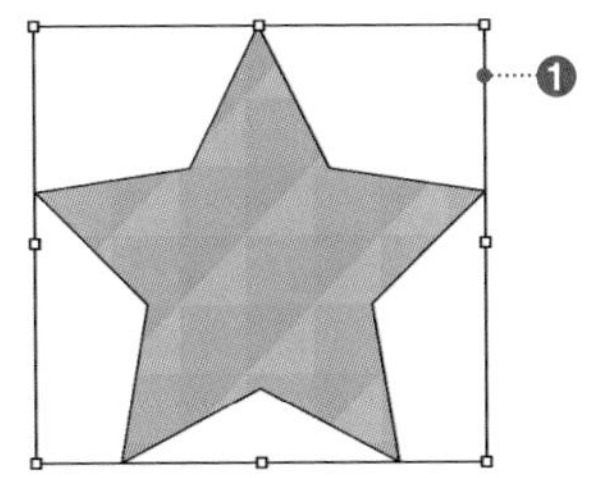

勾選〔預視〕，確認套用狀況的同時，指定〔半徑〕❷。在此指定〔半徑：15mm〕。

設定後，按一下〔確定〕的話，物件的轉角變形為圓角 ❸。

另外，〔圓角〕效果只對外觀（外表）產生作用。在套用〔擴充外觀〕(p.234）之前，路徑本身不會變形。

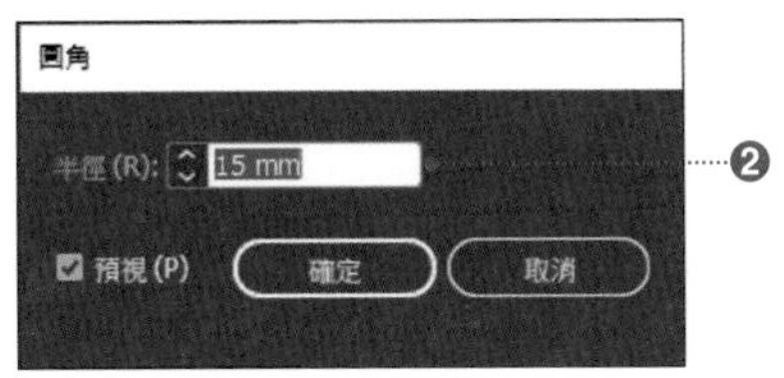

套用功能表列的〔物件〕→〔擴充外觀〕的話，在尖角控制點的兩側會新增平滑控制點的錨點，可以確認轉角是否變形為圓角 ❹。

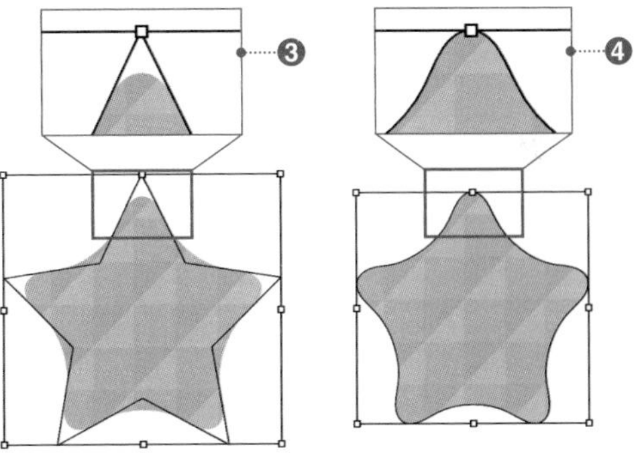

Tips

〔圓角〕效果與其他的效果或外觀屬性相互配合後，可以登錄為繪圖樣式（p.236）。

Variation

〔圓角〕效果會變形物件的尖角控制點。因此，如果目標物件是由多條曲線組成的話，（包含許多平滑控制點時），結果可能不如預期。

將多條曲線組成的物件轉角變形為圓角的方法，除了上述的方法之外，還有下列的方法。可根據自己的需要靈活運用。

- 在物件上套用〔位移複製〕(p.213)。
- 在物件上套用〔筆畫〕，設定〔尖角：圓角〕，加粗〔寬度〕(p.124)。
- 使用即時尖角（p.86）。

另外，使用即時尖角的話，各個轉角可以套用個別的數值（〔圓角〕效果會以相同數值套用效果至全部的尖角控制點）。

177 將圖形變形成雲狀或者爆炸、膨脹般的形狀

在物件上套用〔效果〕→〔扭曲與變形〕→〔縮攏與膨脹〕，圖形會變形成雲狀或者爆炸、膨脹般的形狀。另外，根據原始物件的形狀，它還可以變換成不同的形狀。

step 1

由於〔**縮攏與膨脹**〕效果會以錨點為準進行變形作業，因此，一開始要新增錨點。

使用〔**直接選取**〕**工具** 選取以〔**橢圓形**〕**工具** 完成的物件，套用 2 次功能表列的〔物件〕→〔路徑〕→〔增加錨點〕的話，會如右圖般新增錨點 ❶（p.62）。

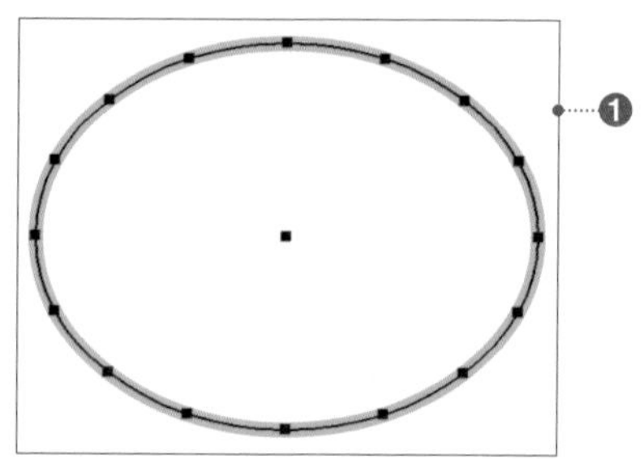

step 2

點選〔效果〕→〔扭曲與變形〕→〔縮攏與膨脹〕❷，會出現〔縮攏與膨脹〕對話框。

step 3

勾選〔預視〕，在確認變形後的狀態同時輸入數值。指定正值的話，會變形成雲朵形狀，指定負值的話，會變形成爆炸形狀。

在此設定〔縮攏：7%〕❸。設定後按一下〔確定〕。

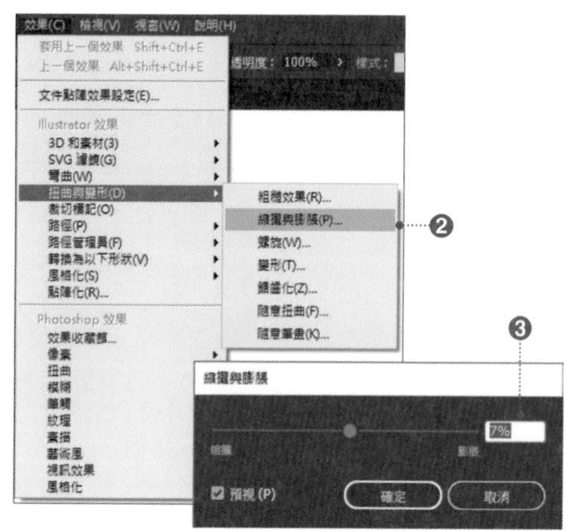

step 4

套用〔效果〕，物件變形為雲朵形狀 ❹。

在〔縮攏與膨脹〕對話框設定〔縮攏：–15%〕的話，就變成爆炸的圖形 ❺。

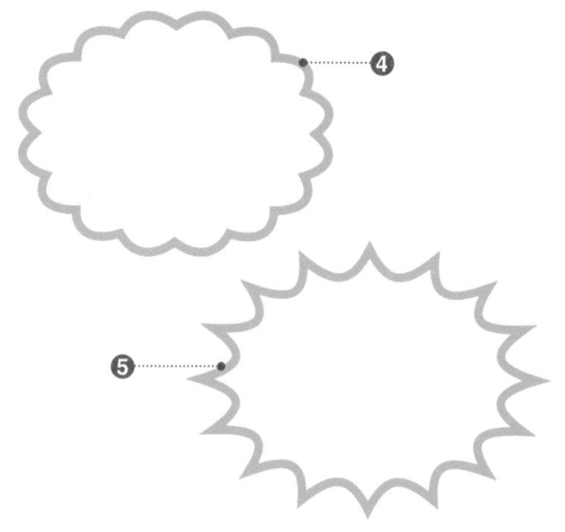

Variation

改變原始物件的形狀或者縮攏・膨脹比例，就能輕鬆製作如下列般各種形狀的物件（各個圖形左側的灰色圖形為原始物件）。

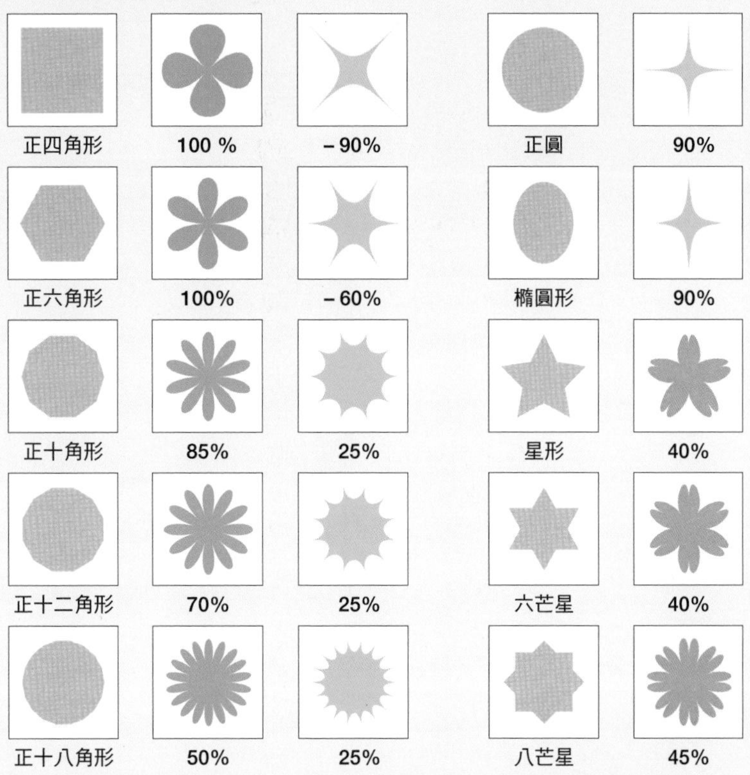

Variation

使用〔**扇形化**〕**工具**或者〔**結晶化**〕**工具**的話 ❶，按一下或者拖曳物件，就能將物件變形為爆炸形狀（p.202）。

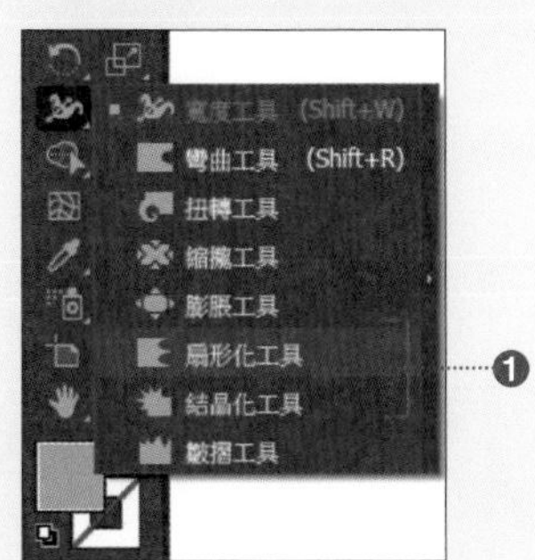

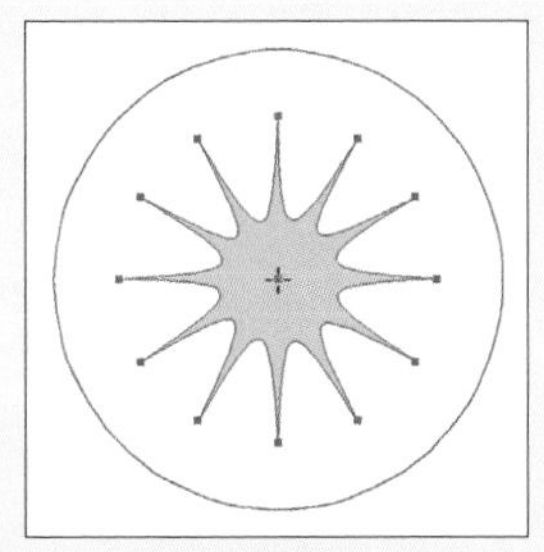

使用〔扇形化〕
工具的物件的變形狀況

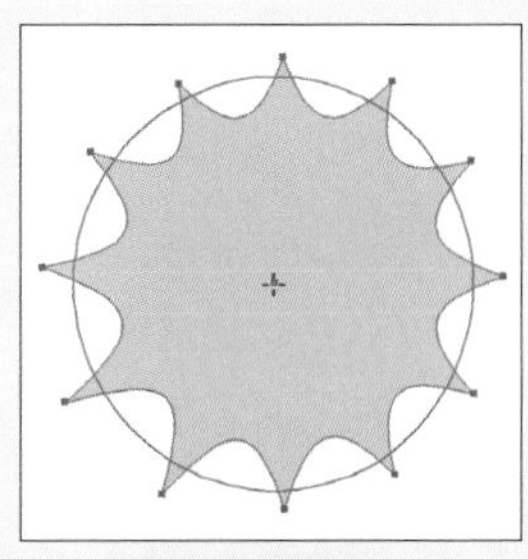

使用〔結晶化〕
工具的物件的變形狀況

相關 液化工具：p.202　編輯效果：p.232　擴充外觀：p.234

178 將圖形的輪廓變形成鋸齒或者波浪形狀

套用〔效果〕→〔扭曲與變形〕→〔鋸齒化〕，物件的輪廓可以變形成鋸齒形狀或者波浪形狀。

step 1

使用〔**選取**〕選取物件 ❶，從功能表列點選〔效果〕→〔扭曲與變形〕→〔鋸齒化〕，會出現〔鋸齒化〕對話框。

step 2

勾選〔預視〕，確認變形後的狀況同時設定各個項目。在此設定〔尺寸：5mm〕、〔各區間的鋸齒數：12〕、選擇〔尖角〕❷。

設定後按一下〔確定〕的話，筆畫會變形為鋸齒狀 ❸。

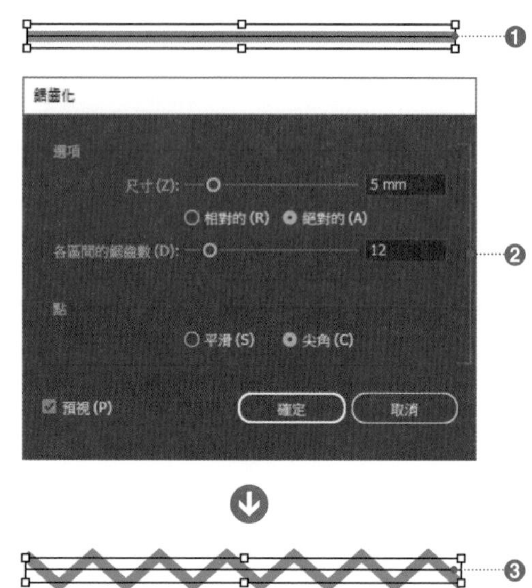

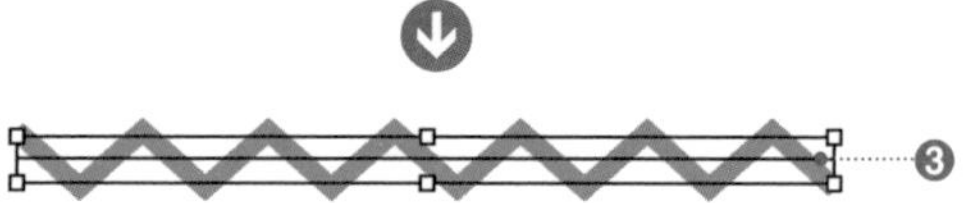

◎〔鋸齒化〕對話框的設定項目

項目	內容
尺寸	指定鋸齒的大小，選擇〔相對的〕時，表示物件尺寸的相對 %，選擇〔絕對的〕時，則是以數值指定。
各區間的鋸齒數	指定 1 個區段內新增的錨點數。
〔平滑／尖角〕	指定鋸齒的轉角是平滑（圓角）或者尖角。

step 3

以相同的數值將〔尖角〕變更為〔平滑〕的話，會變形為如右圖般的波浪形狀 ❹。

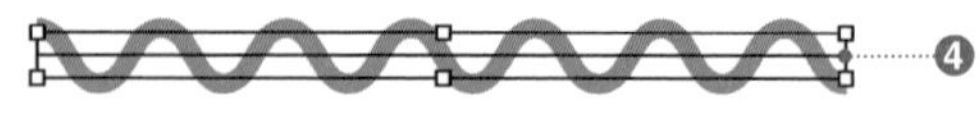

step 4

另外，套用在圓形物件時的話，會變形為鋸齒形狀 ❺。

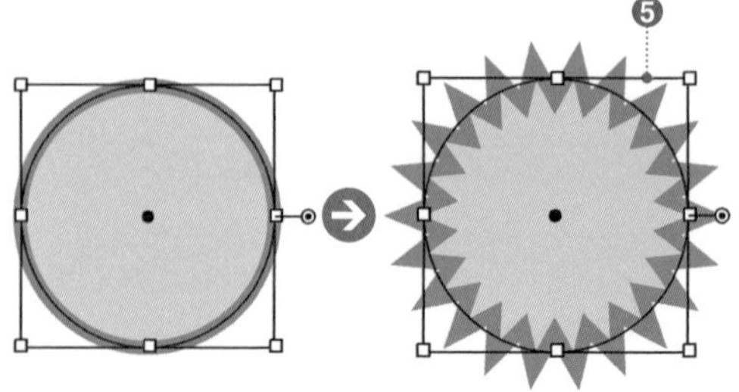

179 將物件變形成粗糙形狀

套用〔粗糙〕效果，就可以在物件上隨機增加錨點，將路徑區段變形成粗糙形狀。

step 1

使用〔選取〕選取物件 ❶，從功能表列點選〔效果〕→〔扭曲與變形〕→〔粗糙效果〕，會出現〔粗糙效果〕對話框。

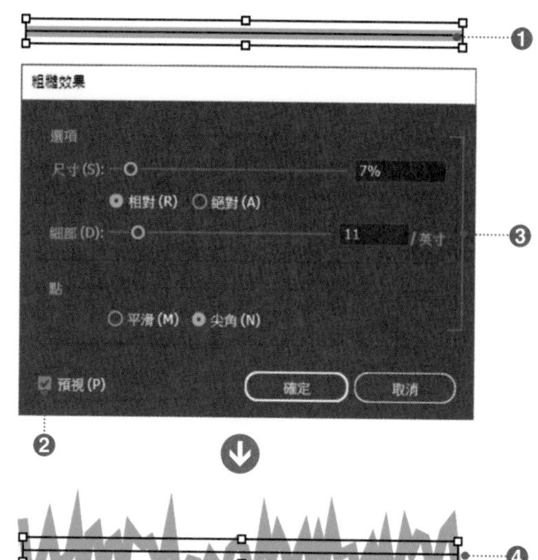

step 2

勾選〔預視〕❷，確認變形後的狀況同時設定各個項目。

在此設定〔尺寸：7%〕、〔細部：11 英吋〕、〔點：尖角〕❸。

設定後按一下〔確定〕的話，物件便套用〔粗糙〕效果，外觀會隨機地變形 ❹。

另外，即使〔粗糙〕效果每次都設定相同數值，但是套用結果仍然會隨機地改變。

◎〔粗糙〕效果對話框的設定項目

項目	內容
尺寸	指定粗糙的最大長度。
細部	設定 1 英吋的密度。
〔平滑 / 尖角〕	欲設為平滑曲線時，選擇〔平滑〕，欲設為尖角邊緣時，選擇〔尖角〕。

step 3

以同樣的數值將〔尖角〕改為〔平滑〕的話，會變形成隨機的波浪線條 ❺。

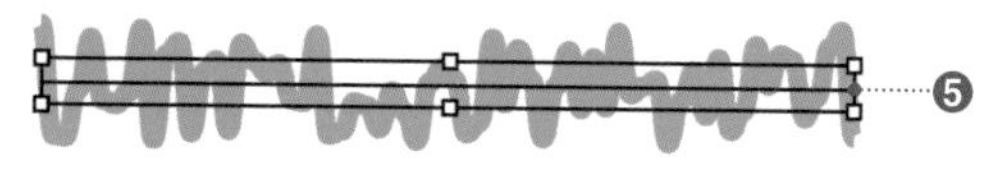

step 4

變更〔尺寸〕或〔細部〕的套用設定，也可以製作如光線般的物件。

在此設定〔尺寸：100%〕、〔細部：75 英吋〕、〔點：尖角〕❻。

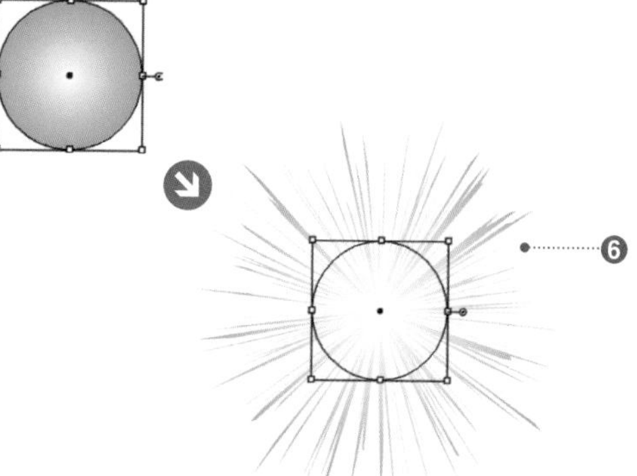

相關 編輯效果：p.232　擴充外觀：p.234

180 隨機變形物件的形狀

使用〔隨意筆畫〕效果，可以隨意扭曲路徑，讓物件變形。也可以透過設定，加工成手寫風的文字。

step 1

使用〔**選取**〕選取物件 ❶，從功能表列點選〔效果〕→〔扭曲與變形〕→〔隨意筆畫〕，會出現〔隨意筆畫〕對話框。

勾選〔預視〕，確認變形後的狀況同時設定各個項目。在此設定〔水平：5%〕、〔垂直：5%〕❸，勾選〔錨點〕、〔向內控制點〕、〔向外控制點〕❹。

設定後，按一下〔確定〕的話，會套用〔隨意筆畫〕效果，外觀變形成扭曲般的形狀 ❺。

另外，即使〔隨意筆畫〕效果每次都設定相同數值，但是套用結果仍然會隨機地改變。

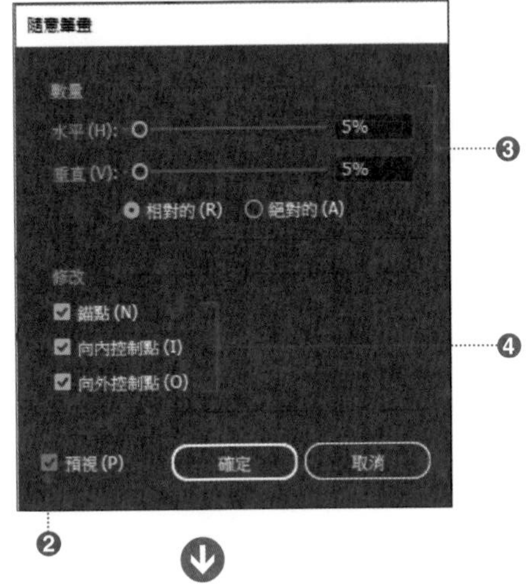

◎〔隨意筆畫〕對話框的設定項目

項目	內容
水平 / 垂直	指定各個方向的套用程度。
錨點	勾選的話，錨點會移動。
向內控制點 向外控制點	設定從錨點延伸的〔方向線〕和〔方向點〕的方向。

step 3

加粗〔寬度〕，設定〔尖角：圓角〕的話，就成為手寫文字般的形狀 ❻。

 相關 編輯效果：p.232　擴充外觀：p.234　〔筆畫〕面板：p.124

181 模糊物件的輪廓

使用〔羽化〕效果，可以模糊路徑物件或文字、影像的輪廓。並且，透過變更不透明度或混合模式，再將物件重疊在背景上，就可以輕鬆做出光影表現。

step 1

在此對白色圓形物件套用〔**羽化**〕**效果**，呈現淡淡的光線反射的狀態看看。

使用〔**選取**〕**工具** 選取物件 ❶，從功能表列點選〔效果〕→〔風格化〕→〔羽化〕❷，會出現〔羽化〕對話框。

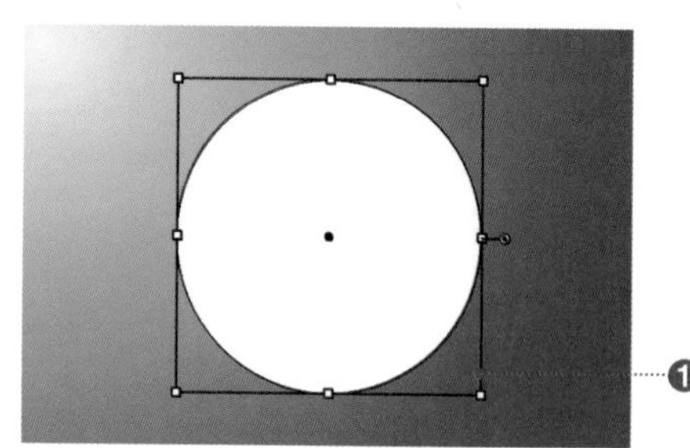

> **Tips**
>
> 〔羽化〕效果並非模糊物件本身。而是使用輪廓模糊的遮色片影像，套用不透明遮色片，來隱藏物件的邊緣（p.157）。
> 欲模糊整個物件時，就從功能表列點選〔效果〕→ Photoshop 效果的〔模糊〕→〔高斯模糊〕。

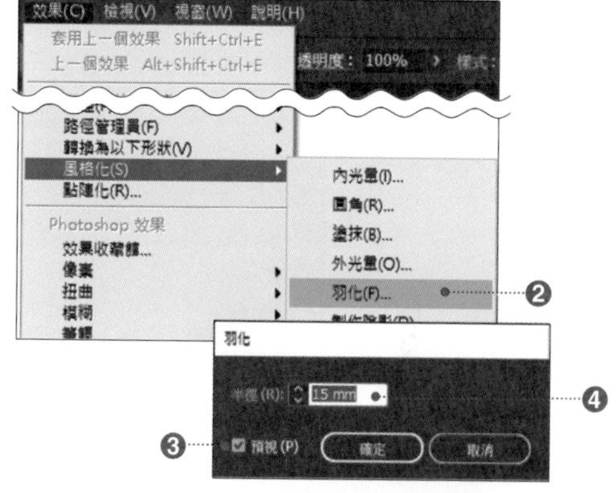

step 2

勾選〔預視〕❸，確認套用後的狀況同時輸入羽化的半徑。在此輸入〔半徑：15mm〕後 ❹，按一下〔確定〕。

step 3

物件套用〔羽化〕效果，輪廓變得模糊 ❺。

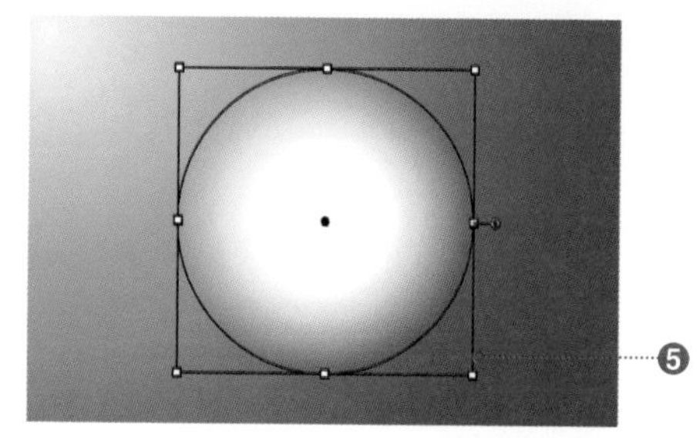

step 4

將物件設定為〔不透明度：50%〕、〔混合模式：實光〕的狀態下，複製物件後縮放物件，並且隨機地置入複製物件的話，就能簡單地做出如右圖般如夢似幻的光源 ❻。

另外，執行縮放之際，要在勾選〔偏好設定〕對話框〔一般〕的〔縮放筆畫和效果〕的狀態下進行。

相關 編輯效果：p.232　擴充外觀：p.234　混合模式：p.154　不透明度：p.156

182 為物件加上陰影

使用〔製作陰影〕效果的話，就能為物件加上陰影。也可以仔細設定如陰影的位置或顏色、模糊程度等各種設定。

step 1

使用〔**選取**〕**工具** 選取物件 ❶，從功能表列點選〔效果〕→〔風格化〕→〔製作陰影〕，會出現〔製作陰影〕對話框。

step 2

勾選〔預視〕❷，在確認套用狀況的同時進行各項設定。

在此設定〔模式：色彩增值〕、〔不透明度：75%〕、〔X 位移：1mm〕、〔Y 位移：1.5mm〕、〔模糊：1mm〕、〔顏色：黑色〕❸。設定後按一下〔確定〕。

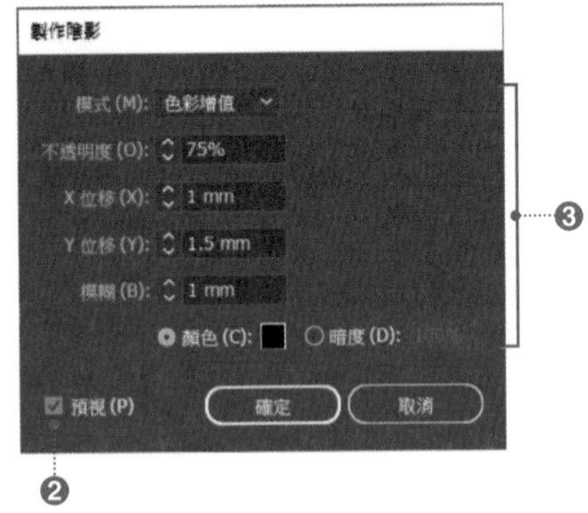

◎〔製作陰影〕對話框的設定項目

項目	內容
模式	設定陰影的混合模式。當作一般陰影使用的狀態下，設定〔色彩增值〕。
不透明度	設定陰影的不透明度。
X 位移 Y 位移	設定陰影的方向和距離。X 軸為正值，陰影朝右方，Y 軸為正值，陰影朝下方位移。
模糊	設定陰影模糊的尺寸。
顏色 / 暗度	勾選〔顏色〕的話，可以在〔檢色器〕對話框設定陰影的顏色。勾選〔暗度〕的話，可以指定色彩的濃度。

step 3

物件套用〔製作陰影〕效果，如右圖般加上了陰影 ❹。

憑藉位移和模糊的尺寸就能展現各式各樣的陰影 ❺。

相關 編輯效果：p.232　擴充外觀：p.234　混合模式：p.154　不透明度：p.156

183 讓物件發光

在物件上套用〔內光暈〕或〔外光暈〕效果，物件的邊緣就能呈現發光狀態。

使用〔**選取**〕**工具** 選取物件 ❶，從功能表列點選〔效果〕→〔風格化〕→〔內光暈〕，會出現〔內光暈〕對話框。

勾選〔預視〕❷，在確認套用狀況的同時進行各項設定。

在此設定〔模式：濾色〕、〔不透明度：75%〕、〔模糊：6mm〕、〔邊緣〕，並且在光暈色彩設定〔C：0、M：0、Y：30、K：0〕❸。

設定後按一下〔確定〕，物件就套用了〔內光暈〕效果 ❹。

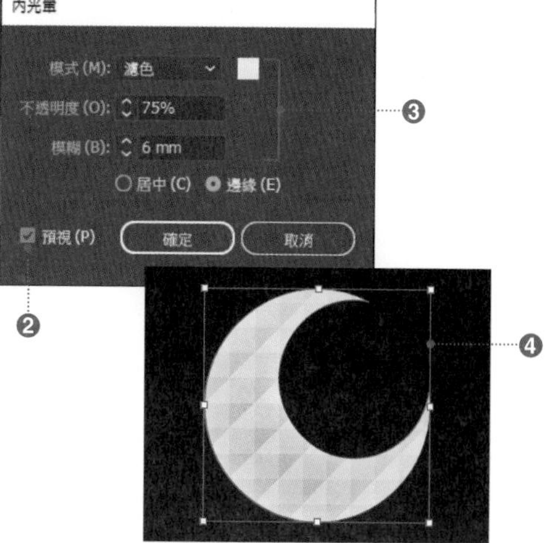

◎〔內光暈〕對話框的設定項目

項目	內容
模式	設定光暈的混合模式。另外，在右邊的〔光暈色彩〕選擇光暈的顏色。
不透明度	設定光暈的不透明度。
模糊	設定模糊的尺寸。
居中／邊緣	選擇〔居中〕的話，會從物件的中心散發光暈，選擇〔邊緣〕的話，則是從邊緣內側開始散發光暈。

step 3

接著，套用〔**外光暈**〕效果。

從功能表列點選〔效果〕→〔風格化〕→〔外光暈〕，會出現〔外光暈〕對話框。

設定〔模式：濾色〕、〔不透明度：100%〕、〔模糊：5mm〕，並且在光暈色彩設定〔C：30／M：0／Y：0／K：0〕❺。

按一下〔確定〕，物件就套用了〔外光暈〕效果，呈現如右圖般的圖稿。

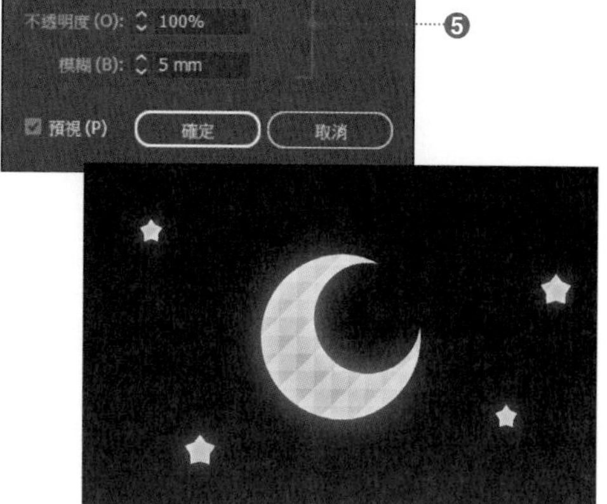

相關 編輯效果：p.232　擴充外觀：p.234　混合模式：p.154　不透明度：p.156

184 將物件加工成手繪風插圖

套用〔塗抹〕效果的話，就能輕鬆地將利用路徑繪製而成的物件加工成手繪風插圖。另外，在〔塗抹〕對話框可以進行詳細的設定。

step 1

使用**〔選取〕工具**選取物件❶，從功能表列點選〔效果〕→〔風格化〕→〔塗抹〕❷，會出現〔塗抹〕對話框。

step 2

勾選〔預視〕❸，在確認效果的套用狀況的同時進行各項設定。

從〔設定〕中任意選擇一個預設集❹，再調整各個項目。

在此設定〔角度：30°〕、〔路徑重疊：0.1mm〕、〔變量：0.5mm〕，在線條選項設定〔筆畫寬度：1.5mm〕、〔弧度：50%〕、〔變量：20%〕、〔間距：1.5mm〕、〔變量：0.5mm〕❺。

設定後按一下〔確認〕。

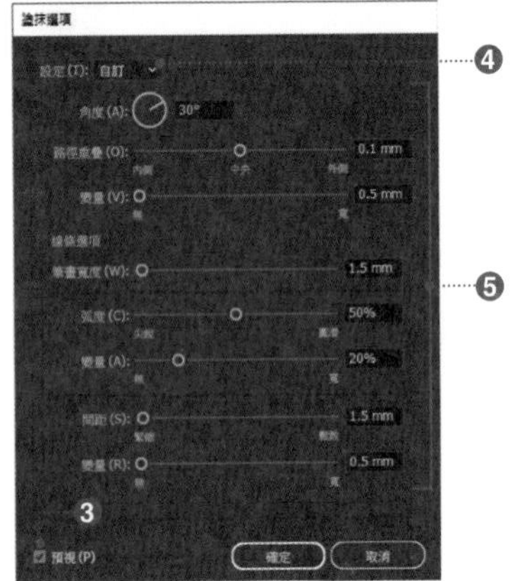

step 3

物件套用了〔塗抹〕效果，成為手繪風的插圖❻。

Tips

〔塗抹〕效果也可以套用在文字或者符號等物件上，但如果是點陣圖物件的話，不會有效果。

◎〔塗抹選項〕對話框的設定項目

項目	內容
設定	準備各種具有塗抹效果的預設集。
角度	調整塗抹線條的方向。指定 – 360 ～ 360 之間的數值。
路徑重疊	調整路徑邊線內外的塗抹線條。輸入負值的話，塗抹線條被限制在路徑的邊線內。輸入正值的話，塗抹線條也會橫跨到邊線外。
筆畫寬度	調整筆畫線條的寬度。
弧度	調整塗抹線條反轉部分的線條弧度。
間距	調整塗抹線條的間距。

 相關 編輯效果：p.232 擴充外觀：p.234

185 利用網點加工，讓物件成為具有類比感的 POP 插圖

物件套用〔彩色網屏〕，網點（半色調）會像印刷品被放大影印般被突顯，呈現出相當具有類比感的 POP 插圖。

使用〔**選取**〕**工具** 選取物件 ❶，從功能表列點選〔效果〕→〔像素〕→〔彩色網屏〕，會出現〔彩色網屏〕對話框。

設定〔最大強度〕和〔網角度數〕。
在此設定〔最大強度：24〕、〔面板 1：108〕、〔面板 2：162〕、〔面板 3：90〕、〔面板 4：45〕❷。設定後按一下〔確定〕。

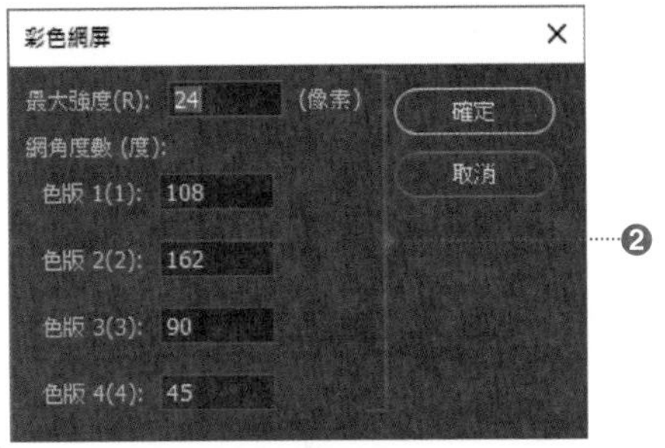

◎〔彩色網屏〕對話框的設定項目

項目	內容
最大強度	指定 1 個網點（半色調）的最大尺寸的半徑。數值愈大愈能完成單純化的視覺效果。
網角度數	指定以水平軸為基準的網點角度。如果是灰階影像，僅使用面板 1。如果是 RGB 影像，則使用面板 1、2、3，而各個面板相當於紅色、綠色、藍色的面板。如果是 CMYK 影像，則使用面板 1、2、3、4，而各個面板相當於青色、洋紅、黃色、黑色的面板。

step 3

物件套用〔**彩虹網屏**〕**效果**後呈現帶著類比感的 POP 視覺效果 ❸。
另外，〔彩色網屏〕效果無法套用在路徑的輪廓部分。欲套用在整個物件時，需要先將整個物件群組化。
不過，即使群組化物件，依然無法套用在最外側的路徑的輪廓部分 ❹。欲套用的話，要在其外側新增白色物件 ❺。在此在下層新增白色筆畫 ❻。

相關 設定文件的點陣化效果：p.252　編輯效果：p.232　擴充外觀：p.234

186 利用 3D 效果將平面的物件立體化

套用〔突出與斜角〕效果，可以讓路徑繪製的平面物件變形成立體物件。因此，只要稍微改變視角、深度或調整遠近感，就能輕鬆作出各種立體物件。

step 1

使用**〔選取〕工具** 選取物件 ❶，從功能表列點選〔效果〕→〔3D 和素材〕→〔3D（經典）〕→〔突出與斜角（經典）〕，會出現〔3D 突出與斜角選項（經典）〕對話框。

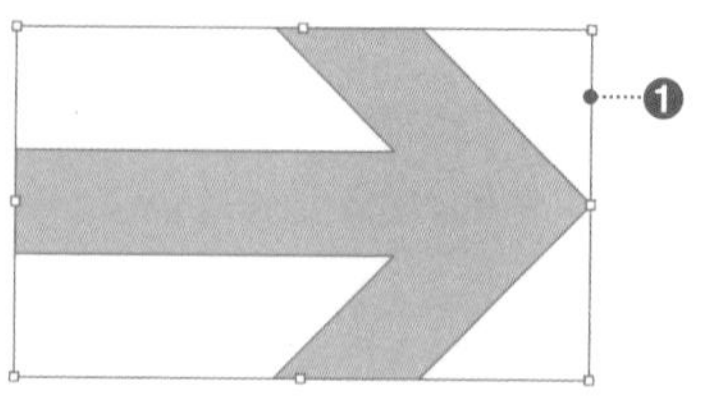

step 2

勾選〔預視〕❷，在確認變形後狀況的同時進行各項設定。在初始狀態，會套用〔位置：前方離軸〕，呈現向左後方延伸的效果 ❸。

下圖的設定為〔紅（X 軸 / 水平）：30°〕、〔綠（Y 軸 / 垂直）：30°〕、〔藍（Z 軸 / 深度）：-37°〕、〔透視：0°〕、〔突出深度：50pt〕、〔斜角：圓形〕、〔高度：20pt〕、〔斜角外擴〕❹。

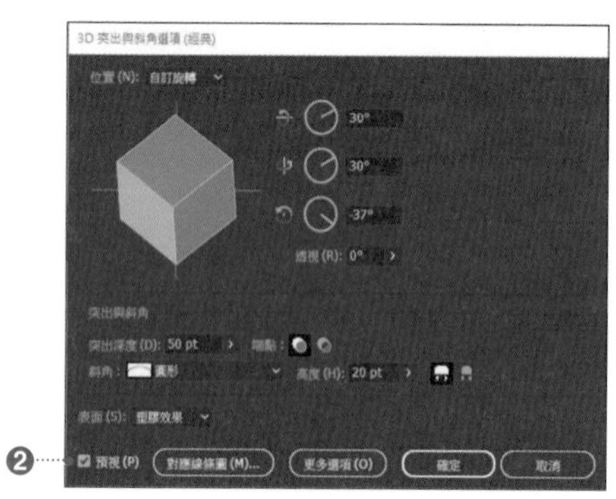

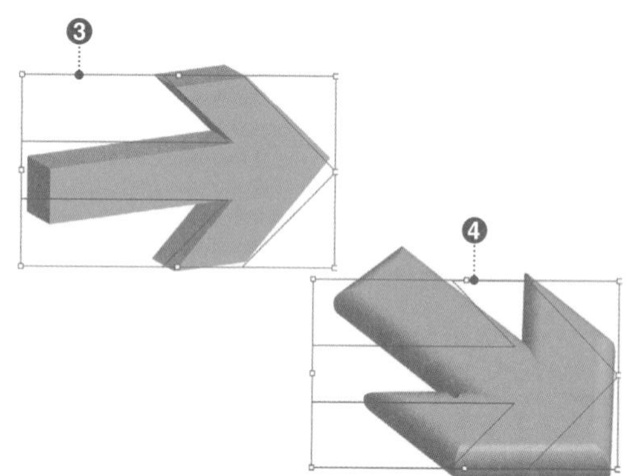

◎〔3D 突出與斜角選項（經典）〕對話框的設定項目

項目	內容
位置	準備幾種預設集。預始狀態為〔前方離軸〕。選擇接近目標形狀的預設集，再從該預設集進行調整。
〔位置〕區的立方體	拖曳平面轉動立方體就能憑直覺變更視角。物件平面以藍色表示。欲以輸入數值設定視角時，就在〔紅（X 軸 / 水平）〕、〔綠（Y 軸 / 垂直）〕、〔藍（Z 軸 / 深度）〕輸入數值。
透視	在 0 ～ 160 的範圍指定角度。數值愈大的話，愈能表現如廣角鏡般的透視感。
突出深度	設定朝〔藍（Z 軸 / 深度）〕方向的深度。
端點	指定關閉物件的側面形成立體，還是開啟側面形成空洞。
斜角	選擇事先準備的預設集，可以設定各種轉角的形狀。在〔高度〕設定轉角斜面的高度，並且指定在物件的內側或者外側形成斜面。
表面	從下拉式選單指定表面的陰影。

操作立方體

拖曳〔**位置**〕區的立方體之際，將滑鼠游標移到每一個邊，就會特別顯示對應軸的顏色。在這個狀態下，拖曳邊線的話，就能以選取的軸為基準轉動立方體。在 ❺，轉動〔紅（X 軸 / 水平）〕，所以僅〔紅（X 軸 / 水平）〕的數值變動，〔綠（Y 軸 / 垂直）〕、〔藍（Z 軸 / 深度）〕的數值固定不變。

另外，將滑鼠游標移到立方體的平面上，然後按 shift 的話，會切換滑鼠游標的形狀 ❻。此時水平拖曳滑鼠，物件會以文件的 Y 軸為基準旋轉，垂直拖曳滑鼠，物件則是以文件的 X 軸為基準旋轉。

另外，將滑鼠游標移到立方體周圍後拖曳滑鼠的話 ❼，便能夠以 Z 軸為基準旋轉物件。

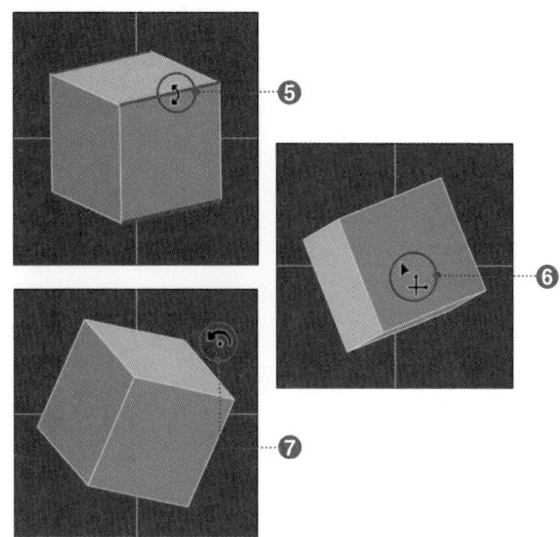

立體旋轉

欲讓物件立體地旋轉時，使用〔**選取**〕**工具** 選取物件 ❽，從功能表列點選〔效果〕→〔3D 和素材〕→〔3D（經典）〕→〔旋轉（經典）〕，會出現〔3D 旋轉選項〕。

在此可以只設定〔3D 突出與斜角選項（經典）〕對話框或〔3D 旋轉選項（經典）〕對話框的〔位置〕區。

雖然無法加上深度製造立體感，但是設定〔透視〕，就可以更立體的旋轉物件 ❾。

在此設定〔紅（X 軸 / 水平）：54°〕、〔綠（Y 軸 / 垂直）：26°〕、〔藍（Z 軸 / 深度）：–17°〕、〔透視：108°〕❿。

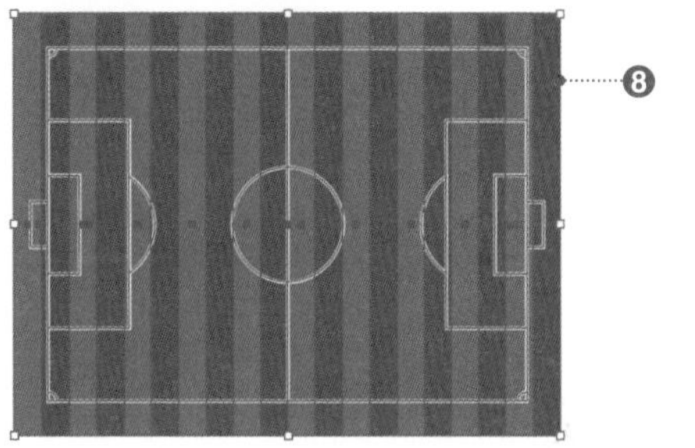

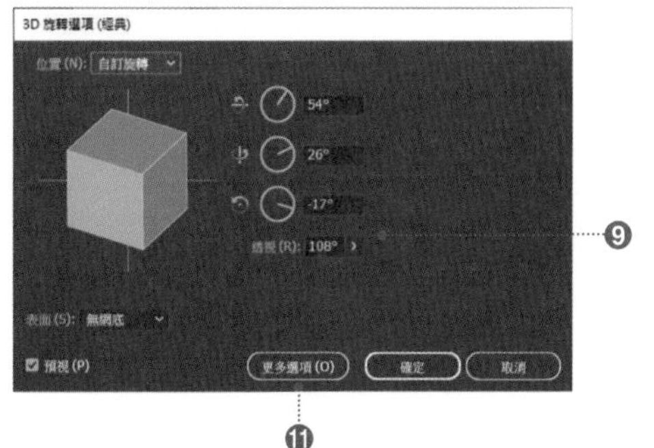

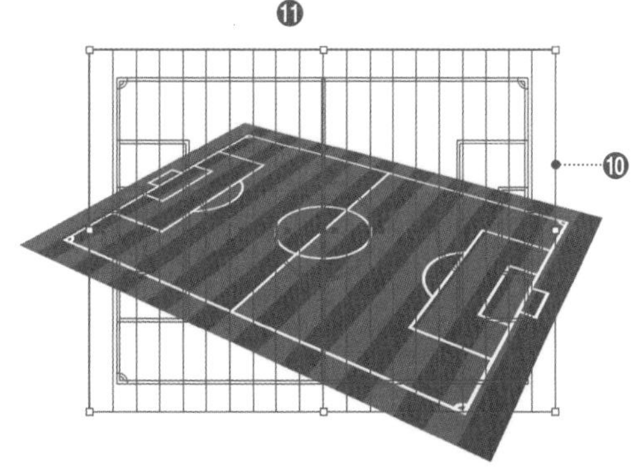

> **Tips**
>
> 按一下〔**3D 突出與斜角選項（經典）**〕**對話框或**〔**3D 旋轉選項（經典）**〕**對話框的**〔**更多選項**〕⓫**，可以調整光源的位置或強度。關於光源的調整方法，請參考「利用 3D 效果迴轉物件」（p.250）。**

187 利用 3D 效果迴轉平面的物件，使物件呈現立體感

〔3D 迴轉〕效果，能夠讓物件迴轉，變形成立體物件。另外，也可以藉由改變視角，或是調整照明的方式，來呈現出各種不同質感以及立體感。

step 1

在此迴轉右圖的物件，製作紅酒瓶。

使用〔**選取**〕**工具** 選取物件 ❶，從功能表列點選〔效果〕→〔3D 和素材〕→〔3D（經典）〕→〔迴轉（經典）〕，會出現〔3D 迴轉選項（經典）〕對話框。

step 2

勾選〔預視〕❷，在確認變形後狀況的同時進行各項設定。

在初始狀態，以物件的左邊為迴轉軸，製作可以 360 度旋轉的立體物件。

在此設定〔紅（X 軸／水平）：－5°〕、〔綠（Y 軸／垂直）：0°〕、〔藍（Z 軸／深度）：0°〕、〔透視：0°〕、〔角度：360°〕、〔位移：0pt〕❹，〔自：左側〕❸。

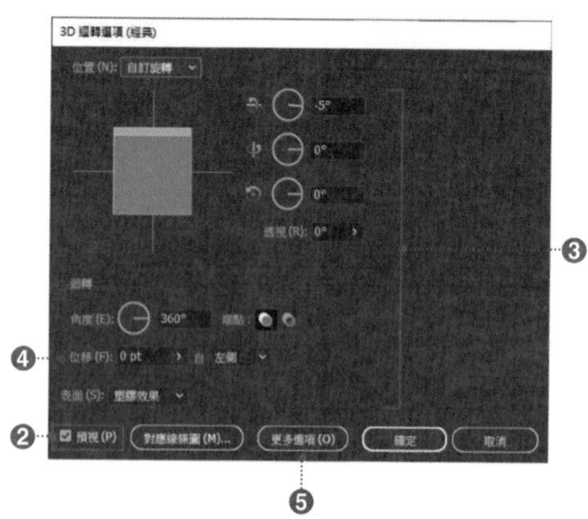

> **Tips**
>
> 設定〔位移〕的話，迴轉的中心點呈現空洞 ❹。不過，在這個情況下，〔迴轉軸〕會固定為文件的 Y 軸。

step 3

為了呈現紅酒瓶堅硬的質感，必須要調整光源的位置或強度。

按一下〔**更多選項**〕❺，會顯示進階選項。

球體表面的白色控制點表示〔光源〕的位置 ❻。拖曳這個控制點就能調整光源位置。

在此移動〔光源〕位置，並且設定〔光源強度：100%〕、〔環境光：10%〕、〔反白強度：100%〕、〔反白大小：78%〕、〔漸變階數：50〕、〔網底顏色：黑色〕❼。

按一下〔確定〕的話，物件便呈現堅硬的質感 ❽。

step 4

接著，為瓶身貼上標籤。

事先製作標籤 ❾，並且在〔符號〕面板登錄為符號 ❿（關於符號的製作方法參考 p.160）。

在這個狀態下，按一下〔3D 迴轉選項（經典）〕對話框下方的**〔對應線條圖〕**，會出現〔對應線條圖〕對話框。

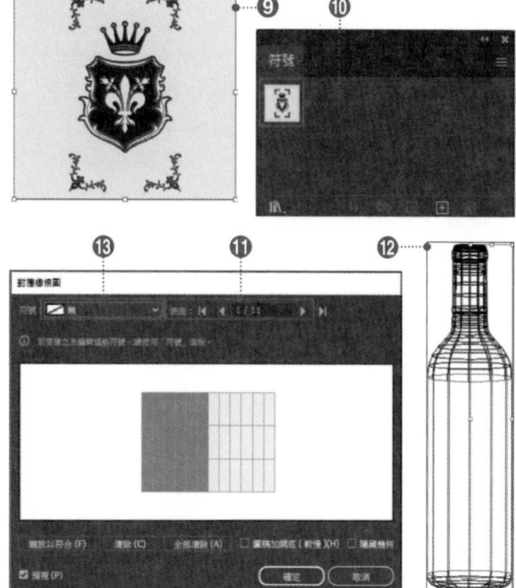

step 5

在〔表面〕區按一下左右的箭頭，選擇要貼上的面 ⓫。出現立體的紅色參考線的面即為貼標籤的面 ⓬。在此選擇側面。

接著，從〔符號〕的下拉式選單選擇要貼上的符號 ⓭。

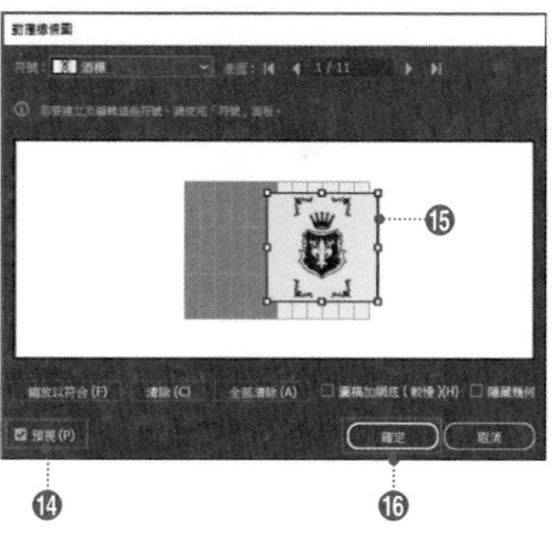

Tips

這個範例是由 11 個平面構成立體形狀，但是平面的數量會依據旋轉物件的形狀而改變。

step 6

置入符號。

勾選〔預視〕⓮，調整符號位置 ⓯。位置確定之後，按一下〔確定〕⓰。

step 7

瓶身貼上標籤後即大功告成 ⓱。可以看到原本是平面插圖的標籤，為了配合瓶身的形狀，自動變形。

相關 3D 突出與斜角：p.248　編輯效果：p.232　擴充外觀：p.234

188 變更點陣化效果的解析度

在功能表列的〔效果〕→〔文件點陣效果設定〕對話框中，可以變更〔SVG 濾鏡〕、〔Photoshop 效果〕、〔製作陰影〕等點陣化效果的解析度。

概要

所謂**點陣化效果**是指將物件轉換成像素圖形，產生像素的效果。

在向量物件套用點陣化效果的話，會以〔文件點陣效果設定〕對話框中設定的解析度為基礎產生像素。因此，變更這個解析度，就能調整效果的細部設定。

step 1

欲變更點陣化效果的解析度時，從功能表列點選〔效果〕→〔文件點陣效果設定〕❶，會出現〔文件點陣效果設定〕對話框。

step 2

在此將〔解析度：螢幕（72ppi）〕變更成〔高（300ppi）〕❷。

以相同的放大倍率放大顯示套用〔彩色網屏〕效果和〔製作陰影〕效果的物件看看的話，可以確認像素密度的差異 ❸❹。

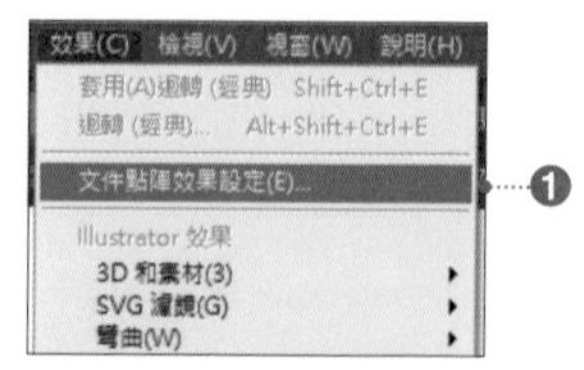

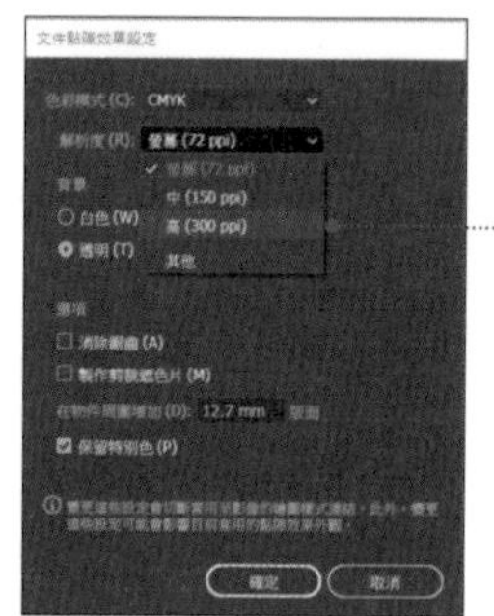

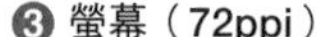

❸ 螢幕（72ppi）

❹ 高解析度（300ppi）

step 3

以像素指定〔彩色網屏〕效果的〔最大強度〕，並且將物件的顏色置換成圓形點點。另外，變更〔文件點陣效果設定〕的解析度的話，其設定內容會套用在有套用文件內點陣效果的所有向量物件。

因此，原本物件的外表應該也會變大，但是卻自動將效果的變數轉換成不同的數值，讓**「外表的變化」**最小化（或者無變化）❺❻。

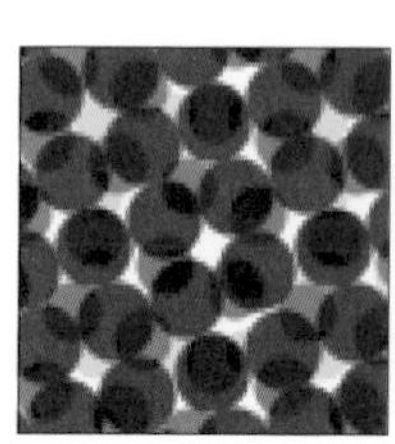

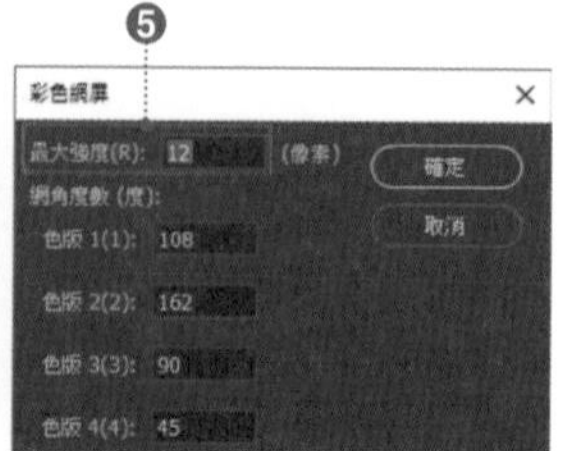

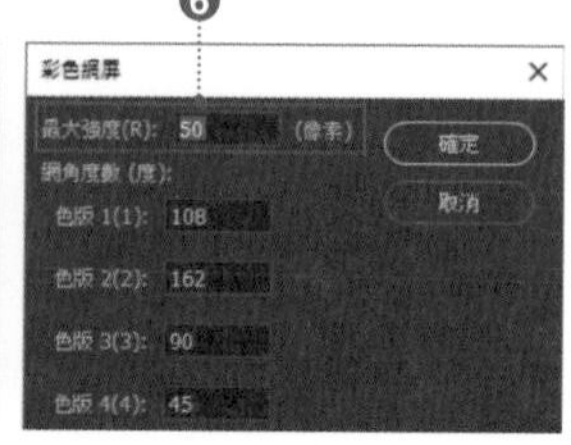

 相關〔點陣化〕指令：p.228　擴充外觀：p.234　編輯效果：p.232

189 將物件加工成以毛筆或筆刷繪製而成的圖稿

使用〔筆觸〕效果的話，可以將照片或插圖加工成以毛筆或筆刷、噴灑繪製而成的圖稿。路徑（向量物件）和照片（點陣圖）兩者皆能套用這個效果。

Illustrator 準備 8 種**〔筆觸〕效果**。請依照套用效果的影像或欲表現的設計，靈活運用。

在此套用〔交叉底紋〕效果。

使用**〔選取〕工具** 選取物件 ❶，點選〔效果〕→〔筆觸〕→〔交叉底紋〕❷，會出現〔交叉底紋〕對話框。

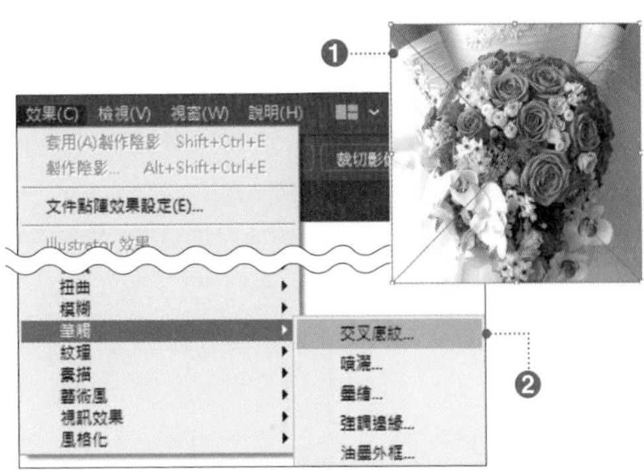

在預視確認狀態的同時 ❸ 設定〔筆觸長度〕、〔銳利度〕、〔強度〕。

在此設定〔筆觸長度：12〕、〔銳利度：8〕、〔強度：2〕❹。

設定後按一下〔確定〕的話，影像便套用〔交叉底紋〕效果。並且新增斜向交錯的紋路，形成如同利用鉛筆繪製的細線。

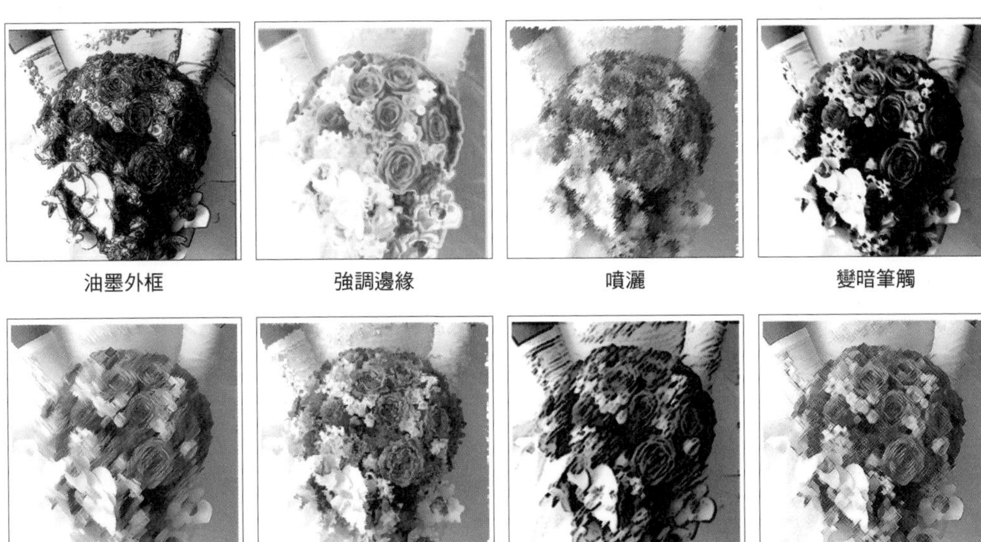

油墨外框　強調邊緣　噴灑　變暗筆觸

角度筆觸　潑濺　墨繪　交叉底紋

190 套用〔SVG 濾鏡〕效果

在〔效果〕→〔SVG 濾鏡〕中選擇套用各種 SVG 濾鏡的話，就能利用可以在瀏覽器顯示的 SVG 格式，在向量物件套用各式各樣的效果。

概要

所謂 **SVG（Scalable Vector Graphics）**是指在 XML 描述的向量圖語言。另外，所謂 **SVG 格式**是指以 SVG 描述的影像格式。
由於的影像為向量資料，因此即使在瀏覽器縮放影像，畫質也不會劣化。
套用〔SVG 濾鏡〕效果的話，物件能夠以 SVG 格式變形。

step 1

使用**〔選取〕工具** 選取物件 ❶，從功能表列點選〔效果〕→〔SVG 濾鏡〕→〔套用 SVG 濾鏡〕❷，會出現〔套用 SVG 濾鏡〕對話框。

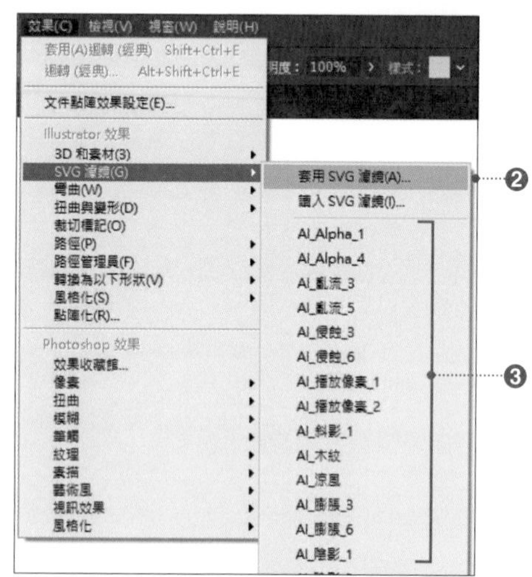

> **Tips**
>
> **指定〔效果〕→〔SVG 濾鏡〕旗下的各個 SVG 濾鏡 ❸，即使沒有顯示對話框，也可以直接套用效果。**

step 2

勾選〔預視〕，確認套用狀態的同時選擇 SVG 濾鏡 ❹。
在此選擇〔AI_ 高斯模糊 _4〕，按一下〔確定〕。
點選**〔編輯 SVG 濾鏡〕**❺或者**〔新增 SVG 濾鏡〕**❻的話，會出現〔編輯 SVG 濾鏡〕對話框。在此也可以使用 XML 語言進行編輯。

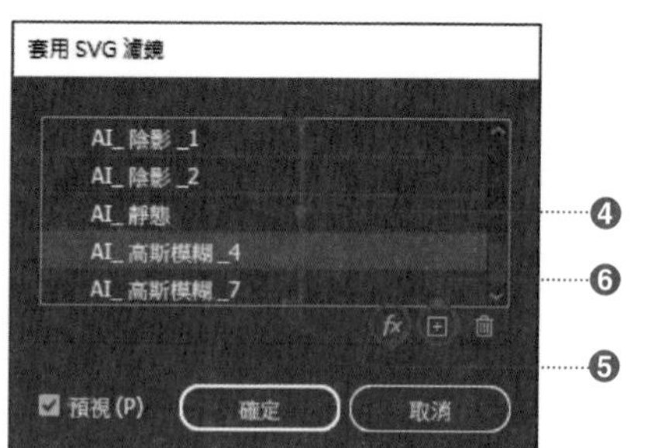

step 3

物件套用〔SVG 濾鏡〕，產生模糊效果 ❼。

Tips

欲利用可以在瀏覽器顯示的 SVG 格式轉存物件時，從功能表列點選〔檔案〕→〔另存新檔〕，會出現〔另存新檔〕對話框，在〔存檔類型〕（Mac 為〔格式〕）選擇〔SVG〕或者〔SVG 已壓縮〕。或者是，在〔資產轉存〕面板隨意新增物件，然後選擇 SVG 檔案格式轉存檔案。另外，不以 SVG 格式轉存，而是以一般的〔Adobe Illustrator（AI）〕格式存檔，也可以進行與其他效果相同的處理作業。

其他的〔SVG 濾鏡〕效果

〔AI_ 高斯模糊 _7〕

〔AI_Alpha_1〕

〔AI_Alpha_4〕

〔AI_ 陰影 _1〕

〔AI_ 陰影 _2〕

〔AI_ 斜影 _1〕

〔AI_ 亂流 _3〕

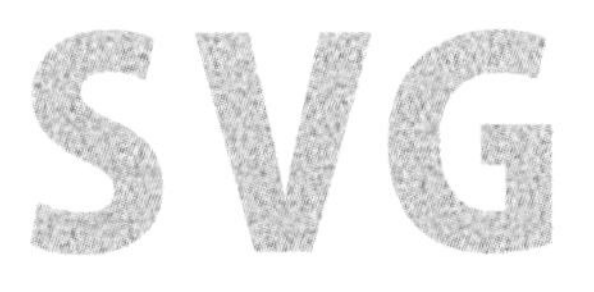

〔AI_ 亂流 _5〕

〔AI_ 木紋〕

〔AI_ 侵蝕 _3〕

〔AI_ 侵蝕 _6〕

〔AI_ 涼風〕

〔AI_ 膨脹 _3〕

〔AI_ 膨脹 _6〕

〔AI_ 靜態〕

相關 編輯效果：p.232　擴充外觀：p.234

Sample_Data/191/

191 將照片或插圖加工成一幅圖畫

在物件上套用〔藝術風〕效果，就能將照片或插圖加工成具有圖畫般的質感。依照選擇的效果或各個項目的設定值，可以展現各種風格。

step 1

Illustrator 準備 15 種 **〔藝術風〕效果**。請依照套用效果的影像或欲表現的設計，靈活運用。在此套用〔挖剪圖案〕效果。

使用 **〔選取〕工具** 選取物件 ❶，點選〔效果〕→〔藝術風〕→〔挖剪圖案〕❷，會出現〔挖剪圖案〕對話框。

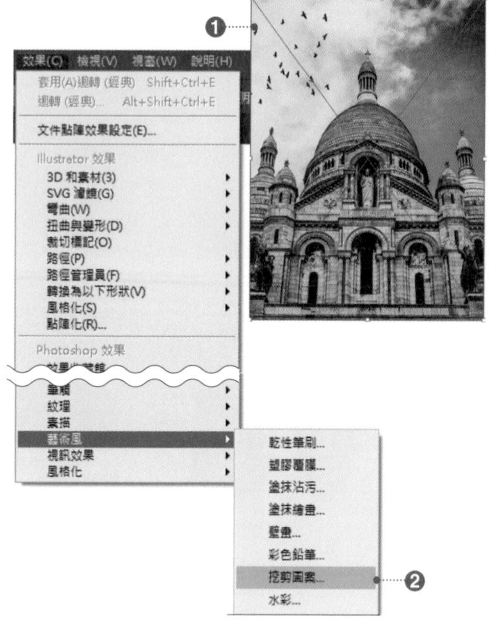

step 2

在預視確認狀態的同時 ❸，設定〔層級數〕或〔邊緣簡化度〕、〔邊緣精確度〕。

在此設定〔層級數：6〕、〔邊緣簡化度：4〕、〔邊緣精確度：2〕❹。

設定後按一下〔確定〕，影像便套用〔水彩畫〕效果。

> **Tips**
>
> 將〔藝術風〕或〔素描〕等 Photoshop 效果套用在點陣圖時，套用後的效果是由置入的影像解析度來決定。因此，套用效果不佳，或者想增強套用程度時，請先利用影像編輯軟體降低影像的解析度之後，再套用效果。
>
> 若是以加工為前提，也可以從功能表列點選〔物件〕→〔點陣化〕，在 Illustrator 降低影像的解析度（p.228）。

塗抹沾污　海報邊緣　挖剪圖案　海棉效果

乾性筆刷　霓虹燈　調色刀　壁畫

塑膠覆膜　塗抹繪畫　水彩　粒狀影像

粗粉臘筆　著底色　彩色鉛筆

相關 物件的點陣化：p.228　編輯效果：p.232　擴充外觀：p.234

192 使用畫筆將物件加工成素描風的圖稿

在物件上套用〔素描〕效果，就能將照片或插圖加工成具有素描風格的圖稿。藉由選擇的效果或各個項目的設定值，來做出各種不同風格。

Illustrator 準備 14 種**〔素描〕效果**。請依照套用效果的影像或欲表現的設計，靈活運用。
在此套用〔畫筆效果〕效果。
使用**〔選取〕工具** 選取物件 ❶，點選〔效果〕→〔素描〕→〔畫筆效果〕❷，會出現〔畫筆效果〕對話框。

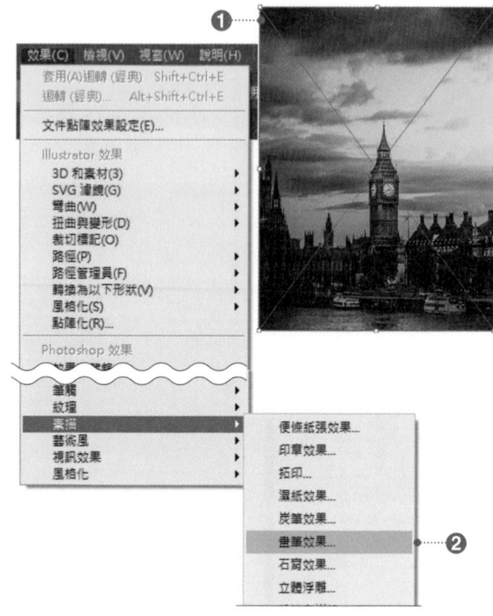

step 2

在預視確認狀態的同時 ❸ 設定〔筆觸長度〕、〔亮度／暗度平衡〕，並且選擇〔筆觸方向〕。在此設定〔筆觸長度：12〕、〔亮度／暗度平衡：40〕、〔筆觸方向：右對角線〕❹。設定後按一下〔確定〕的話，影像便套用〔畫筆〕效果，展現素描般的質感。

Tips

編輯影像時，素描效果幾乎都使用黑白色調。這個效果為點陣化專用效果。
如果向量物件套用這個效果的話，就能使用設定文件的點陣化效果（p.252）。

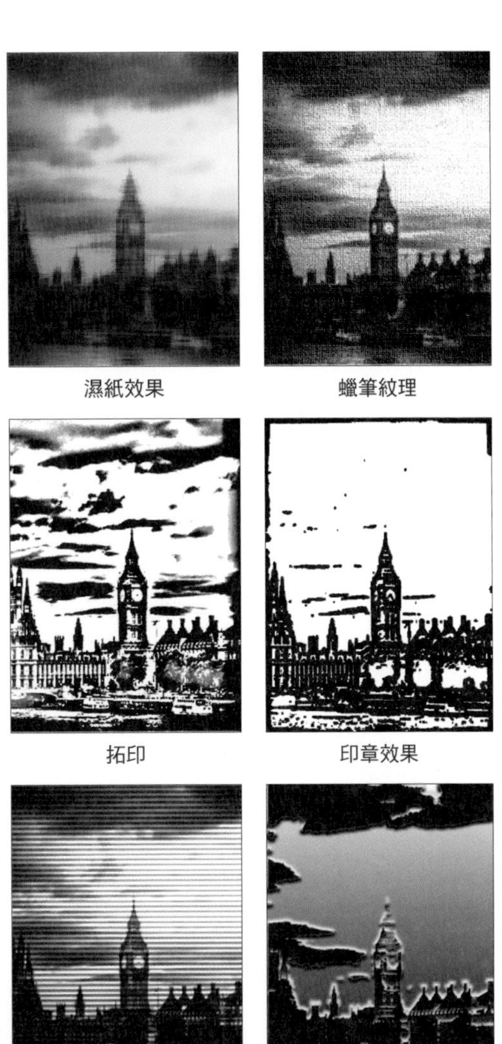

邊緣撕裂 　網狀效果　濕紙效果　蠟筆紋理

鉻黃 　畫筆效果　拓印　印章效果

粉筆和炭筆 　便條紙張效果　網屏圖樣　石膏效果

炭筆效果 　立體浮雕

相關 物件的點陣化：**p.228**　編輯效果：**p.232**　擴充外觀：**p.234**

Column 初始化 Illustrator

Illustrator 的各個設定項目皆能初始化。諸如接替他人使用過的操作環境，或者長時間下來因為設定了各種項目，使得 Illustrator 的設定環境變得煩雜的情況之下；有需要的話，建議可以初始化 Illustrator。

Illustrator 的初始化

欲初始化 Illustrator 時，首先須關閉 Illustrator ，然後刪除儲存在下列位置的每一個資料夾，或者將資料夾拖放到桌面等，暫時將資料夾移到其他位置（未顯示各個資料夾時，請執行本頁下方刊載的步驟）。刪除資料夾後再開啟 Illustrator ，Illustrator 便被初始化。另外，將暫時移動的資料夾再放回原本位置的話，設定也會回復。

Win C:¥User¥ 使用者名稱 ¥AppData¥Roaming¥Adobe¥

Mac Macintosh HD/使用者/使用者名稱/資料庫/Preferences

◎ 偏好設定資料夾的名稱

項目	內容
2024	Adobe Illustrator 28Settings/
2023	Adobe Illustrator 27Settings/
2022	Adobe Illustrator 26Settings/
2021	Adobe Illustrator 25Settings/
2020	Adobe Illustrator 24Settings/

顯示隱藏資料夾的方法（Windows）

在 Windows 有著隱藏的檔案或隱藏的資料夾。欲顯示這些資料時，先任意開啟一個資料夾，從功能表列的選擇〔檢視〕→〔變更資料夾和搜尋項目〕。在出現〔資料夾選項〕對話框選擇〔檢視〕標籤 ❸，勾選〔進階設定〕項目內的〔顯示隱藏的檔案、資料夾及磁碟機〕❹，然後按一下〔套用〕❺。

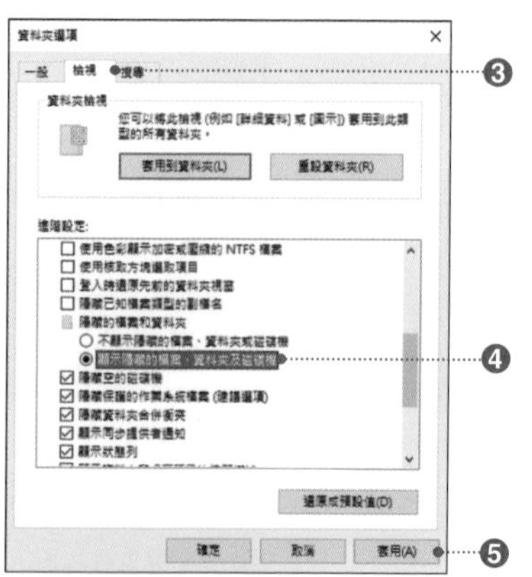

資料庫資料夾的顯示方法（Mac）

macOS 之後的版本，使用者的資料庫資料夾在初始設定時，就是被隱藏的狀態。因此想要顯示這個資料夾時，要按住 option 同時按一下 Finder 的〔前往〕選單中的〔資源庫〕❶❷。

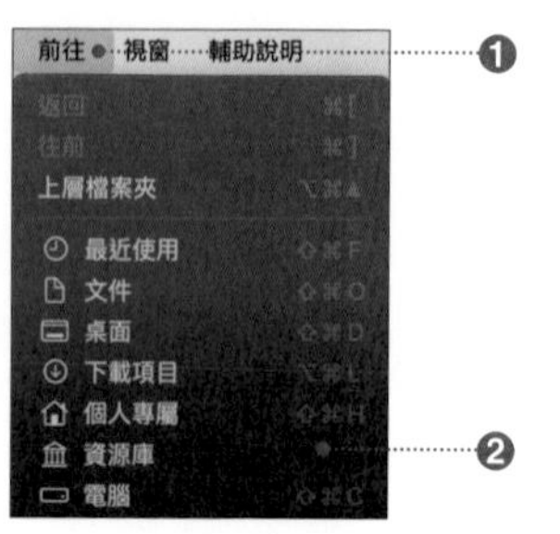

第 8 章

操作文字

Sample_Data/193/

193 理解〔字元〕面板的基本功能

文字的字體或字級大小，字元間距、行距等等，與文字相關的各種設定皆在〔字元〕面板進行。由於操作文字幾乎都是從這個面板開始，所以務必了解其基本功能。

從功能表列點選〔視窗〕→〔文字〕→〔字元〕，就會顯示〔字元〕面板。

在〔字元〕面板可以設定的項目如下。如果未顯示進階選項時，就從面板選單選擇〔顯示選項〕❶。另外，〔控制〕面板以及〔內容〕面板也能顯示〔字元〕面板。

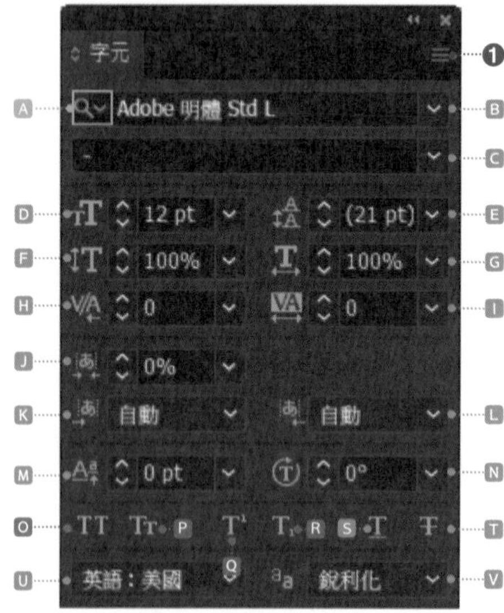

A 搜尋字體
B 字體系列
C 字體樣式
D 字體大小
E 行距
F 垂直縮放
G 水平縮放
H 調整特殊字距
I 字距微調
J 比例間距
K 在字元左邊插入空格
L 在字元右邊插入空格
M 基線微調
N 字元旋轉
O 全部大寫字
P 小型大寫字
Q 上標
R 下標
S 底線
T 刪除線
U 語言種類
V 消除鋸齒

B～D p.268
E p.269
H～I p.270
O～P p.276
Q～R p.287

> **Tips**
>
> 若沒有顯示 J、K、L 的東亞文字選項，就從功能表列點選〔編輯〕→〔偏好設定〕→〔文字〕，在出現的偏好設定對話框中勾選〔顯示東亞選項〕。

〔搜尋字體〕

在 A 區的欄框輸入字體名稱的話，可以搜尋字體 ❷。另外，按一下〔放大鏡〕圖示的話，可以切換〔搜尋關鍵字〕和〔搜尋字首〕。

字元
Adobe 明體 Std L
字體　尋找更多
Adobe 明體 Std L
小塚ゴシック Pr6N (4)
Times New Roman (4)
方正蘭亭特黑_BIG5

設定字體 / 行距

B、C、D為字體的相關設定。

B是選擇**「字體」**❸。

C是選擇**「字體樣式」**❹。所謂字體樣式是指變化的字體。日文字體主要可以選擇粗細。另外，羅馬字體則可以選擇 regular（一般）、italic（斜體）、bold（粗體）等等。

D是設定**「字體大小」**❺。

E是設定**「行距」**❻。所謂行距，是指行與行之間的間隔。

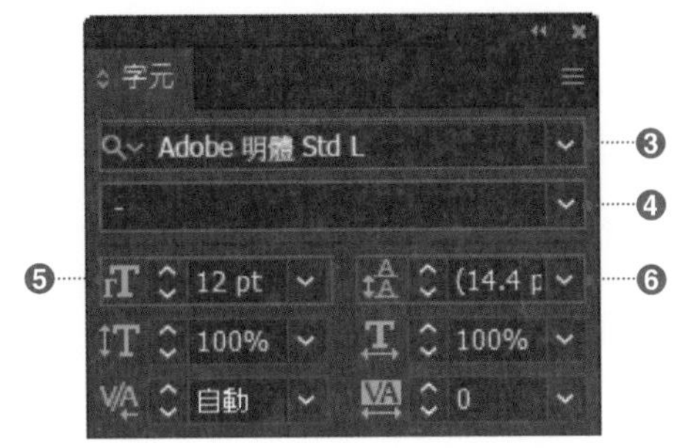

設定垂直縮放 / 水平縮放

F設定**「水平縮放」**❽，G是設定**「垂直縮放」**❾。變更數值的話，文字會朝垂直、水平方向變形。

❽

平 平 平

90% 80% 70%

❾

設定二字元之間的特殊字距

H是設定**「調整特殊字句」**。

所謂調整特殊字距是指調整兩個字母之間的距離。即使是相同的設定值，文字不同，間距也會跟著改變。在文字與文字之間配置插人點（表示文字間輸入位置的游標）後設定間距❿。

❿

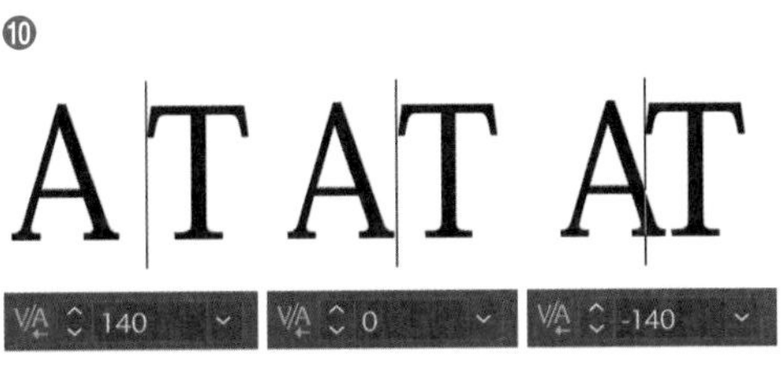

設定選定字元的字距微調

I是設定**「字距微調」**。所謂字距微調是指無論何種文字類型，都會平均調整整體間距的處理作業。在選取字串的狀態下進行設定⓫。

⓫

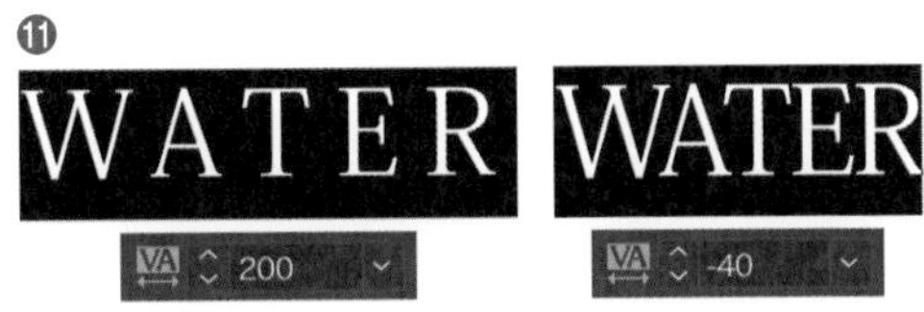

調整字元比例間距

J 是設定**「比例間距」**。

所謂字元比例間距是指因應每一個文字寬度，調整文字前後的空白（間隙）的處理作業 ⑫。選取文字間的空白相當突兀的特定字串後進行這項作業更有效果。

設定空格

K 和 L 是設定**「在字元左邊插入空格」**與**「在字元右邊插入空格」**。在選取的文字前後（左／上或右／下）設定空格 ⑬。選取文字間的空白相當突兀的特定字串後進行這項作業更有效果。

設定基線微調

M 是設定「基線微調」。

設定基線微調的話，可以上下（橫書）或者左右（直書）移動文字的位置 ⑭。

設定字元的旋轉

N 是設定**「旋轉文字」**。可以指定角度旋轉文字 ⑮。

設定底線／刪除線

O 是設定**「底線」**。可以在選取的文字加上底線 ⑯。

T 是設定**「刪除線」**。可以在選取的文字加上刪除線 ⑰。

語言設定

U 是對選取的文字設定「語言」⑱。在進行連字或拼字檢查之際，選擇當作字典使用的語言。

設定消除鋸齒的種類

V 是設定轉存 JPG 或 PNG 等等的點陣圖時的**「消除鋸齒的種類」**⑲。

另外，轉存之際，在〔轉存選項〕對話框選擇〔消除鋸齒：最佳化文字（提示）〕。

⑫

0% 比例間距的設定

50% 比例間距的設定

100% 比例間距的設定

⑬

自動 插入空格

1/2 全... 插 入 空 格

1 全形空格 插　入　空　格

⑭ 基線微調的設定

⑮

⑯ 底線

⑰ 刪除線

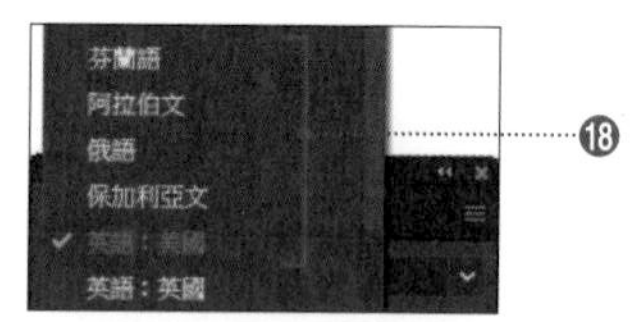

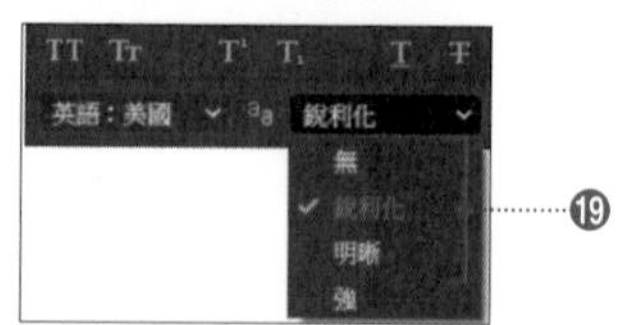

Tips

關於 O 全部大寫字，P 小型大寫字請參考 p.276。

另外，關於 Q 上標，R 下標請參考 p.287。

194 輸入文字

欲輸入文字的話，就使用工具列的〔文字〕工具 T 。輸入的文字會依照製作方法被歸類為「點狀文字」或者「區域文字」。

step 1

在工具列點選**〔文字〕工具** T 的話 ❶，滑鼠游標會變成 ❷，因此按一下文件上輸入文字的位置。

按一下滑鼠的話，該位置會顯示閃爍的插入點 ❸。這個位置即文字的開頭。

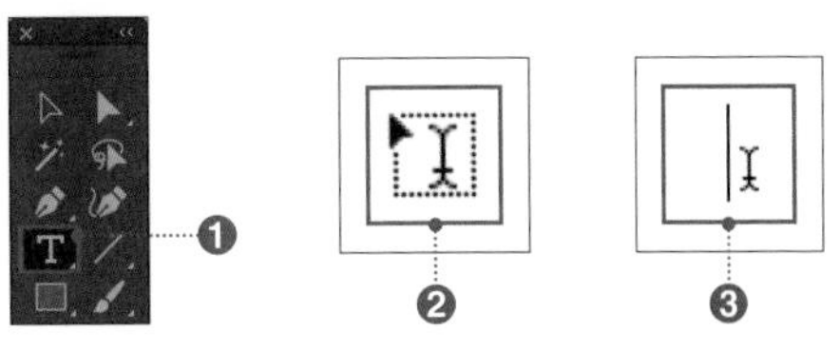

Tips

製作文字物件的話，範本文字會自動地排版，但是本書為利於解說，關閉了這個設定。想要關閉這個設定的話，只要不勾選功能表列的〔編輯〕→〔偏好設定〕→〔文字〕→〔以預留位置文字填滿新的文字物件〕即可。

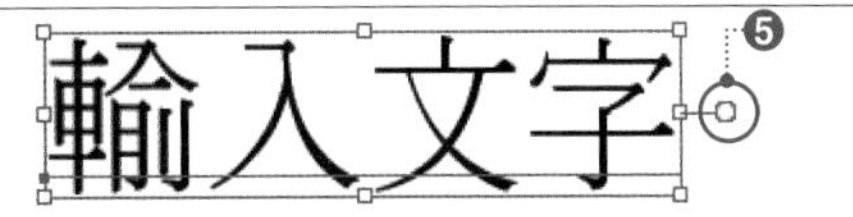

如上圖般製作完成的文字稱為〔點狀文字〕。在新增短文時使用。

step 2

從鍵盤輸入文字。即使文字輸入完畢，在字串的最尾端仍然呈現插入點閃爍的狀態 ❹。

文字輸入結束後，按住 Ctrl（⌘）的同時在空白處按一下滑鼠左鍵 ❺。

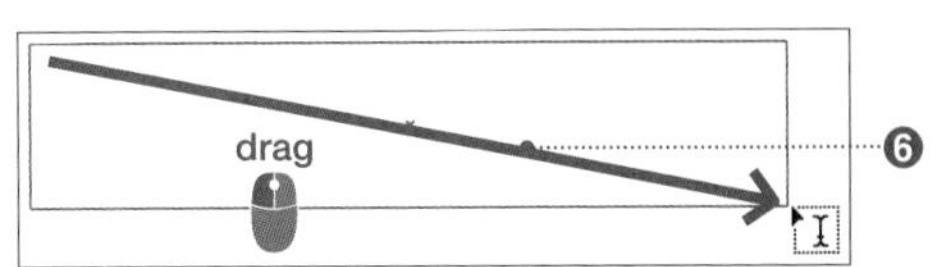

step 3

點選**〔文字〕工具** T ，在文件上拖曳滑鼠的話，會形成矩形的文字區域 ❻。在這個狀態下輸入文字的話，文章會自動在文字區域的末端折返 ❼。

使用**〔選取〕工具** ▶ 操作邊框，就能變更文字區域的大小。

文章會在文字區域的末端自動換行。以這種方式建立的文字稱為「區域文字」。 ❼

如上圖般製作完成的文字稱為〔區域文字〕。在輸入長篇文章時使用。

Tips

按二下控制把手，可以切換區域文字與點狀文字。從功能表列點選〔文字〕→〔轉換為區域文字〕或者〔轉換為點狀文字〕，也能夠進行切換。

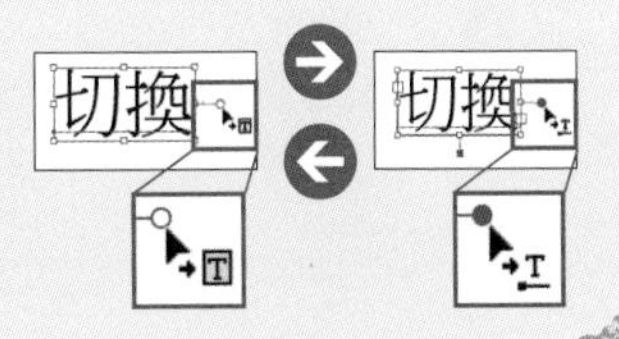

相關 區域文字：p.274 編輯文字：p.266 直書、橫書：p.271

195 編輯文字（新增、修改、刪除）

使用〔文字〕工具 按一下欲修改的位置，或者拖曳滑鼠選取文字，皆能編輯文字。可以在任何位置新增、修改、刪除文字。

新增文字

在既有的字串新增文字時，點選〔**文字**〕**工具** ❶，按一下欲新增文字的位置 ❷。在選取的位置會出現閃爍的插入點，因此利用鍵盤輸入文字 ❸。

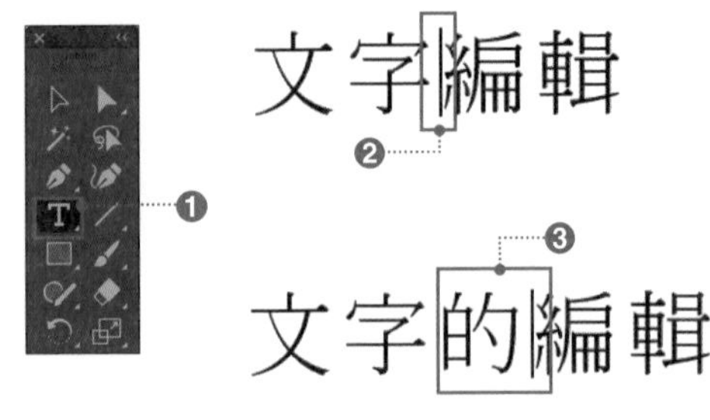

修改文字

修改文字時，使用〔**文字**〕**工具** 拖曳選取欲修改的字串。被選取的文字會反白 ❹。在這個狀態下，利用鍵盤輸入文字 ❺。

drag

文字的編輯

文字的修正

刪除文字

刪除文字時，使用〔**文字**〕**工具** 按一下刪除文字的後方，在插入點閃爍的狀態下，按 Delete ❻。

文字的編

刪除文字物件

刪除文字物件時，使用〔**選取**〕**工具** 選取文字物件 ❼，按 Delete。如此一來，可以一併刪除點狀文字或者區域文字。

文字的修正

使用〔選取〕工具 選取文字物件的話，文字物件的周圍會顯示邊框。

> **Tips**
>
> 使用〔選取〕工具 或者〔直接選取〕工具 按二下文字物件的話，可以切換成〔文字〕工具，字串上被選取的位置會顯示插入點。利用這個方法也可以編輯字串。

 相關 〔字元〕面板的基本功能：p.262　輸入文字：p.265　變更字體或字體大小：p.268

196 有效率的選取文字

要一個字一個字選取文字時，使用〔文字〕工具；要選取整個文字物件時，使用〔選取〕工具 。

使用〔文字〕工具 拖曳字串的話，就能選取一個文字或者是任何的字串 ❶。拖曳選取的位置，會反白。

香水是一種可以自由搭配的高級飾品，
也是展現個人特質的一項武器。
擦上符合自已價值觀和生活型態的香氣，可以讓妳的人生過得更加不同，充滿耀眼光彩。

使用〔文字〕工具 按二下字串的任意位置，可以選取「單字」（或者同種類的字串）。另外，按三下滑鼠的話，可以選取「段落」❷。另外，按 Ctrl（⌘）+ A 或者從功能表列點選〔選取〕→〔全部選取〕的話，可以選擇整篇文章。

香水是一種可以自由搭配的高級飾品，
也是展現個人特質的一項武器。 ❷
擦上符合自已價值觀和生活型態的香氣，可以讓妳的人生過得更加不同，充滿耀眼光彩。

step 3

欲選取整個文字物件時，使用〔選取〕工具 隨意按一下一個字。文字被選取後，文字物件的周圍會顯示邊框 ❸。在這個狀態下，變更字體或字體大小的話，可以一併變更全部的文字。

香水是一種可以自由搭配的高級飾品，
也是展現個人特質的一項武器。 ❸
擦上符合自已價值觀和生活型態的香氣，可以讓妳的人生過得更加不同，充滿耀眼光彩。

step 4

操作鍵盤也可以有效率地選取任何文字。使用〔文字〕工具 在文字內的任何位置按一下滑鼠左鍵，在插入點閃爍的狀態下，進行下表的操作方式。

◎ 選取文字的鍵盤操作

鍵盤操作	內容
shift + →	選取插人記號右邊（後方）的一個文字。
shift + ←	選取插人記號左邊（前方）的一個文字。
Ctrl（⌘）+ shift + →	選取插人記號右邊（後方）的一個單字。
Ctrl（⌘）+ shift + ←	選取插人記號左邊（前方）的一個單字。
Ctrl（⌘）+ shift + ↑	選取從插入點開始到段落開頭的文字。
Ctrl（⌘）+ shift + ↓	選取從插入點開始到段落結尾的文字。

相關 編輯文字：p.266 變更文字：p.277 文字的外框化：p.297

197 變更字體或字體大小、文字的對齊方式

變更字體或字體大小的作業是在〔字元〕面板進行。可以同時變更整個句子，也可以僅變更其中某一個文字。

step 1

使用**〔文字〕工具** 拖曳字串，選取變更字體的文字 ❶。

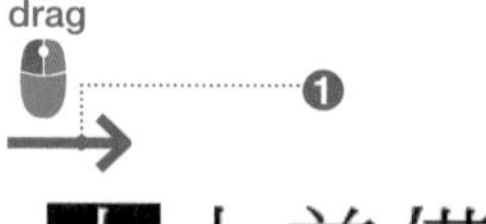

> **Tips**
>
> 欲一次變更全部的文字時，從功能表列點選〔選取〕→〔全部選取〕或者切換成〔選取〕工具 ，選取文字物件。

step 2

按一下〔字元〕面板的〔設定字體〕的〔箭頭〕，從出現的選單中選擇使用的字體 ❷。

接著，在〔設定字體樣式〕選擇字體的變化模式 ❸。

另外，欲變更字體大小時，在〔字體大小〕指定大小 ❹。

設定結束後，就能變更字體或字體大小 ❺。

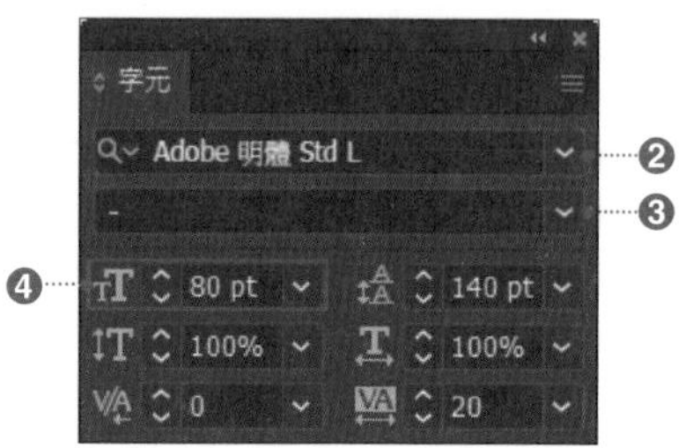

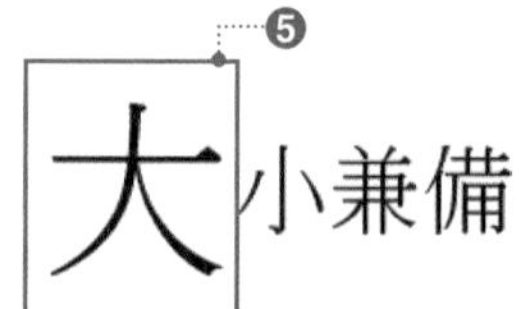

step 3

如上述般 ❺，字體大小相異的字串，其預設值的設定為「置中」在整個字串。

欲變更文字對齊方式時，從〔字元〕面板的面板選單〔字元對齊方式〕中選擇對齊的位置 ❻。

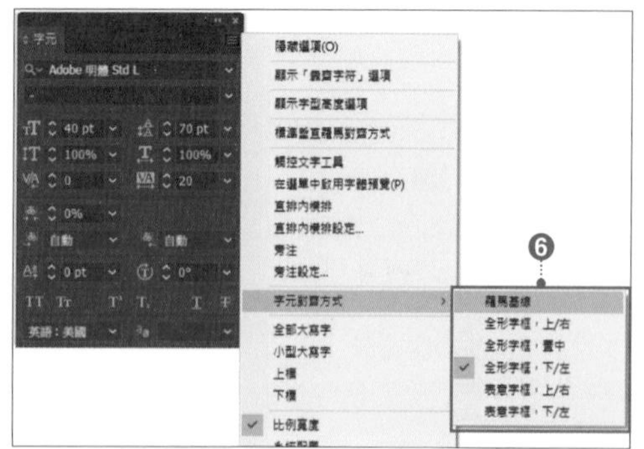

〔羅馬基線〕

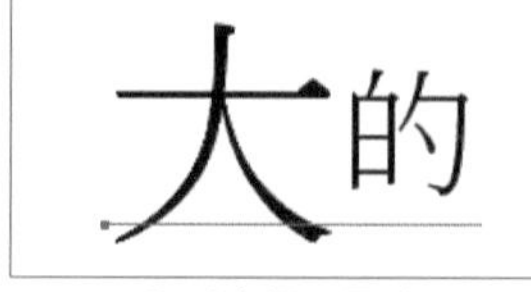

〔全形字框，置中〕

〔全形字框，下／左〕

 相關〔字元〕面板的基本功能：**p.262**　輸入文字：**p.265**　路徑文字：**p.272**　區域文字：**p.274**

198 調整文字的行距

文字的行距是在〔字元〕面板的〔行距〕進行調整。使用〔文字〕工具 的話，可以在任一行設定行距。

行距必須在〔行距〕中進行調整 ❶。〔行距〕的初始設定值，會因應字體大小在一定的倍率（175%）自動變更（有設定初始值時，行距的數值會顯示「( )」)。

想要個別設定〔行距〕時，使用**〔選取〕工具** 選取文字物件後，設定〔行距〕❷。數值愈大行距愈寬。

使用**〔文字〕工具** 選取多行的話，也可以針對每一行設定行距。

感情用事易流於世俗。過於理性易與人衝突。當領悟到無論身在何處都無法安身立命時，便出現了詩，產生了畫。

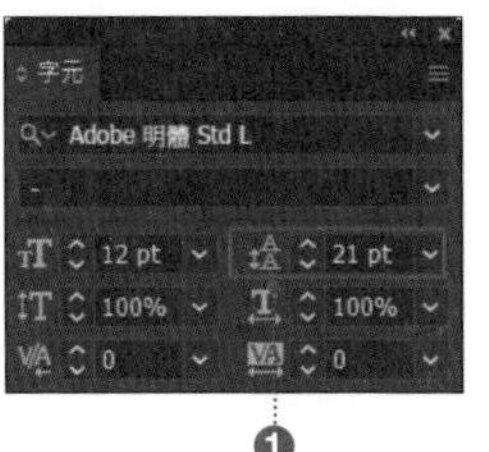

❶

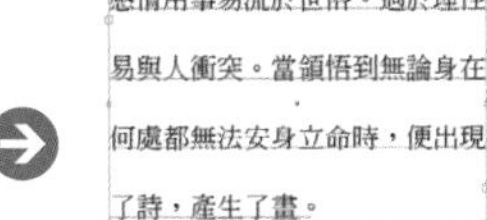

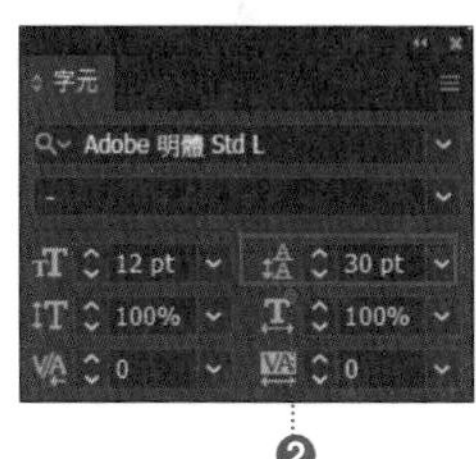

❷

行距分成以**「與上一行的距離」**為基準的〔頂端至頂端行距〕，和以「文字基線間的距離」為基準的〔底端與底端行距〕2 種。

這些設定都可以在〔段落〕面板的面板選單選擇 ❸。由於這個設定是指定測量行距的方法的設定，因此對行距的寬度不會造成影響。不過，如果段落裡混著字體大小相異的文字，就會產生影響，必須適時地切換。

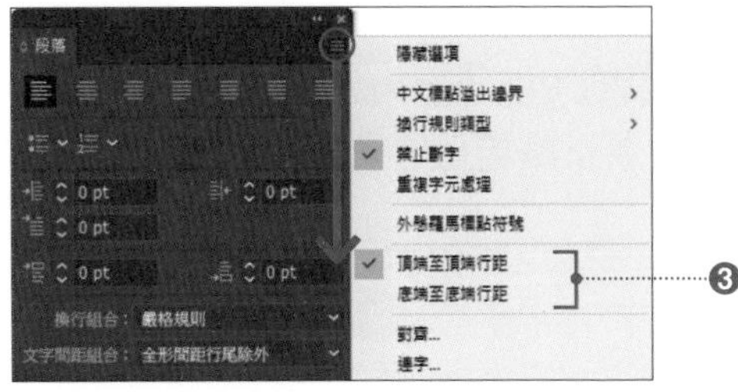

使用〔字元〕面板的話，可以對文字
設定字體、大小、字距及行距等項目，
使文字呈現出各種不同的樣式。

〔底端與底端行距〕

Tips

由於會經常使用設定〔行距〕的快捷鍵，所以請務必牢記。
在使用〔選取〕工具 選取文字物件的狀態下，利用右側的快捷鍵。
另外，如果是直書文字時，↑、↓與←、→要交換。

Short Cut 行距（橫書）
Win Alt + ↑、↓
Mac Option + ↑、↓

Short Cut 行距（直書）
Win Alt + ←、→
Mac Option + ←、→

相關〔字元〕面板的基本功能：p.262　輸入文字：p.265　區域文字：p.274 文字的字距：p.270

199 調整字距（文字的間隔）

字距（文字的間隔）是在〔字元〕面板的〔調整特殊字距〕和〔字距微調〕進行調整。正確理解設定字距和二字元間的字距微調的差異，適當地運用，這一點相當重要。

step 1

文字的間隔通常在〔調整特殊字距〕調整。

使用〔**選取**〕**工具** 選取文字物件 ❶，按一下〔字元〕面板的〔調整特殊字距〕❷。初始值為「0」。

選擇〔自動〕的話，會以字體的字距資訊為基礎，對每個文字設定最適當字距。

另外，使用未定義字距資訊的字體（即使選擇〔自動〕間隔也不變的字體）時，要選擇〔視覺〕。選擇的話，會以文字的形狀為基礎設定字距。

Tokyo Town Guide
（東京鐵塔遊客導覽手冊）
❶

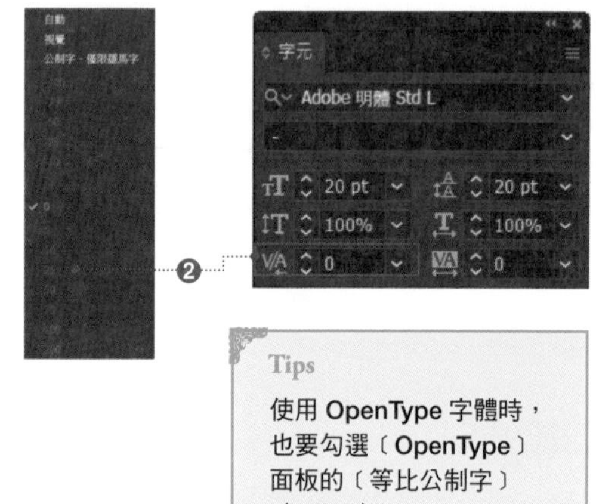

Tips

使用 OpenType 字體時，也要勾選〔OpenType〕面板的〔等比公制字〕（p.293）。

step 2

右圖中，在字距設定為〔0〕的文字上重疊〔自動〕❸ 和〔視覺〕❹ 的文字，互相比較看看。請觀察英文字母「T」和「o」的間隔或片假名的部分。可以發現片假名全部擠在一起。

Short Cut 設定調整特殊字距／字距微調（橫書）
Win Alt + ← 、→　　Mac Option + ← 、→

❸
Tokyo Town Guide
（東京鐵塔遊客導覽手冊）

❹
Tokyo Town Guide
（東京鐵塔遊客導覽手冊）

step 3

套用〔調整特殊字距：自動〕後，對個別文字調整字距時，就使用〔**文字**〕**工具** 按一下欲調整的位置，出現插入點後 ❺，輸入上述的快捷鍵或者在〔調整特殊字距〕直接輸入數值。

設定字距或字距微的單位是「em」。1000Em 為 1 個文字。

step 4

希望可以平均調整字距時，設定〔**字距微調**〕。利用〔字距微調〕，拖曳選取字串，或者使用〔**選取**〕**工具** 選取文字物件後就會平均調整文字的間距 ❻。

行程表 → 行程表
❻

 相關〔字元〕面板的基本功能：p.262　輸入文字：p.265　區域文字：p.274 行距：p.269

200 切換直書與橫書

點選功能表列的〔文字〕→〔文字方向〕可以變更文字的方向。另外，也可以個別設定直書文字內的半形英文數字的方向。

step 1

在此將右側的橫書點狀文字的文字物件變更成直書。

使用〔**選取**〕**工具** 選取文字物件 ❶，從功能表列點選〔文字〕→〔文字方向〕→〔垂直〕❷。如此一來，文字就會切換成直書文字。

另外，在初始設定，即使是直書，半形的英文數字仍然以橫書顯示 ❸。

欲將直書的文字變更成橫書時，以相同的步驟點選〔文字方向〕→〔水平〕❹。

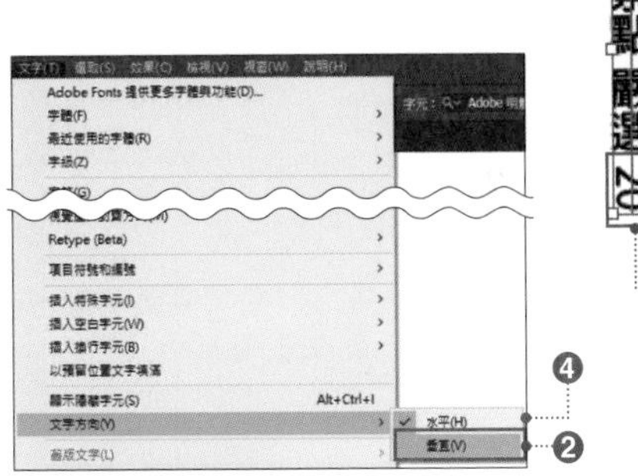

step 2

欲將橫向的半形英文數字變更成縱向時，使用〔**選取**〕 選取文字物件，在〔字元〕面板的面板選單選擇〔標準垂直羅馬對齊方式〕❺。如此一來，橫向的半形英文數字就改為縱向 ❻。

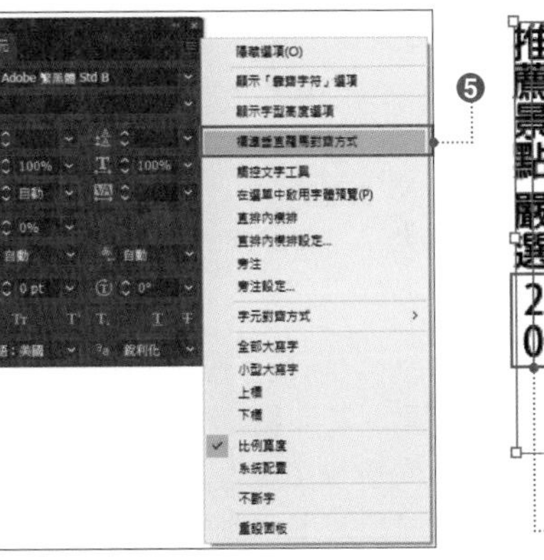

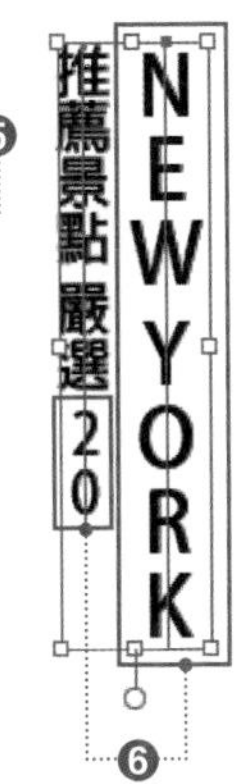

step 3

欲將部分的數字或記號改為橫書時，使用〔**文字**〕**工具** 選取文字 ❼，在〔字元〕面板的面板選單選擇〔直排內橫排〕❽。如此一來，僅選取的文字改為橫書 ❾。

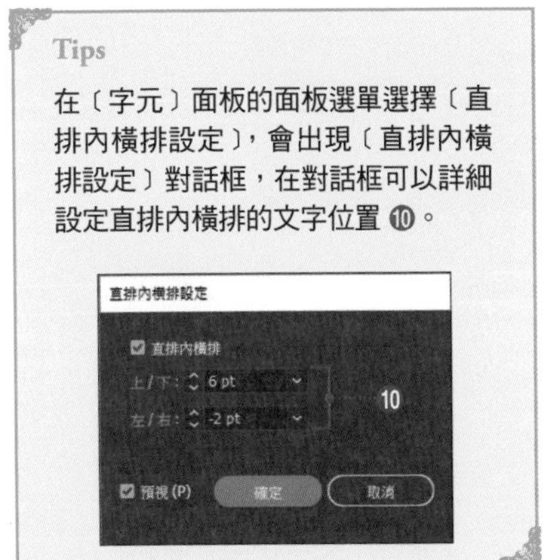

Tips

在〔字元〕面板的面板選單選擇〔直排內橫排設定〕，會出現〔直排內橫排設定〕對話框，在對話框可以詳細設定直排內橫排的文字位置 ❿。

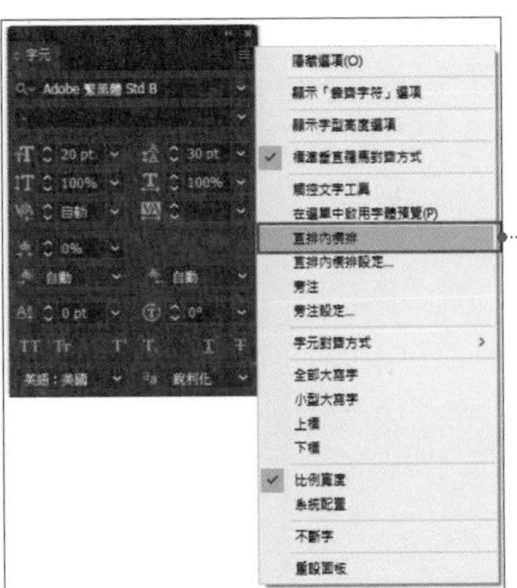

第8章 操作文字

相關 點狀文字：p.265 〔字元〕面板的基本功能：p.262

201 沿著路徑輸入文字：路徑文字

欲沿著路徑輸入文字時，要使用〔路徑文字〕工具。輸入文字後，和一般的文字一樣，也可以調整位置，或者在選取後變更字體或大小。

step 1

點選工具列的**〔路徑文字〕工具** ❶，按一下路徑上的任何位置 ❷。如此一來，路徑的〔填色〕和〔筆畫〕消失變成「無」，並且會顯示路徑的外框與閃爍的插入點。

> **Tips**
>
> 在預設值，按一下路徑的話，會自動顯示範本文字。詳情請參考 p.265 的 Tips。

step 2

在這個狀態下輸入文字的話，就可以沿著路徑輸入文字 ❸。另外，這種沿著路徑輸入的文字物件稱為「路徑文字」。開放路徑、封閉路徑皆能製作路徑文字。

step 3

欲調整路徑文字的位置時，使用**〔選取〕工具** 或**〔直接選取〕工具** 選取路徑。
由於在字串的開頭和中央、結尾會顯示括號 ❹，拖曳任何一個括號來移動文字的位置 ❺。

step 4

欲變更文字的對齊方式，或者讓文字對齊路徑的兩端平均置入時，就在〔段落〕面板設定〔以末行齊左的方式對齊〕❻。

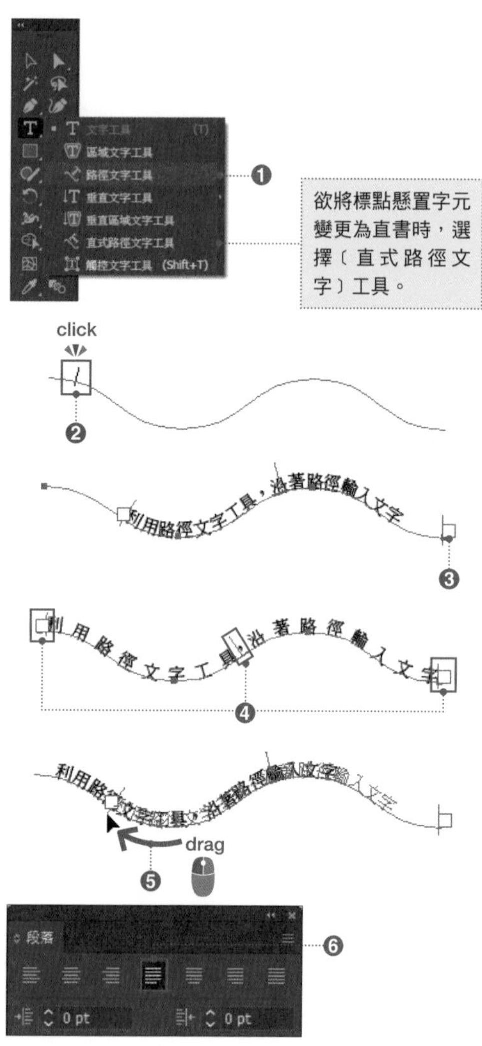

> **Tips**
>
> 將中間點往路徑的反方向拖曳的話，可以上下翻轉文字 ❼。

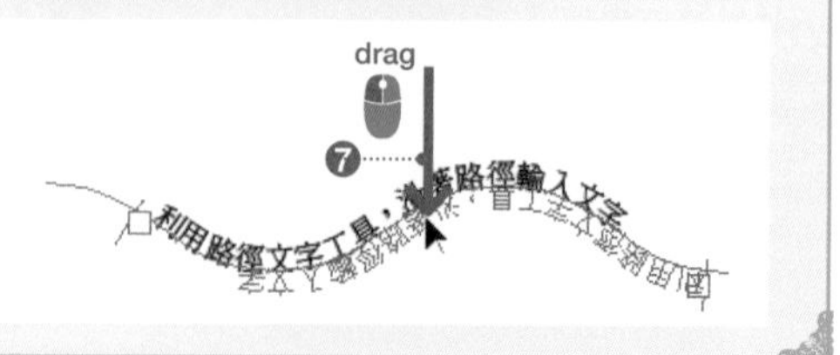

202 調整路徑文字的效果或間距

使用〔路徑文字選項〕的話，可以仔細設定路徑文字的效果（排列方式），或者位置、間距等項目。

step 1

使用**〔選取〕工具**選取路徑文字❶，從功能表列點選〔文字〕→〔路徑文字〕→〔路徑文字選項〕，會出現〔路徑文字選項〕對話框。

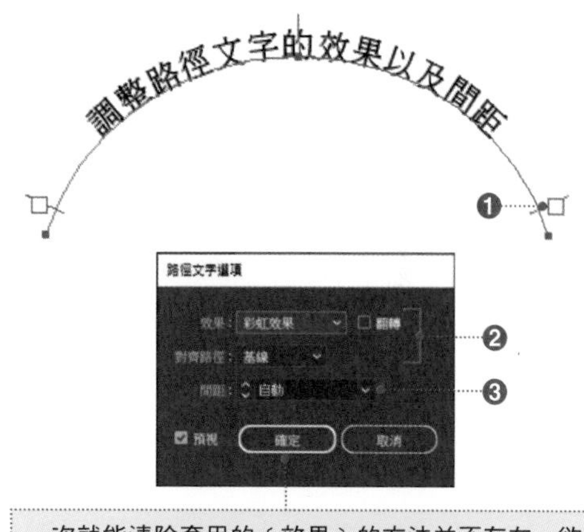

一次就能清除套用的〔效果〕的方法並不存在。欲清除全部效果時，就以手動方式，將設定值設回初始值〔效果：彩虹效果〕、〔對齊路徑：基線〕、〔間距：自動〕。

step 2

在〔效果〕指定文字的排列方式，在〔對齊路徑〕指定文字的位置❷。勾選〔翻轉〕的話，字串會翻轉移動到反方向。

在〔間距〕指定置入文字到曲線上銳角的位置時，文字的間距❸。數值愈大銳角上的文字間距愈窄。

另外，想要更詳細的設定文字間距時，就到〔字元〕面板的〔調整特殊字距〕或者是〔字距微調〕進行設定（p.270）。再者，欲詳細地調整文字位置時，就到〔字元〕面板的〔基線微調〕進行設定。

效果

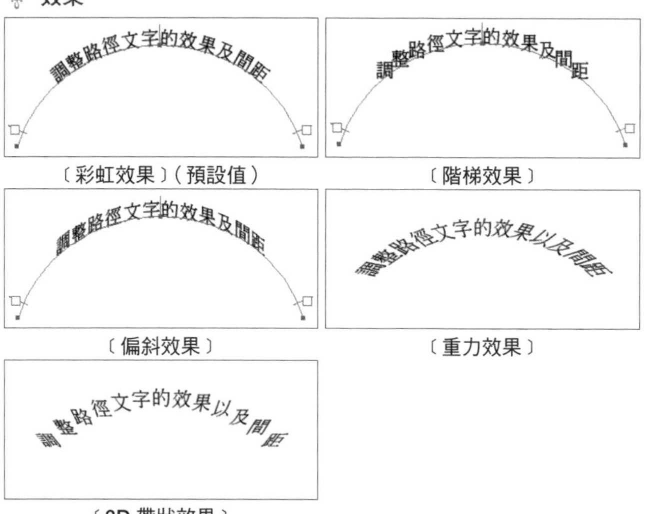

〔彩虹效果〕（預設值）

〔階梯效果〕

〔偏斜效果〕

〔重力效果〕

〔3D 帶狀效果〕

〔對齊路徑〕

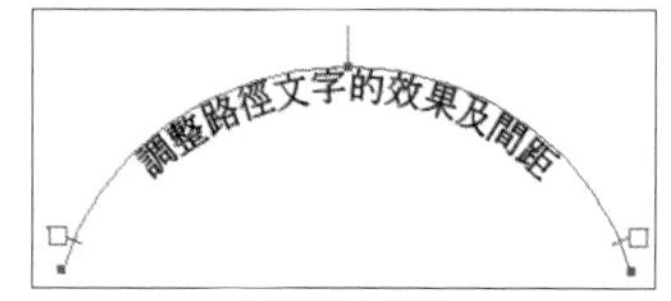

〔字母上緣〕

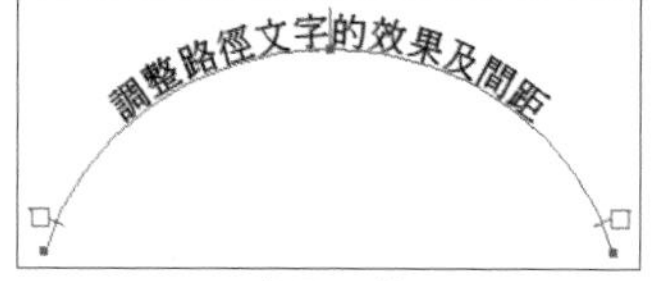

〔字母下緣〕

〔居中〕

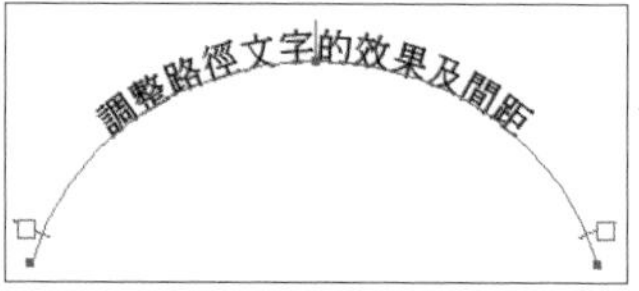

〔基線〕（預設的設定）

相關〔字元〕面板的基本功能：p.262　直書、橫書；p.271　路徑文字：p.272　區域文字：p.274

在路徑內側輸入文字：區域文字

使用〔區域文字〕工具的話，可以在完成的路徑內側輸入文字。開放路徑、封閉路徑皆能製作區域文字。

step 1

在工具列點選**〔區域文字〕工具** ❶，按一下路徑區段或者錨點 ❷。如此一來，路徑的〔填色〕和〔筆畫〕會消失，轉換成文字區域 ❸。

Tips

〔文字〕工具靠近封閉路徑的路徑區段或者是錨點的話，會自動地切換成〔區域文字〕工具。

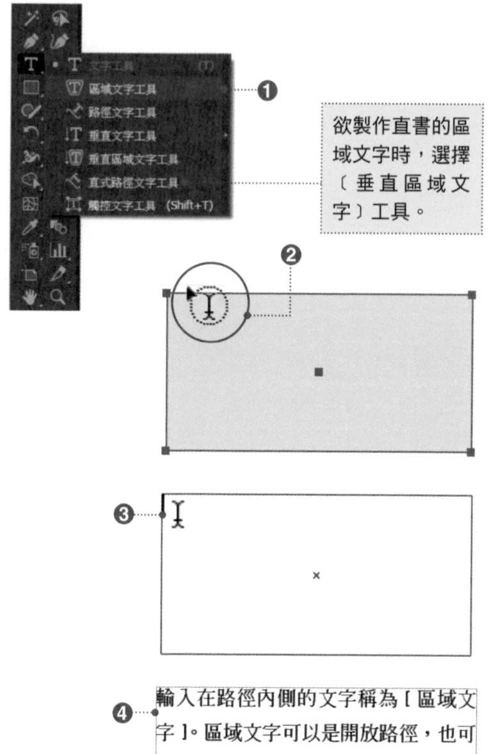

step 2

在這個狀態下，輸入文字的話，就可以在路徑文件內輸入文字 ❹。

另外，輸入在路徑內側的文字稱為**〔區域文字〕**。開放路徑、封閉路徑皆能製作區域文字。

使用**〔選取〕工具**選取區域文字，並且拖曳邊框，就能變更文字區域的大小。

另外，使用**〔直接選取〕工具**也可以調整文字區域的錨點或區段。

Tips

文字超出文字區域時，在文字區域的最尾端會顯示〔+〕記號 ❺。

在這個情況下，按二下文字區域下方中央的控制把手，就會自動調整區域大小。按二下 ❻ 的話，文字區域會自動地放大，並且顯示超出區域的文字。欲固定文字區域的尺寸時，按二下 ❼。文字超出文字區域時，在文字區域的最尾端會顯示〔+〕記號。這個時候，調整文字區域的位置或大小，讓文字全部在區域內。

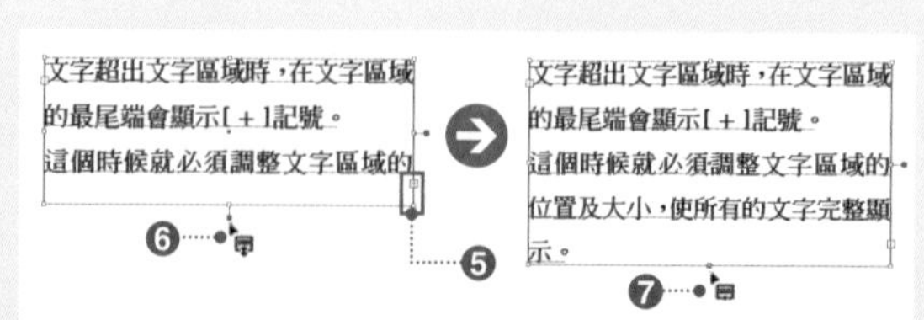

在功能表列的〔編輯〕→〔偏好設定〕→〔文字〕開啟〔自動縮放新區域文字〕的話，剛完成的區域文字會自動調整大小。

相關 輸入文字：p.265　區域文字選項：p.280　對齊方式：p.279　路徑文字：p.272

204 搜尋、變更使用中的字體

在〔尋找／取代字體〕對話框中，可以確認文件內使用的字體，或者一次將特定的字體變更成其他字體。

step 1

從功能表列點選〔文字〕→〔尋找／取代字體〕會出現〔尋找字體〕對話框。

step 2

在〔文件中的字體〕會列出文件內目前使用的字體 ❶。按一下列表中的字體名稱，文件上使用該字體的位置會反白，呈現被選取的狀態 ❷。按一下〔**尋找**〕的話 ❸，就會尋找使用該字體的其他位置。

step 3

欲將選取中的字體變更成其他字體時，從〔取代字體來源〕中選擇字體後 ❹，按一下〔**變更**〕❺。如此一來，就能變更選取中字串的字體 ❻。

按一下〔**全部變更**〕的話 ❼，所有的目標位置都會同時變更字體。

尋找、變更字體的作業結束之後，按一下〔**完成**〕。

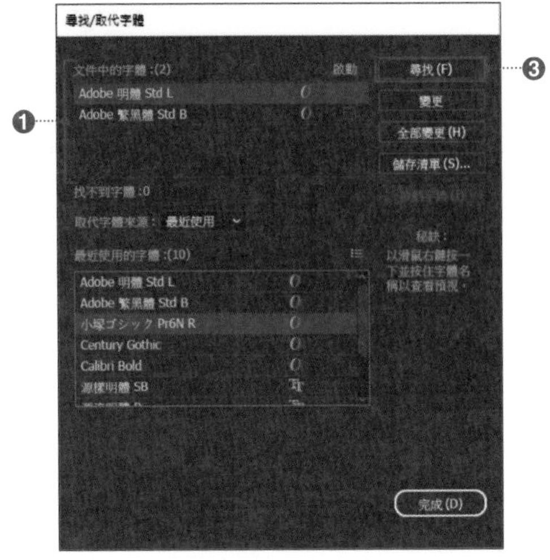

「以稀有香氛展現自己的品味」

想要與眾不同「專屬於我的獨特香味」！

能夠讓妳實現夢想的

特殊香氛精品店——即將誕生。

❷

「以稀有香氛展現自己的品味」

想要與眾不同「專屬於我的獨特香味」！

能夠讓妳實現夢想的

特殊香氛精品店——即將誕生。

❻

Tips

〔取代字體來源〕可以從〔文件〕、〔最近使用〕、〔系統〕擇一 ❽。

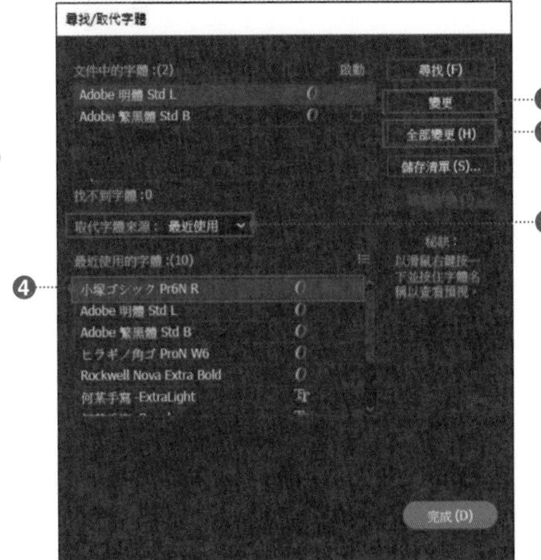

第8章 操作文字

相關 尋找、變更文字：p.277　連結文字區域：p.282　複合字體：p.296

205 變更英文字母的大小寫

使用功能表列的〔文字〕→〔變更大小寫〕的各項指令的話，可以一次變更全部英文字母的大小寫。

step 1

在此將選取的英文字母全部變更成大寫。

使用**〔文字〕工具**選取欲變更成大寫的字串，或者是使用**〔選取〕工具**選取文字物件 ❶，再從功能表列點選〔文字〕→〔變更大小寫〕→〔全部大寫〕❷。

Don't worry,
be happy!
❶

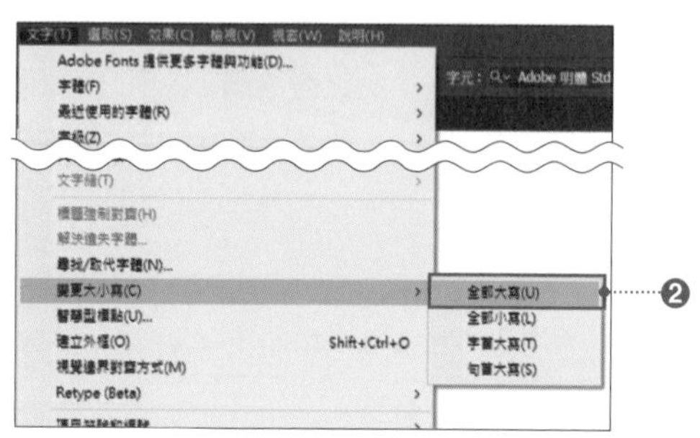

step 2

選取的英文字母全部轉換成大寫 ❸。另外，在使用**〔選取〕工具**選取整個文字物件的狀態下，套用〔變更大小寫〕旗下的各個指令，也能一次轉換全部的文字。轉換連字或者專有名詞、URL、檔名、縮寫等文字時，請注意不要發生非預期性的變更。

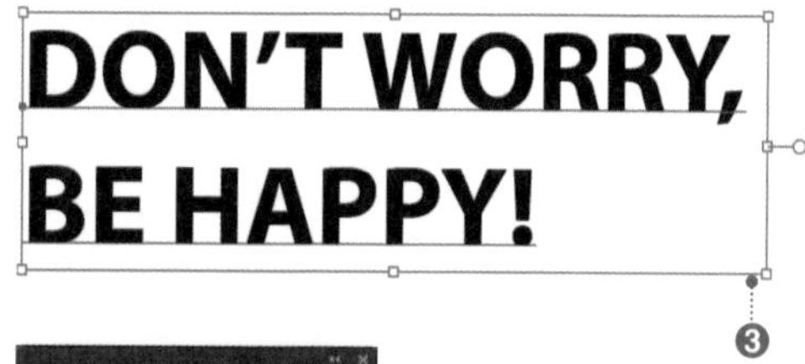

step 3

在文字套用**〔全部大寫字〕**或**〔小型大寫字〕**時，按一下〔字元〕面板的〔全部大寫字〕或〔小型大寫字〕❹。欲釋放時，再按一下按鈕。另外，選擇〔小型大寫字〕時，若轉換目標的字體存在小型大寫字的話，就使用該文字，若無小型大寫字的話，就縮小標準的大寫字（關於套用〔小型大寫字〕時的縮小倍率參考 p.287）。

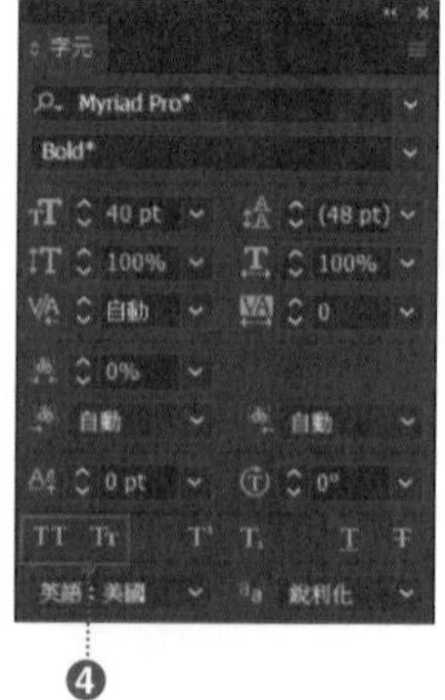

一般 Make me happy!

〔全部大寫字〕 MAKE ME HAPPY!

〔小型大寫字〕 MAKE ME HAPPY!

206 尋找、取代文字

使用〔尋找與取代〕對話框的話，就能從文件內的文字物件尋找特定的文字，或者一次替換成其他文字。

step 1

從功能表列點選〔編輯〕→〔尋找及取代〕❶，會出現〔尋找與取代〕對話框。

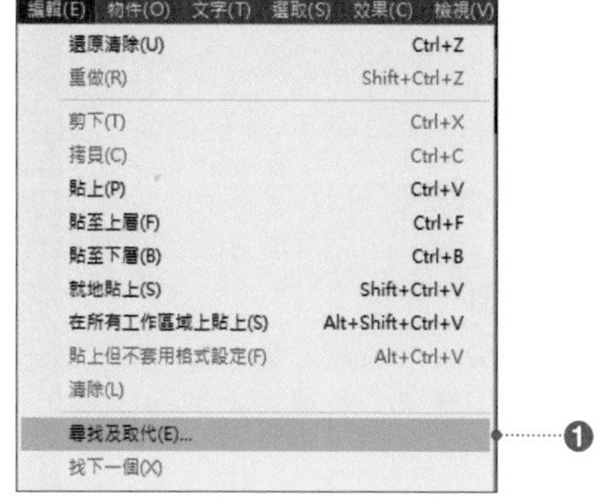

step 2

在〔尋找〕輸入要尋找的文字 ❷。欲取代文字時，則在〔取代為〕輸入取代的文字 ❸。

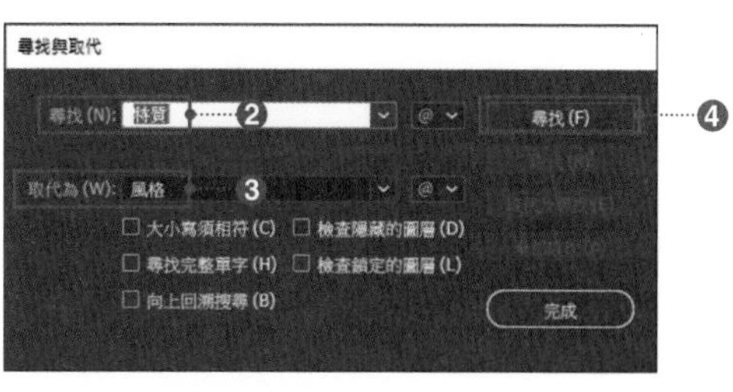

step 3

按一下〔**尋找**〕❹，就會從文件上尋找在〔尋找〕輸入的字串，找到後該字串會反白 ❺。

接著，欲再尋找下一個字串時，按一下〔**找下一個**〕❻。

欲將尋找的字串變更成〔取代為〕中輸入的文字時，就按一下〔**取代**〕❼。

按一下〔**全部取代**〕的話 ❽，一次就能變更輸入在〔尋找〕的字串。

尋找、取代作業結束之後，按一下〔完成〕。

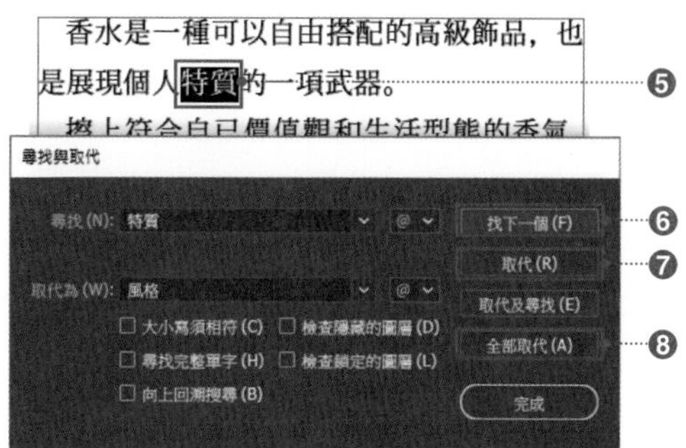

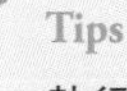

Tips

執行〔全部取代〕的話，在作業結束之後，會出現告知取代的字串字數的對話框 ❾。

相關 尋找、變更字體：p.275 異體字：p.295 複合字體：p.296

207 檢查英文羅馬拼音

使用〔拼字檢查〕對話框的話，可以檢查文字物件內的英文羅馬拼音。

step 1

從功能表列點選〔編輯〕→〔拼字檢查〕→〔拼字檢查〕❶，會出現〔拼字檢查〕對話框。

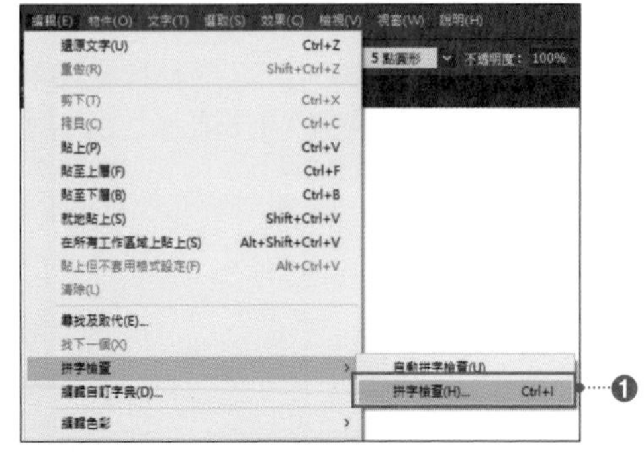

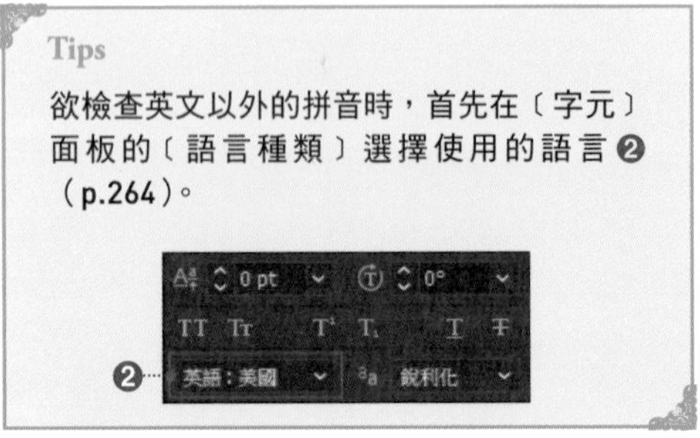

Tips

欲檢查英文以外的拼音時，首先在〔字元〕面板的〔語言種類〕選擇使用的語言❷（p.264）。

step 2

按一下**〔開始〕**❸。稍等片刻後，會檢查出前後文可能有錯誤的單字❹，在下方的〔建議〕會顯示正確的建議單字❺。

檢查出來的單字若有錯誤，按下〔建議〕中正確的單字，再按**〔變更〕**❻。如此一來，單字將被取代，並且接著檢查下一個單字。如果是按**〔全部變更〕**的話❼，就會一併變更有著相同錯誤的單字。

被檢查出來的單字如果沒有錯誤時，按一下**〔忽略〕**或**〔全部忽略〕**❽。

另外，按一下左下方的箭頭，在顯示的選項可以設定〔檢查〕與〔忽略〕的條件❾。

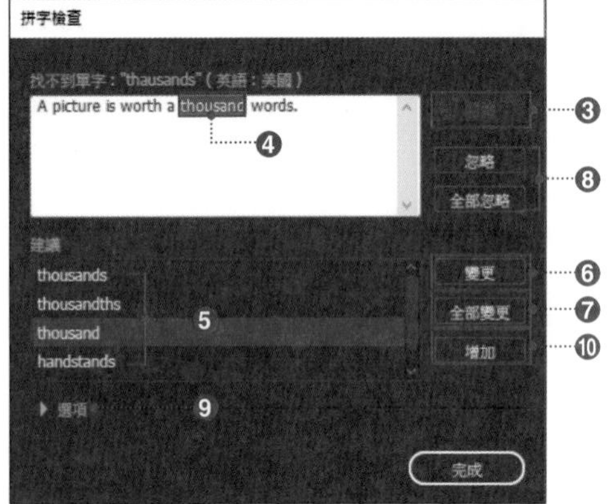

Tips

按一下〔新增〕❿，可以將檢查出來的單字登錄到〔自訂字典〕。登錄到〔自訂字典〕的話，後續在進行拼字檢查時，就不會檢查到這個單字。

從功能表列點選〔編輯〕→〔編輯自訂字典〕，在出現〔編輯自訂字典〕的對話框可以編輯登錄的單字。

step 3

全部的作業結束的話，在對話框左上方會顯示「結束拼字檢查。」⓫，所以按一下〔完成〕，結束拼字檢查。

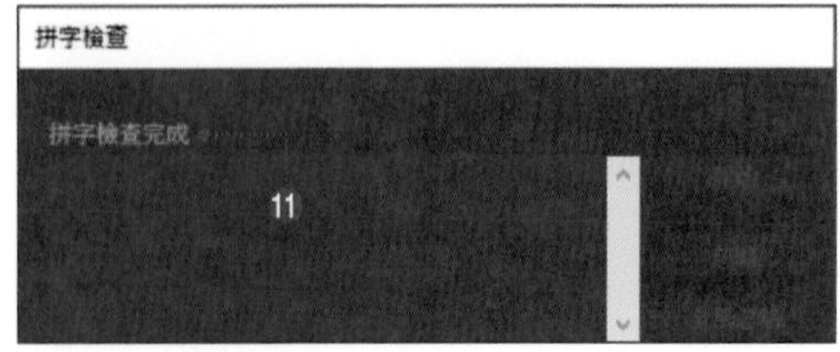

相關 尋找、變更字體：p.275　尋找、取代文字：p.277　文字的外框化：p.297

208 在〔段落〕面板設定對齊方式

在〔段落〕面板可以詳細設定文字物件的對齊方式或齊行、縮排、段落前後的空白。

step 1

欲變更文字的對齊方式時，使用**〔選取〕工具**選取文字物件，或者使用**〔文字〕工具**在段落置入插入點，按一下〔段落〕面板的〔對齊方式〕的〔靠左對齊〕、〔置中對齊〕、〔靠右對齊〕的任何一個按鈕❶。
另外，欲讓文字對齊兩邊時，就按一下〔齊行〕的任何一個按鈕❷。

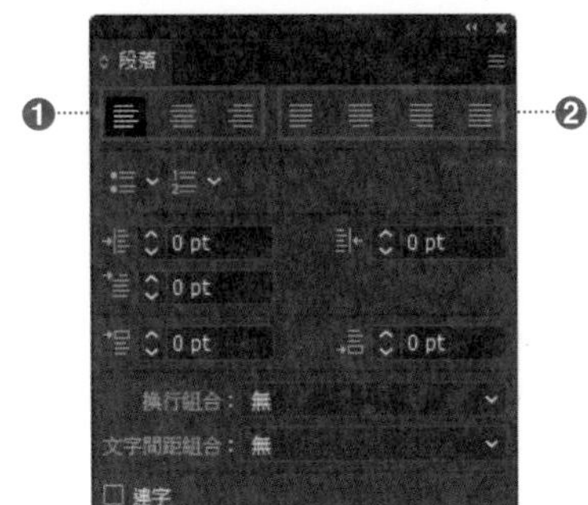

〔靠左對齊〕

〔置中對齊〕

〔靠右對齊〕

利用段落面板
設定齊行

〔齊行〕〔以末行齊左的方式對齊〕

均等配置區域文字內的文字時，要利用段落面板進行設定。

〔齊行〕〔以末行置中的方式對齊〕

均等配置區域文字內的文字時，要利用段落面板進行設定。

〔齊行〕〔以末行齊右的方式對齊〕

均等配置區域文字內的文字時，要利用段落面板進行設定。

〔齊行〕〔強制齊行〕

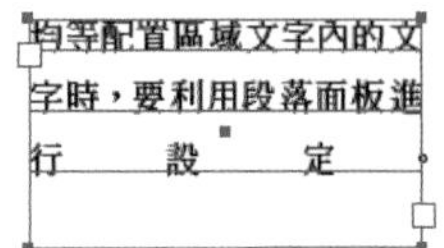

step 2

欲設定縮排（文字區域的邊線與文字的間隔）時，在〔左邊縮排〕❸、〔右邊縮排〕❹、〔首行左邊縮排〕❺的各個縮排項目輸入數值。

step 3

欲設定段落的空白（段落的間距）時，在〔段前間距〕❻、〔段後間距〕❼輸入數值。
可以在每個段落設定縮排或段落的空白。

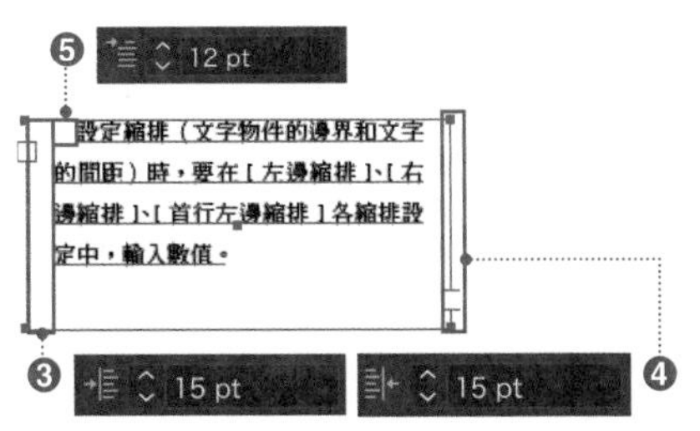

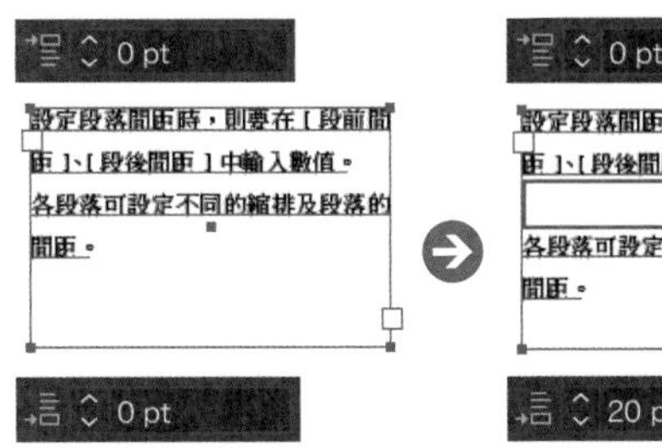

相關〔字元〕面板的基本功能：p.262　控制字元：p.284　換行組合：p.290

209 分欄處理區域文字

在〔區域文字選項〕對話框可以設定分欄區域文字，或者調整文字區域和文字的距離。

step 1

使用**〔選取〕工具** 選取區域文字的文字物件 ❶，從功能表列點選〔文字〕→〔區域文字選項〕，會出現〔區域文字選項〕對話框。

到目前為止，這位作家的研究成果之所以沒有任何進展，其中一個原因是在於他的改寫癖。他對自已的作品始終不感到滿意，總是不斷地審視自已的作品，如有必要，甚至重新再改寫成新的作品。可說是一位終生無「定稿」的作家。即便是過去創作出高評價、幾乎被視為是經典的作品，他依然覺得有缺陷；就算是問世逾半世紀以上的作品，對他來說也是隨時可被改寫的「創作素材」。

因此，早已習慣他的風格且對於他的作品如數家珍的讀者，對此也曾經感到不解，甚至出現反對的聲音，然而最感到狼狽的應該是那些研究者。他們對於這位作家為何要如此改寫而傷透腦筋。端看這幾年的研究成果，充其量只是論為作品改寫前後的比較，結論就是：沒有任何突破性的發展。當然，該怎麼看待改寫這個行為，也是在研究他的作品上需要謹慎思考的課題。只是，如果想要從中獲取這位作家的思想或者是意圖，終究會徒勞無功。因為，改寫終歸只是這位作家對於創作的態度而已。

❶

step 2

勾選〔預視〕❷，設定各個項目。

在〔直欄〕區設定〔數量：2〕、〔間距：10mm〕❸，並且按一下〔確定〕。

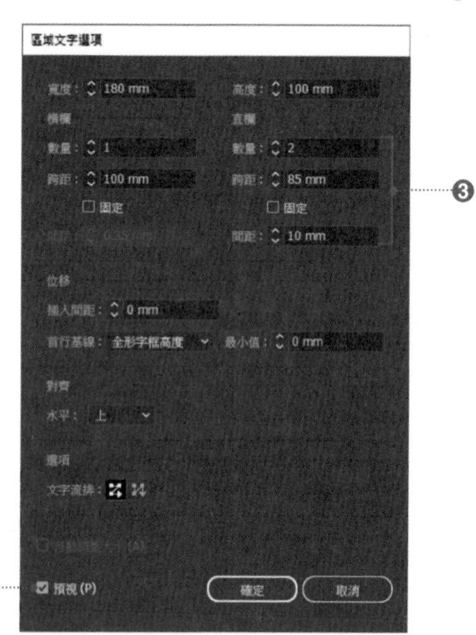

◎〔區域文字選項〕對話框的設定項目

項目	內容
寬度／高度	指定文字區域的尺寸。
橫欄／直欄	指定分欄的橫欄與直欄的數量，以及分欄的間距。 勾選**〔固定〕**的話，會以分欄的尺寸為優先，並且以該尺寸為準變形文字區域的尺寸。
位移	指定文字區域內的文字位置。 **〔插入間距〕**：設定文字區域的框線與文字間的間距。 **〔首行基線〕**：關於設定項目請參考下一頁的表格。 **〔最小值〕**：指定基線位移的間距。
選項	製作橫欄與直欄的分欄時，設定文字流排的方向。
預視	勾選的話，設定內容會立即反映在物件上。

◎〔首行基線〕的設定項目

項目	內容
上升	將選取中的字體的「d」頂端配置在與文字區域頂端連接的位置。
大寫字母高度	大寫字母的頂端配置在與文字區域頂端連接的位置。
行距	〔字元〕面板的〔行距〕指定的數值套用在文字區域的頂端到文字的首行基線的間距。
x 高度	將選取中的字體的「x」頂端配置在與文字區域頂端連接的位置。
全形字框高度	日文字體的全形字框（參考下方的 Tips）的頂端配置在與文字區域頂端連接的位置。這個選項與〔偏好設定〕對話框的〔顯示東亞選項〕的設定無關，任何情況皆可使用這個選項。
固定	首行的文字基線與文字區域頂端的間距為〔最小值〕指定的數值。
舊版	首行基線使用 Illustrator 10 以前的預設值。

Tips

所謂全形字框是指大小可以容納全形文字的正方形。日文字體被設計成正好可以置入正方形方框內。方框的大小正好是活字鉛版（直書）的大小。由於日文字體是以這個活字鉛版為基礎設計而成，且可以填滿無實體的全形正方形方框，因此稱為〔全形字框〕。

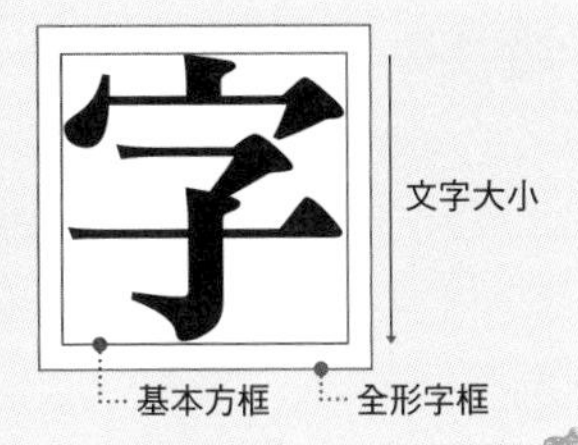

step 3

將文字區域分成 2 欄 ❹。

欲回復成 1 欄時，就以相同的步驟，在〔直欄〕區域設定〔數量：1〕。

Variation

欲將圓形的文字區域內的文字均等地排列整齊時，就調整〔區域文字選項〕對話框的〔位移〕區的〔插入間距〕及〔首行基線〕。右圖中，未指定插入間距的情況下，文字區域的最頂端只配置 3 個字，變成不易閱讀的文章 ❶。

在此設定〔插入間距：5.5mm〕、〔首行基線：全形字框高度〕、〔最小值：1mm〕。因為這個設定，文字均等的排列整齊了 ❷。

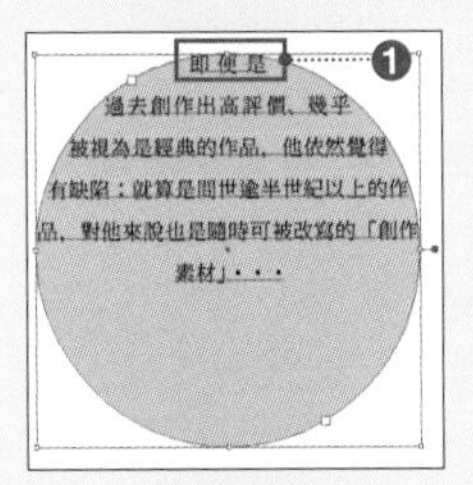

相關 字距、行距：p.269 直書、橫書：p.271 區域文字：p.274 複合字體：p.296

210 連結多個文字區域，讓文字流入其他的文字區域

物件套用〔文字緒〕，轉換成文字區域的話，可以連結多個文字區域，當作連續的文字區域。另外，路徑上的文字也可以利用同樣方式操作。

使用〔**矩形**〕**工具** 製作要轉換成文字區域的多個物件 ❶。
另外，由於是從配置在最下層的物件開始依序流入文字，所以也請注意製作的順序（後續可以變更順序）。

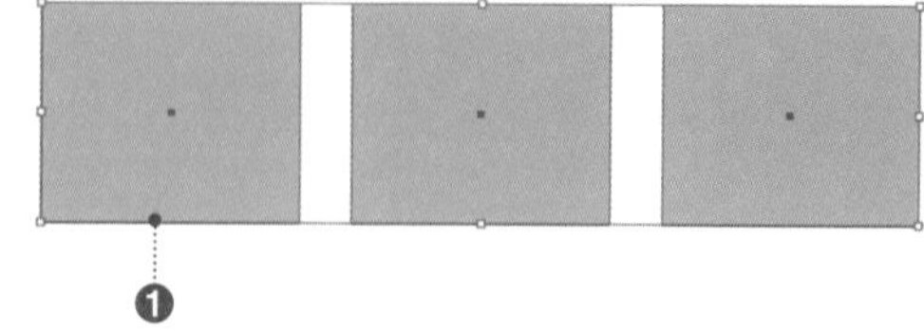

step 2

使用〔**選取**〕**工具** 選取全部的物件，從功能表列點選〔文字〕→〔文字緒〕→〔建立〕。如此一來，物件轉換成文字區域 ❷。各個文字區域相互連結。

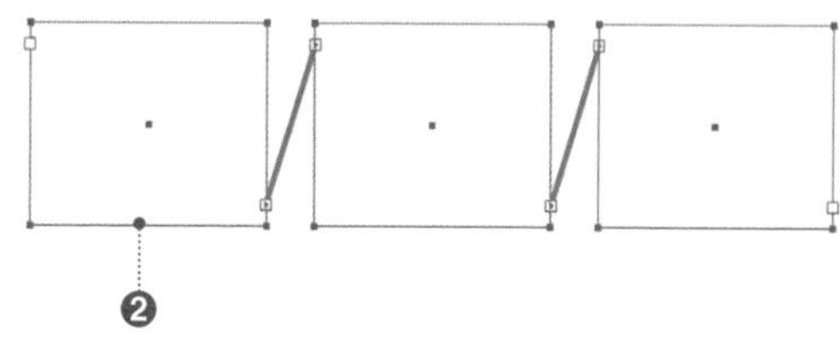

step 3

使用〔**文字**〕**工具** 在文字區域輸入文字。無法容納在文字區域內的文字會依序流入下一個文字區域 ❸。

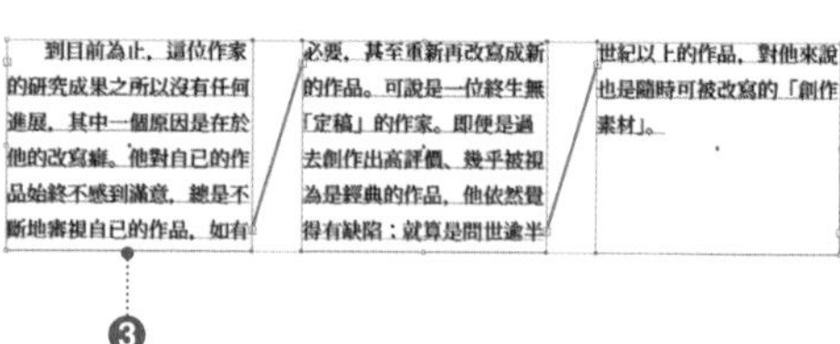

step 4

欲移除〔文字緒〕的連結時，使用〔**選取**〕**工具** 選取文字物件，再從功能表列點選〔文字〕→〔文字緒〕→〔釋放選取的文字物件〕。移除連結後，文字會被置入到下一個文字區域 ❹。

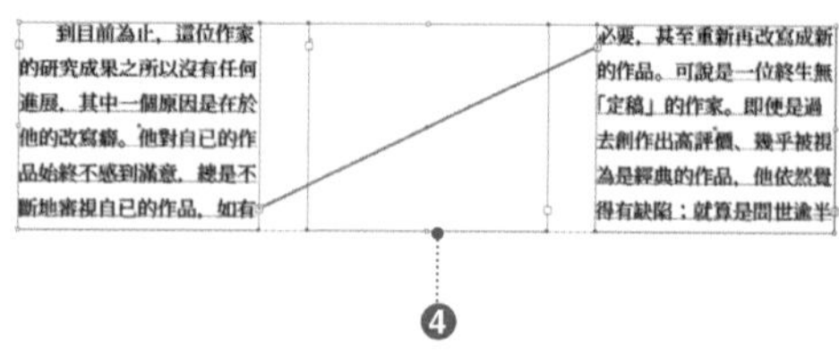

Tips

從功能表列點選〔文字〕→〔文字緒〕→〔移除文字緒〕的話，雖然連結被移除，但是文字會保留下來 ❺。

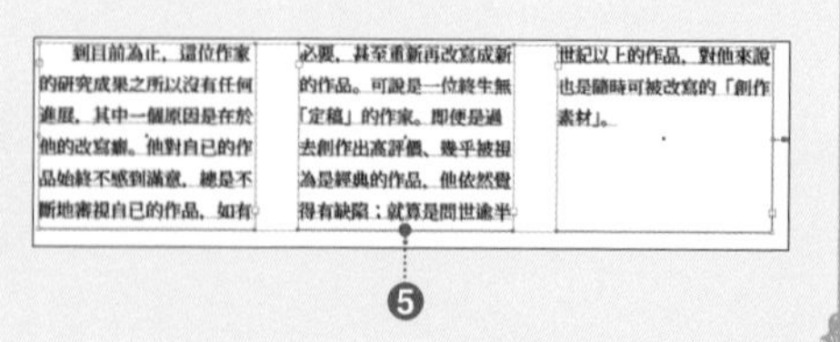

Tips

未顯示表示〔文字緒〕連結的參考線時，從功能表列點選〔檢視〕→〔顯示文字緒〕❻。
如此一來，選取被連結的文字物件，就可以確認文字緒的連結順序。

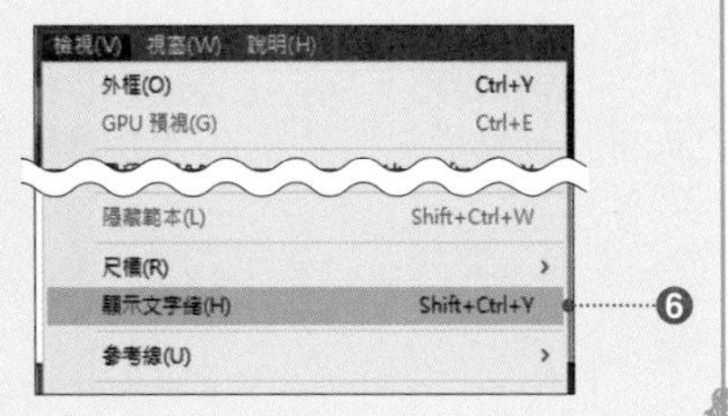

Variation

大部分的〔文字緒〕相關操作可以利用滑鼠進行。利用滑鼠製作、移除物件間的連結，既簡單又方便，所以務必牢記。

step 1

區域文字的文字區域，在文字的開頭附近會顯示〔輸入連結點〕❶，文字的結尾附近會顯示〔輸出連結點〕❷。
文字溢出文字區域時，〔輸出連結點〕會顯示紅色的「+」。

step 2

準備文字溢出的區域文字以及連結路徑，然後按一下〔連結輸出點〕❸。如此一來，滑鼠游標形狀會切換成▙，因此直接將滑鼠游標移動到路徑的輪廓附近，確認滑鼠游標的形狀切換成▙後，按一下滑鼠左鍵。如此一來，被選取的物件被連結，溢出的文字開始流動❹。

在▙的狀態下，在文件上按一下滑鼠左鍵的話，會製作呈現連結狀態的同尺寸文字區域。

step 3

按二下〔輸入連結點〕或〔輸出連結點〕的話，可以移除連結❺。移除連結的話，文字會殘留在前一個文字區域。

第8章 操作文字

211 顯示換行、空白或定位點等隱藏字元

從功能表列點選〔文字〕→〔顯示隱藏字元〕的話，可以顯示換行或空白、定位點等等的隱藏字元。

概要

所謂**隱藏字元**是指表示換行、全形空白、半形空白、定位點等記號。
右圖中，雖然使用各種隱藏字元，但在預設的設定中，這些字元並不會顯示在畫面上 ❶。

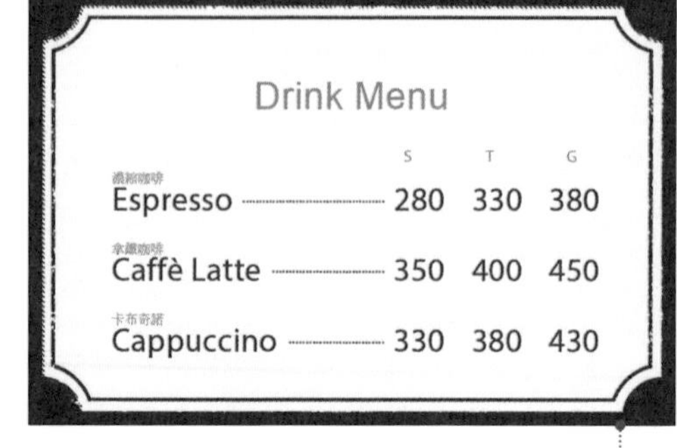

step 1

欲顯示隱藏字元時，從功能表列點選〔文字〕→〔顯示隱藏字元〕❷。
欲將隱藏字元設為隱藏時，則要再次從功能表列點選〔文字〕→〔顯示隱藏字元〕，取消打勾記號。

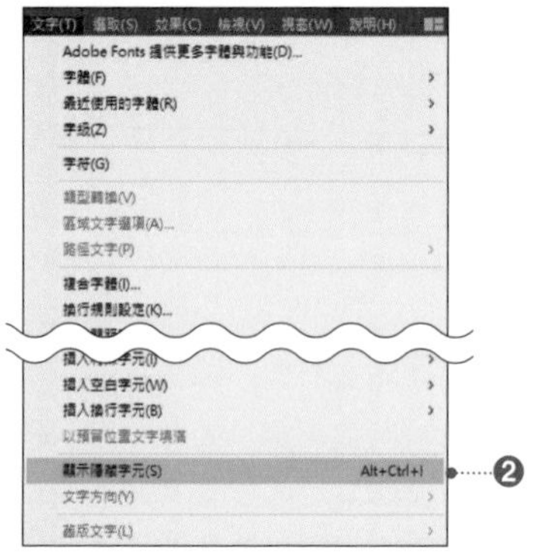

step 2

出現隱藏字元 ❸。顯示的隱藏字元如下（因文字種類不同顯示的記號也會不同）。

- 全形空白
- 半形空白
- 定位點
- 段落結尾
- 非強制斷行
- 文字結尾

Short Cut 顯示／隱藏隱藏字元
Win Ctrl + Alt + I　　Mac ⌘ + Option + I

Tips
即使畫面上出現隱藏字元，印刷或轉存的資料也不會顯示隱藏字元。

212 利用〔文字間距組合〕功能調整括號或逗點、句點等標點符號

使用〔段落〕面板的〔文字間距組合〕功能的話，可以詳細設定日文文字使用的「括號」或「逗點句點」、「行首或行尾文字」、「英文字母或英文數字的前後」等等的間距。

〔文字間距組合〕可以設定整個文字區域、或者是以段落為單位進行設定。

使用〔**選取**〕**工具** 選取文字物件，或者使用〔**文字**〕**工具** 在文字區域段落內置入插入點（表示文字之間輸入位置的游標）之後，在〔段落〕面板的〔文字間距組合〕選擇文字間距的方法 ❶。初始設定為〔全形間距行尾除外〕。

變更〔文字間距組合〕的話，「括號」或「逗點句點」、「標點符號」、「英文字母」的前後空格間距會產生變化 ❷。

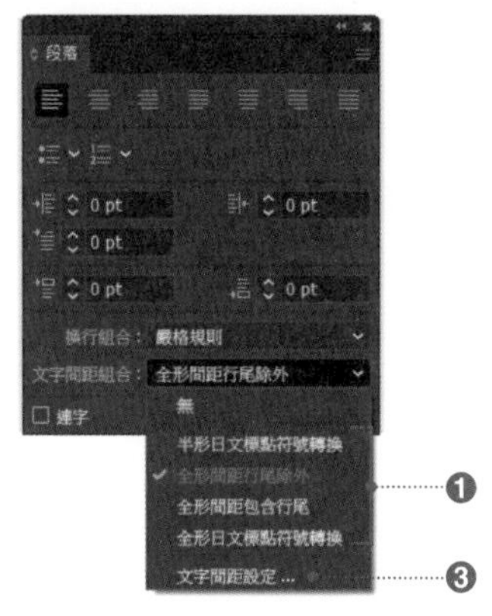

❷

[無]	[文字間距組合] 請參考P.278
[半形日文標點符號轉換]	[文字間距組合]請參考 P.278
[全形間距行尾除外]	[文字間距組合] 請參考 P.278
[全形間距包含行尾]	[文字間距組合] 請參考 P.278
[全形日文標點符號轉換]	[文字間距組合] 請參考 P.278

設定字距與字距微調設定為〔0〕。

step 2

與文字間距相關的各個項目在設定後，可以當作自訂的文字間距組合儲存。

在〔段落〕面板的〔文字間距組合〕下拉式選單點選〔文字間距設定〕❸，會出現〔文字間距設定〕對話框。

按一下〔**新增**〕❹，會出現〔新增文字間距組合集〕對話框，設定〔名稱〕與〔根據組合〕後 ❺，按下〔確定〕。各個項目設定完之後，按下儲存 ❻，最後再按下〔確定〕❼。

如此一來，就完成了自訂的〔文字間距組合〕。〔存檔〕的〔文字間距組合〕會顯示在〔段落〕面板下方的〔文字間距〕組合的下拉式選單中 ❶。

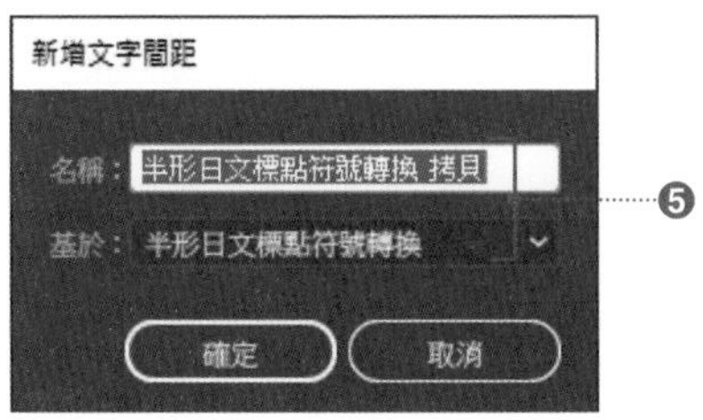

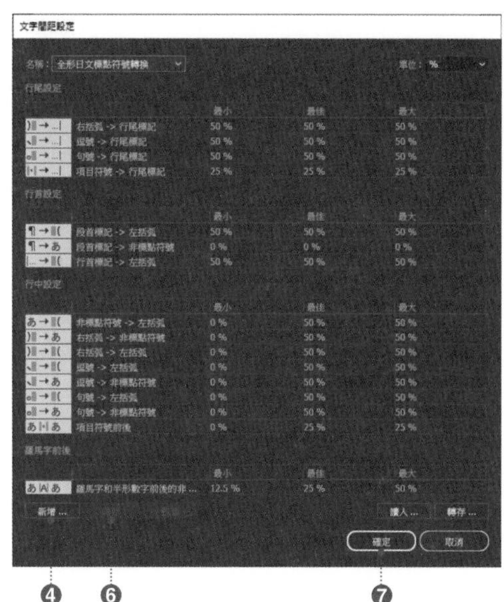

相關〔字元〕面板的基本功能：p.262　區域文字：p.274　區域文字選項：p.280

213 讓文字繞著物件或影像排列

在路徑物件或點陣圖套用〔繞圖排文〕的話，文字就可以繞著物件周圍排列。

step 1

在區域文字上置入要繞圖排文的物件 ❶。點狀文字無法套用繞圖排文指令。

另外，請將置入的物件置於與區域文字相同的圖層上。

說到夏季最為熱門的活動，當然非「煙火」莫屬！今年也不例外，夏季最大的煙火盛會終於來臨了。大家的浴衣是否都準備好了？儘管放心來吧！現在就已經感到開心興奮的人可不是只有你喔！

今年邁入第 51 個年頭的煙火大會，其實是在經歷臨時取消、地點變更等曲折蜿蜒的過程後，才迎來現在的盛況。與城鎮一同發展、進步的煙火大會，能讓你感受歷史的變遷。

妝點夜空的華麗煙火總計有 5000 發之多。從吸引眾人目光的速射連發火花，到讓觀眾看不膩的各種煙火演出，完全展現出職人們的高超手腕。在讚嘆的同時，別忘了拍下你喜歡的照片。

煙火會場的公園預估會有 30 萬人湧入，加上團觀人數可上看至 60 萬人，其規模之大，真是令人驚喜。就算是國外的超級巨星也無法聚集這麼高的人氣。可

煙火呢！

最後，千萬別忘

下的東西。那就是大

會一晚所產生的垃圾

賓客 30 萬人對上 60

❶

 step 2

使用**〔選取〕工具**選取置入的物件，從功能表列點選〔物件〕→〔繞圖排文〕→〔製作〕❷。欲解除時，則點選〔釋放〕。

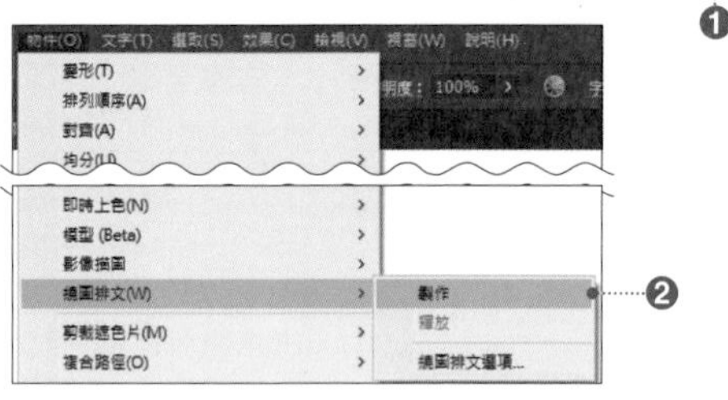

step 3

文字繞著置入的物件周圍排列 ❸。

點陣圖或完成的物件、群組物件、文字物件等等也可以套用繞圖排文指令。

另外，若為點陣圖，文字會繞著不透明的位置排列。完全透明的像素會被忽略。

說到夏季最為熱門的活動，當然非「煙火」莫屬！今年也不例外，夏季最大的煙火盛會終於來臨了。大家的浴衣是否都準備好了？儘管放心來吧！現在就已經感到開心興奮的人可不是只有你喔！

今年邁入第 51 個年頭的煙火大會，其實是在經歷臨時取消、地點變更等曲折蜿蜒的過程後，才迎來現在的盛況。與城鎮一同發展、進步的煙火大會，能讓你感受歷史的變遷。

妝點夜空的華麗煙火總計有 5000 發之多。從吸引眾人目光的速射連發火花，到讓觀眾看不膩的各種煙火演出，完全展現出職人們的高超手腕。在讚嘆的同時，別忘了拍下你喜歡的照片。

煙火會場的公園預估會有 30 萬人湧入，加上團觀人數可上看至 60 萬人，其規模之大，真是令人驚喜。就算是國外的超級巨星也無法聚集這麼高的人氣。可見大家真的很喜歡煙火呢！

最後，千萬別忘了，看完煙火之後所留

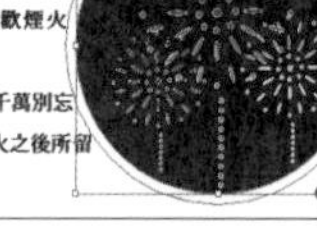

❸

step 4

欲調整文字與物件的間距時，先選取物件，再從功能表列點選〔物件〕→〔繞圖排文〕→〔繞圖排文選項〕，會出現〔繞圖排文選項〕對話框。在〔位移〕輸入文字與物件的間距 ❹。

物件的周圍會顯示表示繞圖排文間距的參考線。

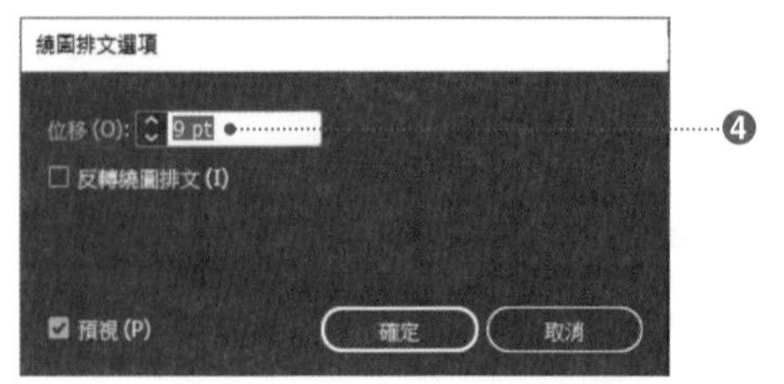

相關 區域文字：**p.274** 區域文字選項：**p.280** 文字緒：**p.282**

214 設定上標、下標文字

在〔字元〕面板上，符合設定〔上標〕或〔下標〕標準的字體，可以設定如「2^5」的上標或「CO_2」的下標文字。

step 1

使用〔文字〕工具 T 選取欲變更為上標、下標文字的字串 ❶，按一下〔字元〕面板的〔上標〕❷，或者〔下標〕❸。

step 2

選取的文字會縮小，而且轉換成上標文字 ❹ 或下標文字 ❺。

欲清除設定時，選取要清除的文字，再次按一下〔字元〕面板的〔上標〕或〔下標〕。

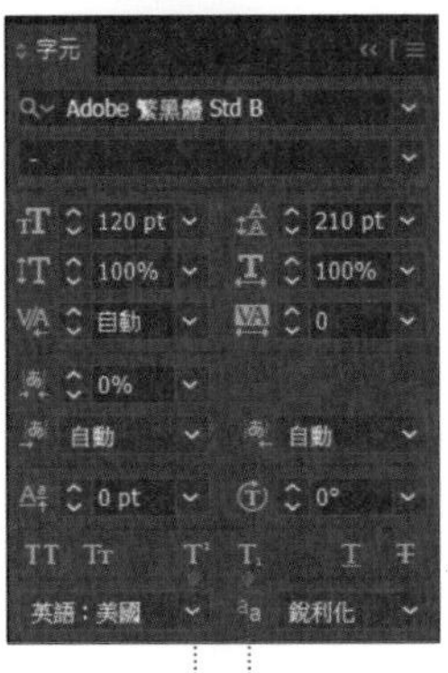

step 3

欲詳細地設定上標、下標文字的位置時，從功能表列點選〔檔案〕→〔文件設定〕，在出現的〔文件設定〕對話框中的〔文字選項〕區進行設定 ❻。（套用〔小型大寫字〕時的縮小倍率也是在這個對話框設定 ❼:p.276）。

❹〔上標文字〕 ❺〔下標文字〕

> **Tips**
>
> 只有在使用中的字體為 OpenType 字體，且該字體有收錄〔上標〕、〔下標〕的情況下，才可以從〔OpenType〕面板的〔位置〕下拉式選單中點選〔上標〕或〔下標〕。

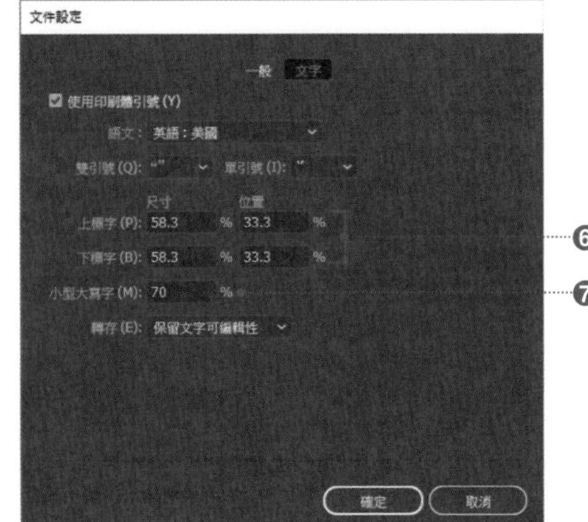

關聯 OpenType：p.293 複合字體：p.296 異體字：p.295

215 設定〔旁注〕，在文章內插入注釋或解說

套用〔字元〕面板選單的〔旁注〕，在欲插入文字內的注釋或解說的字串，就能縮小文字，插入在該行內。

step 1

使用**〔文字〕工具** T 選取欲變更成旁注的字串❶，在〔字元〕面板選單點選〔旁注〕❷。

EDT 淡香水 (依濃度分類的香水分類法，一般濃度為 5~10%，持續時間 3~4 小時) 在目前的擴香瓶市場的市佔率最高，男性專用擴香瓶也是以淡香水為大宗。 ❶

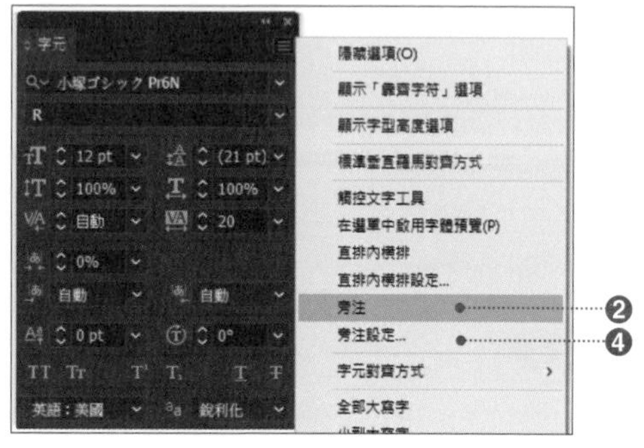

> **Tips**
>
> 所謂旁注是指縮小文字插入文章之中的功能。在插入注釋等等的時候使用。一般會指定為 2 行，但是在 Illustrator 最多可以設定到 5 行。

step 2

文字尺寸縮小變成 2 行，並且可以插入在該行內❸。

❸

EDT 淡香水 (依濃度分類的香水分類法，一般濃度為 5~10%，持續時間 3~4 小時) 在目前的擴香瓶市場的市佔率最高，男性專用擴香瓶也是以淡香水為大宗。

step 3

進行〔旁注〕的進階設定時，在選取字串的狀態下，從〔字元〕面板的面板選單點選〔旁注設定〕❹，會出現〔旁注設定〕對話框。在此設定〔行數：3〕、〔縮放：35%〕❺。按一下〔確定〕的話，在指定位置就會套用旁注❻。

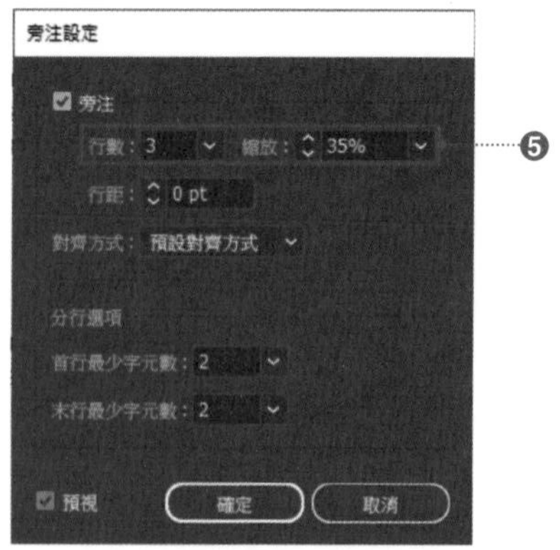

❻

EDT 淡香水 (依濃度分類的香水分類法，一般濃度為 5~10%，持續時間 3~4 小時) 在目前的擴香瓶市場的市佔率最高，男性專用擴香瓶也是以淡香水為大宗。

◎〔旁注設定〕對話框的設定項目

項目	內容
行數	設定〔旁注〕的行數。初始設定為 2 行，但是可以增加行數。
縮放	設定文字的縮小倍率。
行距	指定旁注文字的行與行的間距。
對齊方式	指定旁注文字的對齊方式。
分行選項	指定旁注文字在換行時，置入第一行與最後一行的最少字數。

 關聯 上標、下標：p.287 複合字體：p.296 〔OpenType〕面板：p.293

216 設定專有名詞或英文單字不要在行尾被切斷

在行尾被切斷造成閱讀不易的專有名詞，或者帶有連字號不想被切割的單字，可以套用〔字元〕面板選單的〔不斷字〕，設定在行尾不被切斷。

step 1

使用〔**文字**〕**工具** 選取字串 ❶，從〔字元〕面板的面板選單點選〔不斷字〕❷。如此一來，選取的字串在行尾不被切斷，而直接跳到下一行 ❸。

欲解除〔不斷字〕時，再次選取解除的字串，從面板選單點選〔不斷字〕，取消打勾記號。

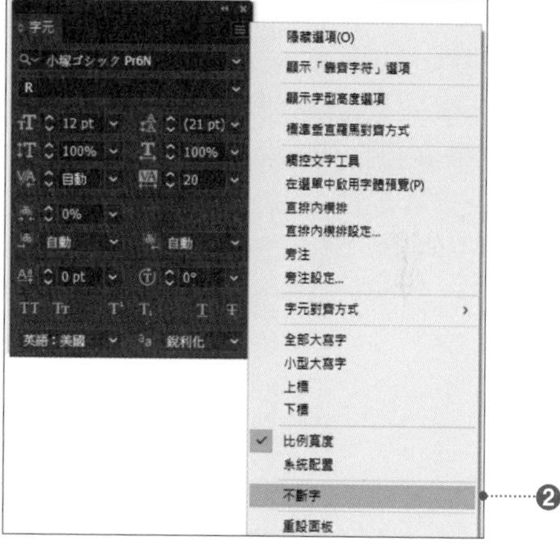

❶

西東京市位於東京都多摩地區的東部, 2001年因田無市和保谷市合併而誕生。

西東京市位於東京都多摩地區的東部, 2001年因田無市和保谷市合併而誕生。

在〔段落〕面板勾選〔連字〕的話 ❹，可以在行尾的長英文單字插入連字號，切割單字 ❺。另外，若有如專有名詞般不想被連字號分開的英文單字的話，就選擇〔不斷字〕。如此一來，即使勾選連字，單字也不會被切割，而是跳到下一行 ❻。

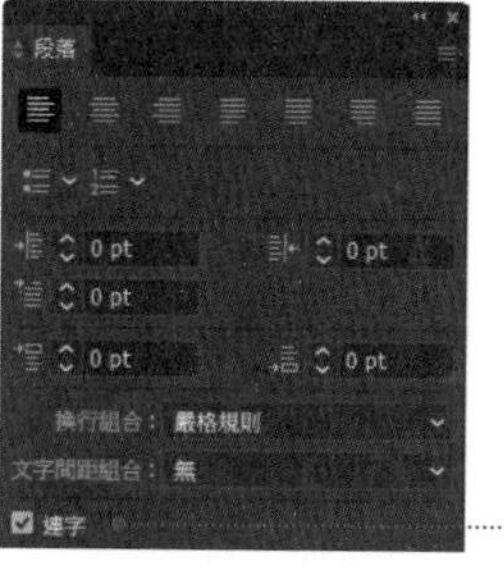

以充滿疾速感的曲風，與獨一無二深具穿透力的歌聲而受到矚目的樂團。SAWAYA-KA MEN聽過一次保證上癮!

以充滿疾速感的曲風，與獨一無二深具穿透力的歌聲而受到矚目的樂團。SAWAYAKA MEN聽過一次保證上癮!

❻

與連字相關的各個項目（單字的最少字數或最多的連字號數等等），可以從〔段落〕面板的面板選單點選〔連字〕，在出現的〔連字設定〕對話框進行設定。

相關 區域文字：p.274　區域文字選項：p.280　文字緒：p.282

217 利用換行組合調整日文文字的換行

使用〔段落〕面板的〔換行組合〕的話，可以在調整行首或行尾的文字後換行。另外，也可以設定換行字元是要下降一行還是上升一行。

所謂**換行字元**是指不置入行首或行尾的文字。換行字元分成**「行首換行字元」**與**「行尾換行字元」**，各有其換行字元。

成為換行字元的文字，並非由特定某個團體來定義，但是一般來說，逗點句點或右方括號等等為行首換行字元，左方括號則為行尾換行字元。設定換行組合，可以讓行首或行尾不會置入換行字元 ❶。

〔換行組合〕能夠以整個文字區域或段落為單位進行設定。

使用**〔選取〕工具**選取區域文字的文字區域，再從〔段落〕面板的〔換行組合〕下拉式選單點選換行組合 ❷。

◎〔換行組合〕下拉式選單的設定項目

項目	內容
無	不執行換行組合。
嚴格規則	登錄為「不能置於行首的字元」、「不能置於行尾的字元」、「中文標點溢出邊界」、「不可斷開的字元」的換行字元（總共 93 個字元）為換行字元的對象。
彈性規則	省略嚴格規則中的文字，如長母音記號「–」或者小字平假名「ょ」、促音片假名「ッ」等等的換行組合。全部有 43 個字元被設定為換行字元。

設定如何處理換行字元。

在〔段落〕面板的面板選單選擇〔換行規則類型〕，再選擇〔先推入〕、〔先推出〕、〔只推出〕的選項 ❸。

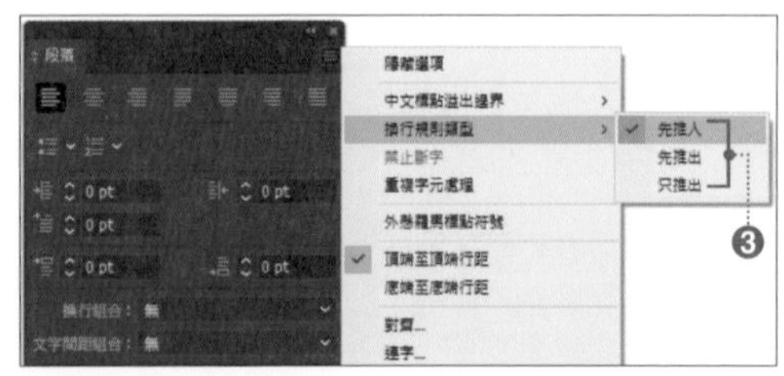

◎〔換行規則設定〕的設定項目

項目	內容
❹ 先推入	將字元移到上一行，預防換行字元置入行首或行尾。
❺ 先推出	將字元移到下一行，預防換行字元置入行首或行尾。
❻ 只推出	永遠將字元移到下一行，預防換行字元置入行首或行尾。

[段落] パネルのパネルメニューで [禁則調整方式] を選択して、[追い込み優先]、[追い出し優先]、[追い出しのみ] のオプションを選択します。	[段落] パネルのパネルメニューで [禁則調整方式] を選択して、[追い込み優先]、[追い出し優先]、[追い出しのみ] のオプションを選択します。	[段落] パネルのパネルメニューで [禁則調整方式] を選択して、[追い込み優先]、[追い出し優先]、[追い出しのみ] のオプションを選択します。
〔先推入〕 （彈性規則）❹	❺〔先推出〕 （彈性規則）	❻〔只推出〕 （彈性規則）

Variation

換行字元可以自訂並且登錄為換行組合。

step 1

從〔段落〕面板的換行組合區的下拉式選單選擇〔換行設定〕❶，會出現〔換行規則設定〕對話框。

step 2

按一下〔新增組合〕❷，會出現〔新增換行組合〕對話框，在對話框輸入新的換行組合名稱後❸，按一下〔確定〕。

step 3

在選取編輯區域的狀態下❹，欲新增文字時，在〔輸入〕輸入文字後❺，按一下〔增加〕❻。

欲刪除文字時，選取刪除的文字。如此一來，〔增加〕按鈕會切換成〔刪除〕按鈕，按一下即可刪除文字。

step 4

設定結束之後，按一下〔儲存〕，儲存設定❼，然後按一下〔確定〕❽。〔儲存〕的〔換行組合〕可以從〔段落〕面板的〔換行組合〕下拉式選單選擇。

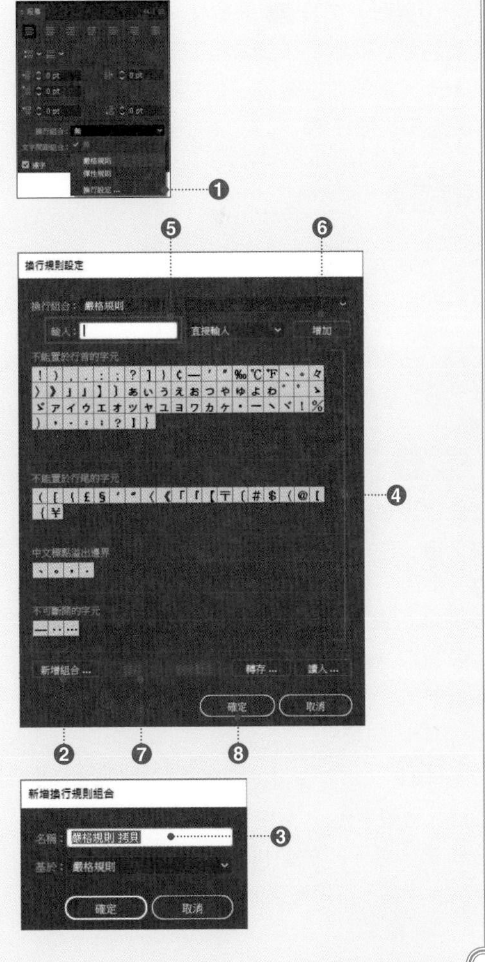

相關 區域文字：p.274　區域文字選項：p.280　文字緒：p.282

218 操作定位點對齊文字的位置

在文字內按 tab 鍵設定完定位點後，再透過〔定位點〕面板的操作，就能輕鬆對齊文字的位置。製作一覽表時，這項功能就能派上用場。

step 1

在此對齊點狀文字（p.265）的各個文字的位置。

按 Tab，如右圖般在對齊文字的位置設定定位點 ❶（右圖顯示隱藏字元：p.284）。

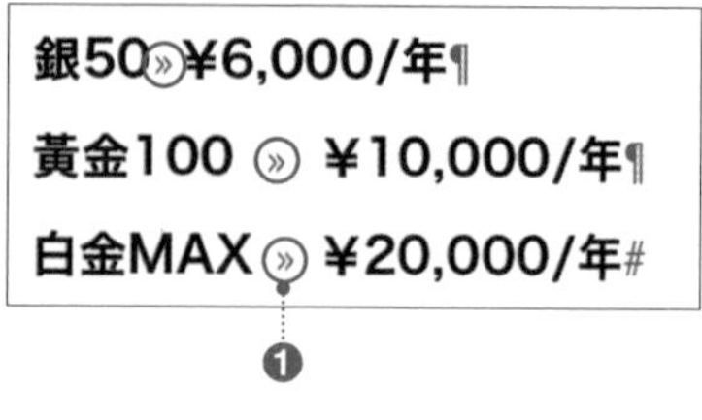

step 2

使用〔**選取**〕**工具** 選取文字物件，從功能表列點選〔視窗〕→〔文字〕→〔定位點〕。如此一來，就能如右圖般，在文字物件上方顯示〔定位點〕面板 ❷。

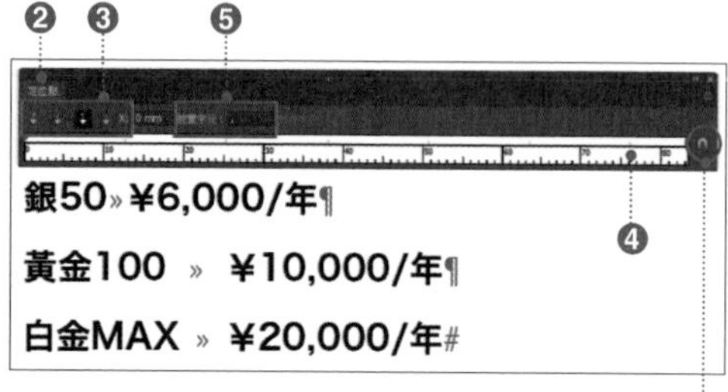

變更文件顯示畫面的尺寸或範圍的話，〔定位點〕面板會殘留在原地。此時按一下〔面板靠齊框架上方〕。

step 3

〔定位點〕面板有 4 種定位按鈕 ❸。

任意按一個定位按鈕，指定文字對齊方式之後，按一下尺規，利用箭頭指定對齊的位置 ❹。

另外，在〔前置字元〕輸入任何文字或記號的話，該文字就會填入定位點的插入位置 ❺。

step 4

在此欲設定向右對齊，因此按一下〔**齊右定位點**〕❻，在〔前置字元〕輸入「・」（中黑點）❼，再按一下尺規欲對齊的位置 ❽。

欲調整位置時，拖曳尺規上的箭頭，或者在〔X〕輸入數值指定位置 ❾。

在指定的位置，文字就會向右對齊。

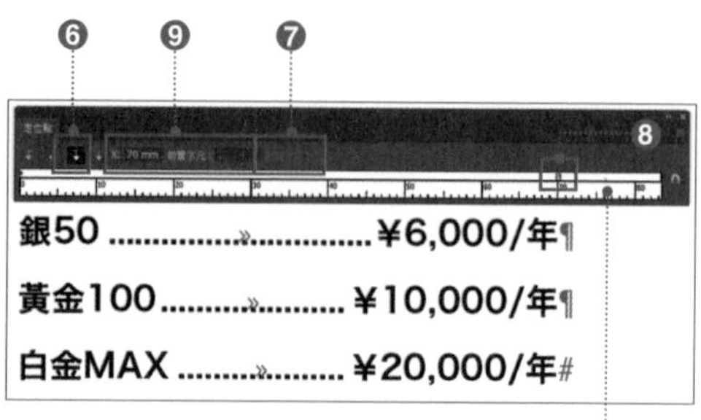

欲刪除不慎插入的多餘箭頭時，可以將尺規上的多餘箭頭拖放到〔定位點〕面板的外側。

step 5

隱藏「隱藏字元」，關閉〔定位點〕面板即大功告成 ❿。另外，右圖中，縮小中黑點或部分文字的大小後，再調整整體位置。

銀50 ....».............. ¥6,000/年¶

黃金100........»........ ¥10,000/年¶

白金MAX ....»........ ¥20,000/年#

❿

 相關〔字元〕面板的基本功能：p.262　隱藏字元：p.284　複合字體：p.296　文字的外框化：p.297

219 活用 OpenType 字體

收錄各式各樣字型或連字的特殊字元。可以使用〔OpenType〕面板以及〔字符〕面板進行設定。

step 1

使用〔**選取**〕**工具** 選取使用的 OpenType 字體的文字物件，或者使用〔**文字**〕**工具** 任意選取字串，按一下〔OpenType〕面板的各個按鈕❶。

另外，按鈕的功能只能套用收錄在 OpenType 字體的字符。從功能表列點選〔文字〕→〔字符〕，會出現〔字符〕面板，在〔顯示〕的下拉式選單可以確認收錄的字符。

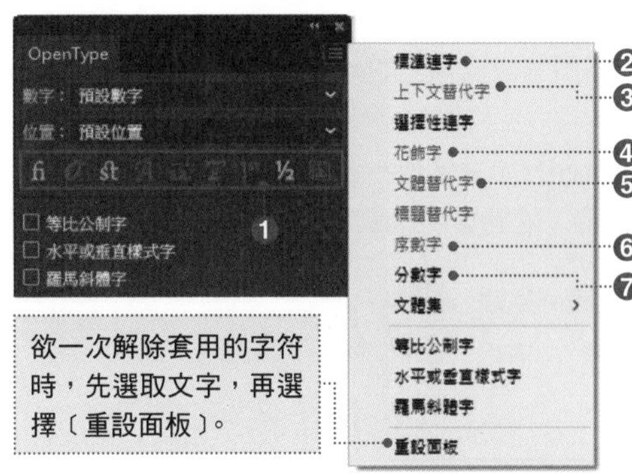

difficult

❷ 標準連字：這類的〔連字〕可以套用在，像是「fi」、「fl」、「Th」等特定的文字組合中。

❸ 上下文替代字：以筆記體的字體漂亮地連結上下文。

❹ 花飾字：適合套用在大寫字母呈現曲線線條的字符。

Quiz

❺ 文體替代字：可以展現美的效果。使用在單字末尾或者特定文字更有效果。

1st

❻ 序數字：有上標的序數。

3/5

❼ 分數字：使用斜線的分數。

將日文字體轉換成選擇性連字

使用〔**選取**〕**工具** 選取使用的 OpenType 字體的文字物件，或者使用〔**文字**〕**工具** 任意選取字串，按一下〔OpenType〕面板的〔**選擇性連字**〕❽。

另外，右圖中，使用〔小塚 Gothic Pr6N M〕字體。

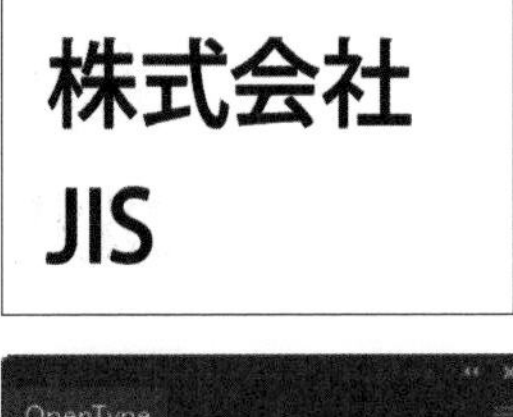

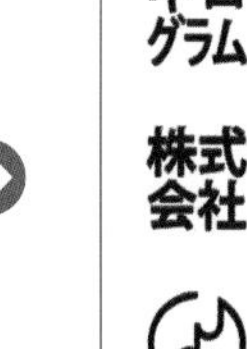

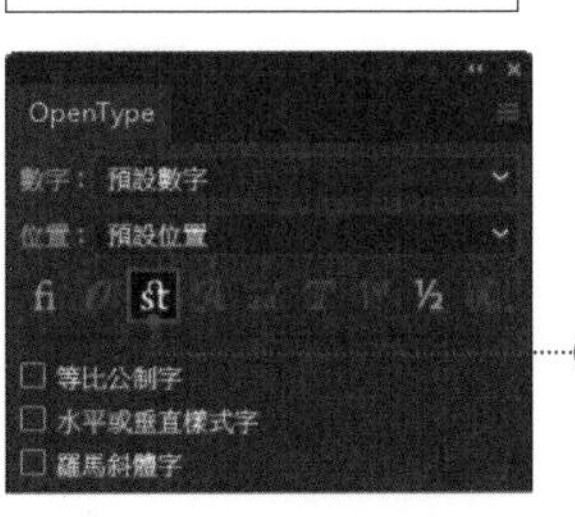

Tips

從功能表列點選〔文字〕→〔字符〕，會出現〔字符〕面板，在下拉式選單選擇〔選擇性連字〕的話，就能確認收錄的〔選擇性連字〕。

220 活用各式各樣的字體

Illustrator 提供各式各樣如「OpenType SVG 字體」或「變數字體」等字體。可根據自己的需要靈活運用。

輸入 OpenType SVG 字體

從字體列表選擇**「OpenType SVG 字體」**的話❶，可以使用彩色字體或者 Emoji 字體。另外，在文字置入插入點，再從〔字符〕面板按二下 Emoji，就能輸入 Emoji 字體。

字體：EmojiOne

字體：Trajan Color

變數字體的功能

從字體列表選擇**「變數字體」**的話❷，〔字元〕面板會顯示〔變數字體〕按鈕❸。按一下按鈕的話，會出現下拉式選單❹。操作滑桿，可以自由調整〔粗細〕或〔寬度〕、〔傾斜〕等等的設定❺。另外，設定項目因字體不同而有差異。

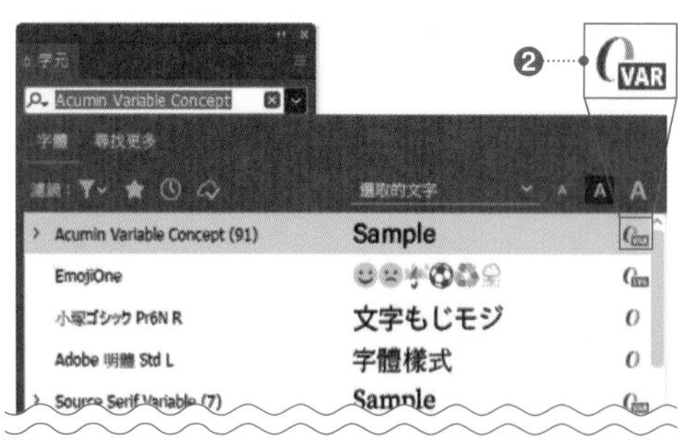

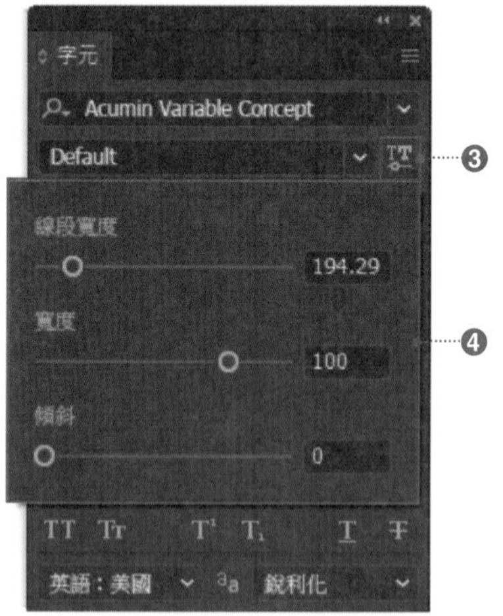

TECHNOLOGY

↓

❺ ***TECHNOLOGY***

相關〔OpenType〕面板：p.293　異體字：p.295　複合字體：p.296　裝飾文字：p.298

221 輸入異體字

使用〔字符〕面板的話，可以輸入 OpenType 字體的異體字或者分數、修飾文字等各種特殊字元。

step 1

使用**〔文字〕工具** T 輸入文字後，拖曳選取欲轉換的文字 ❶。

如此一來，在選取的文字右下方會列表顯示異體字。若出現目標文字，按一下該異體字後立即就會轉換。

若未出現目標文字，則按一下右側的〔 > 〕❷。

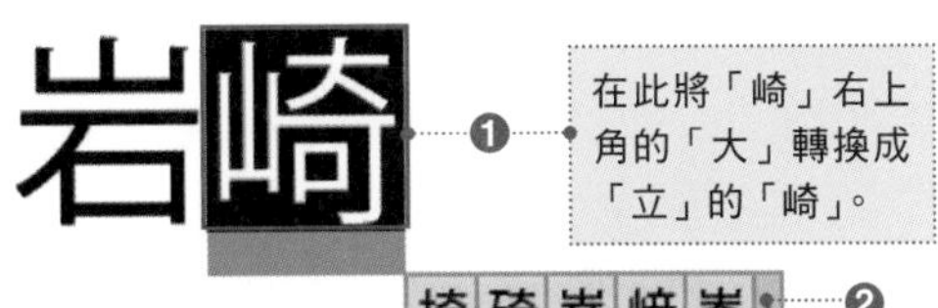

step 2

由於會顯示〔字符〕面板，因此按一下〔縮放〕，就會放大顯示 ❸。發現目標的異體字後，則按二下該異體字 ❹，選取中的文字就能轉換成異體字 ❺。

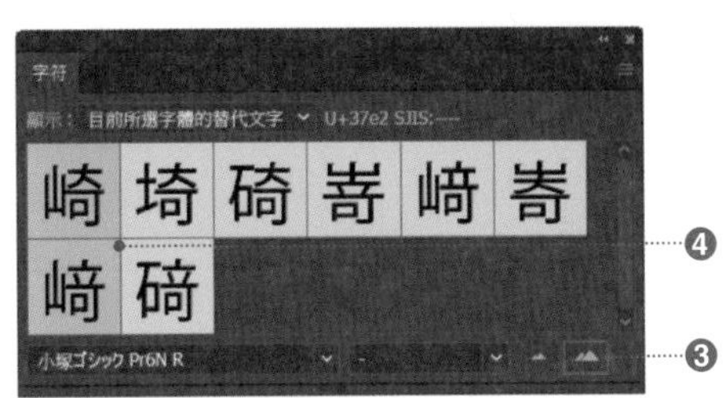

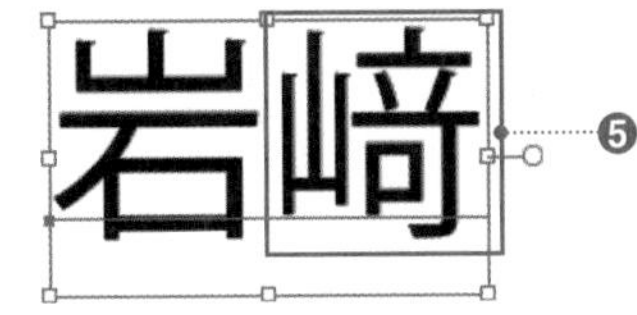

Tips

從功能表列點選〔編輯〕→〔偏好設定〕→〔文字〕，會出現〔偏好設定〕對話框，開啟／關閉〔顯示字元替代文字〕，異體字就會列表顯示。

Variation

變更〔字符〕面板的〔顯示〕下拉式選單 ❶，可以輸入異體字以外的各種特殊字元。

輸入特殊字元時，在輸入文字期間按二下欲輸入的字元。

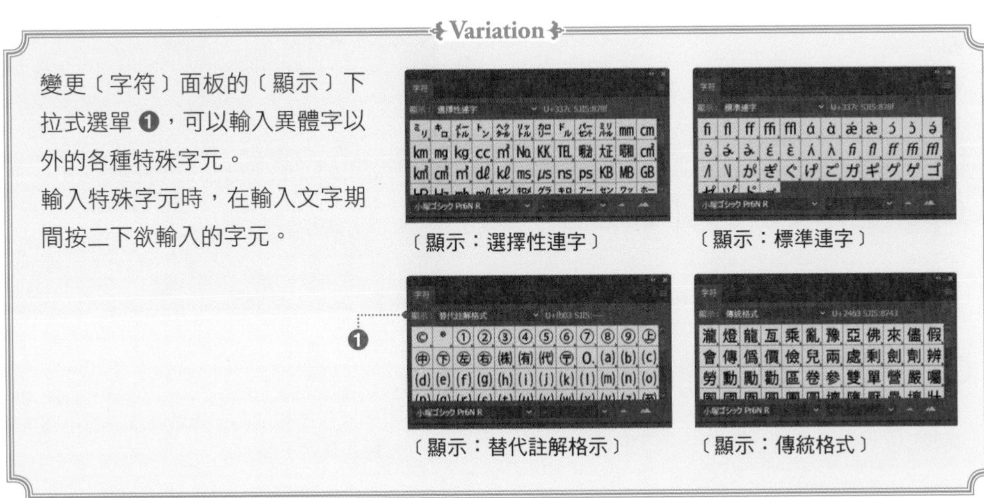

〔顯示：選擇性連字〕

〔顯示：標準連字〕

〔顯示：替代註解格示〕

〔顯示：傳統格式〕

第 8 章 操作文字

222 製作複合字體

使用〔複合字體〕的話，就可以排列組合日文字體與英文字體（融合），完成原創的字體組合。登錄的複合字體會顯示在〔字體列表〕。※ 此功能僅適用於日文字體

從功能表列點選〔文字〕→〔複合字體〕，會出現〔複合字體〕對話框。

按一下**〔新增〕**❶，會出現〔新增複合字體〕對話框。

> **Tips**
>
> 〔文字〕選單中如果未顯示〔複合字體〕的話，請至〔偏好設定〕的〔文字〕勾選〔顯示東亞選項〕。

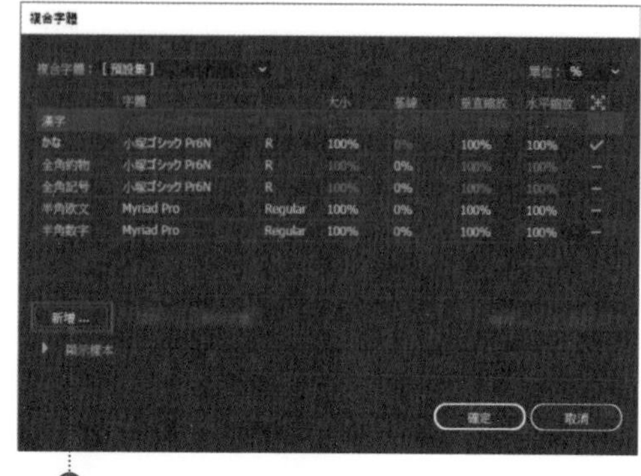

step 2

在〔名稱〕輸入字體名稱後❷，按一下〔確定〕。

如果已經存在複合字體，可以在〔基於〕指定當作新複合字體的來源❸。

step 3

按一下〔顯示樣本〕❹，會顯示複合字體的範例，並且按一下當作基準的〔參考線〕❺，就能夠在確認字體❻的同時進行複合字體作業❼。

設定結束之後，按一下〔儲存〕❽，再按一下〔確定〕。

Open記念でポイント10倍！

〔游 Gothic 體：Medium〕

Open記念でポイント10倍！

〔游 gothic 體：Medium〕+〔Century Gothic：Regular〕

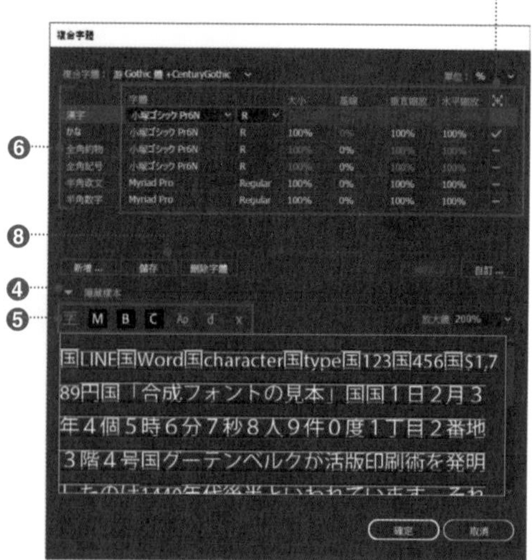

> **Tips**
>
> 還不習慣操作方式的話，建議在確認範例檔的同時製作複合字體。

223 將文字轉換成路徑物件

將文字轉外框，並且轉換成路徑（圖形）的話，就能與一般的路徑物件同樣，變形文字或是套用漸層或〔效果〕等等，進行各種加工作業。

step 1

使用〔**選取**〕選取文字物件 ❶，從功能表列點選〔文字〕→〔建立外框〕❷。

另外，建立外框是針對被選取的整個文字物件進行外框化。無法只個別轉換字串內的某個文字。

再者，一旦轉外框，就會喪失文字資訊，因此無法在〔字元〕面板當作文字編輯，這一點請注意。

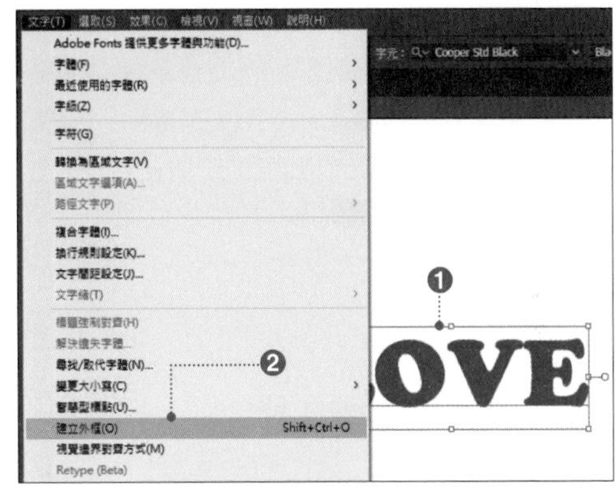

step 2

文字轉換成路徑物件 ❸。

每一個文字都變成複合路徑，轉換前的每一個文字物件皆被群組化。

step 3

從功能表列點選〔編輯〕→〔解散群組〕的話，就能個別移動文字，或者進行縮放等變形操作 ❹。

另外，填色也可以套用漸層或圖樣 ❺。

Short Cut 建立外框

Win Ctrl + shift + O

Mac ⌘ + shift + O

Tips

還不習慣操作方式的話，建議在確認範例的同時製作複合字體。

相關〔字元〕面板的基本功能：p.262 路徑文字：p.272　區域文字：p.274

224 只要按一下就能裝飾文字

文字套用〔繪圖樣式〕的話，只要按一下滑鼠就能設定複雜的裝飾。另外，也可以仔細調整套用的繪圖樣式。

從功能表列點選〔視窗〕→〔繪圖樣式〕→〔繪圖樣式資料庫選單〕→〔文字效果〕，會顯示〔文字效果〕面板。

使用**〔選取〕工具**選取文字物件 ❶，選擇套用的繪圖樣式 ❷。

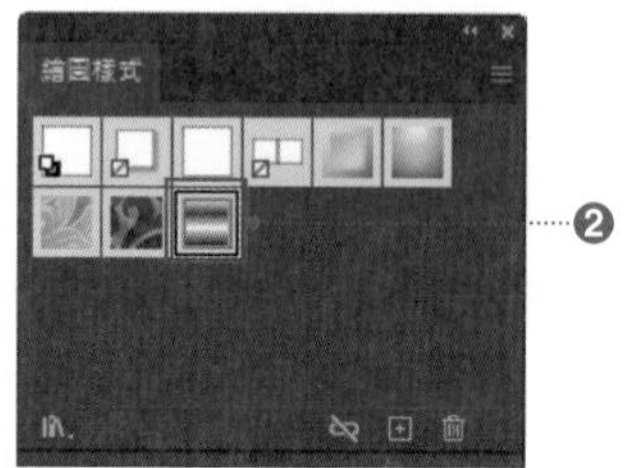

繪圖樣式套用在文字物件 ❸。

在〔外觀〕面板進行編輯的話，也可以仔細調整〔填色〕的顏色或變形的程度。

在此針對上圖的銀色文字，調整〔填色〕的漸層與〔筆畫〕的顏色，轉換成黃銅色調 ❹。

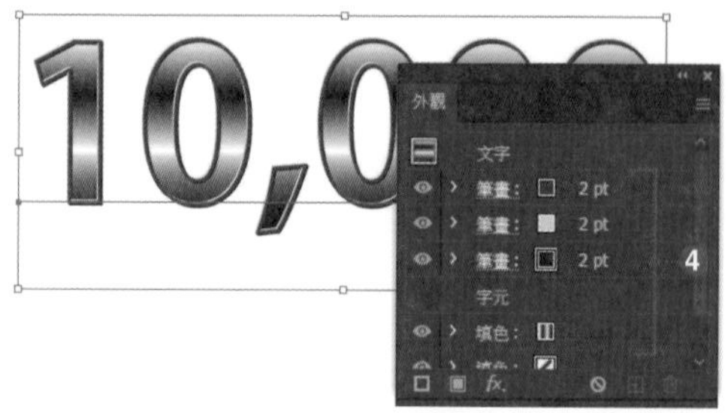

Tips

〔繪圖樣式〕中，除了〔文字效果〕面板之外，還有準備各式各樣的資料庫。依照設計目的，套用各種不同的樣式，並試著確認其效果吧。

另外，〔繪圖樣式〕僅對外觀產生作用。由於路徑本身不會變形，所以即使套用後，也可以變更字體的種類或大小，或者是編輯輸入的內容。

225 使用〔觸控文字〕工具使文字任意變形

使用〔觸控文字〕工具的話，不需要將每個文字變成獨立的物件，而是可以憑直覺操作、輕鬆變形字串中的某個文字。在製作需要加強強弱層次的標題文字時，相當方便。

事先準備文字物件。在此變形點狀文字❶。另外，也可以變形區域文字、路徑文字。

從工具列點選使用〔**觸控文字**〕**工具**❷。

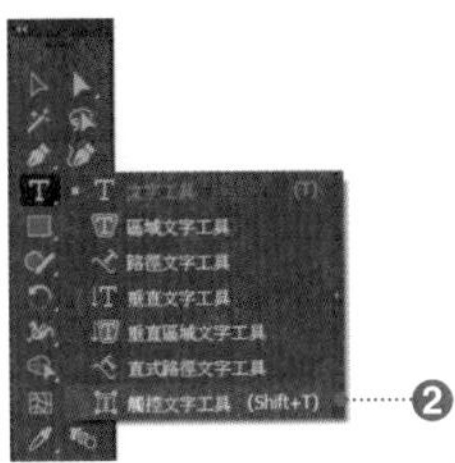

由於滑鼠游標變成，所以點選欲變形的文字❸。選取之後，文字的周圍會出現控制把手。拖曳上方中央的控制把手，就能旋轉文字❹。

接著，拖曳右上方的控制把手，就可以固定長寬比例同時縮放文字❺❻。

同時，再拖曳控制把手內側（文字），自由移動文字的位置。

不過，不能改變文字的順序。

step 5

以〔**觸控文字**〕**工具**選取的文字，可以從〔色票〕面板或〔顏色〕面板套用顏色。調整一下，讓整體看起來協調即大功告成❼。

變形之後，只要加以確認〔字元〕面板就可以明顯看出垂直縮放、水平縮放、設定字距、基線微調、旋轉文字等各項設定都已經產生了變化❽。

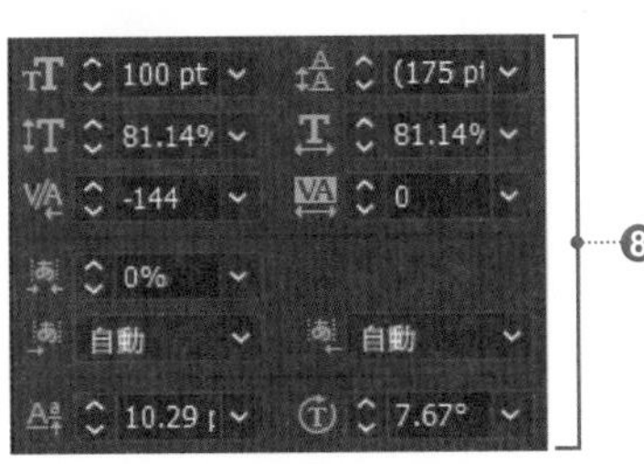

Tips

縮放文字時的對齊基準，是在〔字元〕面板的面板選單設定〔字元對齊方式〕(p.268)

相關〔字元〕面板的基本功能：**p.262** 點狀文字：**p.265**　字元對齊方式：**p.268**　字距：**p.270**

設定字體與活用 Adobe Fonts

在〔字元〕面板設定字體之際，可以使用各種尋找、濾鏡功能，縮小目標字體的搜尋範圍。

- 〔放大鏡〕圖示 ❶ 是在文字區輸入文字尋找文字時，可以切換〔搜尋關鍵字〕和〔搜尋字首〕。
- 〔套用分類篩選器〕❷ 顯示「無襯線體」、「襯線體」、「手寫體」等等分類的字體。
- 〔我的最愛篩選器〕❸ 按一下 ❼，就會顯示〔設為我的最愛〕的字體。
- 〔顯示最近新增的篩選器〕❹ 只顯示最近新增的字體（最近 30 天）。
- 〔顯示啟動字體篩選器〕❺ 只顯示「Adobe Fonts」中有作用（有效化）的字體。
- 〔檢視類似字體〕❻ 顯示類似選取中的字體的字體。

何謂 Adobe Fonts

（舊名：Adobe Typekit）為提供高品質字體的線上服務，購買 Creative Cloud 應用程式的使用者，可以無限制地使用總共超過 15000 種以上的字體（無須購買應用程式，只要有 Adobe ID，就能免費利用字體的基本組合集）。

〔字元〕面板或者網站都可以閱覽字體，並且能夠立即套用。字體有效化之後，就會顯示在全部的桌面應用程式的字體選單中。另外，因為綁定〔Adobe ID〕，所以使用不同的電腦但是用相同的〔Adobe ID〕登入的話，也會同步更新。

Adobe Font 的瀏覽與設定

按一下〔樣本文字選項〕的話 ❽，會顯示可以「Adobe Fonts」新增的字體清單。利用〔有效〕按鈕可以切換字體的有效 / 無效 ❾。

從功能表列點選〔文字〕→〔Adobe Fonts 提供更多字體與功能〕的話，就能從瀏覽器連結 Adobe Font 的網站。
確認字體或字體開發商的資訊，或者使用日文字體的分類篩選器，可以設定字體的有效 / 無效。

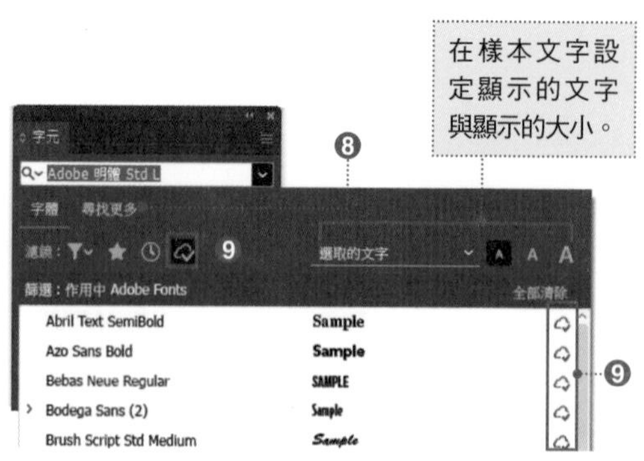

（有效）

（無效）

第9章

圖稿

226 製作封套

排列組合單純形狀的物件，再利用〔彎曲〕效果進行變形，就能輕鬆繪製出平滑曲線。

step 1

點選〔**多邊形**〕**工具** ❶，在文件上按一下滑鼠左鍵，會出現〔多邊形〕對話框。

設定〔半徑：50mm〕、〔邊數：3〕❷，按一下〔確定〕後，就會繪製正三角形。

接著，點選〔**旋轉**〕**工具** ❸，將三角形 180 度旋轉 ❹。

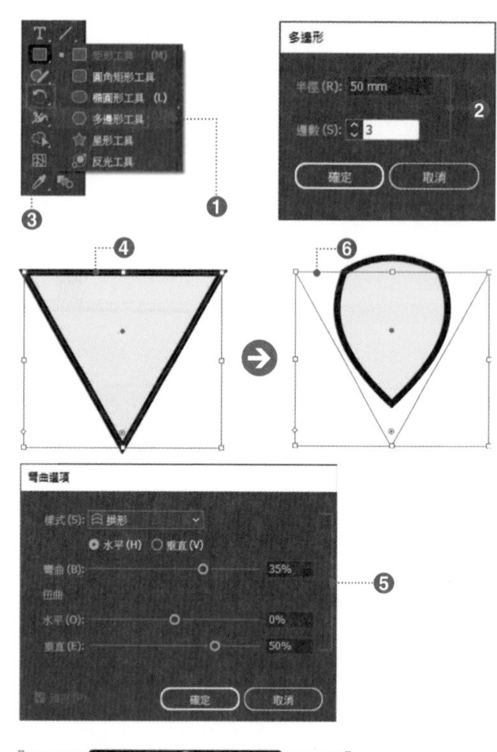

step 2

在選取物件的狀態下，從功能表列點選〔效果〕→〔彎曲〕→〔拱形〕，會出現〔彎曲選項〕對話框。設定如下 ❺，然後按一下〔確定〕。

- 〔樣式：拱形〕
- 〔水平〕
- 〔彎曲：35%〕
- 〔水平：0%〕
- 〔垂直：50%〕

如此一來，完成的三角形物件就會變形為盾牌造型 ❻。

step 3

製作另一個物件。使用〔**矩形**〕**工具** 繪製矩形，排列組合後，完成右圖般的物件，將物件群組化 ❼。

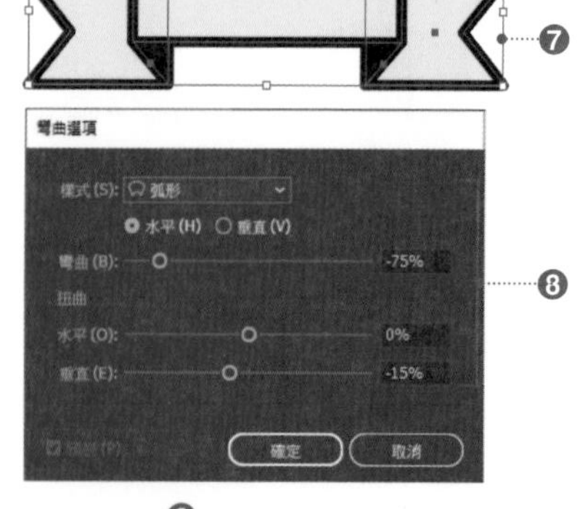

step 4

在選取完成的群組物件的狀態下，從功能表列點選〔效果〕→〔彎曲〕→〔弧形〕，會出現〔弧形選項〕對話框。設定如下 ❽，然後按一下〔確定〕。

- 〔樣式：弧形〕
- 〔水平〕
- 〔彎曲：–75%〕
- 〔水平：0%〕
- 〔垂直：–15%〕

如此一來，原本是平面的捲軸物件，變形為平滑的弧形物件 ❾。

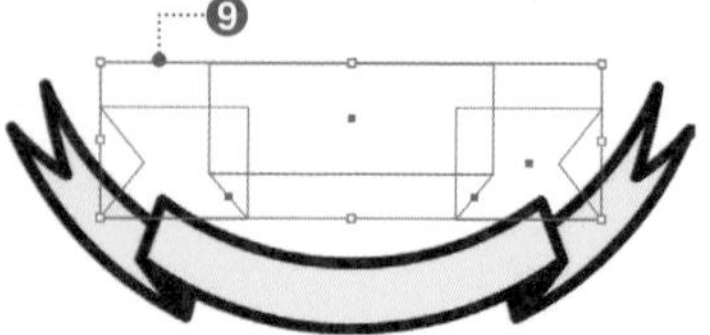

 相關 旋轉物件：p.190 路徑的基本結構：p.340

使用〔**矩形**〕**工具** 繪製矩形，如右圖般，在矩形上方置入使用〔**橢圓形**〕**工具** 繪製的一排圓形物件 ⑩。

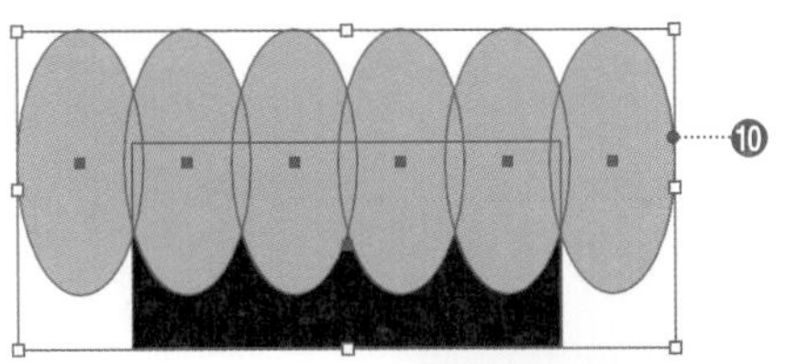

step 6

使用〔**選取**〕**工具** 選取全部物件，按一下〔路徑管理員〕面板的〔減去上層〕⑪，挖空物件 ⑫。

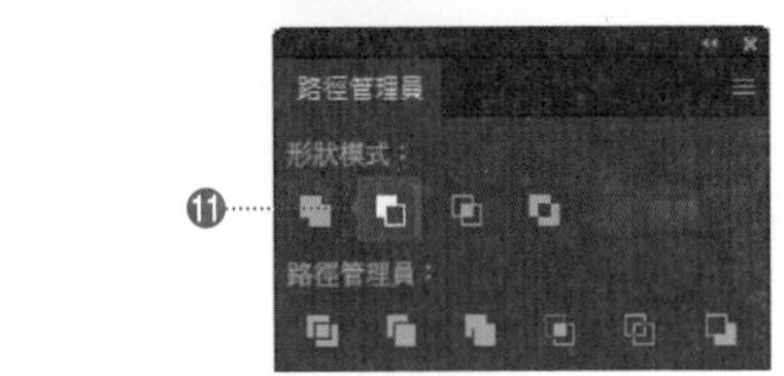

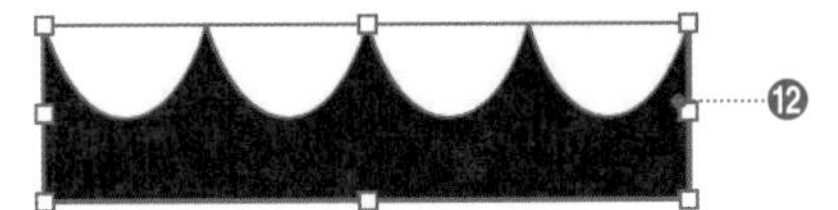

step 7

選取挖空的物件，從功能表列點選〔效果〕→〔彎曲〕→〔拱形〕，會出現〔彎曲選項〕對話框。

設定如下 ⑬，然後按一下〔確定〕。

- 〔樣式：拱形〕
- 〔水平〕
- 〔彎曲：30%〕
- 〔水平：0%〕
- 〔垂直：–15%〕

如此一來，物件變形為拱形 ⑭。

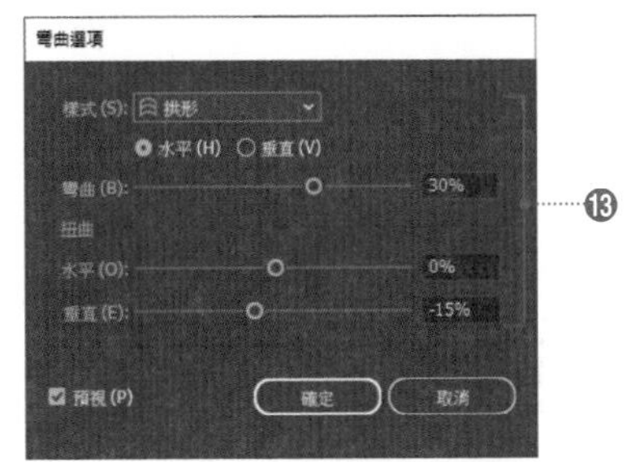

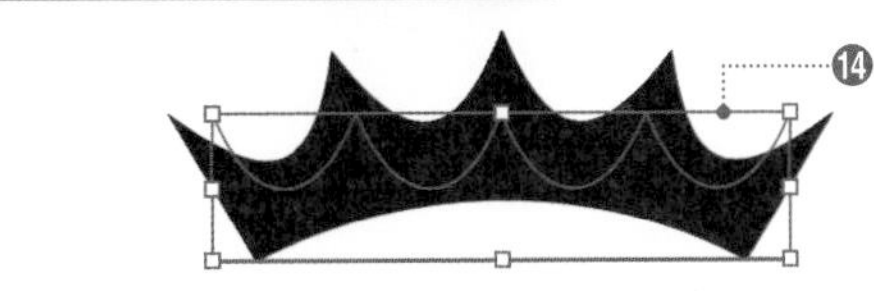

製作另一個物件。

使用〔**橢圓形**〕**工具** 繪製橢圓形，再使用〔**錨點**〕**工具** ⑮ 按一下上下的錨點 ⑯，橢圓形變形為葉子形狀，並且如右圖般排列 ⑰。

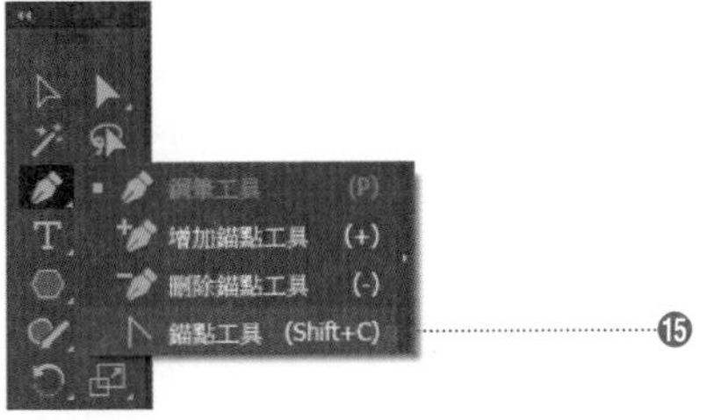

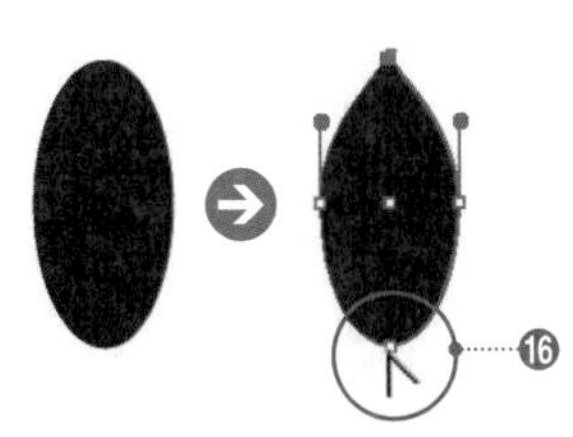

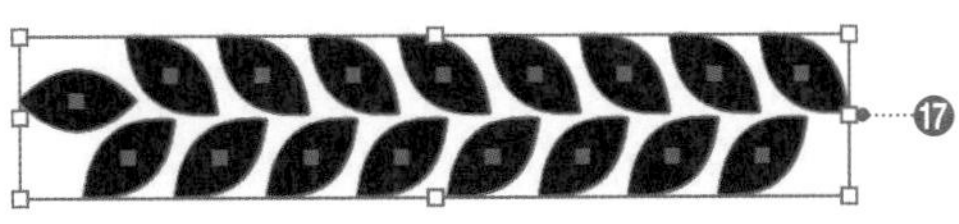

相關〔減去上層〕：**p.207**　〔橢圓形〕工具：**p.66**　〔錨點〕工具：**p.63**

step 9

拖曳葉子物件到〔筆刷〕面板，會出現〔新增筆刷〕對話框，並且在選擇〔線條圖筆刷〕後，會出現〔線條圖筆刷選項〕。
在此保留預設的設定，按一下〔確定〕⑱。

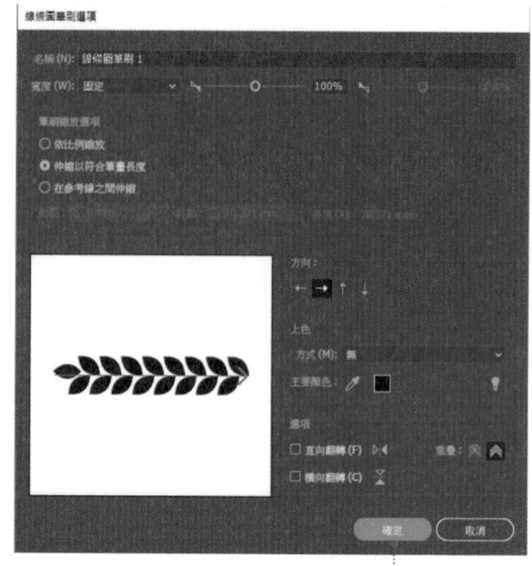

step 10

使用〔**鋼筆**〕**工具** 繪製如下圖般的路徑⑲，並且套用登錄的筆刷在該路徑上⑳。

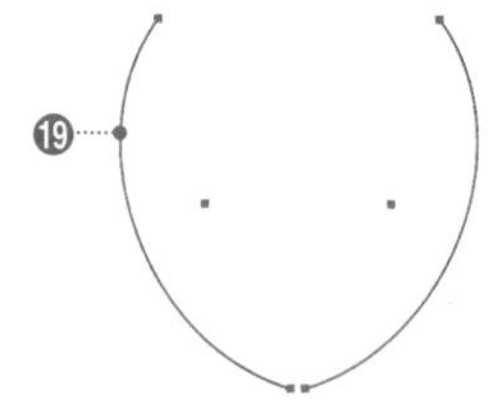

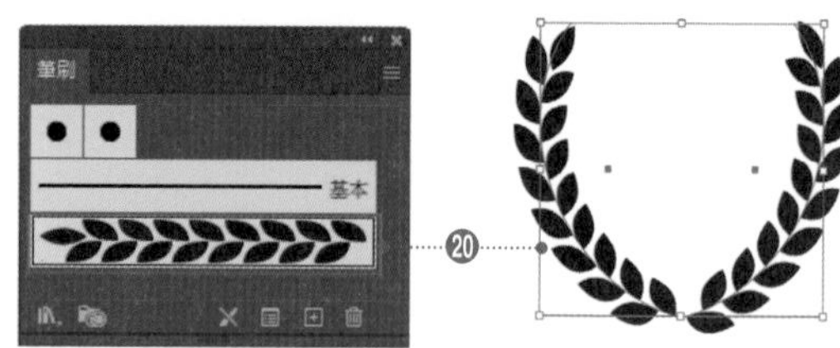

將到目前為止完成的全部物件排列組合後，就變成右圖般的圖稿㉑。
選取完成的物件，從功能表列點選〔物件〕→〔擴充外觀〕，並且將全部物件的效果和筆刷轉換成路徑物件。轉換成路徑物件的話，能夠更自由地變更顏色或筆畫寬度。
最後設定〔填色〕或〔筆畫〕的顏色以及寬度，套用在文字或物件之後，即大功告成㉒。

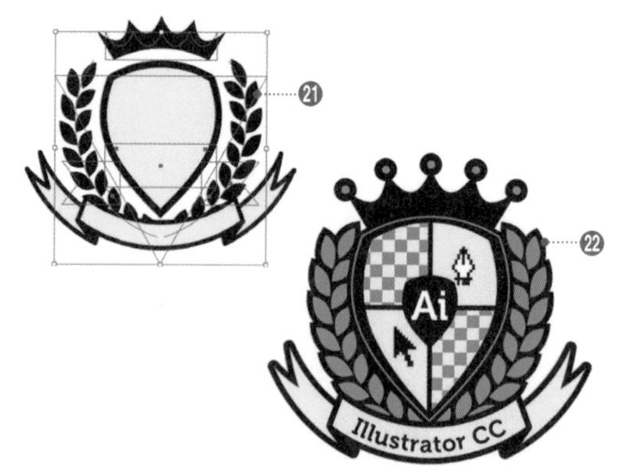

Variation

只要改變原本形狀和〔彎曲〕效果的數值，就能輕鬆的將盾牌變形成如右圖般的形狀。剛開始的時候，請先嘗試各種不同的形狀，之後再慢慢找出所需要的原始形狀或數值。

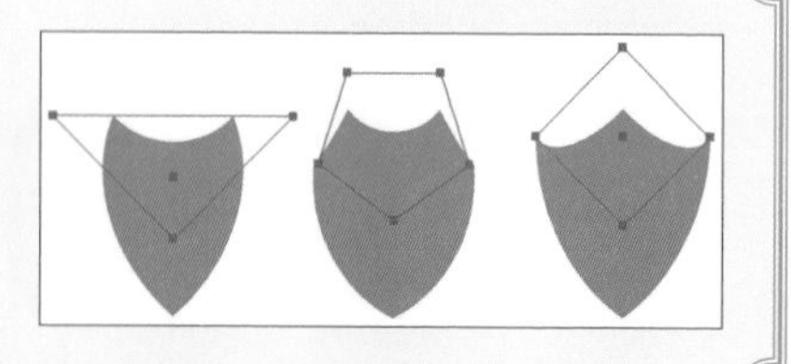

227 繪製絲網印刷風的插圖

藉由描繪照片，置入黑白色調影像，製作如安迪．沃荷的作品般，帶著絲網印刷風的普普藝術插圖。

將照片當作內嵌影像置入（p.219），在〔圖層〕面板縮定置入的圖層 ❶。

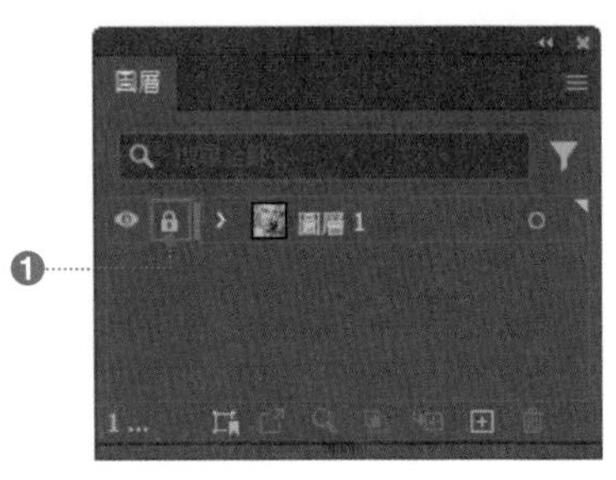

新增影像描圖用的圖層 ❷，使用〔**鋼筆**〕**工具** 概略的描圖 ❸。將〔**鋼筆**〕**工具** 設定為〔填色：無〕、〔筆畫：任何一個醒目的顏色〕❹。

再依序描繪頭髮、肌膚、嘴唇、瞳孔 ❺。

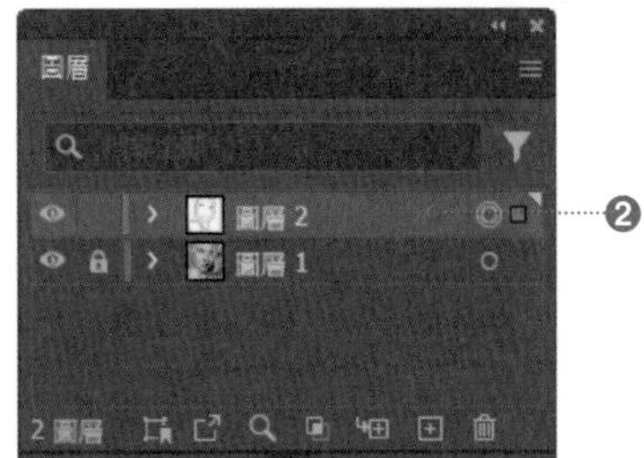

相關 內嵌影像：p.219　鎖定圖層：p.98　〔鋼筆〕工具：p.58

step 3

影像描圖結束之後，解除鎖定置入照片的圖層❻，並且隱藏描圖的圖層❼。

step 4

將照片改為黑白色調。使用**〔選取〕工具** 選取影像，從功能表列點選〔效果〕→〔素描〕→〔鋸齒邊緣〕，會出現〔鋸齒邊緣〕對話框。

雖然每個影像狀態不同，但是在此設定〔平衡：28〕、〔平滑：15〕、〔對比：21〕❽。設定後按一下〔確定〕。

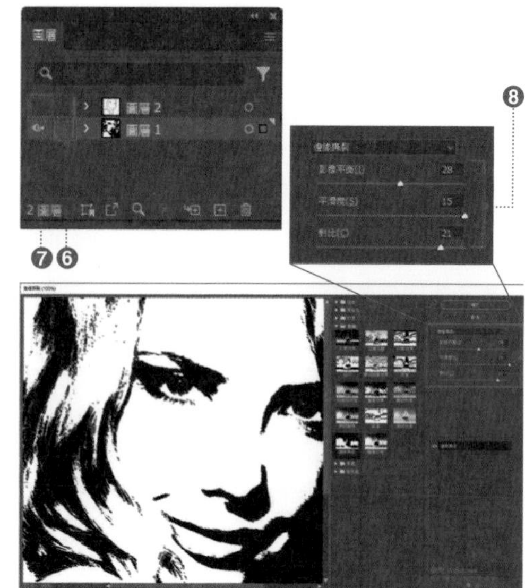

step 5

從功能表列點選〔效果〕→〔像素〕→〔彩色網屏〕，會出現〔彩色網屏〕對話框。

雖然每個影像狀態不同，但是在此設定〔最大強度：12〕、〔色版 1：108〕、〔色版 2：162〕、〔色版 3：90〕、〔色版 4：45〕後❾，按一下〔確定〕。

> **Tips**
> 影像如果無法順利調成灰階的話，請利用 Photoshop 之類的影像編輯軟體，轉成灰階後再置入。

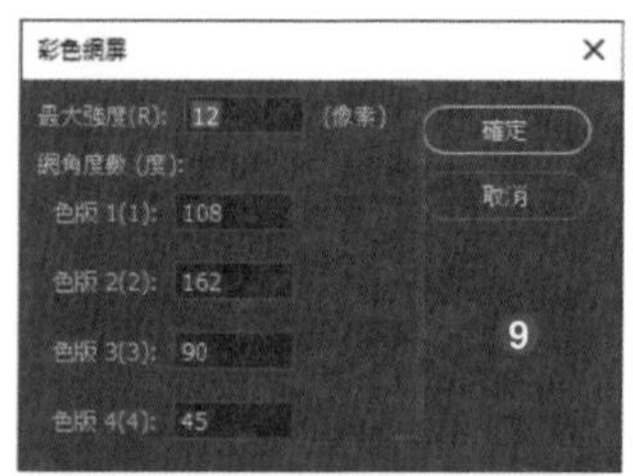

step 6

影像出現如下圖般的網點❿。在選取影像的狀態下，從功能表列點選〔物件〕→〔擴充外觀〕，擴充效果，並且從功能表列〔編輯〕→〔編輯顏色〕→〔轉換成灰階〕，照片轉換成灰階影像⓫。

 相關〔鋸齒邊緣〕效果：**p.259**〔彩色網屏〕效果：**p.247**　擴充外觀：**p.234**

step 7

在〔圖層〕面板，切換〔面板 1〕和〔面板 2〕的排列順序 ⑫，在照片重疊在路徑之上的狀態下，使用**〔選取〕工具** 選取影像，再到〔透明〕面板設定〔混合模式：色彩增值〕⑬。

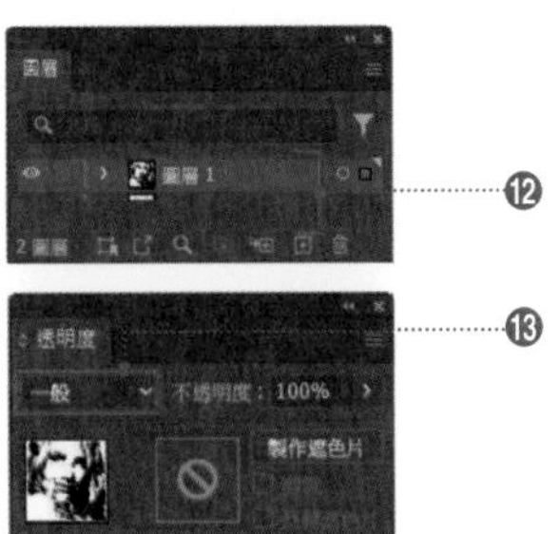

step 8

對影像描圖的各個部位填上顏色。

在〔圖層〕面板鎖定〔圖層 1〕，顯示〔圖層 2〕。對各個部位設定〔填色〕的顏色，不設定〔筆畫〕⑭。

Tips

由於各個部位與影像描圖順序互有重疊，因此設定〔填色〕顏色的話，有些部位會被遮蔽。在這種情況下，請展開〔圖層 2〕，調整各個部位的順序 ⑮。

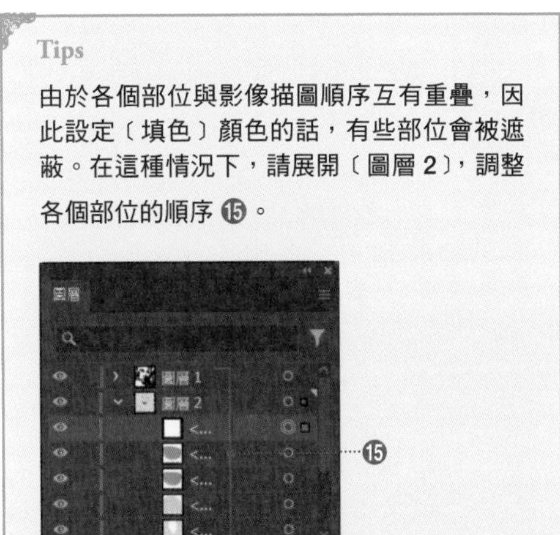

⑯

step 9

轉換成灰階的影像，可以在〔填色〕設定顏色增添色彩。

選取影像，在〔填色〕設定〔R：21、G：135、B：73〕⑯。

step 10

從〔圖層〕面板的面板選單選取〔合併選定的圖層〕，合併圖層。再使用**〔矩形〕工具** 在最上層繪製正方形，選取全部物件後，點選〔物件〕→〔剪裁遮色片〕，裁切多餘的部分後便大功告成 ⑰。

第9章 圖稿

相關 交換圖層的排列順序：p.100　混合模式：p.154　製作剪裁遮色片：p.225

228 製作有如銀色水晶寶石般耀眼的 LOGO

在〔外觀〕面板，對文字物件新增多個〔填色〕，設定〔效果〕或〔漸層〕，展現立體感與光澤感。同時鋪滿水晶圖樣，增添高級感。

step 1

製作點狀文字 ❶。
字體可以憑自己的喜好決定，但是請設定粗筆畫、帶有厚實感的字體。
在此使用襯線字體的〔Abril Text SemiBold：150pt〕。

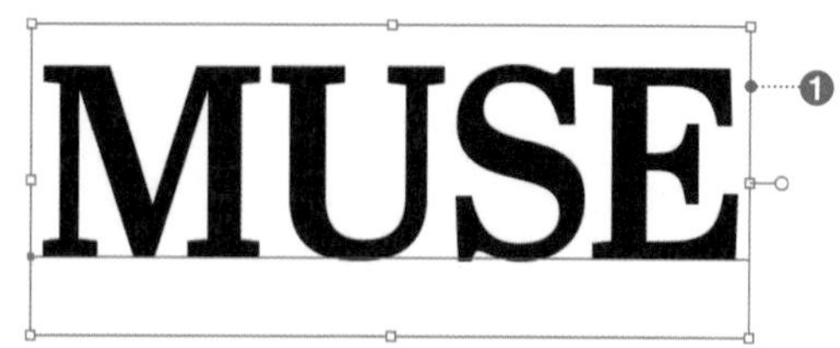

step 2

使用**〔選取〕工具** 選取點狀文字，設定〔填色：無〕、〔筆畫：無〕❷。由於都設為無，所以暫時看不見文字。
接著，顯示〔外觀〕面板，按一下**〔新增填色〕**❸，新增填色。
如此一來，〔外觀〕面板的〔文字〕上層會新增〔填色〕和〔筆畫〕❹。

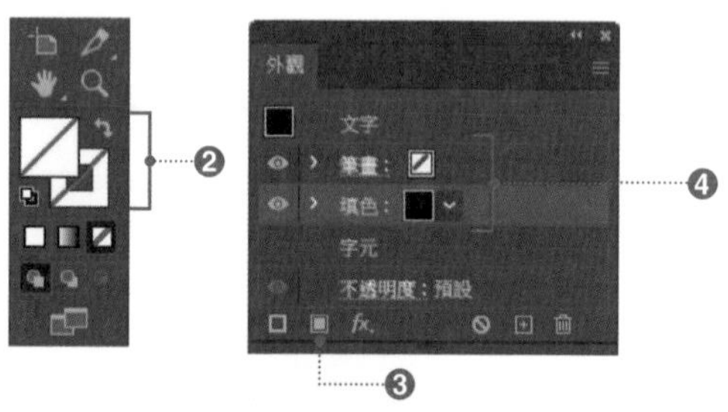

step 3

在選取新增的〔填色〕的狀態下，按一下**〔複製選取項目〕**❺。
如此一來，〔填色〕被複製，變成 2 個〔填色〕❻。
點選下層的〔填色〕，再從功能表列點選〔效果〕→〔路徑〕→〔位移複製〕，會出現〔位移複製〕對話框。

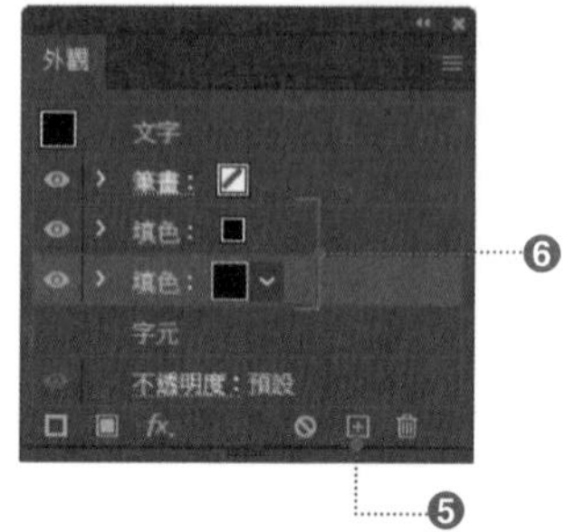

step 4

設定〔位移：2mm〕、〔轉角：尖角〕、〔尖角限度：4〕後，按一下〔確定〕❼。
文字套用〔位移複製〕效果，加上了外框。為了讓效果內容清楚易懂，故變更〔填色〕的顏色 ❽。如此一來，外框如右圖般清楚可見 ❾。

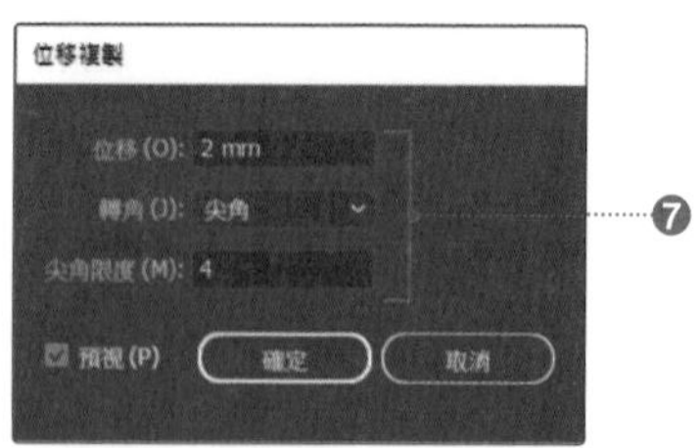

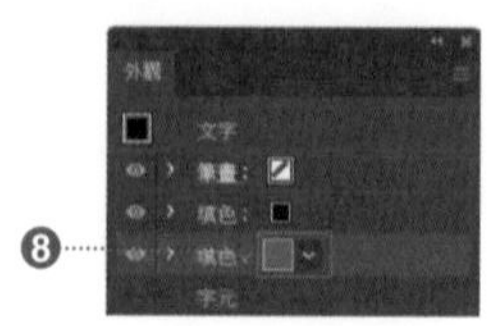

相關 點狀文字：p.265 〔外觀〕面板：p.130 位移複製：p.213

step 5

在選取下層〔填色〕的狀態下 ❿，按一下〔外觀〕面板的〔複製選取項目〕⓫。如此一來，〔填色〕被複製，〔外觀〕面板上的〔填色〕變成 3 個 ⓬。

按一下最下層的〔填色〕的箭頭，展開選項，按一下〔位移複製〕效果 ⓭，會出現〔位移複製〕對話框。

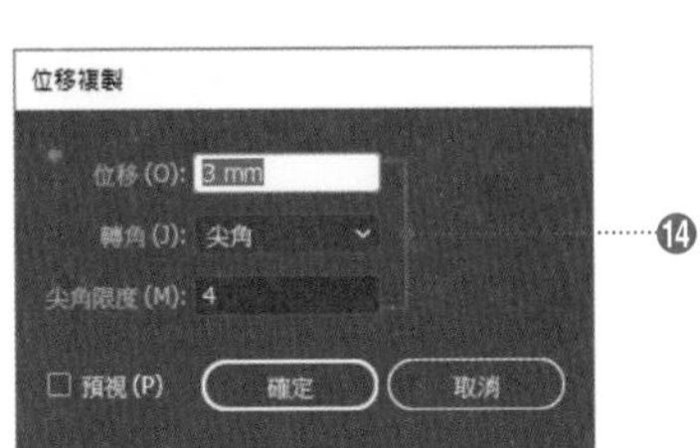

step 6

變更〔位移複製：3mm〕後按一下〔確定〕⓮，套用〔位移複製〕效果。

step 7

套用完〔位移複製〕效果之後，文字會加上 2 層外框。

利用和 step4 相同的步驟，變更最下層的〔填色〕顏色 ⓯，就能確認文字變成如右圖般的輪廓字 ⓰。

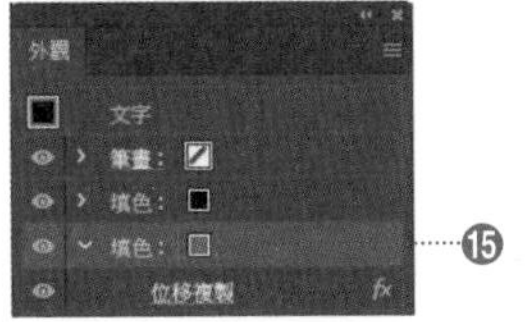

step 8

套用漸層。

在〔外觀〕面板上，選取位於中間的〔填色〕，套用下列漸層 ⓱。

中間顏色全部設為〔中間顏色：50〕。

- 〔類型：線性〕
- 〔角度：90〕
- 〔位置：0、C：55、M：40、Y：40、K：0〕
- 〔位置：15、C：5、M：0、Y：0、K：0〕
- 〔位置：25、C：45、M：30、Y：35、K：0〕
- 〔位置：40、C：35、M：20、Y：20、K：0〕
- 〔位置：50、C：30、M：20、Y：20、K：0〕
- 〔位置：65、C：14、M：7、Y：7、K：0〕
- 〔位置：0、C：0、M：0、Y：0、K：0〕
- 〔位置：90、C：0、M：0、Y：0、K：0〕
- 〔位置：100、C：15、M：8、Y：8、K：0〕

相關 選取相同屬性的物件：p.89 〔漸層〕面板：p.150

step 9

選取〔外觀〕面板最下層的〔填色〕，套用下列的漸層 ⑱。中間顏色全部設為〔中間顏色：50〕。

- 〔類型：線性〕 ●〔角度：90〕
- 〔位置：0、C：20、M：5、Y：5、K：100〕
- 〔位置：20、C：50、M：35、Y：35、K：0〕
- 〔位置：25、C：20、M：5、Y：5、K：100〕
- 〔位置：40、C：45、M：30、Y：30、K：0〕
- 〔位置：55、C：50、M：40、Y：40、K：0〕
- 〔位置：65、C：15、M：10、Y：10、K：0〕
- 〔位置：75、C：50、M：40、Y：40、K：0〕
- 〔位置：85、C：15、M：10、Y：10、K：0〕
- 〔位置：90、C：65、M：40、Y：40、K：50〕
- 〔位置：100、C：15、M：8、Y：8、K：0〕

step 10

製作置入物件中央的水晶圖樣。

使用**〔多邊形〕工具** 在文件上按一下滑鼠左鍵，在出現的〔多邊形〕對話框設定〔半徑：30mm〕、〔邊數：8〕⑲。繪製正八邊形。而且，對繪製的正八邊形的〔填色〕套用下列的漸層 ⑳。

- 〔類型：線性〕 ●〔角度：90〕
- 〔位置：0、C：20、M：10、Y：10、K：100〕
- 〔位置：30、C：15、M：5、Y：5、K：50〕
- 〔位置：65、C：0、M：0、Y：0、K：0〕
- 〔位置：100、C：20、M：10、Y：10、K：100〕

step 11

使用〔矩形〕工具從八邊形的左邊頂端拖曳到右邊頂點，繪製矩形，並且套用與八邊形相同的漸層，將角度變更成〔角度：45〕㉑。使用相同步驟再繪製 1 個矩形，這次設定〔角度：135〕㉒。

step 12

使用**〔選取〕工具** 選取下層的正八邊形，按 Ctrl（⌘）+ C 拷貝，並且在解除選取的狀態下，按 Ctrl（⌘）+ F，貼至上層 ㉓。

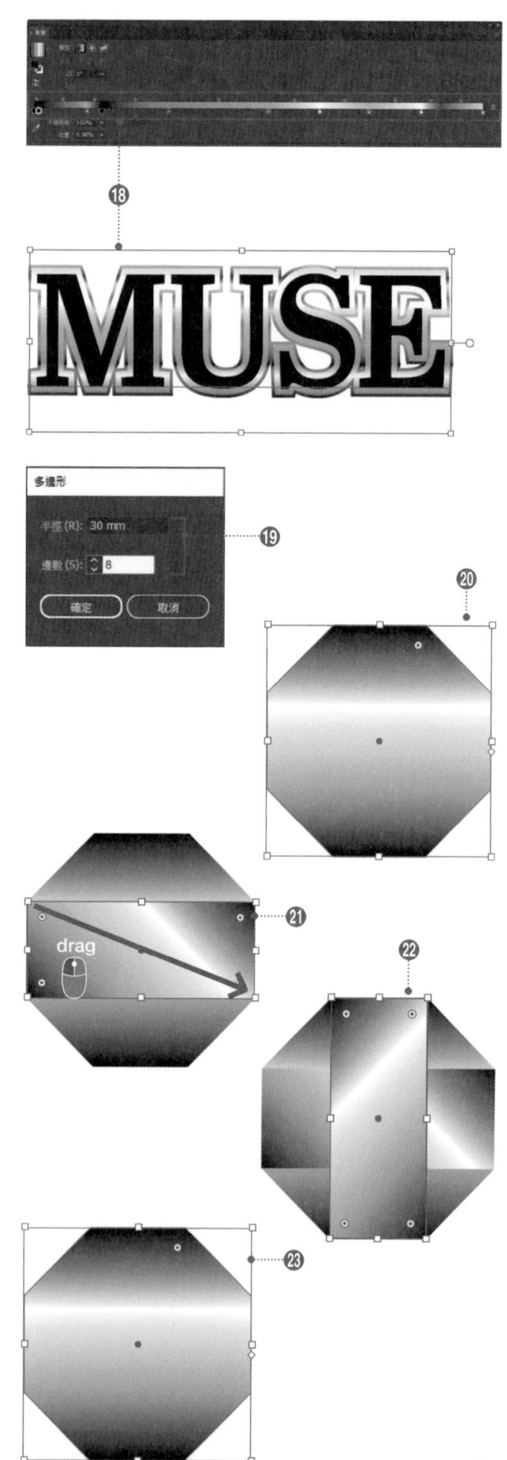

 相關〔多邊形〕工具：p.72 貼至上層：91

step 13

在選取上層物件的狀態下，從功能表列點選〔物件〕→〔變形〕→〔旋轉〕，會出現〔旋轉〕對話框。設定〔角度：67.5°〕，在旋轉物件之後 ㉔，拖曳邊框，如右圖般縮小物件 ㉕。

step 14

使用〔**選取**〕**工具** 選取全部的物件，在〔變形〕面板設定〔寬：4mm〕、〔高：4mm〕，縮小物件 ㉖。

step 15

在最下層置入〔填色：C：20、M：10、Y：10、K：100〕、〔寬：4mm〕、〔高：4mm〕的正方形 ㉗，並且使用〔**選取**〕**工具** 選取全部的物件，將物件拖放到〔色票〕面板，登錄為圖樣色票 ㉘。

step 16

選取〔外觀〕面板上最上層的〔填色〕之後，套用登錄在〔色票〕面板的水晶圖樣 ㉙。如此一來，就能如右圖般，在選取的〔填色〕套用圖樣 ㉚。

step 17

在最上層的〔填色〕和中央的〔填色〕製作反白效果。

點選最上層的〔填色〕，按一下〔複製選取項目〕複製填色 ㉛。

接著，選取複製的填色下方的〔填色〕，設定〔填色：白色〕㉜，並且從功能表列點選〔效果〕→〔扭曲與變形〕→〔變形〕，在出現的〔變形效果〕對話框進行下列的設定。

- 〔縮放〕區
  〔水平：100%〕、〔垂直：100%〕㉝
- 〔移動〕區
  〔水平：0mm〕、〔垂直：0.5mm〕㉞
- 〔角度：0°〕㉟
- 勾選〔變形物件〕㊱

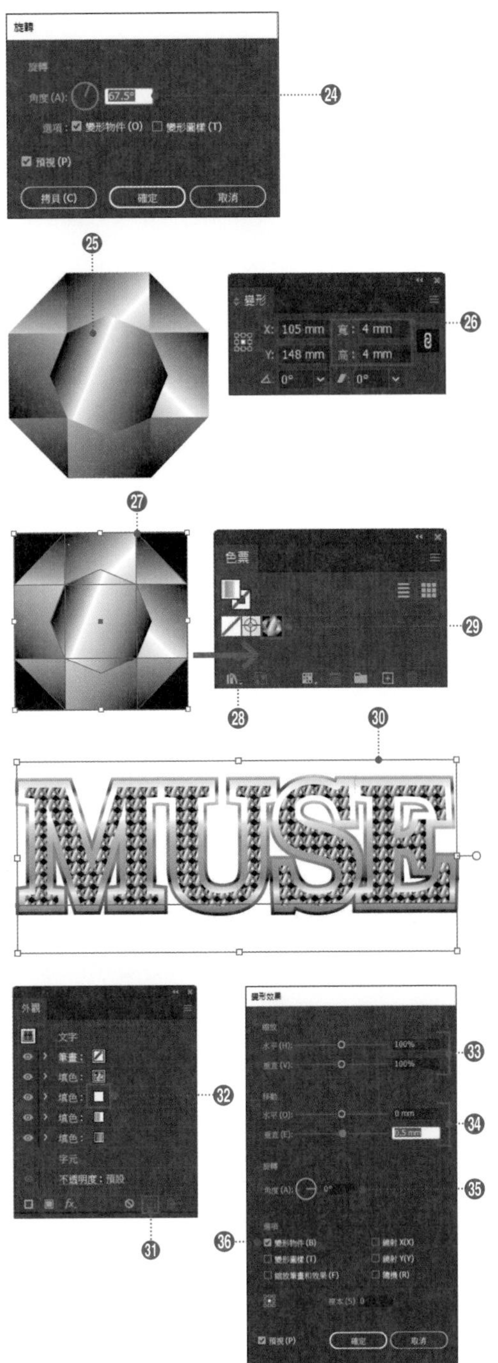

第9章 圖稿

相關 在〔變形〕面板變形：p.183　登錄色票：p.119

step 18

對中央的〔填色〕執行與 step17 相同的操作，這一次將〔移動〕區的設定值設為〔水平：0mm〕、〔垂直：– 0.5mm〕。

到目前為止的作業，製作出如右圖般，帶著白色聚光燈效果的立體感 ㊲。〔外觀〕面板的〔填色〕變成 5 層 ㊳。

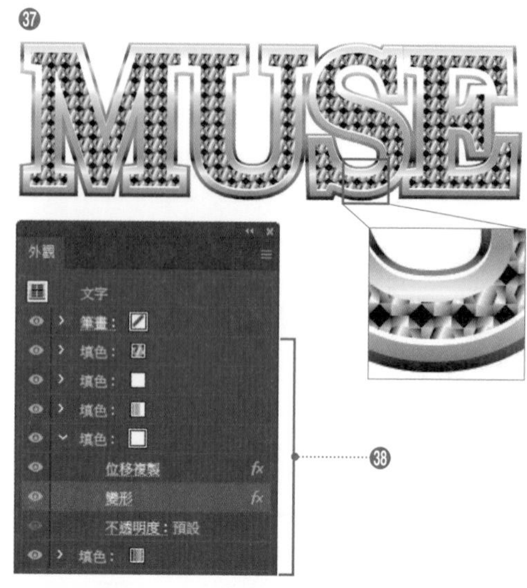

step 19

對水晶圖樣套用陰影。

選取〔外觀〕面板最上層的〔填色〕，從功能表列點選〔效果〕→〔風格化〕→〔內光暈〕，在出現的〔內光暈〕對話框執行下列的設定 ㊴。

- 〔混合模式：色彩增值〕
- 〔顏色：C：0、M：0、Y：0、K：100〕
- 〔不透明度：100%〕
- 〔模糊：1.5mm〕
- 勾選〔邊緣〕

如此一來，水晶圖樣就新增了陰影 ㊵。

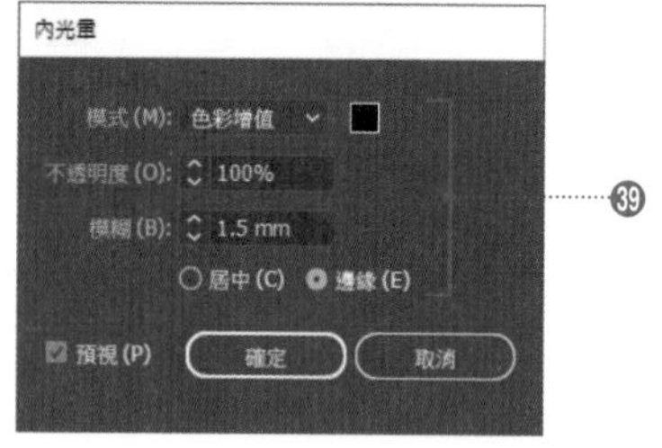

step 20

為水晶圖樣加上對比。

選取〔外觀〕面板上最上層的〔填色〕，按一下〔複製選取項目〕複製填色。選取複製的填色上方的〔填色〕，對該〔填色〕套用下列的漸層 ㊶。中間顏色全部設為〔中間顏色：50〕。

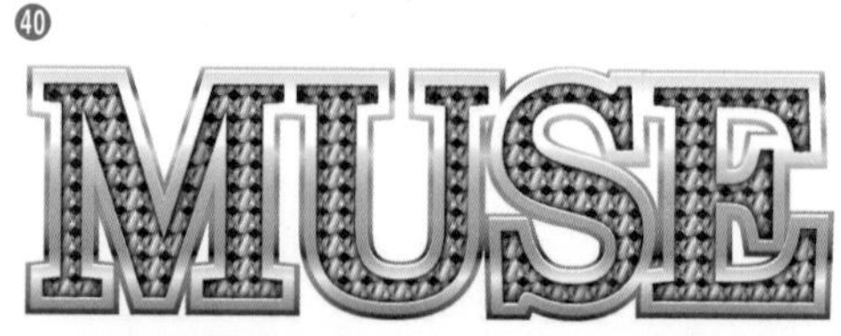

- 〔類型：線性〕
- 〔角度：45〕
- 〔位置：0、C：0、M：0、Y：0、K：0〕
- 〔位置：10、C：0、M：0、Y：0、K：100〕
- 〔位置：20、C：0、M：0、Y：0、K：50〕
- 〔位置：30、C：0、M：0、Y：0、K：100〕
- 〔位置：40、C： 、M：0、Y：0、K：0〕
- 〔位置：50、C：0、M：0、Y：0、K：100〕
- 〔位置：60、C：0、M：0、Y：0、K：50〕
- 〔位置：70、C：0、M：0、Y：0、K：100〕
- 〔位置：80、C：0、M：0、Y：0、K：0〕
- 〔位置：90、C：0、M：0、Y：0、K：100〕
- 〔位置：100、C：15、M：8、Y：8、K：50〕

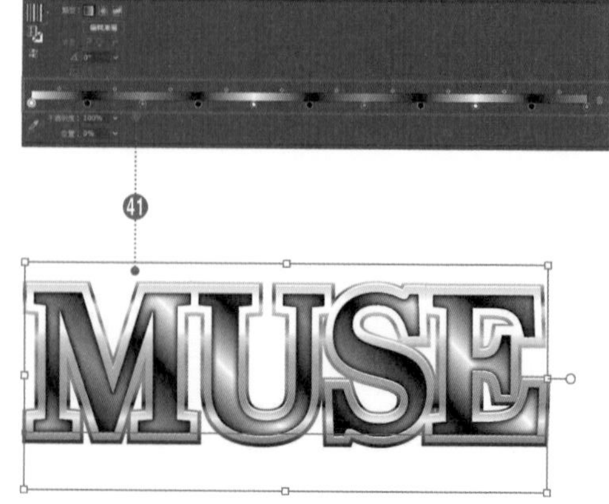

 相關〔內光暈〕：p.245 〔漸層〕面板：p.150

step 21

展開套用上述漸層的最上層〔填色〕❹❷，並且設定〔不透明度：75%〕、〔混合模式：強光〕❹❸。

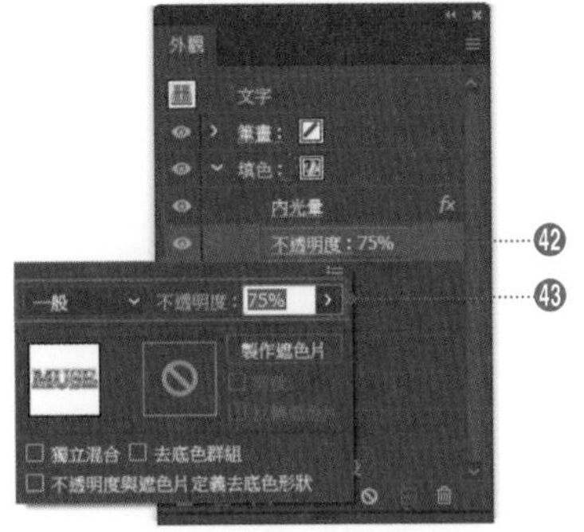

step 22

在填色外側套用陰影。

選取〔外觀〕面板最下層的〔填色〕，從功能表列點選〔效果〕→〔風格化〕→〔製作陰影〕，在出現的〔製作陰影〕對話框進行下列的設定 ❹❹。

- 〔模式：色彩增值〕
- 〔不透明度：75%〕
- 〔X 位移：0mm〕
- 〔Y 位移：1mm〕
- 〔模糊：0.5mm〕

按一下〔確定〕的話，就新增了陰影 ❹❺。

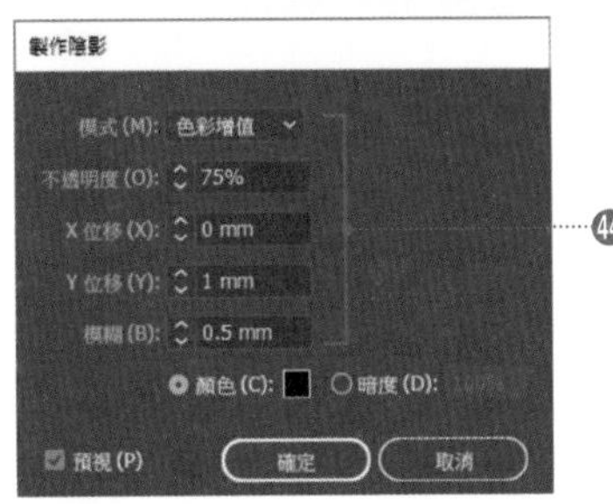

❹❺

step 23

將完成的物件置於背景之上即大功告成 ❹❻。

到目前為止的步驟，讓〔外觀〕面板新增 6 個〔填色〕。如果〔填色〕的結構或者最終完成的圖稿與右圖相異的話，請與下載的範例檔比較，確認是否有步驟上的錯誤或是操作上有遺漏的地方。

❹❻

Tips

本次完成的設定當作繪圖樣式登錄在〔繪圖樣式〕面板（p.236）上，只要按一下就能將同樣的效果套用在文字或路徑物件上。套用效果後，可以變更字體。另外，也可以嘗試改變漸層顏色的設定值，讓圖稿展現更多不同的樣貌。

相關 混合模式：p.154　不透明度：p.156　繪圖樣式：p.236

229 繪製黑板與粉筆

在單純的路徑物件上套用各種〔效果〕或漸層，製作類似手繪風格的圖稿。

一開始畫個黑板。

使用〔矩形〕工具 繪製〔寬度：150mm〕、〔高度：100mm〕、〔填色 C：0、M：0、Y：0、K：80〕、〔筆畫：無〕的矩形 ❶。

使用〔選取〕工具 選取繪製的物件，然後按 Ctrl + C → Ctrl + F（⌘ + C → ⌘ + F），拷貝 & 貼上至上層。

接著，在上層物件的〔填色〕套用下列設定值的漸層，並且設定〔混合模式：色彩增值〕❷。

- 〔類型：放射狀〕
- 〔角度：0〕
- 〔外觀比例：70%〕
- 〔位置：0 C：0、M：0、Y：0、K：0〕
- 〔中間顏色：60〕
- 〔位置：100 C：0、M：0、Y：0、K：80〕

再次將 step1 拷貝的物件貼至上層，設定〔填色：無〕、〔筆畫〕套用筆刷。

在選取最上層物件的狀態下，從功能表列點選〔筆刷〕→〔筆刷資料庫選項〕→〔邊框〕→〔邊框＿框架〕，會出現〔邊框＿框架〕對話框。

從面板選單按一下〔清單檢視〕切換顯示之後，按一下〔桃花心木〕❸，並且設定〔筆畫寬度：0.5pt〕。

如此一來，完成黑板的外框 ❹。

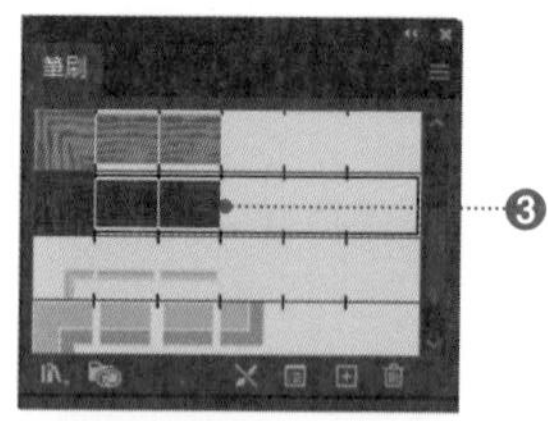

step 4

在選取最上層外框的狀態下，從功能表列點選〔物件〕→〔擴充外觀〕，將筆刷筆畫轉換為物件。

接著，從功能表列點選〔效果〕→〔風格化〕→〔製作陰影〕，會出現〔製作陰影〕對話框。

設定〔模式：色彩增值〕、〔不透明度：75%〕、〔X 位移：0.5mm〕、〔Y 位移：0.5mm〕、〔模糊：0.5mm〕、〔顏色：K100%〕❺。

按一下〔確定〕的話，外框的陰影會落在黑板上呈現立體感❻。

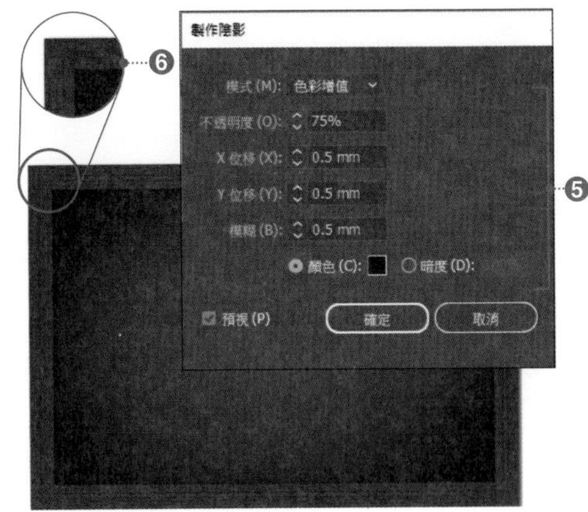

step 5

接著，在黑板上添加粒子，表現質感。

選取最下層的物件，從功能表列點選〔效果〕→〔紋理〕→〔粒狀紋理〕，會出現〔粒狀紋理〕對話框。

設定〔強度：20〕、〔對比：20〕、〔粒子類型：放大〕❼。

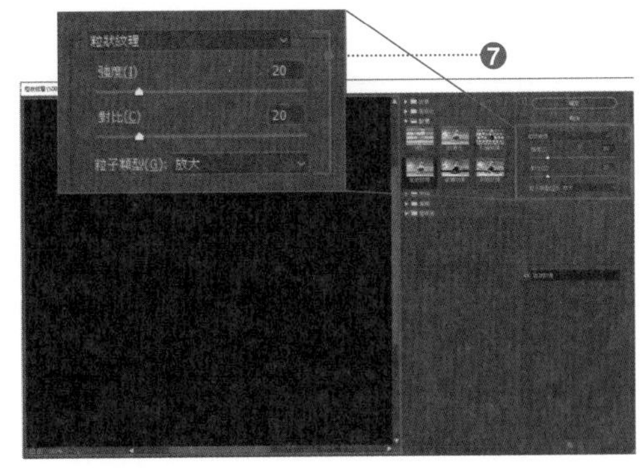

step 6

使用〔**鉛筆**〕**工具**，如下圖般，隨意畫出線條❽，再從功能表列點選〔效果〕→〔模糊〕→〔高斯模糊〕，會出現〔高斯模糊〕對話框。

設定〔半徑：40 像素〕❾，按一下〔確定〕。

如此一來，完成黑板圖稿❿。

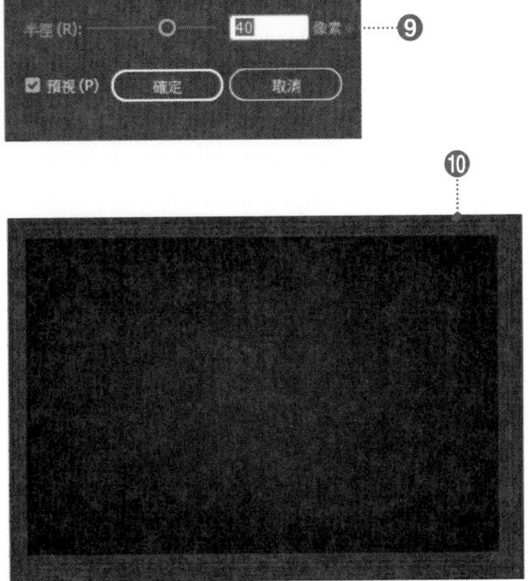

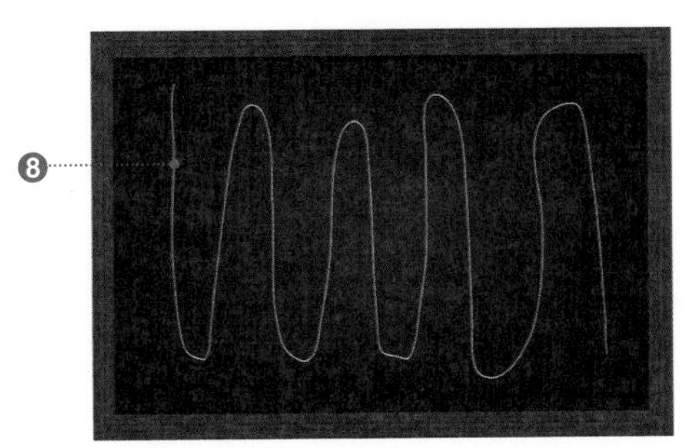

相關 擴充外觀：p.234 製作陰影：p.244 〔鉛筆〕工具：p.74

step 7

在〔圖層〕面板將目前的圖層命名為「黑板」，並且鎖定 ⓫。
接著，新增圖層，命名為「粉筆」後，在這個圖層進行作業 ⓬。

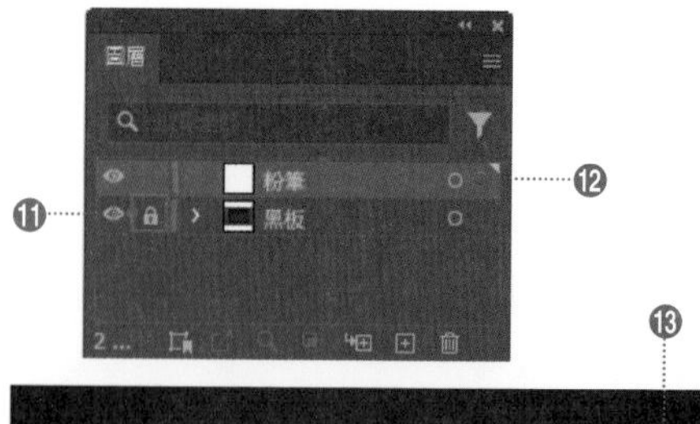

step 8

現在開始製作粉筆質感的文字。
輸入文字（在此使用〔Rosewood Std：150pt〕），並且外框化文字，解除群組後轉換成複合路徑。接著，設定〔填色：白色〕、〔筆畫：白色〕、〔寬度：1pt〕⓭。

step 9

使用**〔選取〕工具** 選取物件，從功能表列點選〔效果〕→〔風格化〕→〔塗抹〕，會出現〔塗抹〕對話框。
進行下列的設定後，按一下〔確定〕⓮。

- 〔角度：45°〕
- 〔路徑重疊：0px〕
- 〔變量：1px〕
- 〔筆畫寬度：0.35px〕
- 〔弧度：3%〕
- 〔變量：3%〕
- 〔間距：2px〕
- 〔變量：0.5px〕

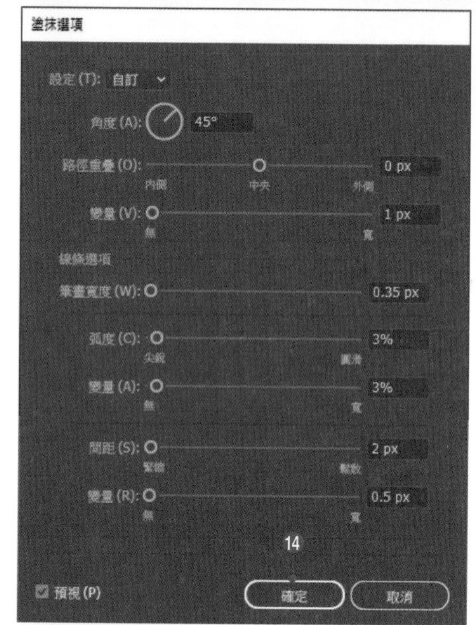

step 10

在〔外觀〕面板拖曳〔塗抹〕效果，移動到〔填色〕的下方 ⓯。
如此一來，僅〔填色〕的部分套用〔塗抹〕效果，變成斜線的筆觸，〔筆畫〕部分則維持原本的輪廓線 ⓰。

 相關 操作〔圖層〕面板：**p.100**　文字的外框化：**p.297**　操作〔外觀〕面板：**p.232**

step 11

從功能表列點選〔物件〕→〔擴充外觀〕，擴充〔塗抹〕效果。擴充之後，會分成斜線筆觸的〔筆畫〕物件與原始的〔筆畫〕物件。
解除群組，移動位置，變成右圖般的物件 ⑰。

step 12

對兩者的〔筆畫〕套用線條圖筆刷。
從功能表列點選〔筆刷〕→〔筆刷資料庫選單〕→〔藝術〕→〔藝術_粉筆炭筆鉛筆〕，會出現〔藝術_粉筆炭筆鉛筆〕對話。
從面板選單按一下〔清單檢視〕，切換顯示項目，按一下〔炭筆色_羽化〕後 ⑱，套用效果 ⑲。

step 13

依照上述的步驟，〔筆畫〕套用了〔炭筆色_羽化〕，但是由於每一個〔筆畫〕都太長，讓筆刷筆畫過度延伸，破壞了〔炭筆色_羽化〕筆刷原本的質感。
因此，為了讓物件看起來更加自然，故從工具列點選**〔剪刀〕工具** ⑳，在筆畫的任何位置按一下滑鼠，剪斷筆畫。
如此一來，剪斷的路徑各自套用了筆觸筆畫，筆觸筆畫縮短，看起來更加自然 ㉑。
視情況，使用**〔直接選取〕工具**，移動錨點，調整形狀。

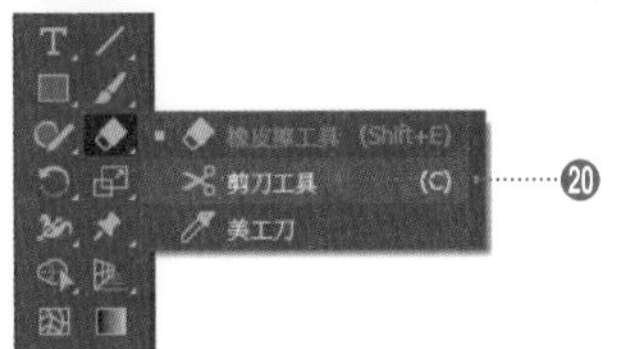

step 14

最後，再微調一下整體的物件後，就大功告成。這樣一來，黑板菜單就完成了。將細體字或小型文字等原本較小的字體放大（至 200pt 左右），套用上述相同的效果之後，勾選〔縮放寬度和效果〕，縮小字體。透過這種使用〔效果〕的方式，就可以輕鬆做出手繪般的效果。

第9章 圖稿

相關 套用〔線條圖筆刷〕：p.138 〔剪刀〕工具：p.192

230 製作幾何圖形（莫比烏斯環）

利用反覆操作或重新排列組合單純的圖形，完成乍看之下相當複雜的圖形。這一次要排列組合多個物件，利用光和影的漸層設定，展現立體感。

使用〔**圓角矩形**〕**工具**，繪製〔寬度：50mm〕、〔高度：50mm〕、〔圓角半徑：10mm〕的圓角矩形 ❶，設定〔筆畫：無〕。另外，在〔填色〕套用下列的漸層 ❷。中間顏色全部設為〔中間顏色：50〕。

- 〔類型：線性〕
- 〔角度：－20〕
- 〔位置：0、C：15、M：100、Y：90、K：10〕
- 〔位置：15、C：0、M：70、Y：40、K：0〕
- 〔位置：40、C：0、M：100、Y：100、K：0〕
- 〔位置：100、C：0、M：100、Y：100、K：70〕

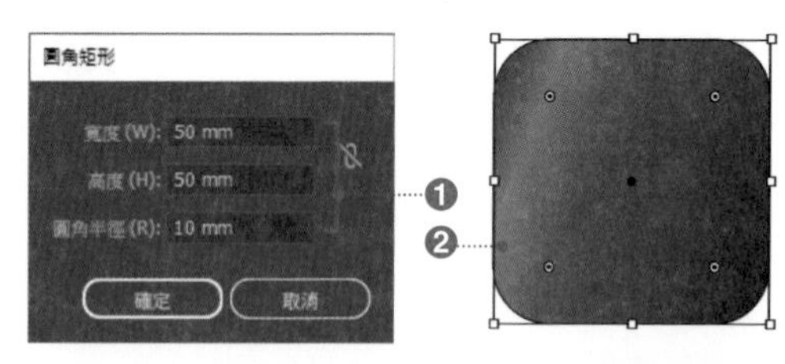

使用〔**選取**〕**工具**選取物件，從功能表列點選〔物件〕→〔變形〕→〔傾斜〕，會出現〔傾斜〕對話框。

設定〔傾斜角度：30°〕、〔座標軸：水平〕❸，按一下〔確定〕❹。物件便如右圖般傾斜 ❺。

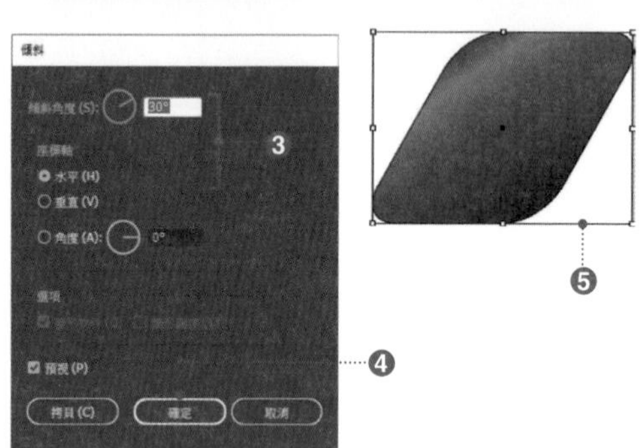

step 3

接著，從功能表列點選〔物件〕→〔變形〕→〔旋轉〕，會出現〔旋轉〕對話框。

設定〔角度：120°〕後 ❻，按一下〔**拷貝**〕❼。複製旋轉的物件 ❽。

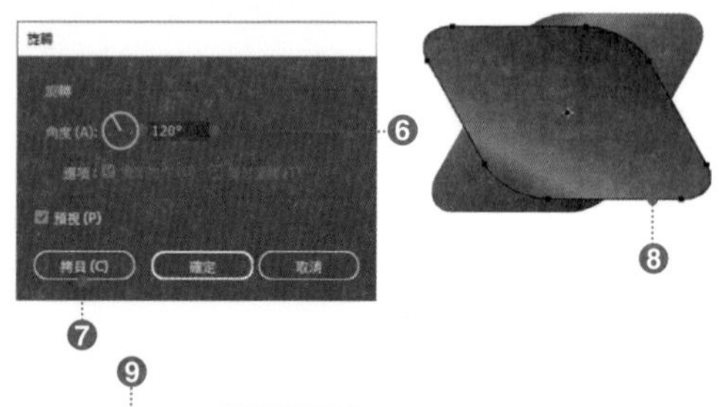

step 4

在選取複製的物件的狀態下，從功能表列點選〔物件〕→〔路徑〕→〔增加錨點〕，新增錨點 ❾。

step 5

使用〔**直接選取**〕**工具**，選取拖曳上層的物件（複製的物件），重疊右圖的 2 個錨點 ❿⓫。

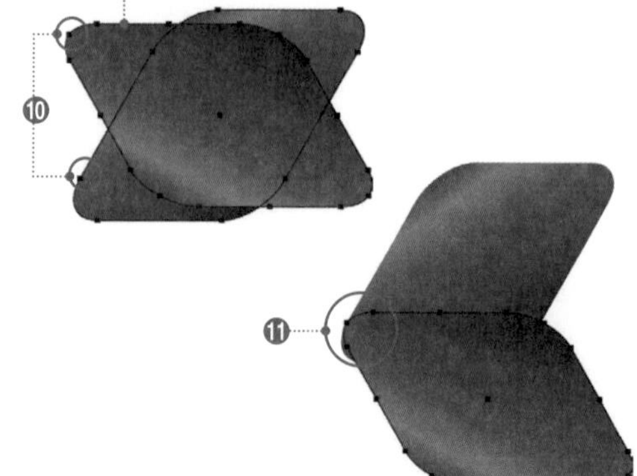

 相關 漸層：p.148　傾斜：p.188　旋轉：p.188

step 6

使用〔**選取**〕**工具** 選取這 2 個物件，按一下〔路徑管理員〕面板的〔**減去上層**〕⑫，裁切形狀。
然後使用〔**直接選取**〕**工具** 選取右圖的物件後刪除 ⑬。

step 7

使用〔**直接選取**〕**工具** 如右圖般拖曳選取錨點 ⑭，從功能表列點選〔物件〕→〔變形〕→〔移動〕，會出現〔移動〕對話框。
設定〔水平：30mm〕⑮，按一下〔確定〕⑯。接著移動錨點，讓物件橫向伸展 ⑰。

step 8

從功能表列點選〔物件〕→〔變形〕→〔旋轉〕，會出現〔旋轉〕對話框。
設定〔角度：120°〕⑱，按一下〔拷貝〕⑲。就可以複製出旋轉後的物件。
接著，從功能表列點選〔物件〕→〔變形〕→〔再次變形〕，再次複製旋轉的物件 ⑳。
最後，調整物件的位置，再加以組合後即大功告成 ㉑。

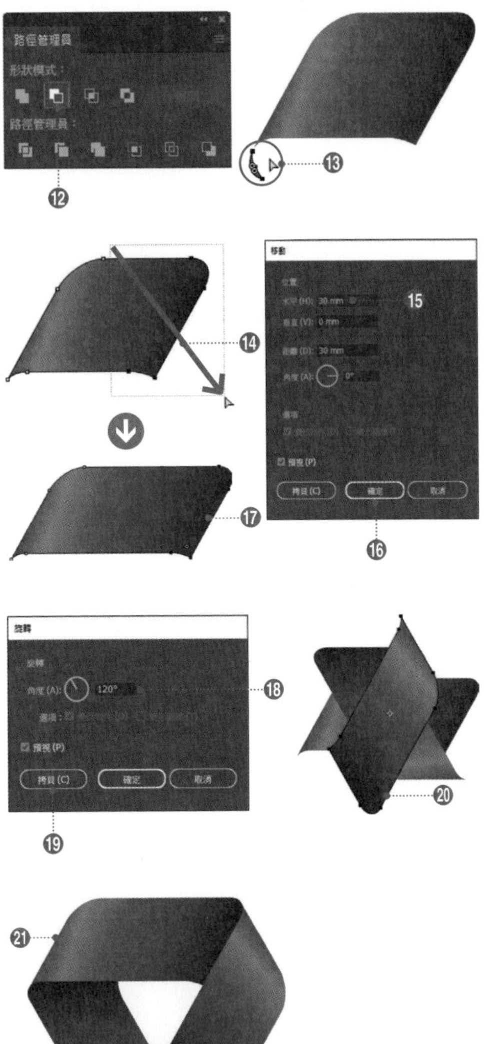

Short Cut 再次變形
Win Ctrl + D　Mac ⌘ + D

第 9 章 圖稿

Variation

變更邊長或漸層的設定值，可以展現各種不同的樣貌。關於右圖的設定值請參考範例檔。

相關〔路徑管理員〕面板：p.207 〔移動〕對話框：p.49

231 色彩繽紛的 3D 標誌

利用 3D 的〔突出與斜角〕效果，讓文字變形為立體文字，再設定漸層，製作色彩繽紛的標誌。

step 1

輸入文字並且轉外框，解除群組，隨意在填色套用顏色 ❶。在此，調整路徑，如右圖般，將文字變形為圓圓的文字。

step 2

在選取「L」形狀物件的狀態下，從功能表列點選〔3D 和素材〕→〔3D（經典）〕→〔突出與斜角（經典）〕，會出現〔突出與斜角（經典）〕對話框。

在此進行下列的設定後，按一下〔確定〕。

- 〔紅（X 軸／水平）：–16°〕
- 〔綠（Y 軸／垂直）：–34°〕
- 〔藍（Z 軸／深度）：9°〕❷
- 〔透視：120°〕❸
- 〔突出深度：33.35pt〕❹
- 〔表面：漫射效果〕❺

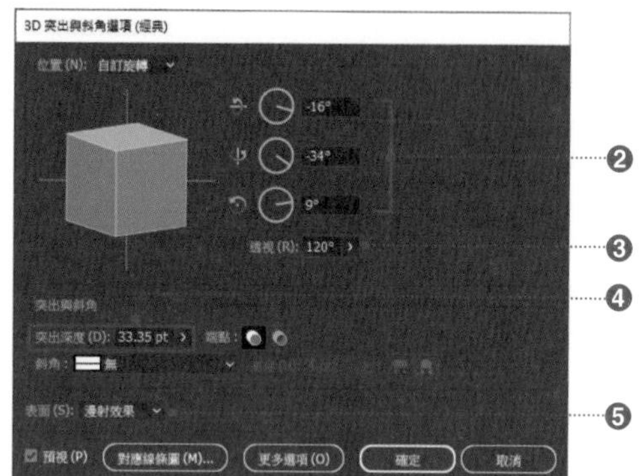

step 3

利用相同的步驟，在預視確認狀況的同時對其他的物件也套用〔突出與斜角〕效果。

全部的物件套用〔突出與斜角〕效果的話，文字就會如右圖般具有深度，呈現立體感 ❻（各個文字的設定值請從範例檔確認）。

step 4

觀察整體是否協調，同時使用**〔選取〕工具** 縮放各個物件，並且調整配置的位置 ❼。在此放大「L」和「O」（心型），再縮小文字的間距。

 相關 文字的外框化：**p.297**　解除群組：**p.96**　〔突出與斜角〕效果：**p.248**

step 5

選取物件，從功能表列點選〔物件〕→〔擴充外觀〕，擴充效果。

如此一來，物件的效果就會被分割到各個立體平面。曲線部分則是會更進一步的被分割成多個平面 ❽。

step 6

曲線部分套用剪裁遮色片，並且成為 1 個剪裁群組，因此〔合併〕後轉換為 1 個路徑。

選取物件，從功能表列點選〔物件〕→〔解散群組〕，將群組解散。進行 2 次上述作業後，使用**〔選取〕工具**選取〔剪裁群組〕❾，按一下〔路徑管理員〕面板的〔聯集〕❿，就能將剪裁群組合併為 1 個路徑。

對全部的物件進行上述的解散群組和〔聯集〕的步驟。

step 7

對物件的每一個平面套用漸層，展現立體感。右圖中，對平面套用線性漸層 ⓫。根據物件的形狀或角度，套用不同的漸層類型或顏色數量（漸層的設定值請下載範例檔確認）。

step 8

在轉角處製作反白效果，讓物件更為立體。選取表面的物件 ⓬，拷貝後貼至上層。

按住 Alt（option）同時拖曳拷貝的物件，就能位移複製 ⓭。

step 9

選取 2 個物件，按一下〔路徑管理員〕面板的〔減去上層〕⓮。

調整細節，設定明亮顏色後，就能完成如右圖般在轉角呈現反白效果的物件 ⓯。

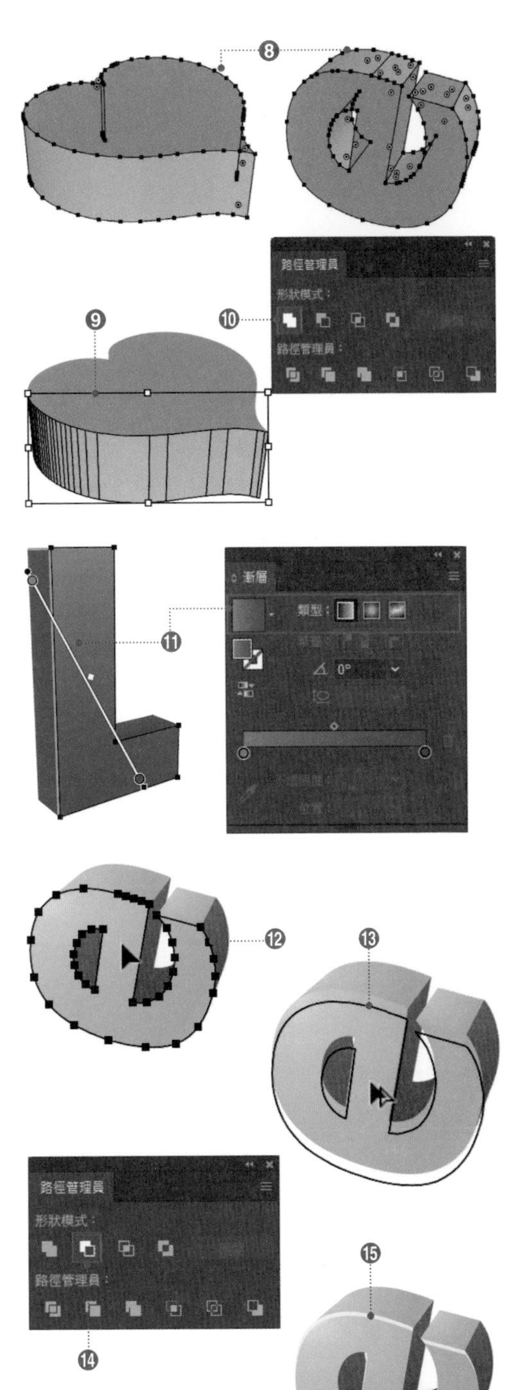

第9章 圖稿

相關 擴充外觀：p.234 〔聯集〕按鈕：p.208 套用漸層：p.150 貼至上層：p.91

step 10

對其他物件也進行 step9 的步驟，在各個文字製作反白效果。

step 11

最後製作陰影。

使用〔**橢圓形**〕**工具** 繪製當作陰影的物件 ⑯，從功能表列點選〔效果〕→〔風格化〕→〔羽化〕，會出現對話框，並且設定〔半徑：5mm〕⑰。

按一下〔確定〕的話，當作陰影的物件套用了〔羽化〕效果 ⑱。

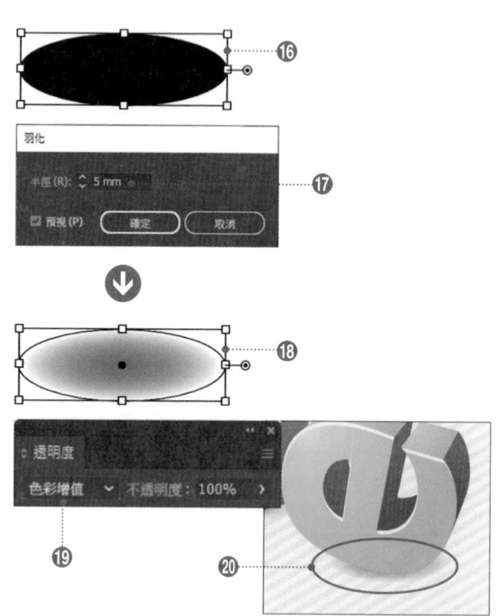

step 12

選取陰影，在〔透明〕面板設定〔混合模式：色彩增值〕後 ⑲，置入物件的下層 ⑳。在此為了讓陰影更加明顯，故鋪上黃色的背景。

step 13

對全部的物件進行相同的步驟，即大功告成。

> **Tips**
>
> 受限於版面，無法詳細記載〔突出與斜角〕效果及漸層的設定值。關於各個項目的詳細設定值請參考本書的範例檔。

相關〔羽化〕效果：**p.243**　混合模式：**p.154**

232 在圖片或插圖中添加漫畫集中線

在圓形的物件上套用〔粗糙〕效果，製作漫畫裡經常利用的「集中線」。技巧雖然非常簡單，只要善加利用，可以運用在各種作品上。

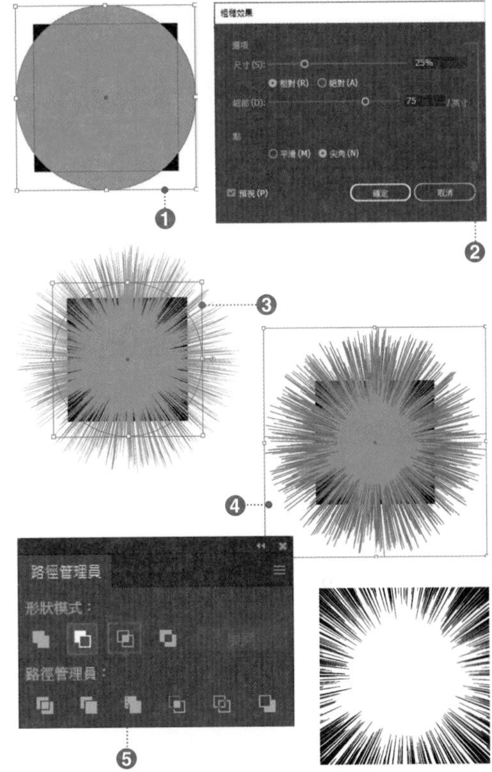

step 1

使用**〔矩形〕工具**繪製〔寬度：100mm〕、〔高度：100mm〕、〔填色：黑色〕、〔筆畫：無〕的正方形，使用**〔橢圓形〕工具**繪製〔寬度：150mm〕、〔高度：150mm〕、〔填色：橘色〕、〔筆畫：無〕的圓形。

step 2

在〔對齊〕面板將兩個物件以水平、垂直方向對齊，如右圖般配置 ❶。

使用**〔選取〕工具**僅選取圓形，從功能表列點選〔效果〕→〔扭曲與變形〕→〔粗糙效果〕，會出現〔粗糙效果〕對話框。

設定〔尺寸：25%〕、〔細部：75 / 英寸〕、〔點：尖角〕後 ❷，按一下〔確定〕。如此一來，圓形物件就套用了〔粗糙〕效果 ❸。

step 3

接著，從功能表列點選〔物件〕→〔擴充外觀〕，擴充〔粗糙〕效果 ❹。

step 4

使用**〔選取〕工具**選取這 2 個物件，按一下**〔路徑管理員〕面板**的〔交集〕❺，裁切形狀。如此一來，僅殘留下層的物件。

step 5

將物件重疊在照片後，就可以如右圖般，增添集中線的效果。

相關〔矩形〕、〔橢圓形〕工具：p.66 〔粗糙〕效果：p.241 擴充外觀：p.234

233 製作閃閃發亮的光芒

將圓形物件與星形物件重疊，再變更混合模式，製作閃閃發亮的光芒。

step 1

使用〔**橢圓形**〕**工具** 拖曳物件，繪製〔寬度：20mm〕、〔高度：20mm〕的圓形 ❶。
另外，在圓形的〔填色〕套用白到黑的漸層，設定〔筆畫：無〕❷。
漸層的設定值為〔類型：放射狀〕、〔位置：0、R：255、G：255、B：255〕、〔中間位置：30〕、〔位置：100、R：0、G：0、B：0〕。

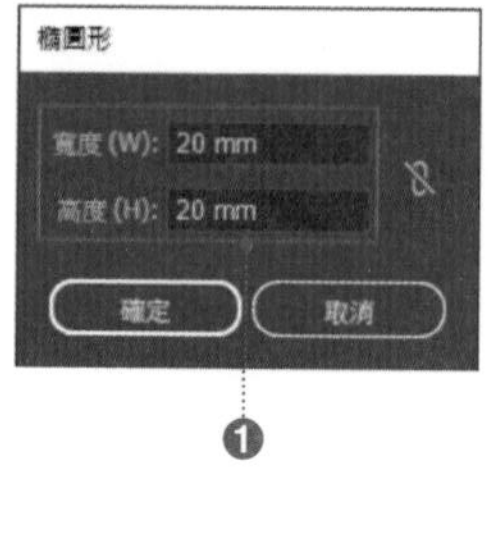

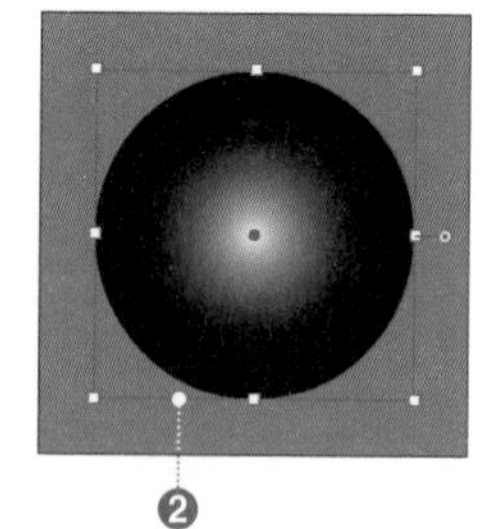

step 2

在〔透明〕面板設定〔**混合模式：網屏**〕❸。

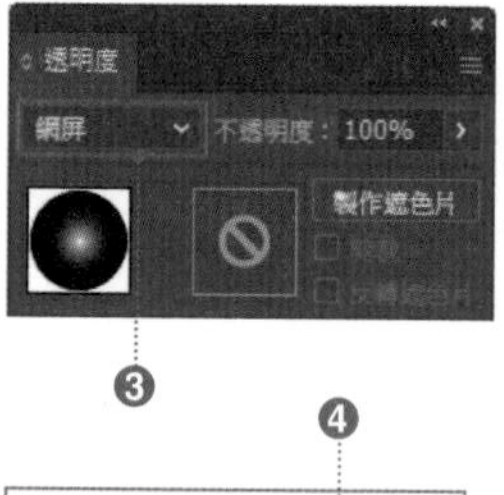

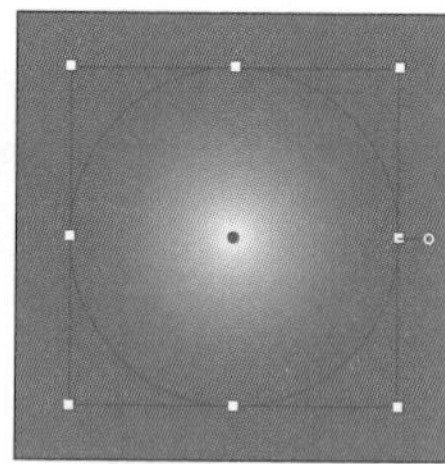

step 3

接著，製作八角星形的光芒。
在工具列設定〔填色：白色〕、〔筆畫：無〕，再使用〔**星形**〕**工具** 按一下文件，會出現〔星形〕對話框，設定〔半徑 1：15mm〕、〔半徑 2：0.5mm〕、〔星芒數：8〕❹。

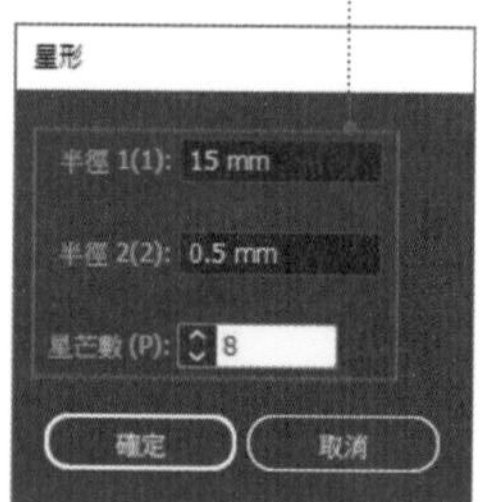

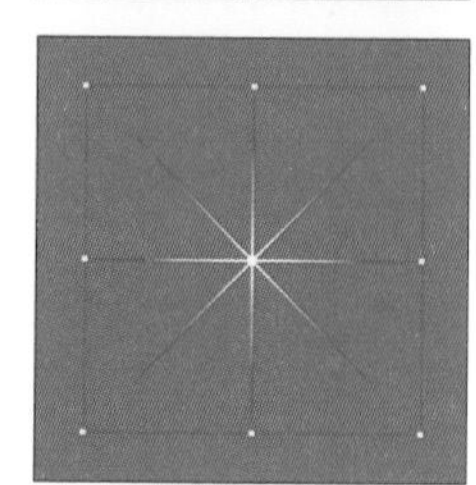

step 4

使用〔**選取**〕**工具** 選取八角星形，從功能表列點選〔效果〕→〔風格化〕→〔外光暈〕，並且設定〔混合模式：濾色〕、〔不透明度：100%〕、〔模糊：1mm〕。
另外，按一下〔光暈色彩〕方框 ❺，設定〔R：255、G：255、B：255〕。

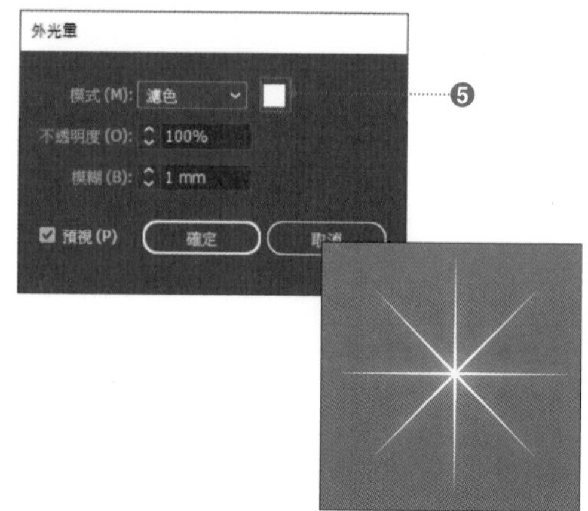

 相關〔橢圓形〕工具：p.66　套用漸層：p.150　〔星形〕工具：p.72　〔外光暈〕效果：p.245

step 5

使用〔**選取**〕**工具** 選取這 2 個物件 ❻，在〔對齊〕面板設定水平、垂直居中 ❼。

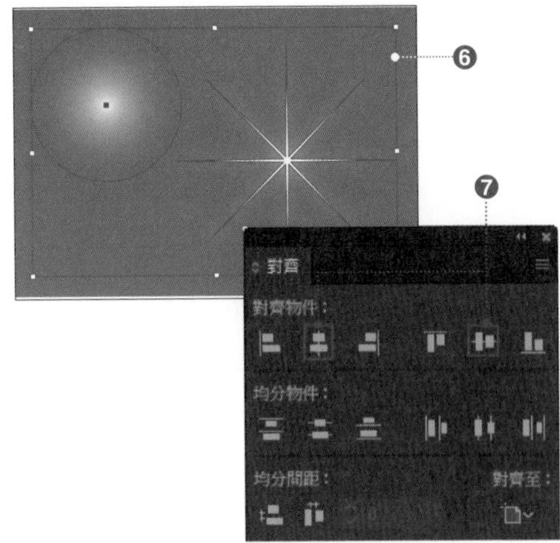

step 6

將重疊的物件拖曳到〔符號〕面板 ❽，登錄為符號。

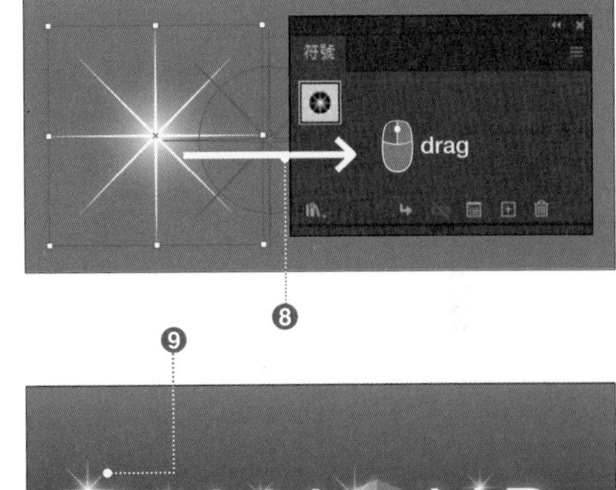

step 7

從〔符號〕面板拖曳登錄的符號，置入欲展現閃閃發光效果的物件上，即大功告成 ❾。

Variation

即使利用相同的步驟，但是只要改變星形的形狀，就能展現另一種閃亮的氣氛 ❶。
另外，只要在使用漸層的圓形物件上，套用混合模式中的〔色彩加深〕，就可以藉由底層的色彩，製作出各種顏色的閃耀光芒 ❷。

相關 混合模式：p.154　製作與置入符號：p.160

234 利用 3D 效果繪製窗簾

在繪製的隨機曲線上套用〔突出與斜角〕效果，讓曲線帶有深度，就能輕鬆地完成劇場內的布幕圖稿。

step 1

使用〔**線段區段〕工具**，繪製〔寬度：160mm〕的直線，並且設定〔填色：無〕,〔筆畫〕為〔C：40%、M：100%、Y：0%、K：0%〕的顏色為 ❶。

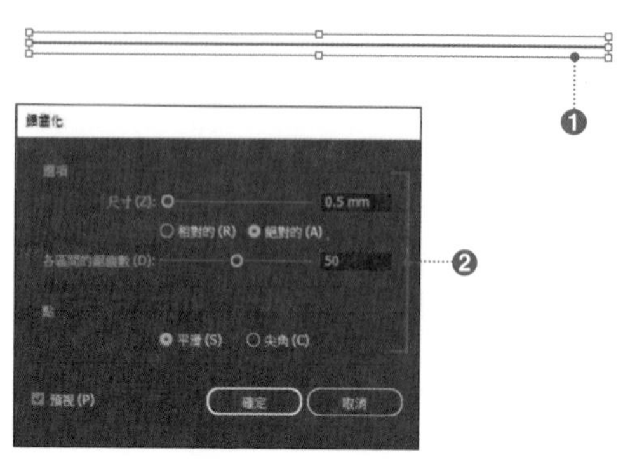

step 2

在選取繪製的直線的狀態下，從功能表列點選〔效果〕→〔扭曲與變形〕→〔鋸齒化〕，會出現〔鋸齒化〕對話框，並且設定〔尺寸：0.5mm〕、〔絕對的〕、〔各區間的鋸齒數：50〕、〔點：平滑〕❷，然後按一下〔確定〕。如此一來，筆畫就變形為波浪形狀 ❸。

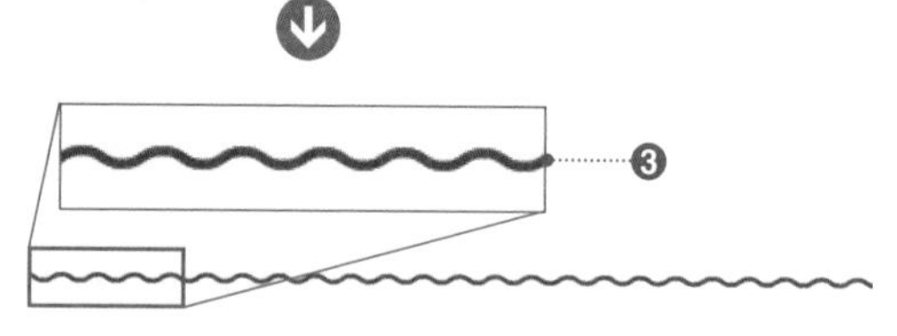

step 3

在選取筆畫的狀態下，從功能表列點選〔效果〕→〔扭曲與變形〕→〔隨意筆畫〕，在〔隨意筆畫〕對話框中設定〔水平：1%〕、〔垂直：1%〕❹，並且勾選〔向外控制點〕後 ❺，按一下〔確定〕。如此一來，波浪線條就會隨機地變形 ❻。

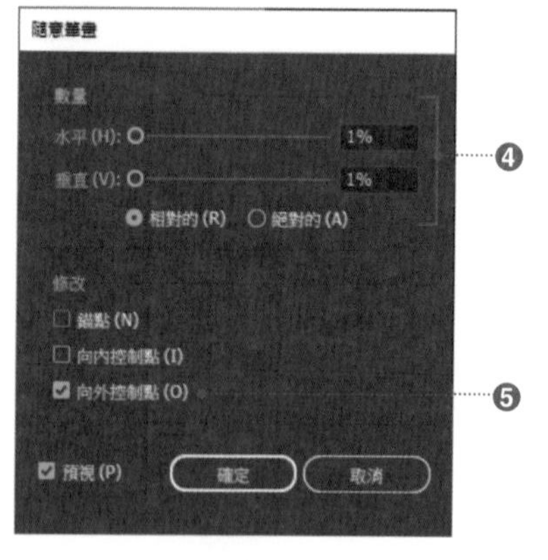

step 4

在選取筆畫的狀態下，從功能表列點選〔物件〕→〔擴充外觀〕，擴充效果（p.234）。

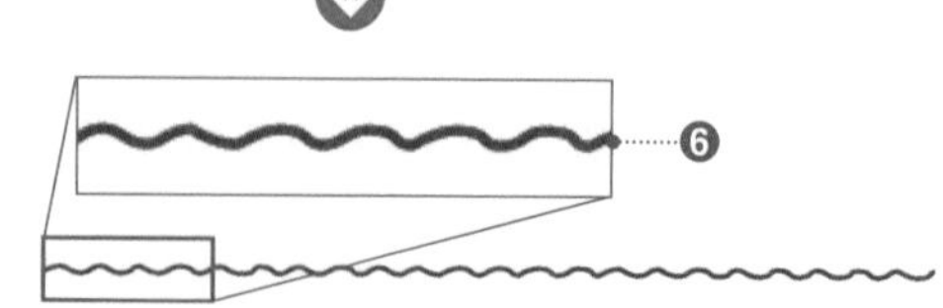

step 5

在選取波浪線條的狀態下，從功能表列點選〔3D 和素材〕→〔3D（經典）〕→〔突出與斜角（經典）〕，會出現〔突出與斜角〕對話框。在此進行下列的設定。

- 〔紅（X 軸 / 水平）：90°〕
- 〔綠（Y 軸 / 垂直）：0°〕
- 〔藍（Z 軸 / 深度）：0°〕 ❼
- 〔突出深度：340pt〕❽
- 〔表面：漫射效果〕❾
- 〔光源強度：100%〕、〔環境光：10%〕❿

設定後按一下〔確定〕。

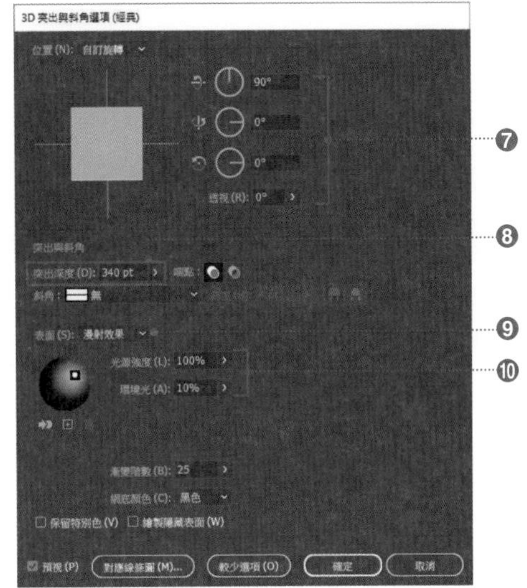

step 6

筆畫添加深度，變形為平面 ⓫。

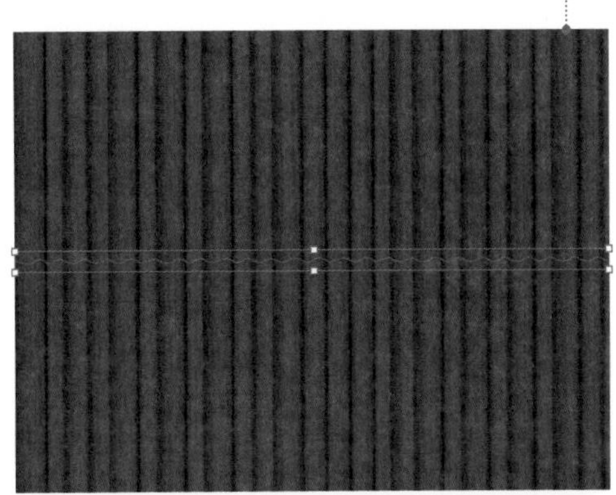

> **Tips**
>
> 〔突出深度〕的單位在初始設定時雖然是〔pt〕，但是也可以指定其他的單位。例如，輸入〔突出深度：120mm〕的話，輸入的數值會置換成 pt 即「340.16pt」。製作物件時，使用習慣的單位，作業會比較有效率。

step 7

物件完成後，加上照明效果。使用〔**矩形〕工具** 繪製矩形，在〔填色〕套用下列的漸層（p.150）。

- 〔類型：放射狀〕
- 〔位置：50%、K：0%〕
- 〔位置：100%、K：85%〕

然後，設定〔混合模式：色彩增值〕、〔不透明度：100%〕，再將物件重疊到上層，配置文字之後，即大功告成。

第9章 圖稿

相關〔突出與斜角〕效果：**p.248**　套用漸層：**p.150**　不透明度：**p.156**　混合模式：**p.154**

 製作表現出隨性手繪感的素描

使用〔塗抹〕效果，製作出表現復古加工或者手繪感時，可派上用場的「飛白筆畫」。這是一項可以憑藉著個人創意，應用在各種地方的便利技巧之一。

step 1

使用〔**矩形**〕**工具**繪製〔寬度：20mm〕、〔高度：20mm〕、〔填色：黑色〕、〔筆畫：無〕的正方形 ❶。

step 2

從功能表列點選〔效果〕→〔風格化〕→〔塗抹〕，會出現〔塗抹〕對話框。

在設定預設集中選擇〔設定：纏結〕❷，按一下〔確定〕套用效果 ❸。

接著，從功能表列點選〔物件〕→〔擴充外觀〕，擴充〔塗抹〕效果。效果擴充之後，會形成綿延不絕的長線條 ❹。

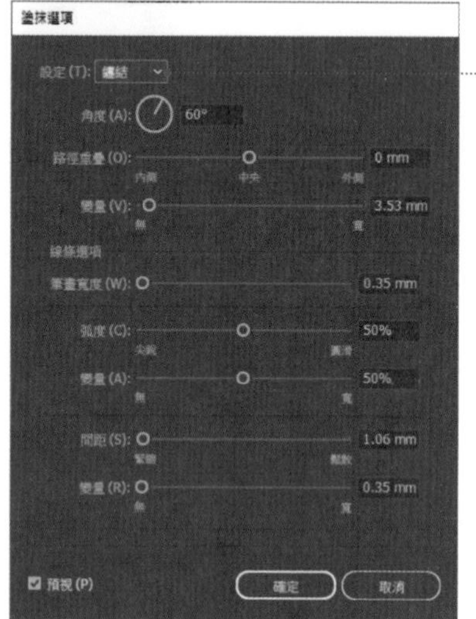

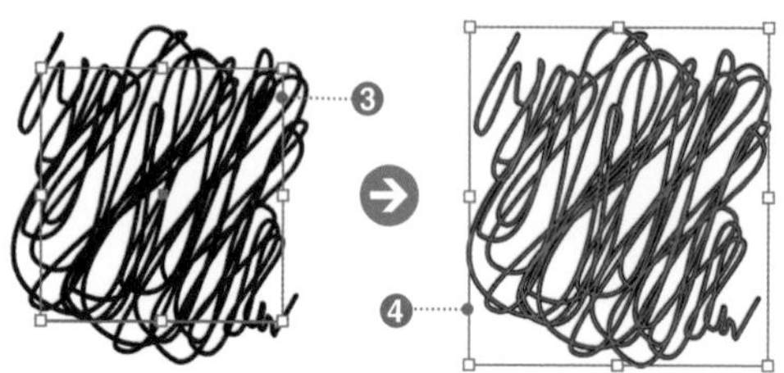

step 3

從功能表列點選〔筆刷〕→〔筆刷資料庫選單〕→〔藝術〕→〔藝術＿粉筆炭筆鉛筆〕，會出現〔筆刷資料庫〕面板的〔藝術＿粉筆炭筆鉛筆〕面板。

按一下面板選單的〔清單檢視〕，切換檢視項目後，按一下〔粉筆＿塗抹〕❺。如此一來，〔筆刷〕面板就新增了〔粉筆＿塗抹〕❻。

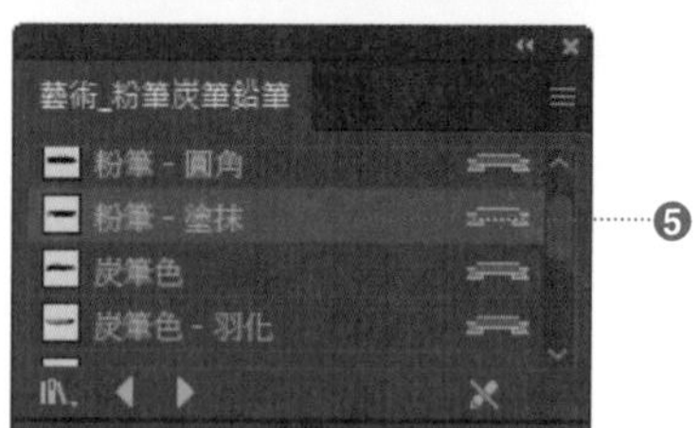

step 4

將新增的〔粉筆＿塗抹〕拖曳到文件上 ❼，然後不進行任何作業，立刻使用〔**選取**〕**工具** 將〔粉筆＿塗抹〕再拖回〔筆刷〕面板 ❽。

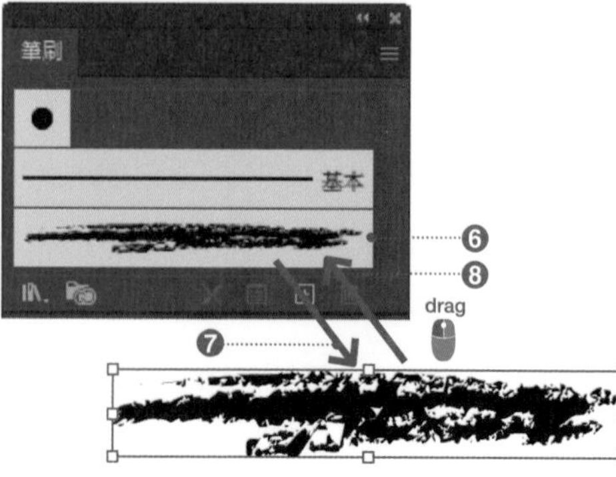

 相關〔塗抹〕效果：p.247　擴充外觀：p.234　線條圖筆刷：p.138

step 5

出現〔新增筆刷〕對話框。選擇〔圖樣筆刷〕，在出現的〔圖樣筆刷選項〕對話框中設定〔外緣拼貼〕為〔無〕後，按一下〔確定〕❾，製作圖樣筆刷 ❿。

❿

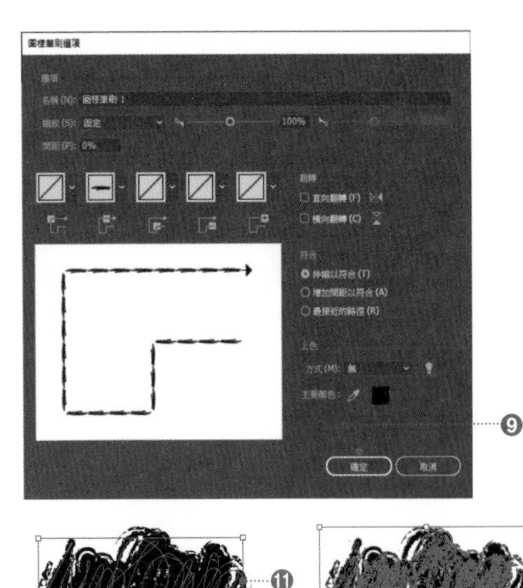

❾

step 6

將筆刷套用在剛才製作完成的物件，並且設定〔寬度：0.5pt〕⓫。

接著，〔物件〕→〔擴充外觀〕，擴充筆刷效果 ⓬。

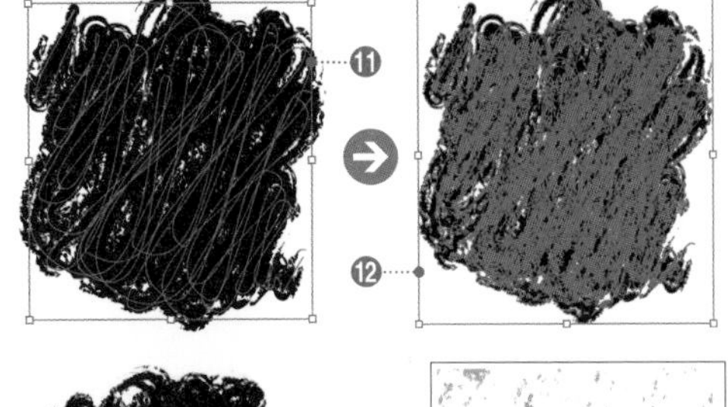
⓫ ⓬

step 7

使用〔**矩形**〕**工具** 繪製正方形，並且置於擴充的筆刷的上層，設定〔填色：灰色〕、〔筆畫：無〕⓭。

然後，使用〔**選取**〕**工具** 選取這 2 個物件，按一下〔路徑管理員〕面板的〔**依後置物件剪裁**〕。

接著，選取剪裁後的物件，從功能表列點選〔物件〕→〔複合路徑〕→〔製作〕，將物件轉換為複合路徑 ⓮。

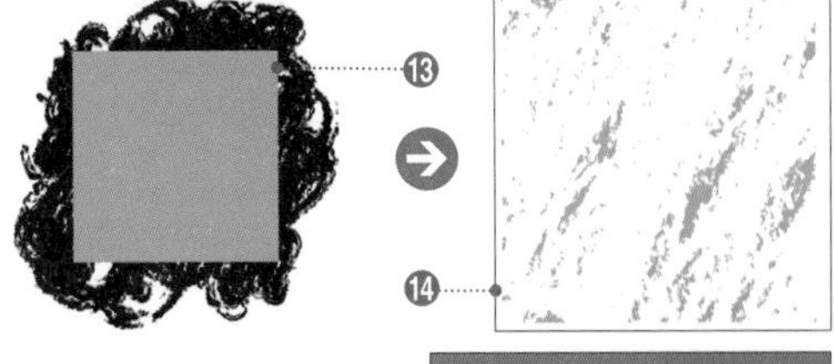
⓭ ⓮

step 8

將素描圖稿重疊在文字或者圖示之上 ⓯，再套用〔路徑管理員〕面板的〔**減去上層**〕的話，輕鬆地就能夠展現「飛白筆畫」，或者是復古風、類比風 ⓰。

這項技巧雖然看起來不太有什麼驚喜，但是能使用在各種例子上，是相當方便且廣泛使用的技巧之一。飛白效果也可以隨意地調整。請試著做出原創有自己風格「飛白筆畫」看看吧。

⓯

⓰

236 製作充滿懸疑、神秘感的文字

操作〔外觀〕面板，在文字物件新增多個〔填色〕屬性和〔筆畫〕屬性，就能在保持文字資訊的情況下，進行各種裝飾。

step 1

使用**〔文字〕工具** 製作點狀文字 ❶。在此設定〔小塚明朝 Pr6N：150pt〕。

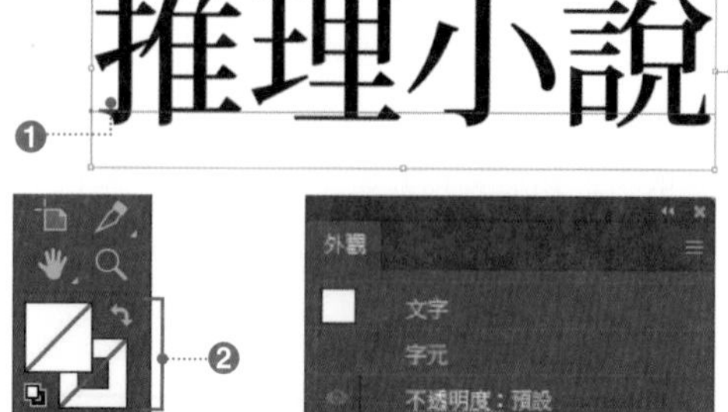

step 2

使用**〔選取〕工具** 選取點狀文字，設定〔填色：無〕與〔筆畫：無〕❷。由於填色和筆畫都設定〔無〕，所以暫時看不見文字。

接著，使用**〔選取〕工具** 選取文字，在出現的〔外觀〕面板按一下**〔新增筆畫〕**❸與**〔新增填色〕**❹，各新增 2 個〔填色〕和〔筆畫〕。

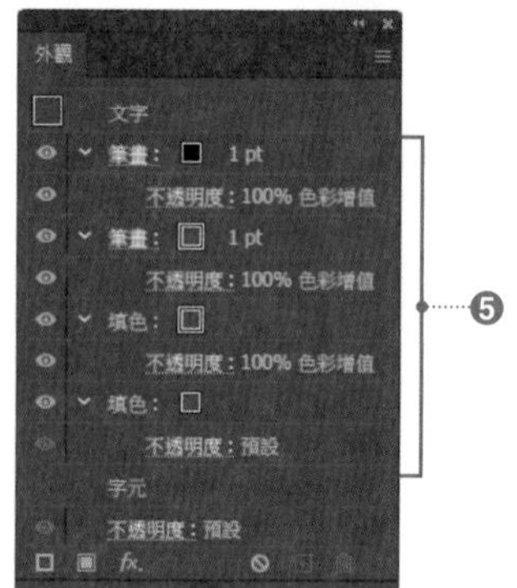

step 3

對每一個〔填色〕和〔筆畫〕設定下列的顏色與混合模式 ❺。

- 筆畫（上）〔C：0、M：0、Y：0、K：100〕〔混合模式：色彩增值〕
- 筆畫（下）〔C：25、M：100、Y：100、K：0〕〔混合模式：色彩增值〕
- 填色（上）〔C：25、M：100、Y：100、K：0〕〔混合模式：色彩增值〕
- 填色（下）〔C：0、M：100、Y：100、K：0〕〔混合模式：一般〕

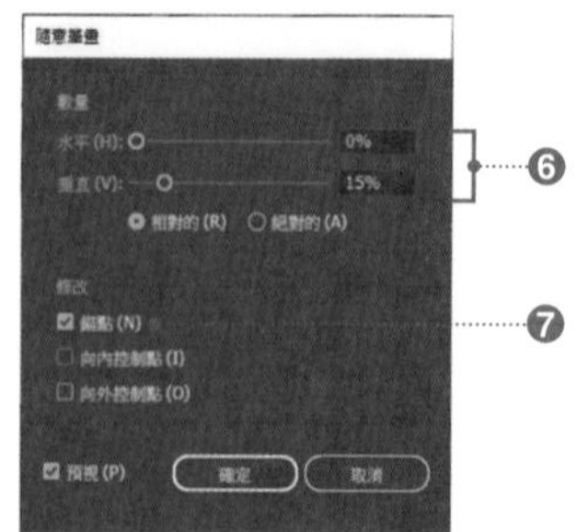

step 4

在〔外觀〕面板選取上層的〔填色〕，從功能表列點選〔效果〕→〔扭曲與變形〕→〔隨意筆畫〕，會出現〔隨意筆畫〕對話框。

設定〔水平：0%〕、〔垂直：15%〕❻，勾選〔錨點〕❼ 後按一下〔確定〕。

文字套用〔隨意筆畫〕效果，並且如右圖般變形 ❽。

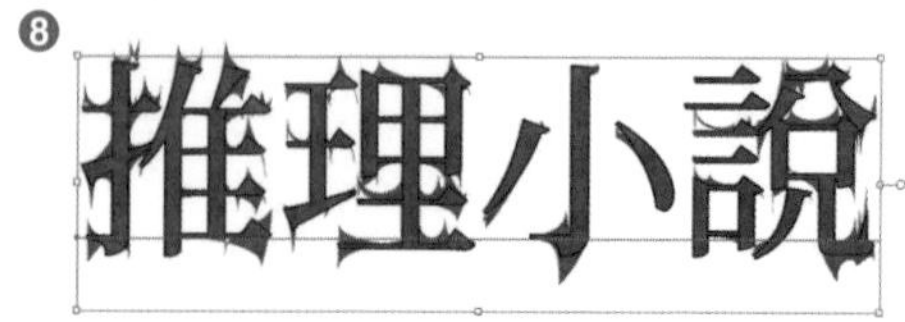

 相關 點狀文字：p.265 不透明度：p.156 混合模式：p.154 〔外觀〕面板：p.130

step 5

從功能表列點選〔筆刷〕→〔筆刷資料庫選單〕→〔毛刷筆刷〕→〔毛刷筆刷資料庫〕，會出現〔毛刷筆刷資料庫〕對話框。
按一下面板選單的〔清單檢視〕，切換檢視後，按一下〔加亮〕❾。

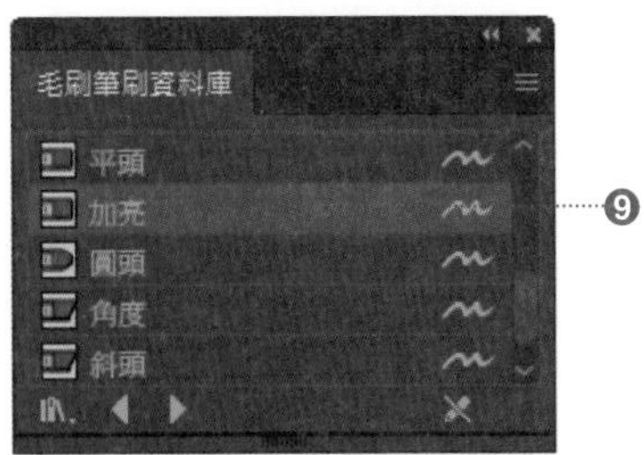

step 6

同樣的，從功能表列點選〔筆刷〕→〔筆刷資料庫選單〕→〔藝術〕→〔藝術_水彩〕，在出現的〔藝術_水彩〕面板選擇〔水彩筆畫 2〕❿，新增到〔筆刷〕面板。

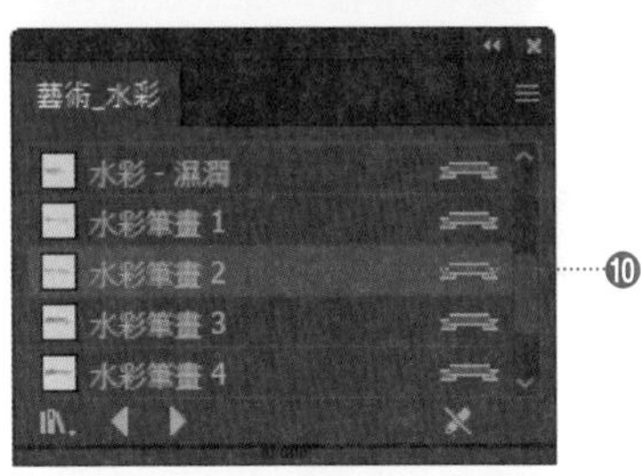

step 7

在〔外觀〕面板選擇上層的〔筆畫〕，然後套用〔筆刷〕面板的〔加亮〕⓫⓬。
接著，選取下層的〔筆畫〕，套用〔筆刷〕面板的〔水彩筆畫 2〕，並且變更〔寬度：1pt〕⓭。
依照這些步驟，在筆畫套用筆刷，文字便如右圖般地變形⓮。

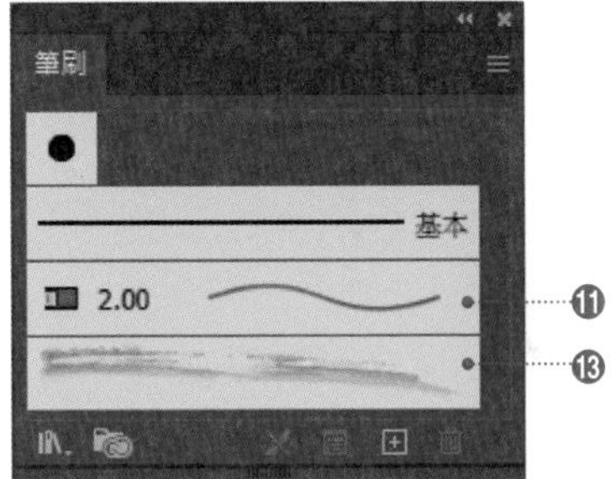

step 8

調整成有大有小的文字，破壞文字平衡感後即大功告成⓯。

> **Tips**
>
> 將完成的設定以繪圖樣式登錄到〔繪圖樣式〕面板的話，按一下滑鼠，就能將同樣的效果套用在文字或物件上。

相關〔筆刷資料庫〕：p.132　繪圖樣式：p.236

237 製作兼具流行與爵士風的視覺效果

將使用各種工具繪製的物件，轉換成嵌入影像；並針對影像套用效果，製作充滿流行與爵士風的視覺效果。

在此，要將路徑物件點陣化，轉化成影像，並且進行在路徑物件狀態下無法套用的處理作業，製作如右圖般的圖形。在此介紹的步驟實用性都非常高，因此，閱讀時請確實理解各個步驟。

另外，也請下載參考範例檔。

從工具列選取〔**星形**〕**工具**，在文件上按一下滑鼠，會出現〔星形〕對話框。

設定〔半徑 1：20mm〕、〔半徑 2：10mm〕、〔星芒數：5〕❶，按一下〔確定〕。

選取繪製的星形物件，設定〔填色：K：100〕、〔筆畫：無〕❷。

step 2

從功能表列點選〔效果〕→〔模糊〕→〔高斯模糊〕，在出現的〔高斯模糊〕對話框設定〔半徑：15 像素〕後 ❸，按一下〔確定〕。如此一來，星形物件的輪廓便如右圖般顯現模糊 ❹。

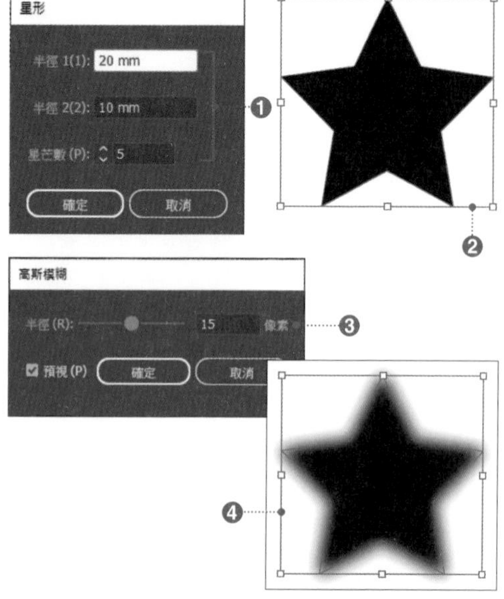

step 3

從功能表列點選〔物件〕→〔點陣化〕會出現〔點陣化〕對話框。如下設定後，按一下〔確定〕❺。

- 〔解析度：高（300ppi）〕
- 〔背景：白色〕
- 〔消除鋸齒：最佳化線條圖〕
- 〔在物件周圍增加：0mm 版面〕

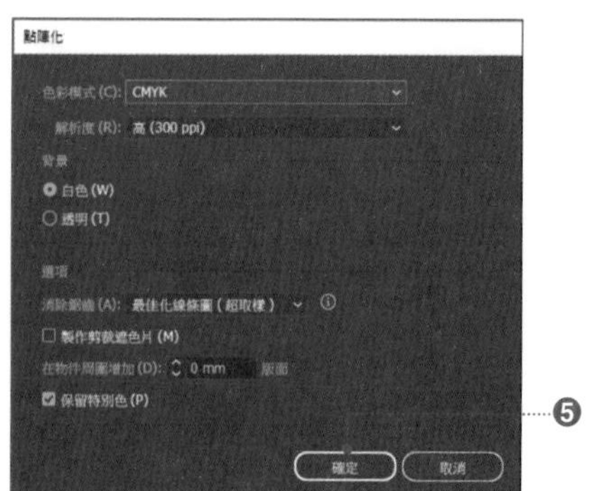

 相關〔星形〕工具：**p.72** 〔模糊〕效果：**p.243** 點陣化：**p.228**

step 4

路徑物件被點陣化，轉換成內嵌影像 ❻。

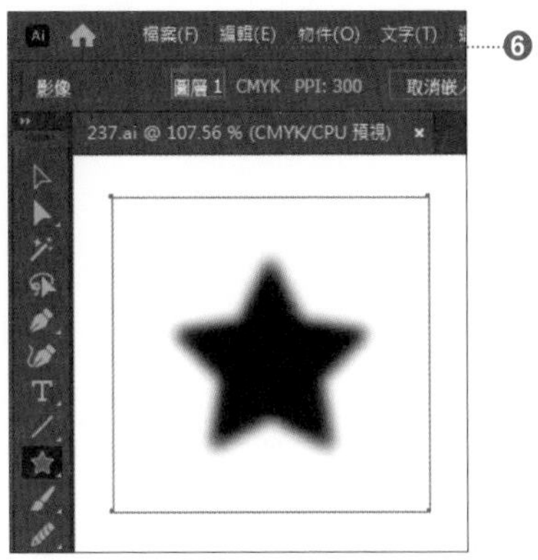

step 5

從功能表列點選〔效果〕→〔像素〕→〔彩色網屏〕，會出現〔彩色網屏〕對話框。如下設定後按一下〔確定〕❼。

- 〔最大半徑：16 像素〕
- 〔面板 1：108〕
- 〔面板 2：162〕
- 〔面板 3：90〕
- 〔面板 4：45〕

如此一來，影像套用了〔彩色網屏〕效果，如右圖般變形為網點狀 ❽。

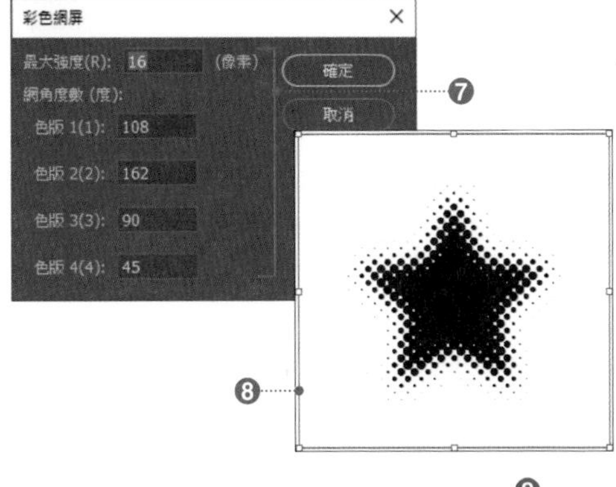

step 6

從功能表列點選〔物件〕→〔擴充外觀〕，擴充效果。

然後，在選取物件的狀態下，按一下控制面板的**〔影像描圖〕**右側的箭頭 ❾，選擇〔黑白標誌〕❿。

如此一來，便套用了〔影像描圖〕。

step 7

按一下**〔展開〕**⓫，展開〔影像描圖〕轉換成路徑。

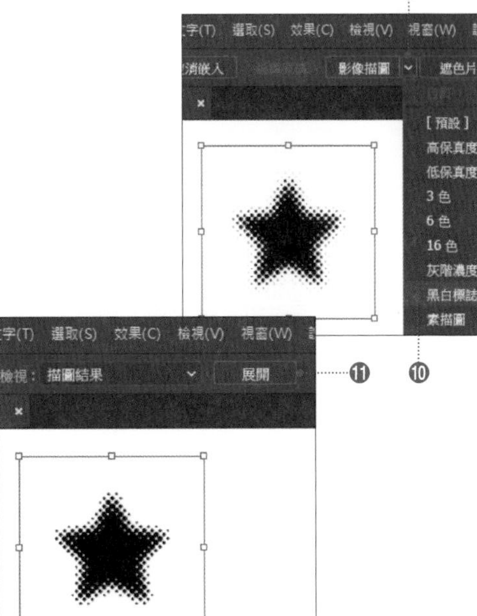

第 9 章 圖稿

相關 內嵌影像：**p.219** 彩色網屏：**p.247** 擴充外觀：**p.234**

step 8

接著，刪除白色部分，轉換成複合路徑。如此一來，變成如右圖般的圖形 ⑫。

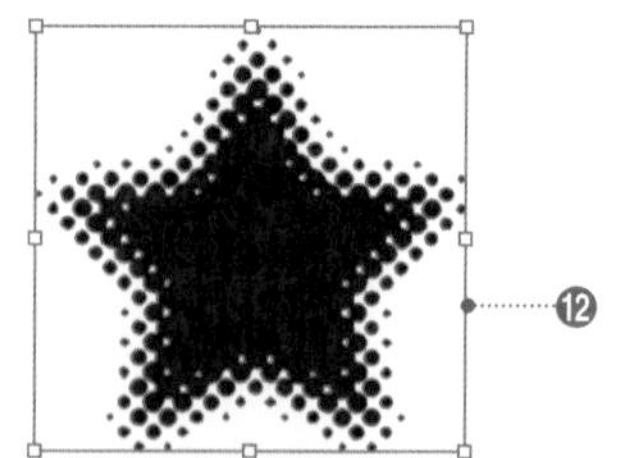

任意輸入字串後，外框化字串，並且執行 Step2 ～ Step8 的步驟 ⑬。

⑬

WE WILL
POP YOU

step 10

現在開始，製作沾上墨水般形狀的原創筆刷。使用〔**橢圓形〕工具**，如右圖般繪製〔直徑：1mm〕到〔直徑：15mm〕，大大小小的圓形 ⑭。

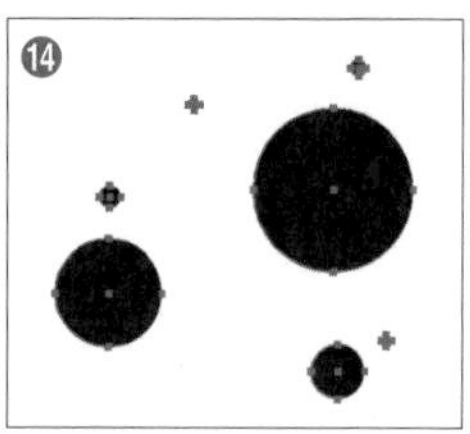

step 11

在選取繪製的全部圓形的狀態下，從功能表列點選〔效果〕→〔扭曲與變形〕→〔粗糙效果〕，會出現〔粗糙效果〕對話框。

設定〔尺寸：20%〕、〔細部：25 / 英寸〕、〔點：平滑〕⑮ 後，按一下〔確定〕。

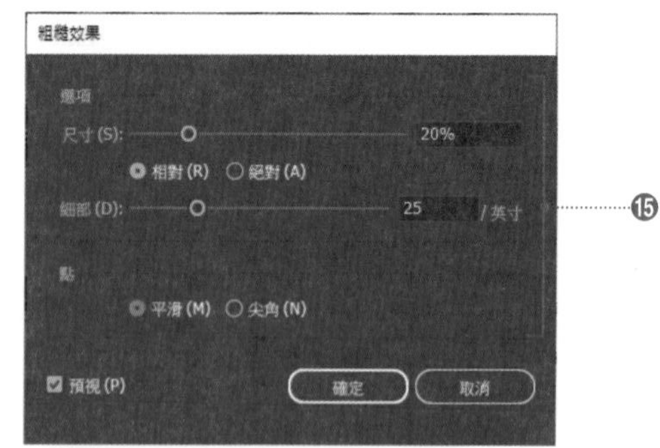

step 12

接著，從功能表列點選〔效果〕→〔扭曲與變形〕→〔隨意筆畫〕，會出現〔隨意筆畫〕對話框。

設定〔水平：7%〕、〔垂直：7%〕、勾選〔向外控制點〕後 ⑯，按一下〔確定〕。

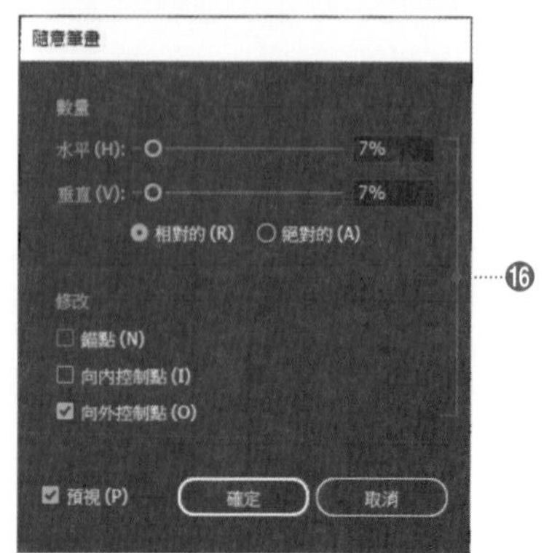

 相關 文字的外框化：**p.297** 〔粗糙〕效果：**p.241** 〔隨意筆畫〕效果：**p.242**

step 13

如此一來，原本是圓形的物件，變形為沾上墨水的形狀 ⑰。

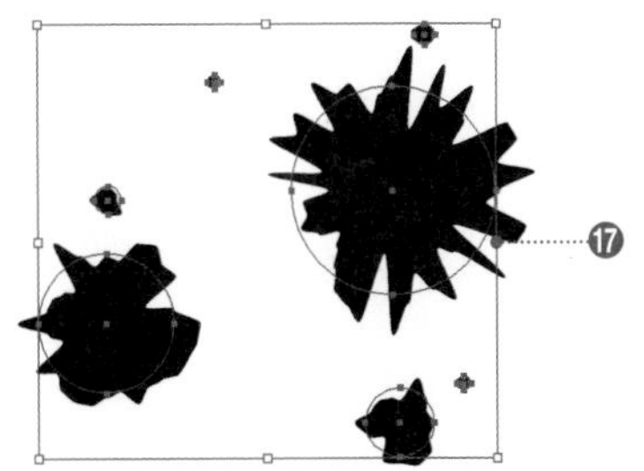

step 14

從功能表列點選〔物件〕→〔擴充外觀〕，擴充效果。

然後，按住 Alt（option）的同時拖曳複製幾個物件，操作邊框，縮小物件，在〔透明〕面板設定〔不透明度：25% ～ 75%〕（**p.156**）⑱。

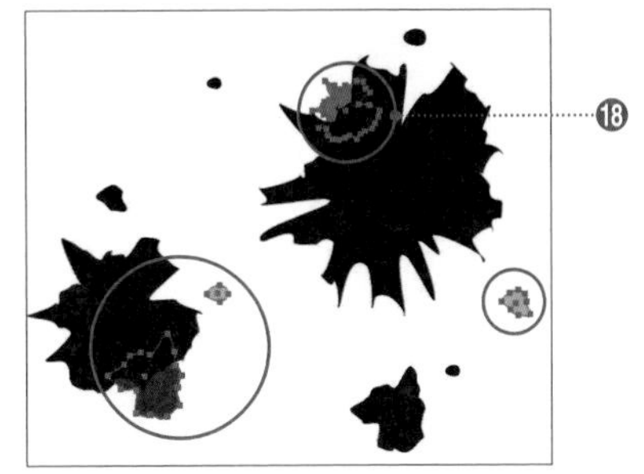

step 15

使用**〔選取〕工具** 選取整個物件，拖曳到〔筆刷〕面板 ⑲。

在出現的〔新增筆刷〕對話框選擇〔散落筆刷〕後 ⑳，按一下〔確定〕。

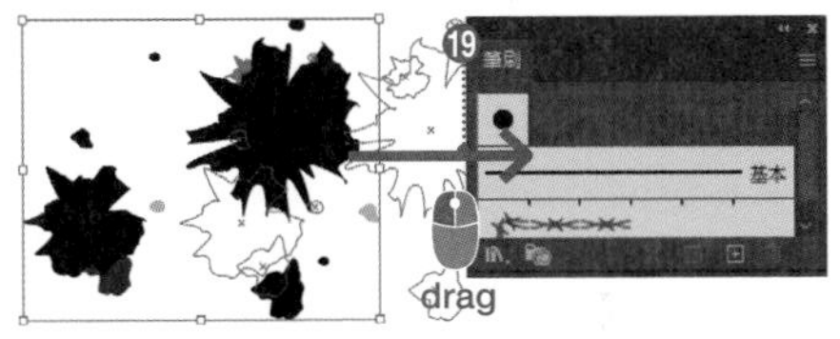

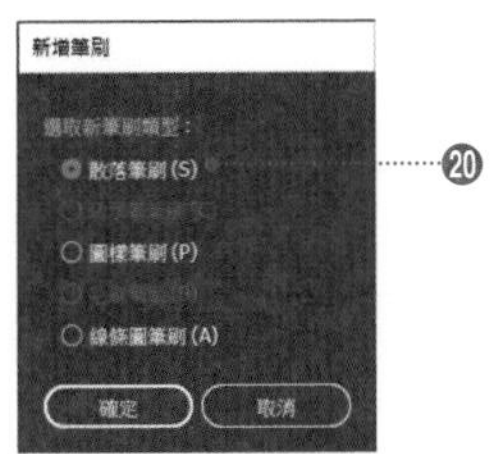

step 16

由於會出現〔散落筆刷〕對話框，所以如下設定後按一下〔確定〕㉑。

- 〔尺寸：隨機、40% ～ 100%〕
- 〔間隔：隨機、25% ～ 75%〕
- 〔散落：隨機、– 75% ～ 50%〕
- 〔旋轉：隨機、– 90% ～ 90%〕
- 〔旋轉相對於：路徑〕〔上色方式：色調〕

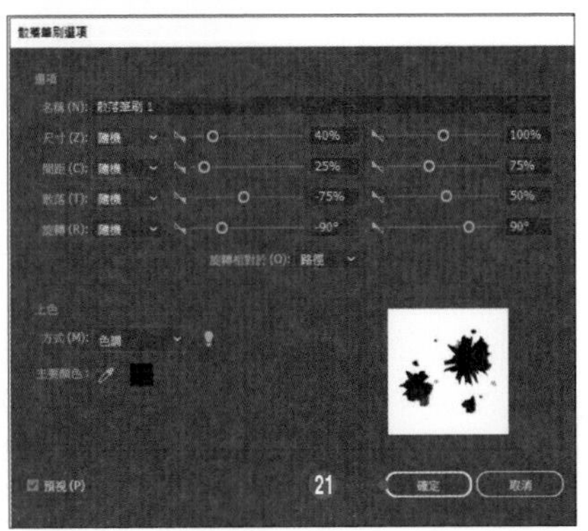

相關 不透明度：**p.156**　散落筆刷：**p.136**

step 17

適當地置入到 Step9 為止完成的星形與文字物件、到 Step16 為止完成的筆刷，將全部的零件變更為流行配色，並且如右圖般加上外框 ㉒。

step 18

在此，為了增加一點層次感，選擇置入〔有刺鐵絲〕。

使用**〔鋼筆〕工具** 製作線條 ㉓，從功能表列點選〔筆刷〕→〔筆刷資料庫選單〕→〔邊框〕→〔邊框＿新奇〕，會出現〔筆刷資料庫〕面板的〔邊框＿新奇〕面板。按一下面板選單的〔清單檢視〕，切換檢視後，按一下套用〔帶刺的線〕㉔㉕。

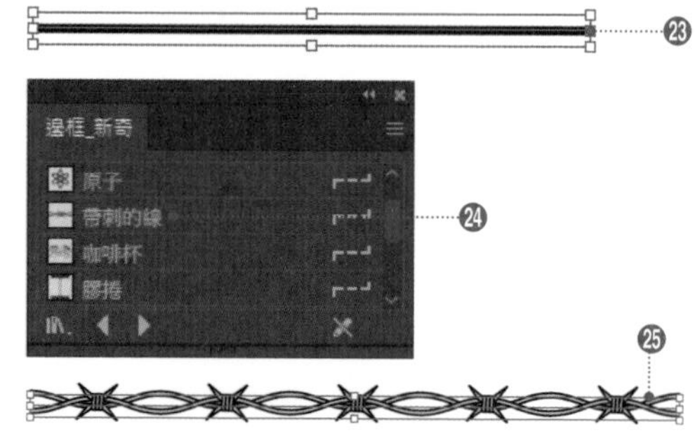

step 19

從功能組表列點選〔物件〕→〔擴充外觀〕，在擴充筆觸筆畫的狀態下，從功能表列點選〔物件〕→〔路徑〕→〔外框筆畫〕。

然後，按一下〔路徑管理員〕面板的**〔聯集〕**㉖。

如此一來，帶刺的線變成右圖般的剪影 ㉗。

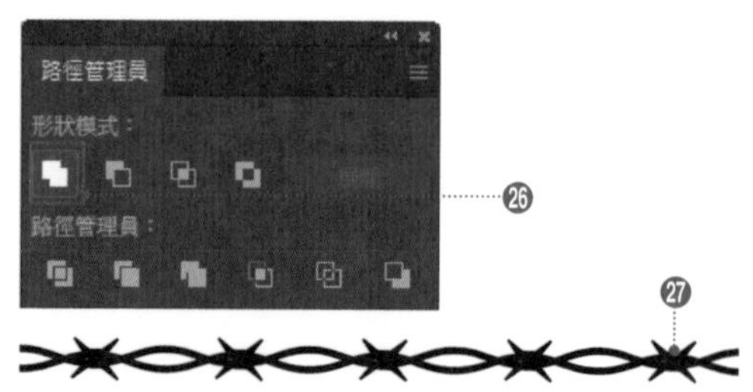

step 20

最後微調物件，對整個物件套用剪裁遮色片後即大功告成。

 相關〔路徑管理員〕面板：p.208　剪裁遮色片：p.214

238 製作漸層的背景影像

只要使用漸層網格，就能輕鬆製作複雜的漸層。漸層可以當作旗幟或背景的素材等等，用途相當廣泛。

step 1

從工具列點選〔**矩形**〕**工具**，在文件上按一下滑鼠左鍵，製作〔寬度：160mm〕、〔高度：90mm〕的矩形 ❶。
另外，〔填色〕的顏色並無特別指定。

step 2

使用〔**選取**〕**工具** 選取物件，從功能表列點選〔物件〕→〔建立漸層網格〕❷，會出現〔建立漸層網格〕對話框。
設定〔橫欄：3〕、〔直欄：3〕、〔外觀：平坦〕、〔反白：100%〕後 ❸，按一下〔確定〕。如此一來，繪製的矩形就轉換成網格物件 ❹。

step 3

使用〔**直接選取**〕**工具** 選取網格點，對每個網格點套用顏色 ❺。從左上角開始朝右下角依序套用下列設定數值的顏色。

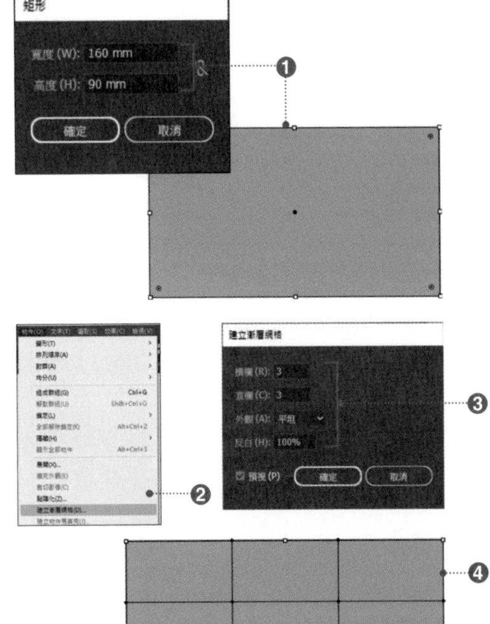

（最上方。左→右）
- 〔C：0、M：50、Y：100、K：0〕
- 〔C：20、M：0、Y：75、K：0〕
- 〔C：10、M：30、Y：0、K：0〕
- 〔C：25、M：90、Y：0、K：0〕

（第二段。左→右）
- 〔C：30、M：10、Y：80、K：0〕
- 〔C：0、M：0、Y：20、K：0〕
- 〔C：0、M：20、Y：0、K：0〕
- 〔C：50、M：85、Y：0、K：0〕

（第三段。左→右）
- 〔C：60、M：0、Y：10、K：0〕
- 〔C：25、M：0、Y：5、K：0〕
- 〔C：30、M：40、Y：0、K：0〕
- 〔C：80、M：70、Y：0、K：0〕

（第四段。左→右）
- 〔C：85、M：50、Y：0、K：0〕
- 〔C：65、M：0、Y：10、K：0〕
- 〔C：90、M：70、Y：10、K：0〕
- 〔C：100、M：100、Y：30、K：0〕

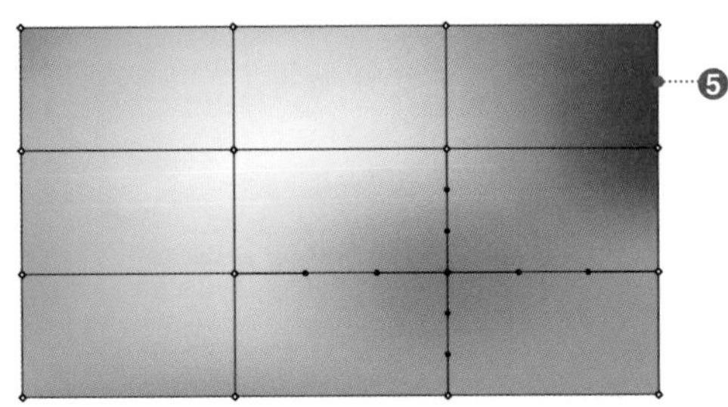

Tips

套用〔漸層〕面板的〔任意形狀漸層〕的話，可以憑直覺操作完成與本範例相同的漸層。兩者的操作方法及漸層的套用程度各有利弊。請適當地運用。

相關 不透明度：p.156　散落筆刷：p.136

step 4

操作網格點的控制把手，調整漸層的方向與強度。依據控制把手的長度，與相鄰的網格點混色的方式會跟著改變。
在此調整網格變成右圖般的形狀 ❻。

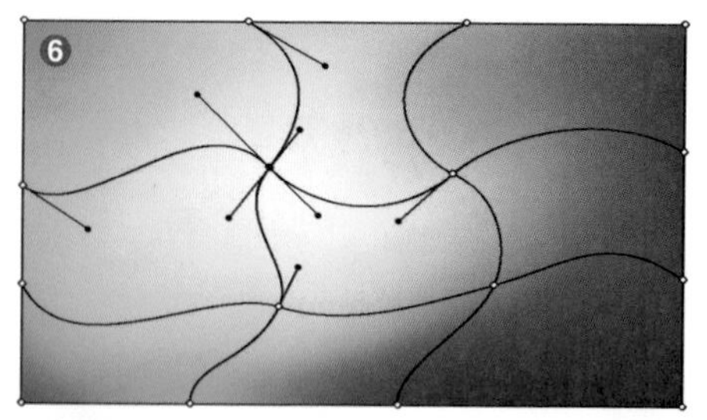

step 5

製作圖樣色票。
使用〔**矩形**〕**工具** 製作邊長 20px 的正方形 ❼，再使用〔**刪除錨點**〕**工具**，點選刪除右下方的錨點，讓物件變成三角形 ❽。
複製完成的三角形，並且如右圖般地排列 ❾。在〔旋轉〕對話框 180 度旋轉複製 2 個三角形，然後如右圖般設定顏色 ❿，顏色的設定值為〔C：70、M：65、Y：65、K：20〕、〔C：60、M：50、Y：10、K：0〕。
最後，製作邊長 40px、顏色〔C：65、M：60、Y：60、K：15〕的正方形後，置入下層 ⓫。

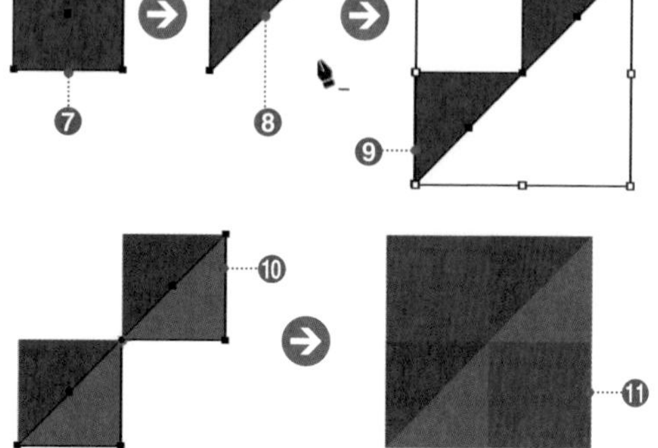

step 6

將完成的物件拖曳到〔色票〕面板，登錄為圖樣色票 ⓬。

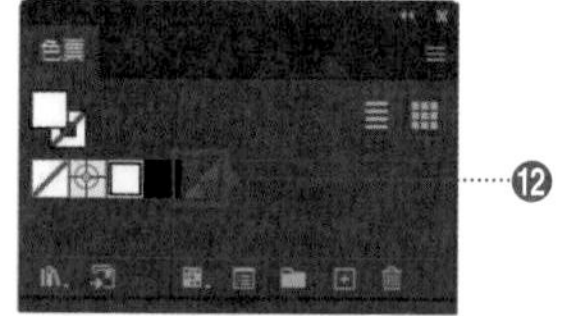

step 7

製作大小與套用圖樣色票的矩形相同的矩形，然後重疊在 Step4 完成的漸層網格物件之上 ⓭，並且設定〔混合模式：重疊〕、〔不透明度：40%〕⓮。

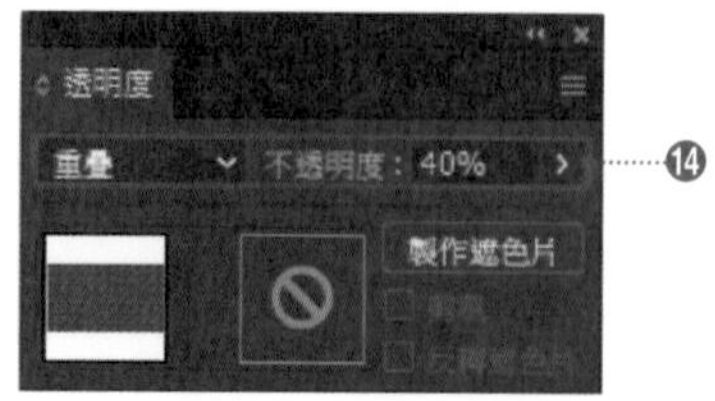

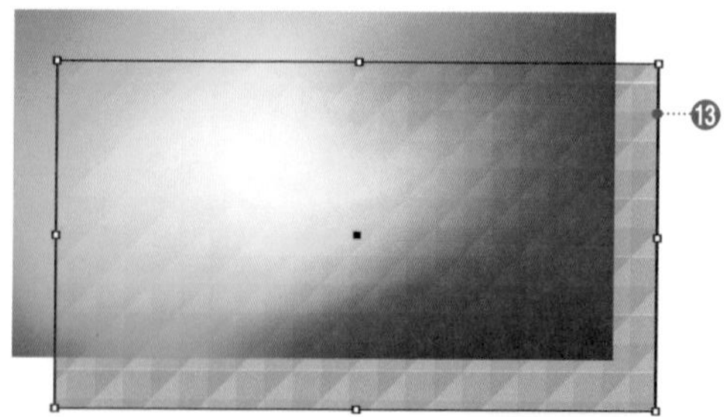

step 8

配上文字與光芒，微調之後即大功告成 ⓯。只要簡單的幾個步驟，就能製作美麗的漸層。

 相關 漸層網格：p.152　模糊效果：p.243　製作圖樣：p.143　混合模式：p.154

附錄

239 理解路徑的基本結構

所謂路徑是指使用〔鋼筆〕工具或〔線段區段〕工具繪製的線段，以及使用〔矩形〕工具或〔橢圓形〕工具繪製的路徑物件的總稱。路徑是 Illustrator 最重要的要素之一。

step 1

路徑由下列的要素構成。

- 錨點
- 錨點的控制把手（由方向線與方向點構成）
- 路徑區段

直角的路徑是由 3 個錨點及 2 條直線區段構成（圖 ❶）。

半圓形的曲線路徑是由 3 個錨點加上 2 條曲線區段，以及從中央錨點向左右延伸的控制把手所組成（圖 ❷）。

錨點位置、錨點控制把手的方向、長度，或者是拖曳路徑區段本身，皆能變更路徑的形狀。

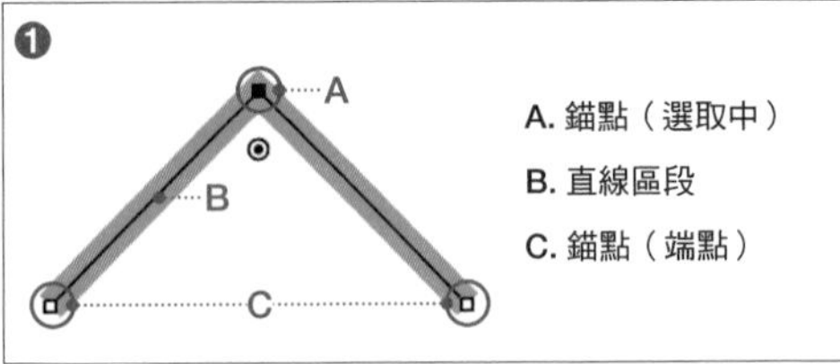

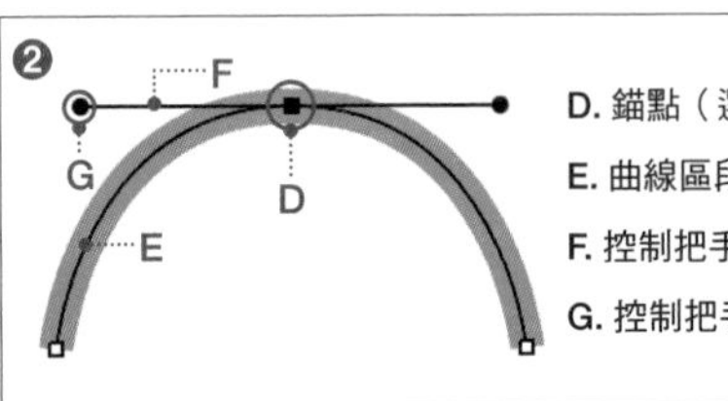

使用〔直接選取〕工具選取錨點以及路徑物件的話，在錨點的內側範圍會出現可以變更尖角形狀的「尖角 Widget」。

step 2

路徑物件分成下列 2 種。

- 封閉路徑
- 開放路徑

所謂**封閉路徑**是指錨點將區段封閉的物件（圖 ❸）。

使用**〔矩形〕工具**或**〔橢圓形〕工具**製作的路徑物件即為封閉物件。

所謂**開放路徑**是指端點相離的圖形，圖形未呈封閉狀態的路徑物件（圖 ❹）。直線或波浪線條即為開放路徑。

設定〔筆畫：無〕、〔填色：任意顏色〕的路徑物件，乍看之下，會無法判斷是封閉路徑或開放路徑。因此需要配合目的，適當地使用。

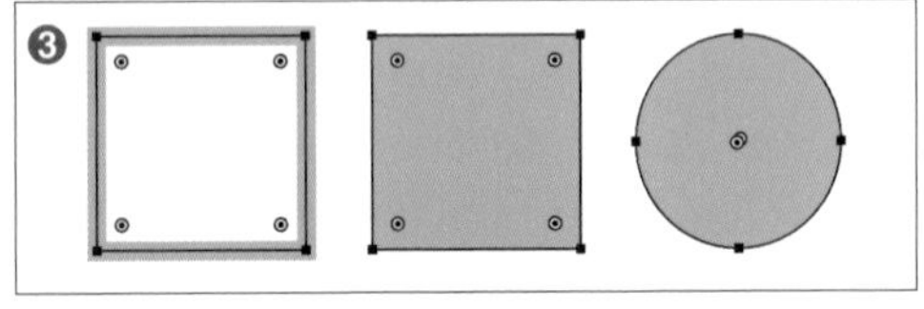

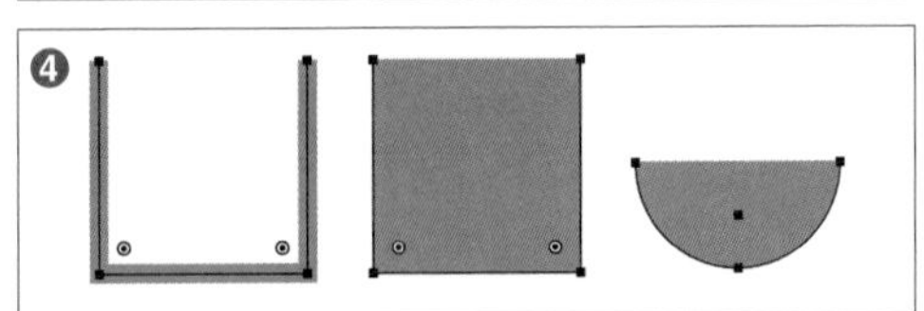

Tips

Illustrator 採用電腦繪圖世界廣泛使用，主要功能為繪製平滑線條的「貝茲曲線」。貝茲曲線以多個控制點為準，根據計算公式來繪製曲線。讀者雖然無須理解貝茲曲線的計算方法也能順利操作，但如果要達到駕輕就熟，還是得多多操作錨點或區段，並藉此觀察路徑如何變化，進而理解貝茲曲線的特徵。

平滑控制點

路徑的錨點分成**「平滑控制點」**和**「尖角控制點」**2 種。

路徑區段為連續曲線時，平滑控制點可以平滑地連結區段 ❺。控制把手的方向線會從錨點的兩端呈一直線延伸。使用〔**直接選取**〕**工具** 拖曳控制把手的方向點的話 ❻，因為連動，所以反方向的控制把手方向點也會移動，曲線的形狀也會改變 ❼。

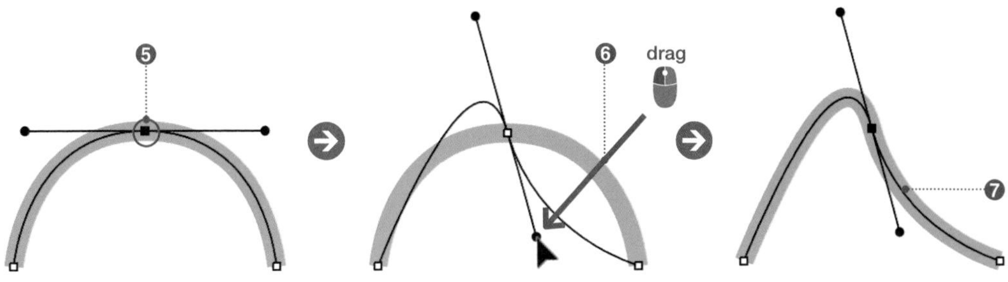

尖角控制點

尖角控制點會讓路徑的方向大幅度的改變 ❽。並且可以連結直線區段或曲線區段。

使用〔**直接選取**〕**工具** 拖曳控制把手的方向點 ❾，僅拖曳的把手會移動，可以改變路徑的形狀 ❿。

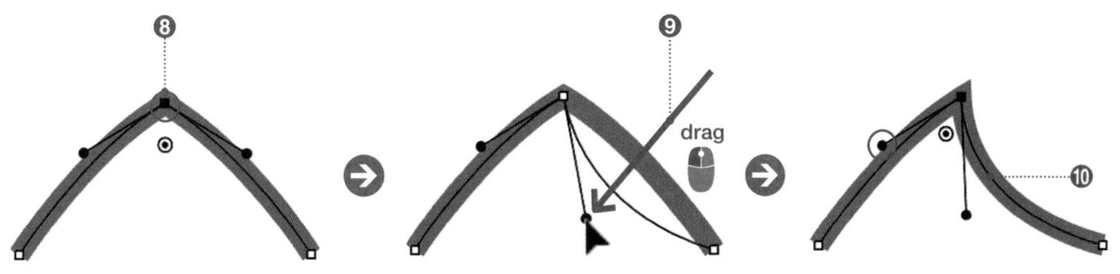

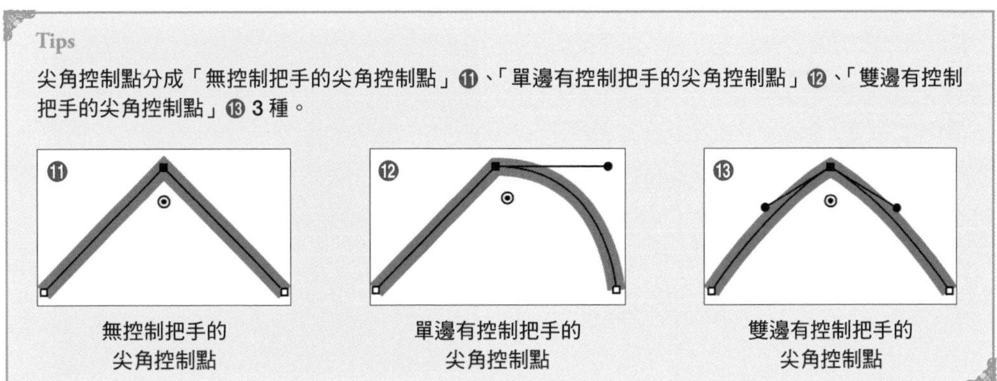

Tips

尖角控制點分成「無控制把手的尖角控制點」⓫、「單邊有控制把手的尖角控制點」⓬、「雙邊有控制把手的尖角控制點」⓭ 3 種。

⓫ 無控制把手的尖角控制點

⓬ 單邊有控制把手的尖角控制點

⓭ 雙邊有控制把手的尖角控制點

240 何謂色彩管理

所謂色彩管理，是為了讓顯示器或數位相機、掃描器、印表機等表現顏色特性的各種機器之間，能夠有一個統一色彩標準的系統。一般是使用「ICC 描述檔」來進行色彩管理。

Adobe Creative Cloud 的各個應用程式在初始設定時，設定的顏色都是相同的。欲自訂 Illustrator 的顏色設定時，從功能表列點選〔編輯〕→〔色彩設定〕，在〔色彩設定〕對話框進行設定。

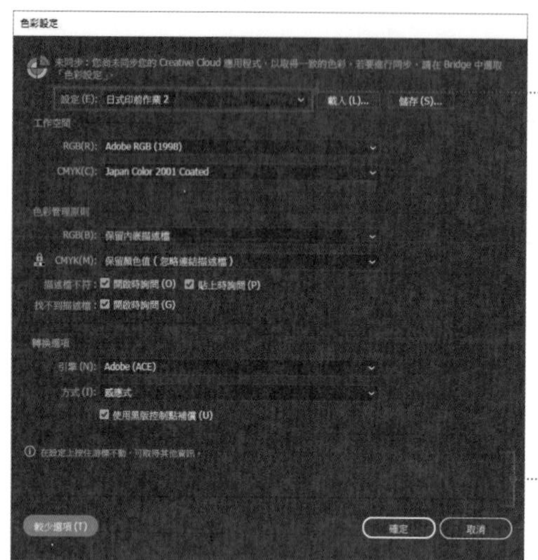

如果沒有特定的使用用途的話，建議從〔設定〕選擇預設集。其中廣泛被利用的有〔印前用—日本 2〕等等。

將滑鼠游標移到各個下拉式選單或勾選方框的話，會顯示該項目的說明。剛開始的時候，建議確認每一個項目。

Tips

所謂色彩管理是設定基準值來統一、管理顏色的系統。但是，實際上的顏色也會被機器的特性或個體差異、經年累月而劣化等等因素左右，所以雖說進行了色彩管理，但顏色未必會漂亮地呈現、統一。

指定每一個檔案的描述檔

欲對每一個檔案個別指定資料時，從功能表列點選〔編輯〕→〔指定描述檔〕，會出現〔指定描述檔〕對話框。

選擇〔描述檔〕，就能指定該檔案的描述檔 ❶。另外，未指定描述檔的話，也可以設定不執行文件的色彩管理。

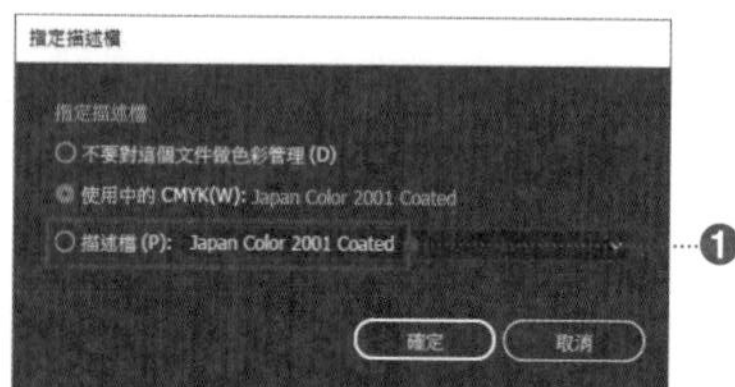

統一顏色的設定

在 Adobe Cloud 各個應用程式，欲統一個別變更的〔色彩設定〕時，使用「**Adobe Bridge**」。開啟 Adobe Bridge ，從 Adobe Bridge 功能表列點選〔編輯〕→〔色彩設定〕，在出現的〔色彩設定〕對話框，任意選擇顏色 ❷。

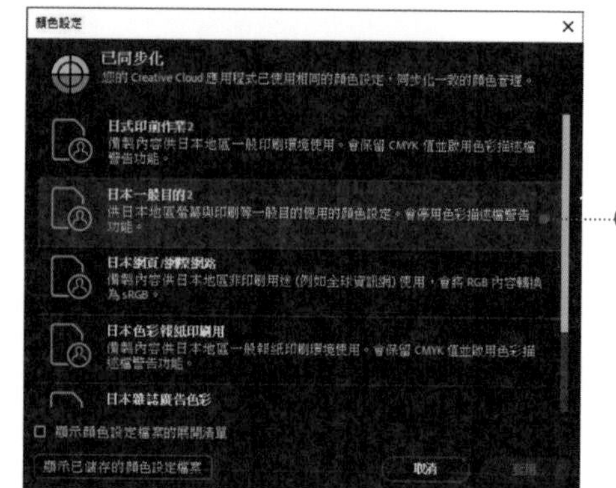

241 〔Adobe Color 主題〕面板

Adobe Color 主題為可以製作、公開、分享原創的色彩主題服務。連結網路就能利用 Adobe Color 主題。※ Adobe 已於 2021 年 7 月 22 日停用此主題面板。

概要

全世界的 Adobe 使用者可以從公開在網路上的各種顏色主題中，利用搜尋功能，以「關鍵字搜尋」或「最受歡迎」、「最常用」等等來搜尋顏色主題。

如果找到喜歡的主題，可以編輯、儲存。在 Illustrator ，可以登錄在〔色票〕面板以及〔CC 資料庫〕面板。

在此解說，從搜尋顏色主題到儲存在〔色票〕面板的步驟。從功能表列點選〔視窗〕→〔Adobe Color 主題〕，會出現〔Adobe Color 主題〕對話框。

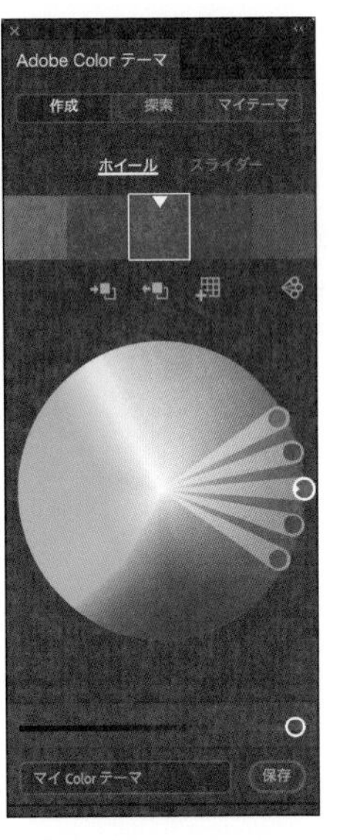

搜尋與儲存關鍵字

按一下〔探索〕標籤，切換檢視畫面 ❶。由於會出現〔搜尋列〕❷，故輸入關鍵字，再按 Return（Backspace）。如此一來，會顯示搜尋結果的顏色主題 ❸。

找到喜歡的顏色之後，按一下 ❹，從下拉式選單按一下〔新增至色票〕❺。

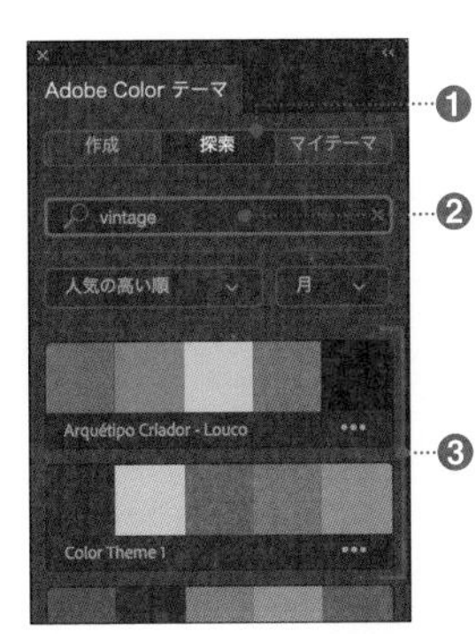

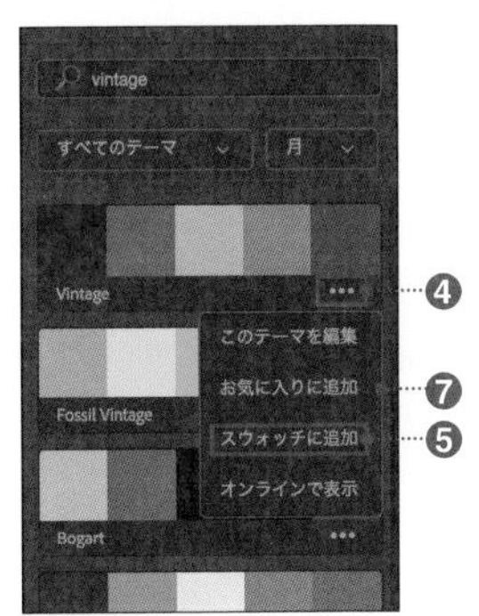

其他的搜尋項目

選擇〔自我評分〕的話 ❻，只會顯示新增到〔我的最愛〕的主題 ❼。其他的顯示項目有〔最受歡迎〕、〔最常用〕、〔隨機〕❽。

另外，也能限定搜尋的時間 ❾。

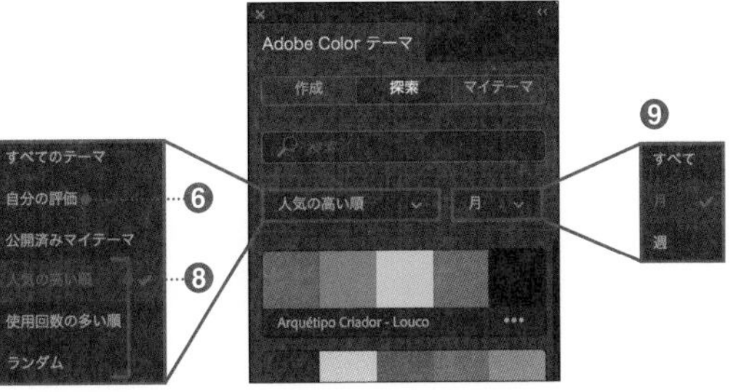

附錄

242 筆刷的種類與特性

筆刷可以套用在路徑的〔筆畫〕。方法有使用〔繪圖筆刷〕工具 直接繪圖，以及完成物件後，在〔筆畫〕套用〔筆刷〕。這 2 種方法在後續都能變更設定。

Illustrator 準備 5 種用途相異的筆刷 ❶。這些筆刷大致分成 2 大類。

◎ 筆刷的分類與種類

分類	種類
設定筆刷大小或形狀、角度後套用在〔筆畫〕的筆刷	·〔沾水筆筆刷〕 ·〔毛刷筆刷〕
製作物件後，配置在〔筆畫〕的筆刷	·〔散落筆刷〕 ·〔線條圖筆刷〕 ·〔圖樣筆刷〕

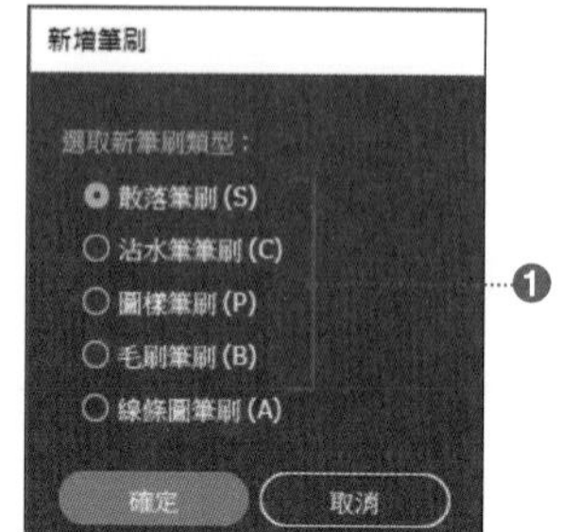

〔沾水筆筆刷〕(p.135)

根據角度繪製筆畫寬度相異的線條。使用繪圖板，會更有效果。

〔毛刷筆刷〕(p.142)

重複好幾層具有透明度的筆畫，繪製帶有潮濕感的線條。在繪製水彩畫或具透明感的圖稿時更有效果。使用繪圖板，會更有效果。

〔散落筆刷〕(p.136)

重做登錄的〔散落物件〕後置入筆刷。可以登錄的圖稿為 1 個。套用〔隨機〕的話，就能以各種形狀散落。對相同物件做連續性或者隨機嵌入時，套用這個筆刷效果更好。

〔線條圖筆刷〕(p.138)

伸縮登錄的〔線條圖物件〕後置入筆刷。可以選擇伸縮方法。套用在可以伸縮成各種型態的曲線物件上更有效果。

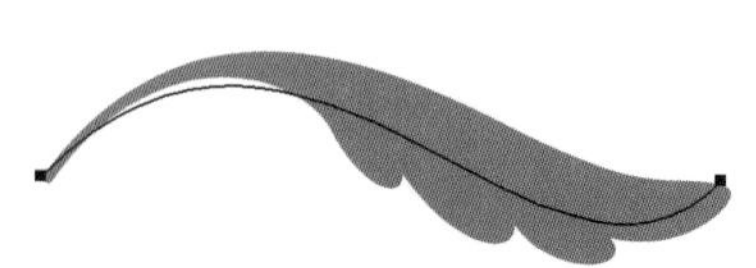

〔圖樣筆刷〕(p.140)

配合路徑形狀，重做登錄的〔圖樣色票〕後置入筆刷。最多可以置入 5 種〔圖樣色票〕在路徑的各個部位。套用在外框或相同物件連續出現的主題時更有效果。也可以自動產生轉角的形狀。

快捷鍵一覽表

功能	Windows	Mac
偏好設定	Ctrl + K	⌘ + K
關閉 Illustrator	Ctrl + Q	⌘ + Q
新增文件	Ctrl + N	⌘ + N
開啟檔案	Ctrl + O	⌘ + O
關閉檔案	Ctrl + W	⌘ + W
儲存檔案	Ctrl + S	⌘ + S
另存新檔	Ctrl + shift + S	⌘ + shift + S
儲存複製	Ctrl + Alt + S	⌘ + option + S
置入	Ctrl + shift + P	⌘ + shift + P
設定文件	Ctrl + Alt + P	⌘ + option + P
列印	Ctrl + P	⌘ + P
取消前一項作業	Ctrl + Z	⌘ + Z
重做前一項作業	Ctrl + shift + Z	⌘ + shift + Z
剪下	Ctrl + X	⌘ + X
拷貝	Ctrl + C	⌘ + C
貼上	Ctrl + V	⌘ + V
貼至上層	Ctrl + F	⌘ + F
貼至下層	Ctrl + B	⌘ + B
貼至相同位置	Ctrl + shift + V	⌘ + shift + V
貼至全部的工作區域	Ctrl + Alt + shift + V	⌘ + option + shift + V
重複物件的變形	Ctrl + D	⌘ + D
將物件移動至上層	Ctrl + J	⌘ + J
將物件移動至最上層	Ctrl + shift + J	⌘ + shift + J
將物件移動至下層	Ctrl + [	⌘ + [
將物件移動至最下層	Ctrl + shift + [	⌘ + shift + [
群組化物件	Ctrl + G	⌘ + G
解散物件的群組	Ctrl + shift + G	⌘ + shift + G
鎖定物件	Ctrl + 2	⌘ + 2
解除鎖定物件	Ctrl + Alt + 2	⌘ + option + 2
隱藏物件	Ctrl + 3	⌘ + 3
顯示物件	Ctrl + Alt + 3	⌘ + option + 3
製作剪裁遮色片	Ctrl + 7	⌘ + 7
清除剪裁遮色片	Ctrl + Alt + 7	⌘ + option + 7
文字的外框化	Ctrl + shift + O	⌘ + shift + O
顯示 / 隱藏隱藏字元	Ctrl + shift + I	⌘ + shift + I
全部選取	Ctrl + A	⌘ + A
顯示預視 / 顯示外框	Ctrl + Y	⌘ + Y
放大	Ctrl + +	⌘ + +
縮小	Ctrl + -	⌘ + -
顯示整個工作區域	shift + 0	⌘ + 0
實際尺寸	Ctrl + 1	⌘ + 1
隱藏邊線	Ctrl + H	⌘ + H
顯示 / 隱藏尺標	Ctrl + R	⌘ + R
顯示 / 隱藏參考線	Ctrl + ;	⌘ + ;
智慧型參考線的有效 / 無效	Ctrl + U	⌘ + U

MEMO

MEMO

MEMO

讀者回函

GIVE US A PIECE OF YOUR MIND

感謝您購買本公司出版的書，您的意見對我們非常重要！由於您寶貴的建議，我們才得以不斷地推陳出新，繼續出版更實用、精緻的圖書。因此，請填妥下列資料(也可直接貼上名片)，寄回本公司(免貼郵票)，您將不定期收到最新的圖書資料！

購買書號：　　　　書名：

姓　　名：________________

職　　業：□上班族　□教師　□學生　□工程師　□其它

學　　歷：□研究所　□大學　□專科　□高中職　□其它

年　　齡：□ 10~20　□ 20~30　□ 30~40　□ 40~50　□ 50~

單　　位：________________ 部門科系：________________

職　　稱：________________ 聯絡電話：________________

電子郵件：________________

通訊住址：□□□ ________________

____

您從何處購買此書：

□書局 ________ □電腦店 ________ □展覽 ________ □其他 ________

您覺得本書的品質：

內容方面：　□很好　□好　□尚可　□差

排版方面：　□很好　□好　□尚可　□差

印刷方面：　□很好　□好　□尚可　□差

紙張方面：　□很好　□好　□尚可　□差

您最喜歡本書的地方：________________

您最不喜歡本書的地方：________________

假如請您對本書評分，您會給(0~100分)：________ 分

您最希望我們出版那些電腦書籍：

請將您對本書的意見告訴我們：

您有寫作的點子嗎？□無　□有　專長領域：________

歡迎您加入博碩文化的行列哦！

✂請沿虛線剪下寄回本公司

Give Us a Piece Of Your Mind

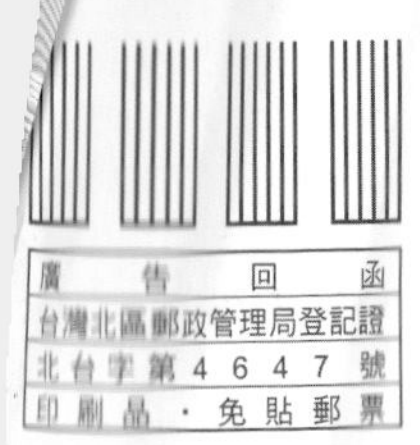

221

博碩文化股份有限公司　產品部

台灣新北市汐止區新台五路一段112號10樓A棟

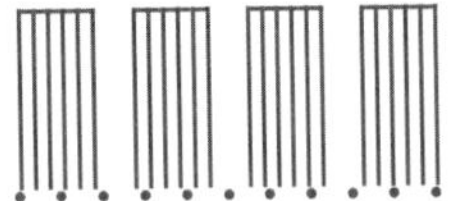